"十四五"时期国家重点出版物出版专项规划项目

石墨烯手册

第 8 卷:石墨烯技术与创新

Handbook of Graphene

Volume 8: Technology and Innovation

[马来西亚]苏莱曼·瓦迪·哈伦(Sulaiman Wadi Harun) 主编

李炯利 郁博轩 党小飞 闫灏 王旭东 译

国防工业出版社

·北京·

著作权合同登记号　图字:01-2022-4926号

图书在版编目(CIP)数据

石墨烯手册. 第8卷, 石墨烯技术与创新/(马来)苏莱曼·瓦迪·哈伦主编;李炯利等译. —北京:国防工业出版社,2023.1

书名原文:Handbook of Graphene Volume 8: Technology and Innovation

ISBN 978-7-118-12696-9

Ⅰ. ①石… Ⅱ. ①苏… ②李… Ⅲ. ①石墨烯—手册 Ⅳ. ①TB383-62

中国版本图书馆 CIP 数据核字(2022)第 196854 号

Handbook of Graphene, Volume 8: Technology and Innovation by Sulaiman Wadi Harun

ISBN 978-1-119-46980-3

Copyright © 2019 by John Wiley & Sons, Inc.

Allrights reserved. This translation published under license. Authorized translation from the English language edition, Published by John Wiley & Sons. No part of this book may be reproduced in any form without the written permission of the original copyrights holder.

Copies of this book sold without a Wiley sticker on the cover are unauthorized and illegal.

本书中文简体中文字版专有翻译出版权由 John Wiley & Sons, Inc. 公司授予国防工业出版社出版社。未经许可,不得以任何手段和形式复制或抄袭本书内容。

本书封底贴有 Wiley 防伪标签,无标签者不得销售。

版权所有,侵权必究。

※

国防工业出版社出版发行

(北京市海淀区紫竹院南路23号　邮政编码100048)
北京虎彩文化传播有限公司印刷
新华书店经售

*

开本 787×1092　1/16　印张 27　字数 613 千字
2023年1月第1版第1次印刷　印数 1—1500 册　定价 299.00 元

(本书如有印装错误,我社负责调换)

国防书店:(010)88540777　　书店传真:(010)88540776
发行业务:(010)88540717　　发行传真:(010)88540762

石墨烯手册
译审委员会

主　任　戴圣龙
副主任　李兴无　王旭东　陶春虎
委　员　王　刚　李炯利　郁博轩　党小飞　闫　灏　杨晓珂
　　　　潘　登　李文博　刘　静　王佳伟　李　静　曹　振
　　　　李佳惠　李　季　张海平　孙庆泽　李　岳　梁佳丰
　　　　朱巧思　李学瑞　张宝勋　于公奇　杜真真　王　珺
　　　　于　帆　王　晶

译者序

碳，作为有机生命体的骨架元素，见证了人类的历史发展；碳材料和其应用形式的更替，也通常标志着人类进入了新的历史进程。石墨烯这种单原子层二维材料作为碳材料家族最为年轻的成员，自2004年被首次制备以来，一直受到各个领域的广泛关注，成为科研领域的"明星材料"，也被部分研究者认为是有望引发新一轮材料革命的"未来之钥"。经过近20年的发展，人们对石墨烯的基础理论和在诸多领域中的功能应用方面的研究，已经取得了长足进展，相关论文和专利数量已经逐渐走出了爆发式的增长期，开始从对"量"的积累转变为对"质"的追求。回顾这一发展过程会发现，从石墨烯的拓扑结构，到量子反常霍尔效应，再到魔角石墨烯的提出，人们对石墨烯基础理论的研究可以说是深入且扎实的。但对于石墨烯的部分应用研究而言，无论在研究中获得了多么惊人的性能，似乎都难以真正离开实验室而成为实际产品进入市场。这一方面是由于石墨烯批量化制备技术的精度和成本尚未达到某些应用领域的要求；另一方面，尽管石墨烯确实具有优异甚至惊人的理论性能，但受实际条件所限，这些优异的性能在某些领域可能注定难以大放异彩。

我们必须承认的是，石墨烯的概念在一定程度上被滥用了。在过去数年时间内，市面上出现了无数以石墨烯为噱头的商品，石墨烯似乎成了"万能"添加剂，任何商品都可以在掺上石墨烯后身价倍增，却又因为不够成熟的技术而达不到宣传的效果。消费者面对石墨烯产品，从最初的好奇转变为一次又一次的失望，这无疑为石墨烯应用产品的发展带来了负面影响。在科研上也出现了类似的情况，石墨烯几乎曾是所有应用领域的热门材料，产出了无数研究成果和水平或高或低的论文。无论对初涉石墨烯领域的科研工作者，还是对扩展新应用领域的科研工作者而言，这些成果和论文都既是宝藏也是陷阱。

如何分辨这些陷阱和宝藏？石墨烯究竟在哪些领域能够为科技发展带来新的突破？石墨烯如何解决这些领域的痛点以及这些领域的前沿已经发展到了何种地步？针对这些问题，以及目前国内系统全面的石墨烯理论和应用研究相关著作较为缺乏的状况，北京石墨烯技术研究院启动了《石墨烯手册》的翻译工作，旨在为国内广大石墨烯相关领域的工作者扩展思路、指明方向，以期抛砖引玉之效。

《石墨烯手册》根据 Wiley 出版的 *Handbook of Graphene* 翻译而成，共8卷，分别由来自世界各国的石墨烯及相关应用领域的专家撰写,对石墨烯基础理论和在各个领域的应用研究成果进行了全方位的综述,是近年来国际石墨烯前沿研究的集大成之作。《石墨烯手册》按照卷章,依次从石墨烯的生长、合成和功能化;石墨烯的物理、化学和生物学特性研究;石墨烯及相关二维材料的修饰改性和表征手段;石墨烯复合材料的制备及应用;石墨烯在能源、健康、环境、传感器、生物相容材料等领域的应用;石墨烯的规模化制备和表征,以及与石墨烯相关的二维材料的创新和商品化展开每一卷的讨论。与国内其他讨论石墨烯基础理论和应用的图书相比,更加详细全面且具有新意。

《石墨烯手册》的翻译工作历时近一年半,在手册的翻译和出版过程中,得到国防工业出版社编辑的悉心指导和帮助,在此向他们表示感谢!

《石墨烯手册》获得中央军委装备发展部装备科技译著出版基金资助,并入选"十四五"时期国家重点出版物出版专项规划项目。

由于手册内容涉及的领域繁多,译者的水平有限,书中难免有不妥之处,恳请各位读者批评指正!

北京石墨烯技术研究院

《石墨烯手册》编译委员会

2022年3月

前言

自2004年发现石墨烯以来,其独特的物理、机械和电学特性引起了人们极大的兴趣。与硅等传统的半导体材料相比,其二维单原子层结构展现出与众不同的特性。例如,价带和导带在Dirac点相遇时能带间隙为零,同时又表现出极高的导电性。首次剥离石墨烯后,经历了从一种奇特材料到一种重要的先进材料的惊人转变。《石墨烯手册》第八卷概述了最先进的石墨烯技术和创新,是材料科学家、化学家和物理学家的必备读物。

第1章介绍了石墨烯薄片在密集封装的印制电路板和多芯片模块中修复缺陷焊接接头的新应用。第2章介绍了高导电和超柔性印刷石墨烯在制造柔性射频识别(RFID)天线和传感器中的应用,可见印刷石墨烯技术将显著促进低成本、灵活和可穿戴电子设备用于医疗保健、健康监测和物联网应用。第3章对石墨烯-金属接触及其建模技术进行了全面的分析。第4章综述了在各级尺度下研究石墨烯的建模方法,从原子水平的从头计算法和经验紧束缚模型用于研究其基本的材料特性,如能量色散关系,到一种半经典的、基于连续的漂流扩散的方法用于计算其电子传输特性,再到电路模拟中使用集约模型。第5章系统介绍了石墨烯硅光子集成电路的理论原理、制备工艺及应用。

石墨烯的独特性能使其成为国际材料界关注的焦点。第6章讨论了石墨烯在当前和未来工程应用中的可持续性、研究和发展,特别是在具有挑战性的软、硬工程基础设施的复杂网络中。氧化石墨烯作为石墨烯的衍生物,继承了石墨烯的结构特征和性能,目前正应用在各个领域。第7章介绍了从竹子中获得氧化石墨烯多层材料的新合成方法、基本性能和未来的电子应用。激光还原氧化石墨烯是快速成型和制造石墨烯基器件的一种非常简单但用途广泛的方法。第8章回顾了使用各种激光源(脉冲和连续波)和非激光还原氧化石墨烯的最新进展。第9章描述了双层石墨烯薄片在湿热环境下的波传播响应。

在这个对小型化需求日益增长的时代,石墨烯的分离也导致了许多跨学科领域的突破,特别是在太赫兹领域(THZ)技术。第10章介绍了石墨烯太赫兹漏波天线。第11章详细介绍了石墨烯在未来通信、电子和其他领域的太赫兹应用潜力。第12章讨论了在太赫兹范围内增强纳米通信的石墨烯纳米带天线的建模。在太赫兹范围内,石墨烯表现出有趣的特性,因为它的表面电导率变得活泼,因此可以支持等离子体传播。第13章介绍了石墨烯基平面等离子体元件在太赫兹中的应用。

由于其优异的电学、光学、机械、热学和化学性能,石墨烯的研究引起了人们对其在众多新兴技术应用中的巨大兴趣。第14章介绍了氧化石墨烯纤维在多种应用领域的应用,如多功能纺织品、可穿戴电子产品和燃料电池、电池、传感器和过滤器。第15章基于新发展的非局部应变梯度理论研究了弹性介质上双层石墨烯薄片的湿热力学屈曲行为。第16章概述了从石墨烯到聚合物/石墨烯纳米复合材料再到该领域高级应用的重大进展,第17章介绍了基于石墨烯的先进纳米结构。

最后,我要感谢所有以各自领域的专业知识为本书作出贡献的作者,并向国际先进材料协会表示诚挚的感谢。

苏莱曼·瓦迪·哈伦(Sulaiman Wadi Harun)
马来西亚吉隆坡
2019 年 2 月 9 日

目 录

第1章 用石墨烯薄片和金纳米粒子修复焊点缺陷 ········· 001

  1.1 引言 ········· 001
  1.2 工序和所用材料的定性描述 ········· 002
  1.3 理论背景 ········· 005
  参考文献 ········· 006

第2章 面向物联网的印刷石墨烯无线电频率和传感应用 ········· 008

  2.1 引言 ········· 008
  2.2 丝网印刷石墨烯 ········· 010
  2.3 应用于射频识别丝网印刷石墨烯 ········· 014
    2.3.1 丝网印刷石墨烯曲折线偶极子天线的有效辐射 ········· 014
    2.3.2 二维材料实现的印刷石墨烯射频识别湿度传感 ········· 019
    2.3.3 用于低成本可穿戴电子产品的丝网印刷石墨烯 ········· 028
  2.4 小结 ········· 032
  参考文献 ········· 034

第3章 石墨烯设备中金属接触和通道的建模与描述 ········· 039

  3.1 引言 ········· 039
  3.2 设备数学模型 ········· 040
    3.2.1 石墨烯场效应晶体管 $I-V$ 特性 ········· 041
  3.3 接触电阻优化 ········· 049
    3.3.1 薄层电阻 ········· 051
    3.3.2 接触电阻和材料选择 ········· 051
    3.3.3 温度效应 ········· 053
  3.4 石墨烯场效应晶体管制作 ········· 055

参考文献 058

第 4 章　石墨烯电子建模：从材料特性到电路模拟 061
4.1　引言 061
4.2　二维材料概述 062
4.3　第一性原理计算建模和分子动力学 064
　4.3.1　第一性原理计算法概论 064
　4.3.2　分子动力学方法 067
4.4　经验原子表示法和量子传输方法 070
　4.4.1　Hückel 理论的扩展 070
　4.4.2　经验紧束缚方法 072
　4.4.3　经验模型的参数提取 077
　4.4.4　量子输运方法 078
4.5　半经典方法与电路模型 084
　4.5.1　势垒模型 084
　4.5.2　玻尔兹曼传输模型 086
　4.5.3　漂移扩散模型 087
　4.5.4　紧凑模型 090
4.6　小结 093
参考文献 094

第 5 章　混合石墨烯硅光子和光电集成设备 099
5.1　引言 099
5.2　石墨烯硅波导 100
5.3　波导集成石墨烯光学调节器 105
5.4　波导集成石墨烯光电探测器 108
5.5　石墨烯设备的非线性影响 110
5.6　生物传感石墨烯设备 112
5.7　小结和展望 115
参考文献 116

第 6 章　石墨烯工程应用的研究、开发和可持续发展 123
6.1　引言 123
6.2　石墨烯作为智能材料的应用 132
　6.2.1　硬工程基础设施中的石墨烯 132
　6.2.2　软工程基础设施中的石墨烯 135
　6.2.3　石墨烯智能行进机器人 138
6.3　石墨烯与气候变化 138
6.4　石墨烯在自我修复材料中的应用 140

6.5 石墨烯研究与发展 …………………………………………………… 140
   6.6 石墨烯未来工程应用创新 …………………………………………… 143
   6.7 小结 …………………………………………………………………… 146
   参考文献 …………………………………………………………………… 146

第7章 竹制多层氧化石墨烯的新合成方法、基本性质和未来电子应用 ………… 160

   7.1 引言 …………………………………………………………………… 160
   7.2 新合成方法 …………………………………………………………… 161
        7.2.1 二次热分解法 …………………………………………………… 165
   7.3 基本性能 ……………………………………………………………… 170
        7.3.1 外观形貌 ………………………………………………………… 170
        7.3.2 组织结构 ………………………………………………………… 172
        7.3.3 成分组成 ………………………………………………………… 177
        7.3.4 振动特性 ………………………………………………………… 178
        7.3.5 电气性能 ………………………………………………………… 182
        7.3.6 氧化石墨烯竹焦木酸样品的磁性特征 ………………………… 184
   7.4 电子方面的应用前景 ………………………………………………… 186
        7.4.1 基于氧化石墨烯竹焦木酸的红外发射器或加热器装置 ……… 186
        7.4.2 基于氧化石墨烯竹焦木酸的场效应晶体管器件 ……………… 188
        7.4.3 基于氧化石墨烯竹焦木酸的场效应晶体管生物
              血糖测试传感器 ………………………………………………… 190
        7.4.4 氧化石墨烯竹焦木酸电池 ……………………………………… 192
        7.4.5 氧化石墨烯竹焦木酸光发射器 ………………………………… 194
   7.5 小结 …………………………………………………………………… 195
   参考文献 …………………………………………………………………… 195

第8章 通过激光刻写还原氧化石墨烯的机理及应用 ……………………………… 200

   8.1 引言 …………………………………………………………………… 200
   8.2 石墨烯简介 …………………………………………………………… 201
        8.2.1 石墨烯的优异性能 ……………………………………………… 201
        8.2.2 石墨烯技术 ……………………………………………………… 202
        8.2.3 石墨烯合成概述 ………………………………………………… 204
   8.3 激光还原氧化石墨烯概述 …………………………………………… 206
        8.3.1 氧化石墨烯的光致还原 ………………………………………… 206
   8.4 氧化石墨烯的激光还原和衍射花样机理分析 ……………………… 212
        8.4.1 氧化石墨烯还原的光化学和光物理 …………………………… 212
        8.4.2 氧化石墨烯和还原过程中光—物质相互作用的时间尺度 …… 215
   8.5 石墨烯材料中氧化石墨烯的合成与表征 …………………………… 218
        8.5.1 氧化石墨烯的生产 ……………………………………………… 218

  8.5.2 氧化石墨烯和石墨烯材料的表征和质量控制指标 …………… 220
 8.6 激光还原氧化石墨烯的商业化 …………………………………… 228
 8.7 小结 ……………………………………………………………… 229
 参考文献 …………………………………………………………………… 229

第9章 湿热环境下双层石墨烯薄片的波传播响应 244

 9.1 引言 ……………………………………………………………… 244
 9.2 理论与公式 ……………………………………………………… 246
  9.2.1 运动学关系 ………………………………………………… 246
  9.2.2 非局部应变梯度理论 ……………………………………… 247
 9.3 分析解决方案 …………………………………………………… 249
 9.4 外部驱动力 ……………………………………………………… 249
 9.5 结果和分析 ……………………………………………………… 250
 9.6 小结 ……………………………………………………………… 254
 参考文献 …………………………………………………………………… 254

第10章 石墨烯太赫兹漏波天线 259

 10.1 引言 …………………………………………………………… 259
 10.2 石墨烯特性 …………………………………………………… 260
  10.2.1 石墨烯电导率:Kubo 形式 ……………………………… 260
  10.2.2 石墨烯电导率:非局部模型 …………………………… 262
  10.2.3 石墨烯电导率:Kubo 模型分析 ………………………… 263
 10.3 石墨烯等离子 ………………………………………………… 264
  10.3.1 石墨烯电浆子损失 ……………………………………… 265
  10.3.2 电浆子数据优点 ………………………………………… 266
  10.3.3 漏波与表面等离子体的对比 …………………………… 266
 10.4 法布里-珀罗空腔漏波天线 …………………………………… 267
  10.4.1 法布里-珀罗空腔漏波天线特点 ………………………… 268
  10.4.2 法布里-珀罗空腔漏波天线设计 ………………………… 268
  10.4.3 法布里-珀罗空腔漏波天线分析 ………………………… 268
 10.5 石墨烯法布里-珀罗空腔漏波天线 …………………………… 269
  10.5.1 石墨烯平面波传导 ……………………………………… 270
  10.5.2 石墨烯衬底-覆层 ……………………………………… 272
  10.5.3 石墨烯带光栅 …………………………………………… 277
 10.6 太赫兹构建技术 ……………………………………………… 279
  10.6.1 石墨烯合成 ……………………………………………… 280
  10.6.2 太赫兹源 ………………………………………………… 280
  10.6.3 太赫兹偏置方案 ………………………………………… 280
 参考文献 …………………………………………………………………… 281

第 11 章　石墨烯太赫兹的应用 ··· 287

11.1　引言 ··· 287
11.2　石墨烯太赫兹辐射源 ··· 288
11.3　石墨烯太赫兹探测器 ··· 290
11.4　石墨烯太赫兹调制器 ··· 292
11.5　太赫兹波的吸收增强 ··· 294
11.6　小结和展望 ··· 296
参考文献 ··· 296

第 12 章　用于增强太赫兹纳米通信的石墨烯纳米带天线建模 ··· 303

12.1　引言 ··· 303
12.2　石墨烯的电气特性 ··· 304
 12.2.1　石墨烯历史 ··· 304
 12.2.2　晶体结构和倒易晶格 ··· 305
 12.2.3　石墨烯的电子带结构 ··· 306
 12.2.4　石墨烯电导率 ··· 307
12.3　矩量-广义等效电路形式 ··· 309
12.4　单石墨烯纳米带天线 ··· 310
 12.4.1　天线结构 ··· 310
 12.4.2　基于矩量-广义等效电路法的石墨烯纳米带天线公式 ··· 310
 12.4.3　数值公式的验证 ··· 312
 12.4.4　单石墨烯纳米带天线性能 ··· 314
12.5　石墨烯纳米带天线阵 ··· 316
 12.5.1　天线结构 ··· 316
 12.5.2　基于矩量-广义等效电路法的耦合石墨烯纳米带天线形式 ··· 316
 12.5.3　数值结果 ··· 318
12.6　石墨烯高阻抗表面在天线中的应用 ··· 324
12.7　小结 ··· 327
参考文献 ··· 327

第 13 章　石墨烯基等离子元件在太赫兹中的应用 ··· 330

13.1　引言 ··· 330
13.2　传递和散射矩阵的对称性分析 ··· 331
13.3　数值模拟 ··· 332
13.4　石墨烯环过滤器 ··· 333
 13.4.1　石墨烯环的独立排列分析 ··· 333
 13.4.2　介质衬底上的石墨烯环 ··· 334
 13.4.3　不同偏振波特性的角度依赖性 ··· 336

13.4.4 化学势控制 336
13.5 石墨烯多功能组分 337
13.5.1 石墨烯桥接的影响 340
13.5.2 偏振和入射角的影响 341
13.5.3 电磁开关运作 341
13.6 小结 342
参考文献 342

第14章 连续氧化石墨烯纤维及其应用 344

14.1 引言 344
14.2 氧化石墨烯的特点及应用领域 345
14.3 湿法纺丝生产的连续氧化石墨烯纤维及其性能 349
14.4 氧化石墨烯纤维的还原及其性能研究 352
14.5 复合氧化石墨烯纤维和复合还原氧化石墨烯纤维及其性能 354
14.6 氧化石墨烯纤维和还原氧化石墨烯纤维的应用领域 356
14.7 小结 358
参考文献 358

第15章 双层石墨烯薄片在湿热机械载荷作用下的屈曲特性 364

15.1 引言 364
15.2 控制方程 365
15.3 伽辽金法求解 369
15.4 数值结果和讨论 373
15.5 小结 379
参考文献 379

第16章 聚合物/石墨烯纳米材料与尖端应用 382

16.1 引言 382
16.2 石墨烯 383
16.2.1 结构与性能 383
16.2.2 作为纳米填充物的意义 383
16.3 聚合物用作基质 384
16.4 聚合物/石墨烯纳米复合材料 384
16.4.1 聚合物/石墨烯的相互作用 384
16.4.2 基本特性 384
16.4.3 制备策略 385
16.5 技术平台 386
16.5.1 航空航天结构和功能材料 386
16.5.2 有机太阳能电池 386

16.5.3 传感器 ··· 387
  16.5.4 超级电容器 ·· 388
  16.5.5 生物医学应用 ·· 389
 16.6 面对的挑战和发展潜力 ·· 389
 参考文献 ·· 390

第17章 基于石墨烯的先进纳米结构 ·· 395
 17.1 引言 ·· 395
 17.2 三维石墨烯纳米结构 ·· 396
  17.2.1 制备方法 ·· 396
  17.2.2 凝胶化机理 ·· 396
  17.2.3 前沿应用 ·· 397
 17.3 石墨烯基聚合物纳米复合材料 ·· 405
  17.3.1 氧化石墨烯原位还原 ·· 405
  17.3.2 制备方法 ·· 406
  17.3.3 前沿应用 ·· 407
 17.4 未来展望 ·· 410
 参考文献 ·· 410

第1章　用石墨烯薄片和金纳米粒子修复焊点缺陷

Ezzat G. Bakhoum

美国佛罗里达州彭萨科拉西佛罗里达大学

摘　要　这一章介绍了作者发明的一种石墨烯的新用法：修复密集印制电路板和多芯片模块中的不良焊接点。首先金纳米粒子沉积在微型石墨烯薄片的表面，然后将石墨烯薄片附着或放置在必须重新加工的焊盘或接头上，并将波长在500~800nm范围内的低功率激光对准附着石墨烯薄片的区域。金纳米粒子可以非常有效地吸收这种波长的电磁辐射，并且在纳米粒子中产生强烈的表面等离子体。表面等离子体对纳米粒子以及与纳米粒子相连的石墨烯薄片进行加热，温度可达几百摄氏度，进而使得与石墨烯薄片接触的焊料熔化，而附近的其他焊点不受影响。通过实验确定，540~572nm是该应用的最佳激光波长范围。

关键词　精密焊接，金纳米粒子的应用，工业应用中的低功率激光，石墨烯的应用，焊接的加热曲线

1.1　引言

本章介绍了近期对手工焊接这一古老工序的重大改进。一直以来，随处可见的烙铁是修复有缺陷焊接点的首选工具。然而，过去二十年，消费产品的持续小型化导致印制电路(PC)板和多芯片模块组件封装得越来越密集。如今，集成电路(IC)芯片中的引线间距通常为0.5mm，而大部分PC板上的组件间距甚至更小。对PC板上有缺陷的单个焊点进行返工的难度变得非常大，实际上用烙铁修复焊点时不可能不接触相邻焊点。因此，由作者领导的研究小组最近研发了一种全新的技术，用于对PC板和多芯片模块中的不良焊接点进行修复[1]。该技术不是基于传统的焊接方法和工具，而是基于性能卓越的石墨烯和金纳米粒子(GNP)。

图1.1展示了该新型精密焊接技术的基本原理。近年来，人们发现金纳米粒子(GNP)可以非常有效地吸收500~800nm(绿色至红外)波长范围内的电磁辐射，在这种波长下吸收的电磁能会使金纳米粒子产生强烈的表面等离子体[2-7]。据观察，这种表面等离子体的存在会立即使石墨烯纳米粒子的温度升高几百摄氏度。在本技术中，金纳米粒子必须沉积在需重新加工的焊盘或焊点上。低功率激光指向存在石墨烯纳米粒子的区域。石墨烯纳米粒子变热，温度可以迅速达到几百摄氏度。这会导致与金纳米粒子接触

的焊料熔化,而附近的其他焊点仍不受影响。值得一提的是,图1.1中的激光束可能会覆盖较大的区域(一个或多个焊盘),但只有存在石墨烯纳米粒子的焊盘或焊点的温度会升高。

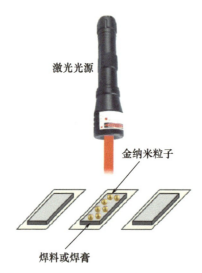

图1.1 新型精密焊接技术的基本原理:金纳米粒子(图中尺寸已放大)沉积在必须返工的焊盘或焊点上。低功率激光指向存在金纳米粒子的区域。纳米粒子中的表面等离子体导致纳米粒子加热,温度可达到几百摄氏度。这将导致与纳米粒子接触的焊料熔化,而附近的其他焊点不受影响

1.2 工序和所用材料的定性描述

实际上,由于仅在扫描电子显微镜(SEM)下可见石墨烯纳米粒子,因此无法直接处理,只能先将纳米粒子沉积在尺寸大到可以被人或机器处理的载体上(例如,载体尺寸单位为毫米而不是纳米)。石墨烯具有很高的热导率和强度,是沉积金属纳米粒子的理想介质,因此选择石墨烯薄片作为金纳米粒子的载体[8]。图1.2显示了尺寸为0.7mm×1.4mm的石墨烯薄片。这些石墨烯薄片可从许多商业供应商处获得。不论直径如何,石墨烯薄片材通常都是几层厚。通过电沉积将石墨烯纳米粒子沉积在石墨烯薄片的表面来实施上述的焊接技术方案。图1.3显示了沉积在石墨烯薄片表面的石墨烯纳米粒子的SEM照片,沉积的石墨烯纳米粒子的直径在60~100nm之间。

直径在60~100nm之间的石墨烯纳米粒子,其表面等离子体的共振波长在540~572nm的范围内[9-10]。使用NKT Photonics公司的可调激光源为石墨烯纳米粒子提供所需的激光(图1.4)。激光源的最大输出功率为1.5W,输出波长范围很广,在本试验中仅使用正常范围(540~572nm)来匹配石墨烯纳米粒子表面等离子体的共振频率。

测试使用的焊料是常规的合金焊锡SnPb(63/37),其在使用时呈糊状,它的熔融温度(液相线)为183℃。将焊膏涂到尺寸为1mm×2mm的焊盘上,焊膏层的厚度为0.25mm(基板是常规的印制电路板FR4),然后将表面沉积有石墨烯纳米粒子的石墨烯载体放在焊料的顶部。

图 1.2　尺寸为 0.7mm×1.4mm 的石墨烯薄片(镊子之间的小矩形),
石墨烯薄片用作金纳米粒子的"载体"

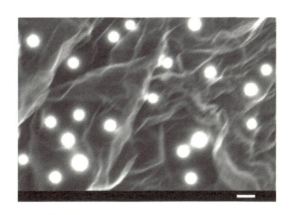

图 1.3　沉积在石墨烯薄片表面的金纳米粒子(直径 60~100nm)的扫描电子显微镜照片

图 1.4　本工作中使用的可调激光源(型号 SuperK Extreme,NKT Photonics 公司),
将带通滤波器(未示出)连接到激光源以获得所需的波长范围

图 1.5 显示了当激光束聚焦在包含石墨烯纳米粒子的载体上时,焊膏温度随时间升高的情况,焊膏在 2.75 s 后达到液相线温度。该图还展示了在没有石墨烯纳米粒子的情况下将激光束直接指向焊料时的温升情况(从未达到液相线温度)。

图 1.6 显示了上述的温度升高与其他情况的比较,当所使用的激光波长不在石墨烯纳米粒子的共振范围内(540~572nm)时,会在很长一段时间后才达到液相线温度(图 1.6

(b)),或者永远不会达到液相线温度(图1.6(c))。显然只有激光波长在石墨烯纳米粒子的表面等离子体共振范围内时,才能获得最佳性能并且具有最短的升温时间。

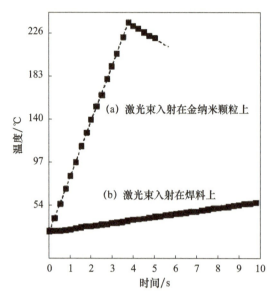

图1.5 (a)焊膏层的实际温度与时间的关系(激光功率=1W),包含金纳米粒子的载体存在于焊膏的顶部;(b)在未包含金纳米粒子的情况下的焊膏层的温度,焊膏从未达到液相线温度

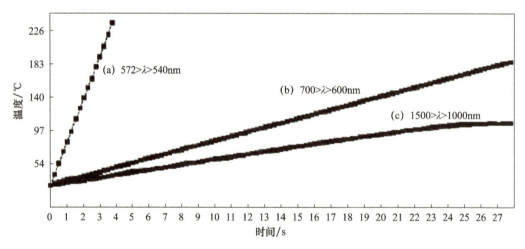

图1.6 对于以下情况,焊膏层的温度与时间的关系
(a)共振波长范围为540~572nm(通过初期研究确定);(b)600~700nm的波长范围(超出共振范围);(c)1000~1500nm的波长范围(超出共振范围)。

上述实验中,在达到液相线温度之前,作为载体的石墨烯薄片都与焊膏保持良好的接触。但是,一旦达到液相温度,由于液态焊料具有较高的表面张力,而碳通常是疏水性的,熔融焊料的表面就会弯曲并与石墨烯薄片分离。在某些应用场景中,这可能是理想的结果,但如果工序要求在整个过程中都与热源(即石墨烯薄片)保持良好的接触,就必须将石墨烯薄片一直紧贴放置在合适的液态焊料(通常是锡)表面。我们又开展了进一步的实验,将石墨烯薄片放置在锡箔上,锡箔边缘卷起并包裹住石墨烯薄片。图1.7展示了被锡箔包裹的石墨烯薄片在经过激光曝光处理后焊接在了焊点上（在低放大率图像中金纳米粒子不会出现）。如图所示,该组件实际上是永久焊接在接头上。

图1.7　包裹在锡片中的载有金纳米粒子的石墨烯薄片,在经过激光曝光处理后焊接在了焊点上

图1.8展示了一个实际的焊接组件原理图,它可以制造成各种尺寸并与该焊接技术结合使用。由于这种组件的尺寸很小,通常须借助显微镜将它们放置在有缺陷的焊点上。此外,在石墨烯板的底部涂导热胶来代替锡片（图1.9）,也可以产生非常好的效果。

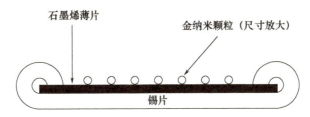

图1.8　在整个焊接过程中保持石墨烯与焊料（或焊膏）的良好接触的设计组件的剖视图
该组件可以制造成各种尺寸和形状。

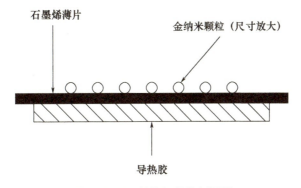

图1.9　另一结构组件的剖视图
其中在石墨烯薄片的底部涂上了导热胶,用以在整个焊接过程中保持与焊料层的牢固接触。

1.3　理论背景

描述材料中热传导规律的主要方程是传热方程[11]：

$$q = -k\nabla T \tag{1.1}$$

式中:q 为传导热通量(W/m^2);k 为材料的热导率($W/(m \cdot ℃)$);∇T 为材料上的温度梯度($℃/m$)。对于一层焊料或焊膏,传热方程为

$$q = k\frac{(T_1 - T_2)}{\Delta x} = \frac{\dot{q}}{A} \tag{1.2}$$

式中:Δx 为焊料层的厚度;$T_1 - T_2$ 为其两个面之间的温度差。q 也等于 $\dot{q}/A$,其中,$\dot{q}$ 为传热(W),A 为焊料层的表面积。* $\dot{q}$ 因此可表达为

$$\dot{q} = k\frac{A(T_1 - T_2)}{\Delta x} \tag{1.3}$$

焊料层的温度升高 ΔT 是 $\dot{q}$ 的函数,由下式给出[12]:

$$\Delta T = \dot{q}\frac{t}{MC_p} \tag{1.4}$$

式中:t 为加热时间(s);M 为焊料层的质量;C_p 为焊料的比热容($J/(kg \cdot ℃)$)。

有三种可以计算出 $\dot{q}$ 的方法。第一种方法是假设激光束完全聚焦在焊接点或焊盘上,则 $\dot{q}$ 大约等于入射激光功率。第二种方法是根据 Mie 理论计算 $\dot{q}$[13]。通过 Kyrsting 等[2]在 Goldenberg 等[14]工作基础上的研究,可以计算出金纳米粒子表面升高的温度。公式如下:

$$\Delta T(\text{particle}) = \frac{IR^2}{3k} \tag{1.5}$$

式中:k 为周围介质的热导率;R 为粒子的半径;I 为单位体积的输入热量,由下式来计算:

$$I = \frac{LC}{V} = \frac{\text{光强}\left(\frac{W}{m^2}\right) \times \text{吸收截面积}(m^2)}{\text{颗粒体积}} \tag{1.6}$$

式(1.6)中的吸收截面积使用 Mie 理论进行计算。从式(1.4)和式(1.5),可以计算 $\dot{q}$。最后一种方法,通过直接测量焊料表面之间的温度差 $T_1 - T_2$,可以根据式(1.3)计算出 $\dot{q}$。计算 $\dot{q}$ 的三种方法连同实验数据已发表在 IEEE Transactions on Components, Packaging and Manufacturing Technology 上。一旦 $\dot{q}$ 的值能够合理确定,焊料层温度随时间的升高则很容易根据式(1.4)计算得出。

参考文献

[1] Bakhoum, E. G. and Van Landingham, K. M., Novel technique for precision soldering based on laser activated gold nanoparticles. *IEEE Trans. Compon. Packag. Manuf. Technol.*, 5, 6, 852–858, 2015.

[2] Kyrsting, A., Bendix, P. M., Stamou, D. G., Oddershede, L. B., Heat profiling of three–dimensionally optically trapped gold nanoparticles using vesicle cargo release. *Nano Lett.*, 11, 2, 888–892, 2011.

[3] Ma, H., Bendix, P. M., Oddershede, L. B., Large–scale orientation dependent heating from a single irradiated gold nanorod. *Nano Lett.*, 12, 8, 3954–3960, 2012.

[4] Ni, W., Ba, H., Lutich, A. A., Jackel, F., Feldmann, J., Enhancing single–nanoparticle surface chemistry-

---

* 注:$\dot{q}$ 是热力学中的标准符号,并不表示微分数量[11]。

by plasmonic overheating in an optical trap. *Nano Lett.* ,12,9,4647-4650,2012.

[5] Pearce,J. A. and Cook,J. R. ,Heating mechanisms in gold nanoparticles at radio frequencies,in:*Proc. Annu. Int. Conf. IEEE Eng. Med. Biol. Soc.* (*EMBC*),Aug./Sep.,pp. 5577-5580,2011.

[6] Zeng, N. and Murphy, A. B. , Heat generation in illuminated gold nanoparticles on a flat surface, in: *Proc. IEEE Int. Conf. Nanosci. Nanotechnol.* (*ICONN*),Feb.,pp. 380-383,2010.

[7] Zhang, X. *et al.* , Large energy transfer distance to a plane of gold nanoparticles, in: *Proc. IEEE14th Int. Conf. Transparent Opt. Netw.* (*ICTON*),Jul.,pp. 1-4,2012.

[8] Rao,C. N. R. and Sood,A. K. (Eds.),*Graphene:Synthesis,Properties,and Phenomena*,Wiley,Weinheim, Germany,2013.

[9] Link,S. and El-Sayed,M. A. ,Spectral properties and relaxation dynamics of surface Plasmonelectronic oscillations in gold and silver nanodots and nanorods. *J. Phys. Chem. B*,103,40,8410-8426,1999.

[10] Jain,P. K. ,Huang,X. ,El-Sayed,I. H. ,El-Sayed,M. A. ,Review of some interesting surface Plasmonresonance-enhanced properties of noble metal nanoparticles and their applications tobiosystems. *Plasmonics*, 2,3,107-118,2007.

[11] Cannon,J. R. ,*The One Dimensional Heat Equation*,Cambridge University Press,Cambridge,MA,1984.

[12] Ramsden,E. N. ,*A-level Chemistry*,4th edition,p. 194,Nelson Thornes,Ltd. ,London,UK,2000.

[13] Bohren,C. F. and Huffman,D. R. ,Mie Theory,in:*Absorption and Scattering of Light by SmallParticles*, Wiley,New York,NY,1998.

[14] Goldenberg,H. and Tranter,C. J. ,Heat flow in an infinite medium heated by a sphere. *Br. J. Appl. Phys.*, 3,296-298,1952.

第 2 章 面向物联网的印刷石墨烯无线电频率和传感应用

Ting Leng, Kewen Pan, Zhirun Hu
英国曼彻斯特大学电气与电子工程学院

摘　要　射频（RF）包括 3 kHz 至 300GHz 范围内的电磁波频率,已用于通信或雷达。RF 通信进入日常生活已经很长一段时间了,RF 技术现在也开始进入医疗保健和健康监测领域。多年来,RF 印刷电子一直使用昂贵的技术,如金属涂层和金属基导电油墨。昂贵的原材料和复杂的制造工艺难以降低成本。在可预见的未来,最终将需要用更便宜的材料和更简单的工艺来取代当前的制造方式。印刷石墨烯已经证明了其为 RF 应用提供廉价且环保替代品的潜力。从那时起,石墨烯油墨取代现有金属纳米粒子油墨的潜力引起了学术界和工业界的极大兴趣。本章介绍的高导电性和超柔性印刷石墨烯可用于制造柔性天线和传感器、电路、电磁屏蔽和吸收结构。预计在不久的将来,印刷石墨烯技术将极大地促进低成本、灵活和可穿戴的电子产品在医疗保健、健康监测和物联网应用中的发展。

关键词　印刷石墨烯,石墨烯油墨,RFID,RF 天线,氧化石墨烯,湿度传感器

2.1 引言

过去 20 年的技术进步极大地推动了电子设备的小型化和成本的降低。尤其是日益高效的电力传输、更宽的通信带宽、可靠的记忆存储器以及微处理器技术的发展,使得小型电子设备的数字化和功能化成为可能[1]。进一步引入无线互联网使人们能够为日常物品和设备配备无处不在的智能。这种通过电子设备和互联网连接为物理对象提供本地智能的新方式被称为物联网（IoT）。一个新时代的曙光、一种新的生活方式随着 IoT 市场的蓬勃发展而兴起[2]。

IoT 是一个全面的网络,由物理设备、家用电器、网络设备和其他嵌入软件、传感器和执行器的电子设备组成。这些设备之间的信息可以通过互联的无线网络共享和交换,并且通过这些信息创建更多的功能。例如,无线传感器可以将信息发送到网络,如果任何读数异常,感测区域的无线警报将响起并发出警告[3-4]。网络中每个无线互联设备具有唯一可识别性,并且能够与现有因特网基础设施内的其他设备一起操作。IoT 市场仍在不断

扩大，也出现了越来越多希望能降低成本并增强 IoT 设备功能的想法。专家估计，到 2020 年前，IoT 由大约 300 亿个物体组成[3]。IoT 是一个通用概念，它将无线功能和更方便的信息交换带到生活的方方面面。在 CPU、内存和电源有限的网络设备内交换信息，意味着可以将许多以前的独立设备配备无线功能并让其变得智能化，因此被称为智能设备[5]。IoT 可以极大地提高传统工作方式的效率和能力，降低人力和管理成本。此外，当 IoT 应用配备传感器等信息采集设备时，通过互联网络，信息的采集和传输无须人工，这大大降低了人工成本、人为失误的风险和对人体健康造成的风险[6]。IoT 应用可以通过互联的网络基础设施进行控制和远程采集信息，使得物理世界和基于计算机的系统之间能够进行更直接的通信，使通信更加方便、准确、高效、安全，总之，在现有的传统物理基础设施中提高了经济效益，使无线互联系统了解一切，成为一切事物的一部分[7-8]。

物体的数字标签，如射频识别（RFID）和近场通信（NFC），是 IoT 应用的第一个实现和核心内容。对于这些一次性设备，标签的材料和生产成本是大批量生产中降低成本的两大主要障碍。印刷电子技术的研究是工业制造过程中的一个重要组成部分，因为它在制备印刷电子技术（如 RFID 和 NFC 标签）等方面具有快速和大规模的生产能力。就 RFID 和 NFC 标签等印刷电子技术的制造方法而言，30 多年前出现的蚀刻技术，经过长期的发展，蚀刻技术已成为印刷电子行业中迄今为止商业化制造工艺应用最广泛的制造方法，以制备导电图案。图 2.1 显示了使用湿法蚀刻的 RFID 标签的传统制造工艺。在聚对苯二甲酸乙二酯（PET）基底上沉积薄铝（或铜）层。依靠光刻技术可以提取出来设计的天线图案，并且在图案上涂上光刻胶掩模，以防止图案被液体化学品或蚀刻剂去除。只将所需的图案留在基底上，用蚀刻剂去除不需要的导电层部分。去除剩余的光刻胶后，RFID 芯片通过称为芯片键合的工业过程连接到天线。通常在芯片键合后涂上一层薄薄的塑料保护层，以保护器件，并提高其耐久性[9]。该工艺可以打印分辨率相对高的导电图案，尽管制造工艺成熟，但蚀刻仍有一些缺点。首先，蚀刻过程是一个减法过程，在制作过程中会浪费大量的原材料。由于贵金属被用作导电材料，而且大部分贵金属是由于减法蚀刻工艺造成的浪费，因此总的价格仍然很高。除了高昂的原材料成本外，还必须考虑间接维护成本，并将其添加到总成本中，因为在制造过程中使用了有害以及对环境不友好的化学品。这包括安全防护生产线的安装、化学品的回收和处置服务以及处理后所有不需要的残留物的清除过程。如果这些预防措施不能得到很好的实施，那么所使用的腐蚀性化学品残留物将在生产过程中对人员和环境造成巨大的危害。近年来，随着人们对环保要求的不断提高和生产线成本的不断提高，这些特点决定了蚀刻技术的进一步发展。

干法蚀刻在工业过程中使用化学反应气体或等离子体将导电层蚀刻成图案。与应用更广泛的湿法蚀刻相比，干法蚀刻具有更高的图案分辨率，但在生产线上的成本比湿法蚀刻更高，更难实现。因此，在 RFID 标签等大规模生产中，不建议采用干法蚀刻，而且干法蚀刻还会暴露出诸如基底选择性差和辐射损伤等问题[9-10]。基底材料的选择范围也很窄，因为基底必须在工艺过程中能够耐受化学腐蚀剂或等离子体。聚合物基底，如 PET 由于耐化学浴，通常用作基底。所有这些薄膜基底都是不可生物降解，因此从循环角度来看，当任何它们所附着的包装处理不当时，都会对环境造成威胁。

本章介绍了一种高效、低成本的丝网印刷石墨烯印刷电子技术的制备方法。丝网印刷石墨烯技术的制备步骤简单，比广泛使用的湿法蚀刻更环保，可以印刷在纸上作为基底。这种方法特别适用于一次性设备的大规模生产,例如 IoT 的 RFID 和 NFC 标签。

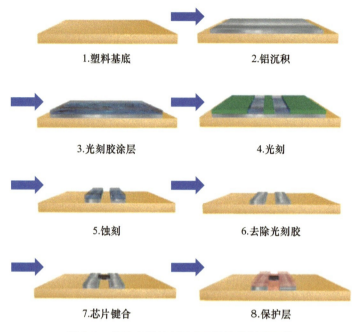

图 2.1 传统金属蚀刻 RFID 标签的制造工艺

以曲折线偶极子天线为例,用这种方法制作 RFID 标签。原型显示了有效辐射和读取范围性能的积极结果。结果表明,丝网印刷石墨烯技术可以替代过时的传统化学蚀刻方法。在需要一次性 RFID 和 NFC 标签的大规模 IoT 中,这种技术将是一种更好的解决方案,更适合未来。

除此之外,丝网印刷石墨烯 RFID 标签与湿敏材料氧化石墨烯(GO)结合以产生无线 RFID 湿度传感器。环境湿度信息通过相位变化检测并无线发送回 RFID 读取器。在 IoT 中这些信息可由其他设备共享。结果表明,低成本的丝网印刷石墨烯 RFID 标签可以与其他二维材料集成,为应用带来更多的功能。这种 GO 涂层的印刷石墨烯传感器的发现使印刷石墨烯技术更接近低成本 IoT 应用的理念。此外,基于丝网印刷石墨烯的低成本无线通信系统进一步推动了可穿戴电子应用的发展。它强化了这样一种观念:低成本、导电、超柔性的丝网印刷石墨烯对可穿戴电子应用至关重要,这种革命性的发展正在给我们的日常生活带来真正的改变。

2.2 丝网印刷石墨烯

近年来,低成本、大规模生产的需求推动了印刷电子技术的快速发展。在印刷技术中,丝网印刷因其能方便地适应大批量生产而在印刷工业中得到广泛的应用。丝网印刷的优点是生产简单、成本低、生产能力强。丝网印刷生产线由用导电油墨印刷所需电子图案的丝网印刷机和印刷后烘干样品的加热室组成。丝网印刷机上配备的印版已准备好所需的图案。将导电油墨装入机器中,用可控刮刀压过印版,然后通过印版压印到基底上。基底的选择性比蚀刻多,因为不涉及化学物质。这意味着丝网印刷的图案可以创建在纸、纺织品、金属和塑料上,拓宽了选择的应用。丝网印刷的分辨率有限,最高可达每厘米50行左右[11],这使得它与湿法蚀刻等其他技术相比,在许多需要高分辨率的应用中缺乏竞争力。然而,一次性 UHF RFID 和 NFC 标签设计只需要毫米范围的分辨率。丝网印刷允许厚度在 10mm 到几百微米之间的油墨沉积,这使得能够使用一些低成本的导电油墨,例如石墨烯油墨,其导电性相对比昂贵的金属粒子油墨低,这是由于大量的油墨沉积。这样的油墨结构简单、成本低、输出容量大、基底范围广,是制作此类器件的较好选择。在 RFID 和 NFC 标签生产的产业链中,一直使用传统蚀刻技术印刷电子产品,丝网印刷还没有完全得到市场的认可。这需要时间获得认可,并不断升级设备和应用技术。

在导电油墨的制造中,基于传统金属粒子的油墨的成本很大程度上依赖于原材料。银纳米粒子油墨在导电性和抗氧化性方面具有无可争议的优势。银基导电油墨具有很高的导电性,因为导电氧化物的存在,其性能比铜基或铝基在很长一段时间内更持久[12]。通常需要把黏合剂添加到导电油墨,因为它有助于粒子的结合和转移到不同的基底上。表面活性剂和聚合物也被添加到基于纳米粒子的油墨中,以便与纳米粒子的表面相互作用,并调整合成油墨的表面张力,以适应不同的成分和厚度[13]。烧结是印刷后重要的高温后处理工艺,可提高印刷电子产品的寿命和性能[14]。高温处理这种基于纳米粒子的油墨对不同类型的基底造成了黏附困难,这严重限制了其对基底的选择。最重要的是,对于大量的一次性电子设备,如 RFID 和 NFC 标签,银纳米粒子油墨的价格太高,无法大规模使用[15]。其他金属基油墨包括铜或铝作为基底。这些金属易受氧化过程的影响,更容易受到限制作业领域的环境影响[16]。由于氧化导致的性能下降可以通过设备表面涂层来缓解,以防止与空气和湿度接触,但是额外的制造过程将显著增加整体制造成本[17]。总之,对于大批量的工业应用而言,金属基油墨的利润率很低,降低成本的同时也会降低其导电性和性能。另一方面,导电聚合物在印刷图案后会受到化学和热不稳定性的影响,因此不适合器件的稳定运行[18]。

自十几年前首次发现石墨烯以来,研究人员一直在集中研究石墨烯及其相关衍生物的应用开发[19-21]。石墨烯是一种具有抗氧化性的碳基材料,因此不需要考虑其工作环境和长时间的持久性。此外,石墨烯微波区的频率无关导电性以及石墨烯薄片在油墨中的分层结构有助于石墨烯导电油墨的发展[22-25]。为了将丝网印刷和石墨烯油墨结合在一起,以实现高导电性、低成本和低温处理,利用后压缩技术开发了一种使用无黏合剂和表面活性剂的方法[26-28]。图 2.2 显示了采用丝网印刷石墨烯技术的 RFID 标签的制造过程。

比较图 2.2 所示的丝网印刷石墨烯 RFID 标签的制作步骤与传统的金属蚀刻的制作步骤,可以清楚地看出丝网印刷石墨烯的优点在于其简单性和原料的低浪费程度。

近年来,可印刷石墨烯油墨的发展受到广泛关注。许多具有特定表面能的有机溶剂[29-30]已被证实可用于石墨烯液相超声剥离,例如,N-甲基-2-吡咯烷酮(NMP)和二甲基甲酰胺(DMF)[31-32]。现在可以通过液相剥离获得无缺陷、氧化程度较低的稳定石墨烯薄片,其残留量低、分散浓度高且在溶剂中稳定性更好[33-34]。为了制备石墨烯丝印油墨,将膨胀石墨片置于陶瓷坩埚中,然后在 800W 商用微波炉中加热 30s,得到层数较少的膨胀石墨,加入 NMP(提高油墨浓度)和醋酸丁酸纤维素(CAB)(避免团聚)进行液相剥离。将混合物(膨胀石墨负载量为 10mg/mL)在超声浴中超声处理 10h。在超声处理后的混合物中得到剥落的石墨烯薄片。首先用 300 目不锈钢试验筛过滤混合物。低速离心（1000r/min）5min 后,析出大的石墨片和未膨胀的石墨。在 30min 高速离心（15300r/min）后从混合物中去除顶层 NMP,留下剥落的石墨烯。在石墨烯薄片中加入乙二醇（EG）,高速离心两次,以洗去 NMP 残留物。将乙二醇中的再分散混合物加热至 120℃ 搅拌 2 小时以提高黏度,然后自然冷却。用 300 目不锈钢试验筛去除 CAB 沉淀。通过在强机械搅拌下蒸发获得 75mg/mL 的浓度（石墨烯薄片和 EG 的混合物）。在丝网印刷中,高黏度是首选,应迅速干燥油墨。该工艺中使用的溶剂比湿法蚀刻中使用的废化学品更容易回收,因此更环保。制备的石墨烯油墨样品如图 2.3 所示。

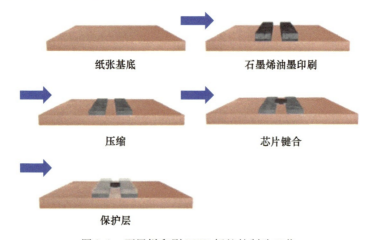

图 2.2　石墨烯印刷 RFID 标签的制造工艺

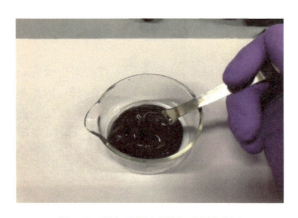

图 2.3　制备丝网印刷用石墨烯油墨

制备好油墨后,需要准备好用于印刷的丝网。与金属油墨相比,石墨烯油墨成本低,但导电性低。印版需要有 30~100μm 的足够厚度以确保墨层较厚。为了避免锯齿效应,以及获得厘米范围内的精细分辨率,通常选择尺寸 30~120（每英寸螺纹数）的网目[35]。然后进行丝网印刷,用石墨烯油墨将设计的图案印刷到普通印刷纸上。制备的样品在 100℃ 下干燥 10min,直到分散剂和溶剂挥发,只留下石墨烯印刷图案在纸基底上。干燥后,使用滚动压缩机压缩样品,以增加样品的表面电阻[26-27]。

然后检查压缩后制备的丝网印刷样品,并对其进行表征,以便在设计程序中使用。对于 RFID 天线等印刷石墨烯电子应用,印刷石墨烯样品的薄层阻对设计至关重要。薄层电阻增加了欧姆损耗,降低了标签的性能。在印刷电子产品的大批量生产中,获得均匀的印刷表面和一致的薄层电阻非常关键。表面电流分布需要一个均匀的表面通道,否则最终产品将无法满足设计期望,尤其是天线设计。扫描电子显微镜(SEM)被用来观察滚动压缩的效果。图 2.4(a)和(b)显示了 5000 倍放大率下压缩前后样品表面(俯视图)的 SEM 图像。结果表明,压缩前样品有大量不规则形状的石墨烯薄片在表面相互堆叠。石墨烯薄片的多孔堆叠导致电流在边缘流动,对接触电阻有很大影响。石墨烯薄片的不规则堆叠导致表面不均匀和粗糙,这严重限制了导电性。

对比压缩前后的样品,压缩后的样品表面更加致密光滑。石墨烯薄片的边缘黏合在一起,多孔堆叠层变得更加牢固,从而形成密集的堆叠结构。均匀的表面确保了射频应用的均匀电流分布。图 2.4(c)和(d)给出了 1000 倍放大率下的压缩前后样品横截面图的 SEM 图像。从印刷样品的横截面图可以看出,石墨烯层紧凑而密集,压缩后在表面形成均匀的层。也可以直观地观察到压缩前后石墨烯层厚度的变化[36]。

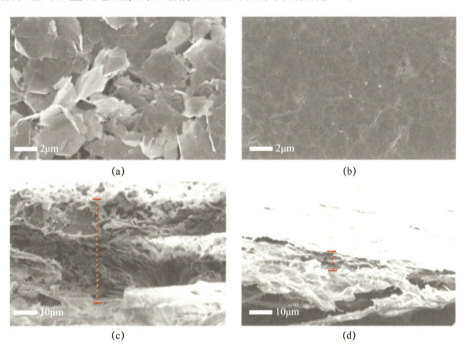

图 2.4 天线样品的扫描电子显微镜(SEM)图像:俯视图和横截面视图
(a)和(c)是印刷样品,(b)和(d)是压缩样品[36](© [2018] IEEE 版权所有,经 IEEE AWPL 授权转载)。

通过测量样品的电阻和厚度,进一步研究了压缩对电导率和厚度的影响。数字测厚仪(PC-485,日本得乐 Teclock)测量到在压缩后厚度从 31.6μm 降低至 6.0μm。四探针测量机(RM3000,英国 Jandel)测量到表面电阻从 38.0Ω/sq 降低到 3.8Ω/sq。使用 Van der Pauw 法测量显示了相似的结果,即压缩改善了石墨烯薄片的接触,显著增加了电流传导。印刷样品的高堆积有助于控制石墨烯的含量和压缩以实现低的表面电阻。利用这种方法,在普通纸上打印出所需的图案。低温处理后使纸张基底即使在干燥后也能保持良好的状态。结果表明,印刷石墨烯与纸张具有良好的附着力,显示了丝网印刷石墨烯电子器件和样品的柔韧性和耐弯曲性能。这种材料残留量低,且所用溶剂可回收,因此更环保也更易回收[36]。石墨烯墨水具有低电阻、高柔韧性、低成本和轻重量的特点,可用于制造柔性低成本射频天线,如 RFID 和 NFC 标签、可穿戴电子设备和传感应用。金属蚀刻和丝网印刷石墨烯 RFID 标签之间的比较总结如表 2.1 所列。

表 2.1 金属蚀刻标签和印刷石墨烯标签的比较

标签类型	优势	缺点
金属蚀刻 RFID 标签	1. 易于实现高制造分辨率 2. 技术成熟,有 30 多年的发展历史	1. 有限的基底选择范围 2. 蚀刻中的原材料浪费 3. 酸回收成本高 4. 昂贵的生产线 5. 对环境的严重污染
石墨烯印刷 RFID 标签	1. 简易低成本生产线 2. 各种基底选择(纸张、纺织品、PET 等) 3. 耐弯曲 4. 减少对环境的排放物 5. 用后即可处理	1. 需要市场认可 2. 相对较低的打印分辨率,但足以用于 RFID

2.3 应用于射频识别丝网印刷石墨烯

近年来,由于使用射频信号自动识别标记对象,RFID 应用的商业化发展迅速。由于在 RFID 标签中的嵌入式微芯片,这种无电池被动技术提供了一种低成本的现成解决方案,可以对信号进行数字编码,并将传输的信号反射回读卡器。RFID 系统已广泛应用于各种商业领域,如库存、医疗保健、供应链、军事、访问控制、农业、飞机和银行业[37]。此外,RFID 标签可以与传感材料结合。当周围环境如温度和湿度发生变化时,标签的电气特性会相应地发生变化。通过分析反射回读卡器的电磁波,可以获得周围环境变化的信息。

2.3.1 丝网印刷石墨烯曲折线偶极子天线的有效辐射

曲折线偶极子天线是 UHF RFID 标签最常用的设计之一。对于工业大规模生产的 UHF RFID 标签设计,小尺寸和低成本是主要考虑的问题。紧凑的尺寸标签允许适当控制应用成本和利用有限空间标签物体[38]。曲折是指绕组或转弯,通过沿弯曲路径折叠偶极子天线的臂,可以设计理想频率下具有合理小尺寸的偶极子天线,同时保持其适合应用的物理尺寸[39]。对于曲折线偶极子天线,可以产生比相同尺寸的直线偶极子天线更低的谐振频率[40]。为了构建低成本的紧凑型标签,通常在 RFID 标签天线布局内进行阻抗匹配,而无须额外的集总元件[41]。曲折线偶极子天线是一组水平和垂直的线,形成转弯以增加标签天线的电长度。这会产生分布的电容电抗,这取决于对面段之间的相互距离,也会产生来自导体的感应电抗,这两种电抗可以相互抵消,并最终影响天线的输入阻抗[40,42]。

第 2.2 节中介绍的用于丝网印刷的石墨烯油墨具有成本低、柔性好、环境友好和低阻抗等优点,但仍有待检验基于这种石墨烯油墨大规模生产射频相关应用的可行性研究。特别是对于 IoT 中使用的 RFID 和 NFC 标签等紧凑型设计,每一圈都需要细线条和良好的分辨率。

为了简单起见,首先研究了一种简单的周期性曲折线偶极子天线。针对丝网印刷曲折结构性能的可行性研究对于未来丝网印刷的石墨烯 RFID 应用的发展至关重要。

印刷石墨烯曲折偶极子天线的几何尺寸如图 2.5 所示,说明了使用曲折结构缩小尺寸的效果。对于工作在 1GHz 的半波长偶极子天线,其总长度为 150mm。然而,在同一频率范围内工作的曲折线天线的总长度为 92mm,比半波长偶极子天线短 38.6%[36]。

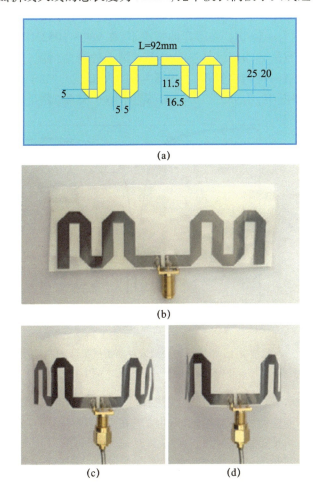

图 2.5 曲折线天线结构及其柔韧性

(a)天线几何尺寸;(b)无弯曲印刷石墨烯天线照片;(c)弯曲印刷石墨烯天线照片:第一种弯曲情况;(d)弯曲印刷石墨烯天线照片:第二种弯曲情况[36](© [2018] IEEE 版权所有。经 IEEE AWPL 授权转载)。

在这种情况下,由于曲折线天线每圈的水平迹线,在较长的平行垂直迹线和等效电感之间存在等效电容。然而,增加的曲折线会增加感应电抗,而电容电抗不会成比例增加[43]。并联电容和电感决定了曲折偶极子天线的谐振频率。曲折偶极子天线的谐振频率取决于曲折的圈数、垂直迹线的长度、水平迹线的长度、导线的总长度和线的宽度等参数[42]。曲折偶极子天线谐振频率的计算细节见文献[43]。天线的设计与 50Ω 相匹配。

丝网印刷的石墨烯曲折线样品如图 2.5(b)所示。结构印在一张纸上。导电环氧树脂(电路工程 CW2400)用于连接 SMA 和天线,以便将天线连接到矢量网络分析仪(VNA)上进行进一步测量。

对于 RFID 应用,在大多数情况下,它需要标签天线具有一定程度的灵活性,以便能够连接到成形物体上。石墨烯丝网印刷在纸张上,纸张是一种低成本的基底,具有良好的柔韧性。在不同的弯曲情况下,值得研究天线本身的性能是否能够保持并且不会有太大的退化。图 2.6 显示了使用 VNA(Agilent E5071B)在纸基底上印刷石墨烯弯曲线偶极子天线的测量反射系数(S_{11})。从测量结果可以看出,即使在不同情况下,弯曲样品的阻抗匹配性能仍然保持在一个良好的水平,但只有一些频移,这显示了天线的灵活性。对于不弯曲和弯曲的情况,带宽为 -10dB。在不弯曲情况下,在 984～1052MHz(6.67%)范围内测量到 -10dB。然后将石墨烯印刷样品卷曲以用于第一种弯曲情况,然后在第二种弯曲情况中使其变圆。对于第一种弯曲情况,从 968～1042MHz(7.39%)范围内测量到 -10dB 带宽,在第二种弯曲情况中,从 985～1050MHz 范围内(6.38%)测量到 -10dB 带宽[36]。

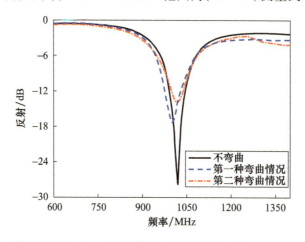

图 2.6　不同弯曲情况下,印刷石墨烯纳米片曲折线天线的测量反射系数[36]
(© [2018] IEEE 版权所有,经 IEEE AWPL 授权转载)

天线的反射仅显示适合最终产品的良好制造技术以及制造的样品与设计程序的良好匹配程度。为了进一步检验石墨烯丝网印刷油墨在射频应用中的可行性,最好的方法是检验天线的实际增益及其辐射方向图。在图 2.8(a)所示的消声室中进行测量,将三个相同的未弯曲石墨烯印刷曲折天线放置在水平平台上,用三天线法依次测量[36]。纸基柔软且容易变形,便于测量和保持三个石墨烯天线在测量中的稳定。将样品粘贴在厚度为 0.8mm、介电常数为 2.6 的薄泡沫塑料(RS 554-844)上。测量结果如图 2.7 所示,最大增益为 870MHz 时是 -4dBi,并保持在 835～900MHz 之间为 -5dB 以上。显示出相对较低的增益部分,部分原因是与金属相比引入到结构中的印刷石墨烯薄片的欧姆损耗更高,但另外的原因是端馈曲折天线结构。假设曲折天线的增益随着曲折线数和轨道宽度的增加而减小。这是因为电流在两者上的流向相反。另外,需要注意的是,支撑塑料泡沫会对天线匹配产生影响,导致增益降低。然而,即使使用次优增益曲折结构,这种辐射增益水平也足以满足许多应用,例如中距离 RFID 标签和低成本可穿戴消费电子产品。如果采用适当设计的优化结构,低成本丝网印刷石墨烯将是大规模 RFID 和电子市场的一个更好的选择[36]。在 RFID 行业,由于市场规模的原因,低成本比收益更重要。即使曲折结构导致天线的次优增益,曲折天线仍被广泛使用。缩小 RFID 标签的天线尺寸会降低其效率和增益,并导致标签天线的读取范围变小。在天线性能和尺寸缩减要求之间,需要进行权衡,并在尺寸和增益之间进行妥协[44]。

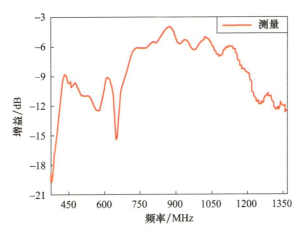

图 2.7　连接在薄泡沫上的印刷纳米石墨烯薄片曲折天线(未弯曲)的实现增益[36]
(©[2018] IEEE 版权所有,经 IEEE AWPL 授权转载)

对于大规模生产的 RFID 应用,不仅要考虑尺寸和成本,而且应答器标签天线还应具有全向辐射方向图,以便 RFID 读取器和应答器标签能够独立于应答器的方向相互通信[44]。对于曲折偶极子天线,在垂直轨道相邻段上运行的电流方向相反,因此不辐射功率,所以辐射电阻仅受导电轨道水平段的影响[45]。曲折线的垂直段对分布模式起着重要作用,当相位变化时,电流在不同的方向上摇摆,垂直于曲折线的路径增加,从而产生垂直全向辐射,类似于偶极子辐射模式[46]。影响极化的另一个因素是垂直曲折线之间的距离,导电轨道之间的交叉耦合将影响辐射图案的极化纯度[45]。在印刷电子制造过程中,印刷样品导电表面的均匀性是一个主要问题,特别是对于印刷天线而言,因为不均匀的电流分布会引起极化杂质。因此,从远场辐射方向图的测量进一步验证了丝网印刷的石墨烯弯曲天线的有效辐射,从而验证了制作天线在实际应用中的可行性。利用天线测量系统(天线测量工作室5.5,钻石工程)在消声室内测量了泡沫塑料上天线的归一化辐射方向图。测量发现在 870MHz 时天线增益达到峰值。在消声室内进行测量,以确保地面和墙壁的低水平反射。采用同频段的 Vivaldi 天线作为源天线,在共极化条件下进行了测量。将丝网印刷的石墨烯曲折天线连接到旋转 360°的转盘上,每 10°记录一次数据,如图 2.8所示。然后用最大磁场方向对测量结果进行归一化。图 2.9 显示了石墨烯印刷天线的归一化辐射方向图。可以看出,偶极子型天线的典型辐射方向图符合我们的期望。如图 2.9(a)所示,E 面最大辐射出现在0°,最小辐射出现在90°和270°。E 面和 H 面上的不对称辐射图案都是由于在纸基片背面粘贴塑料泡沫,以及 H 面测量中使用的连接器和导线的引入[36]。这种典型的偶极子全向辐射方向图证明了印刷天线在远场具有有效辐射,这意味着印刷样品具有与蚀刻等成熟技术相同的电流传导均匀表面,所制备样品的性能符合设计要求。这些结果显示了丝网印刷石墨烯在制造低成本 RFID 和传感应用方面的潜力。研究人员研究了一种广泛应用于RFID 工业中的次优增益曲折结构,丝网印刷石墨烯技术的性能获得 -4dBi 增益。经计算,NXP U code 7 标签芯片可提供 4m 的读取范围,该读取范围足以满足中短程 RFID 和传感应用。综合测试结果表明,石墨烯丝网印刷油墨可以为印刷电子技术提供可接受的印刷细节和性能要求。此外,它比市场上可用的银/铜纳米油墨便宜得多,并且可以印刷到各种柔性基底上。这些特点表明,丝网印刷石墨烯技术可用于工业规模的大规模生产,是生产低成本 RFID 应用的可行替代品。

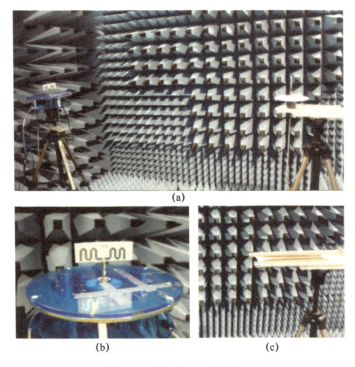

图 2.8　消声室中的测量设置

(a)使用三个相同的无弯曲石墨烯天线,通过三天线方法实现增益测量;(b)天线与旋转器连接用于辐射测量;(c)在辐射方向图测量中用作源天线的 Vivaldi 天线[36]（© [2018] IEEE 版权所有,经 IEEE AWPL 授权转载）

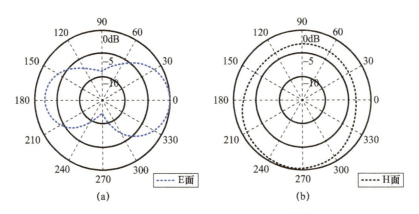

图 2.9　870MHz 下测量的归一化增益辐射模式

(a) E 面;(b) H 面[36]（© [2018] IEEE 版权所有,经 IEEE AWPL 授权转载）

2.3.2 二维材料实现的印刷石墨烯射频识别湿度传感

在过去的十几年中,无线通信技术的发展极大地提高了无线基础设施的可靠性和能力。无线信息交换能力使得无线通信系统成为 IoT 的基础。传感器、微处理器和集成电路等通信系统关键技术的快速发展,使得只需要相关费用的小部分就能让无线传感器系统成为传统有线传感器系统的低成本和低功耗替代方案[47]。

在传统的有线传感器系统中,带有电缆的网络被用在感兴趣的区域上,并连接到集中式数据服务器。来自传感器的测量信息通过电缆传输,在集中式服务器中处理数据。对于这些传感器系统,将传感器连接到信息集线器的电缆的安装成本很高,而且电缆的物理脆弱性也进一步增加了维护成本[48]。有线传感器网络受到许多经济和技术限制,从而限制了进一步的部署。因此,通信系统的进步引入了无线通信技术支持的传感器网络。无线传感器网络利用低功耗嵌入式计算传感设备,从物理世界及其居民处收集测量数据,信息能够无线传输回信息终端[49]。对于无线传感器网络,主要的优点是不需要安装任何电线和电缆。此外,与有线传感器网络中的布线固定不同,无线传感器网络的灵活性允许模块化,因为传感器的部署可以被修改。它还减少了信息交换对集中式数据服务器的依赖。可以通过诸如移动电话之类的无线通信终端从各个无线传感器收集数据。这些特性允许系统模块化和传感器与终端之间更好协调[48]。在无线系统中,RFID 系统是信息交换的无线系统,方法是借助单个 RFID 标签通过无线网络进行。这些标签无源,不需要独立的电源。标签芯片 IC 可由来自 RFID 读取器的接收信号供电,芯片携带的信息被传回读取器。当这项技术配备了诸如传感器之类的信息收集设备时,就能够通过现有的网络基础设施远程感测或控制 RFID 标签。因此,这些无线传感器系统的制造和维护成本比有线传感器系统低得多,因为唯一需要安装的电缆是发射器的电源,从而将布线和维护成本降到最低。这一概念是 IoT 受到青睐的特征之一,因为它可以显著减少人与人之间的互动,从而大大降低劳动力成本和人为失误的风险,也会降低对人类健康造成的风险[6]。

2.3.2.1 用于无线湿度传感 GHz 区域中的氧化石墨烯的介电性能

氧化石墨烯(GO)是表面含氧官能团的石墨烯二维衍生物。GO 可由氧化石墨在水中超声液相剥离制成。在制备步骤中,在石墨的氧化过程中使用强氧化剂,然后在石墨结构中引入含氧官能团,如环氧基、羟基和羧基,通过剥离氧化石墨合成 GO。sp^2 键合网络的破坏将材料转变为电绝缘体[50]。这些含氧官能团的副产物覆盖在 GO 表面,不仅扩大了层间分离,而且使材料具有亲水性[51]。研究人员最近还发现了一种可扩展、安全和绿色方法,利用水电解氧化石墨来合成具有类似性质的 GO[52]。在潮湿的环境中 GO 暴露于水蒸气时容易水合,导致 GO 膜的层间距离明显增加。GO 能吸收与湿度成比例的水分,吸水量取决于特定的合成方法,并表现出强烈的温度依赖性[53]。研究人员通过 X 射线和中子衍射以及原位电子显微镜对环境湿度的吸水依赖性进行了研究[54-57]。GO 的导电性[58-59]、分子渗透性[60-61]、力学性能[62]和介电性能[59,63]等随 GO 膜中吸收的层间水量而变化。这一特性使 GO 成为一种很有前途的湿敏器件候选材料。

多层 GO 在不同湿度条件下的电学和介电特性对 GO 基传感器的设计具有重要意义。研究人员已经在低频下研究了这些特性[58-59,64]。基于 GO 电容器的等效电路模型,通过阻抗分析,提取了 GO 的低频介电特性。在该过程中从电极/薄膜系统的等效电路中提取

GO 的阻抗响应数据。从本质上讲,等效电路是代表薄膜与电极界面的理想情况。等效电路是建立在假设和实验环境的基础上,没有通用方程来表示真实测量的副本。此外,在数据拟合步骤中,进一步采用了等效电路的简化模型,这增加了介电数据精度的不确定性。GO 在更高频率下的电学和介电特性对于基于 GO 的无线通信传感器的设计具有重要意义。在高频时,由于寄生效应和上述原因,不适合用等效电路模型来获得更高频率下 GO 的电学和介电性能的精确结果。在 GHz 范围内,考虑到 GO 低的本征相对介电常数 ε_r 和水的高相对介电性能 ε_r,对多层 GO 的相对介电性能和吸水率关系的研究还不多见,其原理还不完全清楚。本章介绍了一种基于实测的透射和反射参数(S 参数),直接获得 GHz 范围附近 GO 的相对介电常数的方法,该方法不需要使用等效电路模型[65]。

GO 的电学性质可用其实部和虚部相对介电常数 $\varepsilon_r = \varepsilon' - i\varepsilon''$ 来表征[20,58]。对于小而薄的 GO,很难实现传统的相对介电常数测量方法如传输线(TL)法、谐振腔法和自由空间法[66]。因此,设计了一个印刷在谐振器电容器区域的顶部(15mm × 8mm)并涂层 GO 的平面谐振器电路(厚度 30μm ± 2μm),用于测量 GHz 区域的 GO 层相对介电常数[65]。平面结构允许薄 GO 层直接沉积在顶部,并将不同湿度条件下的测量结果与相同的校准电路进行比较,以提取相对介电常数,如图 2.10 所示。

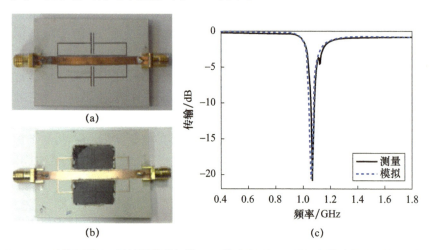

图 2.10 (a)不带印刷 GO 层的微带谐振器;(b)带有印刷 GO 层的微带谐振器(15mm × 8mm) (GO 的厚度为 30μm);(c)模拟并测量了透射系数(S_{21})[65]

图 2.10(a)和 2.10(b)显示了在电容器上涂层 GO 的相同谐振器,以及用于 GO 介电常数测量和数据提取的谐振器。本实验采用 CST MICROWAVE STUDIO 2015 进行全电磁波模拟。对涂层 GO 和不涂层 GO 的谐振器进行了建模,并模拟波导端口以便接入结构。波导端口与结构端口匹配,以激发基本传播模式并确保低水平的反射。利用 S 参数与测量结果进行比较,提取 GO 的相对介电常数。图 2.10(c)显示了无 GO 层谐振器的模拟和测量透射系数。仿真结果与实测结果吻合良好,验证了模型结构和全电磁波仿真的准确性[65]。

测量中使用的 GO 是由改进的 Hummers 法制备。这种技术产生的 GO 典型含氧量为 30% ~ 40%[61,67]。简言之,将 4g 石墨与 2g $NaNO_3$ 和 92mL H_2SO_4 混合。为了得到均匀的溶液,随后逐步添加 $KMNO_4$。对反应温度进行了监测,并保持在 100℃ 左右。然后用

500mL 去离子水和 3% 的 H_2O_2 混合物进行稀释。通过反复离心洗涤所得溶液,直到溶液的 pH 值在 7 左右。然后将 GO 稀释至所需浓度。GO 薄片的横向尺寸约为 500μm × 500μm。为了保证测量的准确性,GO 样品在手套箱中完全干燥 5 天,然后在不同湿度下用于测量。为了进一步检验制备样品中水分子吸收的有效性,可以通过 GO 薄片的吸水率来验证制备 GO 样品的水合行为[65]。通过监测 GO 在不同湿度条件下的质量变化,测量两种不同的薄片尺寸(0.5μm 和 10μm)的吸水量,如图 2.11 所示。

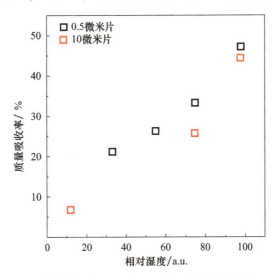

图 2.11 GO 样品的吸水率(暴露在不同湿度下时,不同尺寸薄片制备的 GO 重量的相对增加[65])

结果表明,两种样品的质量吸收率均随湿度的增加而单调增加,其变化范围为 5% ~ 50%,这是结构中吸收水分的结果,验证了样品的有效性。结果还表明,小薄片和大薄片的质量吸收率只有少量的下降,表明其水化行为相似。利用 X 射线衍射(XRD)测量了 GO 的层间距,发现通过从 0 ~ 100% 改变湿度,GO 的层间距从 6.5Å 单调增加到 10Å,这与结论一致[68]。

图 2.12 显示了 GO 介电常数测量的密封箱设置。将汽 - 液 - 固相饱和盐溶液置于密封容器中,在恒定的 RH 下创造不同的湿度条件。饱和盐溶液和相应的湿度为:LiCl(RH11%)、K_2CO_3(RH - 43%)、$Mg(NO_3)_2$(RH - 55%)、NaCl(RH - 75%)和 K_2SO_4(RH - 98%)。对于不同的湿度条件,将过量的相应盐溶解在去离子水中制备水溶液。数字湿度计(赛默飞世尔 116617D)放置在密封容器中(容积为 2L),用于监测温度和湿度。使用橡胶密封 SMA 连接器(RS 库存编号 716 - 4798)连接 VNA(安捷伦 E5071B),以便测量散射参数(S 参数)。GO 的电学性质随湿度的变化而变化,可以改变谐振器的负载,导致谐振频率和后向散射相位的偏移。对于不同湿度下每一组的测量,湿度条件应稳定至少 96h,所有测量应在 24℃完成,在所有测量之前需要用数字仪表读数检查稳定状态。这些系统在很长一段时间内产生恒定的蒸汽压[69-70]。测量系统的稳定性和耐久性对测量结果的准确性至关重要。在同一测量条件下的任何给定时间,测量结果应能保持在同一水平,使其波动小,从而表明测量的稳定性。同时,测量系统的耐久性,也表明了在一定的时间跨度后可以得到相同水平的测量结果。这些特性将在下面的测试中进一步检查[65]。

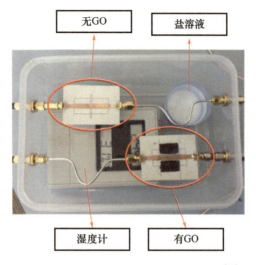

图2.12 GO介电常数测量的密封箱设置[65]

图2.13显示了43% RH至98% RH条件下,涂有GO的谐振器的耐久性和稳定性试验。横轴显示谐振频率,以表示对GO涂层谐振器的频率响应;纵轴表示透射系数,以表示GO涂层谐振器的传播。第一组测量于2015年12月进行,经过13个月的时间跨度后,第二次测量于2017年1月进行。从低湿度到高湿度进行测量,每组湿度的湿度平衡保持96h后,收集所有测量数据[65]。结果表明,在频率响应和传播水平上,测量结果与以往的数据吻合良好。这些测量结果表明,测量系统和GO本身能够维持较长的时间,并且仍然能够达到相同的结果水平,极大地增强了基于GO的湿度传感器长时间稳定和持久性。

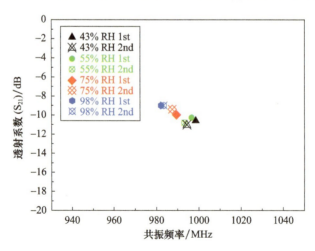

图2.13 在不同相对湿度下,GO涂层谐振器的频率响应(横轴)和传输响应(纵轴)的耐久性试验[65]

在所有的制备工作之后,为了提取GO的高频介电特性,将GO模拟成与测量装置尺寸、厚度相同的薄介电层。图2.14(b)显示了具有和没有印刷GO层样品的测量和拟合模拟透射系数(S_{21})。与阻抗法不同的是,通过将模拟的透射系数与GO覆盖谐振器的测量结果进行拟合,可以直接提取不同湿度条件下GO的相对介电常数。结果表明,在不同的湿度条件下,有GO层谐振腔的传输特性发生了相应的变化,而没有GO层的参考谐振腔的传输特性保持不变。在同一温度下的密封箱内测量,唯一的变量是被吸收的水分子的数量。透射响应的变化只能由不同湿度条件下 GO 电学性质的变化引起。在图 2.15 中模拟并绘制了 GO 涂层谐振器的透射系数和五组具有介质 GO 层的不同相对介电常数($\varepsilon_r = \varepsilon' - i\varepsilon''$)。结果表明,随着湿度的增加,GO 涂层谐振器的谐振频率向低频方向移动,其分数带宽增加。GO 的相对介电常数的实部(ε')和虚部(ε'')的增加是由于 GO 层间吸收水量增加。同样可以观察到,当 ε' 相同,共振频率随 ε'' 变化不大。原因是相对介电常数的虚部与材料损耗角正切($\tan\delta = \varepsilon''/\varepsilon'$)有关,主要影响谐振器的 Q 因子[65]。

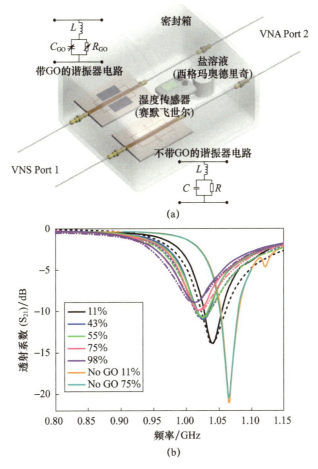

图 2.14 (a)GO 介电常数测量的谐振器电路和(b)在不同相对湿度下,有/没有 GO 层样品的测量(实线)和模拟(虚线)透射系数(S_{21})[65]

模拟结果表明,由于中间层结构中的水分子被吸收,涂层的相对介电常数的变化对谐振腔的传输性能有很大的影响。通过将全电磁波模拟结果与实验测量结果进行拟合,可以提取 GO 的介电特性。图 2.16 显示了不同湿度条件下的 GO 涂层谐振器的谐振频率 ε' 和提取的相对介电常数 ε'' 以及损耗角正切($\tan\delta = \varepsilon''/\varepsilon'$)。与以往的低频测量结果不同,在更高的频率范围内,当相对湿度从 11% 增加到 98%,提取的 GO 相对介电常数 ε' 从 11 增加到 17.6,ε'' 从 2.3 增加到 6.4。在低频时,从湿度变化中可以观察到较大的介电常数变化[59,64],而在更高频率区域的测量中,变化要小得多。其原因是吸收水的取向极化。

在低频时,水的极化随电场方向变化,因此随着湿度的变化,介电常数会发生很大的变化。相反,电场的方向在高频时变化太快,因此水的极化无法跟上这种变化。这将导致随着湿度增加介电常数会发生相对较小的变化。水的介电常数为80,远高于GO的介电常数。随着GO片中湿度的变化,辅助吸收的水分子随后会增加样品的介电常数[71]。实验结果表明,在GHz范围内,GO的相对介电常数随湿度而变化,这使得GO成为低成本无线湿度传感器的候选材料。

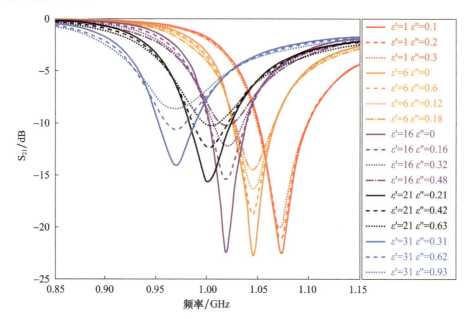

图2.15 具有不同相对介电常数(ε'和ε'')介质层谐振器的模拟透射系数(S_{21})[65]

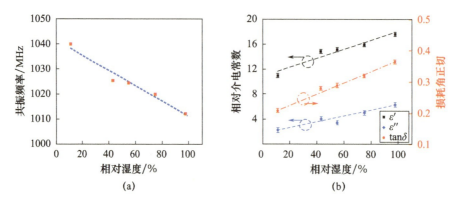

图2.16 (a)共振频率与相对湿度的函数关系;(b)在不同湿度条件下,GO的相对介电常数分量和损耗角正切值[65]

2.3.2.2 由RFID支持的用于物联网的逐层组装印刷的石墨烯无线湿度传感器

关于湿度传感器的设计,电容类型是带有涂层传感层的流行结构,需要IC电路并连接到LCR仪表进行测量读数,因此不适合在需要无线应用的接触困难区域进行传感[72-74]。对于无线应用,近场通信(NFC)线圈天线和无芯片设计可通过负载湿度传感材料实现短传感范围,并在不同湿度条件下的环境中监测谐振频率[75-77]。可通过RFID

标签在湿敏聚酰亚胺的两侧印刷结构,从而形成平行板电容器,但不适用于任何其他基底[78]。将湿敏聚合物装入折叠贴片 RFID 标签的插槽中以实现无线湿度传感,但仅观察到 50% 至 100% 的相对湿度,并且仅考虑功率的情况[79]。

研究人员在各种研究中调查了 GO 对湿度的敏感性[59,64],并多次尝试将其运用于各种应用中。在本节中,GO 层被直接涂覆在丝网印刷石墨烯射频识别(RFID)天线上,而不是像以前文章所报道使用 GO 电容器来感知湿度[59,64]。与 GO 电容器结构不同,在文献[65]中提出的传感机制是利用 RFID 读取器检测由于湿度变化引起的反向散射信号的相移。可以通过 RFID 技术无线、即时地获取湿度信息,并且可以在同一网络环境中由其他 IoT 设备共享。单独的丝网印刷 RFID 标签本身无源,且不含外部电源。最重要的是,印刷石墨烯 RFID 成本低,可以批量生产。在本节中,我们将通过结合丝网印刷石墨烯 RFID 天线与湿度传感 GO 层,演示无电池 RFID 湿度传感器。可以以非常低的成本且大规模扩展去逐层印刷 GO 涂层 RFID 湿度传感器。GO 涂层 RFID 湿度传感器无电池且无线,它已经证明了有效的湿度传感功能,可以用于 IoT 应用。这项新的发展可以提供各种应用,如无电池智能无线监控制造过程,其对水分、食品安全、医疗保健和核废料非常敏感。此外,它还可以通过 IoT 交换信息,以通过 Wifi 或 5G 等无线网络简化信息共享。

无源 RFID 标签天线通过从 RFID 读取器发送的前向信号中提取功率,从而通电和激活。该信号由 IC 芯片通过改变芯片的输入阻抗进行幅度和相位调制,并反向散射到 RFID 读取器进行数据处理。不同湿度条件下 GO 涂层的介电常数变化导致天线结构的阻抗变化。阻抗变化将进一步导致调制步长的变化,因此 RFID 读取器随后可以拾取偏移的谐振频率和反向散射信号的相位,并进行解调以感测环境中的湿度变化。图 2.17 显示了反向散射信号相位测量 GO 涂层石墨烯 RFID 传感器的相对湿度(RH)[65]。

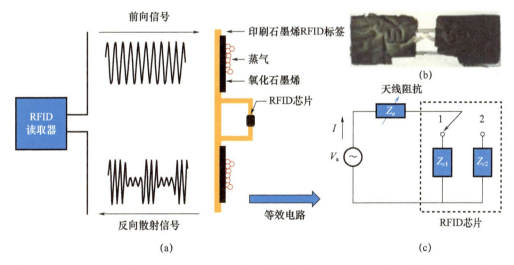

图 2.17 (a)基于 GO 的印刷石墨烯 RFID 传感器系统的工作原理;(b)顶部涂层 GO 的印刷石墨烯天线(GO 层厚度为 15μm);(c)RFID 标签的等效电路[65]

天线幅度和相位调制的工作原理和等效电路如图 2.17 所示。RFID 天线的阻抗通常与芯片的高阻抗状态共轭匹配,以便使得从转发信号收集的功率最大化。图 2.17(c)中天线上的等效开路电压 V_a 可表示如下[80]:

$$V_a = \sqrt{8P_{Ant}Re(Z_a)} \qquad (2.1)$$

式中：P_{Ant} 是天线端口的可用功率；Z_a 是天线阻抗。两个输入阻抗状态 Z_{C1} 和 Z_{C2} 之间的切换会在天线端口产生两个不同的电流，可计算为[80]

$$I_1 = V_a\left(\frac{1}{Z_a + Z_{c1}}\right) \qquad (2.2)$$

$$I_2 = V_a\left(\frac{1}{Z_a + Z_{c2}}\right) \qquad (2.3)$$

由于邻近效应，RFID 天线的阻抗对结构上的任何涂层电介质都很敏感。随着湿度条件的变化，改变的 GO 介电特性改变了天线阻抗 Z_a。当天线阻抗 Z_a 改变，天线端口的电流 I_1 和 I_2 改变，导致反向散射信号相位因湿度变化而相应改变。即使是实验中使用的原始 GO 样品，其离子导电性在高湿度下变得相对导电（100% 相对湿度下的兆欧电阻和 0% 相对湿度下的千兆欧电阻[81]）。这仍然比本实验中丝网印刷石墨烯 RFID 天线的电阻（少量欧姆[81]）高几个数量级。因此，可以忽略 GO 导电性，并且仅考虑 GO 介电特性的变化，因为需要注意 RFID 读取器检测到的相移[65]。

为了制备所提出的无线 RFID 传感器，采用丝网印刷，随后使用滚动压缩技术，以此制成印刷石墨烯 RFID 天线，如前一节所述[27,36]。在印刷石墨烯 RFID 天线上涂上一层 GO 黏性溶液（10g/L），放在通风橱中在连续气流下将 GO 涂层干燥一夜。为了更好地说明逐层组装 GO 涂层石墨烯 RFID 湿度传感器结构，图 2.18 显示了在纸基上 GO 涂层印刷石墨烯的横向 SEM。它清楚地显示了从上到下逐层组装的 GO 层、印刷和压缩的石墨烯层，以及纸张基底可以依次堆叠。

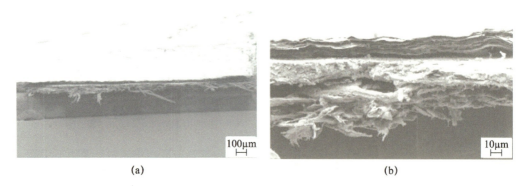

图 2.18 纸基 GO 涂层印刷石墨烯 RFID 天线的 SEM 图
(a)大图；(b)放大视图（从上到下层依次为 GO、印刷石墨烯和纸张[65]）。

本章利用 Voyantic – Tagformance RFID 读取器测量了不同湿度条件下的反向散射信号相位。无线测量的设置如图 2.19 所示[82]。研究表明，在较长时间下，GO 材料具有耐久性和稳定性，但 GO 涂层无线无源 RFID 传感器的稳定性尚不清楚，因此研究人员对 RFID 湿度传感器的可靠性进行了稳定性测试。

图 2.20 显示了 GO 涂层 RFID 传感器的稳定性试验结果。在 23% 相对湿度和 98% 相对湿度下，测量了 GO 涂层传感器的共振频率。在 48h 平衡时间前，共振频率仍有变化，但在之后，共振频率变得稳定且不再移动，表明测量的稳定性。由于相位与频率的函

数关系,为了简便在稳定性测试中使用谐振频率而不是相位。由于湿度敏感的二维材料 GO,来自印刷石墨烯 RFID 标签的反向散射信号相位变化随后由 RFID 读取器检测到。

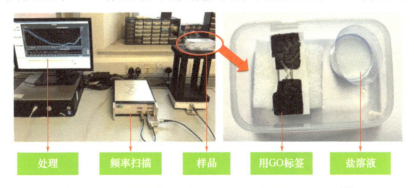

图 2.19　无线 GO 涂层 RFID 湿度传感系统的实验装置[65]

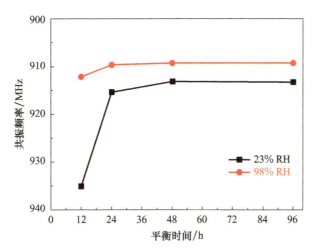

图 2.20　室温(相对湿度 =23%)和使用 K_2SO_4(相对湿度为 98%)情况下,
GO 涂层传感器平衡时间内谐振频率的稳定性试验[65]

从图 2.21 可以清楚地看出,在 880～920MHz 的标准 RFID 频谱中,反向散射信号相位受湿度变化的影响。实验验证了所提出的 GO 涂层 RFID 湿度传感器的反向散射相位可以用来获取湿度信息。结合由传感标签芯片提供的 ID 信息,可以预期低成本逐层组装基于 GO 的丝网印刷石墨烯 RFID 湿度传感器可用于无线传感网络。如图 2.21(b)和(c)所示,随着相对湿度从 11% 上升到 98%,910MHz 和 900MHz 反向散射信号相位增加了 44.6°和 39.5°。在 910MHz 时,随着每 1% 的相对湿度变化,平均相位变化 0.5°,证明了基于 GO 的无线丝网印刷石墨烯 RFID 湿度传感器的有效性。除此之外,这里的相位变化检测与其他报道的印刷无电池 UHF RFID 传感器的检测非常不同[80,83-84]。在以前发表的一些文章中提到,在整个 RFID 分配的频谱中测量激活标签所需的最小功率,然后提取共振频率。扫描整个频率非常耗时,需要对测量后的数据进行处理,以便在测量周期中计算出标签上的最小功率和谐振频率。通过相位变化检测,可以在单个频率点而不是整个频谱上获得由湿度引起的反向散射信号相位变化,这大大缩短了处理时间,并简化了测量过程[65]。这些积极的测量结果证实了 GO 在不同湿度条件下介电性质的变化可用于构建

IoT 应用的无线 RFID 湿度传感器。通过将 GO 和印刷石墨烯堆叠在纸上,使用逐层组装技术的延展制造方法展示了丝网印刷石墨烯技术与传感二维材料相结合的第一个例子,从而产生了适合即时大规模工业应用的功能性器件。

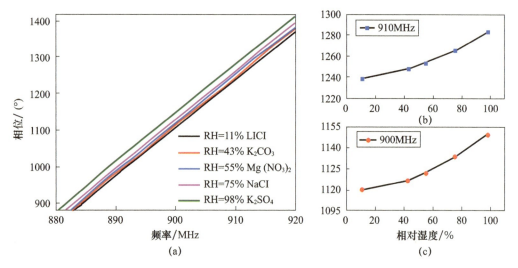

图 2.21 (a)不同湿度下测量的反向散射信号相位与频率的函数关系;(b)910MHz 下,放大的反向散射信号相位与湿度的函数关系;(c)900MHz 下,放大的反向散射信号相位与湿度的函数关系[65]

2.3.3 用于低成本可穿戴电子产品的丝网印刷石墨烯

在现代社会,由于生活条件和医疗保健的进步,人们的预期寿命大大延长。近年来,健康意识的增长极大地推动了可穿戴电子产品的发展[84]。人们已经开发了智能腕带、手表和功能性服装等设备,用于在日常保健中监测人体。可穿戴电子产品的应用领域非常广泛,包括用于医疗保健的活动跟踪和健康监测;提供工业和企业实时数据,包括监控工厂流程和更新仓库库存;将士兵与战场上的工作人员网络、传感器、外部通信联系起来的士兵系统,特别是在这种情况下,可穿戴组件需要高性能、耐用且重量轻,以供徒步士兵使用[86]。到 2020 年,服装产品的年销售额已超过 500 亿件且达到 3 万亿美元,并且 20% 的服装与电子产品应用相结合[87]。

可穿戴电子产品也是 IoT 的一个子集。IoT 是超越人的自动物联演进,可以在没有人为干预的情况下运行。成为 IoT 一部分的一个优点是,可穿戴电子设备不断与网络基础设施内的其他设备通信。可以上传相关人员的重要状态和活动数据等信息,以便跟踪一段时间内的进展情况;可以通过可穿戴通信产品传输患者的生命状态,以便对用于医疗观察目的的趋势进行详细分析。可以预测在不远的将来,随着可穿戴设备发展到靠近我们的身体或与我们的身体接触,包括移动设备、家庭、传感器、电器、救生设备等更多产品,人们可以随时随地与 IoT 技术支持的智能设备进行交互——只要通过深入研究可穿戴电子产品和 IoT 的世界[88]。

几十年来,可穿戴电子设备实际上已经用于医疗目的,如助听器、起搏器和其他医疗设备[88]。尽管如此,在大幅改善医疗保健水平的同时降低其成本还是吸引了研究人员和医生的兴趣去应对这一挑战[89]。健康监测、移动通信或在人体上用于监测和通信的应用潜力巨大,能够改变未来医疗保健的工作方式,这可能更有助于为现代生活方式带来更美好的未来。

可穿戴电子产品或可穿戴通信系统由于要求性能高和制造成本高,价格比较昂贵。对于低成本和一次性可穿戴应用,很难同时实现具有足够性能和低制造成本的实用性。在可穿戴通信系统中,将 RF 前端与柔性基底集成的传统方法是在柔性基底上沉积金属。制造过程要求高精度,并且能够应用于柔性基底。可穿戴通信设备中使用的常用材料,例如银纳米粒子,其费用太高,或者不适合大规模用于低成本可穿戴通信系统,或者导电性不足以产生效果,例如导电聚合物。传输线(TL)是传输信号的基本结构,对于 RF 电路或任何电子电路都必不可少。在无线通信系统中,传输线通常用于将无线电发射器和接收器与天线连接[90]。在实际场景中,TL 是专门设计的电缆或低损耗的其他结构,通常由金属和非常昂贵的设备制成。此外,这些电缆容易弯曲和扭曲,损坏后通常不可丢弃。低成本、高柔性、重量轻且导电的丝网印刷石墨烯非常适合低成本的可穿戴应用[27,36]。研究人员首次设计、制造并表征了丝网印刷石墨烯传输线和纸基无线通信天线,以研究其用于RF 信号传输和无线可穿戴通信应用的可行性。研究人员在各种弯曲情况下实验研究了力学柔性传输线和天线,探讨了其在可穿戴无线通信系统中的应用潜力。最后,作为概念验证,将丝网印刷的石墨烯天线连接在人体模型的两个手臂上,以在设备之间发送/接收射频信号,从而对人体上通信系统进行实验验证。

图 2.22(b)显示了间隙不同的两个丝网印刷平行传输线样品。线的长度 $l = 50\text{mm}$,间隙分别为 $g = 0.3\text{mm}$ 和 $g = 0.5\text{mm}$。平行传输线的传输特性主要取决于材料参数,如材料损耗、基底材料的介电常数以及结构的几何形状,如线宽、线间隙等。使用导电环氧树脂在线路的每个端口连接 SMA 连接器。

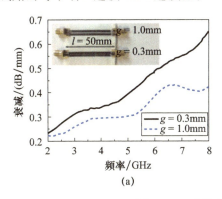
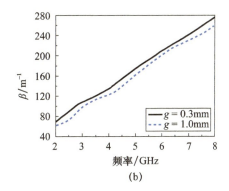

图 2.22 不同间隙平行传输线的性能

(a)传输线的功率衰减,插图是两个具有不同线间隙的传输线样品,间隙 = 0.3mm 和间隙 = 0.5mm;(b)传输线的相位常数 β[26]。

用 VNA(Agilent E5071B)测量这些传输线的散射参数(S 参数),传播常数可使用以下公式计算[91]:

$$e^{-\gamma l} = \frac{2S_{21}}{1 - S_{11}^2 + S_{21}^2 \pm \sqrt{(1 + S_{11}^2 - S_{21}^2)^2 - 4S_{11}^2}} \tag{2.4}$$

$$\gamma = \alpha + j\beta \tag{2.5}$$

式中：α、β 为衰减常数和相位常数。为了消除阻抗失配对研究导体损耗的影响，吸收衰减定义为通过输入端口输入的功率与通过输出端口网络的输出功率之比，由式（2.6）计算[92]。

$$衰减 = \frac{P_入}{P_出} = \frac{1-|S_{11}|^2}{|S_{21}|^2} \tag{2.6}$$

衰减常数描述了电磁波在距离源每单位距离的介质中传播时的衰减。丝网印刷传输线的衰减常数单位为 mm，如图 2.22（a）所示。结果表明，衰减程度随频率的增加而增大。这些传输线中相对较高的衰减是由于丝网印刷的石墨烯原型传输线样品的厚度较小。当丝网印刷石墨烯厚度 $t=7.7\mu m$ 时，电导率 $\sigma=4.3\times10^4 S/m$，$2\sim8GHz$ 的趋肤深度在 $27\sim54\mu m$，这意味着这些丝网印刷石墨烯样品的厚度仅为趋肤深度的 14.3%~28.5%。为了减少实际应用中的衰减，导体厚度通常是趋肤深度的 3~5 倍。增加丝网印刷的石墨烯电路的厚度是在以后发展中实现较低衰减的有效方法。还可以观察到，线间隙越宽，衰减越低。这是因为电磁场主要集中在线路的内侧边缘，而间隙越小，磁场就越强，导体损耗越大。然而，值得指出的是，线间隙不能任意设置，因为它决定了端口匹配的线路特性阻抗。此外，相位常数如图 2.22（b）所示。相位常数表示在任何时刻波沿传播路径每单位长度的相位变化。可以看出，相位常数几乎与频率呈线性关系，表明丝网印刷的石墨烯传输线的相位扭曲很小，这在实际应用中很受欢迎[26]。

为了测试丝网印刷石墨烯传输线在弯曲和扭转条件下的稳定性，研究人员制作了长度为 10cm、间距为 1mm 的传输线，以此进行稳定性实验。4 种不同情况的传输如图 2.23 所示。可以清楚地看到，在不同的弯曲和扭转条件下，印刷石墨烯传输线的传输系数变化不大。这在可穿戴应用中非常可取，因为由于身体运动，设备需要更灵活。在 4 种弯曲和扭转条件下，仅观察到传输性能的细微差异。由于弯曲和扭转，传输线的不同部分之间发生相互耦合。例如，在未弯曲的情况下，其传输系数比其他 3 种情况小，因为线路的不同部分之间没有相互耦合。相对较低的传输系数是因为所使用的结构没有针对阻抗匹配进行优化，并且由于丝网印刷石墨烯的厚度较薄而导致衰减。在 $2\sim8GHz$ 范围内，印刷石墨烯的厚度为 $7.7\mu m$，而它的趋肤深度是 $27\sim54\mu m$。通过更好的阻抗匹配，并将印刷石墨烯的厚度增加到其趋肤深度的 3~5 倍，可以获得更高的传输系数[26]。

为了进一步展示利用印刷石墨烯技术实现低成本可穿戴通信系统的概念，采用丝网印刷石墨烯制作了无线通信天线。图 2.24 显示了采用丝网印刷石墨烯方法制造典型 CPW 馈电缝隙天线。将天线弯曲并粘贴在不同半径的圆柱体上，模拟不同的弯曲条件，从而测试可穿戴通信系统的柔韧性。未弯曲的天线如图 2.24（a）和（b）所示，图 2.24（c）和（d）显示了连接在半径为 5.0cm、3.5cm 和 2.5cm 的圆柱体上的弯曲天线。

用 VNA（Agilent E5071B）测量了在 4 种不同弯曲情况下天线的反射系数，并用三天线法获得了增益[26]，结果如图 2.25（a）所示。可以看出，未弯曲的天线在 1.97GHz 处的反射系数 S_{11} 为 $-18.7dB$，并在 $1.73\sim3.77GHz$ 范围内保持在 $-8dB$。这意味着制造天线的工作频率覆盖主要的无线通信频段，如 wifi、蓝牙和一些移动蜂窝通信。可以看出，这种天线也是双频，它的另一个峰值在 3.26GHz 处为 $-19.2dB$。这说明丝网印刷石墨烯天线还具有宽带特性，适合无线通信应用。这里只展示了一个丝网印刷石墨烯宽带无线天线的原型，但是通过设计用于特定应用的专用于该频率的天线，可以进一步改进无线通信频带。还可以观察到,反射系数在不同弯曲情况中变化不大。这表明阻抗匹配的性能几乎不变,对弯曲不敏感。用三天线法测得未弯曲天线在 1.92GHz 时的最大增益为 0.2dBi,并在 1.82～3.72GHz 范围内保持在 -1dBi。在高频区弯曲时,天线增益会发生变化和退化,而在 1.9～2.2GHz 的低能带弯曲时,变化很小。这是因为当天线弯曲时,电流分布会发生改变,从而导致天线增益性能的变化。这意味着即使丝网印刷石墨烯灵活,其性能仍然对天线的结构敏感,需要在某些应用的未来发展中进一步对其研究[26]。

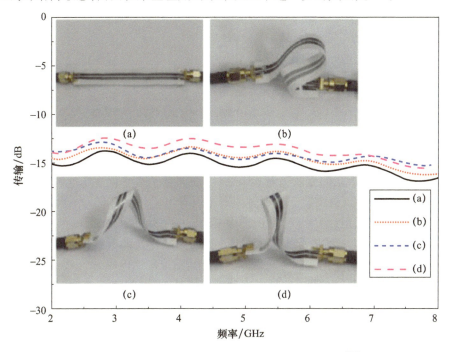

图 2.23 未弯曲、弯曲和扭曲传输线及其传输性能[26]

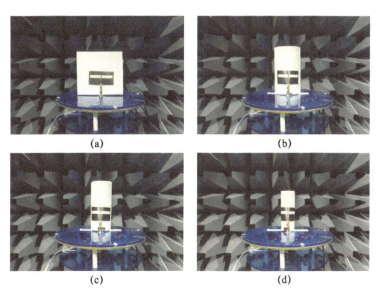

图 2.24 印刷石墨烯天线在不同半径的圆柱体上弯曲

(a)未弯曲;(b)弯曲半径为 5.0cm;(c)弯曲半径为 3.5cm;(d)弯曲半径为 2.5cm[26]。

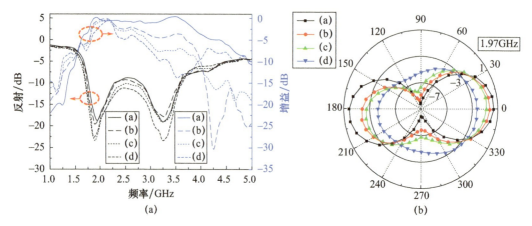

图 2.25 印刷石墨烯天线在不同半径圆柱体上弯曲的测量结果(如图 2.24 所示，曲线(a)~(d)对应于未弯曲、弯曲半径 5.0cm、弯曲半径 3.5cm 和弯曲半径 2.5cm) (a)反射系数和实现的增益；(b)1.97GHz 的辐射图案[26]。

为了进一步研究天线的有效辐射和柔韧性，还测量了水平面上 1.97GHz 下不同弯曲情况(a)~(d)的对应辐射图案。从辐射图案可以看出，尽管在(b)、(c)情况下施加弯曲后最大增益略有下降，但(a)~(c)情况非常相似。这一结果与先前的结果吻合得很好。情况(d)的图案与其他 3 种情况有很大的不同，因为严重弯曲天线的电流分布会使天线的工作频率发生更大的变化。这意味着这种特殊的 CPW 馈电贴片天线不能用于严重弯曲的情况，需要采用另一种结构来解决这种情况。然而，结果仍然表明，丝网印刷石墨烯宽带无线天线具有柔韧性，可以在许多可穿戴无线通信弯曲情况下使用[26]。

此外，如图 2.26(a)所示，研究人员设定了身体通信测量的真实场景。在这个装置中，两个完全相同的丝网印刷石墨烯无线天线被弯曲并连接在人体模特的手臂上，分隔距离为 0.5m，将其作为射频发射器和接收器，代表人体上的通信系统。两个丝网印刷无线通信天线之间的传输系数如图 2.26(b)所示。在 1.67~2.87GHz 范围内的传输系数在 -32dB 以上，比 3.8GHz 处的 -55dB 高出 20dB。测量结果验证了当这两个丝网印刷无线通信天线安装在人体上，并分隔一定距离时，能够有效地辐射和接收 RF 信号[26]。它表明了可以将导电和超柔性丝网印刷石墨烯用于制造低成本可穿戴通信系统的柔性传输线和无线通信天线。这一发展对于开发低成本可穿戴无线通信系统具有重要意义，在不久的将来，可以将其应用于医疗保健和健康监测。这些丝网印刷石墨烯应用的目标领域可以是具有可接受性能的低成本和一次性可穿戴通信系统，而用金属基材料的传统制造技术难以实现。它表明，丝网印刷石墨烯的潜力不仅仅局限于 RFID 和无线传感器，还可以扩展到更多需要低成本但有效的替代制造技术领域。

2.4 小结

在这一章中，我们介绍了石墨烯油墨，它可以大量生产 RFID、无线传感器和可穿戴无线通信。石墨烯油墨的制备既不需要黏合剂、表面活性剂、聚合物，也不需要高温后处理。石墨烯油墨的制备工艺简单、成本低，具有工业规模的丝网印刷。采用滚动压缩法进一步提高了石墨烯油墨的导电性。该样品可以印刷在纸张等柔性基底上,并能够提供中短程 RFID 和传感应用所需的有效增益和辐射模式。

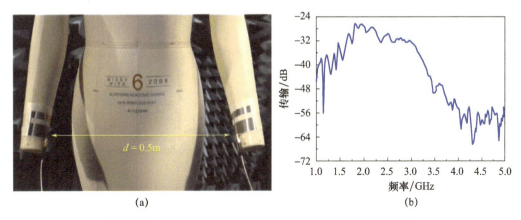

图 2.26　人体上两个印刷石墨烯可穿戴天线之间的传输测量

(a)人体模型上可穿戴天线的测量设置;(b)连接在人体模型手上的两个天线之间的传输,分隔距离为 0.5m[26]。

用石墨烯油墨在纸基上丝网印刷曲折线偶极子天线方向图,以验证其可行性。测量结果与模拟结果吻合良好,表明石墨烯丝网印刷墨水可以在天线设计中提供精确的结构匹配,并且采用压缩技术的丝网印刷天线可以有效地在远场辐射。这些工作表明,石墨烯油墨可以应用于大规模生产的 RFID 应用。成本低、生产线简单、柔性基底选择多样、产生废物少等优点将对 RFID 天线、传感器和可穿戴电子产品的工业生产产生积极影响。

在对丝网印刷石墨烯天线进行可行性测试后,将所设计的 RFID 天线与二维湿敏材料 GO 结合。首先研究了 GO 在不同湿度条件下吉赫兹区域的相对介电常数,以验证 GO 在吉赫兹区域的吸水行为,为无线 RFID GO 湿度传感器的设计提供了依据。

可以通过比较实验结果和模拟结果提取相对介电常数来实现此目的。提取的结果表明,GO 的相对介电常数在吉赫兹区域时随湿度的变化而变化,但与较低的频率如兆赫时变化的方式不同。结果表明,GO 相对介电常数的实部和虚部均随湿度的降低而减小,这是由于水对 RF 波的强烈吸附所致。在此基础上,将 GO 的介电特性应用于无线 RFID 湿度传感器标签的设计中。通过在丝网印刷的石墨烯 RFID 天线上涂覆 GO 层设计无源无线湿度传感器,RFID 读取器可以无线检测其相位变化。相变可以用来获取环境的湿度信息。二维材料 GO 和印刷石墨烯 RFID 天线的结合可以为 IoT 应用的低成本能量收集 RFID 传感器奠定基础。这个积极的结果显示了 GO 等二维材料促进无线 RFID 传感应用发展的前景。其优点是逐层组装简单、成本低、可扩展性强,以及适合即时批量生产和应用。

在此基础上,提出了一种基于丝网印刷石墨烯的低成本可穿戴通信系统。用丝网印刷石墨烯制作传输线和无线通信天线,得到了有意义的结果。传输线即使严重扭曲或弯曲,性能也不会下降。在人体上的测试表明,该原型成本低、灵活性强,且在无线通信频率范围内具有良好的性能。

这些关于丝网印刷石墨烯天线和无线传感器的领先研究将促进未来发展,也有助于与其他二维传感材料集成,以开辟无线传感应用和低成本通信系统的新领域。

参考文献

[1] Wortmann, F. and Flüchter, K., Internet of things. Bus. Inf. Syst. Eng., 57, 221 – 224, 2015.

[2] Xia, F., Yang, L., Wang, L., Vinel, A., Internet of things. Int. J. Commun. Syst., 25, 1101 – 1102, 2012.

[3] Vermesan, O. and Friess, P., Internet of things: Converging technologies for smart environments and integrated ecosystems, Denmark: River Publishers, 2014.

[4] Raji, R., Smart networks for control. IEEE Spectr., 31, 49 – 55, 1994.

[5] Vongsingthong, S. Smanchat, S., Internet of things: A review of applications and technologies. Suranaree J. Sci. Technol., 21, 4, 359 – 374, 2014.

[6] Santucci, G., The internet of things: Between the revolution of the internet and the metamorphosis of objects, in: Vision and Challenges for Realising the Internet of Things, Ch. 1.1, pp. 11 – 24, 2010.

[7] Lindner, T., The supply chain: Changing at the speed of technology, Carol Stream, US: Connected World, 2015.

[8] Mattern, F. and Floerkemeier, C., From the internet of computers to the internet of things. From active data management to event – based systems and more. LNCS, vol. 6462, 242 – 259, 2010.

[9] Elsherbeni, T. et al., Laboratory scale fabrication techniques for passive UHF RFID tags. 2010 IEEE Antennas and Propagation Society International Symposium, 2010.

[10] Effects of Antenna Material on the Performance of UHF RFID Tags. 2007 IEEE International Conference on RFID, 2007.

[11] Prudenziati, M., Printed films, Sawston, Cambridge: Woodhead, 2012.

[12] Li, Y., Electrical conductive adhesives with nanotechnologies, Berlin, Germany: Springer, 2014.

[13] Chiolerio, A., Rajan, K., Roppolo, I., Chiappone, A., Bocchini, S., Perrone, D., Silver nanoparticle ink technology: State of the art. Nanotechnol. Sci. Appl., 9, 1 – 13, 2016.

[14] Mancosu, R., Quintero, J., Azevedo, R., Sintering, in different temperatures, of traces of silver printed in flexible surfaces. 2010 11th International Thermal, Mechanical & Multi – Physics Simulation, and Experiments in Microelectronics and Microsystems (EuroSimE), 2010.

[15] Dang, M., Dang, T., Fribourg – Blanc, E., Silver nanoparticles ink synthesis for conductive patterns fabrication using inkjet printing technology. Adv. Nat. Sci.: Nanosci. Nanotechnol., 6, 015003, 2014.

[16] Doering, R. and Nishi, Y., Handbook of semiconductor manufacturing technology, CRC/Taylor & Francis, Boca Raton, 2007.

[17] Song, J., Wang, L., Zibart, A., Koch, C., Corrosion protection of electrically conductive surfaces. Metals, 2, 4, 450 – 477, 2012.

[18] Kamyshny, A. and Magdassi, S., Conductive nanomaterials for printed electronics. Small, 10, 17, 3515 – 3535, 2014.

[19] Geim, A. and Novoselov, K., The rise of graphene. Nat. Mater., 6, 183 – 191, 2007.

[20] Dikin, D., Stankovich, S., Zimney, E., Piner, R., Dommett, G., Evmenenko, G., Nguyen, S., Ruoff, R., Preparation and characterization of graphene oxide paper. Nature, 448, 457 – 460, 2007.

[21] Zhu, Y., Murali, S., Cai, W., Li, X., Suk, J., Potts, J., Ruoff, R., Graphene and graphene oxide: Synthesis, properties, and applications. Adv. Mater., 22, 3906 – 3924, 2010.

[22] Chen, J., Jang, C., Xiao, S., Ishigami, M., Fuhrer, M., Intrinsic and extrinsic performance limits of gra-

phene devices on SiO2. *Nat. Nanotechnol.* ,3,4,206-209,2008.

[23] Hanson,G. ,Dyadic Green's functions and guided surface waves for a surface conductivity model of graphene. *J. Appl. Phys.* ,103,6,064302,2008.

[24] Padooru,Y. ,Yakovlev,A. ,Kaipa,C. ,Hanson,G. ,Medina,F. ,Mesa,F. ,Dual capacitive-inductive nature of periodic graphene patches:Transmission characteristics at low-terahertz frequencies. *Phys. Rev. B*, 87,115401,2013.

[25] Huang,X. ,Hu,Z. ,Liu,P. ,Graphene based tunable fractal Hilbert curve array broadband radar absorbing screen for radar cross section reduction. *AIP Adv.* ,4,11,117103,2014.

[26] Huang,X. ,Leng,T. ,Zhu,M. ,Zhang,X. ,Chen,J. ,Chang,K. ,Aqeeli,M. ,Geim,A. ,Novoselov,K. ,Hu,Z. ,Highly flexible and conductive printed graphene for wireless wearable communications applications. *Sci. Rep.* ,5,18298,2015.

[27] Huang,X. ,Leng,T. ,Zhang,X. ,Chen,J. ,Chang,K. ,Geim,A. ,Novoselov,K. ,Hu,Z. ,Binder-free highly conductive graphene laminate for low cost printed radio frequency applications. *Appl. Phys. Lett.* , 106,203105,2015.

[28] Huang,X. ,Leng,T. ,Chang,K. ,Chen,J. ,Novoselov,K. ,Hu,Z. ,Graphene radio frequency and microwave passive components for low cost wearable electronics. *2D Mater.* ,3,025021,2016.

[29] Bonaccorso,F. ,Lombardo,A. ,Hasan,T. ,Sun,Z. ,Colombo,L. ,Ferrari,A. ,Production and processing of graphene and 2d crystals. *Mater. Today*,15,564-589,2012.

[30] Nicolosi,V. ,Chhowalla,M. ,Kanatzidis,M. ,Strano,M. ,Coleman,J. ,Liquid Exfoliation of Layered Materials. *Science*,340,1226419-1226419,2013.

[31] Hernandez,Y. ,Nicolosi,V,Lotya,M. ,Blighe,F. ,Sun,Z. ,De,S. ,McGovern,I. ,Holland,B. ,Byrne, M. ,Gun'Ko,Y. ,Boland,J. ,Niraj,P. ,Duesberg,G. ,Krishnamurthy,S. ,Goodhue,R. ,Hutchison,J. , Scardaci,V. ,Ferrari,A. ,Coleman,J. ,High-yield production of graphene by liquid-phase exfoliation of graphite. *Nat. Nanotechnol.* ,3,563-568,2008.

[32] O'Neill,A. ,Khan,U. ,Nirmalraj,P. ,Boland,J. ,Coleman,J. ,Graphene dispersion and exfoliation in low boiling point solvents. *J. Phys. Chem. C*,115,5422-5428,2011.

[33] Karagiannidis,P. ,Hodge,S. ,Lombardi,L. ,Tomarchio,F. ,Decorde,N. ,Milana,S. ,Goykhman,I. ,Su, Y. ,Mesite,S. ,Johnstone,D. ,Leary,R. ,Midgley,P. ,Pugno,N. ,Torrisi,F. ,Ferrari,A. ,Microfluidization of graphite and formulation of graphene-based conductive inks. *ACS Nano*,11,2742-2755,2017.

[34] Petro,R. ,Borodulin,P. ,Schlesinger,T. ,Schlesinger,M. ,Liquid Exfoliated Graphene:A practical method for increasing loading and producing thin films. ECS J. Solid State Sci. Technol. ,5,P36-P40,2015.

[35] Sefar Applications Technology Thal. *Handbook for screen printers*,SEFAR Printing,Switzerland,2014.

[36] Leng,T. ,Huang,X. ,Chang,K. ,Chen,J. ,Abdalla,M. ,Hu,Z. ,Graphene nanoflakes printed flexible meandered-line dipole antenna on paper substrate for low-cost RFID and sensing applications. *IEEE Antennas Wirel. Propag. Lett.* ,15,1565-1568,2016.

[37] Li,T. ,*Radio frequency identification system security*,Washington,D. C. :IOS Press,2011.

[38] Roberts,C. M. ,Radio frequency identification (RFID). *Comput. Secur.* ,25,1,18-26,2006.

[39] Vikram,P. ,Kumaraswamy,H. V. ,Manjunath,R. K. ,Design and simulation of meander line antenna for RFID passive tag. *Int. J. Adv. Res. Comput. Commun. Eng.* ,4,8,119-122,2015.

[40] Bjorninen,T. ,Nikkari,M. ,Ukkonen,L. ,Yang,F. ,Elsherbeni,A. ,Sydanheimo,L. ,Kivikoski,M. ,Design and RFID signal analysis of a meander line UHF RFID tag antenna. 2008 *IEEE Antennas and Propagation Society International Symposium*,2008.

[41] Choudhary,A. ,Gopal,K. ,Sood,D. ,Tripathi,C. ,Development of compact inductive coupled meander

line RFID tag for near – field applications. *Int. J. Microwave Wireless Technolog.* ,9 ,757 – 764 ,2016.

[42] Occhiuzzi,C. ,Paggi,C. ,Marrocco,G. ,Passive RFID strain – sensor based on meander – line antennas. *IEEE Trans. Antennas Propag.* ,59 ,4836 – 4840 ,2011.

[43] Hu,Z. ,Cole,P,Zhang,L. ,A method for calculating the resonant frequency of meander – line dipole antenna. 2009 *4th IEEE Conference on Industrial Electronics and Applications* ,2009.

[44] Sallam,M. ,Soliman,E. ,Vandenbosch,G. ,De Raedt,W. ,Novel electrically small meander line RFID tag antenna. *Int. J. RFMicrowaveComput. Aided Eng.* ,23 ,639 – 645 ,2012.

[45] Calla,O. ,Singh,A. ,Kumar Singh,A. ,Kumar,S. ,Kumar,T. ,Empirical relation for designing the meander line antenna. 2008 *International Conference on Recent Advances in Microwave Theory and Applications* , 2008.

[46] Rokunuzzaman,M. ,Islam,M. ,Rowe,W,Kibria,S. ,Jit Singh,M. ,Misran,N. ,Design of a miniaturized meandered line antenna for UHF RFID Tags. *PLoS One* ,11 ,e0161293 ,2016.

[47] Lynch,J. ,Law,K. ,Kiremidjian,A. ,Carryer,E. ,Farrar,C. ,Sohn,H. ,Allen,D. ,Nadler,B. ,Wait,J. ,Design and performance validation of a wireless sensing unit for structural monitoring applications. *Struct. Eng. Mech.* ,17 ,393 – 408 ,2004.

[48] Lynch,J. ,Design of a wireless active sensing unit for localized structural health monitoring. *Struct. Control Hlth* ,12 ,405 – 423 ,2005.

[49] Bajwa,W. ,Haupt,J. ,Sayeed,A. ,Nowak,R. ,Compressive wireless sensing. *Proceedings of the fifth international conference on Information processing in sensor networks—IPSN '06* ,2006.

[50] Dreyer,D. R. ,Park,S. ,Bielawski,C. W. ,Ruoff,R. S. ,The chemistry of graphene oxide. *Chem. Soc. Rev.* ,39 ,228 – 240 ,2010.

[51] Lerf,A. et al. ,Hydration behaviour and dynamics of water molecules in graphite oxide. *J. Phys. Chem. Solids* ,67 ,1106 – 1110 ,2006.

[52] Pei,S. ,Wei,Q. ,Huang,K. ,Cheng,H. ,Ren,W,Green synthesis of graphene oxide by seconds timescale water electrolytic oxidation. *Nat. Commun.* ,9 ,2018.

[53] Talyzin,A. V. ,Solozhenko,V. L. ,Kurakevych,O. O. ,Szabo,T. S. ,Dekany,I. ,Kurnosov,A. ,Dmitriev,V. , Colossal pressure – induced lattice expansion of graphite oxide in the presence of water. *Angew. Chem. Int. Ed.* , 47 ,43 ,8268 ,2008 ,PMID 18814163.

[54] Buchsteiner,A. ,Lerf,A. ,Pieper,J. ,Water dynamics in graphite oxide investigated with neutron scattering. *J. Phys. Chem. B* ,110 ,22328 – 22338 ,2006.

[55] Daio,T. ,Bayer,T. ,Ikuta,T. ,Nishiyama,T. ,Takahashi,K. ,Takata,Y. ,Sasaki,K. ,Matthew Lyth,S. , In – situ ESEM and EELS observation of water uptake and ice formation in multilayer graphene oxide. *Sci. Rep.* ,5 ,2015.

[56] Vorobiev,A. ,Dennison,A. ,Chernyshov,D. ,Skrypnychuk,V. ,Barbero,D. ,Talyzin,A. ,Graphene oxide hydration and solvation:An in situ neutron reflectivity study. *Nanoscale* ,6 ,12151 – 12156 ,2014.

[57] Rezania,B. ,Severin,N. ,Talyzin,A. V. ,Rabe,J. P. ,Hydration of bilayered graphene oxide. *Nano Lett.* , 14 ,3993 – 3998 ,2014.

[58] Yao,Y. ,Chen,X. ,Zhu,J. ,Zeng,B. ,Wu,Z. ,Li,X. ,The effect of ambient humidity on the electrical properties of graphene oxide films. *Nanoscale Res. Lett.* ,7 ,363 ,2012.

[59] Bayer,T. ,Bishop,S. ,Perry,N. ,Sasaki,K. ,Lyth,S. ,Tunable mixed ionic/electronicconductivity and permittivity of graphene oxide paper for electrochemical energy conversion. *ACS Appl. Mater. Interfaces* ,8 , 11466 – 11475 ,2016.

[60] Nair,R. ,Wu,H. ,Jayaram,P. ,Grigorieva,I. ,Geim,A. ,Unimpeded permeation of water through helium –

leak – tight graphene – based membranes. *Science*, 335, 442 – 444, 2012.

[61] Joshi, R., Carbone, P., Wang, F., Kravets, V., Su, Y., Grigorieva, I., Wu, H., Geim, A., Nair, R., Precise and ultrafast molecular sieving through graphene oxide membranes. *Science*, 343, 752 – 754, 2014.

[62] Compton, O., Cranford, S., Putz, K., An, Z., Brinson, L., Buehler, M., Nguyen, S., Tuning the mechanical properties of graphene oxide paper and its associated polymer nano – composites by controlling cooperative intersheet hydrogen bonding. *ACS Nano*, 6, 2008 – 2019, 2012.

[63] Salomao, F., Lanzoni, E., Costa, C., Deneke, C., Barros, E., Determination of high – frequency dielectric constant and surface potential of graphene oxide and influence of humidity by Kelvin probe force microscopy. *Langmuir*, 31, 11339 – 11343, 2015.

[64] Bi, H., Yin, K., Xie, X., Ji, J., Wan, S., Sun, L., Terrones, M., Dresselhaus, M., Ultrahigh humidity sensitivity of graphene oxide. *Sci. Rep.*, 3, 2741, 2013.

[65] Huang, X., Leng, T., Georgiou, T., Abraham, J., Raveendran Nair, R., Novoselov, K., Hu, Z., Graphene oxide dielectric permittivity at GHz and its applications for Wireless Humidity Sensing. *Sci. Rep.*, 8, 43, 2018.

[66] Agilent Application Note, Agilent basics of measuring the dielectric properties of Materials. Agilent Literature No. 5989 – 2589EN, 2014.

[67] Hummers, W. and Offeman, R., Preparation of graphitic oxide. *J. Am. Chem. Soc.*, 80, 1339 – 1339, 1958.

[68] Abraham, J., Vasu, K., Williams, C., Gopinadhan, K., Su, Y., Cherian, C., Dix, J., Prestat, E., Haigh, S., Grigorieva, I., Carbone, P., Geim, A., Nair, R., Tunable sieving of ions using graphene oxide membranes. *Nat. Nanotechnol.*, 12, 546 – 550, 2017.

[69] Greenspan, L., Humidity fixed points of binary saturated aqueous solutions. *J. Res. Nat. Bur. Stand.*, 81, 89 – 96, 1977.

[70] Rockland, L. B., Saturated salt solutions for static control of relative humidity between 5° and 40℃. *Anal. Chem.*, 32, 1375 – 1376, 1960.

[71] Cheng, B., Tian, B., Xie, C., Xiao, Y., Lei, S., Highly sensitive humidity sensor based on amorphous Al_2O_3 nanotubes. *J. Mater. Chem.*, 21, 1907 – 1912, 2011.

[72] Oprea, A., Courbat, J., Barsan, N., Briand, D., de Rooij, N., Weimar, U., Temperature, humidity and gas sensors integrated on plastic foil for low power applications. *Sens. Actuators*, B, 140, 1, 227 – 232, 2009.

[73] Courbat, J., Kim, Y. B., Briand, D., De Rooij, N. F., Inkjet printing on paper for the realization of humidity and temperature sensors, in: *Solid – State Sensors, Actuators and Microsystems Conference (TRANSDUCERS), 2011 16th International*, IEEE, pp. 1356 – 1359, 2011.

[74] Mraović, M., Muck, T., Pivar, M., Trontelj, J., Pleteršek, A., Humidity sensors printed onrecycled paper and cardboard. *Sensors*, 14, 8, 13628 – 13643, 2014.

[75] Amin, E., Bhuiyan, M., Karmakar, N., Winther – Jensen, B., Development of a low cost printable chipless RFID humidity sensor. *IEEE Sens. J.*, 14, 1, 140 – 149, 2014.

[76] Feng, Y., Xie, L., Chen, Q., Zheng, L., Low – cost printed chipless RFID humidity sensor tag for intelligent packaging. *IEEE Sens. J.*, 15, 6, 3201 – 3208, 2015.

[77] Wang, X., Larsson, O., Platt, D., Nordlinder, S., Engquist, I., Berggren, M., Crispin, X., An allprinted wireless humidity sensor label. *Sens. Actuators*, B, 166 – 167, 556 – 561, 2012.

[78] Virtanen, J., Ukkonen, L., Bjorninen, T., Elsherbeni, A., Sydanheimo, L., Inkjet – printed humidity sensor for passive UHF RFID systems. *IEEE Trans. Instrum. Meas.*, 60, 8, 2768 – 2777, 2011.

[79] Manzari, S., Occhiuzzi, C., Nawale, S., Catini, A., Di Natale, C., Marrocco, G., Humidity sensing by polymer – loaded UHF RFID antennas. *IEEE Sens. J.*, 12, 9, 2851 – 2858, 2012.

[80] Scholtz, A. L. and Weigel, R., Antenna design for future multistandard and multi-frequency RFID systems. *Technischen Universität Wien Dissertation*, Ch. 2.3, 25-26, 2009.

[81] Gao, W., Singh, N., Song, L., Liu, Z., Reddy, A., Ci, L., Vajtai, R., Zhang, Q., Wei, B., Ajayan, P., Direct laser writing of micro-supercapacitors on hydrated graphite oxide films. *Nat. Nanotechnol.*, 6, 496-500, 2011.

[82] Tagformance measurement system. *Manual Tagformance*, 8, 34-36, 2015.

[83] Virtanen, J., Ukkonen, L., Bjorninen, T., Sydanheimo, L., Printed humidity sensor for UHF RFID systems. 2010 *IEEE Sensors Applications Symposium (SAS)*, 2010.

[84] Gao, J., Siden, J., Nilsson, H., Gulliksson, M., Printed humidity sensor with memory functionality for passive RFID Tags. *IEEE Sens. J.*, 13, 1824-1834, 2013.

[85] Bonato, P., Wearable sensors/systems and their impact on biomedical engineering. *IEEE Eng. Med. Biol. Mag.*, 22, 18-20, 2003.

[86] Lee, S.-W. and Mase, K., Activity and location recognition using wearable sensors. *IEEE Pervasive Comput.*, 1, 24-32, 2002.

[87] Evans, D., *The internet of things: How the next evolution of the internet is changing everything*, San Jose, US: Cisco Internet Business Solutions Group (IBSG), 2018.

[88] Wearables and the IoT. *The Challenges of Wearable Electronics*. TE Connectivity, 2018.

[89] Patel, S., Park, H., Bonato, P., Chan, L., Rodgers, M., A review of wearable sensors and systems with application in rehabilitation. *J. NeuroEng. Rehabil.*, 9, 21, 2012.

[90] Ludwig, R. and Bogdanov, G., *RF circuit design*, Upper Saddle River, New Jersey, US: Pearson Prentice Hall, 2009.

[91] Zhang, J. and Hsiang, T. Y., Extraction of subterahertz transmission-line parameters of coplanar waveguides. *PIERS Online*, 3, 1102-1106, 2007.

[92] Zhang, K. and Li, D., *Electromagnetic theory for microwaves and optoelectronics*, p. 144, Berlin, Germany: Springer, 2008.

第 3 章 石墨烯设备中金属接触和通道的建模与描述

Nahid M. Hossain, Masud H. Chowdhury
美国密苏里州堪萨斯城密苏里大学计算机科学与电气工程学院

摘 要 人们对利用各种形式的石墨烯,如石墨烯纳米带(GNR)和碳纳米管(CNT)开发电子(逻辑和存储器)、光子、光电、能源和传感设备的兴趣激增。所有石墨烯基设备面临的共同挑战是设计合适的石墨烯-金属接触。碳纳米结构与金属的接触行为对这些设备的运行和可靠性至关重要。到目前为止,接触中存在的限制阻碍了石墨烯基应用设备的成功应用。本章介绍了石墨烯-金属接触的综合研究和建模技术,并采用改进的传输线测量或传输长度测量(TLM)技术对金属-石墨烯接触进行了分析,所提出的改进型TLM结构的优点是"存在可变接触长度(L),这在基本TLM结构中是不存在的"。这种改进的TLM模型将有助于估计接触电阻、薄层电阻、接触电阻率和传输长度。另一个关键决定是为设备选择合适的接触金属。在通用接触模型的帮助下探索石墨烯接触的不同金属。

关键词 石墨烯-金属接触,接触电阻,欧姆接触,接触材料,传输长度测量(TLM),接触热影响

3.1 引言

过去20年来,研究人员一直在探索碳纳米管(CNT)和不同形式的石墨烯,用于晶体管、互连和其他应用设备。在所有这些设备中,包括石墨烯基逻辑和存储器晶体管,一个常见的接口是石墨烯-金属接触,但是接触的局限性掩盖了新兴的石墨烯基设备的可感知优点。欧姆金属-石墨烯接触与低接触电阻是一个关键的要求。在这方面需要研究两种类型的接触点,它们是①石墨烯设备中金属的端口连接和②金属-石墨烯互连耦合。有许多不同的金属可以用来实现石墨烯-金属接触,但是,必须彻底研究其电气和材料特性,以确定适当的材料组合。CNT和石墨烯基设备的另一个非常重要的设计问题是选择合适的绝缘体/介电材料。

接触电阻测量的关键参数包括:接触界面的宽度(电流主要集中在两个边缘,不穿过整个交叉区域或宽度)[31];CNT或石墨烯的质量(缺陷较少且导电性高的石墨烯性能一致);接触类型;石墨烯薄片(界面处的杂质也影响接触电阻)的表面和边缘质量(清洁度和/或粗糙度)[30];态密度(DOS)[31];接触面积;金属-石墨烯连接特性;金属-石墨烯生

长条件;石墨烯和接触金属的功函数。通常石墨烯具有很高的功函数(4.89~5.16eV)。然而,石墨烯的功函数随接触金属类型变化。例如,含有钯(Pd)或金(Au)的石墨烯显示出约4.62eV的值。较高的功函数不能保证低电阻,因为它不是影响接触电阻的唯一因素。因此,对金属-石墨烯接触电阻进行全面研究势在必行。

石墨烯具有非凡的特性(非常高的载流子迁移率和热传导率、极高的柔韧性和抗拉强度以及光学透明性),并且在非易失性存储器和其他纳米电子设备方面非常有前景[1-6]。在不同形式的石墨烯中,研究人员正在研究两种类型的碳纳米管(单壁CNT和多壁CNT)和两种类型的石墨烯纳米带(单层GNR和多层GNR)用于逻辑和存储设备。其中,多层GNR(MLGNR)似乎是最有前途的晶体管型设备。MLGNR中的高载流子移动性导致低延迟和快速响应。固有的热导率保护设备不过热。力学灵活性激发了灵活的逻辑和存储器,这是许多电子应用的未来。文献中提出了许多将SWCNT、MWCNT、SLGNR和MLGNR用作晶体管通道的设计[1-6]。单层纳米图案化石墨烯场效应晶体管(FET)的噪声非常大,而少层石墨烯显示出降低的噪声[18,32]。我们建议使用MLGNR作为逻辑和存储晶体管的通道材料[7-11]。基于多个平行石墨烯层的通道将提供更大的载流能力,从而提高速度。尽管多层石墨烯更能有效地获得较小的薄层电阻,但超过一定数量后,多层GNR将转化为石墨[14]。因此,应该注意选择MLGNR通道中石墨烯层的数量。随着GNR层数量的增加,有效电阻饱和,这表明额外的GNR层将不再改善电阻[15]。因此,MLGNR结构中的最佳层数将取决于性能要求。然而,需要多个GNR来提供一个强大的传导路径和覆盖噪声。

石墨烯通道具有以下几个主要优点:①化学掺杂的石墨烯可以用作通道材料;②石墨烯可以为任何尺寸的纳米图案化,因为其具有二维薄片结构[16];③石墨烯带隙的大小与条带宽度(W)成反比($E_g = 1.38eV/nm$),因此带隙成为可设计的光刻参数[16];④可以使用CMOS技术中使用的现有CVD工艺来制作石墨烯基设备[17]。GNR通道的双极性通过改变其正区和负区的背栅电压,在同一设备中实现n型和p型特性[22]。在顶部栅极石墨烯设备中也观察到了双极效应[21]。双极设备在实现低功耗、宽噪声容限和更好稳定性的互补电路方面具有一些非凡的优势[19-20]。双极设备的好处是它可以在两个不同的区域运行,可以通过施加适当的电压来选择任何操作区域。对于逻辑和存储设备,可以通过编程和擦除电压来设置二进制电平(1和0)。通常大气粒子、光刻胶沉积、金属蚀刻剂和Al_2O_3等都被用来掺杂石墨烯。单层石墨烯(SLG)本质上是p型。另一方面,MLGNR对电荷掺杂影响的响应性较差,因为额外的层将减少这些额外电荷的影响[7-13]。然而,大多数石墨烯和碳纳米结构基设备离商业规模的设计和制作还很遥远。为了实现石墨烯基工作芯片或纳米系统,必须跨越以下里程碑:①设备的完整数学模型;②接触电阻优化;③使用TCAD或类似工具进行设备模拟;④标杆分析法;⑤完整电路和版图设计的实施;⑥测试芯片的开发和制作;⑦设备特性以及建模和模拟的关联。

3.2 设备数学模型

为了便于分析,我们使用的是金属-石墨烯接触的物理模型,如图3.1所示。该模型为金属-石墨烯接触的传输长度测量(TLM)结构。TLM方法的优点是可以用同一个测试原型测量晶体管、触点和互连的特性。TLM结构的潜在制作工艺将包括以下步骤。首先,在P++硅片上热生长 300nm 厚的 SiO_2 层,这是标准的石墨烯晶体管。其次,通过化学气相沉积(CVD)方法生长单层石墨烯薄膜;然后,通过蚀刻工艺获得具有固定宽度的单层矩形石墨烯;第三,一组具有不同接触长度($L = 0.2 \sim 2\mu m$)的钛/金金属触点将沉积为源极/漏极接触金属。这种类型的石墨烯设备通常是背栅设备,但是也可以在顶栅结构中实现。接触长度(L)、接触宽度(W)和设备通道长度(L_{Ch})如图 3.1 所示。为了获得一致的结果,在同一石墨烯薄片上生长多个石墨烯晶体管,如图 3.1(a)所示。这也有助于通过统计分析,在相同工艺和温度条件下比较多个设备的设备参数(即 L_{Ch}、W、I_{DS}、V_{GS} 和 V_{DS})、接触参数(即 R_{Sh} 和 R_C)。

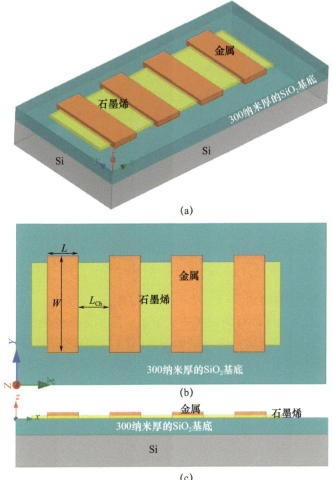

图 3.1 石墨烯晶体管中金属 – 石墨烯接触示意图
(a)三维视图;(b)俯视图;(c)横截面图。

在同一石墨烯薄片上制备了多个石墨烯晶体管。偏置电压决定源极和漏极端口。如果它连接到比右边端口低的电位,最左边的端口是源极。通常,源级接地。V_{DS} 应用于漏极和源极端子之间。背栅电压(V_{BG})施加在 P + + 硅背栅极上(图形不按比例绘制)。

3.2.1 石墨烯场效应晶体管 $I–V$ 特性

在本小节中,分析了石墨烯场效应晶体管(GFET)的 $I-V$ 特性和其他电学参数。在图 3.1 中,每对源极/漏极金属接触和接触之间的石墨烯层形成了 GFET。当顶栅和背栅对通道没有影响时,GFET 的总电阻(R_{tot})可以用一个简单的电阻网络来表示[1-2]。

$$R_{tot} = R_C + \frac{L}{We\mu \sqrt{n_0^2 + n^2}} \tag{3.1}$$

式中:R_C 为接触电阻;L 为通道长度;W 为通道宽度;e 为电子电荷;μ 为迁移率;n 为调制载流子浓度;n_0 为剩余载流子浓度。图 3.2 显示了 R_{tot} 随着 V_{BG} 不同而变化。对于图 3.2 中提到的尺寸,观察到的最大值为 $R_{tot} = 2.833\text{k}\Omega$。这一结果与文献[1,2,5]已有的实验结果吻合较好。

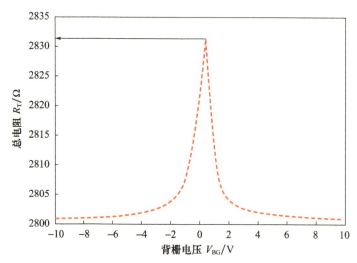

图 3.2 不同背栅电压下源极和漏极之间的电阻($R_{tot} - V_{BG}$)

在此计算中,$L = 10\mu\text{m}$、$W = 1.5\mu\text{m}$、$RC = 2.8\text{k}\Omega$、$\mu = 7700\text{cm}^2/(\text{V}\cdot\text{s})$、$V_{DS} = 10\text{mV}$。

通过替换式(3.1)中的 $R_{tot} = V_{DS}/I_{DS}$,可以将 R_{tot} 转换为 $I_{DS} - V_{DS}$ 关系,从而产生式(3.2)。$I_{DS} - V_{DS}$ 曲线的线性行为如图 3.3 所示。除了标准的漏源极电压 $V_{DS} = 600\text{mV}$ 外,石墨烯设备还存在过热问题。这一结果与文献[4]已有的实验结果很好地吻合。低 mV 范围是 GFET 的标准工作条件。模拟测试中没有考虑载流子的速度饱和。

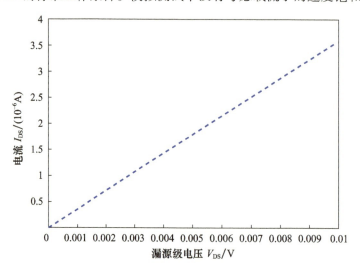

图 3.3 GFET 装置的 $I_{DS} - V_{DS}$ 特性

在此计算中,$L = 10\mu\text{m}$、$W = 1.5\mu\text{m}$、$RC = 2.8\text{k}\Omega$、$\mu = 7700\text{cm}^2/(\text{V}\cdot\text{s})$、$V_{DS} = 10\text{mV}$。

$$\frac{V_{DS}}{I_{DS}} = R_{tot} = R_C + \frac{L}{We\mu\sqrt{n_0^2 + n^2}}$$

$$I_{DS} = \left[\frac{1}{R_C + \dfrac{L}{We\mu\sqrt{n_0^2 + n^2}}}\right]V_{DS} \tag{3.2}$$

从式(3.2)中可以观察到,决定 GFET 电行为或性能的关键参数之一是载流子迁移率(μ)。电子迁移率描述了电子在电场作用下通过金属或半导体的速度。在半导体中,空穴有一个类似的量,称为空穴迁移率。载流子迁移率通常指半导体中的电子迁移率和空穴迁移率。当在一定的电场下测量设备的迁移率时,称为场效应迁移率(μ_{FE})。设备的场效应迁移率(μ_{FE})可由式(3.3)确定,g_m 为跨导,C_{BG} 为背栅电容,可由平行板电容器模型计算。

$$\mu_{FE} = \frac{g_m L}{V_{DS} W C_{BG}} \tag{3.3}$$

图 3.4 显示了 GFET 的场效应迁移率(μ_{FE})对通道长度(L)的依赖关系。观察到 μ_{FE} 随通道长度的增加而增加。这里不考虑载流子速度饱和。从模拟结果可以看出当 $L = 17\mu m$ 时,$\mu_{FE} = 8500.90 \text{cm}^2/(\text{V} \cdot \text{s})$。这一模拟结果与 IBM 公司发表的文献[1]的实验结果一致。在其他参数不变的情况下,得到了实验结果 $\mu_{FE} = 8500 \text{cm}^2/(\text{V} \cdot \text{s})$。图 3.5 显示了当通道宽度增加时,GFET 的场效应迁移率(μ_{FE})下降。图 3.6 显示,μ_{FE} 随着漏源极电压(V_{DS})的增加而降低。可以观察到,当 $V_{DS} = 10\text{mV}$,得到 $\mu_{FE} = 8500.90 \text{cm}^2/(\text{V} \cdot \text{s})$。图 3.7 显示了 μ_{FE} 与 GFET 的 W/L 比之间的关系。值得注意的是,当 $W/L > 0.50$,μ_{FE} 值下降明显。因此,通过选择合适的 W/L 比,可以很容易地设计 μ_{FE} 值。图 3.8 显示了基底材料的介电常数对 μ_{FE} 的影响。结果表明,采用高 k 介质作为背栅时,迁移率下降。因此,从迁移率的角度来看,这是 SiO_2 被抵消的原因。为了简化,仅考虑背栅氧化物或石墨烯通道基底。模拟中考虑了 300nm 厚的 SiO_2 绝缘体,这是实验生长 GFET 的常用方法。图 3.9 显示随着基底厚度的增加,μ_{FE} 增加。因此,GFET 的迁移率可以通过基底的厚度来控制。通过分析 GFET 的各种几何参数和材料参数对其电性能的影响,我们可以得出结论:通过选择合适的参数值,可以优化 GFET 的性能。

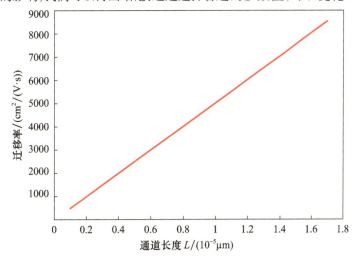

图 3.4 场效应迁移率(μ_{FE})因通道长度(L)变化

在此计算中,$g_m = 860\text{nS}$、$W = 1.5\mu m$、$V_{DS} = 10\text{mV}$、$L = 1 \sim 17\mu m$。

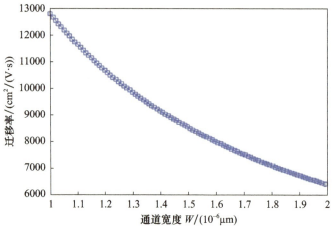

图 3.5　场效应迁移率(μ_{FE})因通道宽度(W)变化

在此计算中，$g_m = 860\text{nS}$、$L = 17\mu\text{m}$、$V_{DS} = 10\text{mV}$、$C_{BG} = 1.15 \times 10^{-4}\text{F/m}^2$。

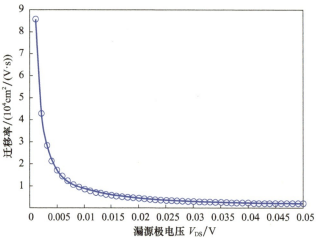

图 3.6　场效应迁移率(μ_{FE})因V_{DS}变化

在此计算中，$g_m = 860\text{nS}$、$L = 17\mu\text{m}$、$W = 1.5\mu\text{m}$。

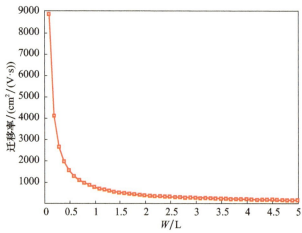

图 3.7　场效应迁移率(μ_{FE})因 W/L 变化

在此计算中，$g_m = 860\text{nS}$、$V_{DS} = 10\text{mV}$、$C_{BG} = 1.15 \times 10^{-4}\text{F/m}^2$。

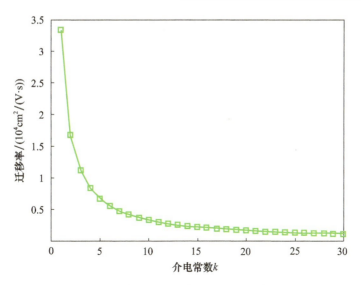

图 3.8　GFET 的场效应迁移率(μ_{FE})因不同氧化物变化

在此计算中,$g_m = 860nS$、$L = 17\mu m$、$W = 1.5\mu m$、$L = 17\mu m$。

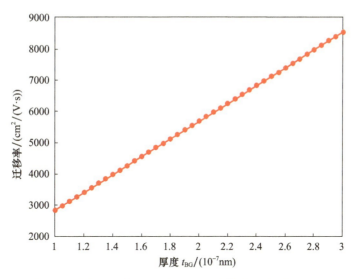

图 3.9　GFET 的场效应迁移率(μ_{FE})因不同基底厚度变化

在此计算中,$g_m = 860nS$、$W = 1.5\mu m$、$L = 17\mu m$。

GFET 行为和性能的另一个关键参数是源极和漏极的载流子浓度(电子或空穴),可通过式(3.4)得出[4]。V_{BG}^0 是狄拉克点的背栅电压(最小传导),n_0 是由无序和热激发决定的最小片载流子浓度[3,5]。V_{BG}^0 确定掺杂类型,理想情况下,应该为 0V,但由于石墨烯中的杂质,它显示出一个非零值。图 3.10 显示了 GFET 的 I_{DS} - V_{BG} 特性中狄拉克点或最小电导点位移($V_{BG}^0 = 0V$ 至 $V_{BG}^0 = +4V$)的影响。这一结果与文献[4]已有的实验结果吻合较好。

如果 GFET 设计中同时存在顶栅和背栅,则载流子浓度(电子或空穴)可通过式(3.5)计算[4],其中 C_{TG} 是每单位面积的有效顶栅电容,V_{TG} 是顶栅电压,V_{TG}^0 是狄拉克点的顶栅电压。

$$n \approx \sqrt{n_0^2 + \left[\frac{C_{BG}(V_{BG} - V_{BG}^0)}{e}\right]^2} \quad (3.4)$$

$$n \approx \sqrt{n_0^2 + \left[\frac{C_{BG}(V_{BG} - V_{BG}^0) + C_{TG}(V_{TG} - V_{TG}^0)}{e}\right]^2} \quad (3.5)$$

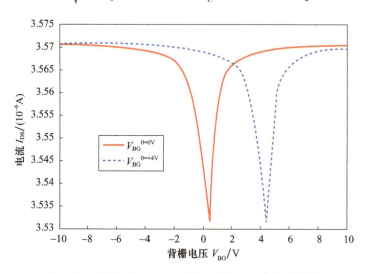

图 3.10　GFET 的 $I_{DS} - V_{BG}$ 特性中狄拉克点位移的影响

当顶部栅极电压 V_{TG} 为零时，$I_{DS} - V_{BG}$ 特性如图 3.11(a) 所示。该设备的最小电导率接近 $V_{BG} = 0V$。然后用正负压 V_{TG} 执行同一组计算。图 3.11(b) 显示，在正压 V_{TG} 时，最小电导率点向左移动(正极)，在负压 V_{TG} 时，向右移动。$I_{DS} - V_{BG}$ 特性高度依赖于背栅氧化层厚度。背栅氧化层应该足够薄以增加通道中的载流子密度。如果背栅氧化层很厚，根据式(3.5)，C_{BG} 接近于零。因此，背栅极往往会失去对设备的控制。各个研究小组正在研究石墨烯晶体管，300nm 厚的 SiO_2 背栅介质是这种晶体管的标准。顶部栅极对设备的影响可以用 $I_{DS} - V_{TG}$ 曲线来解释，如图 3.12 所示。图 3.12(a) 显示当 $V_{BG} = 0$ 时，最小电导率点与 V_{TG} 的函数关系。图 3.12(b) 显示了 $I_{DS} - V_{TG}$ 随着 V_{BG} 值变化。观察到当 $V_{BG} \neq 0V$ 时，最小电导率点向上移动。实验结果还表明，当 V_{BG} 为正压时，最小电导率点向左移动，当 V_{BG} 为负压时，最小电导率点向右移动。这一结果与文献[1,4]已有的实验结果吻合较好。因此，由于氧化物参数的不同，$I_{DS} - V_{BG}$ 和 $I_{DS} - V_{TG}$ 特性表现出相似的行为，但并不相同。如果使用相同的顶栅和背栅电介质，这两个特性将完全相同。

图 3.13 显示了由 IBM 发布的石墨烯晶体管的实验结果。结果表明，由于氧化物材料和工艺变化，$I - V$ 曲线正在从其原始位置移动[1]。文献[2]中也做了类似的实验。

许多其他研究人员也从不同的角度对石墨烯基场效应晶体管进行了分析。在文献[18]中，为了研究使用 GNR 通道的 GFET 特性，绘制了设备的电流-电压曲线，以及其与背栅电压和 GNR 层数的函数关系，如图 3.14 所示。在亚微米区域，单层 GNR 通道设备比多层 GNR(MLGNR) 通道设备具有更好的通断电流比。然而，在亚纳米区域，单层 GNR 通道设备容易产生噪声[18]。随着石墨烯层数的增加，通断电流比值减小，而电导通道的数目增加。

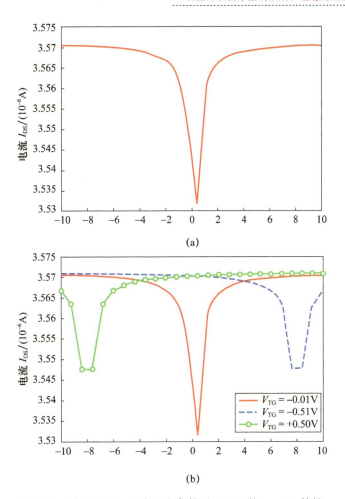

图 3.11 在 V_{DS} 和 V_{TG} 固定不变条件下,GFET 的 $I_{DS} - V_{BG}$ 特性

(a) $V_{TG} \approx 0\text{V}$;(b) 当 $V_{TG} = -0.01\text{V}$、-0.5V、$+0.51\text{V}$ 时,分别进行比较。

在此计算中,$L = 10\mu\text{m}$、$W = 1.5\mu\text{m}$、$R_C = 2.8\text{k}\Omega$、$\mu = 7700\text{cm}^2/\text{Vs}$、$V_{DS} = 10\text{mV}$、$n_0 = 2.25 \times 10^{11}\text{cm}^{-2}$。

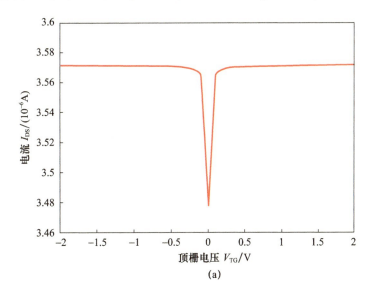

(a)

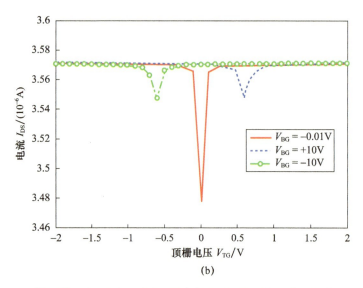

(b)

图 3.12 在 V_{DS} 和 V_{BG} 固定不变条件下，GFET 的 I_{DS} - V_{TG} 特性

(a) 当 $V_{BG} \approx 0V$；(b) 当 $V_{BG} = -10V, \approx 0V, +10V$ 时，分别进行比较。

在此计算中，$L = 10\mu m$、$W = 1.5\mu m$、$R_C = 2.8k\Omega$、$\mu = 7700 cm^2/Vs$、$V_{DS} = 10mV$、$n_0 = 2.25 \times 10^{11} cm^{-2}$。

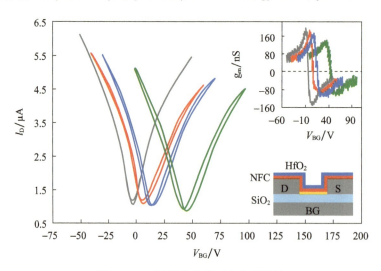

图 3.13 石墨烯薄片的两点背栅测量

缓冲介质处理不同阶段下的传输特性和相应跨导（插图）：处理前（灰色）、NFC 聚合物沉积后（绿色）、HfO_2 沉积后（蓝色）和 50 W 的 O_2 等离子体处理 30s 后（红色）。示意图显示了完整的设备配置[1]。

另一篇论文中报道了 GNR 的宽度是 $I-V$ 特性的参数。图 3.15 显示了 20~100nm 条带宽度的分析。宽度小于 40nm 的 GNR 在温度变化时表现出不同于大宽带的电学行为。图 3.15(a) 和 (b) 显示了 100nm 和 20nmGNR 之间的对比。在 100nmGNR 中，当温度从 4K 变化到 300K 时，最小电流增加了 1 倍以上。在相同的电压范围内，20nmGNR 表现出不同的特性。这种变化表明，限制在 20nm 的 GNR 显示了一个固定的石墨烯带隙。因此，在高温下，带隙很小，热载流子降低了 GNR 的关断电流[23]。

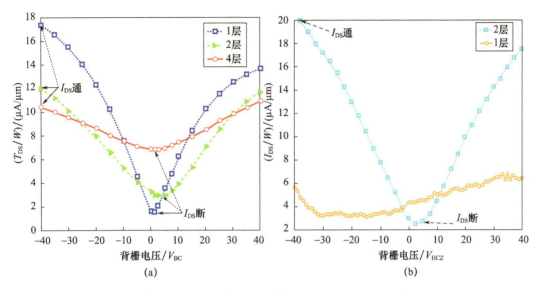

图 3.14 长多层 GNR 通道晶体管逐层 I_{DS} - V_{BG} 特性比较

数据转载自文献[18]。

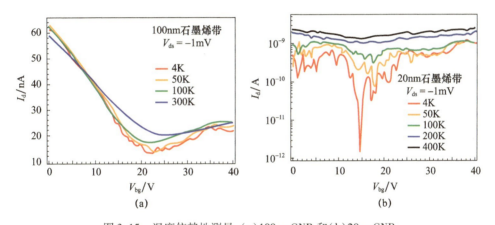

图 3.15 温度依赖性测量：(a)100nmGNR 和 (b)20nmGNR

在所有测量中设定 V_{ds} = -1mV。当温度从 300K 下降到 4K 时，100nm GNR 设备的最小电流下降了不到两倍，而 20nm 的 GNR 装置的最小电流下降了 1.5 个数量级以上[23]。

3.3 接触电阻优化

在所有石墨烯设备中，一个常见的问题是金属与石墨烯的接触。为了缓解这个问题，正在探索许多设计概念。金属与石墨烯之间的接触电阻是石墨烯基逻辑设备和互连实现的主要限制因素。金属和石墨烯之间需要低接触电阻。主要需要研究两种类型的接触：①石墨烯设备的金属连接；②石墨烯互连的金属连接。对于石墨烯设备，最常用的是顶部接触，因为石墨烯容易金属化（图 3.16(a)）。金属和石墨烯之间的并排接触（图 3.16(b)）非常具有挑战性。然而，如果多层 GNR（MLGNR）被用作晶体管通道或互连，则最好是具有并排接触以确保连接每个石墨烯层。通过顶部接触，只连接多层石墨烯结构中的顶层,而其他层在导电方面会不匹配,这将导致设备性能下降。此外,从金属沉积的观点来看,在多层结构中,很难沿着完全对齐的石墨烯层边缘适当地并排接触。并排和顶部接触的结合(图3.16(c))更为实用。这种接触的结合需要额外的处理步骤,但获得了额外的优势。需要进一步研究和实施并行接触或并行和顶部接触相结合的方法。

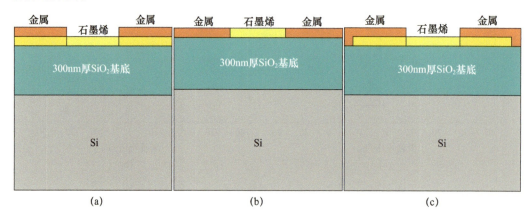

图 3.16 潜在金属–石墨烯接触设计
(a)顶部接触;(b)并排接触;(c)并排和顶部接触的组合。

GFET 的源极和漏极触点之间的总电阻(R_{tot})取决于接触点和薄层电阻,如图 3.17 所示。接触电阻(R_C)和薄层电阻(R_{Sh})可使用式(3.6)在 TLM 结构计算,这是基于 TLM 的分析中使用的众所周知的电阻模型。L 是两个接触点之间的间距,表示通道长度,W 是通道宽度。在金属–石墨烯界面上,两个白色部分代表接触电阻,R_{Sh} 代表石墨烯薄层电阻。R_{tot} 随接触长度呈指数下降。

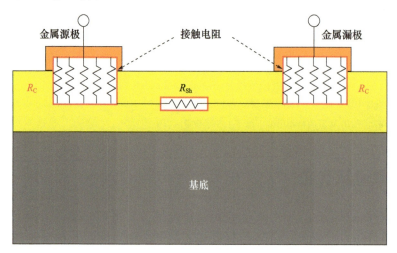

图 3.17 金属–石墨烯(半导体)接触的电气模型
R_{Sh} 是石墨烯通道电阻(薄层电阻)和 R_C 是接触电阻

$$R_{tot} = 2R_C + R_{Sh}\frac{L}{W} \qquad (3.6)$$

在分析中,我们使用了在半导体物理学中用到的传输线测量或传输长度测量(TLM)技术,用来解释金属和半导体之间的接触电阻。出于广大读者的兴趣,我们总结了 TLM 方法的基本特征:

(1)它由一组几何结构相同的金属触点组成(触点的宽度 W 和长度 L 固定不变),放置在接触对之间的不同距离处。这种布置在每对接触点之间提供具有不同通道长度(L_{Ch})的多个晶体管通道。

(2)将探针施加到接触对上,通过在接触点上施加电压并确定产生的电流来估计这些探针之间的电阻。

(3)如果在按不同距离划分的接触对之间进行多次测量,则可以得到电阻与接触距离的关系图。

(4)根据图 3.18,与 Y 轴相交的线性线表示,$2R_C$ 和线的斜率确定薄层电阻(R_{Sh})。

(5)根据式(3.6),R_{tot} 与金属 – 半导体连接电阻(R_C)和薄层电阻(R_{Sh})有关。

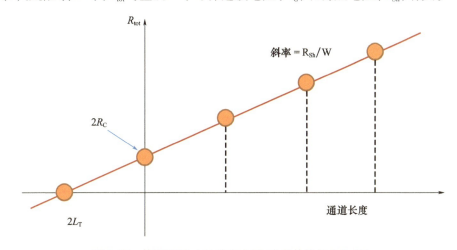

图 3.18 使用 TLM 方法确定金属/半导体接触的 R_C 和 L_T

本书介绍了简单 TLM 结构,用于测量接触电阻。可以通过使用不同的接触尺寸来定制这种方法。

3.3.1 薄层电阻

薄层电阻(R_{Sh})是有源通道区的电阻,可以用 TLM 技术计算。在初始研究中,使用了具有 3~5 层和 50mm×50mm 维度的 MLGNR 通道。这里只考虑背栅电压。图 3.19 显示了石墨烯通道中的 R_{Sh} 与背栅电压和通道长度的函数关系。R_{Sh} 在狄拉克点表现为最大值。在不同的通道长度($L = 46~50$mm)下观察到了 $R_{Sh} - V_{BG}$ 响应。需要注意,薄层电阻与薄层长度成正比($R_{Sh}\alpha L$)。图 3.20 显示了 R_{Sh} 和薄层宽度(W)以及背栅电压(V_{BG})的函数关系。同样,R_{Sh} 在狄拉克点表现为最大值。从不同薄层宽度($W = 46~50$mm)下的 $R_{Sh} - V_{BG}$ 响应可以看出,薄层电阻与薄层/通道宽度成反比($R_{Sh}\alpha 1/W$)。

3.3.2 接触电阻和材料选择

在文献[29]中,对不同的接触材料进行了实验。为了实现低电阻金属 – 石墨烯接触,在石墨烯通道上沉积了一系列金属(Ti、Ag、Co、Cr、Fe、Ni 和 Pd)。图 3.21 显示了金属-石墨烯接触电阻(R_C)变化与金属功函数的关系。为了获得精确的R_C数值,我们制备了完美的矩形石墨烯通道和一个具有均匀界面面积和通道宽度的 TLM 图形。R_C与金属的功函数关系不大,但与金属的微观结构有关。因此,金属的化学清洗和微观结构对于金属和石墨烯之间的低电阻接触至关重要[24]。许多其他研究人员已经广泛地研究了金属-石墨烯的接触电阻。表 3.1 给出了不同金属的金属-石墨烯接触电阻率。

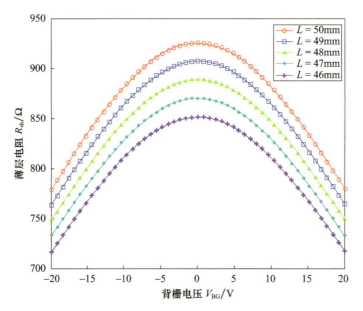

图 3.19 石墨烯薄层电阻与背栅极电压和薄层长度的函数关系
(薄层宽度为 50mm,石墨烯层数为 3~5 层)

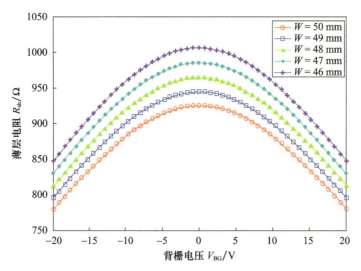

图 3.20 石墨烯薄层电阻与背栅极电压和薄层宽度的函数关系
(薄层长度为 50mm,GNR 层数为 3~5 层)

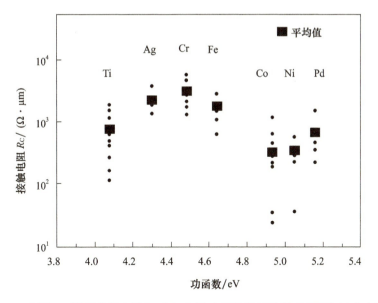

图 3.21 金属-石墨烯接触电阻(R_C)与金属功函数的函数关系(圆形(●)表示几种金属(Ti、Ag、Co、Cr、Fe、Ni 和 Pd)在狄拉克点的 R_C 值的实验数据;正方形(■)表示实验数据的平均值[24])

表 3.1 金属-石墨烯接触电阻率

金属-石墨烯对		接触电阻率/($\Omega \cdot cm^2$)	文献
石墨烯	金属		
机械剥离石墨烯	Ni	约 5×10^{-6}	[25]
外延生长石墨烯	Ti	$1.2 \times 10^{-8} \sim 3 \times 10^{-7}$	[26]
CVD 生长石墨烯	Au	564.25×10^{-6}	[27]

3.3.3 温度效应

图 3.22 显示了石墨烯的薄层电阻与温度和背栅电压(V_{BG})的函数关系。为了比较不同温度下的 R_{Sh}-V_{BG} 响应,在相同条件下进行了相同的模拟。根据图 3.22,多层石墨烯的薄层电阻与温度成正比($R_{Sh} = \alpha T$)。图 3.23 显示了温度范围为 $T = 300 \sim 500K$ 时,单层石墨烯互连的电流-电压(I_{DS}-V_{DS})特性。结果表明,金属-石墨烯接触是欧姆接触,电流随温度升高而升高[28]。当本征半导体的电导率遵循 $\sigma_i \approx \exp[-\Delta E_i/(2 k_b T)]$,其中 ΔE_i 是带隙,k_b 是玻尔兹曼常数,可以观察到这一特性。半导体电阻随着温度 T 下降是因为热产生的电子-空穴对的浓度增加,这是由于温度变化带来的带隙重整化和载流子在声子上的散射[29]。图 3.24 显示了(a)单层、(b)双层和(c)四层石墨烯的薄层电阻(ρ_{Sh})与温度的关系。当温度下降时,单层石墨烯的薄层电阻值降低,而双层和四层石墨烯的薄层电阻值 ρ_{Sh} 显著提高[30]。

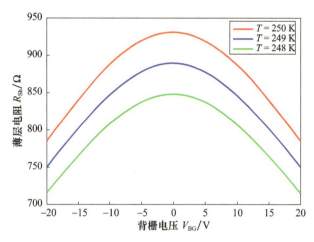

图3.22 薄层电阻与背栅电压和温度的关系(这里的薄层长度和宽度为50mm,石墨烯层数是3~5层)

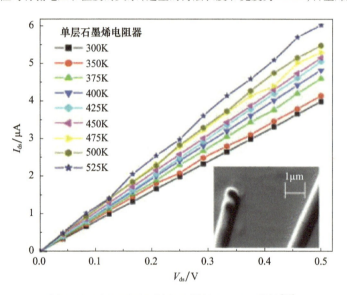

图3.23 高温下石墨烯电阻器的 $I_{DS}-V_{DS}$ 特性[28]

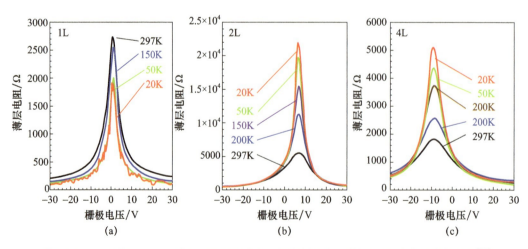

图3.24 (a)单层、(b)双层和(c)四层石墨烯的薄层电阻与背栅电压和温度的函数关系[30]

3.4 石墨烯场效应晶体管制作

虽然设计金属-石墨烯接触并找到合适的材料来实现这些接触和应用石墨烯设备非常重要,但为这些新兴设备开发商业上可行的制作工艺同样至关重要。到目前为止,还没有商业规模的石墨烯设备制作工艺或设施,并且,据许多学术界和研发小组的报告,高质量石墨烯制作工艺的数量较少,这里只讨论了几种选定的石墨烯制备工艺。在文献[33]中,通过300℃的受控氢等离子体反应,生产了宽度小于5nm的半导体GNR。如图3.25所示,该工艺在不氢化石墨烯的情况下选择性地从边界蚀刻石墨烯[33]。

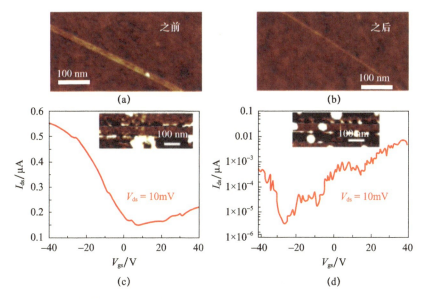

图 3.25 用氢等离子体(a)处理前和(b)进行55min处理后的GNRAFM图像;
(c)室温下的GNR设备(宽度为14nm)和(d)等离子挤压后的GNR设备
(宽度 < 5nm)的漏极-源极电流(I_{ds})与栅极-源极电压(V_{gs})的曲线
插图是相应设备的AFM图像[33]

利用光刻、化学和声化学方法制作GNR会有很多困难。生产合理产量的均匀边缘和宽度GNR是一个挑战。通过氩等离子体蚀刻方法拉开CNT以产生光滑边缘和较薄(10~20nm)的GNR,可以产生可伸缩的GFET[36]。图3.26逐步说明了这一过程。该工艺也与现有的半导体工艺兼容。CNT的制备、尺寸控制、放置和取向控制可以以受控的方式进行。通过较薄直径和特定手性的CNT制成具有合适宽度和边缘GNR。在文献[37]中,我们发现了一种简单的基于溶液的氧化方法,通过这种方法可以使用长度切割技术获得接近100%的GNR产率。这一过程中的化学机理和物理变化如图3.27所示。

在文献[37]中,还介绍了在Si/SiO$_2$基底上制作三端GNRFET设备的方法。为便于制作GNRFET,该工艺采用了长通道长度(图3.28(a))。这种方法使用的是铂触点,在MLGNR通道的顶部被蒸发掉。尽管由于表面含氧量高,GNR的电导率较低,但通过使用N$_2$H$_4$的化学还原技术或在H$_2$中硬化,可以提高其电导率(图3.28(b))。从SWCNT合成的接触GNR中无法获得可接受的GNRFET设备[37]。表3.2总结了几种选择性GFET制作工艺的不同参数。

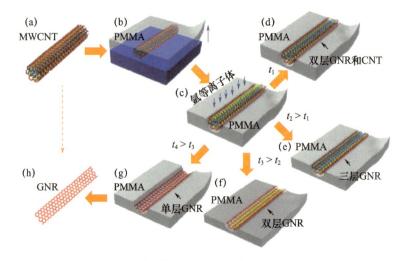

图 3.26 由 CNT 制作 GNR

(a)将原始的 MWCNT 用作主要原料;(b)将 MWCNT 置于 Si 基底上,然后用 PMMA 膜覆盖;(c)PMMA-MWCNT 从 Si 基底上展开、翻转,然后暴露在氩等离子体中;(d~g)在经过不同时间的蚀刻后,产生了许多产品:短蚀刻时间 t_1 后,发现了具有 CNT 核的 GNR,其中(d)在蚀刻时间 t_2、t_3 和 t_4,生成三层、双层和单层 GNR,($t_4 > t_3 > t_2 > t_1$,e-g);(h)PMMA 被分离以释放 GNR[36]。

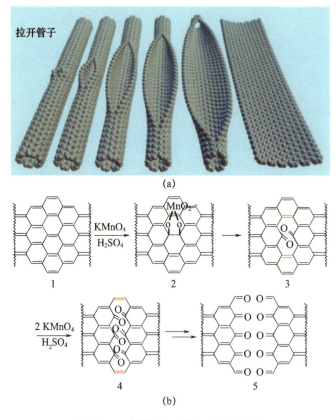

图 3.27 石墨烯纳米带(GNR)的形成

(a)逐渐拉开一个碳纳米管壁以产生 GNR;(b)纳米管拉开的化学机理[37]。

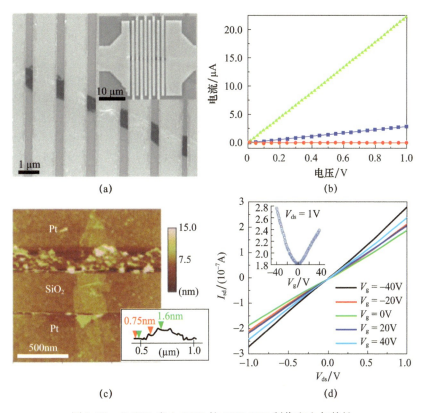

图 3.28 Si/SiO₂ 底上 GNR 的 GNR FET 制作和电气特性

(a) GFET 的 SEM 图像;(b) 三种 FET 的电流 - 电压 (I - V) 特性:制备(红色)、N_2H_4 还原(蓝色) 和 H_2 退火(绿色)纳米带(300nm 宽,10nm 厚(AFM),通道长度为约 500nm;10 多个设备在三种状态下的特性);(c)基于 N_2H_4 还原和退火的 FET 的 AFM 图像;(d)(c)中所示设备的 I_{sd} - V_{sd} 和 I_{sd} - V_g 特性[37]。

表 3.2 GFET 的制备工艺参数

宽度/nm	通断比	基底	技术	能隙/eV	温度	长度/nm	厚度/nm	层数	文献
14	2~5	SiO₂/Si	氢等离子体	N/A	300℃	N/A	N/A	N/A	[33]
5	1000	SiO₂/Si	氢等离子体	N/A	300℃	N/A	N/A	N/A	[33]
10	N/A	热解石墨	STM 光刻	0.5	RT	120	N/A	N/A	[34]
>20	N/A	SiO₂/Si	氧等离子体	0.2	1.7~200K	N/A	N/A	N/A	[16]
5~50	N/A	SiO₂/Si	超声波处理	N/A		N/A	N/A	N/A	[35]
7	10	SiO₂/Si	受控打开 CNT	N/A	RT	N/A	N/A	N/A	[36]
6	>100	SiO₂/Si	受控打开 CNT	N/A	RT	N/A	N/A	N/A	[36]
300	N/A	SiO₂/Si	化学打开 CNT	N/A	RT	500	10	N/A	[37]
2~8	500	SiO₂/Si	聚合物保护氩等离子体蚀刻	N/A	RT	100	N/A	1	[38]
2~8	20	SiO₂/Si	聚合物保护氩等离子体蚀刻	N/A	RT	100	N/A	3	[38]

注:N/A = 不适用。

参考文献

[1] Farmer, D. B., Chiu, H. -Y., Lin, Y. -M., Jenkins, K. A., Xia, F., Avouris, P., Utilization of a buffered dielectric to achieve high field - effect carrier mobility in graphene transistors, IBM T. J. Watson Research Center, Yorktown Heights, New York. *Nano Lett.* ,9,12,4474 - 4478,2009.

[2] Kim, S., Nah, J., Jo, I., Shahrjerdi, D., Colombo, L., Yao, Z., Tutuc, E., Banerjee, S. K., Realization of a high mobility dual - gated graphene field - effect transistor with Al_2O_3 dielectric. *Appl. Phys. Lett.* ,94, 062107,2009.

[3] Adam, S., Hwang, E. H., Galitski, V. M., Das Sarma, S., A self - consistent theory for graphene transport. *Proc. Natl. Acad. Sci. U. S. A.* ,104,18392 - 18397,2007.

[4] Meric, I., Han, M. Y., Young, A. F., Ozyilmaz, B., Kim, P, Shepard, K. L., Current saturation in zero - bandgap, top - gated graphene field - effect transistors. *Nat. Nanotechnol.* ,3,654 - 659,2008.

[5] Oostinga, J. B., Heersche, H. B., Liu, X., Morpurgo, A. F., Vandersypen, L. M. K., Gate - induced insulating state in bilayer graphene devices. *Nat. Mater.* ,7,151 - 157,2007.

[6] Schwierz, F., Graphene transistors. *Nat. Nanotechnol.* ,5,487 - 496,2010.

[7] Hossain, N. and Chowdhury, M. H., Multilayer graphene nanoribbon floating gate transistor for flash memory. *Proceedings of IEEE International Symposium on Circuits and Systems (ISCAS)*, pp. 806 - 809,2014.

[8] Hossain, N. and Chowdhury, M. H., Multilayer graphene nanoribbon and carbon nanotube based floating gate transistor for nonvolatile flash memory. *ACM J. Emerging Technol. Comput. Syst.* ,12,1,1 - 17,2015.

[9] Hossain, N. and Chowdhury, M. H., Graphene and CNT based flash memory: Impacts of scaling control and tunnel oxide thickness. *Proceedings of IEEE International Midwest Symposium on Circuits and Systems (MWSCAS)*, pp. 985 - 988,2014.

[10] Hossain, N., Hossain, B., Chowdhury, M. H., Multilayer layer graphene nanoribbon flash memory: Analysis of programming and erasing operation. *Proceedings of IEEE International System - on - Chip Conference (SOCC)*, pp. 24 - 28,2014.

[11] Hossain, N., Koppu, J., Chowdhury, M. H., Radiation hardness test of flash memory by threshold voltage analysis. *Proceedings of IEEE International Symposium on Circuits and Systems (ISCAS)*, pp. 2896 - 2899,2015.

[12] Romero, H. E., Shen, N., Joshi, P., Gutierrez, H. R., Tadigadapa, S. A., Sofo, J. O., Eklund, PC., n - Type behavior of graphene supported on Si/SiO_2 substrates. *ACS Nano*,2,10,2037 - 2044,2008.

[13] Chen, J. H., Jang, C., Xiao, S., Ishigami, M., Fuhrer, M. S., Intrinsic and extrinsic performance limits of graphene devices on SiO_2. *Nat. Nano*,3,206 - 209,2008.

[14] Ohta, T., Bostwick, A., McChesney, J. L., Seyller, T., Horn, K., Rotenberg, E., Interlayer interaction and electronic screening in multilayer graphene investigated with angle - resolved photoemission spectroscopy. *Phys. Rev. Lett.* ,98,20,206802,2007.

[15] Kumar, V, Rakhej a, S., Naeemi, A., Modeling and optimization for multi - layer graphenenanoribbon conductors. *Proc. Of IEEE International Interconnect Technology Conference and Materials for Advanced Metallization (IITC/MAM)*, pp. 1 - 3,2011.

[16] Han, M. Y., Özyilmaz, B., Zhang, Y., Kim, P., Energy band - gap engineering of graphene nanoribbons. *Phys. Rev. Lett.* ,98,20,206805,2007.

[17] Chen, X., Lee, K. J., Akinwande, D., Close, G. F., Yasuda, S., Paul, B., Fujita, S., Kong, J., Wong, P., High - speed graphene interconnects monolithically integrated with cmos ring oscillators operating at

1.3GHz. *Proc. Of IEEE International Electron Devices Meeting（IEDM）*,pp. 1 – 4,2009.

[18] Sui,Y. and Appenzeller,J., Multi – layer graphene field – effect transistors for improved device performance. *Proceeding of Device Research Conference*,pp. 199 – 200,2009.

[19] Tang,Q.,Tong,Y.,Li,Ji,Z.,Li,L.,Hu,W.,Liu,Y.,Zhu,D., High – performance air – stable bipolar field – effect transistors of organic single – crystalline ribbons with an air – gap dielectric. *Adv. Mater.*,20, 1511 – 1515,2008.

[20] Savage,N., One graphene device makes three amplifiers. *IEEE Spectr.*, 2010, https://spectrum.ieee.org/semiconductors/nanotechnology/one – graphene – device – makes – three – amplifiers.

[21] Lin,Y.,Jenkins,K.,Garcia,A.,Small,J.,Farmer,D.,Avouris,P., Operation of graphene transistors at gigahertz frequencies. *Nano Lett.*,9,1,422 – 426,2009.

[22] Jabeur,K.,O'Connor,Yakymets,N., Functions classification approach to generate reconfigurable fine – grain logic based on ambipolar independent double gate FET（Am – IDGFET）. *Microelectron. J.*,44,12, 1316 – 1327,2013.

[23] Chen,Z.,Lin,Y. – M.,Rooks,M. J.,Avouris,P., Graphene nano – ribbon electronics. *Physica E*,40,2, 228 – 232,2007.

[24] Watanabea,E.,Conwillb,A.,Tsuyaa,D.,Koidea,Y., Low contact resistance metals for graphene based devices. *Diamond Relat. Mater.*,24,171 – 174,2012.

[25] Nagashio,K.,Nishimura,T.,Kita,K.,Toriumi,A., Contact resistivity and current flow path at metal – graphene contact. *Appl. Phys. Lett.*,97,14,2010.

[26] Moon,J. S.,Antcliffe,M.,Seo,H. C.,Curtis,D.,Lin,S.,Schmitz,A.,Milosavljevic,I.,Kiselev,A. A.,Ross,R. S.,Gaskill,D. K.,Campbell,P. M.,Fitch,R. C.,Lee,K. – M.,Asbeck,P, Ultra – low resistance ohmic contacts in graphene field effect transistors. *Appl. Phys. Lett.*,100,20,2012.

[27] Lee,J.,Kim,Y.,Shin,H.,Lee,C.,Lee,D.,Moon,C.,Lim,J.,Chan,J. S., Clean transfer of graphene and its effect on contact resistance. *Appl. Phys. Lett. Nanoscale Sci. Technol.*,103,10,2013.

[28] Shao,Q.,Liu,G.,Teweldebrhan,D.,Balandin,A. A., High – temperature quenching of electrical resistance in graphene interconnects. *Appl. Phys. Lett.*,92,202108,2008.

[29] Busch,G. and Schade,H., *Lectures on Solid State Physics*,p. 289,Pergamon,New York,1976.

[30] Nagashio,K.,Nishimura,T.,Kita,K.,Toriumi,A., Systematic investigation of the intrinsicchannel properties and contact resistance of monolayer and multilayer graphene field – effect transistor. *Jpn. J. Appl. Phys.*,49,5,2010.

[31] Murrmann, H. and Widmann, D., Current crowding on metal contacts to planar devices. *IEEE Trans. Electron Devices*,16,12,1022 – 1024,1969.

[32] Liu,G.,Rumyantsev,S.,Shur,M. S.,Balandin,A. A., Origin of 1/f noise in graphene multilayers：Surface vs. volume. *Appl. Phys. Lett.*,102,9,093111,2013.

[33] Xie,L.,Jiao,L.,Dai,H., Selective etching of graphene edges by hydrogen plasma. *J. Am. Chem. Soc.*, 132, 42,14751 – 14753,2010.

[34] Tapaszto,L.,Dobrik,G.,Lambin,P.,Biro,L. P.,Tailoring the atomic structure of graphene nanoribbons by scanning tunnelling microscope lithography. *Nat. Nanotechnol.*,3,397 – 401,2008.

[35] Wu,Z. S.,Ren,W. C.,Gao,L. B.,Liu,B. L.,Zhao,J. P.,Cheng,H. M., Efficient synthesis of graphene nanoribbons sonochemically cut from graphene sheets. *Nano Res.*,3,1,16 – 22,2010.

[36] Jiao,L.,Zhang,L.,Wang,X.,Diankov,G.,Dai,H., Narrow graphene nanoribbons from carbon nanotubes. *Nature*,458,877 – 880,2009.

[37] Kosynkin,D. V.,Higginbotham,A. L.,Sinitskii,A.,Lomeda,J. R.,Dimiev,A.,Price,B. K.,Tour,

J. M. ,Longitudinal unzipping of carbon nanotubes to form graphene nanoribbons. *Nature*, 458, 872 – 876,2009.

[38] Jiao,L. ,Zhang,L. ,Ding,L. ,Liu,J. ,Dai,H. ,Aligned graphene nanoribbons and crossbars from unzipped carbon nanotubes. *Nano Res.* ,3,387 – 394,2010.

第4章 石墨烯电子建模:从材料特性到电路模拟

Yu He
美国印第安纳州普渡大学西拉法叶分校

摘 要 自2004年首次发现以来,石墨烯以其独特的物理、力学和电学性质,引起了人们极大的兴趣。石墨烯具有二维单原子层结构,与硅等传统半导体相比,具有零带隙和极高的导电率等特性。石墨烯基纳米晶体管发展迅速,被认为是未来电子应用的理想选择。随着人们愈发重视对潜在技术进行早期评估和路径确定,上述纳米晶体管的探索过程对器件建模提出了新的挑战。本章旨在对石墨烯研究中不同层次的建模方法进行综述,包括原子论方法,比如从头计算法和经验紧束缚方法,用来研究能量色散关系等基本材料性能,也包括基于连续介质的半经典漂移扩散方法,用于计算其电输运特性,此外在电路模拟中还使用了紧凑模型描述法。本章讨论了这些不同层次方法之间的联系和关联,即从低到高讨论抽象概念。本章还讨论了纳米带、纳米网等并引入石墨烯带隙技术。最后,对近年来新发现的 MoS_2、磷烯等二维材料也作了简要评述。

关键词 石墨烯,纳米晶体管,建模,二维材料

4.1 引言

单层石墨烯具有独特的物理、力学和电学性质[1],自从其被发现以来一直受到研究人员的极大关注。石墨烯的迁移率可高达250000 $cm^2/(V \cdot s)$[2],因此其是未来电子应用的理想选择。多年以前已经证实石墨烯可以作为通道材料,以此制备场效应晶体管(FET)[1,3-4],研究人员致力于提高其性能且已经获得进展[5-8]。研究人员还展示了其他应用如石墨烯基互连[9-10]、碳基电阻式随机存取存储器(RRAM)[11-12]、石墨烯电池[13]等。所有这些都是应用前景广阔的领域,但还应观察这些应用是否能够引导实用的石墨烯电子技术。目前面临的主要挑战是,实验技术不够成熟且可重复性差,器件性能不高或可靠性不高,同时,在化学合成和制造过程中,还不是最优选择。在这种情况下,材料和设备建模的优势使得人们更倾向于选择低成本技术,因此,目前它仅作为早期评估和寻找实验研究潜在技术的工具。

石墨烯作为首个真正的二维材料,表现出与硅等传统半导体截然不同的特性,这对材料和设备建模提出了新的挑战。例如,实用半导体设备模拟基于漂移扩散(DD)描述,这

需要迁移率、态密度(DOS)、有效质量等基本量。先进的设备模拟器可以通过求解温度方程来捕捉自热效应，或通过在 DD 框架内建立隧道模型来模拟隧道设备[14]。由于理想石墨烯是一种半金属，具有与普通半导体明显不同的能带结构，因此需要解决的一个基本问题是修改这些方程式并获得适当的模型参数，以便 DD 描述能够可靠地模拟基于石墨烯的设备。答案在于多尺度方法[15]。这种方法的基本思想是选择适当的物理描述，包括原子模型、材料特性、器件和电路描述。在小尺度晶体结构的低水平模拟中，提取了能带结构、DOS、有效质量等关键特性，并将其输入到高水平模拟中，从而模拟了真实的晶体管结构，如三维鳍式场效应晶体管。这种方法使我们在物理精度和计算效率之间找到了一个平衡点，并被设备建模界广泛接受。

本章描述了石墨烯研究中不同层次的建模方法。这些方法包括原子论方法，比如从头计算法和经验紧束缚方法，用来研究能量色散关系等基本材料性能，也包括基于连续介质的半经典 DD 方法，用于计算其电输运特性，此外在电路模拟中还使用了紧凑模型描述法。本文还讨论了这些不同层次方法之间的联系和关联，即从低到高讨论抽象概念。

4.2 节简要介绍了石墨烯和其他二维材料；4.3 节介绍了第一性原理计算的基本知识及其在石墨烯研究中的应用，以及石墨烯的分子动力学(MD)模型；4.4 节介绍了经验方法，如扩展 Hückel 理论(EHT)和紧束缚(TB)方法，还介绍了量子传输法和模拟；4.5 节介绍了石墨烯基设备的半经典传输描述和紧凑模型；4.6 节是总结。

4.2　二维材料概述

石墨烯由单层碳原子构成，结构为六角形晶格。图 4.1(a) 显示了石墨烯的晶格结构及其电子分散关系。我们可以清楚地看到，导带和价带在狄拉克点相遇，使得理想石墨烯薄片的带隙为零。在实际应用中，我们需要打开一个带隙来关闭石墨烯设备。人们正致力于研究各种方法，如使用双层石墨烯、将外延石墨烯放在碳化硅上[16]、使用功能化石墨烯[17]或应用局部应变[18-19]。一种常用的方法是构建石墨烯的受限结构，即沿着不同的边缘切割无限大的石墨烯薄片，形成石墨烯纳米带(GNR)[20-21]。GNR 的电子结构在很大程度上依赖于边缘结构。图 4.1(b) 显示了扶手椅和锯齿形边缘结构的 GNR。基于简单 TB 方法的计算结果表明，锯齿形边缘的 GNR 是金属性质，没有带隙。而扶手椅边缘 GNR 可以是金属或半导体，这取决于其宽度。此外，扶手椅形 GNR 清楚地显示了不同组的带隙变化[21]。这种行为与碳纳米管(CNT)的行为非常相似，其结构如图 4.1(d) 所示。这是因为 GNT 可以被看作是沿着不同边缘卷起的不同宽度的石墨烯薄片，这与 GNR 在限制方面具有相似性。然而，第一性原理计算的预测结果与简单的紧束缚计算结果不同[21]。结果表明，扶手椅形 GNR 为半导体，其能隙与 GNR 宽度成反比，锯齿形 GNR 也是半导体。实验验证了这一点，说明简单紧束缚模型在模拟受限 GNR 时有缺陷。不同宽度扶手椅 GNR 的带隙变化比较如图 4.2(a) 所示。第一性原理计算结果被清楚地分为三组，其中 p 是一个整数，表示沿 GNR 受限方向的原子层数[21]。10nm 宽、1.5μm 长的 GNR 晶体管的电流－电压特性，如图 4.2(b) 所示。从图中可以看到清晰的通断状态[22]。虽然研究人员已经在 GNR 晶体管的研究中取得了一些成功[6,8,22],但是 GNR 设备的制备仍然很困难,因为需要精确地控制 GNR 的宽度和边缘,以便减少工艺变化。另一种替选方法是制备石墨烯纳米网(GNM)结构[23],如图 4.1(c)所示。石墨烯纳米网结构的能带结构如图 4.3(a)所示。这种 GNM 结构包含周期性排列在石墨烯薄片内的 5nm 直径的空穴,这些空穴之间的距离为 5nm。结果表明,这种结构可以打开 0.75eV 的带隙。在实验中,可以通过嵌段共聚物光刻方法制备这种纳米网结构,该方法本质上可伸缩,并且与标准半导体工艺兼容[23]。结果表明,GNM 晶体管可以提供比单个 GNR 器件大 100 倍的电流,同时保持如图 4.3(b)所示的可比较的通断比。

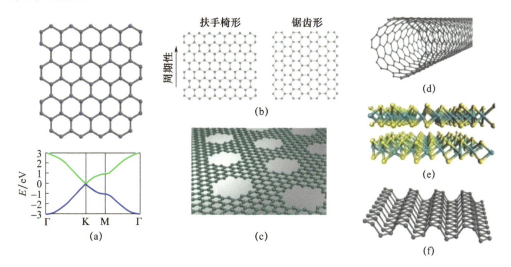

图 4.1 (a)单层石墨烯的结构及其沿高对称点上的分散关系;(b)扶手椅形和锯齿形边缘的石墨烯纳米带的结构;(c)石墨烯纳米网的结构;(d)碳纳米管的结构;(e)MoS_2 的结构;(f)黑磷的结构

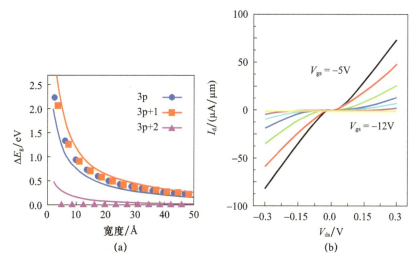

图 4.2 (a)不同宽度扶手椅形 GNR 的带隙变化,用紧束缚(符号)和第一性原理计算方法(实线)计算[21];(b)10nm 宽、1.5μm 长 GNR 晶体管的电流漏极电压特性[22]

近年来,二硫化钼(MoS$_2$)[24-25]作为一种属于过渡金属二硫化物(TMD)的化合物材料,其和黑磷(也称为亚磷烯)[26]已加入二维材料家族。这些材料具有皱褶层结构,通过范德瓦耳斯力连接不同的层,如图4.1(e)、(f)所示。单层MoS$_2$和黑磷的能带结构如图4.4所示。与石墨烯不同,MoS$_2$和许多TMD材料具有合适的本征带隙,但测量的迁移率约为300~400 cm^2/(V·s),远低于石墨烯[24,25]。黑磷具有0.3eV的本征直接带隙,其单层结构可打开1.5eV的带隙,迁移率高达10^4 cm^2/Vs[27-28]。这些优秀的特性引起了设备界的极大关注,并对此进行了大量的研究工作。

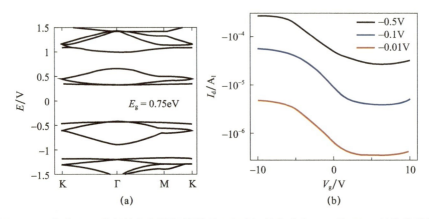

图4.3 (a)包含5nm直径的空穴周期性排列且空穴间的宽度为5nm的GNM的能带结构;(b)具有不同漏极偏置的GNM晶体管的电流-电压特性[23]

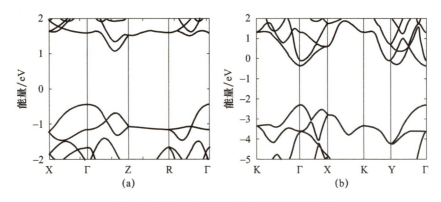

图4.4 单层(a)MoS$_2$和(b)黑磷的能带结构

4.3 第一性原理计算建模和分子动力学

4.3.1 第一性原理计算法概论

第一性原理计算法是求解材料临界性质的基本方法。第一性原理计算法实际应用的依据是密度泛函理论(DFT),源于Hohenberg和Kohn定理[29]以及Kohn和Sham的巧妙方法[30]。

Hohenberg-Kohn(HK)定理指出,N 粒子系统的波函数可以用电子基态密度来表示,而不损失信息。这意味着系统的外电势 V_{ext} 唯一地由基态的粒子密度 $\rho(r)$ 决定,反之亦然。HK 定理还指出,具有 V_{ext} 的系统的基态能量由能量函数 $E[\rho(r)]$ 最小值给出,该值在基态密度 $\rho_0(r)$ 处达到。对于任何含 N 粒子的相互作用系统,HK 定理保证了唯一性。然而,系统的波函数很难找到。Kohn 和 Sham 的想法是构造一个非相互作用的参考系统,使其能够产生与原始相互作用系统相同的基态密度。

$$\left[-\frac{\hbar}{2m}\nabla^2 + V_s(r)\right]\phi(r) = \varepsilon\phi(r)$$

$$\sum_i |\phi_i|^2 = \rho_0(r)$$

$$V_s(r) = \int \frac{\rho(r')}{|r-r'|}dr' + V_{ext}(r) + V_{xc}(r) \quad (4.1)$$

其中:

$$V_{xc}(r) = \frac{\delta E_{xc}(\rho)}{\delta \rho(r)} \quad (4.2)$$

Kohn-Sham(KS)方程中,E_{xc} 是交换相关函数,式(4.1)需要自洽解。求解式(4.1)时一个问题是缺少 E_{xc} 的表达,因此为其设计了几种近似方法。固态物理中最常用的近似方法是局部密度近似(LDA)[30],其中泛函依赖于电子密度,与位置有函数关系,还有一种常用的近似方法是广义梯度近似(GGA)[31],这里还考虑了密度的梯度。在 LDA 近似下,E_{xc} 为

$$E_{xc}^{LDA}(\rho) = \int \rho(r)\varepsilon_{xc}(\rho(r))dr \quad (4.3)$$

在 GGA 中,E_{xc} 为

$$E_{xc}^{GGA}(\rho) = \int \rho(r)\varepsilon_{xc}(\rho(r), |\nabla\rho(r)|, \cdots)dr \quad (4.4)$$

随着 DFT 在固体和分子模拟方面的成功,其在设备界引起了越来越多的关注。不过,它的缺点之一是无法正确预测半导体的电子带隙,而电子带隙是决定设备性能的关键。有几种方法可以克服这个问题,例如混合函数[32]和 GW 近似[33]。混合函数通常由交换相关泛函的线性组合表示:

$$E_{xc}^{混合}(\rho) = E_{xc}^{LDA} + a_0(E_x^{HF} - E_x^{LDA}) + a_x(E_x^{GGA} - E_x^{LDA}) + a_c(E_c^{GGA} - E_c^{LDA}) \quad (4.5)$$

GW 近似包括格林函数的解:

$$E_{xc}^{GW}(\phi) = \int \sum(r,r')\phi(r')dr$$

$$\sum = iGW \quad (4.6)$$

其中:G 是多体系统的格林函数;W 是考虑屏蔽库仑相互作用的函数。结果表明,与测量结果相比,混合函数和 GW 近似能产生准确的带隙,但需要更多计算。

Ab-initio 方法用于各种石墨烯的研究,如石墨烯在基底上的吸收[34-35]、分子在石墨

烯上的吸收[36]、石墨烯的应变工程[19]、纳米带等受限结构[21]、电子输运[37]、热输运[38]、石墨烯-金属接触[39]等。现在有两种广泛使用的第一性原理计算法，如 VASP[40]、AB-INIT[41]、SIESTA[42]、Quantum ESPRESSO[43] 和 QuantumWise[44]。由于第一性原理计算法不需要经验参数，所以对理想石墨烯薄片进行简单的研究，我们通常只需要指定适当的晶胞和碳原子类型。图 4.5(a)显示了石墨烯晶格及其原始单元。对应的倒易晶格如图 4.5(b)所示，并具有高对称点。石墨烯原始晶胞包含两个被距离 $a_0 = 0.142$ nm 隔开的碳原子。晶格向量表示为

$$\begin{cases} \boldsymbol{a}_1 = \dfrac{3a_0}{2}\hat{x} + \dfrac{\sqrt{3}a_0}{2}\hat{y} \\ \boldsymbol{a}_2 = \dfrac{3a_0}{2}\hat{x} - \dfrac{\sqrt{3}a_0}{2}\hat{y} \end{cases} \quad (4.7)$$

一旦我们指定了晶胞和适当的周期，我们就可以进行第一性原理计算。作为第一步，通常需要找到系统能量最低的构型，这就是所谓的结构弛豫过程。一旦弛豫过程完成并得到最终的结构，我们就可以求解电子性质，如能带结构、DOS 等。图 4.6 显示了使用 VASP 方法，计算不同原子轨道的高对称点和 DOS 的能带结构[40]。我们可以看到，s、p_x 和 p_y 轨道的贡献位于价带和导带的深处。当石墨烯中两个 sp^2 杂化轨道的碳原子相互连接时，形成 σ-键，如图 4.5(c)所示。同时，p_z 轨道形成 π-键，有助于费米能量周围形成 DOS，并在布里渊区的 K 点产生狄拉克点。电子输运性质主要由 p_z 轨道决定，因此，常用的 TB 方法只考虑 p_z 轨道[45]。考虑到这种单轨道 TB 方法的简单性，尽管其存在一些局限性，但它在石墨烯建模方面还是相当成功。在 4.4 节讨论紧束缚方法时，我们将更详细地讨论这个问题。

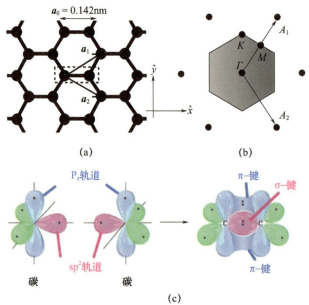

图 4.5 (a)具有原始晶胞和晶格矢量的石墨烯六方结构；(b)布里渊区的倒易晶格和高对称点；(c)碳原子轨道和 C—C 键。

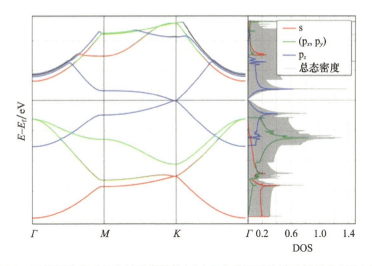

图 4.6 石墨烯沿高对称点的能带结构(左)和各种原子轨道贡献的态密度(右)

4.3.2 分子动力学方法

第一性原理计算通常是求解系统在 0K 下的稳态和温度性质,而分子动力学(MD)与第一性原理计算不同,分子动力学通常是求解系统在有限温度下的动态演化。因此,MD 方法对于研究力学性能[46]、晶体生长[12,47]、分子吸收[48]等动力学过程非常有帮助。MD 方法有不同的水平。第一性原理计算 MD 开始于第一性原理计算理论,求解时间相关的 Schrödinger 方程。通过构造系统哈密顿量并将其转化为拉格朗日形式,我们可以求解运动方程[49]。尽管采用第一性原理计算框架具有明显的优势,但这种方法非常耗时。使用传统的 MD 方法用解析势处理原子间的相互作用,这种方法效率更高。这种相互作用由势 $U(\boldsymbol{r}_1,\cdots,\boldsymbol{r}_N)$ 来描述,表示相互作用 N 原子的势能与其位置 $\boldsymbol{r}_1$ 的函数关系。通过定义势,作用在 i 个原子上的原子间作用力被确定为[50]

$$F_i = -\nabla_{r_i} U(\boldsymbol{r}_1,\cdots,\boldsymbol{r}_N) \qquad (4.8)$$

传统 MD 的精髓是为不同应用的原子间势 U 选择合适的方程式。它基于量子图像的近似,分子由相互作用的原子核和电子组成。原子核被认为在电子云场中运动,而电子能在原子核运动的每一个时间步上能迅速平衡。因此,相互作用势决定了原子核的动力学行为,而不必考虑电子,因此我们可以用经典力学来描述原子核的运动。经验势以特定的函数形式代表系统的物理和化学,可调参数用于更基本的计算,如第一性原理计算或实验数据。最简单的势形式可能是 Lennard–Jones(LJ)势[51],表示为

$$V_{\text{LJ}} = 4\varepsilon\left[\left(\frac{\sigma}{r}\right)^{12} - \left(\frac{\sigma}{r}\right)^{6}\right] \qquad (4.9)$$

其中:ε 为势阱的深度;σ 为原子间势为零时的有限距离;r 为原子间的距离。有几个更复杂的势可以用来模拟石墨烯中的碳–碳相互作用,例如 Tersoff 势[52]、EDIP 势[53]、Brenner 势[54]、反应力场[55]等。这些势能描述碳原子的几种不同的键状态,从而能够正确地描述化学反应。尽管在具体形式上有所不同,但它们的共同点是化学键的强度取决于键的数量、键的角度和键的长度。相互作用势通常需要大量的成对计算。实际上,我们假设这种

相互作用为短程,这样我们就可以定义 i 个原子的截止半径。相互作用势的计算仅限于 i 原子截止半径内的相邻原子。这节省了大量的计算工作量。另外,我们正在求解的样本不能是无限大,这意味着模拟系统在一个有限的盒子里,并且会有系统的曲面。在 MD 模拟过程中,原子可能会移出盒子。为了克服这一点,系统中通常采用周期边界条件(PBC),这样从盒子的一个表面移出的原子将从盒子的另一侧移入盒子内部。当相互作用势为短程时,这将生效。必须特别注意远程相互作用。

一旦我们选择了合适的势,我们就可以解牛顿的运动方程

$$F_i = m_i \frac{d^2 \vec{r}_i(t)}{dt^2} \quad (4.10)$$

式中: r_i 为 i 个原子的位置; F_i 为在时间 t 作用下第 i 个原子上的力; m_i 是原子的质量。系统的时间演化定义了构成 MD 轨迹的瞬时位置和速度矢量。当我们连接微观和宏观图片时,每个原子的位置由 $r_i(t)$ 定义,速度向量 $v_i(t)$ 决定了系统中的动能和温度

$$W = \frac{3}{2} N k_B T = \sum_i \frac{1}{2} m_i v_i^2 \quad (4.11)$$

为求解牛顿运动方程,我们需要找到一个表达式,用时间 t 的已知位置来定义 $t + \Delta t$ 时间下的 $r_i(t + \Delta t)$。一种常用的算法是 Verlet 算法,这种算法基本上是使用泰勒方程式计算位置 $r_i(t)$ [50]

$$r_i(t + \Delta t) = 2 r_i(t) - r_i(t - \Delta t) + \frac{F_i(t)}{m_i} \Delta t^2 \quad (4.12)$$

精确的轨迹对应于无穷小步的极限。而使用微小的时间步长意味着更多的计算量。实际上由系统中的快速运动决定 Δt。通常,它可以在飞秒级,以确保算法的稳定性。

将 MD 应用于石墨烯的一个例子是碳基电阻存储器模拟。这种碳基 RRAM[11]具有单极性开关特性,开关功率为 $7.5\mu W$、开关时间为 11 ns、通断比为 10^5。在其开关过程中,电脉冲引起的碳相变被认为影响存储器电阻开关。几十纳秒量级的复位脉冲形成低电阻石墨烯状富 sp^2 单丝,并且很短的复位脉冲导致高电阻无序富 sp^3 猝灭状态。人们认为,结构的变化是导致晶态和非晶态相变的主要原因。MD 方法对于这种动态过程的模拟是一种非常适合的方法。采用宏观电学和温度方程中的 MD 方法模拟了 RRAM 开关过程。利用电连续性方程产生电流密度,将电流密度输入到温度方程中,计算发热量和温度分布。通过温度分布和式(4.11),进行 MD 模拟以确定 RRAM 的瞬时微观结构。从结构上看,碳原子的成键情况,即它们是形成 sp^2 还是 sp^3 杂化键可以由原子的位置和周围环境来确定,从而确定局部电导率和比热,并为电温度求解器馈电[12]。图 4.7 显示了两个碳 RRAM 置位和重置周期的电压脉冲、相应的温度斜坡和原子结构。在 S1-S9 中表示开关过程中的瞬时状态。从图 4.7(a)可以看出,尽管偏置电压有急剧的变化,但由于热容效应,温度只会逐渐变化,并在大约 40ps 内达到平衡值。图 4.7(b)显示了在重置过程和设置过程中丝级原子结构的演变。整个电温度模拟区域的温度分布如图 4.7(c)所示。从类石墨烯丝级(S1)开始,重置过程中的 1.3V 强脉冲持续 100ps,这导致足够高的温度使丝级(S2)断裂。图 4.7(c)显示在重置过程中,丝级中心部分的峰值温度已经超过石墨烯的熔点。因此,丝级在很短的时间内在中心区域熔化。去除电压脉冲后,结构经历快速退火过程,在此过程中温度迅速下降,很快达到室温。在这一阶段(S3)观察到无定形高电

阻淬火状态。只有丝级中心部分的一小部分被重置为非晶态，其绝缘层宽度小于 2nm[12]。这种 MD 模拟虽然采用了简化的电温度模型，但成功地再现了实验观测。基于原子轨道描述的更全面的量子输运方法可以作为解决这种 RRAM 结构的电子输运问题的替代方法，这种方法通常更精确，但需要更高的计算量[56]。

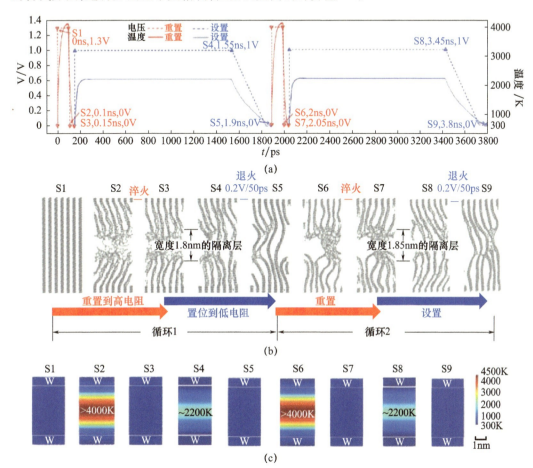

图 4.7　碳 RRAM 的两个重置/设置周期

(a) 整个模拟区域内的电脉冲以及温度峰值；(b) (a) 中 S1-S9 标记的模拟丝级的原子结构快照；
(c) S1-S9 的整个电热模拟区域的温度分布[12]（经 IEEE 许可使用）。

第一性原理计算法和 MD 方法都可以用来确定研究中的原子结构。在第一性原理计算法中，原子的结构是由结构弛豫过程所决定，这个过程是使系统能量最小化和寻找基态构型的过程。MD 方法可以考察原子的时间演化，给出结构动力学过程的完整轨迹。一旦确定了结构，我们就可以计算物理性质，如能带结构、DOS 等。可以用第一性原理计算法来完成这种计算，但是由于第一性原理计算法需要很高的计算负担，它通常局限于小型结构。或者，我们可以使用经验表示法，如扩展的 Hückel 理论和紧束缚方法。这些方法基于一定的方程式，只对价电子进行显式处理，并结合与实验数据拟合的参数或第一性原理计算，弥补了所有电子显式细节的不足。它们比第一性原理计算法更有效，因此适用于更真实的结构。在下一节中，我们将介绍这些方法及其在石墨烯研究中的应用。之后我们将介绍量子输运方法，用来模拟石墨烯晶体管的电子输运特性。

4.4 经验原子表示法和量子传输方法

现代半导体器件由复杂的几何结构和多种材料组成。除了硅或锗等传统材料外，TMD[24-25]和黑磷[26]等新材料近年来也加入了设备界。在设备设计中，通常采用 finFET、超薄体(UTB)或纳米线等受限结构。准确描述这些结构的能带结构是任何设备模拟的前提。有效质量近似在导带极小值和价带极大值附近很好地工作，但并不总是能保证纳米结构中量子化能级的正确计算。如前所述，由于第一性原理计算法的复杂性和高计算负担，其对于由 10000 多个原子组成的实际设备而言过于昂贵。此外，它是一种平衡理论，原则上不能应用于电子设备运行的非平衡状态。经验方法，如 Hückel 理论的扩展(EHT)[57]和紧束缚(TB)[58]方法已经成为许多研究人员的主要选择，因为这些方法可以可靠地有效产生纳米结构的能带结构。

这些经验方法是基于原子轨道线性组合(LCAO)的概念，即原子轨道的量子叠加。这一思想源于一种数学意义，即系统的波函数是描述给定原子中电子的基函数的基集合。我们将首先介绍 EHT 表示，然后再讨论 TB 方法。

4.4.1 Hückel 理论的扩展

原始 Hückel 理论[59-60]来源于 E. Hückel 的发现，这种理论在碳-碳双键构型中很常见，可以通过对每个碳原子的 p 轨道进行线性组合来模拟 π 键。人们将这种理论应用于芳香族的研究，命名为 Hückel 理论。后来发现在 Hückel 理论中，只选取了垂直于芳香环的 p 轨道，因此它只能模拟 π 键，不能模拟 σ 键，且它不能给出原子轨道的表达式。1965年，R. Hoffmann 扩展了这一理论，后来在计算化学中将其广泛应用。

ETH 方法是 Hückel 理论的扩展[59-60]。这种扩展包括：①把原子轨道的描述扩展到其他价电子轨道，而不仅仅是 π 轨道；②以原子轨道为基函数；③原子轨道的现场能量是一个拟合的参数；④利用基函数的重叠积分求解不同轨道间的哈密顿算子。我们可以看到，在这些扩展中，最重要的步骤是找到原子轨道的正确表达式，并计算它们的重叠积分。众所周知，除了氢原子外，要找到原子轨道本征态的显式表达式很困难，因此只能得到近似值。因此，Slater 型轨道(STO)[58]被用作 ETH 中的基函数，即

$$\Psi_{n,l,m}^{STO}(\boldsymbol{r}) = R_n^{STO}(\boldsymbol{r})\Theta_{lm}^i(\hat{r})$$

$$R_n^{STO}(\boldsymbol{r}) = (2\xi)^n\sqrt{\frac{2\xi}{(2n)!}}r^{n-1}e^{-\xi r} \quad (4.13)$$

式中：ξ 表示沿径向阻尼的拟合参数，它与原子核的有效价电荷有关；整数 n、l、m 分别代表主量子数、角动量数和磁量子数；$\hat{r}$ 是沿 $\boldsymbol{r}$ 方向的单位长度；角度部分 Θ_{lm} 是球谐函数的线性组合，表示为

$$\begin{cases} \Theta_{lm}^0(\hat{r}) = Y_{l0} \\ \Theta_{lm}^c(\hat{r}) = \frac{1}{\sqrt{2}}[Y_{l,-m} + (-1)^m Y_{lm}] \quad (m>0) \\ \Theta_{lm}^s(\hat{r}) = \frac{i}{\sqrt{2}}[Y_{l,-m} - (-1)^m Y_{lm}] \quad (m>0) \end{cases} \quad (4.14)$$

式中：Y_{lm}是球谐函数。最低阶角部分对应于最常用的轨道

$$\begin{cases} s \sim Y_{00}(\hat{r}) = \sqrt{1/4\pi} \\ p_x \sim \sqrt{1/2}\left[Y_{1,-1}(\hat{r}) - Y_{11}(\hat{r})\right] = \sqrt{3/4\pi}\dfrac{x}{r} \\ p_y \sim \sqrt{1/2}i\left[Y_{1,-1}(\hat{r}) + Y_{11}(\hat{r})\right] = \sqrt{3/4\pi}\dfrac{y}{r} \\ p_z \sim Y_{10}(\hat{r}) = \sqrt{3/4\pi}\dfrac{z}{r} \\ d_{3z^2-r^2} \sim Y_{20}(\hat{r}) = \sqrt{5/4\pi}\dfrac{1}{2}\dfrac{3z^2-r^2}{r^2} \\ d_{x^2-y^2} \sim \sqrt{1/2}\left[Y_{22}(\hat{r}) + Y_{2,-2}(\hat{r})\right] = \sqrt{5/4\pi}\dfrac{\sqrt{3}}{2}\dfrac{x^2-r^2}{r^2} \\ d_{xy} \sim \sqrt{1/2}i\left[-Y_{22}(\hat{r}) + Y_{2,-2}(\hat{r})\right] = \sqrt{5/4\pi}\dfrac{\sqrt{3}}{2}\dfrac{xy}{r^2} \\ d_{yz} \sim \sqrt{1/2}i\left[Y_{21}(\hat{r}) + Y_{2,-1}(\hat{r})\right] = \sqrt{5/4\pi}\dfrac{\sqrt{3}}{2}\dfrac{yz}{r^2} \\ d_{zx} \sim \sqrt{1/2}\left[-Y_{21}(\hat{r}) + Y_{2,-1}(\hat{r})\right] = \sqrt{5/4\pi}\dfrac{\sqrt{3}}{2}\dfrac{zx}{r^2} \end{cases} \quad (4.15)$$

我们注意到 STO 基与氢原子的轨道有相似之处。图 4.8 显示了 STO 和氢原子之间的径向部分的比较。主要的差异来自于 $r/r_0 = 0$ 时靠近原子核的点，几乎看不到 STO 基的振荡。对于远离原子核的距离，STO 呈指数衰减，这很好地近似实际原子轨道。实际上，原子间的键合主要发生在离原子核较远的地方，在这些地方产生较高的电子密度。因此，STO 基是一个很好的近似值。

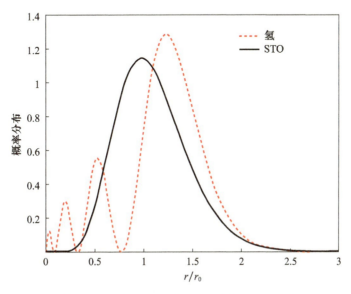

图 4.8　STO 与氢原子径向部分的概率分布比较

一旦我们有了特定元素的 STO 表达式和参数，就可以将其应用于任何含有该元素的

化合物。例如,如果我们从大块构型硅知道硅的 STO 参数,从石墨烯知道碳的 STO 参数,那么我们就可以在不知道大块碳化硅的参数的情况下精确地计算碳化硅的能带结构。此外,它还适用于原子位置不是周期性的无序系统。这些良好的可转移性和灵活性使 ETH 成为研究各种化合物、界面、规则或不规则体系的有效方法。

如前所述,ETH 的关键之一是求解 STO 基的重叠积分。这就需要进行大量的计算。实际上,我们需要定义原子相互作用的截止距离,因为重叠随着距离的增加而迅速减少。

图 4.9 显示了使用第一性原理计算法和 ETH 法计算的石墨烯能带结构。可以看到一个完美的匹配。

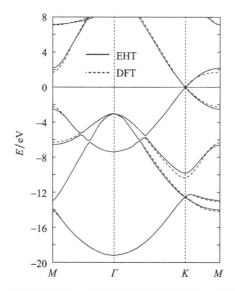

图 4.9　使用第一性原理计算法(虚线)和 ETH 法(实线)计算的石墨烯能带结构

4.4.2　经验紧束缚方法

经验 TB 方法最早由 Slater 和 Koster 在 20 世纪 50 年代早期提出[58]。从那时起,许多研究工作投入到推动 TB 方法和应用上[61-64]。这里,我们将介绍 TB 方法的基本概念、产生哈密顿量的基本方程式和广泛使用的符号。

对于给定的晶体结构,TB 波函数可以写成局域原子轨道(LCAO)$\phi_n(r-R_1)$ 与系数 C_n 的线性组合。这些函数位于 R_i 位置的各种原子 i 上,n 表示量子数。由于结构中存在周期性,Bloch 总和被表达为

$$\Psi(r) = \sum_{\alpha,\sigma,k} C_\sigma^\alpha(k) \sum_{R_i^\alpha} \phi_\sigma^\alpha(r - R_i^\alpha) e^{ikR_i^\alpha} \tag{4.16}$$

式中:α 表示原子;σ 表示轨道类型,如 s、p、d、s* 等;k 表示波向量。可以通过两中心近似和轨道函数的正交化得到 TB 哈密顿量的矩阵元素。矩阵形式的 TB 方程可以写成

$$(H^\alpha - E(K)) C^\alpha(k) + \sum_i V^{\alpha\beta}(b_i^\alpha) C^\beta(k) e^{ikb_i^\alpha} = 0 \tag{4.17}$$

H^α 和 $V^{\alpha\beta}$ 是考虑所有轨道 σ 的矩阵。这些矩阵的维度取决于 TB 模型的自由度。例如,对于 sp^{3}d^{5}s* 模型,无自旋维度为 10,或自旋维度为 20。H^α 是原子 α 的术语。它是一个对角矩阵,其中元素表示 s、p、d、s* 轨道的能量[58]。除考虑自旋外,非对角元素为 0。

原子 α 和原子 β 间的相互作用用 $V^{\alpha\beta}$ 表示。式(4.17)中的总和在原子 α 的所有邻域上循环。$V^{\alpha\beta}$ 中的矩阵元素,例如,轨道 p_x^β 和 d_{xy}^α 之间的重叠可以用两个积分近似,分别是 σ 和 π。矩阵元素可以表达为

$$V_{x,xy}^{\alpha\beta}(b_i^\alpha) = \sqrt{3}\,l^2 m\,V_{pd\sigma} + m(1-2\,l^2)V_{pd\pi} \tag{4.18}$$

方向余弦 l、m、n 描述了从原子 α 指向原子 β 的键。$V^{\alpha\beta}$ 的所有矩阵元素见文献[58]。对于周期性沿某一方向被破坏的 UTB 或纳米线,哈密顿量的构造相似,只是在表面施加了硬壁边界,原子需要钝化。

这里使用文献[64]中的 TB 参数符合法。对于 $sp^3d^5s^*$ TB 模型,符号如表 4.1 所列。

表 4.1 TB 参数的符号法

符号	物理术语	符号	物理术语
E_s	s 轨道的现场能量	$V_{ss\sigma}$	$ss\sigma$ 耦合
E_p	p 轨道的现场能量	$V_{sp\sigma}$	$sp\sigma$ 耦合
E_{s^*}	s^* 轨道的现场能量	$V_{sd\sigma}$	$sd\sigma$ 耦合
E_d	d 轨道的现场能量	$V_{ss^*\sigma}$	$ss^*\sigma$ 耦合
$V_{ps^*\sigma}$	$ps^*\sigma$ 耦合	$V_{s^*s^*\sigma}$	$s^*s^*\sigma$ 耦合
$V_{pp\sigma}$	$pp\sigma$ 耦合	$V_{s^*d\sigma}$	$s^*d\sigma$ 耦合
$V_{pp\pi}$	$pp\pi$ 耦合	$V_{dd\sigma}$	$dd\sigma$ 耦合
$V_{pd\sigma}$	$pd\sigma$ 耦合	$V_{dd\pi}$	$dd\pi$ 耦合
$V_{pd\pi}$	$pd\pi$ 耦合	$V_{dd\delta}$	$dd\delta$ 耦合

对于石墨烯,正如我们在 4.3 节中提到的,最简单的 TB 模型只考虑 p_z 轨道,因为它主导费米能带周围的能带。石墨烯的晶胞如图 4.5(a)所示,向量由式(4.7)描述。然后我们可以把石墨烯的 TB 哈密顿量写成

$$[H(\mathbf{k})] = \begin{bmatrix} E_{pz} & V_{pp\pi} \\ V_{pp\pi} & E_{pz} \end{bmatrix} + \begin{bmatrix} 0 & V_{pp\pi}\exp(i\mathbf{k}\cdot\mathbf{a}_1) \\ 0 & 0 \end{bmatrix} + \begin{bmatrix} 0 & V_{pp\pi}\exp(i\mathbf{k}\cdot\mathbf{a}_2) \\ 0 & 0 \end{bmatrix} + \begin{bmatrix} 0 & 0 \\ V_{pp\pi}\exp(-i\mathbf{k}\cdot\mathbf{a}_1) & 0 \end{bmatrix} + \begin{bmatrix} 0 & 0 \\ V_{pp\pi}\exp(-i\mathbf{k}\cdot\mathbf{a}_2) & 0 \end{bmatrix} \tag{4.19}$$

通过求解式(4.19)的特征值,我们得到

$$E = E_{pz} \pm V_{pp\pi}\sqrt{1 + 4\cos\left(k_y a_0\frac{\sqrt{3}}{2}\right)\cos\left(k_x a_0\frac{3}{2}\right) + 4\cos^2\left(k_y a_0\frac{\sqrt{3}}{2}\right)} \tag{4.20}$$

我们可以绘制二维色散关系图,如图 4.10(a)所示。± 符号分别表示导带和价带。狄拉克点存在于布里渊区导带和价带交汇处的六个角(K 点)。在这些点上,方程(4.20)的平方根内的部分变为零,从而给出 $E = E_{pz}$,带隙消失。如果我们假设 $E_{pz} = 0\text{eV}$ 且 $V_{pp\pi} = 1\text{eV}$,我们可以计算并绘制沿高对称点的色散关系,如图 4.10(b)所示。

对于 GNR,对边界施加硬壁边界条件,使波向量沿约束方向离散。我们首先考虑扶手椅形 GNR,沿 y 轴的离散波向量:

$$q_y = \frac{2}{\sqrt{3}\,a_0}\frac{q\pi}{n+1} \quad (q = 1,2,\cdots,n) \tag{4.21}$$

将式(4.21)代入式(4.20),得到扶手椅形 GNR 的色散关系。在式(4.21)中,n 由条带宽度或沿受限方向的原子层数确定,q 对应于 GNR 的一维色散关系中的子带。如图 4.11(a)所示,这些子带可以有效地视为沿 k_y 方向的一组平行平面,切割石墨烯的二维色散并投影到 $k_x = 0$ 上,以形成 GNR 的色散关系能量与 k_x 的对比。

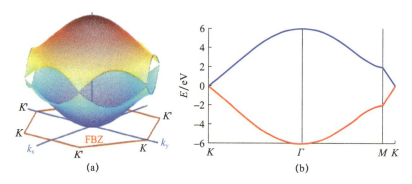

图 4.10 沿高对称点的石墨烯(a)色散和(b)二维轮廓(假设 $E_{pz} = 0\text{eV}$ 且 $V_{pp\pi} = 1\text{eV}$)

考虑 $n = 3p + 2$ 的情况,式(4.20)变为

$$E = E_{pz} \pm V_{pp\pi}\sqrt{1 + 4\cos\left(\frac{q\pi}{3p+3}\right)\left[\cos\left(k_x\frac{3}{2}a_0\right) + \cos\left(\frac{q\pi}{3p+3}\right)\right]} \quad (4.22)$$

很容易证明,对于任何给定的整数 p,总是存在一个确保 $q\pi/(3p+3) = 2\pi/3$ 的整数 q,这确保了 $k_x = 0$ 时,$E = E_{pz}$。这意味着在 $n = 3p + 2$ 时,扶手椅形 GNR 始终是金属,如图 4.2(a)所示。关于二维色散,这意味着在布里渊区总是有平行的平面穿过 K 点,因此在狄拉克点处有子带相交。在其他情况下,扶手椅形 GNR 是半导体。

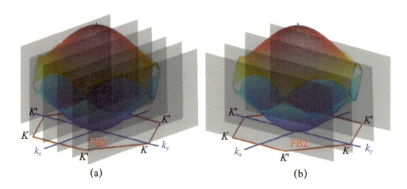

图 4.11 平行平面表示(a)扶手椅形 GNR 和(b)锯齿形 GNR 沿受限方向的子带

我们现在研究锯齿形 GNR。沿 x 轴的离散波向量为

$$q_x = \frac{2}{3a_0}\frac{q\pi}{n} \quad (q = 1, 2, \cdots, n) \quad (4.23)$$

通过将其代入式(4.20),我们得到

$$E = E_{pz} \pm V_{pp\pi}\sqrt{1 + 4\cos(k_y a_0\sqrt{3}/2)\left[\cos\left(\frac{q\pi}{n}\right) + \cos(k_y a_0\sqrt{3}/2)\right]} \quad (4.24)$$

当 $q = n$ 和 $k_y = 2\sqrt{3}\pi/3a_0$ 时,我们得到了 $E = E_{pz}$。当沿 k_x 方向的平行面穿过布里渊

区边缘时,如图 4.11(b)所示存在狄拉克点,因此锯齿形 GNR 始终是金属。

这与碳纳米管(CNT)非常相似。碳纳米管可以看作是将石墨烯薄片切成一定宽度的薄片,沿着不同的方向滚动,如图 4.12 所示。包装向量定义为

$$w = n\boldsymbol{a}_1 + m\boldsymbol{a}_2 \tag{4.25}$$

式中:n、m 是整数。当 $n = 0$ 或 $m = 0$ 时,形成锯齿形 CNT;当 $n = m$ 时,形成扶手椅形 CNT。由于它是一个包装结构,其沿着包裹方向施加了一个周期性的边界条件,从而产生了量子化的波向量。与 GNR 情形类似,这可以理解为平行平面穿过二维石墨烯色散以形成 CNT 的一维色散。我们假设沿包装方向的波向量为 $\boldsymbol{k}_\perp$,然后得到:

$$\boldsymbol{k}_\perp = 2\pi \frac{(m-n)/3 + q}{|w|} \tag{4.26}$$

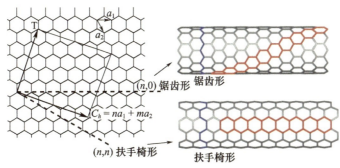

图 4.12　石墨烯薄片沿不同方向卷成 GNT

对于扶手椅形 CNT,$n = m$,则式(4.26)减少到式(4.23),这意味着扶手椅形 CNT 始终是金属。对于锯齿形 CNT,假设 $m = 0$,如果 n 是三的倍数,则是金属,否则它是半导体。对于一般类型的 CNT,如果 $m - n$ 是 3 的倍数,且 $n \neq m$ 和 $nm \neq 0$,则 CNT 为准金属,否则为半导体。

现在比较石墨烯和另外两种二维材料,即 MoS_2 和黑磷,会很有趣。既然这三种材料都是二维材料,为什么石墨烯的带隙为零,而另外两种材料的带隙有限? 我们可以从简单的 p_z TB 模型解释这一点。MoS_2 和黑磷的结构和晶胞俯视图如图 4.13 所示。如我们所见,对于 MoS_2,晶胞包含两种原子类型:钼和硫。由于它们是不同的原子类型,它们的能量 E_{pz} 应该不同。假设钼的能量为 E_{pz_Mo},硫的能量为 E_{pz_s}。耦合项相同,因为只有钼硫键的类型,所以我们可以将其表示为 $V_{pp\pi}$。如果我们把这些参数放入式(4.19)中,求出它的特征值,我们很容易就会发现,我们不会得到如式(4.20)所示的简单 $E = \varepsilon \pm V$ 形式,因为 $E_{pz\_Mo} \neq E_{pz\_s}$。因此,在色散关系中将存在带隙。由于黑磷只由一个原子类型的磷组成,所以能量相同。但是,从图 4.13(b)可以看出,磷-磷键的键合情况非常不同,导致耦合项的不同 $V_{pp\pi}$ 参数。仔细看,我们实际上可以看到三种类型的键(根据键长和键角),它们由 $V_{pp\pi,1}$、$V_{pp\pi,2}$、$V_{pp\pi,3}$ 表示。因此,当我们把这些参数放入式(4.19)中求解其特征值时,就不会得到如式(4.20)所示的简单 $E = \varepsilon \pm V$ 形式,因此色散关系中存在带隙。

一般来说,如果我们有不同的现场能量或不同的耦合项,应该期望有限的带隙存在。结果证明,石墨烯是一种非常独特的材料,其中所有原子共享相同的现场能量和耦合,因此它的带隙为零。实际上对于 GNR,如果我们考虑到边缘的碳原子与 GNR 中间的碳原子

不完全相同,那么我们可以对边缘原子应用不同的能量和耦合。通过这种修正,用简单的 TB 模型计算扶手椅形 GNR,当 $n=3p+2$ 时不是金属,带隙变化可以与第一性原理计算法结果有更好的一致性[21]。

除了 GNR 的边缘效应之外,即使对于大块石墨烯,如果我们仔细观察第一性原理计算法计算的大块石墨烯的能带结构,如图 4.9 中虚线所示,我们可以注意到沿 K-M 方向的不对称性,其中导带和价带能量不相同。p_z-TB 模型无法捕捉到这种效应。对具有限制的石墨烯进行更物理化和一般的处理,需要沿 K-M 方向再现大块石墨烯能带结构中的不对称性和对边缘原子建立适当的钝化模型。为此建立了三轨道 p/d 模型[65]。p/d 模型中选择的三个轨道是 p_z、d_{yz} 和 d_{zx}。在简单的 p_z-TB 模型中已经描述了 p_z 轨道的重要性。d 轨道的加入被认为能准确地捕捉到沿 K-M 方向的不对称性。对于 GNR,加入基组相同的氢原子用于钝化边缘碳原子[65]。对 12 层扶手椅形 GNR(AGNR-12)的计算表明,p/d 模型给出的能带结构与第一性原理计算法结果更为一致,如图 4.14(a)所示。15nm 长 AGNR-12 晶体管的模拟电流-电压特性如图 4.14(b)所示。可以看出,在关闭状态下,p_z 模型和 p/d 模型的计算结果有很大的不同。在两个漏极偏下,p_z 模型明显低估了关断电流。这是因为 p_z 模型估计的间隙要大得多,如图 4.14(a)所示。在这两种模型中,高漏偏压下的关断电流要大得多,这被认为是由于空穴诱导势垒降低(HIBL),即漏极导带中的占位态与通道价带中的准束缚态对齐,使得空穴通过隧道进入通道。p/d 模型表明晶体管的漏电流将比 p_z 模型预测的漏电流大得多,这说明了精确的能带结构模型对于输运模拟的重要性。

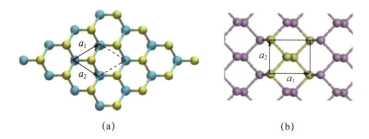

图 4.13 (a)MOS_2 和(b)黑磷的结构和晶胞俯视图

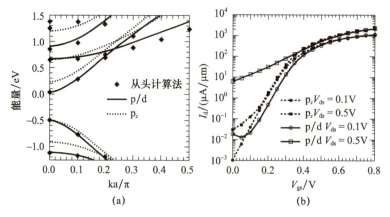

图 4.14 (a)用从头计算(符号)、p/d 模型(实线)和 p_z 模型(虚线)计算的 AGNR-12 的能带结构;(b)用 p_z(虚线)和 p/d 模型(实线)计算的不同漏极偏置下的电流-栅电压特性

4.4.3 经验模型的参数提取

在为模拟实验选择正确的模型后,下一个重要的事情是提取模型参数。模型的准确性取决于参数的仔细校准。在数值上,参数提取通常是一个误差函数的极小化问题

$$\text{err}(x) = |f_{模型}(x) - f_{目标}|$$
$$x = (x_1, x_2, \cdots, x_n) \tag{4.27}$$

其中,f 表示要拟合的函数或曲线,如能带结构、态密度、波函数等,因此 $f_{模型}(x)$ 是用所选模型计算的结果,例如用 p/d TB 模型计算的能带结构,$x = (x_1, x_2, \cdots, x_n)$ 是模型参数,即 p_z、d_{yz}、d_{zx}。这里,$f_{目标}$ 是我们需要拟合的目标,例如用第一性原理计算法计算的能带结构,或用实验测量的有效质量等。目的是最小化误差函数 $\text{err}(x)$,使得 $f_{模型}(x)$ 与 $f_{目标}$ 很好地匹配。

确定模型参数的传统方法是将计算结果与大块材料的实验数据进行拟合[66,61]。然而,这种传统的拟合过程存在着潜在的问题;从这个过程中获得的参数在应用于 UTB 或纳米线等受限结构时可能会产生歧义。文献[67]表明,将现有 TB 参数应用于砷封端的镓砷 UTB 会导致非物理价态,这表明模型参数的可转移性非常差。我们也可以尝试同时使用大块材料和受限结构来拟合参数,而受限结构的选择会影响所获得的参数。为了解决这个问题,最好的方法是引入波函数作为拟合目标[68]。文献[68]描述的方法中,通过将 TB 结果,如色散和波函数映射到第一性原理计算结果来优化 TB 参数。该方法中波函数的验证为 TB 参数化提供了额外的目标,减少了参数的任意性。因此,TB 参数更具可传递性和可靠性。这个映射过程如图 4.15 所示。这是一个迭代过程,通过优化参数使 TB 分散和波函数与第一性原理计算法相吻合。一旦匹配了一定的精度,过程就完成并获得了 TB 参数。

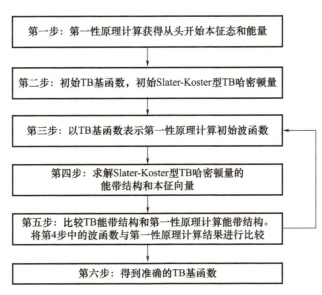

图 4.15 将第一性原理计算结果映射到 TB 计算的过程。这种方法的一个重要部分是将第一性原理计算的波函数映射到 TB 基函数。这确保了参数的良好可转移性。

4.4.4 量子输运方法

量子输运方法已被广泛用于研究石墨烯器件的输运特性[15,17,56,65]。目前应用最广泛的量子输运方法可能是非平衡格林函数(NEGF)方法。NEGF 方法的概念和首次应用可以追溯到 Schwinger[69]、Kadanoff 和 Baym[70]、Fujita[71] 和 Keldysh[72] 的早期著作。Datta[73] 在 20 世纪 90 年代初介绍了 NEGF 的便捷方程式,此后,NEGF 方法的使用在设备传输模拟中得到了广泛的应用。它允许包含原子分辨率上的复杂能带结构模型,以及在某些近似下的各种散射机制[74]。这里我们只讨论平稳的 NEGF 形式。关于格林函数在时域中的定义和方程的推导,可以在相关文献中找到更多细节[73-75]。

格林函数的运动方程,包括非相干散射的影响,写为

$$\begin{cases} (E - H_0 - \sum^R - \sum^{RB}) G^R = 1 \\ (E - H_0 - \sum^R - \sum^{RB}) G^< = (\sum^< + \sum^{<B}) G^A \end{cases} \quad (4.28)$$

式中:H_0 是用第一性原理计算法、EHT 方法或 TB 方法构造的设备的哈密顿量。可获得第一性原理计算水平 NEGF[44],但通常限于小型设备。这有利于技术原型和验证,但不适用于真实的设备建模。在这里,我们假设 H_0 来自以下所有讨论的正交化 TB 表示。对于 EHT 表示,方程式非常相似,只是 EHT 基不是正交,因此需要计算重叠矩阵。式(4.28) $\sum^{R/<}$ 表示各种散射机制,如声子散射、界面粗糙度散射、杂质散射等,且 $\sum^{RB/<B}$ 表示由于接触而产生的自能。计算电荷密度和电流密度需要格林函数 $G^{R/<}$。式(4.28)的解通常涉及自洽计算。由声子引起的散射表示为[74]

$$\sum_{ac}^{<,R}(z,z',k_\parallel,E) = \frac{1}{(2\pi)^3} \frac{k_B T D_{ac}^2}{2\rho v_s^2} \times \int d\mathbf{q}_\parallel dq_z e^{iq_z|z-z'|} \widetilde{G}^{<,R}(z,z',|\mathbf{k}_\parallel - \mathbf{q}_\parallel|,E)]$$

$$\widetilde{G}(z,z',q_\parallel,E) = \frac{1}{2\hbar \omega_q D_{ac}} \int_{E-\hbar\omega_d}^{E+\hbar\omega_d} dE' G(z,z',q_\parallel,E') \quad (4.29)$$

这里声学形变势和材料密度用 D_{ac} 和 ρ 表示,声子频率、声速和德拜频率用 ω_q、v_s 和 ω_d 表示。声子散射的 NEGF 需要巨大的计算工作量,通常比弹道计算多 100 倍的 CPU 时间。

在弹道极限下,$\sum^{R/<}$ 将从式(4.28)中消失,因此式可简化为

$$\begin{aligned} (E - H_0 - \sum^{RB}) G^R &= 1 \\ G^< &= G^R \sum^{<B} G^A \end{aligned} \quad (4.30)$$

要获得式(4.30)中的 G^R,需要进行矩阵求逆,这代价很高,而且内存负担大。因此,通常采用递归方法来减少计算量。在递推格林函数法(RGF)[74]中,只求解了矩阵 G^R 的几个块,因此大大减少了计算量。RGF 方程可以写成

$$\begin{cases} g_{i,i}^r = (E - H_{i,i} - t_{i,i-1} g_{i-1,i-1}^r t_{i-1,i})^{-1} \\ G_{N,N}^R = (E - H_{N,N} - t_{N,N-1} g_{N-1,N-1}^r t_{N-1,N} - \sum_D)^{-1} \\ G_{i,i}^R = g_{i,i}^r + g_{i,i}^r t_{i,i+1} G_{i+1,i+1}^R t_{i+1,i} g_{i,i}^r \\ G_{i,N}^R = -g_{i,i}^r t_{i,i+1} G_{i+1,N}^R \end{cases} \quad (4.31)$$

式中:i 表示矩阵块的索引;H 和 t 表示设备哈密顿矩阵的两个相邻块之间的现场块和耦

合。矩阵 g^r 表示仅在一侧接触的格林函数。RGF 的解决方案包括两个路径迭代：一旦从源极接触到漏极接触，得到 g^r 矩阵块；另一个从漏极接触到源极接触，给出 G^R 的对角线块和最右边的列块。如果只需要传输，则仅需要最后一个板 N 的 G^R。

$G^<$ 可以写成

$$\begin{cases} -iG^<_{i,i} = f_d A^d_{i,i} + f_s (A_{i,i} - A^d_{i,i}) \\ A_{i,i} = i(G^R_{i,i} - G^A_{i,i}) \\ A^d_{i,i} = G^R_{i,N} \Gamma^d_{N,N} G^A_{N,i} \end{cases} \quad (4.32)$$

式中：A 和 A^d 是谱函数，分别表示整个设备的态密度（DOS）和漏极接触注入引起的 DOS。电荷密度是 $G^<$ 的对角线。整个 RGF 过程如图 4.16 所示。实际上，我们只存储所需的矩阵元素，如图 4.16 所示，以最小化内存分配。

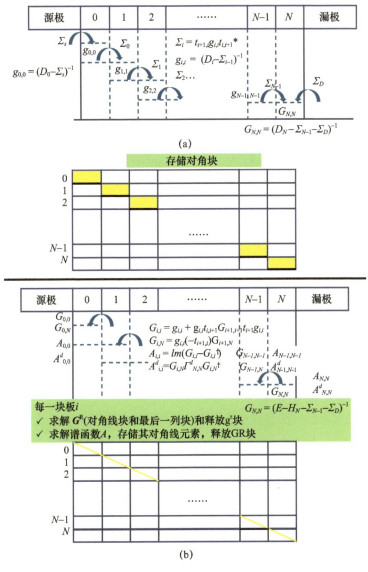

图 4.16 （a）正向迭代和（b）反向迭代的 RGF 过程

黄色块表示存储的矩阵元素。(b) 中的黄线表示在反向迭代期间仅存储对角线元素。

另一种解决弹道量子输运问题的方法是量子传输边界法(QTBM)。Lent 和 Kirkner[76] 以及 Ando[77] 的早期著作有提到 QTBM 方法。Khomyakov[78] 和 Luisier[79] 将 QTBM 方程扩展到多带哈密顿量。

QTBM 方法仅适用于弹道输运,在弹道极限下可以证明其物理等效于 NEGF。然而,对于弹道输运模拟,QTBM 方法比 NEGF/RGF 方法更有效,速度通常快 5 倍。QTBM 方程是一个线性方程,可以写成

$$LHS \cdot \Psi = RHS \tag{4.33}$$

其中 Ψ 是表示设备的波函数系数的解,因此也被称为波函数法(WF)[79]。所有的观测值,如电荷密度和电流密度,都是用 Ψ 来计算。传输的解法为

$$T = 2\pi i \cdot \mathrm{trace}\left[\Psi_N^+ \left(\sum_D - \sum_D^+\right)\Psi_N\right] \tag{4.34}$$

N 表示最后一个矩阵块,$\sum_D$ 是漏极接触的自能。DOS 的计算结果为

$$\mathrm{DOS}(i;j) = |\Psi_{i,S,j}|^2 + |\Psi_{i,D,j}|^2 \tag{4.35}$$

式中:i 为板的指数;j 为电子轨道;S、D 分别为源极和漏极接触。

式(4.33)的左侧(LHS)是格林函数 G^R 的逆函数,即式(4.30)括号中的部分。右手侧(RHS)矩阵的贡献仅存在于第一行和最后一行块,这与源极和漏极接触的注入有关。源极接触的贡献可以写为

$$\mathrm{RHS}_1 = -T_{10}\Phi_p^+ + T_{10}g_1^R(D_{00}\Phi_p^+ + T_{0,-1}\Phi_p^+ \mathrm{e}^{ik_p\Delta}) \tag{4.36}$$

RHS_1 表示 RHS 矩阵的第一行块。T 矩阵表示不同板之间的耦合哈密顿量,D_{00} 表示源极接触的哈密顿量。源极触点的表面格林函数表示为 g_1^R。源极接触的传播模式 Φ_p^+ 和相应的相位因子指数 $\exp(-ik_p\Delta)$ 用传递矩阵法求解[79]。正号(+)表示从触点到设备的方向。对于漏极接触,求解了类似的方程。为了获得正确的传输和 DOS,使用式(4.34)和式(4.35),要求模式归一化。归一化规则写为

$$\begin{cases} \Phi^+\Phi = \begin{cases} 1 & \text{(衰减模式)} \\ 1/2\pi v & \text{(传播模式)} \end{cases} \\ v = 2Im(\mathrm{e}^{ik\Delta}\Phi^+ T_{-1,0}\Phi) \end{cases} \tag{4.37}$$

式中:v 是对应传播模式的群速度。文献[80]描述了 QTBM 方法的有效实现。

NEGF 和 QTBM 都需要自能,计算量大。传统的接触自能计算方法包括直接迭代法、Sancho–Rubio 法[81] 和传递矩阵法[79]。这些方法是基于周期性和半无限接触的假设,其中一个晶胞沿传输方向重复,算法中利用了周期性。

最简单和最直接的方法是基于表面格林函数和自能之间的直接迭代,可写为

$$\begin{cases} g_i^R = \left(E - H_i - \sum_i^R\right)^{-1} \\ \sum_i^R = T_{i,i-1} g_{i-1}^R T_{i-1,i} \end{cases} \tag{4.38}$$

由于式(4.38)只能在有限次迭代中求解,因此它有效地终止了有限距离的半无限接触。这种终止产生反射,只有当迭代的起始块远离设备/接触边界时,才可以忽略反射,或者实际上意味着迭代的次数必须足够大。通常,此方法需要 $>10^3$ 次迭代。这个限制阻止在任何实际应用程序中使用式(4.38),即使它直接且容易实现。

Sancho Rubio 方法[81] 可以被认为是式(4.38)的一种巧妙重新表述。它也迭代求解

曲面格林函数,但它以指数方式迭代接触块,因此它可以在很少的迭代中收敛:

$$\begin{cases} \alpha_i = \alpha_{i-1}(E-\varepsilon_{i-1})^{-1}\alpha_{i-1} \\ \beta_i = \beta_{i-1}(E-\varepsilon_{i-1})^{-1}\beta_{i-1} \\ \varepsilon_i = \varepsilon_{i-1} + \alpha_{i-1}(E-\varepsilon_{i-1})^{-1}\beta_{i-1} + \beta_{i-1}(E-\varepsilon_{i-1})^{-1}\alpha_{i-1} \\ \varepsilon_i^s = \varepsilon_{i-1}^s + \alpha_{i-1}(E-\varepsilon_{i-1})^{-1}\beta_{i-1} \end{cases} \quad (4.39)$$

式中:E 为能量。对于第一次迭代,ε_0 为哈密顿量或接触量;α_0 和 β_0 为连接接触和设备的耦合哈密顿量。式(4.39)的计算思路如图 4.17 所示。假设半无限接触包含许多重复块。在开始时,它从相邻块 α_0 和 β_0 开始。在第二次迭代中,它从块 0 跳到块 2。按照相同的程序,在第 n 次迭代时,它跳过 2^n 个块。这种指数格式保证了算法的快速收敛性。

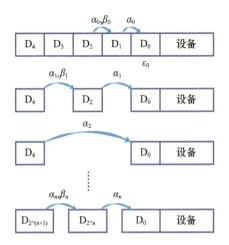

图 4.17 Sancho Rubio 方法中迭代解的思想表明接触块的指数扩展确保了快速收敛

迭代一直持续到 α_i 和 β_i 消失,然后将表面格林函数解为

$$g^R = (E-\varepsilon_i^s)^{-1} \quad (4.40)$$

然后利用收敛的表面格林函数求解自能。Sancho-Rubio 方法通常需要 30~40 次迭代,比直接迭代法要少得多。

另一种方法是传递矩阵法。该方法不是一种迭代方法,而是基于接触特征模的求解。利用接触的周期性假设,我们可以应用 Bloch 定理,对不同的接触块假定波函数的某些相位因子,然后写出连接不同接触块的矩阵方程。一种改进的传递矩阵法[79]将这种矩阵方程转化为一个正规的特征值问题,如

$$M_2 \cdot \boldsymbol{\varphi}_2 = \frac{1}{(e^{-ik\Delta}-1)} \cdot \boldsymbol{\varphi}_2 \quad (4.41)$$

式中:M_2 为接触哈密顿量的一个重新表述;$\boldsymbol{\varphi}_2$ 为特征向量。在解出式(4.41)之后,进行矩阵向量积以获得完整向量:

$$\boldsymbol{\varphi}_1 = (e^{-ik\Delta}-1) \cdot M_1 \cdot \boldsymbol{\varphi}_2 \quad (4.42)$$

接触本征模由矢量 $\boldsymbol{\varphi}_1$ 和 $\boldsymbol{\varphi}_2$ 构成 $\Phi = \{\boldsymbol{\varphi}_1, \boldsymbol{\varphi}_2\}^\dagger$,利用接触模计算自能:

$$\begin{cases} \widetilde{g}^R = (\Phi^+ D_{00} \Phi + \Phi^+ T_{0-1} \Phi e^{-ik^-\Delta})^{-1} \\ \sum^R = T_{10} \Phi \widetilde{g}^R \Phi^+ T_{01} \end{cases} \quad (4.43)$$

式中：D_{00} 为接触晶胞的哈密顿量；T_{01} 为耦合哈密顿量；$e^{-ik\Delta}$ 为接触模的相位因子。式(4.41)~式(4.43)的实现并非完全不重要，在某些特定情况下，性能可以通过某些优化得到显著提高[80]。注意，要获得正确的 QTBM 结果，必须在接触哈密顿量中加入一个随机势，以打破模式的简并性。

以上方法作为 NEGF 中接触自能计算的标准方法，被广泛应用于研究不同类型的纳米设备。然而，由于它们是基于周期性和半无限接触的假设，它们总是从周期性接触中注入 DOS 电荷，因此，它们不适用于复杂的接触几何形状或具有随机性（合金、粗糙度等）的接触。

近年来发展的另一种方法是在接触哈密顿量中使用复合吸收势（CAP）[82]。它基于直接迭代格式，但通过对接触哈密顿量进行人工去相来模糊初始猜测，从而提高收敛性。这种去相必须平滑地向设备方向改变，并在设备/接触界面处消失，以确保表面格林函数具有弹道性，DOS 与设备匹配。去相函数可以定义为不同的形状，而指数形去相有效和稳定[82]。完整的算法形式简单

$$\begin{cases} g_n = (E + i\eta_n - H_{n,n} - \sum_n)^{-1} \\ \eta_n = \eta_0\, e^{-\lambda(n-1)} \\ \sum_n = H_{n,n-1}\, g_{n-1}\, H_{n-1,n} \end{cases} \quad (4.44)$$

式中：$H_{n,n}$ 为板 n 的哈密顿量；$\sum_n$ 为相应的接触自能。第一个接触板的自能消失（$\sum_0 = 0$）。选择一个指数形状的虚阻尼势 η_n 作为 CAP。它随着 n 的增加而衰减，即它越小，相应的接触板越接近设备。初始阻尼势 η_0 与能量 E 相当。选择衰变参数 λ，因此对大 n 来说 η_n 可以忽略不计。η_n 目的是改善收敛性，即使收敛的接触自能 $\sum_n$ 的接触长度最小化。根据实际的接触结构和几何形状，最佳 η_0 和 λ 可能会有所不同。图 4.18 显示了式(4.44)的程序流程。需要注意的是，自能只需要最后一块板 g_N 的表面格林函数，因此只存储最后一个矩阵块。实际上，g_n 只取决于 $\sum_{n-1}$，以便在第 n 个块被解算之后，可以释放第 $n-1$ 个块的内存。结果表明，该算法的峰值存储量仅依赖于一块板大小的稠密矩阵的存储量。这种内存超薄的特性使得该算法对于真实的设备模拟非常有吸引力。

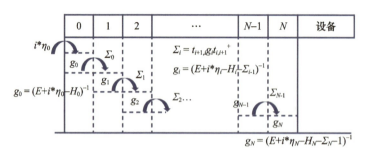

图 4.18　CAP 算法程序流程示意图

该算法从索引 0 迭代到 N，算法的数值接触部分长度为 N 块。

基于 CAP 的自能方法的发展旨在处理周期性接触假设不成立的情况[82]。事实上，从实验中制作出来的真实设备并没有周期性接触。图 4.19(a)显示了 GNR 晶体管。接触

区明显呈喇叭形,用传统的自能方法求解 NEGF 可能无效。用 CAP 方法来模拟这种接触结构似乎是一种更自然的选择。图 4.19(a)也显示了模拟中的触点结构。它们被认为是喇叭形的,即接触宽度随着到纳米带通道距离的增加而不断增加。由于 Sancho – Rubio 方法和传递矩阵方法都不能求解这类接触,因此不可能用这些方法进行基准测试。为了验证 CAP 方法在这种接触结构中的适用性,用两种方法求解这种结构的传输,即用两种数值不同的装置:在设备 1 的情况下,求解 NEGF 方程的有源区仅限于宽度恒定为 10nm 的中心纳米带。在设备 2 的情况下,有源装置从中心带状延伸 5nm,进入喇叭形触点,如图 4.19(a)所示。在这两种情况下,接触自能描述了与喇叭形接触剩余部分的耦合,即在这两种情况下,接触/设备界面具有不同的宽度。由于弹道传输描述了电子沿着传输方向从负无穷到无穷远的传播,因此通过这两个装置的传输在物理上等效。实际上,这两种情况的传播结果相同,如图 4.19(b)所示。

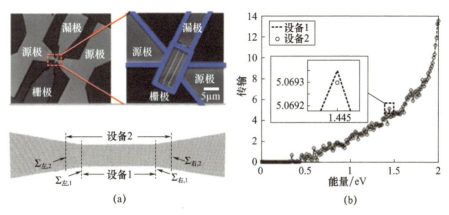

图 4.19 (a)在实验(上)和模拟(下)中 GNR 晶体管结构以及(b)两个物理等效器件的计算透射比显示出完美的一致性

为了在设备中实现量子输运,我们需要了解静电势分布。标准的方法是耦合传输方法和泊松方程,前者产生具有已知电势分布的电荷密度,后者提供具有给定电荷密度的电势分布。这显然需要自洽计算,通常需要 20 ~ 30 次迭代。通过对势分布的一些近似,可以减少计算量,避免量子输运方程和泊松方程之间的自洽计算。首先,我们可以假设一些半经典电荷密度:

$$n(x) = N_c F_\lambda \left\{ \frac{E_f - [E_c - e\Psi(x)]}{k_B T} \right\} \quad (4.45)$$

式中:$\Psi(x)$ 为静电势;N_c 为有效态密度;F_λ 为费米 – 狄拉克积分。我们可以对式(4.45)和泊松方程进行自洽计算,以确定近似的势分布,在此基础上进行量子输运计算[83]。由于式(4.45)和泊松方程的耦合解非常快,因此该方法非常有效。然而,这种方法的准确性取决于式(4.45)模拟量子电荷密度的程度。在具有重掺杂源/漏极的设备中,这种方法通常提供非常好的近似。

在这一节中,我们讨论了两种用于石墨烯建模的经验方法,即 EHT 方法和 TB 方法。两种方法都是从设备的原子结构出发,用经验方程式和拟合参数构造哈密顿量。这些参数可以从实验数据中提取,也可以从相对简单的结构(如大块石墨烯或小型受限结构)的第一性原理计算中提取,其中第一性原理计算法的计算量比较适当。一旦我们获得了合适的参数并构造了设备的哈密顿量,我们就可以使用量子输运方法,如 NEGF 或 QTBM 来计算设备的输运特性。在下一节中,我们将讨论石墨烯设备建模中的半经典方法。

4.5 半经典方法与电路模型

半导体设备建模的工业标准工具是基于设备结构连续统一体中的半经典物理描述。这种模拟水平通常适用于实验中制作的真实设备。它用于计算整个设备的电流电压特性和各种物理特性。半经典设备模型是基于泊松方程的耦合解,其中在给定电荷密度下得到静电特性;在已知静电势下得到输运方程。对于散射不存在或散射很小的理想晶体管,假定为最大值,与沿通道方向的电场没有直接关系,而是与源极和漏极之间的电位降有关。在这种情况下,可以使用带有势垒顶部(TOB)模型的 Landau 输运方程来模拟电流密度[84]。对于散射不能忽略的晶体管,传输方程通常基于玻尔兹曼传输方程(BTE)或漂移扩散模型(DD)。在这里,我们将首先介绍 TOB 模型,然后转到 BTE 模型,随后我们将详细介绍 DD 模型,因为这是工业级设备模拟器中使用的标准方法[14]。

4.5.1 势垒模型

TOB 模型是计算晶体管通道载流子数量的模型,它观察到晶体管中自由载流子的能量。势垒是载流子能量和通道中最近自由态能量之间的差值。源极和漏极触点的载流子注入通道的数量取决于势垒的高度。每个接触导致不同数量的通道填充,从而在源极和漏极接触的载流子之间产生不平衡。这种非平衡条件迫使载流子从源极移动到漏极,从而产生电流。栅极接触改变通道中的自由态能量,从而控制载流子在通过通道时将遇到的势垒。

在 TOB 模型中,由注入电子和空穴电流之差给出通过通道的净电流。在简化的弹道图中,载流子不进行复合,也不在不同的导电状态之间交换,因此可以认为是独立的通量。此外,由于散射被忽略,因此不假设能量弛豫。由 Landau 方程计算电子流

$$I_n = \frac{q \bar{v}_x}{2\hbar} \int D(E-U)(f_s - f_d) dE \quad (4.46)$$

式中:U 为由栅偏压控制的静电势;D 为石墨烯的二维 DOS,可表达为[1]

$$D(E) = \frac{2E}{\pi \hbar^2 v^2} \quad (4.47)$$

且 $\bar{v}_x$ 表示载流子的平均速度,由能量色散计算得出

$$\bar{v}_x = \int \frac{1}{\hbar} \nabla_k E d k \quad (4.48)$$

载流子被注入到势垒的顶部,这里它们的速度是最小值,并且通过忽略载流子加速度而使整个通道保持恒定。以源极接触电位为基准;由 $-qV_{ds}$ 给出漏极电势,V_{ds} 为漏偏压。源极接触和漏极接触的费米狄拉克统计量 f_s 和 f_d 由以下方程式给出:

$$\begin{cases} f_s = \dfrac{1}{1+\exp\left[(E-U)/k_B T\right]} \\ f_d = \dfrac{1}{1+\exp\left[(E-U-qV_{ds})/k_B T\right]} \end{cases} \quad (4.49)$$

载流子注入量主要取决于由静电势 U 决定的势垒高度。静电势 U 可用泊松方程求解，但这需要一起进行自洽计算，因为式(4.47)和式(4.49)取决于 U。更方便的处理方法是将通道视为电容网络的中心节点，如图4.20所示。

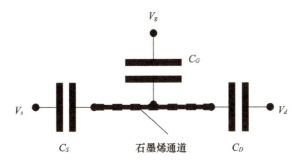

图4.20　静电场的电容网络模型

电势表示为

$$U = -q(C_G V_g + C_D V_d + C_S V_s) + \frac{q^2}{C_S + C_D + C_G}(N - N_0 - P + P_0) \quad (4.50)$$

式中：N、N_0 为移动和固定电子的数量；P、P_0 为移动和固定空穴的数量。以电子为例，N 和 N_0 的表达式为

$$\begin{cases} N_0 = \int D(E) f_0 dE \\ N = \int D(E) \frac{f_s + f_d}{2} dE \end{cases} \quad (4.51)$$

式中：f_0 为平衡态的费米统计量。使用式(4.51)，可以表示两个注入通量的平均值，即通道中非平衡载流子的总数。

理想的弹道模型建立了一个图像，即所有注入的电子都在相反的接触处传递，透射比 $T = 1$，反射比 $R = 1 - T = 0$。源极接触产生的载流子都用源极费米势来描述。当存在散射时，预计注入电子的非零部分 R 会被散射。结果表明，TOB 模型可以推广到准弹道晶体管中，电流密度可以写为

$$I_{qbal} = I_{bal} T/(1 + R) \quad (4.52)$$

其中，式(4.46)中给出的弹道流为 I_{bal}，I_{qbal} 为准弹道流，该式假设沿通道垂直移动的载波部分的数目减少。散射部分恢复热力学平衡，最终由通道费米能级描述。传输 T 可写为

$$T = \frac{\lambda}{\lambda + x} \quad (4.53)$$

式中：λ 为平均自由程；x 为沿通道长度的坐标。通道中下降的漏极偏置的有效值可以写成

$$\varphi = (1 - k) q V_{ds} = \left[1 - \frac{1}{L}\int_0^L \frac{x}{L}(1 - T) dx\right] q V_{ds} \quad (4.54)$$

图4.21显示了15nm栅极长度的 GNR 晶体管的模拟电流-电压特性。与 NEGF 计算结果的比较表明，在低漏偏压下，计算结果符合得很好。对于更高的漏极偏置，这种差异源于这样一个事实，即源极触点处的常数 0eV 的假设被打破[85]。

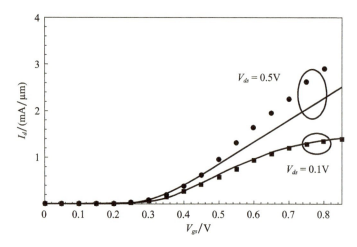

图4.21 通过 TOB 模型(线)和 NEGF(符号)计算的两种不同漏极偏置的电流与栅极电压

4.5.2 玻尔兹曼传输模型

玻尔兹曼方程的形式为[84]

$$\frac{\partial f}{\partial t} + \boldsymbol{v} \cdot \nabla_r f + \frac{\boldsymbol{F}}{\hbar} \cdot \nabla_k f = \left(\frac{\delta f}{\delta t}\right)_{\text{coll}} \tag{4.55}$$

式中:f 为电荷载流子的分布函数,是位置 r、时间 t 和波向量的函数;由外部电场引入的力用 F 表示。群速度 v 与能带能量有关,如式(4.48)所示。在上面的章节中,我们已经看到,在一个很好的近似下,狄拉克点附近的能带能量 E 的线性色散关系成立,因此

$$E = \hbar v_F |\boldsymbol{k}| \tag{4.56}$$

式(4.55)的右侧称为碰撞项,表示各种散射机制。碰撞项的一般形式是

$$\left(\frac{\delta f}{\delta t}\right)_{\text{coll}} = \sum_{k'} \left[S(\boldsymbol{k'},\boldsymbol{k}) f(\boldsymbol{k'})(1 - f(\boldsymbol{k})) - S(\boldsymbol{k},\boldsymbol{k'}) f(\boldsymbol{k})(1 - f(\boldsymbol{k'})) \right] \tag{4.57}$$

利用费米黄金定律,散射率由下式给出

$$S(\boldsymbol{k},\boldsymbol{k'}) = \frac{2\pi}{\hbar} |\langle \varphi'|V|\varphi \rangle|^2 \delta(E_k - E_{k'} \pm \hbar\omega) \tag{4.58}$$

当 $\omega = 0$,δ 函数可确保弹性散射的能量守恒;当 $\omega \neq 0$ 时,是非弹性散射。括号内的术语表示初始状态和最终状态之间扰动 V 的矩阵元素。不同的散射机制对微扰 V 有不同的表达式。值得一提的是,半经典方法基本上适用于以散射为主的输运问题。石墨烯晶体管中测得的迁移率到目前为止一直偏离理想值,这一事实证明了此点[86]。杂质散射、边缘粗糙度散射、声子散射等散射机制在石墨烯设备中非常重要[87]。

很明显,要获得 BTE 中的电荷分布需要大量的数值计算。在工业级模拟器中,我们喜欢更紧凑的方程形式和更少的计算。这可以通过引入一些近似值来实现。宏观量可以定义为分布函数相对于适当权重函数的矩,假设所涉及的积分存在充分的正则性。以电子密度为例,我们得出

$$n = \int f(\boldsymbol{k}) \mathrm{d}\boldsymbol{k} \tag{4.59}$$

通过积分式(4.55)中的 $\boldsymbol{k}$,我们得到

$$\frac{\partial n}{\partial t} + \nabla_r \cdot (n\boldsymbol{v}) = nC \tag{4.60}$$

其中,发散算符中的项显然是电流密度,这里的 C 表示密度的复合和产生。式(4.60)是连续性方程。在 DD 框架下,电流密度通常由漂移项和扩散项来模拟。

4.5.3 漂移扩散模型

尽管石墨烯是一种半金属,与普通半导体相比具有非常不同的能带结构,但 DD 描述的基础仍然成立。主要的质的区别是石墨烯的二维性质,这使得平面内传输占主导地位。在层间方向,即使是多层石墨烯结构,载流子的转移可以忽略,因为层间耦合很弱。因此,石墨烯的 DD 方程是二维微分方程

$$\begin{cases} \nabla \cdot \boldsymbol{J}_n = e(R-G) + e\dfrac{\partial n}{\partial t}, \boldsymbol{J}_n = \mu_n n \nabla E_c + D_n \nabla n \\ \nabla \cdot \boldsymbol{J}_p = e(R-G) + e\dfrac{\partial p}{\partial t}, \boldsymbol{J}_p = \mu_p p \nabla E_v - D_p \nabla p \end{cases} \tag{4.61}$$

式中:n 和 p 分别为二维中的电子和空穴密度;E_c 和 E_v 分别是导带和价带边缘。迁移率和扩散率用 μ 和 D 表示。迁移率是一个决定电场所施加力的参数,称为漂移项。在 DD 框架下,迁移率中可以考虑各种散射机制。另一方面,扩散项解释了载流子的随机运动。重组和产生用 R-G 项表示。将方程式(4.61)与三维泊松方程耦合,自洽求解,得到静电势分布、载流子密度分布和输运特性等。然而,从半导体基本物理来看,为了解方程式(4.61),我们需要先确定几个表达式。

首先要找到载流子密度的表达式。对于电子,一般表达式是

$$n = \int \frac{g_c(E)\,\mathrm{d}E}{1 + \exp[(E-E_F)/k_B T]} \tag{4.62}$$

$g_c(E)$ 为石墨烯在导带中的二维 DOS,如式(4.47)所示。这里能量 E 是从狄拉克点测量的能量,石墨烯中的电子速度 v 约为 $10^8 \mathrm{cm/s}$ [1]。我们可以找到 n 的表达式

$$n = -\frac{2}{\pi}\left(\frac{k_B T}{\hbar v}\right)^2 Li_2\left(-e^{\frac{E_F}{k_B T}}\right), Li_n(z) = \sum_{k=1}^{\infty} z^k/k^n \tag{4.63}$$

$Li_n(z)$ 称为 n 阶多对数函数。因此,我们可以用 $D_n = \mu_n n \partial E_F / \partial n$ 求解扩散。对于空穴,确定石墨烯中电子空穴的对称性,我们期望 $g_c(E) = g_v(-E)$,因此得到类似的表达式

$$p = -\frac{2}{\pi}\left(\frac{k_B T}{\hbar v}\right)^2 Li_2\left(-e^{\frac{E_F}{k_B T}}\right) \tag{4.64}$$

接下来我们需要知道的是移动的表达式。简单的选择是假设迁移率恒定 $\mu_{n0} = \mu_{p0} = 500 \mathrm{cm}^2/(\mathrm{V}\cdot\mathrm{s})$,并考虑电场依赖性[88]

$$\frac{1}{\mu_n} = \frac{1}{\mu_{n0}}\left(1 + \left|\frac{E_\perp}{E_n}\right|^{\gamma_n}\right), \frac{1}{\mu_p} = \frac{1}{\mu_{p0}}\left(1 + \left|\frac{E_\perp}{E_p}\right|^{\gamma_p}\right) \tag{4.65}$$

更实际的选择是考虑各种散射机制,并借助更基本的方法计算迁移率。在弛豫时间近似下,我们从表达式开始[84]

$$\mu_n = \frac{2e}{n}\sum \int_0^{k_F} \frac{\mathrm{d}k}{8\pi^3} \tau(\boldsymbol{k})\, v^2(\boldsymbol{k})\, \left.\frac{\partial f}{\partial E}\right|_{E=E_{nk}} \tag{4.66}$$

式中：n 是电子密度；$\tau(k)$ 是 k 态的弛豫时间；$v(k)$ 是群速度；f 是费米–狄拉克分布。现在最重要的部分是找到各种散射机制的解析表达式 $\tau(k)$。利用费米黄金定律，可以得到

$$\tau^{-1}(\boldsymbol{k}) = \sum_{k'} S(\boldsymbol{k},\boldsymbol{k}')(1-\cos\theta) = \sum_{\vec{k}'} \frac{2\pi}{\hbar} |\langle \varphi'|V|\varphi\rangle|^2 \delta(E_k - E_{k'} \pm \hbar\omega)(1-\cos\theta) \tag{4.67}$$

以及 θ 是 $\boldsymbol{k}$ 和 $\boldsymbol{k}'$ 之间的角度。这里我们考虑三种散射机制：声子散射、电荷杂质散射和边缘粗糙度散射，因为它们在石墨烯器件中最有效。对于声子散射，我们需要同时考虑声子和光学声子的贡献。声子引起的微扰势

$$V_{ac} = \sqrt{\frac{\hbar}{2M\omega_{ac}}} D_{ac} |q| \tag{4.68}$$

式中：M 是原子质量；q 是声子波向量；ω_{ac} 是声子频率；D_{ac} 是声子模式的变形势[84,87]。通过第一性原理计算的原子间作用力数据，我们可以从声子散射和变形势中确定 ω_q。对于光学声子模，我们得出

$$V_{op} = \sqrt{\frac{\hbar}{2M\omega_{op}}} D_{op} \tag{4.69}$$

式中：ω_{op} 是光学模式的声子频率；D_{op} 是相应的变形势。

对于电荷–杂质散射，未屏蔽的库仑势为

$$V_{coul} = \frac{e^2}{4\pi\varepsilon |\Delta r|} \tag{4.70}$$

式中：$|\Delta r|$ 表示杂质电荷和移动电子之间的距离；ε 是介电常数。当考虑筛选时，我们得出

$$V_{coul}^{screen} = \frac{e^2}{4\pi\varepsilon |\Delta r|} \exp(-|\Delta r|/\lambda) \tag{4.71}$$

式中：λ 是筛选长度。

对于边缘粗糙度散射，它发生在有边缘存在的受限结构中，如 GNR。边缘粗糙度通常用相关函数来描述，相关长度为 Λ，振幅有参数[75]。这些参数可由实验数据确定。粗糙度散射导致空间调制的带隙和能带边缘势的起伏。通过一些推导，我们可以证明微扰势为[87]

$$V_{ER} = \frac{\hbar v_F |\boldsymbol{k}_n|}{W\sqrt{L}} \frac{H\sqrt{\Lambda}}{\sqrt{1+(\Delta k_y \Lambda)^2}} (1+\cos\theta) \tag{4.72}$$

式中：W 和 L 分别为 GNR 的宽度和长度；y 为沿传输方向；$\boldsymbol{k}_n$ 为子带 n 的波向量。一旦我们有了微扰势的表达式，我们就可以计算散射率，从而计算与相应散射机制有关的迁移率。图 4.22 显示了不同宽度 GNR 的声子散射和边缘粗糙度散射限制的计算迁移率。结果表明，较薄的 GNR 由于表面体积比较大，边缘粗糙度散射较强。交叉点的宽度约为 4nm。对于较窄的 GNR，边缘粗糙度占主导地位；随着 GNR 宽度的增加，声子散射开始占主导地位。当宽度为无穷大时，声子散射极限迁移率有望接近二维石墨烯。在电荷杂质密度低时会发生这种情况。当杂质密度增加时，例如 $10^{12}/cm^2$，杂质散射开始占主导地位，并限制了总迁移率。

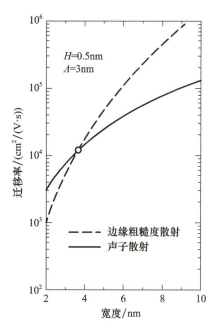

图 4.22　不同宽度 GNR 声子散射（实线）和边缘粗糙度散射（虚线）对应的迁移率（数据取自文献[87]）

DD 方程中最后一个重要的项是复合生成（R-G）项。考虑到石墨烯设备的零带隙或小带隙，R-G 项无疑很重要。最常见的 R-G 机制可能是间接复合（SRH 复合）形式[14]

$$R_{\text{SRH}} = \frac{np - n_i^2}{\tau_p(n + n_1) + \tau_n(p + p_1)}$$

$$n_1 = n_i \exp(E_{\text{trap}}/k_B T), p_1 = n_i \exp(-E_{\text{trap}}/k_B T) \quad (4.73)$$

式中：n 和 p 为电子和空穴密度；τ 为 R-G 时间常数；E_{trap} 为缺陷能级和本征能级之间的差值。另一个重要的机制是带间隧穿。在 DD 框架中，带间隧穿概率被转化为 R-G 过程的速率，由于载流子的隧穿从一个能态到另一个能态，或从一个位置到另一个位置，可视为载流子在原始状态或位置被重组，然后在最终状态或位置生成载流子。带间隧穿计算有多种表达式；最简单的是用以下形式[14]

$$R_{b2b} = A|\mathbf{E}|^{\alpha} \exp(-\beta/|\mathbf{E}|) \quad (4.74)$$

式中：A、α、β 分别为模型参数。可以用量子输运计算（如 NEGF）来校准更多的物理模型，更好地捕捉到带间隧穿过程，同时需要更高的数值计算。

图 4.23 显示了使用 DD 方法模拟电流密度并与实验数据进行比较的示例。通过适当的模拟设置和参数选择[88]，DD 方法可以产生与实验测量结果一致的电流。

值得一提的是，DD 方法本质上是半经典的，仅适用于小波长和高载流子密度。在石墨烯中应用 DD 方法的有效性取决于基本空间尺度之间的相互关系，如平均自由路径、通道长度和费米能量周围的载流子波长。当通道长度小于平均自由路径时，它符合弹道区域，因此 DD 方法在物理上无效，尽管我们仍然可以采用弹道迁移率的概念[84]并尝试应用 DD 方法。

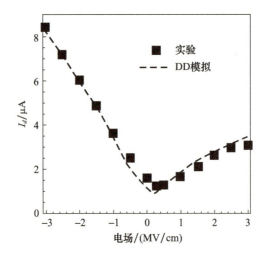

图 4.23 DD 模拟(虚线)[88]和实验数据(符号)[86]之间的电流与电场关系比较

4.5.4 紧凑模型

紧凑模型是半导体器件电路模拟的关键模型。这种模型用于再现设备终端行为,具有电路级模拟模型精度高、计算效率高、参数提取容易、相对简单等优点。基于物理的精确紧凑模型对于集成电路晶体管的设计和开发具有作用。这些模型必不可少,因为它们提供了比其他方法更好的计算效率,而不会严重损失物理洞察力。

紧凑模型广泛应用于电子电路模拟器 SPICE(模拟集成电路重点项目)[89]的框架中,SPICE 是一种用于集成电路设计的通用程序,用于检查电路设计的完整性和预测电路行为。

DD 方法求解的是整个设备结构中的电荷密度和静电势,与上面描述的 DD 方法不同,紧凑模型只求解终端特性。紧凑模型中的设备被描述为一个盒子,其行为由一组解析方程定义。该盒子包含连接到电路其余部分的输入和输出端子。例如,在 Berkeley 短通道 IGFET 模型(BSIM)中[90],晶体管是一个包含四个端子的盒子:栅极、源极、漏极和基底。典型的设置是将源极和基底触点设置为接地,并向栅极触点施加电压信号。盒子的输出通常是漏极触点的电流或电压,由盒子的 BSIM 模型求解。BSIM 模型中最重要的方程可能是与漏电流和终端电压有关的方程,因为可以从中计算电阻、饱和电流、跨导等。

在过去的十年中,石墨烯设备紧凑模型的研究活动不断增加。早期的模型是在传统 MOSFET 模型的基础上发展起来的,并进行了一些改性,试图捕捉石墨烯的独特特性[91-92]。然而,由于传统 MOSFET 与石墨烯设备在结构和输运特性上的差异,MOSFET 的紧凑模型并不完全适用于石墨烯设备。因此,开发了更精确的物理模型[93-97]。

石墨烯晶体管结构的典型示意图如图 4.24 所示。假定石墨烯通道位于厚背栅介质层的顶部,具有电容 C_{back} 和背栅偏置 V_{bs},可以控制源极和漏极电阻 R_s 和阈值电压 V_0。在石墨烯通道和控制通道载流子的顶栅偏压 V_{gs} 上连接了一个具有电容 C_{top} 的更薄的顶栅电介质。石墨烯通道的量子电容用 C_q 表示。

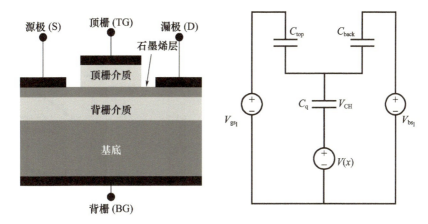

图 4.24 石墨烯晶体管结构及其等效电容电路模型示意图

电流密度的基本方程假定为

$$I_d = q\frac{W}{L}\int n(x)v(x)\mathrm{d}x \tag{4.75}$$

式中:n 为载流子密度;v 为速度;W 和 L 为石墨烯通道的宽度和长度。在石墨烯晶体管的早期紧凑模型中[91],给出了沿通道的片层载流子浓度

$$n(x) = \sqrt{n_0^2 + [C_{\text{top}}(V_{gs} - V(x) - V_0)/q]^2} \tag{4.76}$$

式中:n_0 为由无序和热激发确定的最小片状载流子浓度,V_0 定义为

$$V_0 = V_{gs0} + \frac{C_{\text{back}}}{C_{\text{top}}}(V_{bs0} - V_{bs}) \tag{4.77}$$

式中:V_{gs0} 和 V_{bs0} 分别为顶栅极到源极偏压和背栅极到源极偏压。在这个模型中,$v(x)$ 被定义为

$$v(x) = \frac{\mu E}{1 + \mu E/v_{\text{sat}}} \tag{4.78}$$

式中:E 为电场;v_{sat} 为载流子的饱和速度。电流密度的最终表达式是

$$I_d = \frac{q\mu\dfrac{W}{L}\int_0^{V_{ds}}\sqrt{n_0^2 + [C_{\text{top}}(V_{gs} - V(x) - V_0)/q]^2}}{1 + \dfrac{\mu V_{ds}}{Lv_{\text{sat}}}} \tag{4.79}$$

模拟的电流 – 电压特性与测量数据的比较如图 4.25(a)所示。R_s 大约有 100Ω,μ 为 $1200\text{cm}^2/(\text{V}\cdot\text{s})$,$n$ 为 $5\times 10^{12}\text{cm}^{-2}$。观察到一个很好的一致性,除了当 $V_{gs}=0\text{V}$ 时,在更大的漏极偏压时会有一些偏差。

虽然电荷片模型与实验数据符合得很好,但由于 MOSFET 和石墨烯 FET 不同,石墨烯 FET 可能并不完全实用。为了得到更实际的电流电压关系,一个自然的选择可能是从 BTE 或 DD 等传输方法开始。基于 BTE 和以下近似值[93]

$$n(x) = -C_{\text{top}}[V_{gs} - V_0 - V(x)]/q$$
$$v = \mu_0 E/(1 + E/E_c) \tag{4.80}$$

同时考虑到源极和漏极的串联电阻 R_s,研究人员推导出了石墨烯晶体管漏极电流的表达式[93]:

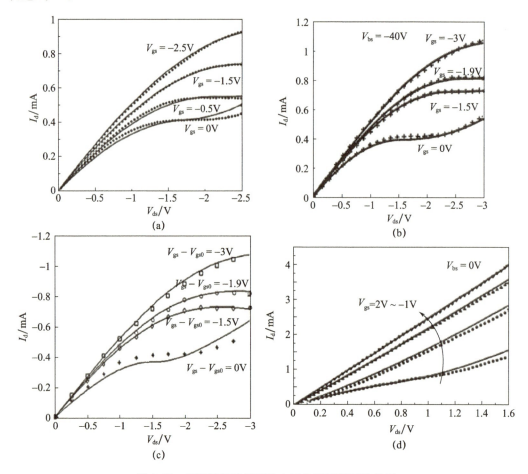

图 4.25 不同栅极偏压下的电流与漏极偏压的关系

分别由以下模型进行模拟:(a)电荷片模型[91];(b)基于 BTE 的模型[93];(c)基于 DD 的模型[94];(d)基于 DOS 的 DD 模型(线)与实验数据(符号)的比较[97]。

$$\begin{cases} I_d = \dfrac{1}{4R_s}[V_{ds} - E_c L + I_0 R_s + \sqrt{(V_{ds} - E_c L + I_0 R_s)^2 - 4I_0 R_s V_{ds}}] \\ I_0 = 2W\mu_0 E_c C_{top}\left(V_{gs} - V_0 - \dfrac{V_{ds}}{2}\right) \end{cases} \quad (4.81)$$

V_{gs}、V_{ds}、V_0 分别为栅极偏压、漏极偏压和阈值电压,如式(4.77)所示。R_s 是电阻,E_c 是高能碰撞开始的临界场[93],C_{top} 是顶栅电容。模拟结果为 $\mu_0 = 700 \text{cm}^2/(\text{V} \cdot \text{s})$、$R_s = 800\Omega$ 和 $V_c = 0.45\text{V}$,结果与测量值非常吻合,如图 4.25(b)所示。它预测了低场电阻与反向栅极偏压之间的线性关系,并且还说明在模型中应包括能量分散中的非线性以及碰撞电离引起的载流子倍增[93]。

对于基于 DD 传输的紧凑模型,假设设备的静电由等效电容电路确定,如图 4.24 所示。C_q 上的电压降用 V_c 表示,以下关系成立[94-96]:

$$C_q = \frac{2q^3}{\pi\hbar^2 v_F^2}|V_c| = k|V_c| \tag{4.82}$$

在等效电容电路中,V_c 表达式为

$$V_c = \frac{-(C_{top}+C_{back}) + \sqrt{(C_{top}+C_{back})^2 \pm 2k[(V_{gs}-V_{gs0}-V)C_{top}+(V_{bs}-V_{bs0}-V)C_{back}]}}{\pm k} \tag{4.83}$$

式(4.75)的积分表示为对 V_c 的积分,从而找到电流的表达式:

$$I_d = \frac{\mu W}{L_{eff}}\left[qn_0 V_{ds} - \frac{k}{6}(V_{cd}^3 - V_{cs}^3) - \frac{k^2}{8(C_{top}+C_{back})}(\text{sign}(V_{cd})V_{cd}^4 - \text{sign}(V_{cs})V_{cs}^4)\right] \tag{4.84}$$

V_{cs} 和 V_{cd} 分别定义为 $V_c(V=0)$ 和 $V_c(V=V_{ds})$。图4.25(c)显示了模拟的电流-电压特性与实验的比较。基于DD的模型可以在漏电流、各端电荷和电容的单个表达式内捕捉所有操作区域的物理信息。然而,为了建立一个完整的紧凑模型,还需要考虑其他物理效应,如短通道效应、非准静态效应、外部电容等。

另一种方法是从式(4.47)中描述的石墨烯的二维态密度开始,并将式(4.75)中的电荷密度定义为

$$\begin{cases} n = |Q_{net}| + n_{puddle} \\ Q_{net} = Q_p - Q_n = -\frac{1}{\pi\hbar^2 v_F^2}V(x)^2 \\ n_{puddle} = \frac{\Delta^2}{\pi\hbar^2 v_F^2} \end{cases} \tag{4.85}$$

式中:Q_{net} 为通道中的净存储电荷密度,n_{puddle} 为石墨烯薄片中空穴和电子水坑的形成,其中 Δ 表示静电势的空间不均匀性。通道电势 $V(x)$ 与式(4.83)相同。然后通过式(4.75)的积分求解电流密度。模拟结果与实验对比如图4.25(d)所示。标准误差小于7.5%。

本章介绍了石墨烯晶体管电子输运模拟的半经典方法。顶部势垒方法与Landau输运方程相结合,适用于理想设备的弹道和准弹道输运。在散射的情况下,玻尔兹曼输运方程或DD模型将是更自然的选择。在这些方法中,石墨烯仅仅被视为一种不同的半导体,但具有独特的能带结构和态密度。声子散射、边缘粗糙度散射和电荷杂质散射预计将主导石墨烯设备的整体迁移率。由于石墨烯设备的带隙为零或很小,所以必须考虑带间隧穿效应。本章还介绍了几种现有的用于石墨烯晶体管模拟的紧凑模型。基于物理的精确紧凑模型对于石墨烯晶体管的设计和开发至关重要,而对更卓越紧凑模型的研究工作仍在不断发展。

4.6 小结

石墨烯基纳米晶体管的发展给设备建模带来了新的挑战和机遇。制造石墨烯晶体管的技术选择非常广泛,因此建模为这些选择的早期评估和路径发现提供了一种低成本的方法。本章回顾了在石墨烯研究的各个层面上所使用的建模方法。

我们从最基本的第一性原理计算法开始,介绍它的基本概念和方程式,然后给出一个

用第一性原理计算法计算最重要电子特性的例子:能带结构和态密度。另外还介绍了分子动力学方法及其在确定碳基电阻存储器的设置和重置过程中的应用,之后转向经验方法:Hückel 理论的扩展和紧束缚方法。我们介绍了这两种方法的原理、基本方程式及其在石墨烯能带结构测定中的应用。利用简单的 p_z 紧束缚模型,讨论了理想石墨烯薄片与 GNR、GNT、二硫化钼和黑磷等纳米结构之间的联系,还讨论了确定这些经验方法模型参数的提取方法。

在我们用这些经验方法找到设备哈密顿量的表达式之后,就可以求解电子输运。本章详细讨论了基于量子力学的两种输运方法:非平衡格林函数法和量子透射边界法。在介绍量子输运方法之后,转向半经典输运方法:顶部势垒模型、玻尔兹曼输运方程和 DD 方法。我们讨论了这些方法的主要方程式和石墨烯设备的一些独特处理方法,并将模拟的电流-电压特性与量子输运结果和实验测量结果进行了比较。最后,进入石墨烯晶体管模拟的最高层次的紧凑模型,介绍了几种现有的基于不同假设和概念的紧凑模型,并与实验数据进行了比较。

参考文献

[1] Novoselov,K. C.,Geim,A. K.,Morozov,S. V.,Jiang,D.,Zhang,Y.,Dubonos,S. V.,Grigorieva,I. V.,Firsov,A. A.,Electric field effect in atomically thin carbon films. *Science*,306,666 – 669,2004.

[2] Bolotin,K. I.,Sikes,K. J.,Jiang,Z.,Klima,M.,Fudenberg,G.,Hone,J.,Kim,P.,Stormer,H. L.,Ultra-high electron mobility in suspended graphene. *Solid State Commun.*,146,351 – 355,2008.

[3] Huard,B.,Sulpizio,J.,Stander,N.,Todd,K.,Yang,B.,Goldhaber – Gordon,D.,Transport measurements across a tunable potential barrier in graphene. *Phys. Rev. Lett.*,98,236803,2007.

[4] Lemme,M. C.,Echtermeyer,T.,Baus,M.,Kurz,H.,A graphene field – effect device. *IEEE Electron. Dev. Lett.*,28,282 – 284,2007.

[5] Reddy,D.,Register,L. F.,Carpenter,G. D.,Banerjee,S. K.,Graphene field – effect transistors. *J. Phys. D:Appl. Phys.*,45,019501,2012.

[6] Banadaki,Y. M. and Srivastava,A.,A novel graphene nanoribbon field effect transistor for integrated circuit design. 2013 *IEEE 56th International Midwest Symposium on Circuits and Systems*(*MWSCAS*),Columbus,OH,USA,Aug 2013.

[7] Berrada,S.,Nguyen,V. H.,Querlioz,D.,Saint – Martin,J.,Alarcon,A.,Chassat,C.,Bournel,A.,Dollfus,P.,Graphene nanomesh transistor with high on/off ratio and good saturation behavior. *Appl. Phys. Lett.*,103,183509,2013.

[8] Eshkalak,M. A.,Faez,R.,Haji – Nasiri,S.,A novel graphene nanoribbon field effect transistor with two different gate insulators. *Physica E*,66,133 – 139,2014.

[9] Raja,P. S.,Daniel,R. J.,Thomas,R. M.,Graphene interconnect for nano scale circuits. 2014 *International Conference on Green Computing Communication and Electrical Engineering*(*ICGCCEE*),Coimbatore,India,Mar 2014.

[10] Maffucci,A. and Miano,G.,Electrical properties of graphene for interconnect applications. *Appl. Sci.*,4,305 – 317,2014.

[11] Kreupl,F.,Bruchhaus,R.,Majewski,P.,Philipp,J.,Symanczyk,R.,Happ,T.,Arndt,C.,Vogt,M.,Zimmermann,R.,Buerke,A.,Graham,A.,Kund,M.,Carbon – based resistive memory. *2008 IEEE Inter-*

national Electron Devices Meeting (IEDM), 521-524, San Francisco, CA, USA, Dec 2008.

[12] He, Y., Zhang, J., Guan, X., Zhao, L., Wang, Y., Qian, H., Yu, Z., Molecular dynamics study of the switching mechanism of carbon-based resistive memory. *IEEE Trans. Electron Dev.*, 57, 3434, 2010.

[13] Kim, H., Park, K. Y., Hong, J., Kang, K., All-graphene-battery: Bridging the gap between super-capacitors and lithium ion batteries. *Sci. Rep.*, 4, 5278, 2014.

[14] *Sentaurus Device User Guide version* N-2017.09, Synopsys Inc., Mountain View, CA, USA, 2017.

[15] Fiori, G. and Iannaccone, G., Multiscale modeling for graphene-based nanoscale transistors. *Proc. IEEE*, 101, 1653-1669, 2013.

[16] Norimatsu, W. and Kusunoki, M., Epitaxial graphene on SiC {0001}: Advances and perspectives. *Phys. Chem. Chem. Phys.*, 16, 3501-3511, 2014.

[17] Iannaccone, G., Fiori, G., Macucci, M., Michetti, P., Cheli, M., Betti, A., Marconcini, P., Perspectives of graphene nanoelectronics: Probing technological options with modeling. *2009 IEEE International Electron Devices Meeting (IEDM)*, 245-248, Baltimore, MD, USA, Dec 2009.

[18] Pereira, V. M. and Castro Neto, A. H., Strain engineering of graphene's electronic structure. *Phys. Rev. Lett.*, 103, 046801, 2009.

[19] Kerszberg, N. and Suryanarayana, P., Ab initio strain engineering of graphene: Opening band-gaps up to 1eV. *RSC Adv.*, 5, 43810-43814, 2015.

[20] Nakada, K., Fujita, M., Dresselhaus, G., Dresselhaus, M. S., Edge state in graphene ribbons: Nanometer size effect and edge shape dependence. *Phys. Rev. B*, 54, 17954, 1996.

[21] Son, Y., Cohen, M. L., Louie, S. G., Energy gaps in graphene nanoribbons. *Phys. Rev. Lett.*, 97, 216803, 2006.

[22] Hwang, W. S., Zhao, P., Tahy, K., Nyakiti, L. O., Wheeler, V. D., Myers-Ward, R. L., Eddy, C. R., Jr., Gaskill, D. K., Robinson, J. A., Haensch, W, Xing, H., Seabaugh, A., Jena, D., Graphene nanoribbon field-effect transistors on wafer-scale epitaxial graphene on SiC substrates. *APL Mater.*, 3, 011101, 2015.

[23] Bai, J., Zhong, X., Jiang, S., Huang, Y., Duan, X., Graphene nanomesh. *Nat. Nanotechnol.*, 5, 190-194, 2010.

[24] Mak, K. F., Lee, C., Hone, J., Shan, J., Heinz, T. F., Atomically thin MoS_2: A new direct-gap semiconductor. *Phys. Rev. Lett.*, 105, 136805, 2010.

[25] Fuhrer, M. S. and Hone, J., Measurement of mobility in dual-gated MoS_2 transistors. *Nat. Nanotechnol.*, 8, 146, 2013.

[26] Li, L., Yu, Y., Ye, G. J., Ge, Q., Qu, X., Wu, H., Feng, D., Chen, X. H., Zhang, Y., Black phosphorus field-effect transistors. *Nat. Nanotechnol.*, 9, 372, 2014.

[27] Qiao, J., Kong, X., Hu, Z., Yang, F., Ji, W., High-mobility transport anisotropy and linear dichroism in few-layer black phosphorus. *Nat. Commun.*, 5, 4475, 2014.

[28] Akahama, Y. and Endo, S., Electrical properties of black phosphorus single crystals. *J. Phys. Soc. Jpn.*, 52, 2148, 1983.

[29] Hohenberg, P. and Kohn, W., Inhomogeneous electron gas. *Phys. Rev.*, 136, B864-B871, 1964.

[30] Kohn, W and Sham, L. J., Self consistent equations including exchange and correlation effects. *Phys. Rev.*, 140, A1133-A1138, 1965.

[31] Langreth, D. C. and Perdew, J. P., Theory of nonuniform electronic systems I: Analysis of the gradient approximation and a generalization that works. *Phys. Rev. B*, 21, 5469-5493, 1980.

[32] Becke, A. D., A new mixing of Hartree-Fock and local density-functional theories. *J. Chem. Phys.*, 98, 1372-1377, 1993.

[33] Hedin, L., New method for calculating the one-particle Green's function with application to the electron-gas problem. *Phys. Rev.*, 139, A796–A823, 1965.

[34] Mattausch, A. and Pankratov, O., Ab initio study of graphene on SiC. *Phys. Rev. Lett.*, 99, 076802, 2007.

[35] Correa, J. D. and Cisternas, E., *Ab initio* calculations on twisted graphene/hBN: Electronic structure and STM image simulation. *Solid State Commun.*, 241, 1–6, 2016.

[36] Zhechkov, L., Heine, T., Seifert, G., Physisorption of N2 on graphene platelets: An ab initio study. *Int. J. Quantum Chem.*, 106, 1375–1382, 2006.

[37] Xu, Y., Gao, H., Li, M., Guo, Z., Chen, H., Jin, Z., Yu, B., Electronic transport in monolayer graphene with extreme physical deformation: Ab initio density functional calculation. *Nanotechnology*, 22, 365202, 2011.

[38] Pandey, T., Parker, D. S., Lindsay, L., Ab initio phonon thermal transport in monolayer InSe, GaSe, GaS, and alloys. *Nanotechnology*, 28, 455706, 2017.

[39] Cusati, T., Fiori, G., Gahoi, A., Passi, V., Fortunelli, A., Lemme, M., Iannaccone, G., Understanding the nature of metal-graphene contacts: A theoretical and experimental study. 2015 *IEEE International Electron Devices Meeting (IEDM)*, 321–324, Washington, DC, USA, Dec 2015.

[40] VASP. http://www.vasp.at

[41] AB-INIT. http://www.abinit.org.

[42] SIESTA. http://www.icmab.es/siesta

[43] Quantum ESPRESSO. http://www.quantum-espresso.org

[44] QuantumWise. http://quantumwise.com

[45] Wallace, P. R., The band theory of graphite. *Phys. Rev.*, 71, 622, 1947.

[46] Javvaji, B., Budarapu, P. R., Sutrakar, V. K., Roy Mahapatra, D., Paggi, M., Zi, G., Rabczuk, T., Mechanical properties of graphene: Molecular dynamics simulations correlated to continuum based scaling laws. *Comput. Mater. Sci.*, 125, 319–327, 2016.

[47] Kolev, S., Balchev, I., Cvetkov, K., Tinchev, S., Milenov, T., Ab-initio molecular dynamics simulation of graphene sheet. *J. Phys.: Conf. Ser.*, 780, 012014, 2017.

[48] Sidorenkov, A. V., Kolesnikov, S. V., Saletsky, A. M., Molecular dynamics simulation of graphene on Cu (111) with different Lennard-Jones parameters. *Eur. Phys. J. B*, 89, 220, 2016.

[49] Marx, D. and Hutter, J., Ab initio molecular dynamics: Theory and implementation. *Modern Methods and Algorithms of Quantum Chemistry, Proceedings*, 2nd Edition, pp. 329–477, 2000.

[50] Rapaport, D. C., *The art of molecular dynamics simulation – 2nd edition*, Cambridge University Press, New York, NY, USA, 2004.

[51] Lennard-Jones, J. E., On the determination of molecular fields. *Proc. R. Soc. Lond. A*, 106, 463–477, 1924.

[52] Tersoff, J., New empirical approach for the structure and energy of covalent systems. *Phys. Rev. B*, 37, 6991, 1988.

[53] Bazant, M. Z., Kaxiras, E., Justo, J. F., Environment-dependent interatomic potential for bulk silicon. *Phys. Rev. B*, 56, 8542, 1997.

[54] Brenner, D. W., Empirical potential for hydrocarbons for use in simulating the chemical vapor deposition of diamond films. *Phys. Rev. B*, 42, 9458, 1990.

[55] van Duin, A., Dasgupta, S., Lorant, F., Goddard, W. A., III, ReaxFF: A reactive force field for hydrocarbons. *J. Phys. Chem. A*, 105, 9396, 2001.

[56] Guan, X., He, Y., Zhao, L., Zhang, J., Wang, Y., Qian, H., Yu, Z., Simulation study of switching mecha-

nism in carbon – based resistive memory with molecular dynamics and extended Huckel theory – based NEGF method. 2009 *IEEE International Electron Devices Meeting* (*IEDM*),905 – 908,Baltimore,MD,USA,Dec 2009.

[57] Hoffmann,R. and An extended Hückel theory.,I.,hydrocarbons. *J. Chem. Phys.*,39,1397 – 1412,1963.

[58] Slater,J. C. and Koster,G. F.,Simplified LCAO method for the periodic potential problem. *Phys. Rev.*,94,1498 – 1524,1954.

[59] Hückel,E.,Quantum – theoretical contributions to the benzene problem. I. the electron configuration of benzene and related compounds. *Z. Phys. A*,70,204 – 286,1931.

[60] Hückel,E.,Quantum – theoretical contributions to the problem of aromatic and nonsaturated compounds. III. *Z. Phys. A*,76,628 – 648,1932.

[61] Jancu,J.,Scholz,R.,Beltram,F.,Bassani,F.,Empirical spds ∗ tight – binding calculation for cubic semiconductors:General method and material parameters. *Phys. Rev. B*,57,6493,1998.

[62] Klimeck,G.,Oyafuso,F.,Boykin,T. B.,Bowen,C. R.,Allmen,P. V.,Development of a nanoelectronic 3 – D (NEMO 3 – D) simulator for multi – million atom simulations and its application to alloyed quantum dots (invited). *Comput. Modell. Eng. Sci.* (*CMES*),3,601,2002.

[63] Goedecker,S. and Teter,M.,Tight – binding electronic – structure calculations and tight – binding molecular dynamics with localized orbitals. *Phys. Rev. B*,51,9455,1955.

[64] Podolskiy,A. V. and Vogl,P.,Compact expression for the angular dependence of tight – binding Hamiltonian matrix elements. *Phys. Rev. B*,69,233101,2004.

[65] Boykin,T. B.,Luisier,M.,Klimeck,G.,Jiang,X.,Kharche,N.,Zhou,Y.,Nayak,S. K.,Accurate six – band nearest – neighbor tight – binding model for the n – bands of bulk graphene and graphene nanoribbons. *J. Appl. Phys.*,109,104304,2011.

[66] Lake,R.,Klimeck,G.,Datta,S.,Rate equations from the Keldysh formalism applied to the phonon peak in resonant – tunneling diodes. *Phys. Rev. B*,47,6427,1993.

[67] Tan,Y. P.,Povolotskyi,M.,Kubis,T.,Boykin,T. B.,Klimeck,G.,Tight – binding analysis of Si and GaAs ultrathin bodies with subatomic wave – function resolution. *Phys. Rev. B*,92,085301,2015.

[68] Tan,Y. P.,Povolotskyi,M.,Kubis,T.,He,Y.,Jiang,Z.,Klimeck,G.,Boykin,T. B.,Empirical tight binding parameters for GaAs and MgO with explicit basis through DFT mapping. *J. Comput. Electr.*,12,56 – 60,2013.

[69] Schwinger,J.,Brownian motion of a quantum oscillator. *J. Math. Phys.*,2,407,1961.

[70] Kadanoff,L. P. and Baym,G.,*Quantum statistical mechanics*,W. A. Benjamin,Inc,New York,1962.

[71] Fujita,S.,Partial self – energy parts of Kadanoff – Baym. *Physica*,30,848,1964.

[72] Keldysh,L. V.,Diagram technique for nonequilibrium processes. *Sov. Phys. JETP*,20,1018,1965.

[73] Datta,S.,*Quantum Transport:Atom to Transistor*,Cambridge University Press,Cambridge,2005.

[74] Lake,R.,Klimeck,G.,Bowen,R. C.,Jovanovic,D.,Single and multiband modeling of quantum electron transport through layered semiconductor devices. *J. Appl. Phys.*,81,7845,1997.

[75] Luisier,M.,*Quantum Transport Beyond the Effective Mass Approximation*,Ph. D thesis,Swiss Federal Institute of Technology,Zurich,2007.

[76] Lent,C. S. and Kirkner,D. J.,The quantum transmitting boundary method. *J. Appl. Phys.*,67,6353,1990.

[77] Ando,T.,Quantum point contacts in magnetic fields. *Phys. Rev. B*,44,8017,1991.

[78] Khomyakov,P. A.,Brocks,G.,Karpan,V.,Zwierzycki,M.,Kelly,P. J.,Conductance calculations for quantum wires and interfaces:Mode matching and Green's functions. *Phys. Rev. B*,72,035450,2005.

[79] Luisier,M.,Schenk,A.,Fichtner,W,Klimeck,G.,Atomistic simulation of nanowire in the $sp^3d^5s^*$ tight –

binding formalism: From boundary conditions to strain calculations. *Phys. Rev. B*, 74, 205323, 2006.

[80] He, Y., Kubis, T., Povolotskyi, M., Fonseca, J., Klimeck, G., Quantum transport in NEMO5: Algorithm improvements and high performance implementation. 2014 *International Conference on Simulation of Semiconductor Processes and Devices (SISPAD)*, Yokohama, Japan, pp. 14 – 4, 2014.

[81] Sancho, M., Sancho, J., Rubio, J., Highly converge schemes for the calculation of bulk and surface Green functions. *J. Phys. F: Met. Phys.*, 15, 851, 1985.

[82] He, Y., Wang, Y., Klimeck, G., Kubis, T., Nonequilibrium Green's function method: Non – trivial and disordered leads. *Appl. Phys. Lett.*, 105, 213502, 2014.

[83] Jiang, Z., Lu, Y., Tan, Y., He, Y., Povolotskyi, M., Kubis, T., Seabaugh, A. C., Fay, P., Klimeck, G., Quantum transport in AlGaSb/InAs TFETs with gate field in – line with tunneling direction. *IEEE Trans. Electron Dev.*, 62, 2445, 2015.

[84] Lundstrom, M., *Fundamentals of carrier transport*, Cambridge University Press, New York, NY, USA, 2000.

[85] Fiori, G. and Iannaccone, G., Simulation of graphene nanoribbon field – effect transistors. *IEEE Electron. Dev. Lett.*, 28, 760 – 762, 2007.

[86] Lemme, M. C., Echtermeyer, T., Baus, M., Szafranek, B., Bolten, J., Schmidt, M., Wahlbrink, T., Kurz, H., Mobility in graphene double gate field – effect transistors. *Solid – State Electron.*, 52, 514 – 518, 2008.

[87] Fang, T., Konar, A., Xing, H., Jena, D., Mobility in semiconducting graphene nanoribbons: Phonon, impurity, and edge roughness scattering. *Phys. Rev. B*, 78, 205403, 2008.

[88] Ancona, M. G., Electron transport in graphene from a diffusion – drift perspective. *IEEE Trans. Electron Dev.*, 57, 681, 2010.

[89] Nagel, L. W. and Pederson, D. O., *SPICE (Simulation Program with Integrated Circuit Emphasis)*, Memorandum No. ERL – M382, University of California, Berkeley, 1973.

[90] Sheu, B. J., Scharfetter, D. L., Ko, P. K., Jeng, M. C., BSIM: Berkeley short – channel IGFET model for MOS transistors, *IEEE. J. Solid State Circuits*, 22, 558 – 566, 1987.

[91] Meric, I., Han, M. Y., Young, A. F., Ozyilmaz, B., Kim, P., Shepard, K. L., Current saturation in zero – bandgap, top – gated graphene field – effect transistors. *Nat. Nanotechnol.*, 3, 653, 2008.

[92] Wang, H., Hsu, A., Kong, J., Antoniadis, D. A., Palacios, T., Compact virtual – source current – voltage model for top and back – gated graphene field – effect transistors. *IEEE Trans. Electron Dev.*, 58, 1523, 2011.

[93] Scott, B. W. and Leburton, J., Modeling of the output and transfer characteristics of graphene field – effect transistors. *IEEE Trans. Nanotechnol.*, 10, 1113, 2011.

[94] Jimenez, D., Explicit drain current charge and capacitance model of graphene field – effect transistors. *IEEE Trans. Electron Dev.*, 58, 4377 – 4383, 2011.

[95] Pasadas, F. and Jiménez, D., Large – signal model of graphene field – effect transistors – Part I: Compact modeling of GFET intrinsic capacitances. *IEEE Trans. Electron Dev.*, 63, 2936 – 2941, 2016.

[96] Pasadas, F. and Jiménez, D., Large – signal model of graphene field – effect transistors—Part II: Circuit performance benchmarking. *IEEE Trans. Electron Dev.*, 63, 2942 – 2947, 2016.

[97] Aguirre – Morales, J., Frégonèse, S., Mukherjee, C., Maneux, C., Zimmer, T., An accurate physics – based compact model for dual – gate bilayer graphene FETs. *IEEE Trans. Electron Dev.*, 62, 4333 – 4339, 2015.

第5章 混合石墨烯硅光子和光电集成设备

Zhenzhou Cheng[1], Jiaqi Wang[2], Liang Wang[3]

[1] 天津大学精密仪器与光电工程学院
[2] 深圳大学物理与能源学院
[3] 香港中文大学电子工程系

摘 要 石墨烯是一种以蜂窝状排列的碳原子单层膜,具有许多优异的光学和电学性质,在光电子学、非线性光学和生物化学传感等领域有着广泛的应用。然而,由于材料的原子厚度,石墨烯中的光与物质相互作用本质上很弱,这大大限制了它的实际应用。为了克服这一挑战,近年来人们提出并展示了石墨烯硅光子集成电路(PIC)。在这种 PIC 中,光在硅波导中的传播可以通过面内渐逝场耦合与顶层石墨烯发生强烈的相互作用。另一方面,由于石墨烯在光子学和光电子学方面的独特性能,有望为芯片应用的革命性发展开辟一条新的途径,这是基于传统硅光子技术的先例。因此,这一新兴领域备受关注。在这一章中,我们全面介绍了石墨烯硅 PIC 理论原理、制备工艺和应用,并回顾了这一课题的最新研究进展。

关键词 石墨烯,硅光子学,光子集成电路,光电子,中红外光子学,光互连,非线性光学,生物化学传感

5.1 引言

石墨烯是一种碳的同素异形体,自 2004 年通过实验将其从大块石墨中分离出来,石墨烯引起了广泛的关注[1]。由于其二维六边形晶格,石墨烯具有独特的光子和电子性质。例如,石墨烯具有无间隙能带结构,还具有从可见光到太赫兹频率的超宽光谱带宽[2-3]。此外,原始石墨烯的载流子迁移率可以达到 $200000 cm^2/(V \cdot s)$[4-5]。因此,石墨烯被认为是发展超快光调制器和光探测器的理想材料,具有超宽光谱带宽。石墨烯除了在光电子学方面有很好的应用前景外,还是一种优良的非线性光学材料。在可见光波长下,有效非线性磁化率 $|\chi^{(3)}|$ 是二氧化硅的 10^8 倍[6]。在近红外光谱区,测得的巨非线性折射率 (RI)高达 $10^{-7} cm^2/W$,比硅高出 5 个数量级[7]。由于石墨烯能带结构的线性分散,还预测到石墨烯在微波和太赫兹频率下有大非线性[8]。因此,石墨烯被认为是取代传统光学材料的最有希望的候选材料之一。

然而,由于石墨烯中原子层的厚度,石墨烯轻物质之间的相互作用很弱。例如,当光

线正常照射在石墨烯上时,石墨烯仅吸收约2.3%的入射光[9-10],如图5.1(a)所示,这与频率无关,仅由精细结构常数决定。这大大限制了石墨烯光子设备和光电子设备的实际应用。为了克服这一局限性,近年来人们提出并展示了石墨烯硅 PIC。在这种设备中,在硅波导中传播的光通过面内相互作用与顶层石墨烯相互作用,如图5.1(b)所示。基于这种配置开发了各种芯片应用,例如波导集成光学调制器[11]、波导集成光电探测器[12-14]和波导集成非线性光学设备[15]。

另一方面,石墨烯有望为芯片应用的革命性发展开辟一条新的途径,这是基于传统硅光子技术的先例。硅光子学是以硅为光学介质的光子集成系统的研究,经过30年的发展,已成为一门前沿技术。它被认为是一项很有前途的技术,可以把摩尔定律带到电子学以外的领域。然而,硅光子学正面临着一些瓶颈。例如,由于硅中载流子等离子体分散效应的固有限制,基于 p-n 或 p-i-n 二极管的传统硅光调制器的工作带宽可限制在约50GHz[16-18]。与硅相比,石墨烯中的限速过程在皮秒时间尺度上工作[19],这可能导致石墨烯光调制器的最大调制能带宽度高达约500GHz[11]。因此,石墨烯硅 PIC 的集成有望为芯片集成光子和光电子应用提供许多新的机遇。此外,由于石墨烯的二维特性,其非常适合在平面硅芯片上集成,使得互补金属氧化物半导体(CMOS)制造工艺可用于制造大体积、高质量和低成本的石墨烯硅设备。因此,近年来,石墨烯硅波导集成光子和光电子设备引起了广泛的关注。

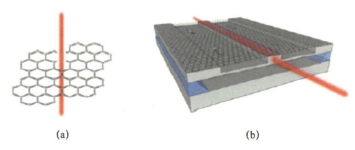

图5.1 光与石墨烯相互作用示意图
(a)石墨烯的正常入射光;(b)光在石墨烯硅波导中的传播。

在本章中,我们介绍了石墨烯硅 PIC 的理论原理、制备工艺和应用,还介绍了波导集成石墨烯光子学和光电子学的前沿研究进展。此外,本章还讨论了石墨烯包层光纤设备和石墨烯等离子体设备的一些研究进展。本章的结构如下:5.1 引言;5.2 石墨烯硅波导;5.3 波导集成石墨烯光学调节器;5.4 波导集成石墨烯光电探测器;5.5 石墨烯设备的非线性影响;5.6 生物传感石墨烯设备;5.7 小结与展望。本章的内容希望对想了解石墨烯硅 PIC 基础知识和研究进展的读者有一定的帮助。

5.2 石墨烯硅波导

作为 PIC 的组成部分,在开发芯片应用之前,对石墨烯硅波导进行理论设计和实验表征具有重要意义。在过去的几年中,研究人员提出了各种波导结构和设备,来研究光与石墨烯之间的面内相互作用,以及石墨烯与硅之间的自由载流子转移。在这一部分中,我们讨论了石墨烯硅波导的设计原理、制作工艺以及研究进展。

石墨烯的光学性质可用其相对介电常数来描述。对于石墨烯硅波导,石墨烯相对介电常数 ε 的面内分量由以下方程式给出[11,20]

$$\varepsilon(\omega) = 1 + \frac{i\sigma(\omega)}{\omega\varepsilon_0 d}, \tag{5.1}$$

式中:d 为石墨烯的厚度;ε_0 为真空的介电常数;ω 为光学频率;σ 为石墨烯的光学传导率。式(5.1)给出了石墨烯的光导率 σ,由带内($\sigma_{带内}$)和带间($\sigma'_{带间} + i\sigma''_{带间}$)贡献组成,可使用 Kubo 形式计算[21]

$$\sigma_{总} = \sigma_{带内} + \sigma'_{带间} + i\sigma''_{带间}, \tag{5.2}$$

得出

$$\sigma_{带内} = \sigma_0 \frac{4E_F}{\pi} \frac{1}{\hbar(\Gamma_1 - i\omega)}, \tag{5.3}$$

$$\sigma'_{带间} = \sigma_0 \left[1 + \frac{1}{\pi}\arctan\left(\frac{\hbar\omega - 2E_F}{\hbar\Gamma_2}\right) - \frac{1}{\pi}\arctan\left(\frac{\hbar\omega + 2E_F}{\hbar\Gamma_2}\right) \right], \tag{5.4}$$

$$\sigma''_{inter} = -\sigma_0 \frac{1}{2\pi}\ln\left[\frac{(2E_F + \hbar\omega)^2 + (\hbar\Gamma_2)^2}{(2E_F - \hbar\omega)^2 + (\hbar\Gamma_2)^2}\right] \tag{5.5}$$

式中:$\sigma_0 = e^2/4\hbar \approx 60.8\mu S$ 为通用光导;E_F 为费米能级或石墨烯;$\hbar$ 为普朗克常数;Γ_1 和 Γ_2 为室温下分别与带间跃迁和带内跃迁有关的弛豫速率。假设 $\Gamma_1 = 8.3 \times 10^{11}\ s^{-1}$ 和 $\Gamma_2 = 10^{13}\ s^{-1}$,我们可以计算石墨烯的相对介电常数与波长和费米能级的函数,如图 5.2 所示。

如图 5.2 所示,通过改变石墨烯波长和费米能级,石墨烯可以引入不同的相位变化以及对入射光的光吸收。在图 5.2(a)中,石墨烯的相对介电常数的实部首先随着给定波长下费米能级的增加而增加。然后,当费米能级超过入射光光子能量的一半时减小。这表明与石墨烯相互作用的光发生了明显的相变。另一方面,如图 5.2(b)所示,首先石墨烯相对介电常数的虚部随着费米能级的增加而几乎保持不变。然后,当费米能级超过入射光光子能量的一半时,石墨烯的能级急剧下降并趋于稳定,这意味着石墨烯中不存在带间跃迁。利用计算出的相对介电常数,研究人员可以使用基于时域有限差分法或有限元法的模拟软件工具,在制作前对各种石墨烯硅波导结构和设备进行数值设计。更多细节将在本节后面解释。

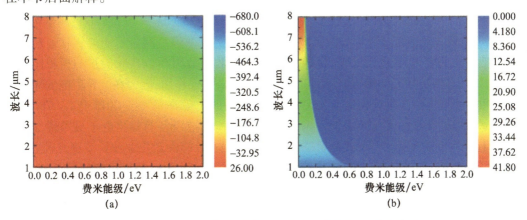

图 5.2　石墨烯相对介电常数与波长和费米能级的函数计算
(a)实部;(b)虚部。

为了制备石墨烯硅 PIC,已经选择集成剥离石墨烯和化学气相沉积(CVD)生长的石墨烯来制备硅 PIC,因为在介电基底(如硅或二氧化硅)上直接沉积高质量的石墨烯膜仍然具有挑战性。另一方面,研究人员已经深入研究了碳与金属的相互作用四十多年。具体来说,由于铜的低碳溶解度、易于铜蚀刻以及生长的高质量石墨烯等优点,铜已成为生长大面积石墨烯薄膜的首选基底,Ruoff 研究组于 2009 年首次将这种方法引入[22]。此外,与剥离石墨烯相比,CVD 生长的石墨烯具有面积大、成本低、不需要石墨烯与硅光子设备精确对准等优点。现在市场上有许多用 CVD 法在铜箔上生长的石墨烯,可将其投入商用。

因此,CVD 生长的石墨烯在以往的石墨烯硅 PIC 研究中被广泛采用[23-25]。图 5.3 描述了用铜基底湿转移 CVD 生长的石墨烯层到硅 PIC 的制造工艺示意图。首先在石墨烯层上旋涂一层薄薄的聚甲基丙烯酸甲酯(PMMA)层。然后,通过过硫酸铵湿蚀刻法去除铜基底。之后,用去离子水冲洗由 PMMA 层支撑的石墨烯并转移到硅 PIC。石墨烯可以通过范德瓦耳斯力与硅 PIC 集成。最后,将芯片烘烤后,用丙酮除去 PMMA 层。基于石墨烯覆盖芯片,可以采用各种 CMOS 兼容的制造技术,如电子束光刻、深度反应离子蚀刻、热蒸发等,进一步制备石墨烯硅 PIC。

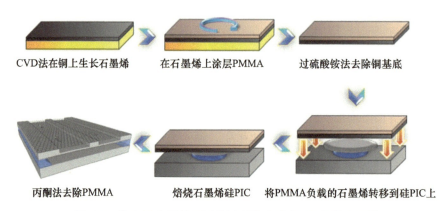

图 5.3　将 CVD 生长的石墨烯层湿转移到硅 PIC 的制造工艺

研究人员开发了几种石墨烯硅肋形/通道波导,用于研究光与石墨烯之间增强的相互作用,如图 5.4 所示。2012 年,H. Li 等利用芯片 Mach – Zehnder 干涉仪(MZI)测量了横向电磁(TE)模式通道硅波导中石墨烯对传播光的吸收[23]。通过测量石墨烯转移前后干涉条纹消光比的变化,提取出光吸收系数。最大光吸收系数为 $0.2\mathrm{dB}/\mu\mathrm{m}$,这与模拟结果吻合较好。此外,传播光的偏振状态对光吸收系数起着重要作用,因为在波导周围的光强度分布很大程度上取决于其偏振状态,并影响石墨烯的光吸收[26-27]。2013 年,Z. Cheng 等报道了石墨烯硅悬浮膜波导的偏振相关损耗[28]。所制造设备的扫描电子显微镜图像如图 5.4(a)~(d)所示。作者提出了一种新型的偏振不敏感的聚焦亚波长变迹光栅[29],它可以同时将 TE 和横向磁(TM)模式的光耦合到一个硅波导中。基于这样的设备,作者证明了在 $1.55\mu\mathrm{m}$ 波长的光谱区域内,当波导为 $150\mu\mathrm{m}$ 长时,石墨烯导致的 TM 模的损耗比 TE 模高,这可用于开发波导集成偏振器[24]。除了对通信能带的研究外,还对石墨烯硅波导的中红外光谱进行了探索。

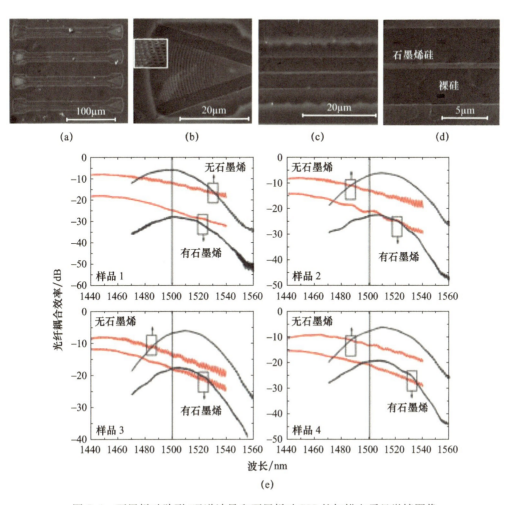

图 5.4 石墨烯硅肋形/通道波导和石墨烯硅 PIC 的扫描电子显微镜图像

(a)石墨烯硅波导和光栅;(b)顶部为石墨烯的偏振不敏感的聚焦亚波长变迹光栅;(c)硅波导上的石墨烯;(d)石墨烯硅波导的断裂区;(e)采用偏振不敏感的聚焦亚波长变迹光栅测量石墨烯硅悬浮膜波导中的光纤耦合效率(图像转载自文献[28]。© 2013 IEEE 版权所有)。

2015 年,石墨烯硅蓝宝石波导[26]被设计并在波长为 2.75μm 时表征出来。在这种波导中,最大光吸收系数为 0.024dB/μm。由于单层石墨烯的无间隙特性,可以预期石墨烯硅波导应该具有非常宽的光谱带宽,可以覆盖整个硅波导的透明窗口。

此外,人们探索了各种波导结构以进一步增加光与石墨烯之间的相互作用。例如,2015 年,Z. Cheng 等提出并演示了一种石墨烯硅狭缝波导,与传统的 TE 和 TM 模式偏振的通道波导相比,它提供了更高的光吸收[30],如图 5.5 所示。对于石墨烯硅狭缝波导,如图 5.5(a)的插图所示,电场在高 RI 对比界面处具有不连续性,该不连续性与 RI 对比度比值的平方成正比,使得狭缝区域的光强度大大增强。结果表明,石墨烯硅在狭缝波导中的吸收比 TE 模式肋形/通道波导强,甚至比 TM 模式肋形/通道波导强。此外,具有较宽狭缝尺寸的石墨烯硅狭缝波导可以在传播光与顶层石墨烯之间提供较大的相互作用面积,但随着狭缝宽度的增大,光强度增强减小。因此,在光强度和相互作用面积之间存在一种抵消关系。基于数值模拟,作者制备了石墨烯硅狭缝波导,如图 5.5(b)所示。然后,作者通过实验表征和比较了石墨烯硅 TE 模式通道波导、石墨烯硅 TM 模式通道波导和石墨烯硅狭缝波导中的传输光谱,如图 5.5(c)~(e)所示。TE 模式通道波导、TM 模式通道波导、TE 模式狭缝波导(SW)的吸收系数为 $0.417dB/\mu m$、$0.690dB/\mu m$、$0.935dB/\mu m$。实验测量结果与模拟结果非常吻合。

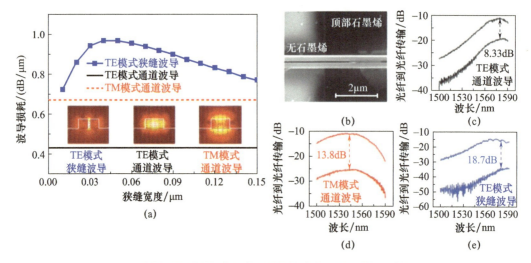

图 5.5 石墨烯硅狭缝波导和通道波导上的光吸收比较

(a)石墨烯硅狭缝波导中光吸收与缝隙宽度变化的函数关系模拟(实线和虚线分别表示 TE 模式通道波导和 TM 模式通道波导的光吸收);(b)石墨烯硅狭缝波导的扫描电子显微镜图像;(c)含石墨烯和不含石墨烯的 TE 模式通道波导的传输光谱;(d)石墨烯硅 TM 模式波导上的传输光谱;(e)石墨烯硅狭缝波导的传输光谱(图像转载自文献[30]。© 2015 IEEE 版权所有)。

此外,芯片光子腔已被用于增强光与石墨烯的相互作用。2012 年,X. Gan 等研究了石墨烯硅光子晶体纳米腔的光学特性[31]。不久后,R. Kou 等研究了石墨烯长度对硅微环谐振器品质 Q 因子的影响[32]。这些研究表明,石墨烯层可以大大降低硅光子腔的 Q 因子。此外,共振模与石墨烯之间的强耦合有望用于研究石墨烯的复合 RI、拉曼光谱和光学非线性。

除了光与石墨烯的相互作用外,研究人员还研究了石墨烯和硅设备之间光吸收产生的自由载流子转移。2014 年,Z. Cheng 等实验证明了一种基于石墨烯硅悬浮膜波导的全光调制[24]。实验结果表明,石墨烯带间吸收产生的自由载流子可以转移到硅波导中,并对波导中的传播光产生自由载流子吸收损耗,从而调制探测光的整体透射。2015 年,Z. Shi 等实验证明在石墨烯覆盖的硅光子晶体腔中实现了一种全光调制器。作者的结果表明,自由载流子引起的热红移比自由载流子色散引起的蓝移更明显[33]。此外,L. Yu 等证明了非局域光学调制效应,这意味着硅吸收光和通过硅 - 石墨烯连接的自由载流子转移的机制[34]。

此外,对石墨烯 Si_3N_4 设备的研究表明,Si_3N_4 是另一种与 CMOS 兼容的介质材料,具有中等的 RI,并且由于其相对较大的带隙,在通信能带中不存在双光子吸收损耗。因此,Si_3N_4 - PIC 为研究石墨烯的面内光学特性提供了一个良好的低光损耗平台。2013 年,N. Gruhler 等研究了石墨烯对 Si_3N_4 波导光损耗和 Si_3N_4 微环谐振器 Q 因子的影响[35]。2015 年,J. Wang 等从理论上和实验上优化了石墨烯的长度,以实现石墨烯 Si_3N_4 微环谐振器中的最大光吸收[36],如图5.6(a)~(d)所示。

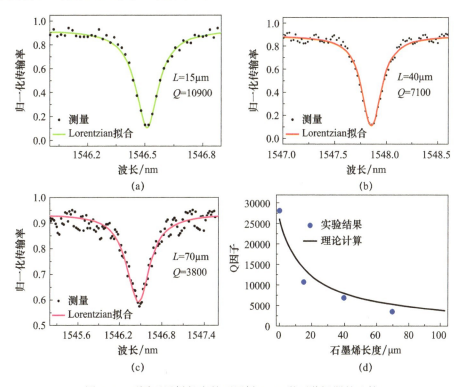

图5.6 不同石墨烯长度的石墨烯 Si_3N_4 微环谐振器的比较

(a)石墨烯的长度是15μm;(b)石墨烯的长度是40μm;(c)石墨烯的长度是70μm;(d)石墨烯 Si_3N_4 微环谐振器 Q 因子的实验测量和理论计算(图像转载自文献[36]。© 2015 IEEE 版权所有)。

此外,作者还实验研究了石墨烯 - Si_3N_4 微环谐振器中的光热效应[37]。

本节我们介绍了石墨烯覆盖的硅和 Si_3N_4 波导的研究。基于此结构,我们详细讨论了理论优化、制备工艺和研究进展。这些基础性研究不仅为以共面光物质相互作用方式研究石墨烯的光学性质开辟了一条新的途径,而且对于开发新型的芯片石墨烯光子和光电设备以及相关应用也具有重要意义,这些将在下面的章节中讨论。

5.3 波导集成石墨烯光学调节器

近三十年来,硅光子学得到了飞速发展,这主要得益于光互连和通信技术的发展。这些应用中的关键部件之一是硅光调制器,它通过电改变光束的基本特性,如振幅、偏振和相位,将信号从电域调制到光域。由于低功耗和低热产生,光信号可以在芯片上或通过光纤高效传输,从而实现从互连到长距离通信等许多有前途的应用。然而,最近的研究表明,传统硅光调制器的带宽可能限制在 50Gbit/s[16-18],并且由于硅中载流子 - 等离子体分散效应的固有限制,很难进一步提高。另一方面,石墨烯具有极高的载流子迁移率,高达 $200000cm^2/(V·s)$,因此在高速光电设备的发展中具有广阔的应用前景。因此,近年来石墨烯引起了研究者的广泛关注。在这一节中,我们介绍了石墨烯光调制器的工作原理,并回顾了这方面的进展。

由于态密度较低,可以很容易地通过使用外部电子栅极来调节石墨烯的费米能级,从而调节石墨烯的光电特性。图 5.7 显示了当波长为 1.55μm 时,石墨烯的复合相对介电常数与费米能级的关系,该关系由式(5.1)~式(5.5)计算得出。当费米能级调谐到 0.4eV 左右时,石墨烯相对介电常数的虚部发生了明显的变化,相当于入射光光子能量的一半。这表明入射光的光强度可以被调制,这可以用来开发电吸收强度调制器[38-39]。此外,当费米能级进一步增大到 0.4eV 以上时,石墨烯的虚部相对介电常数趋于稳定,而石墨烯相对介电常数实部随费米能级的增大而明显减小。这意味着石墨烯诱导的光吸收较低且稳定,但石墨烯诱导的 RI 变化较大,可用于开发电折射相位调制器[40-41]。

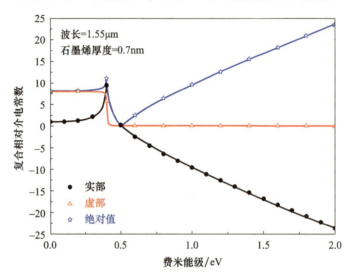

图 5.7 当波长为 1.55μm 时,石墨烯复合相对介电常数与费米能级的函数关系

根据上述原理,首次研制了波导集成电吸收强度调制器。2011 年,M. Liu 等报道了电吸收强度调制器的首次演示[11]。图 5.8(a)显示了不同驱动电压下,石墨烯硅波导的静态电光响应的实验测量。利用轻掺杂硅波导形成的底栅来控制集成在波导顶部的石墨烯层的费米能级。研究人员报道了超过 1GHz 的调制带宽,其工作频谱达到 1.35~1.6μm 波长。此后,作者进一步演示了双层石墨烯光调制器[42],如图 5.8(b)所示。与之前所做的工作相比,双层石墨烯光调制器中实现了更高的调制深度(0.16dB/μm)。这种双层石墨烯结构消除了硅波导中自由载流子的参与,降低了线性损耗。2014 年,N. Youngblood 等[43]报道了多功能石墨烯光学调制器和光电探测器,采用的是相似的石墨烯-绝缘体-石墨烯结构,如图 5.8(c)所示。2016 年,Y. Hu 等演示了基于 50μm 长的石墨烯硅波导,在 10Gb/s 运行的电吸收强度调制器[44]。该设备的峰值调制效率为 1.5dB/V。除了硅波导外,还开发了基于聚合物波导[45]和 Si_3N_4 波导[46]的波导集成电吸收强度调制器。经过 7 年的发展,研究人员尝试在实践中使用电吸收强度调制器[47],并在芯片级光互连和光通信中取代硅光调制器。

另一方面,近年来研究人员基于波导集成 MZI 和微环设备的波导集成电折射相位调制器。2015 年,M. Mohsin 等首次对波导集成电折射相位调制进行了实验验证[48]。本节通过在硅波导 MZI 设备中集成栅控石墨烯层,测量了有效 RI、插入损耗和吸收变化。后来,V Sorianello 等实验证明了基于波导集成微环谐振器的石墨烯的复合 RI 变化[49]。基于这种波导集成微环谐振器,2017 年,M. Mohsin 等演示了一种低功耗的电折射相位调制器[50]。硅绝缘体-硅电容调制器仅为 2.7V·mm 的低 VπL 表明,与硅耗尽水平和交错 p-n 型相位调制器相比,其更加具有竞争性。2018 年,V. Sorianello 等演示了基于 MZI 设备,工作带宽为 10 Gb/s 的电折射相位调制器[51]。

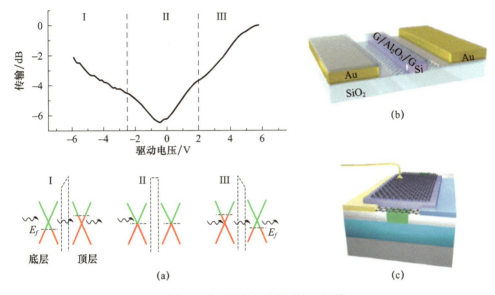

图 5.8 波导集成电吸收强度调制器

(a)石墨烯硅波导在不同驱动电压下的静态电光响应;(b)双层石墨烯光调制器的原理图;(c)石墨烯硅波导集成多功能光调制器和光电探测器的原理图。图 5.8(a)和(b)经授权转载自文献[42]。© 2012 美国化学协会版权所有。图 5.8(c)经授权转载自文献[43]。© 2014 美国化学协会版权所有。

此外,各种波导结构和设备也被提出用于开发新型石墨烯光调制器。2015 年,C. Phare 等展示了一种基于双层石墨烯-Si_3N_4 微环谐振器的 30Gb/s 光调制器[52]。通过电栅极改变石墨烯 Si_3N_4 波导的光损耗,将石墨烯 Si_3N_4 微环谐振器从欠耦合状态调谐到临界耦合状态,从而对微环谐振器的传输进行调制。值得注意的是,基于微环的光调制器的工作光谱正好位于谐振波长处,尽管这样的设备可以提供超高带宽的工作。基于同样的原理,Y. Ding 等演示了一种基于石墨烯硅微环谐振器的光调制器,其消光比高达 12.5dB[53]。此外,2016 年,Z. Cheng 等建议使用狭缝波导结构,以此增强光与石墨烯的相互作用,从而使石墨烯光调制器能够以较小的占地面积实现[54]。研究人员设计了狭缝波导区下方埋置氧化物的去除方法,使狭缝波导区的 RI 在垂直方向上对称,狭缝波导模式与顶层石墨烯发生强烈的相互作用。在此结构基础上,作者分别设计了基于 MZI 和微环设备的开关键控(OOK)和差分二进制相移键(DPSK)光调制器。此外,研究人员还致力于开发基于硅光子晶体设备的光调制器[55-57]。

本节我们介绍了两种石墨烯光调制器的工作原理,即电吸收强度调制器和电折射相位调制器,并讨论了相关研究进展。虽然石墨烯光调制器的工作光谱可以覆盖整个电信能带,但其工作带宽仍低于硅光调制器。因此,今后在这方面需要做大量的努力。

5.4 波导集成石墨烯光电探测器

石墨烯具有无间隙的能带结构和超高的载流子迁移率,被认为是发展超宽光谱工作带宽的高速光电探测器的一种很有发展前景的材料。2009 年,F. Xia 等发表了一项用于高速光通信的快速石墨烯光电探测器的开创性研究[58]。然而,石墨烯光电探测器的响应度仅为 0.5mA/W,其中垂直入射光用于产生光电流。为了提高响应率,2013 年首次提出并开发了 3 种石墨烯硅 PIC[12-14]。此后,波导集成石墨烯光电探测器开始引起了人们广泛的研究兴趣。本节我们将介绍石墨烯光电探测器的工作机理,并讨论这一领域的研究进展。

根据光电探测原理,石墨烯光电探测器可分为 4 类:光伏光电探测器、光导光电探测器、光热电光电探测器和热辐射光电探测器[59]。在光电探测器中,电子被入射光子激发后从价带转移到导带。然后光激发的电子-空穴对被内部内置电场分开,并产生光电流,如图 5.9(a)所示。在光导光电探测器中,光激发载流子改变石墨烯的电导,在电场作用下产生光电流,如图 5.9(b)所示。石墨烯电导的变化由 $\Delta\sigma \propto \mu \cdot \Delta n$ 给出,μ 是载流子迁移率,Δn 是载流子密度的光激发变化。与光电探测器相比,光电导探测器通常具有较高的响应率,但动态响应较低。在光热电光电探测器中,入射光子在两侧掺杂水平不同的石墨烯界面结处产生温度梯度,如图 5.9(c)所示。然后,可以在这些设备中获得热电电压。因此,光电热电探测器通常在零偏压条件下工作,这有利于低暗电流的应用。在热辐射光电探测器中,入射光产生热量并改变均匀掺杂石墨烯的电阻,如图 5.9(d)所示。之后在外部偏置电压下产生光电流。与光导光电探测器不同,光致温度的升高降低了石墨烯的载流子迁移率和电导。基于以上工作原理,近年来各种波导集成石墨烯光电探测器得到了广泛的发展。

2013 年,《自然光子学》期刊首次在同一期上刊登了报道三种石墨烯硅波导集成光电探测器的文章。在第一篇文章中,X. Gan 等报道了一种高速波导集成石墨烯光电探测器,其波长范围为 1.45~1.59μm,最大响应度为 0.1 A/W。在零偏操作下,作者还说明了响应速率超过 20GHz 和 12Gbit/s 光数据链路[12]。在第二篇文章中,A. Pospischil 等演示的波导集成石墨烯光电探测器,其覆盖了整个光通信能带,波长为 1.3~1.65μm[13],最大 3dB 工作带宽达到 18GHz。在第三篇文章中,X. Wang 和 Z. Cheng 等展示了一种石墨烯/硅异质结构悬浮膜波导集成中红外光电探测器[14]。利用石墨烯的宽光谱区域和硅悬浮膜波导的透明窗口[60],光电探测器有望在从 1~8μm 波长的超宽光谱范围内工作。具体来说,在波长为 2.75μm 时,该光电探测器的响应度达到 0.13A/W。

在 2013 年首次演示了波导集成石墨烯光电探测器之后,研究人员提出和开发了各种集成平台、波导结构和异质结构,以提高石墨烯光电探测器的性能。2014 年,D. Schall 等用氢倍半硅氧烷对硅片进行平面化,并用硅波导对 CVD 生长的石墨烯进行绝缘。基于这种结构,作者在波长为 1.55μm 的情况下,展示了一种在 C 能带无偏压工作的设备,本征 3dB 时工作带宽为 41GHz[61]。2015 年,J. Wang 等展示了一种石墨烯-氮化硅波导集成光电探测器[62]。通过分析光电流的极性,研究人员详细分析了热释光效应和光热电效应的光探测机理。工作带宽为 1 kHz 时,最大响应度为 0.126A/W。后来,作者研究了一种基于石墨烯 Si_3N_4 微环谐振器的波导集成光电探测器[63]。2015 年,Z. Cheng 等展示了一种石墨烯硅蓝宝石波导集成光电探测器[64]。因为蓝宝石基底是透明的,波长可达 6μm,提出的光电探测器具有超宽的光谱带宽。此外,研究人员还提出并显示了狭缝波导可以提高波导集成石墨烯光电探测器的响应度。2016 年,J. Wang 等展示了一种石墨烯硅狭缝波导集成光电探测器[65]。所制造设备的扫描电子显微镜图像如图 5.10(a)~(c)所示。通过对狭缝波导结构的优化,作者在 1.55μm 内的 20μm 长狭缝波导中,获得了最大响应度为 0.273A/W 的光电探测器。后来,S. Schuler 在同样的结构中展示了一种高速石墨烯硅狭缝波导集成光电探测器,3dB 时的截止频率为 65GHz[66]。2016 年,H. Zhou 等展示了一种石墨烯硅的 Schottky 型波导集成石墨烯光电探测器,其具有慢光光子晶体结构[67]。这种光电探测器的工作带宽超过 5GHz,光响应率为 0.8mA/W。此外,Goykhman 等演示了一种波导集成金属石墨烯硅等离子体 Schottky 型光电探测器,其在反向偏压下具有 2 的光增益雪崩倍增效应[68]。

本节我们介绍了石墨烯光电探测器的工作原理,并回顾了波导集成石墨烯光电探测器的发展历程。基于面内渐逝场耦合结构,石墨烯光电探测器的响应度可以提高至少 2 个数量级。此外,波导集成石墨烯光电探测器在最大 3dB 时工作带宽高达 65GHz。可以预期波导集成石墨烯光电探测器将在超快光电探测应用中发挥重要作用。

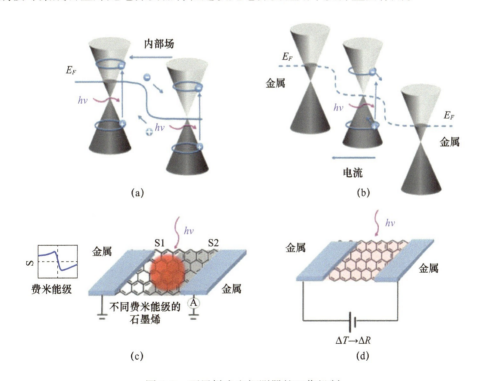

图 5.9 石墨烯光电探测器的工作机制
(a)光电探测器;(b)光导光电探测器;(c)光电热电探测器;(d)热辐射光电探测器。

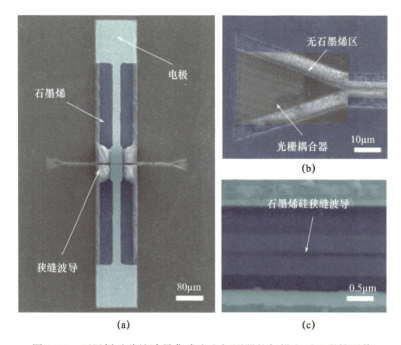

图 5.10　石墨烯硅狭缝波导集成光电探测器的扫描电子显微镜图像

(a)石墨烯硅狭缝波导集成光电探测器;(b)聚焦亚波长光栅耦合器;(c)石墨烯硅狭缝波导(转载自文献[65],©2016 英国皇家化学协会版权所有)。

5.5　石墨烯设备的非线性影响

石墨烯是一种优良的非线性光学材料,在宽带锁模激光、倍频、混频等领域有着广泛的应用前景。在先前的研究中,研究人员使用普通入射光探测单层或少层石墨烯,受到弱光-物质相互作用的影响。与前面介绍的光学调制器和光电探测器一样,各种石墨烯-硅 PIC 结构也被用来研究石墨烯中的非线性效应。本节我们将回顾石墨烯硅 PIC 非线性效应的研究进展,即饱和吸收、光热非线性、四波混频和自相位调制。本节还将讨论石墨烯包层微光纤非线性设备的一些进展。

石墨烯具有超快载流子动力学、波长无关吸收、低态密度等优点,是产生超快脉冲的超快、超宽带饱和吸收体(SA)。在 2009 年首次展示了石墨烯 SA 之后[69-70],石墨烯 SA 已在各种具有三明治设备配置的锁模激光器中得到广泛研究,如图 5.11(a)所示。然而,这种设备的主要挑战是单层石墨烯的低调制深度。它通常在 1% 左右,这对于超快光纤激光器来说太低[71]。因此,研究人员努力设计各种渐逝场耦合配置,以克服这一缺点[72],即石墨烯包层锥形微光纤和石墨烯覆盖 D 形光纤,如图 5.11(b)和(c)所示。与光纤设备类似,Tsang 教授 2013 年带领香港中文大学的研究小组研究了饱和吸收体的光学性能[73-74]。在 150μm 长的波导中,当脉冲能量从 15pJ 增加到 0.3nJ 时,石墨烯硅波导的有效吸收系数从 166.2cm^{-1} 增加到 142.5cm^{-1},相当于传输率从 8.2% 增加到 11.8%。随后,作者将石墨烯硅波导集成到掺铒光纤环形腔中,实现了波长为 1.56μm 的锁模激光器,其具有 1.4ps 的半宽高脉冲宽度和 7nm 的光谱带宽[75]。

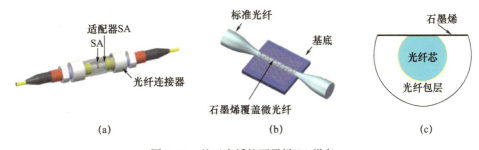

图 5.11 基于光纤的石墨烯 SA 设备

(a)三明治设备;(b)石墨烯包层锥形微光纤;(c)石墨烯覆盖的 D 形纤维。

(图 5.11(a)经授权转载自文献[70],©2010 美国化学学会版权所有)。

此外,石墨烯的带间或带内吸收会产生大量的欧姆自热,导致石墨烯硅波导的光热非线性。2012 年,T. Gu 等证明了石墨烯-硅光子晶体纳米腔中的双稳态开关[15]。尽管重掺杂石墨烯中没有带间吸收,但作者的测量结果表明,重掺杂石墨烯中的双光子吸收至少是硅的几倍,导致自由载流子吸收增加,并且总体上增强了热红移。后来,Cheng 等报道了带间吸收诱导的热效应能明显加热石墨烯硅悬浮膜波导,产生 Fabry-Pérot 谐振红移[26]。2013 年,C. Horvath 报道热效应可以诱导石墨烯硅波导中的 Fabry-Pérot 谐振红移[76]。作者的测量表明,由于石墨烯层的存在,有效热非线性指数比裸硅波导提高了 9 倍。

由于石墨烯是一种具有极高克尔非线性的神奇材料,石墨烯硅波导的非线性光学特性得到了广泛的研究[77,78]。2010 年,E. Hendry 等的研究结果表明,单层石墨烯的克尔系数在波长为 1μm 时为 $10^{-13} m^2/W$ 级[6],比石英光纤($10^{-20} m^2/W$ 级)和硅波导($10^{-18} m^2/W$ 级)大得多。在这项研究的鼓励下,研究人员在硅波导上集成了石墨烯以提高纯硅波导的克尔系数。2015 年,K. Liu 等通过测量脉冲光谱展宽实验研究克尔系数[79]。作者发现,在硅波导表面集成石墨烯后,克尔系数提高了 4 倍。2016 年,N. Vermeulen 等通过在电信波长下测量石墨烯硅波导中的啁啾脉冲泵浦自相位调制,实验获得了负克尔非线性[80]。提取的克尔非线性系数 $-10^{-13} m^2/W$,这与目前的假设相反。这些研究有助于我们从非线性光学的角度进一步了解石墨烯与光在硅波导中传播的相互作用。

此外,石墨烯的大克尔非线性有望为我们提供许多有前景的应用,如四波混频、频率梳产生、非线性信号处理等。例如,T. Gu 等表明,石墨烯-硅光子晶体纳米腔中简并四波混频的转换效率高达 -30dB,比纯硅设备提高了约 20dB[15]。2014 年,H. Zhou 等证明了石墨烯硅慢光光子晶体波导中增强的四波混频效应[81]。在石墨烯硅慢光光子晶体波导中实现了 -23dB 的四波混频转换效率,3dB 转换带宽提高到约 17nm。2015 年,M. Ji 等发现在石墨烯-硅微环谐振器中,转换效率最高可提高 6.8dB[82]。2016 年,基于石墨烯硅微环谐振器,X. Hu 等在实验中证明了 10 Gbaud 正交相移键控信号的上下波长转换[83]。2017 年,K. Alexander 等实验研究了使用聚合物电解质作为顶部栅极时,石墨烯 Si_3N_4 波导中光学非线性与费米能量的依赖性[46],如图 5.12(a)~(e)所示。作者观察到四波混频转换效率对信号泵失谐量和费米能量有很强的依赖性,即光学非线性是电可调性。本节不仅使读者对波导集成石墨烯设备的非线性光学响应有了更好的理解,而且为石墨烯在可调谐非线性光学中的应用铺平了道路。

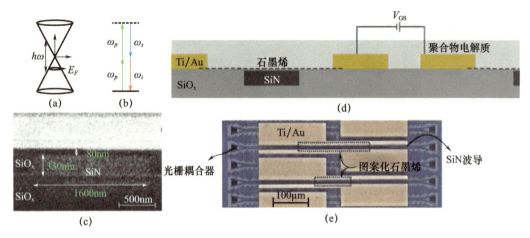

图 5.12 电子控制费米能级的石墨烯 Si_3N_4 波导的光学非线性
(a)石墨烯能带图;(b)简并四波混频能量图;(c) Si_3N_4 波导横截面的
扫描电子显微镜图像;(d)栅极示意图;(e)一组波导的光学显微镜图像
(石墨烯的范围(在触点下面)用虚线表示)。

基于石墨烯非线性效应的另一个有趣的应用是全光调制。2013 年,Z. Liu 等演示了石墨烯包层微光纤中的全光调制器[84]。作者将连续波探针波和脉冲泵浦波耦合到石墨烯包层光纤上。由于饱和吸收或吸收漂白效应,连续波探测波被脉冲泵波调制。然而,在这项工作中,调制带宽刚刚达到 MHz 的水平。基于同样的原理,W Li 等 2014 年在石墨烯包层微光纤中演示了一种响应时间为 2.2ps 的超快全光调制器[85]。稍后,S. Yu 等展示了一种基于石墨烯包层 MZI 微光纤设备的超快全光调制器[86]。作者利用光学克尔效应在 MZI 设备的单臂中对传播光的相位进行调制,最终实现了 MZI 设备的强度调制。实验中采用 3μs 的脉冲上升时间和 100 μs 的下降时间,进行光学调制。大的下降时间受到热诱导 RI 变化的限制。除了石墨烯包层微光纤设备外,研究人员还研究了石墨烯 Si_3N_4 波导 PIC 的全光调制。2015 年,J. Wang 等演示了一种基于石墨烯 Si_3N_4 波导的饱和吸收效应的全光调制器[87]。

在这一部分中,我们全面回顾了石墨烯设备中非线性光学的研究进展。详细讨论了饱和吸收、光热非线性、克尔非线性和四波混频。尽管石墨烯已经被证明是一种优良的非线性材料,但石墨烯硅 PIC 上的应用还没有得到充分的探索,尤其是在克尔非线性方面。实现石墨烯硅非线性设备上的实用化还需要进一步的努力。

5.6 生物传感石墨烯设备

石墨烯是发展超灵敏生物化学传感器的新兴材料。一般来说,石墨烯生物化学传感器可分为两类:RI 传感器和红外吸收光谱仪。基于这些原理,各种生化传感器在过去几年中得到了发展。以往的研究主要是基于石墨烯包层光纤和自由空间光耦合石墨烯等离子体设备。波导集成石墨烯生物化学传感器的发展还处于起步阶段。本节我们将介绍石墨烯生物化学传感器的工作原理和最新出版物。

首先,石墨烯已被广泛研究用于气体传感应用[88-89],传感原理描述如下。由于态密度较低,气体分子吸附在石墨烯表面后,石墨烯的介电常数发生了显著的变化,因为被吸附的气体分子可以作为电荷载流子的施主或受主,以便调节石墨烯的局域载流子浓度。然后,由于石墨烯介电常数的变化,影响了石墨烯设备的性能,从而实现了对气体分子的传感。在这里,石墨烯的介电常数的变化不仅取决于气体浓度,而且还取决于气体分子的种类,因为气体吸附在石墨烯上的选择性。以二氧化氮气体为例,石墨烯的载流子密度与气体分子浓度之间的关系可由下式给出[88]:

$$C = (-0.18247 + 5.59596\, C_{NO_2} + 0.04481\, C_{NO_2}^2) \times 10^{10} \quad (5.6)$$

式中:C 为石墨烯的载流子浓度(cm^{-2});C_{NO_2} 为二氧化氮气体的浓度(mg/L)。值得注意的是,式(5.6)是一个经验方程式,由氮气和氩气中二氧化氮混合物的实验总结而来[88]。因此,由于其他空气污染物可能的干扰,如果用石墨烯来检测大气中的二氧化氮气体分子,式(5.6)无效。以一个具体的例子为例,我们这里使用式(5.6)来计算光学气体传感器中石墨烯费米能级(ΔE_F)的变化:

$$\Delta E_F = E_F^f - E_F^i \quad (5.7)$$

E_F^i 是二氧化氮分子吸附在石墨烯上之前的初始费米能级,E_F^f 是二氧化氮分子吸附在石墨烯上之后的最终费米能级:

$$E_F^f = \frac{\hbar V_F}{e}\sqrt{\frac{4\pi(C + C_i)}{g_v g_s}} \quad (5.8)$$

式中:V_F 是费米速度;$g_v = 2$,是谷简并性;$g_s = 2$,是自旋简并性;C_i 是石墨烯的初始载流子浓度,由下式给出:

$$C_i = \left(\frac{E_F^i e V_F}{\hbar}\right)^2 \frac{g_v g_s}{4\pi} \quad (5.9)$$

用式(5.6)~式(5.9)可以计算二氧化氮分子吸附在石墨烯上后石墨烯介电常数的变化,如图5.13所示。二氧化氮分子的浓度设定为10mg/L,对应于石墨烯中载流子密度 $6.03 \times 10^{11} cm^{-2}$ 的变化。载流子密度的变化导致了费米能级的变化,这种变化与电光调制器中的变化相似,但气体分子引起的石墨烯载流子浓度的变化很小。由于石墨烯能带图的线性分散,载流子密度与费米能级成正比。因此,如图5.13(a)所示,在较长波长和较低费米能级下,石墨烯相对介电常数实部的变化变得更大,这导致入射光的相移更明显。这说明石墨烯的费米能级在设计灵敏的石墨烯光学气体传感器时不能太大。另一方面,石墨烯相对介电常数虚部的变化应该很小,使得光学设备中的强度波动可以忽略不计,如图5.13(b)所示。因此,石墨烯光学气体传感器是在长波长和低费米能级区域工作的首选传感器。

然而,由于单分子膜石墨烯中弱的轻物质相互作用,很难探测到石墨烯的相对介电常数的变化,因此提出并演示了渐逝场耦合设备来克服这一挑战。以往的气体传感器主要是基于石墨烯包层的光纤设备。2014年,Y.Wu等使用石墨烯包层微光纤布拉格光栅(FBG)传感氨气和二甲苯气体[90]。对氨气和二甲苯气体的灵敏度分别为0.2mg/L和0.5mg/L,比不含石墨烯的FBG传感器高出几十倍。不久后,Y.Wu等演示了一种基于石墨烯覆盖的D型光纤多模干涉仪的气体传感器[91]。氨气和水分子的最大灵敏度分别为0.04mg/L和0.1mg/L。2014年,B.Yao等报道了一种基于石墨烯/微纤维混合波导(GM-

HW)和基于微纤维的 MZI 设备的氨气传感器[92]。测定灵敏度为 0.3mg/L。然而,由于石英光纤在中红外光谱区域具有极高的损耗,因此上述光学气体传感器都是基于可见光到近红外波长的光子设备。如图 5.13 所示,长波长和低费米能级有助于提高灵敏度。因此,有必要寻找一个更好的平台来开发超灵敏气体传感器。

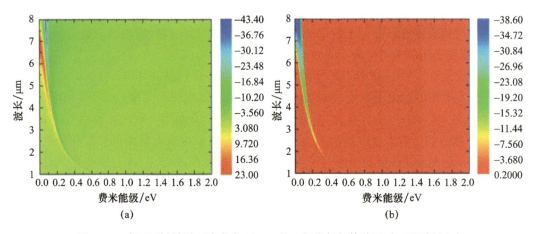

图 5.13 当石墨烯暴露于浓度为 10ppm 的二氧化氮气体分子时,石墨烯相对
介电常数与波长和费米能级函数关系的计算
(a)实部;(b)虚部。

石墨烯硅 PIC 是解决这一问题的潜在候选材料,因为硅有一个很宽的透明窗口,其覆盖波长范围为 1~8μm。2016 年,Cheng 等提出了一种基于石墨烯硅悬浮膜狭缝波导 Bragg 光栅的光学气体传感器[93]。模拟结果表明,在归一化带宽相同的情况下,所提出的光学气体传感器的灵敏度比基于石墨烯包层微光纤布拉格光栅的光学气体传感器的灵敏度高约 20 倍。然而,值得一提的是,尽管这些 RI 生物化学传感器具有良好的灵敏度,但它们仍然面临着化学特异性的挑战,因为气体分子的浓度和种类都可能影响石墨烯传感器的性能。

另一方面,基于红外吸收光谱的石墨烯生物化学传感器由于其优异的化学特性,有望在传感应用中发挥重要作用。通过在红外光谱区探测分子的振动跃迁,每种分子都有自己的特征吸收光谱,可以作为识别分子种类的指纹。此外,石墨烯已成为发展中红外波长到太赫兹频率的等离子体设备的一个最被看好的候选材料[94]。在这样的光谱区域,光子能量对应于分子振动或旋转跃迁的基频,为生化分子提供了一个强大的吸收截面。此外,与金属不同,石墨烯的费米能级可以通过电掺杂载流子来改性。因此,石墨烯等离子体设备被广泛应用于生物化学传感领域。2015 年,D. Rodrigo 等开发了一种检测蛋白质的石墨烯生物传感器[95]。中红外光束在石墨烯纳米带中激发等离子体共振。然后,增强的电磁场与吸附在石墨烯纳米带上的蛋白质分子发生强烈的相互作用。蛋白质分子可以通过检测等离子体共振位移以及蛋白质分子振动跃迁引起的吸收下降来传感。此外,还开发了类似的生化传感器来检测各种生化分子,如聚氧化乙烯[96]、六角氮化硼[96]、PMMA[97-98]和气体分子[99],如图 5.14(a)~(c)所示。

以上研究均采用自由空间光耦合系统,不利于开发紧凑、集成、低成本的生化传感器。2016 年,T. Xiao 等提出用石墨烯硅混合等离子体光子集成电路来解决这一问题[100]。作者提出了一种石墨烯硅悬浮膜波导,用于在中红外光谱区的表面等离子体激元的面内激发和局域表面等离子体激元共振。基于这种结构,可以通过检测波导的透射光谱来监测芯片上被激发的石墨烯表面等离子体激元。此外,在近期的另一项工作中,I. Crowe 等优化石墨烯的长度和高度,以提高生物化学传感应用的表面反应性[101]。虽然上述研究尚处于初步阶段,但为今后芯片上生化传感器的发展开辟了一条新的途径。

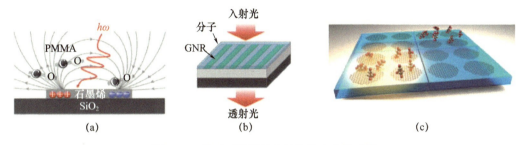

图 5.14　基于石墨烯纳米结构的生化传感器

(a)用于检测聚合物薄膜的石墨烯纳米带传感器示意图;(b)用于检测 PMMA 薄膜的石墨烯纳米带传感器示意图;(c)基于石墨烯纳米盘的气体传感器示意图(图 5.14(a)经授权转载自文献[97],© 2012 年美国化学学会版权所有;图 5.14(b)经授权转载自文献[98],© 2014 美国化学学会版权所有;图 5.14(c)经授权转载自文献[99]授,© 2014 美国化学学会版权所有)。

本节我们回顾了近年来石墨烯生物化学传感器的研究。分别介绍了 RI 传感器和红外吸收光谱仪两种生物化学传感器的工作原理和研究进展。与石墨烯包层光纤传感器和自由空间光耦合石墨烯等离子体传感器相比,基于石墨烯硅 PIC 的生物化学传感器的研制还处于起步阶段。然而,一些初步研究为实现紧凑、低成本、超灵敏、化学区分技术开辟了一条有前景的途径。

5.7　小结和展望

综上所述,石墨烯具有独特的二维六边形晶格,与传统的光电材料相比,具有优越的光电性能。因此,为了提高硅光子设备的性能,拓展硅光子设备的应用领域,人们致力于石墨烯与硅 PIC 的研究。本章介绍了石墨烯硅波导的设计、制备和光电特性,并从光电子学、非线性光学和生物化学传感等方面综述了石墨烯硅 PIC 的研究进展。

近年来,石墨烯硅 PIC 的研究得到了迅速发展,但仍有很大的改进空间。首先,要实现大体积、低成本的集成,必须突破在介质材料上直接沉积高质量石墨烯的技术。迄今为止,CVD 生长石墨烯到硅片的转移过程都是采用人工方法完成,给设备的性能带来很大的不确定性,难以批量生产。第二,尽管皮秒时间尺度的超快载流子动力学在石墨烯中得到了很好的展示,但石墨烯光电设备的工作带宽只有几十 GHz,比最先进的基于第四族半导体的光电子设备慢。此外,在非线性光学方面,石墨烯硅 PIC 的应用还处于起步阶段,尤其是在克尔非线性方面。虽然已经有一些关于石墨烯硅 PIC 应用于非线性光学信号处理的实验研究报道,但除了一些理论研究外,仍有许多有前景的 χ_3 非线性应用,即超连续谱和频率梳尚未得到说明[102-103]。最后,在实验中还未充分探索波导集成石墨烯生物化学传感器。具体来说,将石墨烯等离子体设备与硅 PIC 集成,可以开发出高灵敏度、高化学特异性的波导集成生化分子传感器。此外,石墨烯等离子体设备与硅 PIC 的结合,为实现由生物化学传感器和其他电子设备组成的单片芯片提供了一条途径。因此,本书认为关于石墨烯硅 PIC 的研究还处于起步阶段。推动其进一步发展需要材料科学、应用物理、工程、生物化学等领域的研究人员的合作。这一新兴领域潜在地促进了混合光电集成和应用的发展。

除了石墨烯,从更广的层面来看,自 2004 年发现石墨烯后,已经在实验中分离出了许多类型的二维材料,例如金属二硫化物[104]、黑磷[105]、金属氧化物等[106],它们具有不同于传统块体材料的光学和电学性质。到目前为止,还未充分探索这种材料及其异质结构与各种 PIC 的集成。可以预期,二维材料覆盖的 PIC 将为我们在光子和光电子应用领域带来大量的新机遇。

参考文献

[1] Novoselov, K. S., Geim, A. K., Morozov, S. V., Jiang, D., Zhang, Y., Dubonos, S. V., Grigorieva, I. V., Firsov, A. A., Electric field effect in atomically thin carbon films. *Science*, 306, 666 – 669, 2004.

[2] Dawlaty, J. M., Shivaraman, S., Strait, J., George, P., Chandrashekhar, M., Rana, F., Spencer, M. G., Veksler, D., Chen, Y., Measurement of the optical absorption spectra of epitaxial graphene from terahertz to visible. *Appl. Phys. Lett.*, 93, 131905, 2008.

[3] Mak, K. F., Sfeir, M. Y., Wu, Y., Lui, C. H., Misewich, J. A., Heinz, T. F., Measurement of the optical conductivity of graphene. *Phys. Rev. Lett.*, 101, 196405, 2008.

[4] Bolotin, K. I., Sikes, K. J., Jiang, Z., Klima, M., Fudenberg, G., Hone, J., Kim, P., Stormer, H. L., Ultrahigh electron mobility in suspended graphene. *Solid State Commun.*, 146, 351 – 355, 2008.

[5] Du, X., Skachko, I., Barker, A., Andrei, E. Y., Approaching ballistic transport in suspended graphene. *Nat. Nanotechnol.*, 3, 491 – 495, 2008.

[6] Hendry, E., Hale, P. J., Moger, J., Savchenko, A. K., Mikhailov, S. A., Coherent nonlinear optical response of graphene. *Phys. Rev. Lett.*, 105, 097401, 2010.

[7] Zhang, H., Virally, S., Bao, Q., Ping, L. K., Massar, S., Godbout, N., Kockaert, P., Z – scan measurement of the nonlinear refractive index of graphene. *Opt. Lett.*, 37, 1856 – 1858, 2012.

[8] Mikhailov, S. A., Non – linear electromagnetic response of graphene. *Europhys. Lett. (EPL)*, 79, 27002, 2007.

[9] Falkovsky, L. A., Universal infrared conductivity of graphite. *Phys. Rev. B*, 073103, 82, 2010.

[10] Kuzmenko, A. B., van Heumen, E., Carbone, F., van der Marel, D., Universal optical conductance of graphite. *Phys. Rev. Lett.*, 100, 117401, 2008.

[11] Liu, M., Yin, X., Ulin – Avila, E., Geng, B., Zentgraf, T., Ju, L., Wang, F., Zhang, X., A graphene – based broadband optical modulator. *Nature*, 474, 64 – 67, 2011.

[12] Gan, X., Shiue, R., Gao, Y., Meric, I., Heinz, T., Shepard, K., Hone, J., Assefa, S., Englund, D., Chip – integrated ultrafast graphene photodetector with high responsivity. *Nat. Photonics*, 7, 883 – 887, 2013.

[13] Pospischil, A., Humer, M., Furchi, M. M., Bachmann, D., Guider, R., Fromherz, T., Mueller, T., CMOS – compatible graphene photodetector covering all optical communication bands. *Nat. Photonics*, 7, 892 – 896, 2013.

[14] Wang, X., Cheng, Z., Xu, K., Tsang, H. K., Xu, J. – B., High – responsivity graphene/silicon heterostructure waveguide photodetectors. *Nat. Photonics*, 7, 888 – 891, 2013.

[15] Gu, T., Petrone, N., McMillan, J. F., van der Zande, A., Yu, M., Lo, G. Q., Kwong, D. L., Hone, J.,

Wong, C. W., Regenerative oscillation and four-wave mixing in graphene optoelectronics. *Nat. Photonics*, 6, 554–559, 2012.

[16] Baba, T., Akiyama, S., Imai, M., Hirayama, N., Takahashi, H., Noguchi, Y., Horikawa, T., Usuki, T., 50-Gb/s ring-resonator-based silicon modulator. *Opt Express*, 21, 11869–76, 2013.

[17] Thomson, D. J., Gardes, F. Y., Fedeli, J.-M., Zlatanovic, S., Hu, Y., Kuo, B. P. P., Myslivets, E., Alic, N., Radic, S., Mashanovich, G., Reed, G. T., 50-Gb/s silicon optical modulator. *IEEE Photonics Technol. Lett.*, 24, 234–236, 2012.

[18] Tu, X., Liow, T. Y., Song, J., Luo, X., Fang, Q., Yu, M., Lo, G. Q., 50-Gb/s silicon optical modulator with traveling-wave electrodes. *Opt Express*, 21, 12776–12782, 2013.

[19] Kampfrath, T., Perfetti, L., Schapper, F., Frischkorn, C., Wolf, M., Strongly coupled optical phonons in the ultrafast dynamics of the electronic energy and current relaxation in graphite. *Phys. Rev. Lett.*, 95, 187403, 2005.

[20] Lu, Z. and Zhao, W, Nanoscale electro-optic modulators based on graphene-slot waveguides. *J. Opt. Soc. Am. B*, 29, 1490–1496, 2012.

[21] Bao, Q. and Loh, K. P., Graphene photonics, plasmonics, and broadband optoelectronic devices. *ACS Nano*, 6, 3677–3694, 2012.

[22] Li, X., Cai, W., An, J., Kim, S., Nah, J., Yang, D., Piner, R., Velamakanni, A., Jung, I., Tutuc, E., Banerjee, S. K., Colombo, L., Ruoff, R. S., Large-area synthesis of high-quality and uniform graphene films on copper foils. *Science*, 324, 1312–1314, 2009.

[23] Li, H., Anugrah, Y., Koester, S. J., Li, M., Optical absorption in graphene integrated on silicon-waveguides. *Appl. Phys. Lett.*, 101, 111110, 2012.

[24] Cheng, Z., Tsang, H. K., Wang, X., Xu, K., Xu, J.-B., In-plane optical absorption and free carrier absorption in graphene-on-silicon waveguides. *IEEE J. Sel. Top. Quantum Electron.*, 20, 4400106, 2014.

[25] Van Erps, J., Ciuk, T., Pasternak, I., Krajewska, A., Strupinski, W, Van Put, S., Van Steenberge, G., Baert, K., Terryn, H., Thienpont, H., Vermeulen, N., Laser ablation- and plasma etching-based patterning of graphene on silicon-on-insulator waveguides. *Opt. Express*, 23, 26639–26650, 2015.

[26] Cheng, Z., Li, Z., Xu, K., Tsang, H. K., In-plane mid-infrared optical absorption of graphene on silicon-on-sapphire waveguides. *Asia Communications and Photonics Conference*, ATh4B-4, 2014.

[27] Kovacevic, G. and Yamashita, S., Waveguide design parameters impact on absorption in graphene coated silicon photonic integrated circuits. *Opt. Express*, 24, 3584–3591, 2016.

[28] Cheng, Z., Tsang, H. K., Wang, X., Chen, X., Xu, K., Xu, J., Polarization dependent loss of graphene-on-silicon waveguides. *Photonics Conference (IPC)*, 2013 IEEE, pp. 460–461, 2012.

[29] Cheng, Z. and Tsang, H. K., Experimental demonstration of polarization-insensitive aircladding grating couplers for silicon-on-insulator waveguides. *Opt. Lett.*, 39, 2206–2209, 2014.

[30] Cheng, Z., Wang, J., Zhu, B., Xu, K., Zhou, W., Tsang, H. K., Shu, C., Graphene absorption enhancement using silicon slot waveguides. *Photonics Conference (IPC)*, 2015 IEEE, pp. 186–187, 2015.

[31] Gan, X., Mak, K. F., Gao, Y., You, Y., Hatami, F., Hone, J., Heinz, T. F., Englund, D., Strong enhancement of light-matter interaction in graphene coupled to a photonic crystal nanocavity. *Nano Lett.*, 12, 5626–5631, 2012.

[32] Kou, R., Tanabe, S., Tsuchizawa, T., Yamamoto, T., Hibino, H., Nakajima, H., Yamada, K., Influence of graphene on quality factor variation in a silicon ring resonator. *Appl Phys. Lett.*, 104, 091122, 2014.

[33] Shi, Z., Gan, L., Xiao, T.-H., Guo, H.-L., Li, Z.-Y., All-optical modulation of a graphene-cladded silicon photonic crystal cavity. *ACS Photonics*, 2, 1513–1518, 2015.

[34] Yu, L., Zheng, J., Xu, Y., Dai, D., He, S., Local and nonlocal optically induced transparency effects in graphene – silicon hybrid nanophotonic integrated circuits. *ACS Nano*, 8, 11386 – 11393, 2014.

[35] Gruhler, N., Benz, C., Jang, H., Ahn, J. H., Danneau, R., Pernice, W. H., High – quality Si_3N_4 circuits as a platform for graphene – based nanophotonic devices. *Opt. Express*, 21, 31678 – 31689, 2013.

[36] Wang, J., Cheng, Z., Shu, C., Tsang, H. K., Optical Absorption in Graphene – on – Silicon Nitride Microring Resonators. *IEEE Photonics Technol. Lett.*, 27, 1765 – 1767, 2015.

[37] Wang, J., Cheng, Z., Xu, K., Shu, C., Tsang, H. K., Optical absorption and thermal nonlinearities in graphene – on – silicon nitride microring resonators. *Asia Communications and Photonics Conference*, ASu4A – 4, 2015.

[38] Koester, S. J., Li, H., Li, M., Switching energy limits of waveguide – coupled graphene – on – graphene optical modulators. *Opt. Express*, 20, 20330 – 20341, 2012.

[39] Koester, S. and Li, M., High – speed waveguide – coupled graphene – on – graphene optical modulators. *Appl. Phys. Lett.*, 100, 171107, 2012.

[40] Xu, C., Jin, Y., Yang, L., Yang, J., Jiang, X., Characteristics of electro – refractive modulating based on Graphene – Oxide – Silicon waveguide. *Opt. Express*, 20, 22398 – 22405, 2012.

[41] Midrio, M., Galli, P, Romagnoli, M., Kimerling, L. C., Michel, J., Graphene – based optical phase modulation of waveguide transverse electric modes. *Photonics Res.*, 2, A34, 2014.

[42] Liu, M., Yin, X., Zhang, X., Double – layer graphene optical modulator. *Nano Lett.*, 12, 1482 – 1485, 2012.

[43] Youngblood, N., Anugrah, Y., Ma, R., Koester, S. J., Li, M., Multifunctional graphene optical modulator and photodetector integrated on silicon waveguides. *Nano Lett.*, 14, 2741 – 2746, 2014.

[44] Hu, Y., Pantouvaki, M., Van Campenhout, J., Brems, S., Asselberghs, I., Huyghebaert, C., Absil, P., Van Thourhout, D., Broadband 10 Gb/s operation of graphene electro – absorption modulator on silicon. *Laser & Photonics Rev.*, 10, 307 – 316, 2016.

[45] Kleinert, M., Herziger, F., Reinke, P., Zawadzki, C., de Felipe, D., Brinker, W., Bach, H. – G., Keil, N., Maultzsch, J., Schell, M., Graphene – based electro – absorption modulator integrated in a passive polymer waveguide platform. *Opt. Mater. Express*, 6, 1800, 2016.

[46] Alexander, K., Savostianova, N. A., Mikhailov, S. A., Kuyken, B., Van Thourhout, D., Electrically tunable optical nonlinearities in graphene – covered SiN waveguides characterized by four – wave mixing. *ACS Photonics*, 4, 3039 – 3044, 2017.

[47] Sorianello, V., Contestabile, G., Midrio, M., Pantouvaki, M., Asselbergs, I., Van Campenhout, J., Huyghebaerts, C., D'Errico, A., Galli, P., Romagnoli, M., Chirp management in silicon – graphene electro absorption modulators. *Opt. Express*, 25, 19371 – 19381, 2017.

[48] Mohsin, M., Neumaier, D., Schall, D., Otto, M., Matheisen, C., Giesecke, A. L., Sagade, A. A., Kurz, H., Experimental verification of electro – refractive phase modulation in graphene. *Scientifc Reports*, 5, 10967, 2015.

[49] Sorianello, V., De Angelis, G., Cassese, T., Midrio, M., Romagnoli, M., Moshin, M., Otto, M., Neumaier, D., Asselberghs, I., Van Campenhout, J., Huyghebaert, C., Complex effective index in graphene – silicon waveguides. *Opt. Express*, 24, 29984 – 29993, 2016.

[50] Mohsin, M., Schall, D., Otto, M., Chmielak, B., Suckow, S., Neumaier, D., Towards the predicted high performance of waveguide integrated electro – refractive phase modulators based on graphene. *IEEE Photonics J.*, 9, 1 – 7, 2017.

[51] Sorianello, V., Midrio, M., Contestabile, G., Asselberghs, I., Van Campenhout, J., Huyghebaert, C.,

Goykhman, I., Ott, A. K., Ferrari, A. C., Romagnoli, M., Graphene – silicon phase modulators with gigahertz bandwidth. *Nat. Photonics*, 12, 40 – 44, 2018.

[52] Phare, C. T., Daniel Lee, Y. – H., Cardenas, J., Lipson, M., Graphene electro – optic modulator with 30GHz bandwidth. *Nat. Photonics*, 9, 511 – 514, 2015.

[53] Ding, Y., Zhu, X., Xiao, S., Hu, H., Frandsen, L. H., Mortensen, N. A., Yvind, K., Effective electrooptical modulation with high extinction ratio by a graphene – silicon microring resonator. *Nano Lett.*, 15, 4393 – 400, 2015.

[54] Phatak, A., Cheng, Z., Qin, C., Goda, K., Design of electro – optic modulators based on graphene – on – silicon slot waveguides. *Opt. Lett.*, 41, 2501 – 2504, 2016.

[55] Pan, T., Qiu, C., Wu, J., Jiang, X., Liu, B., Yang, Y., Zhou, H., Soref, R., Su, Y., Analysis of an electrooptic modulator based on a graphene – silicon hybrid 1D photonic crystal nanobeam cavity. *Opt. Express*, 23, 23357 – 23364, 2015.

[56] Majumdar, A., Kim, J., Vuckovic, J., Wang, F., Electrical control of silicon photonic crystal cavity by graphene. *Nano Lett.*, 13, 515 – 518, 2013.

[57] Gan, X., Shiue, R. J., Gao, Y., Mak, K. F., Yao, X., Li, L., Szep, A., Walker, D., Jr., Hone, J., Heinz, T. F., Englund, D., High – contrast electrooptic modulation of a photonic crystal nanocavity by electrical gating of graphene. *Nano Lett.*, 13, 691 – 696, 2013.

[58] Xia, F., Mueller, T., Lin, Y. M., Valdes – Garcia, A., Avouris, P., Ultrafast graphene photodetector. *Nat. Nanotechnol.*, 4, 839 – 843, 2009.

[59] Cheng, Z., Qin, C., Wang, F., He, H., Goda, K., Progress on mid – IR graphene photonics and biochemical applications. *Front. OptoElectron.*, 9, 259 – 269, 2016.

[60] Cheng, Z., Chen, X., Wong, C. Y., Xu, K., Tsang, H. K., Mid – infrared suspended membrane waveguide and ring resonator on silicon – on – insulator. *IEEE Photonics J.*, 4, 1510 – 1519, 2012.

[61] Schall, D., Neumaier, D., Mohsin, M., Chmielak, B., Bolten, J., Porschatis, C., Prinzen, A., Matheisen, C., Kuebart, W., Junginger, B., Templ, W., Giesecke, A. L., Kurz, H., 50 GBit/s photodetectors based on wafer – scale graphene for integrated silicon photonic communication systems. *ACS Photonics*, 1, 781 – 784, 2014.

[62] Wang, J., Cheng, Z., Chen, Z., Xu, J., Tsang, H. K., Shu, C., Graphene photodetector integrated on silicon nitride waveguide. *J. Appl. Phys.*, 117, 144504, 2015.

[63] Wang, J., Cheng, Z., Zhu, B., Shu, C., Tsang, H. K., Photoresponse of graphene – on – silicon nitride microring resonator. CLEO: *Science and Innovations*, SW1R – 7, 2016.

[64] Cheng, Z., Wang, J., Xu, K., Tsang, H. K., Shu, C., Graphene on silicon – on – sapphire waveguide photodetectors. *Lasers and Electro – Optics (CLEO)*, 2015 Conference on IEEE, pp. 1 – 2, 2015.

[65] Wang, J., Cheng, Z., Chen, Z., Wan, X., Zhu, B., Tsang, H. K., Shu, C., Xu, J., High – responsivity graphene – on – silicon slot waveguide photodetectors. *Nanoscale*, 8, 13206 – 13211, 2016.

[66] Schuler, S., Schall, D., Neumaier, D., Dobusch, L., Bethge, O., Schwarz, B., Krall, M., Mueller, T., Controlled generation of a p – n junction in a waveguide integrated graphene photodetector. *Nano Lett.*, 16, 7107 – 7112, 2016.

[67] Zhou, H., Gu, T., McMillan, J. F., Yu, M., Lo, G., Kwong, D. – L., Feng, G., Zhou, S., Wong, C. W., Enhanced photoresponsivity in graphene – silicon slow – light photonic crystal waveguides. *Appl. Phys. Lett.*, 108, 111106, 2016.

[68] Goykhman, I., Sassi, U., Desiatov, B., Mazurski, N., Milana, S., de Fazio, D., Eiden, A., Khurgin, J., Shappir, J., Levy, U., Ferrari, A. C., On – chip integrated, silicon – graphene plasmonic schottky photode-

tector with high responsivity and avalanche photogain. *Nano Lett.*,16,3005 – 3013,2016.

[69] Bao,Q.,Zhang,H.,Wang,Y.,Ni,Z.,Yan,Y.,Shen,Z. X.,Loh,K. P.,Tang,D. Y.,Atomic – layer graphene as a saturable absorber for ultrafast pulsed lasers. *Adv. Funct. Mater.*,19,3077 – 3083,2009.

[70] Sun,Z.,Hasan,T.,Torrisi,F.,Popa,D.,Privitera,G.,Wang,F.,Bonaccorso,F.,Basko,D. M.,Ferrari,A. C.,Graphene mode – locked ultrafast laser. *ACS Nano*,4,803 – 810,2010.

[71] Martinez,A. and Sun,Z.,Nanotube and graphene saturable absorbers for fibre lasers. *Nat. Photonics*,7,842 – 845,2013.

[72] Park,N. H.,Jeong,H.,Choi,S. Y.,Kim,M. H.,Rotermund,F.,Yeom,D. I.,Monolayer graphene saturable absorbers with strongly enhanced evanescent – field interaction for ultrafast fiber laser mode – locking. *Opt. Express*,23,19806 – 19812,2015.

[73] Shi,Z.,Wong,C. W.,Cheng,Z.,Xu,K.,Tsang,H. K.,In – plane saturable absorption of graphene on silicon waveguides. *Conference on Lasers and Electro – Optics/Pacific Rim*,WA4_3,2013.

[74] Wang,J.,Cheng,Z.,Tsang,H. K.,Shu,C.,In – plane saturable absorption of graphene on a silicon slot waveguide. *OptoElectronics and Communications Conference (OECC) held jointly with* 2016 *International Conference on Photonics in Switching (PS)*,2016 21st,ThE3 – 2,2016.

[75] Wong,C. W.,Cheng,Z.,Shi,Z.,Cheng,Y.,Xu,K.,Tsang,H. K.,Mode – locked fiber laser using graphene on silicon waveguide. *Group IV Photonics (GFP)*,2013 *IEEE* 10th *International Conference*,pp. 35 – 36,2013.

[76] Horvath,C.,Bachman,D.,Indoe,R.,Van,V.,Photothermal nonlinearity and optical bistability in a graphene – silicon waveguide resonator. *Opt. Lett.*,38,5036 – 5039,2013.

[77] Donnelly,C. and Tan,D. T.,Ultra – large nonlinear parameter in graphene – silicon waveguide structures. *Opt. Express*,22,22820 – 22830,2014.

[78] Vermeulen,N.,Cheng,J.,Sipe,J.,Thienpont,H.,Opportunities for wideband wavelength conversion in foundry – compatible silicon waveguides covered with graphene. *IEEE J. Sel. Top. Quantum Electron.*,22,8100113,2016.

[79] Liu,K.,Zhang,J. F.,Xu,W.,Zhu,Z. H.,Guo,C. C.,Li,X. J.,Qin,S. Q.,Ultra – fast pulse propagation in nonlinear graphene/silicon ridge waveguide. *Scientfc Reports*,5,16734,2015.

[80] Vermeulen,N.,Castello – Lurbe,D.,Cheng,J.,Pasternak,I.,Krajewska,A.,Ciuk,T.,Strupinski,W.,Thienpont,H.,Van Erps,J.,Negative Kerr nonlinearity of graphene as seen via chirped – pulse – pumped self – phase modulation. *Phys. Rev. Appl.*,6,044006,2016.

[81] Zhou,H.,Gu,T.,McMillan,J. F.,Petrone,N.,van der Zande,A.,Hone,J. C.,Yu,M.,Lo,G.,Kwong,D. – L.,Feng,G.,Zhou,S.,Wong,C. W.,Enhanced four – wave mixing in graphene – siliconslow – light photonic crystal waveguides. *Appl. Phys. Lett.*,105,091111,2014.

[82] Ji,M.,Cai,H.,Deng,L.,Huang,Y.,Huang,Q.,Xia,J.,Li,Z.,Yu,J.,Wang,Y.,Enhanced parametric frequency conversion in a compact silicon – graphene microring resonator. *Opt. Express*,23,18679 – 18685,2015.

[83] Hu,X.,Long,Y.,Ji,M.,Wang,A.,Zhu,L.,Ruan,Z.,Wang,Y.,Wang,J.,Graphene – silicon microring resonator enhanced all – optical up and down wavelength conversion of QPSK signal. *Opt. Express*,24,7168 – 7177,2016.

[84] Liu,Z. – B.,Feng,M.,Jiang,W. – S.,Xin,W.,Wang,P.,Sheng,Q. – W.,Liu,Y. – G.,Wang,D. N.,Zhou,W – Y.,Tian,J. – G.,Broadband all – optical modulation using a graphene – covered – microfiber. *Laser Phys. Lett.*,10,065901,2013.

[85] Li,W.,Chen,B.,Meng,C.,Fang,W.,Xiao,Y.,Li,X.,Hu,Z.,Xu,Y.,Tong,L.,Wang,H.,Liu,W.,

Bao, J., Shen, Y. R., Ultrafast all-optical graphene modulator. *Nano Lett.*, 14, 955-959, 2014.

[86] Yu, S., Wu, X., Chen, K., Chen, B., Guo, X., Dai, D., Tong, L., Liu, W, Ron Shen, Y., All-optical graphene modulator based on optical Kerr phase shift. *Optica*, 3, 541-544, 2016.

[87] Wang, J., Cheng, Z., Xie, Q., Shu, C., Tsang, H. K., Relaxation dynamics of optically generated carriers in graphene-on-silicon nitride waveguide devices. *CLEO: Science and Innovations*, SM3G-2, 2015.

[88] Schedin, F., Geim, A. K., Morozov, S. V., Hill, E. W., Blake, P., Katsnelson, M. I., Novoselov, K. S., Detection of individual gas molecules adsorbed on graphene. *Nat. Mater.*, 6, 652-655, 2007.

[89] Varghese, S. S., Lonkar, S., Singh, K. K., Swaminathan, S., Abdala, A., Recent advances in graphene based gas sensors. *Sens. Actuators*, B, 218, 160-183, 2015.

[90] Wu, Y., Yao, B., Zhang, A., Rao, Y., Wang, Z., Cheng, Y., Gong, Y., Zhang, W, Chen, Y., Chiang, K. S., Graphene-coated microfiber Bragg grating for high-sensitivity gas sensing. *Opt. Lett.*, 39, 1235-1237, 2014.

[91] Wu, Y., Yao, B. C., Zhang, A. Q., Cao, X. L., Wang, Z. G., Rao, Y. J., Gong, Y., Zhang, W., Chen, Y. F., Chiang, K. S., Graphene-based D-shaped fiber multicore mode interferometer for chemical gas sensing. *Opt. Lett.*, 39, 6030-6033, 2014.

[92] Yao, B., Wu, Y., Cheng, Y., Zhang, A., Gong, Y., Rao, Y.-J., Wang, Z., Chen, Y., All-optical Mach-Zehnder interferometric NH3 gas sensor based on graphene/microfiber hybrid waveguide. *Sens. Actuators*, B, 194, 142-148, 2014.

[93] Cheng, Z. and Goda, K., Design of waveguide-integrated graphene devices for photonic gas sensing. *Nanotechnology*, 27, 505206, 2016.

[94] Low, T. and Avouris, P, Graphene plasmonics for terahertz to mid-infrared applications. *ACS Nano*, 8, 1086-1101, 2014.

[95] Rodrigo, D., Limaj, O., Janner, D., Etezadi, D., Abajo, F. J. G. D., Pruneri, V., Altug, H., Midinfrared plasmonic biosensing with graphene. *Science*, 39, 165-168, 2015.

[96] Wu, T., Luo, Y., Wei, L., Mid-infrared sensing of molecular vibrational modes with tunable graphene plasmons. *Opt. Lett.*, 42, 2066, 2017.

[97] Li, Y., Yan, H., Farmer, D. B., Meng, X., Zhu, W., Osgood, R. M., Heinz, T. F., Avouris, P., Graphene plasmon enhanced vibrational sensing of surface-adsorbed layers. *Nano Lett.*, 14, 1573-1577, 2014.

[98] Farmer, D. B., Avouris, P., Li, Y., Heinz, T. F., Han, S.-J., Ultrasensitive plasmonic detection of molecules with graphene. *ACS Photonics*, 3, 553-557, 2016.

[99] Zundel, L. and Manjavacas, A., Spatially resolved optical sensing using graphene nanodisk arrays. *ACS Photonics*, 4, 1831-1838, 2017.

[100] Xiao, T. H., Cheng, Z., Goda, K., Graphene-on-silicon hybrid plasmonic-photonic integrated circuits. *Nanotechnology*, 28, 245201, 2017.

[101] Crowe, I. F., Clark, N., Hussein, S., Towlson, B., Whittaker, E., Milosevic, M. M., Gardes, F. Y., Mashanovich, G. Z., Halsall, M. P., Vijayaraghaven, A., Determination of the quasi-TE mode (in-plane) graphene linear absorption coefficient via integration with silicon-on-insulator racetrack cavity resonators. *Opt. Express*, 22, 18625-18632, 2014.

[102] Altares Menendez, G. and Maes, B., Frequency comb generation using plasmonic resonances in a time-dependent graphene ribbon array. *Phys. Rev. B*, 144307, 95, 2017.

[103] Bobba, S. S. and Agrawal, A., Ultra-broad Mid-IR supercontinuum generation in single, bi and tri layer graphene nano-plasmonic waveguides pumping at low input peak powers. *Scientific Reports*, 7, 10192, 2017.

[104] Radisavljevic, B., Radenovic, A., Brivio, J., Giacometti, V., Kis, A., Single-layer MoS2 transistors. *Nat. Nanotechnol.*, 6, 147-150, 2011.

[105] Li, L., Yu, Y., Ye, G. J., Ge, Q., Ou, X., Wu, H., Feng, D., Chen, X. H., Zhang, Y., Black phosphorus field-effect transistors. *Nat. Nanotechnol.*, 9, 372-377, 2014.

[106] Novoselov, K. S., Mishchenko, A., Carvalho, A., Castro Neto, A. H., 2D materials and van der Waals heterostructures. *Science*, 353, aac9439, 2016.

第6章 石墨烯工程应用的研究、开发和可持续发展

W. K. Kupolati[1], E. R. Sadiku[2], A. Frattari[3], C. Trois[4], A. A. Adeboje[1], C. Kambole[1],
K. S. Mojapelo[1], A. A. Eze[6], M. R. Maite[1], I. D. Ibrahim[6], A. Imoru[7],
F. Berghi[3], B. J. Labana[5], S. Nyende-Byakika[5], T. A. Adegbola[6]

[1] 南非比勒陀利亚市茨瓦尼科技大学纳米工程研究所(INER)以及土木工程系
[2] 南非比勒陀利亚市茨瓦尼科技大学聚合物技术部纳米工程研究所(INER)以及化学、冶金和材料工程系
[3] 意大利特伦托大学土木环境和机械工程系以及智能建筑大学中心(CUNEDI)建筑设计实验室(LBD)
[4] 南非德班市夸祖鲁·纳塔尔大学环境、海岸和水文工程研究中心以及土木工程系
[5] 南非比勒陀利亚市茨瓦尼科技大学土木工程系
[6] 南非比勒陀利亚市茨瓦尼科技大学机械工程、机电一体化和工业设计系
[7] 南非比勒陀利亚市茨瓦尼科技大学电气工程系

摘　要　石墨烯见证了一种材料因其奇特性能，从出现到实现先进应用的惊人发展过程。石墨烯的独特性质使其成为当前和未来应用的全球焦点。石墨烯是一种具有很强内部碳原子键的碳，由于其具有约42N/m的强大断裂点，因此比金刚石更硬。众所周知，它是目前已知的最轻材料，比钢更坚固，导电性比铜好一百万倍。本章试图通过短期、中期和长期的研究和开发，深入探讨石墨烯的可持续利用，以期研究其独特特性对实现合适工程基础设施的相关贡献。作者还研究了在不使用化石燃料的情况下，开发将热能转换为电能的智能工程基础设施，同时开发具有智能能力的移动工程基础设施。本章还探索了石墨烯在建筑、工程、信息和通信技术学科中的独特应用，并进一步展望了未来的趋势、石墨烯的影响以及其向智能行进机器人的可能发展，以支持人类在地球和太空的活动。

关键词　石墨烯，智能行进机器人，软工程基础设施，硬工程基础设施，气候变化，可持续性，研发

6.1　引言

石墨烯特指sp^{2}杂化结构的单层碳片，其紧密排列在蜂窝状晶格中。它是碳的主要热力学稳定形式，也是所有其他维度石墨材料的基本组成部分(图6.1)。它可以堆叠成三维石墨，卷成一维纳米管或包裹成富勒烯[1-2]。近来石墨烯被称为"宇宙中有史以来最薄、最

轻、最坚固的材料"[3]。石墨烯具有优异的导电性和机械性能[4-6]。石墨烯可能是纳米结构电极杂交育种的最佳导电化学添加剂。石墨烯具有许多优点,包括:约5000W/(m·K)的优异导热性、室温下约200000C·m²/(V·s)的电荷载流子的特殊迁移率,以及约2630m²/g的极高理论比表面积[7-8];确保从复合材料到量子点的各种应用范围[1,4,6,9,10]。石墨烯维持的电流密度是铜的6倍;它具有平衡的脆性和延展性[11]。石墨烯的电子输运能力可用类狄拉克方程来解释,这使得在台式实验中可以研究相对的量子可观测事实[11]。同时,石墨烯在性质上是电化学稳定,Huh等研究了石墨烯作为海水中缓蚀涂层的潜在用途[12]。在这项工作中,当氯化钠浓度高至0.5~0.6mol(3.0%~3.5%)时,丙酮驱动的石墨烯涂层可以成功地提高铜在海水环境中的腐蚀效率[12]。石墨烯及其衍生物,如氧化石墨烯和还原氧化石墨烯具有优异的生物相容性和较低的细胞毒性,这使得它们在生物领域引起了极大的关注[13]。由于石墨烯基复合材料有利于成骨细胞相关细胞、成纤维细胞相关细胞或干细胞的粘附、增殖和分化,其具有抗菌性能并在骨重建方面显示出巨大的潜在应用前景[14]。手术后植入点的病毒[15],以及特别是通过生物膜引起感染的生物医学设备[16-17],是导致愈合延迟、植入失败和重复手术的主要原因[16]。然而,Li等[14]的研究结果表明,石墨烯基羟基磷灰石复合材料具有良好的生物活性和抗菌性能。在他们之前的研究报告中,其研究工作表明氧化石墨烯增强的壳聚糖/羟基磷灰石(HA)涂层沉积在钛(Ti)上,抗菌粘附试验表明,与纯HA涂层相比,复合涂层上黏附的细菌细胞数量大大减少[17]。如图6.2(a)所示,钛和HA涂层的比较表明,壳聚糖/HA和氧化石墨烯/壳聚糖/HA涂层上黏附的细菌细胞数量显著减少,潜在的抗菌机制如图6.2(b)所示。石墨烯的制备方法多种多样。这些方法包括微机械剥离、外延氧化和自下而上的有机合成[8,11,18-22]。在这些方法中,还原剥离的氧化石墨烯被认为是生产石墨烯纳米片最成功和可靠的方法,因为这种方法成本低和可扩展性大[23]。石墨剥离的机制和石墨烯的功能化过程如图6.1所示,其他机制如图6.2(a)、(b)和图6.3所示。

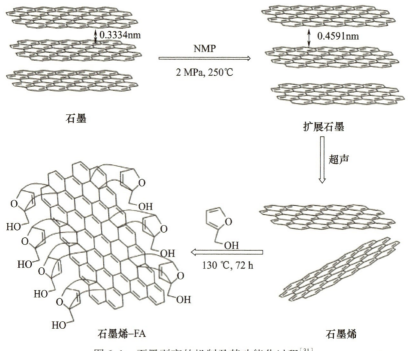

图6.1 石墨剥离的机制及其功能化过程[31]

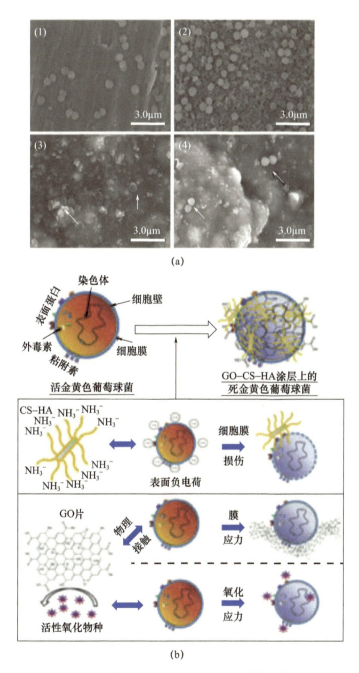

图 6.2 (a)在原始钛(1)上和其他涂层界面培育 12h 后,金黄色葡萄球菌的 SEM 图像,其他涂层界面包括:HA(2)、壳聚糖/HA(3)、GO/壳聚糖/HA(4)、(3)和(4)中的黑色箭头指向黏附物金黄色葡萄球菌(比例尺 3mm);(b)推测的 GO/壳聚糖/HA 纳米复合材料抗菌黏附机制的示意图[14]

当石墨烯被氧化成氧化石墨烯时,材料会发展成水分散性,在大多数情况下,这在生物医学领域具有良好的价值[24]。然而,氧化石墨烯分散体和固体确实显示出广泛的光致发光[25-29]。如图 6.4 所示,通过软氧等离子体管理,每个石墨烯薄片都可以产生强烈的发光[30]。

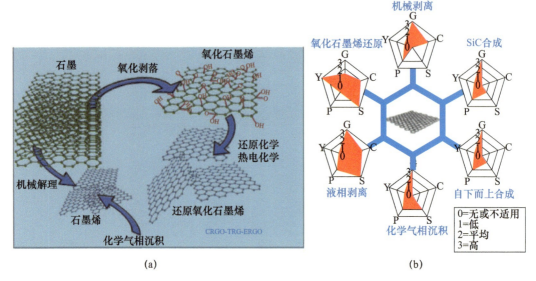

图 6.3 从石墨质量(G)、成本方面(C)、对应于整个生产过程的高生产成本、可伸缩性(S)、纯度(P)和产率(Y)等方面评估常见的石墨烯生产方法[38]

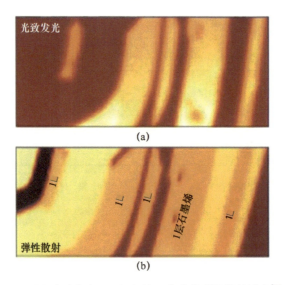

图 6.4 (a)光致发光;(b)氧处理薄片的弹性散射描述[25,30]

研究人员发现氧化石墨烯有助于一些电化学领域的应用[32-33],例如储能设备[34]和核酸监测[35]。Brownson 等最新研究[36]展示了石墨烯化学气相沉积(CVD)的制备及其在电化学方面的探索进展。通过研究理解传感和能源相关设备中的应用已经证实,氧化石墨烯产生独特的电化学响应,发现包含氧化石墨烯的含氧物种强烈影响和支配观察到的伏安法,这与覆盖率密切相关。还原氧化石墨烯与氧化石墨烯是石墨烯家族中有趣的成员,是唯一可以按千克级大规模制造的变体[37]。如表 6.1 所列,最近的发展利用还原氧化石墨烯作为电分析传感器的基础。表 6.1 概述了过去两年对该领域的贡献;选择这一时期是因为石墨烯领域的出版物数量众多。表 6.1 分为每个传感器/复合材料的分析目标、支撑电极基底、制造方法、分析输出和技术描述以及石墨烯层数量[38]。

表 6.1 一些利用还原氧化石墨烯和氧化石墨烯作为电分析传感器基础的最新研究（2016—2017）的示例[38]

分析目标	支撑电极/基底	所用催化材料	石墨烯制备方法	敏感性/ μA/[(μmol/L)·cm²]	检测限/ (μmol/L)	技术描述	石墨烯平均层数	参考文献
对乙酰氨基酚	GC	钯纳米粒子改性还原氧化石墨烯	商业获取氧化石墨烯	5.842ª	0.087	EDS、FTIR、SEM SEM	—	[39]
对乙酰氨基酚	GC	还原氧化石墨烯、PDDA、金纳米粒子和氧化铝	改进 Hummers 法	4.871ª	0.006	AFM、FT–IR、SEM、TEM 和 XRD	少层	[40]
AFP	GC	金纳米粒子–PEDOT/PB–还原氧化石墨烯	—	—	0.003	SEM、TEM 和 XPS	—	[41]
镉(II) 和铅(II)	GC	用电沉积金纳米粒子还原氧化石墨烯	使用 Hummers 法预处理石墨[42]	Cd(II) 和 Pb(II) 为 0.0062 和 0.0013	Cd(II) 和 Pb(II) 为 7.12×10⁻⁴ 和 5.9×10⁻⁴	EDS 和 SEM	—	[43]
CRP	SPE	生物功能化还原氧化石墨烯	—	—	—	SEM	—	[44]
铜(II)	GC	还原氧化石墨烯上的硫化锡	改进 Hummers 法（联氨还原剂）	2.410	0.02	拉曼、SEM、TEM、XPS 和 XRD	—	[45]
姜黄素	GC	电化学还原氧化石墨烯	联氨稳定	0.16	0.1	未注明	—	[46]
DNA	GC	Fe₃O₄/还原氧化石墨烯复合材料	非特定 Hummers 法	发现跨为数个能量级	渺摩尔	SEM 和 TEM	—	[47]
多巴胺	独立石墨基复合电极	还原氧化石墨烯、银纳米粒子和聚(吡咯啉 Y)复合纸	使用改进 Hummers 法预处理石墨[42]	0.90	0.15	拉曼、SEM、STM、UV 可见、XPS 和 XRD	单片	[48]
多巴胺	GC	电聚合铜 AMT 还原氧化石墨烯	非特定 Hummers 法	0.049ª	0.004	FT–IR、SEM、XPS 和 XRD	—	[49]

续表

分析目标	支撑电极基底	所用催化材料	石墨烯制备方法	敏感性/ $\mu A/[(\mu mol/L) \cdot cm^2]$	检测限/ $(\mu mol/L)$	技术描述	石墨烯平均层数	参考文献
多巴胺	氧化石墨烯和GC	用吡咯烷基卟啉锰还原氧化石墨烯	非特定Hummers法	2.61	0.008	EDX、NMR、SEM、UV 可见	—	[50]
铁(III)、镉(II)和铝(II)	GC	杯芳烃/还原氧化石墨烯	—	—	所有目标为Ca, 2.0×10^{-5}	AFM、IR、拉曼、SEM 和 XPS	—	[51]
叶酸	GC	电化学还原氧化石墨烯和亚甲蓝	未知参考文献，一篇未说清楚氧化石墨烯生产过程的文章[52]	0.014	0.5	SEM 和 TEM	单片	[53]
葡萄糖	氧化石墨烯和全氟磺酸加工钽极电极	聚吡咯纳米线和还原氧化石墨烯	改进Hummers法[54]	0.773	0.1	FT-IR 和 SEM	—	[43]
葡萄糖	GO和聚丙烯酸水凝胶	多组分还原氧化石墨烯基电极	传统Hummers法[55]	0.015	25.0	FT-IR 和 UV 可见	—	[56]
葡萄糖	GC	铜纳米结构的N掺杂还原氧化石墨烯	使用改进Hummers法预处理石墨[42]	1.85	0.014	EDX、拉曼、SEM、XRD 和 XPS	少层	[57]
葡萄糖	GC	还原氧化石墨烯和葡萄糖氧化酶薄膜的逐层组装	使用改进Hummers法预处理石墨[42]	2.47	13.4	FT-IR、SPR 和 XRD	"多层"	[58]
葡萄糖	GC	葡萄糖氧化酶、ZnO 和 SiO_2上的化学还原石墨烯	—	0.088	—	FT-IR、SEM、TEM 和 XRD	—	[59]
葡萄糖	ZnO-纳米棒/石墨烯异质结结构	还原ZnO、纳米银、葡萄糖氧化酶	基于Hummers法的微波辅助合成[60]	6.41[a]	10.6	拉曼、SEM、TEM 和 XRD	—	[61]

续表

分析目标	支撑电极/基底	所用催化材料	石墨烯制备方法	敏感性/μA/[(μmol/L)·cm²]	检测限/(μmol/L)	技术描述	石墨烯平均层数	参考文献
葡萄糖	GC	还原氧化石墨烯、全氟磺酸、壳聚糖和葡萄糖氧化酶	未知参考文献,一篇未说清楚氧化石墨烯生产过程的文章[52]	0.042	5.0	FT-IR、SEM、TEM 和 XPS	"多层"	[62]
过氧化氢	GC	Pd/TNM@还原氧化石墨烯	改进 Hummers 法	3.678	0.0025	EELS、拉曼、TEM、XPS 和 XRD	—	[63]
过氧化氢	金	CeO₂/还原氧化石墨烯	非特定 Hummers 法	—	0.26	FESEM、FTIR 和 XRD	—	[64]
过氧化氢	GC	用离子交换法使用铁离子还原氧化石墨烯	传统 Hummers 法[55]	0.065	0.056	EDX、FTIR、TEM 和 XPS	少层	[65]
过氧化氢	GC	还原氧化石墨烯,用亚甲蓝在 GC 上电沉积	改进 Hummers 法[66]	10.2	0.06	SEM、TEM、FT-IR 和 UV 可见	单层	[67]
过氧化氢	SPE	还原氧化石墨烯和 CeO₂	改进 Hummers 法[66]	0.046	0.21	拉曼、SEM、FT-IR 和 XRD	多层	[68]
过氧化氢	GO 纸	金和普鲁士蓝纳米粒子在还原氧化石墨烯纸上接枝	使用改进 Hummers 法预处理石墨[42]	5.000	0.1	AFM、EDS、SEM、TEM、UV 可见、XPS	单层	[69]
过氧化氢和亚硝酸盐	GC	MWCNT@还原氧化石墨烯 NR	多壁碳纳米管的纵向拉开	H₂O₂ 和 NO₂ 为 0.616 和 0.643	H₂O₂ 和 NO₂ 为 0.001 和 0.01	EDS、拉曼、SEM 和 TEM	—	[70]
氢醌	GC	壳聚糖还原氧化石墨烯	传统 Hummers 法	16.8	0.44	AFM、FT-IR、EDS、SEM 和 XRD	—	[71]

续表

分析目标	支撑电极/基底	所用催化材料	石墨烯制备方法	敏感性/μA/[(μmol/L)·cm²]	检测限/(μmol/L)	技术描述	石墨烯平均层数	参考文献
伊马替尼	PGE	变性剂辅助还原氧化石墨烯	—	0.199 和 0.816	0.007	SEM	—	[72]
党参炔苷	GC	磁性(Fe₃O₄)功能化还原氧化石墨烯	使用改进 Hummers 法预处理石墨[42]	1.91	0.043	AFM、FT-IR、TGA 和 VSM(振动样品磁强计)、SEM 和 XRD	单片	[73]
甲基汞	GC	金纳米粒子还原氧化石墨烯	商业获得	0.57 (μA/μL)	0.12	EDS、拉曼和 SEM	—	[74]
尼泊金甲酯	GC	还原氧化石墨烯/Ru 纳米粒子	改进 Hummers 法[75]	—	0.24	HPLC、拉曼和 TEM	—	[76]
NADH	GC	金-银纳米粒子,P(l-Cys)/ERGO	电化学还原	4.872	0.009	SEM 和 XPS	—	[77]
亚硝酸盐	GC	PD/Fe₃O₄/聚多巴/还原氧化石墨烯	商业获得	—	0.5	拉曼、TEM、UV 可见、XPS 和 XRD	—	[78]
亚硝酸盐	GC	3D-mp-还原氧化石墨烯-POM	通过石墨氧化和剥离制备的氧化石墨烯[79]。肼还原法制备还原氧化石墨烯[80]	—	0.2	—	—	[81]
亚硝酸盐	AU SPE	滴铸还原氧化石墨烯印刷金电极	传统 Hummers 法	0.21	0.83	AFM、拉曼、SEM	—	[82]
亚硝酸盐	GC	使用水热法用钯纳米立方(滴注)合成含氮掺杂氧化石墨烯	使用改进 Hummers 法预处理石墨[42]	0.342	0.11	EDS、SEM、拉曼、UV-可见、TEM、XRD	少层	[83]

续表

分析目标	支撑电极/基底	所用催化材料	石墨烯制备方法	敏感性/ μA/[(μmol/L)·cm²]	检测限/ (μmol/L)	技术描述	石墨烯平均层数	参考文献
亚硝酸盐	GC	逐层滴铸还原氧化石墨烯辣根过氧化物酶和Co_3O_4	使用改进Hummers法[42]预处理石墨	4.20ª	0.21	FE-SEM、UV可见、XRD	—	[84]
亚硝酸盐	GC	用Zn卟啉富勒烯还原氧化石墨烯	商业获得	0.23	N/A	SEM和UV可见	—	[85]
硝基甲烷	BFE	电化学还原氧化石墨烯、壳聚糖和血红蛋白	商业获得	—	1.5	SEM	—	[86]
赭曲霉毒素A	BFE	CdTe量子点DNA功能化石墨烯/金杂化材料	使用改进Hummers法[42]预处理石墨	—	0.07pg/mL	荧光光谱FS、TEM	—	[87]
铝(II)	GC	Co_3O_4/还原氧化石墨烯/壳聚糖	商业获得	—	3.5×10^{-4}	EDS、SEM、TEM和XRD	—	[88]
亚硫酸盐	GC	金NP-氧化石墨烯	—	0.103	0.045	SEM、TEM、XRD和XPS	"薄层"	[89]
紫杉醇	GC	聚(二烯丙基二甲基氯化铵)	额外Hummers法[55]	38.4	0.001	UV-可见、TEM、RD	—	[90]
甲状腺素	绝缘环氧树脂中的石墨烯基填料混合纳米材料	用金纳米粒子和β-环糊精还原氧化石墨烯	改进Hummers法（抗坏血酸还原剂）	35.5	0.001	EDS、TEM、TGA和UV可见	—	[91]

每种方法都会产生不同质量的还原氧化石墨烯,因此产生需要衡量计算的不同电化学反应。根据表 6.1 的检查,可以清楚地看出,表征方法的应用并不一致,材料的层数也不一致,这限制了电分析传感器的比较及其基本理解[38]。

本章分析了石墨作为智能材料的用途,简明扼要地分析石墨烯和气候变化的关系,石墨烯作为自愈材料的用途,石墨烯的研究和开发以及石墨烯在工程中的未来创新应用。

6.2 石墨烯作为智能材料的应用

6.2.1 硬工程基础设施中的石墨烯

石墨烯是一种新的复制碳同素异形体,具有固有的导电性、较高的力学强度、较大的理论比表面积和较高的化学稳定性[20-21,92-93],在电子工业领域有潜在应用,如晶体管[94-102]、太阳能电池[103-104]和触摸板[105]。众多的最新成果证明了石墨烯在光电子学和光电子学领域的崛起;包括太阳能电池和光放电装置,以及触摸屏、光电探测器和超快激光器[25]。石墨烯在纳米流体中的稳定性得到了验证,这意味着它适合于光热转换[106]。光热转换是太阳能的一种高效利用方式,其作为一种分布广泛的绿色能源,在废水处理、电站发电、海水淡化等领域有着广泛的应用[106-109]。Liu 等[106]应用 Hummers 方法制备具有良好导热性和光吸收的石墨烯纳米流体,以验证对太阳能蒸气产生的影响。研究结果表明,蒸气量随着纳米流体中石墨烯浓度的增加而增加;随着浓度的增加,蒸气量的增长速率缓慢下降,蒸发速率也呈现出类似的趋势,而蒸发效率则随着纳米流体浓度的增加而增加,如图 6.5(a)~(c)所示。结果表明,纯水与 20mg/L 石墨烯纳米流体的差别较大,说明石墨烯纳米流体在相对较低的浓度下对太阳光有较好的吸收。在图 6.5(b)中,随着浓度的增加,蒸气产生能力允许质量减少,而在图 6.5(c)中,表明随着纳米流体浓度增加,蒸发效率增加约为 50%,该值远高于纯水[106]。

石墨烯作为半导体,是一种高质量的异质结材料,具有丰富的光电转换能力,Yujia 等[110]用石墨烯织物(GWF)和 n 掺杂单晶硅制造肖特基结太阳能电池;研究了在使用不同网格的 GWF 时,太阳能电池的性能。在该项工作中,硅(Si)太阳电池的 GWF 性能由光 GWF 的网格决定,最佳的网格可以在光致载流子的产生和收集之间提供良好的稳定性;产生如图 6.6(a)~(i)所示的高功率转换效率[110]。在图 6.6(a)中,网格数较少,网篮织物稀疏,硅光吸收层遮盖较少;因此,硅在光照下可能产生额外的光致载流子。另一方面,由于稀疏的 GWF 具有广阔的空间,因此载流子需要经过较长距离才能被 GWF 接收。行程空间的延长导致了载流子重新合并的可能性更高,稀疏 GWF 的载流子收集效率很低(图 6.6(d))。在悬殊的情况下,虽然网格数很高(图 6.6(c)),但网篮织物很密,这导致 GWF 容易收集载流子,但透明度也很低(图 6.6(f))。最佳网格(图 6.6(b))需要太阳能电池中光致载流子(图 6.6(e))的产生和收集之间具有良好的稳定性,以促进高功率转换效率[110]。

石墨烯纤维(GF)在替代设备领域具有重要的现实意义,如柔性纤维型致动器、超级电容器、机器人、光伏电池和电机[111]。GF 致动器是一种智能材料和结构,对外界刺激的反应具有快速、可逆和方便的形状变化[111]。GF 在存储芯片、传感器、机器人、染料敏化光伏电线等领域的应用前景十分广阔,因此引起了众多研究者的关注。基于石墨烯的结构显示出许多搅拌特性,这些特性有助于此类驱动结构[112-117]:例如,根据三维石墨烯骨架、单晶型和双层石墨烯薄膜分类电化学致动器[118-121]。GF 获得了纺织品所需的机械塑性,然而,与保守的碳纤维相比,它们具有独特性,因为其重量轻、使用简单。GF 优异的力学和导电性能使其有望成为新的电极资源。与其他材料制成的光伏设备相比,GF 制成的光伏设备具有更好的能量转换效率。Yang 等[122]在其内容中做了说明,研究人员基于石墨烯/铂纳米粒子复合纤维,将其作为对电极开发了新型线状光伏设备。用 TiO_2 纳米管浸渍 Ti 丝作为工作电极(图6.7);所开发的 GF 具有高柔韧性、高力学强度和导电性,其经认证的最大能量转换效率为 8.45%,远高于其他线状光伏设备[111,122]。通过传统的纺织技术,基于石墨烯的光纤光伏电线可以充当自供电发电机,便于编织成衣服、包裹和其他的可用设备[111,122]。石墨烯也是优异的材料,其重量比电容(cg)甚至可达约为 550F/g[129-130],可用于电化学电容器[123-128]。GF 的高导电性与三维石墨烯网络的高暴露表面积相结合,将使其能够生产与柔性和可穿戴电子设备兼容的高效微型超级电容器设备[111,131]。3D-G 处的芯鞘 GF 作为柔性电极在基于光纤的电化学超级电容器中拥有巨大的优势[111,131]。然而,除了上述应用之外,石墨烯基纤维还可以用于极具发展前景的领域。例如,静电纺丝方法可以将石墨烯薄片包括到永久性纳米复合纤维中,有可能作为光学元件使用,有利于光纤激光器的发展。

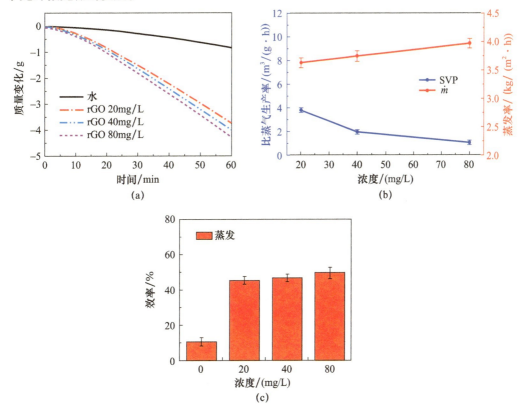

图6.5 (a)随时间蒸发导致的水重量变化;(b)不同浓度还原氧化石墨(rGO)纳米流体的蒸发率和标准蒸气压(SVP);(c)不同浓度 rGO 纳米流体的蒸发效率[106]

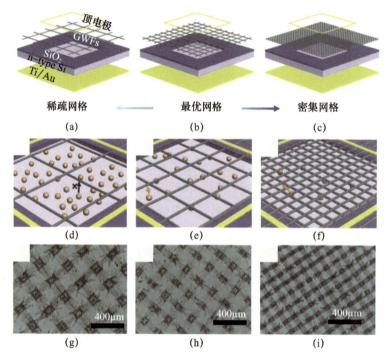

图 6.6 基于(a)稀疏网格、(b)最优网格和(c)密集网格的 n-Si 和 GWF 的太阳能电池的示意图;(d)稀疏、(e)最优和(f)密集网格的载流子数量和载流子集合的示意图;(g)90 网格、(h)120 网格和(i)180 网格 GWF 的光学显微镜图像[110]。

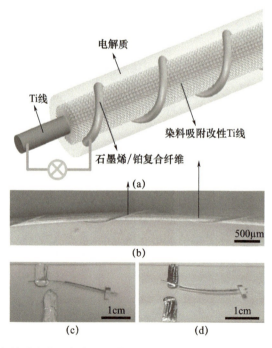

图 6.7 使用石墨烯/铂纳米粒子复合纤维作为对电极,并将浸渍有 TiO_2 纳米管的 Ti 线作为工作电极,以此制备染料敏化光伏线

(a)示意图;(b)SEM 图像;(c)和(d)密封在毛细管玻璃管和柔性氟化乙烯丙烯管中的光伏电线的照片[122]。

石墨烯作为纳米级或微米级的固体润滑剂,以及普通润滑剂中的稳定剂,可以减少机械系统相对运动中的摩擦。石墨烯的原子薄特性,及通过溶液分配石墨烯薄片来共形涂层微尺度和纳米尺度物体的能力,使其成为一种潜在的低摩擦和耐磨涂层,可延长纳米机电/微电子机械系统设备的使用寿命[132]。Kim 等[133]展示了通过化学气相沉积法在 Cu 和 Ni 金属催化剂上生长石墨烯薄膜,并将其转移到 SiO_2/Si 基底上,这样的石墨烯薄膜具有优异附着力和摩擦特性。石墨烯薄膜有效地降低了附着力和摩擦力,而几纳米厚的多层石墨烯薄膜的摩擦系数与大块石墨相当,然而,化学气相沉积法生长的石墨烯由于其优异的可伸缩性和可转移性而具有巨大的表面涂层价值[133]。石墨烯可以用作传统润滑剂的添加剂,如油、溶剂和其他类型的流体[132]。

6.2.2 软工程基础设施中的石墨烯

石墨烯在生物纳米技术中的应用非常有趣,包括脱氧核糖核酸(DNA)传感、蛋白质分析和药物输送[134]。石墨烯的种类对基于石墨烯的生物传感器的性能有很大的影响,对于生物分子(如 DNA)的响应性和识别性检测,这些性能非常必要。Loan 等[135]试图提高基于金转移石墨烯的生物传感器检测 DNA 杂交的灵敏度,在化学气相沉积(CVD)后,单层石墨烯的生长被转移到二氧化硅/硅(SiO_2/Si)基底上,在此过程中使用薄金作为支撑层,取代了常用的聚甲基丙烯酸甲酯(PMMA)。他们的研究结果表明,表面清洁度是提高石墨烯基生物传感器灵敏度和选择性的一个解决因素,并更好理解了石墨烯传感性能与表面性质之间关系,从而促进石墨烯生物传感平台的进一步发展[135]。图 6.8(a)说明了该研究中提出的将石墨烯薄膜从铜箔移动到 SiO_2/Si 基底的转移过程,使用薄金作为支撑层,图 6.8(b)、(c)显示了构建在家用印刷电路板上的石墨烯设备,展示了石墨烯表面的测量和目标 DNA 分子的杂化,以及 12 - 聚体 DNA 链的序列,用于检测目标 DNA 的金转移和退火 PMMA 石墨烯之间载体浓度的比较演变如图 6.9(a)所示。为了消除两个样品之间载流子初始浓度的差异,当添加 1pmol/L 目标 DNA 时,将测量值设置为零,然后在 10pmol/L ~ 10nmol/L 范围内记录载流子浓度随目标 DNA 浓度增加而增加的量。使用金转移适当提高性能的方法,图 6.9 显示了传统的石墨烯图,显示石墨烯表面的残留物会减少 DNA 控制和进一步杂化的有用面积,导致机器性能的崩溃[135]。

石墨烯和氧化石墨烯被用作各种干细胞培养的支架材料。Kenry 等[136]强调了纳米材料在干细胞控制中的应用,他们展示了干细胞和石墨烯纳米材料之间的相互作用,以及它们的生物相容性、生物分布和生物降解性。已证明石墨烯基纳米材料促进和增强不同类型的干细胞向特定组织谱系的生长、增殖和分化(图 6.10)[136]。

石墨烯及其衍生物是近年来为控制干细胞而积极探索的另一种碳基纳米材料。尽管石墨烯纳米材料相对较新,但大量研究表明,由于其强大的表面化学和优异的力学性能,石墨烯纳米材料能够促进多能干细胞(MSC)、天然干细胞(NSC)和诱导性多能干细胞(iPSC)诱导在不同谱系组织中生长、增殖和分化[137-139](图 6.10)。事实上,通过控制石墨烯纳米材料的不同表面性质,可以影响干细胞的特定行为。因此,人们对石墨烯及其衍生物帮助干细胞控制和再生组织工程充满了期待。石墨烯作为众多二维纳米材料中的一种独特纳米材料[140-143],可以分离控制干细胞过程中所必需的各种基本因素。这将有助于基础性的应用干细胞研究。

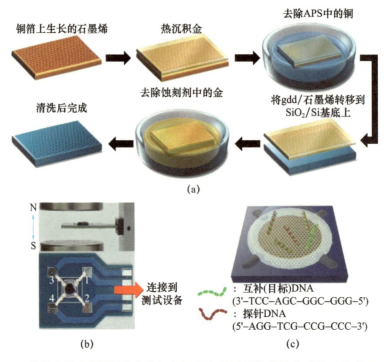

图 6.8 （a）使用金作为支撑层的化学气相沉积生长石墨烯的转移过程；（b）基于 Van der Pauw 方法设计的用于霍尔效应测量的石墨烯设备的图片；（c）石墨烯表面 DNA 杂化的示意图[135]

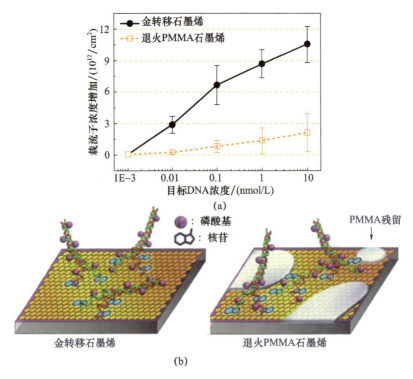

图 6.9 （a）金转移和退火 PMMA 石墨烯之间 DNA 杂化检测的灵敏度比较；（b）基于超清洁表面的石墨烯薄膜的更高灵敏度机制的示意图[135]

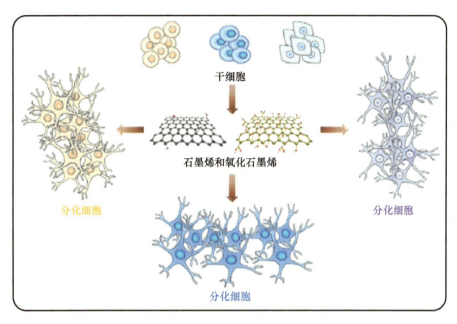

图6.10 用作各种干细胞培养支架材料的石墨烯和氧化石墨烯[136]

大量的工作显示了石墨烯或化学改性石墨烯在各种技术领域的巨大潜力,如场效应器件[2,144-145]、化学和生物传感器[146-148]、储能材料[128,149-150]、聚合物复合材料[5,151-152]和电催化[153-155]。众所周知,石墨烯将在即将到来的纳米技术时代发挥核心作用。石墨烯具有纳米尺度的特性,因此能够对分析物进行高灵敏度的检测。Mannoor等[156]的研究表明,石墨烯可以印在水溶性丝绸上,这反过来又允许石墨烯纳米传感器在生物材料(包括牙釉质)上进行亲密的生物转移。他们的研究结果证明石墨烯完全是一个生物接口的传感平台,可以调整以检测目标分析物[156]。采用化学气相沉积法在 Ni 或 Cu 的支撑金属膜上制备石墨烯薄膜[157],以及对原始金属进行后蚀刻,展示了在大面积上将大量石墨烯薄膜转移到另一基底上的能力[158],因此可以用于柔性电子应用和生物相容性传感[159-160]。这是由于石墨烯的固有强度为 42N/m、杨氏模量约为 1TPa[161],以及石墨烯在基底上表现出的高界面黏附力,其在 SiO_2 上黏附能量达到 $0.45J/m^2$[162]。氧化石墨烯用于净化受污染的水。氧化石墨烯可用于从受污染的水中,甚至从 pH 值小于 2 的酸性溶液中,快速去除一些毒性最大、放射性寿命长的人造放射性核素[163]。处理含人造放射性核素的废水和受污染地下水,其中超铀元素毒性最大,这是清理遗留核设施的一项重要任务[164]。与膨润土黏土和活性炭等其他常用吸附剂相比,氧化石墨烯在去除模拟核废料溶液中的超铀元素方面要更有效[163]。在所有碳纳米材料中,研究人员着力研究了氧化石墨烯,并证明其是无毒和可生物降解[165-168],并且可以以环保的方式大量生产[79],这使得氧化石墨烯成为一种适合环境应用的材料。虽然自发现氧化石墨烯以来已经有一个多世纪的历史[169-170],但仅是在过去的十年中,由于它转化为石墨烯,才引起了人们的关注[66]。氧化石墨烯的胶体性质使其在流变学[171]和胶体化学[172]方面成为一种很有应用前景的材料。当分散在液体中时,两亲性氧化石墨烯产生稳定的悬浮液[6],并显示出优异的吸附能力。先前的研究表明,氧化石墨烯能够有效去除 Cu(Ⅱ)、[173] Co(Ⅱ) 和 Cd(Ⅱ)、[174] Eu(Ⅲ)、

[175]砷酸盐[176]和有机溶剂[177]。氧化石墨烯的表面被环氧、羟基和羧基官能化；氧化石墨烯的形成和组成已被广泛研究[79-178]。表面部分非常适合与阳离子和阴离子相互作用[163]。

6.2.3 石墨烯智能行进机器人

石墨烯由单层碳组成，每一个碳原子都在其表面；石墨烯还是一种纯二维材料，是用作化学蒸气传感器的理想材料之选[179]。据报道，石墨烯传感器表面吸收单个气体分子会导致其电阻发生可检测的变化[180]。例如，图 6.11 中的数据意味着石墨烯传感器能够快速响应和恢复，并且在 μg/L 水平上很容易检测羧酸和醛类。

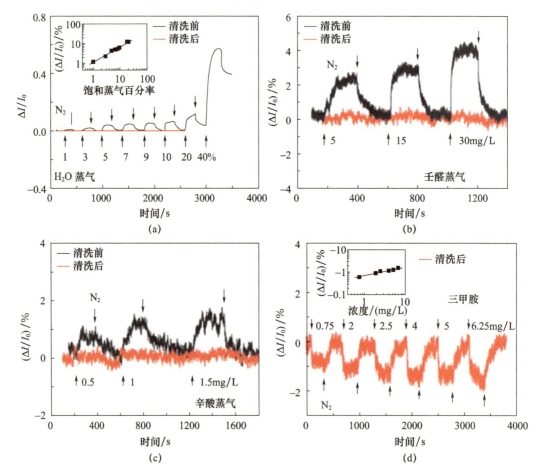

图 6.11 样品清洁前(黑色)和清洁后(红色)，测量传感器对文献[179]中的(a)水、(b)壬醛、(c)辛酸和(d)三甲亚氨基的蒸气响应

研究发现，清洁程序会导致设备在暴露于不同浓度的化学蒸气时，其电响应发生同样剧烈的变化[179]。

6.3 石墨烯与气候变化

空气中 CO_2 浓度的持续增加是导致全球变暖和气候变化的主要环境因素[92,181]。压力为 1bar 时，发电厂的烟气由 70% 的氮气和 15% 的 CO_2 组成[182]。以低成本、节能的方式

选择性捕获和储存 CO_2 对于实现排放水平的大幅减排至关重要[183]。由于化学惰性、低成本和高比表面积，碳基吸附剂最有希望捕获 CO_2[184-185]。CO_2 在一定程度上是酸性，因此表面化学中吸附剂的碱性对获得高 CO_2 捕集性能起着重要作用[186]。石墨烯是一种二维材料，越来越多地用于光催化 CO_2 还原[187]。光催化 CO_2 还原由于其成本低、清洁、环保等优点，被认为是解决全球能源和环境问题的最重要策略之一[188-189]。具体来说，光催化 CO_2 还原可以利用太阳能将有害的温室气体如 CO_2 转化为有价值的太阳能燃料，如 CH_4 和 CH_3OH[190-191]。经过多年的研究和开发，许多半导体被用作 CO_2 还原的光催化剂，包括 TiO_2、CdS、$g-C_3N_4$、ZnO 和 Bi_2WO_6[192-196]。因此，石墨烯与光催化剂的偶联为提高光催化 CO_2 还原效率提供了巨大的机遇，可以满足实际要求[187]。然而，Liang 等的报告[197]表明石墨烯与半导体配对已被认为是提高光催化 CO_2 还原活性的最可行方法之一[197]。研究人员观察到石墨烯纳米片可以显著提高光催化剂的电子空穴分离率和比表面积[187]。一般来说，石墨烯基光催化剂用于 CO_2 还原的优势可分为 6 个方面（见图 6.12）。①抑制

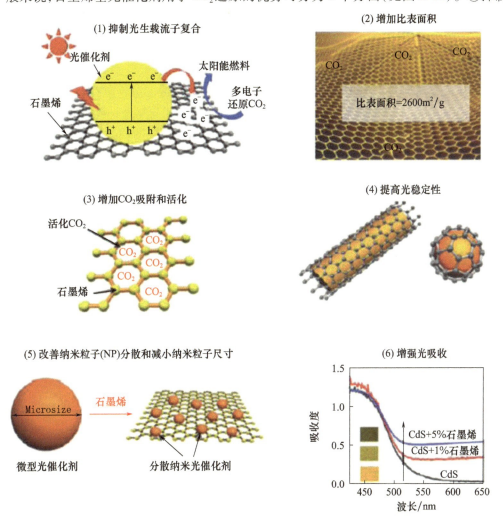

图 6.12　基于石墨烯的光催化剂用于 CO_2 还原的优越优势[187]

光生载流子复合:石墨烯是 sp^2 杂化平面结构的单原子厚纳米片,其排列在蜂窝状晶格中,具有优异的导电性,使其成为光催化反应中良好的电子受体[198]。②增加比表面积:除了电子特性,石墨烯纳米片以其超大的理论比表面积而闻名[22]。③增加 CO_2 吸附和活化:石墨烯表现出大的二维 π-共轭结构[187]。值得注意的是,石墨烯和 CO_2 之间的这种强 π-π 共轭相互作用也会导致 CO_2 分子的失稳和活化,从而导致在光催化 CO_2 还原反应期间 CO_2 更容易还原[199]。④增强光稳定性:由于石墨烯纳米片具有非凡的力学和化学稳定性,它已被证明是提高光催化剂光稳定性的有效支撑材料[199-200]。⑤改善和减小纳米粒子分散尺寸:通过化学方法制备的石墨烯由大量的表面官能团组成,这些官能团可以作为锚定位点,并允许光催化剂在其表面生长[201]。⑥增强光吸收:石墨烯由于为黑色和具有零带隙,几乎可以吸收整个太阳光光谱。尽管这种良好的光吸收能力不会产生用于光催化反应的活性电子或空穴,但它可以提高光催化剂周围的温度,从而产生局部光热效应[200,202]。实验证明,这种局部光热效应将增强反应和产物分子的运动,从而提高光催化 CO_2 还原效率[202]。

6.4 石墨烯在自我修复材料中的应用

自我修复材料是一类相对较新的智能材料,能够完全或部分恢复材料在使用过程中的性能损失[203]。石墨烯材料因其大的 π-共轭系统显示了与复合材料的良好相容性,且因其超高的力学强度而被广泛用作力学增强复合材料制备中的高效填料[152,204-208]。此外,它们还具有一些显著的性质,包括超强的化学稳定性、优异的导电性和导热性[209-213]、良好的微波和红外(IR)吸收能力[31-34],从而使得它们能够对 IR 光、电和电磁波等强烈响应。根据上述性质,Huang 等[204]认为,将石墨烯材料与适当的聚合材料结合可能产生一些新的自我修复材料。他们的工作中报告了一种新型的自我修复材料,这种材料由少层石墨烯(FG)和热塑性聚氨酯(TPU)制成,不仅具有增强的力学性能,而且可以通过多通道进行愈合[204]。石墨烯材料还具有高效吸收电磁波的能力[214-215]。因此,Huang 等[204]还通过将少层石墨烯和热塑性聚氨酯(FG-TPU)样品暴露在 2.45GHz 运行的 800W 家用微波炉中,研究了它们的电磁波愈合行为。虽然这三种自愈过程使用不同的外部刺激,如图 6.13 所示,但分散良好的石墨烯薄片应始终将从 IR 光、电或电磁波吸收的能量转化为热能,并将其有效地转移到 TPU 基体中[204]。如上所述,石墨烯优异的红外吸收和高效的能量转移是光愈合的原因[216]。对于电愈合,由于 FG 在基体中的有效分散,FG 在低负载下可以达到渗流状态,然后作为导电网络将电能转化为焦耳加热[213,217]。

自组装作为自下而上纳米技术的主要有效方法之一已经使用了很长时间。由于石墨烯具有独特的结构和性质,因此在物理上成为一种多功能的纳米级建筑物,用于自组装以实现新颖的结构和功能[145]。

6.5 石墨烯研究与发展

第一次尝试通过剥离的方法来生产石墨烯薄片最早可以追溯到 1859 年 Brodie 的研究[169]。从那时起,尽管进行了几次尝试[6,55,169,218-223],仍未实现大规模生产单个石墨烯

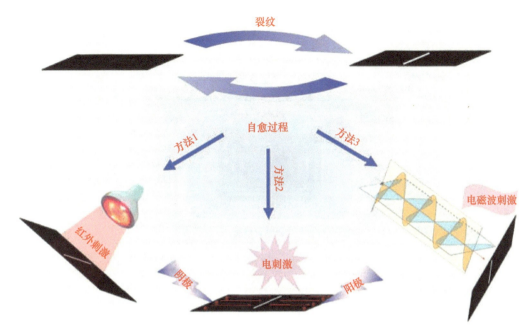

图 6.13　FG-TPU 复合材料通过 IR 光、电和电磁波以高愈合效率愈合[204]

薄片。在大多数研究中，起始材料是通过对石墨进行酸处理而产生的氧化石墨，然后将氧化石墨烯暴露于热处理或机械（即超声波）处理以使其膨胀或剥落[222]。尽管已经通过溶液法生产了少量薄片的纳米板[6,224]。石墨烯薄片的高成品率制造方法对于透明、导电薄膜[10,225]或机械增强复合材料[6,226]等其他应用同样具有吸引力。另一个潜在方法是氧化石墨的化学还原[6,66,222]，其中基面碳原子被环氧和羟基改性，边缘原子带有羰基和羧基[222,227-228]。这些官能团的存在降低了面间作用力并赋予亲水性，从而促进了水介质中单个氧化石墨烯层的完全剥离[225]。

Dan 等的工作[179]表明，污染层降低了石墨烯的电子特性，屏蔽了石墨烯的固有传感器响应。污染层对石墨烯进行化学掺杂，增强载流子散射，并作为吸收层将分析物分子浓缩在石墨烯表面，从而增强传感器响应，然而，清洁措施促使电子特性得到显著改善[179]。

Kim 等[20]开发了一种利用化学气相沉积（CVD）技术生长少层石墨烯薄膜的技术，并成功地将薄膜转移到任意基底上，而无须强烈的力学和化学处理，以保持石墨烯样品的高结晶质量。因此，他们希望观察到改善的电气和力学性能；CVD 生长的大规模石墨烯薄膜的生长、蚀刻和转移过程如图 6.14 所示[20]。

化学剥离法最近被开发用于制备石墨烯[229-231]，用于大规模组装[232]、锂离子电池[233]和复合材料等应用[234]。尽管如此，化学剥离方法涉及石墨烯的氧化和在制成的薄片中引入缺陷[231]。在 ≤ 100 ℃ 时联氨还原已经证明部分恢复了氧化石墨的结构和导电性[144,230,235-236]。然而，还原的氧化石墨烯在拉曼光谱中仍然显示出很强的缺陷峰，其电阻率比原始石墨烯高 2~3 个数量级[144,230,235-236]。与氧化石墨烯相比，生产出缺陷更少的石墨烯薄片（GS）以及开发出更有效的石墨烯还原技术非常重要。Li 等[229]报道了一种温和剥落再插层膨胀方法，以形成比氧化石墨烯更高导电性和更低氧化程度的高质量 GS[229]。Wang 等[231]报道了在 180 ℃下用溶剂热还原法处理 GS 和氧化石墨烯。溶剂热

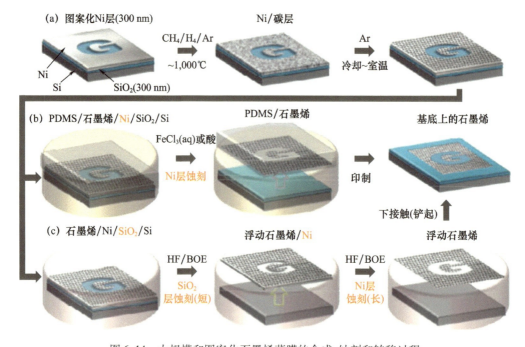

图 6.14 大规模和图案化石墨烯薄膜的合成、蚀刻和转移过程

(a)在薄 Ni 层上合成图案化石墨烯薄膜;(b)使用 FeCl₃(或酸)蚀刻,使用 PDMS 印章转移石墨烯薄膜;(c)使用 BOE 或氟化氢(HF)溶液蚀刻和石墨烯薄膜的转移(RT - 室温(约 25 ℃))[20])。

还原比早期的还原方法更有效地降低了 GS 中的氧和缺陷水平,增加了石墨烯域,并使 GS 的导电性接近原始石墨烯[231]。还原 GS 在化学衍生石墨烯之间具有最高的原生性。GS 由天然石墨片制成,由发烟硫酸和四丁基铵阳离子插层,悬浮在 N,N - 二甲基甲酰胺(DMF)中[229,232]。溶剂热还原在 180℃下在 DMF 中进行,并以水合肼为还原剂。还原后的 GS(侧面平均尺寸约 300nm)在 DMF 中保持良好的分散性,通过原子力显微镜(AFM)在 SiO₂ 上观察到的均匀悬浮液主要包含单层,GS 的表观高度约为 0.8 ~ 1.0nm,表明是单层 GS[231]。氧化石墨烯是大规模生产石墨烯基材料的低成本高效益前驱体[23]。氧化石墨烯薄片具有高的面积厚度比和大量的表面官能团,可以相互叠放,形成厚度小于 100nm 的大面积石墨烯薄膜/膜,或厚度大于 1μm 的氧化石墨烯纸[226,237-239]。氧化石墨烯薄片以氢键结合,形成层间距为 6 ~ 13Å 的层状结构,这取决于膜的含水量[240-242]。采用改进的 Hummer 法合成了氧化石墨烯悬浮液[243]。将氧化石墨烯悬浮液离心,以控制氧化石墨烯薄片的尺寸,通过 SEM 发现尺寸为 5 ~ 10μm。采用 4 种不同的方法制备氧化石墨烯平膜:低压/真空过滤、高压过滤、滴注/蒸发和浸涂(图 6.15(a) ~ (c))[243]。采用孔径为 0.2μm 的聚醚砜(PES)微滤膜作为氧化石墨烯平板膜的基底。在低压和高压过滤方法中都使用了垂直流过滤器(美国 Sterlitech HP4750 搅拌装置)。通过在 1bar(低压/真空过滤)和 10bar(高压过滤)下过滤浓度为 0.1g/L 的 20mL 氧化石墨烯悬浮液,以此制备氧化石墨烯膜。对于滴注/蒸发法,将浓度为 4g/L 的 1mL 氧化石墨烯悬浮液滴在 PES 基底表面,并在 80℃下在烤箱中快速蒸发悬浮液 1h(图 6.15(b))。对于浸涂,用浓度为 2g/L 的氧化石墨烯悬浮液润湿 PES 基底的一侧,并在空气中干燥 1h(图 6.15(c))。

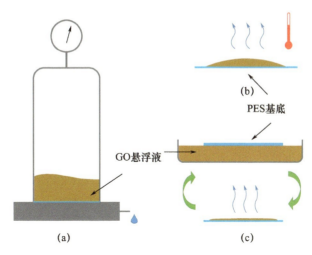

图 6.15　PES 平板基板上氧化石墨烯(GO)膜合成示意图
(a)高压和低压过滤;(b)高温蒸发;(c)浸涂[243]。

最初是通过机械剥离分离出石墨烯,剥离热解石墨小台面的顶面[1,244-245],这种方法不适合大规模应用。最近,单层氧化石墨烯在硅基底上沉积后被化学还原成石墨烯[2,225],这种方法同样仅限于有限的应用。通过快速热膨胀[222]或超声分散[66,246]用强酸剥离氧化石墨,这是获得块状氧化石墨烯的一种方法。氧化化学类似于用于功能化单壁碳纳米管(SWNT)的方法[247-249],主要在 SWNT 末端的"缺陷"位置产生各种氧功能团(—OH、—O—、和—COOH)。对于足够强的氧化剂,单壁碳纳米管壁面上也产生了功能化缺陷[250]。因此,与剥落力学无关,由氧化石墨制备的氧化石墨烯包含显著的氧功能[222]和缺陷,因此必须修复氧化引起的相关结构和电子扰动,以恢复石墨烯的独特性质。这些扰动可以通过"钝化化学"进行表面改善,例如,使氧化石墨烯与胺发生反应[246],但由于残余(钝化)缺陷,预期产生的材料不会表现出石墨烯的电子属性。理想情况下,氧化石墨烯必须在剥离后严格还原,以恢复石墨烯的理想性能[245]。任何这些缺陷都会导致更高的表面化学活性,从而进一步破坏石墨烯的 sp^2 键合性质,这会影响石墨烯的基本性能[251]。

6.6　石墨烯未来工程应用创新

随着合成和功能化方法的迅速发展,石墨烯及其相关衍生物在传感器[147,252]、复合材料[147,252-257]、纳米电子学[258]、催化[154]以及燃料电池、超级电容器、储氢等能源技术[130,259-260]等领域显示了卓越的性能,几篇综述文章对此进行了总结[104,261-264]。除了上述应用之外,石墨烯的生物医学应用是一个相对较新的领域,具有巨大的潜力[252]。

石墨烯有望取代硅电子器件;但是,它有两个主要缺点,即发现合适的基底材料和带隙开口。最近的理论和实验研究提供了相互矛盾的结果:虽然理论研究表明石墨烯在六方氮化硼(hBN)上可能存在有限带隙,但最近的实验研究没有发现带隙[265]。在设备中使用石墨烯的另一个重要挑战是缺乏可控带隙[266]。通过将石墨烯图案化到石墨烯纳米带(GNR)中,可以通过量子限制打开带隙[267-268]。然而,由于其对宽度和边缘几何形状的敏感性,很难控制 GNR 中的带隙[268]。或者,可以通过将石墨烯与 H、F、OH 等多种物种进行化学功能化来打开带隙[269]。与 Si 和 III-V 等传统材料相比,石墨烯表现出显著的电子特性,这使其成为下一代电子设备的有吸引力材料[266]。

石墨烯的带隙不足是其在任何数字电子应用的严重障碍。带隙的打开已被证明比最初设想更易产生问题,石墨烯场效应晶体管无法轻松取代硅晶体管的主要原因是石墨烯场效应晶体管通道无法关闭,但即使在关闭状态下也会泄漏电流[270]。

许多研究指出,不同的生物分子如 siRNA、DNA 和如阿霉素等抗癌药物可以负载在石墨烯表面进行基因转染和药物输送[271]。石墨烯基材料作为智能基因(siRNA、dsDNA 和反义寡核苷酸)载体也被广泛用于基因治疗,因为它们在治疗包括癌症在内的基因相关疾病方面具有潜力[272-276]。由于石墨烯具有独特的物理、化学和力学性能,并对正常细胞的毒性极小,且具有光稳定性,因此石墨烯在疾病诊断、癌症治疗、药物/基因传递、生物成像和抗菌方法等领域具有广阔的应用前景[277]。然而,石墨烯的这些独特特性和生物利用率引起了不确定性和对环境和职业暴露的担忧,石墨烯物理化学性质的变化会影响生物反应,包括活性氧(ROS)的产生[277]。由脱细胞因子引起石墨烯在活体组织中积累引起的氧化应激,这可能影响石墨烯与目标组织和细胞之间的生理相互作用。细胞因子包括粒径、形状、表面电荷、表面含官能团、光活化、细胞反应等,比如线粒体呼吸、石墨烯与细胞的相互作用和介质的 pH 值,这些也是 ROS 产生的决定因素[277]。石墨烯可能在细胞、亚细胞、蛋白质和基因水平上影响生物行为。石墨烯的毒性取决于其在特定器官中的物理化学相互作用和积累,石墨烯在特定器官中的摄取也会因器官内的细胞变化而影响细胞功能,图 6.16 是活性氧与石墨烯细胞毒性相关的潜在机制的示意图[277]。然而,对石墨烯-细胞相互作用,尤其是 ROS 生成的基本理解,以及正确使用的最佳条件,将在未来提供新的治疗平台[277]。同时,通常的治疗方法以及化疗和放疗在治疗癌症方面是常用方法;尽管如此,这些方法的成功率很低,并且对患者的身心健康有严重的副作用[278]。

研究人员已经开始对石墨烯电子性质进行研究,这项研究不太可能在短期内停止,这是因为可能存在着未知的机会使得人们可以通过应变工程和各种结构改性来控制量子输运,即使在对此有所掌控后,石墨烯也将作为凝聚态物理应用中一个真正独特的材料脱颖而出。人们对石墨烯非电子性质的研究正处于起步阶段,这将带来新的现象,有望证明这些现象同样具有吸引力,并支持石墨烯相关报告[11]。

此外,鉴于利用简单透明胶带将石墨烯与石墨分离的简单开创性工作,这种材料已成为不同领域科学家关注的焦点。在一种材料中结合石墨烯的独特性质,已经彻底改变了材料科学;它在当前和未来技术中的广泛应用继续激发科学家和工程师的想象力。人们正在创新探索生产高质量石墨烯的新合成路线。工程师们在设计新器件时正在利用石墨烯的特殊性能。石墨烯的多功能特性意味着它有着广阔的应用前景,这使得石墨烯成为当今技术发展的主流方向。石墨烯应用的研究和开发可能会产生以下结果:

(1) 灵活的可折叠屏幕,可以像纸一样折叠和滚动;
(2) 增强型电池,可在几秒钟内充电,并可在数周、数月甚至数年内保持充电状态;
(3) 石墨烯取代传统硅晶体管的超高速计算机;
(4) 石墨烯涂层涂料带来的无锈环境;
(5) 将热能转换为其他可用能源的节能汽车;
(6) 使用石墨烯制备更节能的结构部件和更安全的飞机;

(7)使用可作为抗癌剂的氧化石墨烯更好地治疗癌症;
(8)超薄、柔软和更好的镜片,可以扩展视野;
(9)加强太阳能和风能的储存,以改善和减少污染的环境;
(10)大量减少臭氧层的损耗;
(11)为第三世界国家提供清洁和安全饮用水;
(12)使用水泥-石墨烯外加剂、沥青-石墨烯外加剂和石墨烯结构元件,可以实现更坚固、耐用、轻质、有利于散热和安全的土木工程基础设施;
(13)多功能智能机器人基础设施。

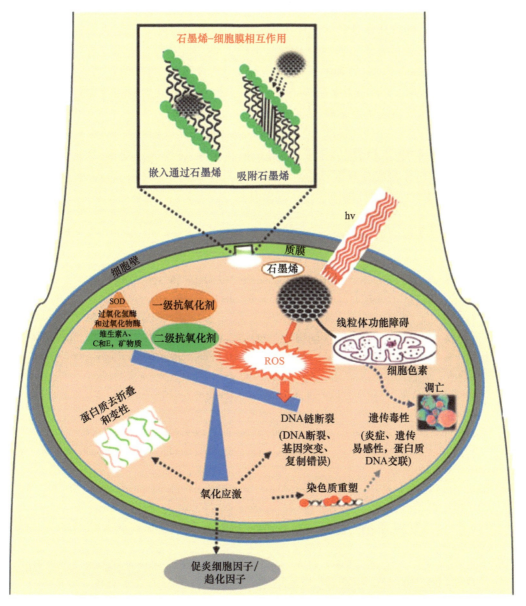

图6.16 活性氧与石墨烯细胞毒性相关的潜在机制的示意图[277]

6.7 小结

自分离石墨烯以来,引发了石墨烯领域不同寻常的革命,其从样品材料变为重要的先进材料。石墨烯的独特特性使其成为全球范围内材料科学领域中的重要材料,能够在当前和未来复杂的软硬件工程基础设施网络中发挥重要的作用。本章通过短期、中期和长期的研究和开发深入探讨了石墨烯的可持续利用,以期研究石墨烯的每一种独特性质对实现适当的工程基础设施的相关贡献,这些基础设施将满足人类生活各个方面的需要。此外,本章还研究了在不使用化石燃料的情况下,开发将热能转化为电能的智能工程基础设施的适当用途,同时开发具有智能能力的移动工程基础设施。研究人员探索了石墨烯在各方面的应用,包括建筑工程、结构工程、运输工程、水利工程、土木工程、化工、冶金工程、材料工程、机械工程、电气和电子工程、工业工程、计算机工程、信息与通信技术学科。本章还讨论了石墨烯发展的未来趋势,预测了石墨烯将带来的影响和智能行走机器人发展的可能性,这将支持人类在地球、太空或其他行星活动。

鉴于石墨烯存在导电性、透明度、力学强度和弹性等特性而非凡的组合,在其他材料中并不常见,这种"神奇材料"在电子、能量转换和储存、延缓气候变化、健康、航空航天、汽车、涂料和涂料等领域具有重要的潜在应用。为改善人类和环境,石墨烯正蓄势待发;石墨烯在大量现有应用中逐渐地替代了许多材料。

参考文献

[1] Geim, A. K. and Novoselov, K. S., The rise of graphene. *Nat. Mater.*, 6, 3, 183, 2007.

[2] Gilje, S. *et al.*, A chemical route to graphene for device applications. *Nano Lett.*, 7, 11, 3394 – 3398, 2007.

[3] Geim, A. K. and MacDonald, A. H., Graphene: Exploring carbon flatland. *Phys. Today*, 60, 8, 35, 2007.

[4] Novoselov, K. S. *et al.*, Electric field effect in atomically thin carbon films. *Science*, 306, 5696, 666 – 669, 2004.

[5] Ramanathan, T. *et al.*, Functionalized graphene sheets for polymer nano composites. *Nat. Nanotechnol.*, 3, 6, 327, 2008.

[6] Stankovich, S. *et al.*, Graphene – based composite materials. *Nature*, 442, 7100, 282, 2006.

[7] Peigney, A. *et al.*, Specific surface area of carbon nanotubes and bundles of carbon nanotubes. *Carbon*, 39, 4, 507 – 514, 2001.

[8] Xiang, Q., Yu, J., Jaroniec, M., Graphene – based semiconductor photocatalysts. *Chem. Soc. Rev.*, 41, 2, 782 – 796, 2012.

[9] Novoselov, K. S. *et al.*, Room – temperature quantum Hall effect in graphene. *Science*, 315, 5817, 1379 – 1379, 2007.

[10] Watcharotone, S. *et al.*, Graphene – silica composite thin films as transparent conductors. *Nano Lett.*, 7, 7, 1888 – 1892, 2007.

[11] Geim, A. K., Graphene: Status and prospects. *Science*, 324, 5934, 1530 – 1534, 2009.

[12] Huh, J. – H. *et al.*, Enhancement of seawater corrosion resistance in copper using acetone – derived graphene coating. *Nanoscale*, 6, 8, 4379 – 4386, 2014.

[13] Qian, W. et al., Ornidazole – loaded graphene paper for combined antibacterial materials. *J. Saudi Chem. Soc.*, 22, 5, 581 – 587, 2018.

[14] Li, M. et al., An overview of graphene – based hydroxyapatite composites for orthopedic applications. *Bioact. Mater.*, 3, 1, 1 – 18, 2018.

[15] Janković, A. et al., Graphene – based antibacterial composite coatings electrodeposited on titanium for biomedical applications. *Prog. Org. Coat.*, 83, 1 – 10, 2015.

[16] Jia, Z. et al., Bioinspired anchoring AgNPs onto micro – nanoporous TiO_2 orthopedic coatings: Trap – killing of bacteria, surface – regulated osteoblast functions and host responses. *Biomaterials*, 75, 203 – 222, 2016.

[17] Shi, Y. et al., Electrophoretic deposition of graphene oxide reinforced chitosan – hydroxyapatite nanocomposite coatings on Ti substrate. *J. Mater. Sci. – Mater. Med.*, 27, 3, 48, 2016.

[18] Allen, M. J., Tung, V. C., Kaner, R. B., Honeycomb carbon: A review of graphene. *Chem. Rev.*, 110, 1, 132 – 145, 2009.

[19] Bai, H., Li, C., Shi, G., Functional composite materials based on chemically converted graphene. *Adv. Mater.*, 23, 9, 1089 – 1115, 2011.

[20] Kim, K. S. et al., Large – scale pattern growth of graphene films for stretchable transparent electrodes. *Nature*, 457, 7230, 706, 2009.

[21] Li, X. et al., Large – area synthesis of high – quality and uniform graphene films on copper foils. *Science*, 324, 5932, 1312 – 1314, 2009.

[22] Sun, Y., Wu, Q., Shi, G., Graphene based new energy materials. *Energy Environ. Sci.*, 4, 4, 1113 – 1132, 2011.

[23] Park, S. and Ruoff, R. S., Chemical methods for the production of graphenes. *Nat. Nanotechnol.*, 4, 4, 217, 2009.

[24] Mei, K. – C. et al., Organic solvent – free, one – step engineering of graphene – based magnetic – responsive hybrids using design of experiment – driven mechanochemistry. *ACS Appl. Mater. Interfaces*, 7, 26, 14176 – 14181, 2015.

[25] Bonaccorso, F. et al., Graphene photonics and optoelectronics. *Nat. Photonics*, 4, 9, 611, 2010.

[26] Eda, G. et al., Blue photoluminescence from chemically derived graphene oxide. *Adv. Mater.*, 22, 4, 505 – 509, 2010.

[27] Lu, J. et al., One – pot synthesis of fluorescent carbon nanoribbons, nanoparticles, and graphene by the exfoliation of graphite in ionic liquids. *ACS Nano*, 3, 8, 2367 – 2375, 2009.

[28] Luo, Z. et al., Photoluminescence and band gap modulation in graphene oxide. *Appl. Phys. Lett.*, 94, 11, 111909, 2009.

[29] Sun, X. et al., Nano – graphene oxide for cellular imaging and drug delivery. *Nano Res.*, 1, 3, 203 – 212, 2008.

[30] Gokus, T. et al., Making graphene luminescent by oxygen plasma treatment. *ACS Nano*, 3, 12, 3963 – 3968, 2009.

[31] Chen, X. et al., Furfuryl alcohol functionalized graphene for sorption of radionuclides. *Arabian J. Chem.*, 10, 6, 837 – 844, 2017.

[32] Ambrosi, A. et al., Electrochemistry at chemically modified graphenes. *Chem. Eur. J.*, 17, 38, 10763 – 10770, 2011.

[33] Bonanni, A., Ambrosi, A., Pumera, M., On oxygen – containing groups in chemically modified graphenes. *Chem. Eur. J.*, 18, 15, 4541 – 4548, 2012.

[34] Pope, M. A., Punckt, C., Aksay, I. A., Intrinsic capacitance and redox activity of functionalized graphene sheets. *J. Phys. Chem. C*, 115, 41, 20326 – 20334, 2011.

[35] Muti, M. et al., Electrochemical monitoring of nucleic acid hybridization by single – use graphene oxide – based sensor. *Electroanalysis*, 23, 1, 272 – 279, 2011.

[36] Brownson, D. A. and Banks, C. E., The electrochemistry of CVD graphene: Progress and prospects. *Phys. Chem. Chem. Phys.*, 14, 23, 8264 – 8281, 2012.

[37] Dave, S. H. et al., Chemistry and structure of graphene oxide via direct imaging. *ACS Nano*, 10, 8, 7515 – 7522, 2016.

[38] Rowley – Neale, S. J. et al., An overview of recent applications of reduced graphene oxide as a basis of electroanalytical sensing platforms. *Appl. Mater. Today*, 10, 218 – 226, 2018.

[39] Fu, L. et al., Advanced catalytic and electrocatalytic performances of polydopamine – functionalized reduced graphene oxide – palladium nanocomposites. *ChemCatChem*, 8, 18, 2975 – 2980, 2016.

[40] Li, J. et al., Ultra – sensitive film sensor based on Al_2O_3 – Au nanoparticles supported on PDDA – functionalized graphene for the determination of acetaminophen. *Anal. Bioanal. Chem.*, 408, 20, 5567 – 5576, 2016.

[41] Yang, T. et al., Label – free electrochemical immunoassay for a – fetoprotein based on a redox matrix of Prussian blue – reduced graphene oxide/gold nanoparticles – poly (3,4 – ethylenedioxy – thiophene) composite. *J. Electroanal. Chem.*, 799, 625 – 633, 2017.

[42] Kovtyukhova, N. I. et al., Layer – by – layer assembly of ultrathin composite films from micronsized graphite oxide sheets and polycations. *Chem. Mater.*, 11, 3, 771 – 778, 1999.

[43] Wang, Y. et al., The woven fiber organic electrochemical transistors based on polypyrrole nanowires/reduced graphene oxide composites for glucose sensing. *Biosens. Bioelectron.*, 95, 138 – 145, 2017.

[44] Singal, S. and Kotnala, R. K., Single frequency impedance analysis on reduced graphene oxide screen – printed electrode for biomolecular detection. *Appl. Biochem. Biotechnol.*, 183, 2, 672 – 683, 2017.

[45] Lu, J. et al., Electrochemical detection of Cu^{2+} using graphene – SnS nanocomposite modified electrode. *J. Electroanal. Chem.*, 769, 21 – 27, 2016.

[46] Zhang, D. et al., Electrochemical behavior and voltammetric determination of curcumin at electrochemically reduced graphene oxide modified glassy carbon electrode. *Electroanalysis*, 28, 4, 749 – 756, 2016.

[47] Teymourian, H., Salimi, A., Khezrian, S., Development of a new label – free, indicator – free strategy toward ultrasensitive electrochemical DNA biosensing based on Fe_3O_4 nanoparticles/ reduced graphene oxide composite. *Electroanalysis*, 29, 2, 409 – 414, 2017.

[48] Kıranşan, K. D., Topçu, E., Alanyalıoğlu, M., Surface – confined electropolymerization of pyronin Y in the graphene composite paper structure for the amperometric determination of dopamine. *J. Appl. Polym. Sci.*, 134, 30, 45139, 2017.

[49] Li, Y. et al., A novel electrochemical biomimetic sensor based on poly (Cu – AMT) with reduced graphene oxide for ultrasensitive detection of dopamine. *Talanta*, 162, 80 – 89, 2017.

[50] Sakthinathan, S. et al., Electrocatalytic oxidation of dopamine based on non – covalent functionalization of manganese tetraphenylporphyrin/reduced graphene oxide nanocomposite. *J. Colloid Interface Sci.*, 468, 120 – 127, 2016.

[51] Göde, C. et al., A novel electrochemical sensor based on calixarene functionalized reduced graphene oxide: Application to simultaneous determination of Fe (III), Cd (II) and Pb (II) ions. *J. Colloid Interface Sci.*, 508, 525 – 531, 2017.

[52] Su, C. et al., Probing the catalytic activity of porous graphene oxide and the origin of this behaviour.

Nat. Commun. ,3,1298,2012.

[53] Zhang,D. et al. ,Voltammetric determination of folic acid using adsorption of methylene blue onto electrodeposited of reduced graphene oxide film modified glassy carbon electrode. *Electroanalysis*,28,2,312 - 319,2016.

[54] Li,D. et al. ,Processable aqueous dispersions of graphene nanosheets. *Nat. Nanotechnol.* ,3,2,101,2008.

[55] Hummers,W. S. ,Jr. and Offeman,R. E. ,Preparation of graphitic oxide. *J. Am. Chem. Soc.* ,80,6,1339 - 1339,1958.

[56] Al - Sagur,H. et al. ,A novel glucose sensor using lutetium phthalocyanine as redox mediator in reduced graphene oxide conducting polymer multifunctional hydrogel. *Biosens. Bioelectron.* ,92,638 - 645,2017.

[57] Gowthaman,N. ,Raj,M. A. ,John,S. A. ,Nitrogen - doped graphene as a robust scaffold for the homogeneous deposition of copper nanostructures: A nonenzymatic disposable glucose sensor. *ACS Sustain. Chem. Eng.* ,5,2,1648 - 1658,2017.

[58] Mascagni,D. B. T. et al. ,Layer - by - layer assembly of functionalized reduced graphene oxide for direct electrochemistry and glucose detection. *Mater. Sci. Eng.* ,C,68,739 - 745,2016.

[59] Zhao,Y. et al. ,ZnO - nanorods/graphene heterostructure: A direct electron transfer glucose biosensor. *Sci. Rep.* ,6,32327,2016.

[60] Li,Z. et al. ,Direct electrochemistry of cholesterol oxidase immobilized on chitosan - graphene and cholesterol sensing. *Sens. Actuators*,B,208,505 - 511,2015.

[61] Li,Z. et al. ,A glassy carbon electrode modified with a composite consisting of reduced graphene oxide, zinc oxide and silver nanoparticles in a chitosan matrix for studying the direct electron transfer of glucose oxidase and for enzymatic sensing of glucose. *Microchim. Acta*,183,5,1625 - 1632,2016.

[62] Rabti,A. ,Argoubi,W. ,Raouafi,N. ,Enzymatic sensing of glucose in artificial saliva using a flat electrode consisting of a nanocomposite prepared from reduced graphene oxide, chitosan, nafion and glucose oxidase. *Microchim. Acta*,183,3,1227 - 1233,2016.

[63] Bozkurt,S. et al. ,A hydrogen peroxide sensor based on TNM functionalized reduced graphene oxide grafted with highly monodisperse Pd nanoparticles. *Anal. Chim. Acta*,989,88 - 94,2017.

[64] Yang,X. et al. ,Size controllable preparation of gold nanoparticles loading on graphene sheets@ cerium oxide nanocomposites modified gold electrode for nonenzymatic hydrogen peroxide detection. *Sens. Actuators*,B,238,40 - 47,2017.

[65] Amanulla,B. et al. ,A non - enzymatic amperometric hydrogen peroxide sensor based on iron nanoparticles decorated reduced graphene oxide nanocomposite. *J. Colloid Interface Sci.* ,487,370 - 377,2017.

[66] Stankovich,S. et al. ,Stable aqueous dispersions of graphitic nanoplatelets via the reduction of exfoliated graphite oxide in the presence of poly (sodium 4 - styrenesulfonate). *J. Mater. Chem.* ,16,2,155 - 158,2006.

[67] Zhang,D. et al. ,Real - time amperometric monitoring of cellular hydrogen peroxide based on electrodeposited reduced graphene oxide incorporating adsorption of electroactive methylene blue hybrid composites. *J. Electroanal. Chem.* ,780,60 - 67,2016.

[68] Yao,Z. et al. ,Synthesis of differently sized silver nanoparticles on a screen - printed electrode sensitized with a nanocomposites consisting of reduced graphene oxide and cerium (IV) oxide for nonenzymatic sensing of hydrogen peroxide. *Microchim. Acta*,183,10,2799 - 2806,2016.

[69] Zhang,M. et al. ,Free - standing and flexible graphene papers as disposable non - enzymatic electrochemical sensors. *Bioelectrochemistry*,109,87 - 94,2016.

[70] Mani,V. et al. ,Core - shell heterostructured multiwalled carbon nanotubes@ reduced graphene oxide na-

[70] noribbons/chitosan, a robust nanobiocomposite for enzymatic biosensing of hydrogen peroxide and nitrite. *Sci. Rep.*, 7, 1, 11910, 2017.

[71] Yang, Y. et al., Covalent immobilization of $Cu_3(btc)_2$ at chitosan – electroreduced graphene oxide hybrid film and its application for simultaneous detection of dihydroxybenzene isomers. *J. Phys. Chem. C*, 120, 18, 9794 – 9803, 2016.

[72] Hatamluyi, B. and Es' haghi, Z., A layer – by – layer sensing architecture based on dendrimer and ionic liquid supported reduced graphene oxide for simultaneous hollow – fiber solid phase microextraction and electrochemical determination of anti – cancer drug imatinib in biological samples. *J. Electroanal. Chem.*, 801, 439 – 449, 2017.

[73] Sun, B. et al., Direct electrochemistry and electrocatalysis of lobetyolin via magnetic functionalized reduced graphene oxide film fabricated electrochemical sensor. *Mater. Sci. Eng.*, C, 74, 515 – 524, 2017.

[74] Xu, Y. et al., Electrodeposition of gold nanoparticles and reduced graphene oxide on an electrode for fast and sensitive determination of methylmercury in fish. *Food Chem.*, 237, 423 – 430, 2017.

[75] Cincotto, F. H. et al., Reduced graphene oxide – Sb_2O_5 hybrid nanomaterial for the design of a laccase – based amperometric biosensor for estriol. *Electrochim. Acta*, 174, 332 – 339, 2015.

[76] Mendonça, C. D. et al., Methylparaben quantification via electrochemical sensor based on reduced graphene oxide decorated with ruthenium nanoparticles. *Sens. Actuators*, B, 251, 739 – 745, 2017.

[77] Tığ, G. A., Highly sensitive amperometric biosensor for determination of NADH and ethanol based on Au – Ag nanoparticles/poly (L – cysteine)/reduced graphene oxide nanocomposite. *Talanta*, 175, 382 – 389, 2017.

[78] Zhao, Z. et al., Green synthesis of Pd/Fe_3O_4 composite based on polyDOPA functionalized reduced graphene oxide for electrochemical detection of nitrite in cured food. *Electrochim. Acta*, 256, 146 – 154, 2017.

[79] Marcano, D. C. et al., Improved synthesis of graphene oxide. *ACS Nano*, 4, 8, 4806 – 4814, 2010.

[80] Kim, Y. and Shanmugam, S., Polyoxometalate – reduced graphene oxide hybrid catalyst: Synthesis, structure, and electrochemical properties. *ACS Appl. Mater. Interfaces*, 5, 22, 12197 – 12204, 2013.

[81] Ma, G. et al., A three dimensional, macroporous hybrid of a polyoxometalate and reduced graphene oxide with enhanced catalytic activity for stable and sensitive nonenzymatic detection of nitrite. *Anal. Methods*, 9, 35, 5140 – 5148, 2017.

[82] Gholizadeh, A. et al., Toward point – of – care management of chronic respiratory conditions: Electrochemical sensing of nitrite content in exhaled breath condensate using reduced graphene oxide. *Microsyst. Nanoeng.*, 3, 17022, 2017.

[83] Shen, Y. et al., Preparation of high – quality palladium nanocubes heavily deposited on nitrogen – doped graphene nanocomposites and their application for enhanced electrochemical sensing. *Talanta*, 165, 304 – 312, 2017.

[84] Liu, H. et al., A novel nitrite biosensor based on the direct electrochemistry of horseradish peroxidase immobilized on porous Co_3O_4 nanosheets and reduced graphene oxide composite modified electrode. *Sens. Actuators*, B, 238, 249 – 256, 2017.

[85] Fan, S. et al., Zinc porphyrin – fullerene derivative noncovalently functionalized graphene hybrid as interfacial material for electrocatalytic application. *Talanta*, 160, 713 – 720, 2016.

[86] Wen, Y. et al., Highly sensitive amperometric biosensor based on electrochemically – reduced graphene oxide – chitosan/hemoglobin nanocomposite for nitromethane determination. *Biosens. Bioelectron.*, 79, 894 – 900, 2016.

[87] Hao, N. et al., Ultrasensitive electrochemical ochratoxin aaptasensor based on cdte quantum dots function-

alized graphene/au nanocomposites and magnetic separation. *J. Electroanal. Chem.* ,781,332 – 338,2016.

[88] Zuo,Y. et al. ,Voltammetric sensing of Pb (Ⅱ) using a glassy carbon electrode modified with composites consisting of Co_3O_4 nanoparticles, reduced graphene oxide and chitosan. *J. Electroanal. Chem.* ,801,146 – 152,2017.

[89] Yu,H. et al. ,A highly sensitive determination of sulfite using a glassy carbon electrode modified with gold nanoparticles – reduced graphene oxide nano – composites. *J. Electroanal. Chem.* ,801,488 – 495,2017.

[90] Wang,Q. et al. ,A simple and sensitive method for determination of taxifolin on palladium nanoparticles supported poly (diallyldimethylammonium chloride) functionalized graphene modified electrode. *Talanta*, 164,323 – 329,2017.

[91] Muñoz,J. et al. ,Amperometric thyroxine sensor using a nanocomposite based on graphene modified with gold nanoparticles carrying a thiolatedβ – cyclodextrin. *Microchim. Acta*,183,5,1579 – 1589,2016.

[92] Chandra,V. et al. ,Highly selective CO_2 capture on N – doped carbon produced by chemical activation of polypyrrole functionalized graphene sheets. *Chem. Commun.* ,48,5,735 – 737,2012.

[93] Zhu,Y. et al. ,Graphene and graphene oxide:Synthesis, properties, and applications. *Adv. Mater.* ,22,35, 3906 – 3924,2010.

[94] Kim,W. Y. and Kim,K. S. ,Prediction of very large values of magnetoresistance in a graphene nanoribbon device. *Nat. Nanotechnol.* ,3,7,408,2008.

[95] Liao,L. et al. ,High – speed graphene transistors with a self – aligned nanowire gate. *Nature*,467,7313, 305,2010.

[96] Lin,Y. – M. et al. ,100 – GHz transistors from wafer – scale epitaxial graphene. *Science*,327,5966,662 – 662,2010.

[97] Lin,Y. – M. et al. , Development of graphene FETs for high frequency electronics, in: *Electron Devices Meeting* (*IEDM*) ,2009 *IEEE International*, IEEE,2009.

[98] Lin,Y. – M. et al. ,Operation of graphene transistors at gigahertz frequencies. *Nano Lett.* ,9,1,422 – 426, 2008.

[99] Meric,I. et al. ,RF performance of top – gated, zero – bandgap graphene field – effect transistors, in: *Electron Devices Meeting*,2008. IEDM 2008. IEEE International, IEEE,2008.

[100] Park,J. et al. ,Work – function engineering of graphene electrodes byself – assembled monolayers for high – performance organic field – effect transistors. *J. Phys. Chem. Lett.* ,2,8,841 – 845,2011.

[101] Wu,Y. et al. , High – frequency, scaled graphene transistors on diamond – like carbon. *Nature*,472, 7341,74,2011.

[102] Yu,Y. – J. et al. ,Tuning the graphene work function by electric field effect. *Nano Lett.* ,9,10,3430 – 3434,2009.

[103] Li,S. – S. et al. ,Solution – processable graphene oxide as an efficient hole transport layer in polymer solar cells. *ACS Nano* ,4,6,3169 – 3174,2010.

[104] Loh,K. P. et al. ,Graphene oxide as a chemically tunable platform for optical applications. *Nat. Chem.* , 2,12,1015,2010.

[105] Bae, S. et al. , Roll – to – roll production of 30 – inch graphene films for transparent electrodes. *Nat. Nanotechnol.* ,5,8,574,2010.

[106] Liu,X. et al. ,Investigation of graphene nanofluid for high efficient solar steam generation. *Energy Procedia*,142,350 – 355,2017.

[107] Chang,C. et al. ,Efficient solar – thermal energy harvest driven by interfacial plasmonic heating – assisted evaporation. *ACS Appl. Mater. Interfaces* ,8,35,23412 – 23418,2016.

[108] Sajadi, S. M. et al., Flexible artificially-networked structure for ambient/high pressure solar steam generation. *J. Mater. Chem. A*, 4, 13, 4700-4705, 2016.

[109] Wang, J. et al., High-performance photothermal conversion of narrow-bandgap Ti_2O_3 nanoparticles. *Adv. Mater.*, 29, 3, 1603730, 2017.

[110] Zhong, Y. et al., Heterojunction solar cells based on graphene woven fabrics and silicon. *J. Materiomics*, 4, 2, 135-138, 2018.

[111] Cheng, H. et al., Graphene fiber: A new material platform for unique applications. *NPG Asia Mater.*, 6, 7, e113, 2014.

[112] Huang, Y., Liang, J., Chen, Y., The application of graphene based materials for actuators. *J. Mater. Chem.*, 22, 9, 3671-3679, 2012.

[113] Liang, J. et al., Electromechanical actuator with controllable motion, fast response rate, and high-frequency resonance based on graphene and polydiacetylene. *ACS Nano*, 6, 5, 4508-4519, 2012.

[114] Lu, L. et al., Graphene-stabilized silver nanoparticle electrochemical electrode for actuator design. *Adv. Mater.*, 25, 9, 1270-1274, 2013.

[115] Wu, C. et al., Large-area graphene realizing ultrasensitive photothermal actuator with high transparency: New prototype robotic motions under infrared-light stimuli. *J. Mater. Chem.*, 21, 46, 18584-18591, 2011.

[116] Zhang, J. et al., Dimension-tailored functional graphene structures for energy conversion and storage. *Nanoscale*, 5, 8, 3112-3126, 2013.

[117] Zhu, C. H. et al., Photothermallysensitive poly (N-isopropylacrylamide)/graphene oxide nanocomposite hydrogels as remote light-controlled liquid microvalves. *Adv. Funct. Mater.*, 22, 19, 4017-4022, 2012.

[118] Liu, J. et al., A rationally-designed synergetic polypyrrole/graphene bilayer actuator. *J. Mater. Chem.*, 22, 9, 4015-4020, 2012.

[119] Liu, J. et al., Three-dimensional graphene-polypyrrole hybrid electrochemical actuator. *Nanoscale*, 4, 23, 7563-7568, 2012.

[120] Xie, X. et al., Load-tolerant, highly strain-responsive graphene sheets. *J. Mater. Chem.*, 21, 7, 2057-2059, 2011.

[121] Xie, X. et al., An asymmetrically surface-modified graphene film electrochemical actuator. *ACS Nano*, 4, 10, 6050-6054, 2010.

[122] Yang, Z. et al., Photovoltaic wire derived from a graphene composite fiber achieving an 8.45% energy conversion efficiency. *Angew. Chem.*, 125, 29, 7693-7696, 2013.

[123] Chen, J., Li, C., Shi, G., Graphene materials for electrochemical capacitors. *J. Phys. Chem. Lett.*, 4, 8, 1244-1253, 2013.

[124] Le, L. T. et al., Graphene supercapacitor electrodes fabricated by inkjet printing and thermal reduction of graphene oxide. *Electrochem. Commun.*, 13, 4, 355-358, 2011.

[125] Wang, D. et al., Ternary self-assembly of ordered metal oxide-graphene nanocomposites for electrochemical energy storage. *ACS Nano*, 4, 3, 1587-1595, 2010.

[126] Wang, D.-W et al., Fabrication of graphene/polyaniline composite paper via *in situ* anodic electropolymerization for high-performance flexible electrode. *ACS Nano*, 3, 7, 1745-1752, 2009.

[127] Weng, Z. et al., Graphene-cellulose paper flexible supercapacitors. *Adv. Energy Mater.*, 1, 5, 917-922, 2011.

[128] Wu, Q. et al., Supercapacitors based on flexible graphene/polyaniline nanofiber composite films. *ACS Nano*, 4, 4, 1963-1970, 2010.

[129] Huang, L., Li, C., Shi, G., High-performance and flexible electrochemical capacitors based on graphene/polymer composite films. *J. Mater. Chem. A*, 2, 4, 968-974, 2014.

[130] Stoller, M. D. et al., Graphene-based ultracapacitors. *Nano Lett.*, 8, 10, 3498-3502, 2008.

[131] Meng, Y. et al., All-graphene core-sheath microfibers for all-solid-state, stretchable fibriform supercapacitors and wearable electronic textiles. *Adv. Mater.*, 25, 16, 2326-2331, 2013.

[132] Berman, D., Erdemir, A., Sumant, A. V., Graphene: A new emerging lubricant. *Mater. Today*, 17, 1, 31-42, 2014.

[133] Kim, K.-S. et al., Chemical vapor deposition-grown graphene: The thinnest solid lubricant. *ACS Nano*, 5, 6, 5107-5114, 2011.

[134] Wang, Y. et al., Aptamer/graphene oxide nanocomplex for in situ molecular probing in living cells. *J. Am. Chem. Soc.*, 132, 27, 9274-9276, 2010.

[135] Loan, P. T. K. et al., Hall effect biosensors with ultraclean graphene film for improved sensitivity of label-free DNA detection. *Biosens. Bioelectron.*, 99, 85-91, 2018.

[136] Lee, W. C., Loh, K. P., Lim, C. T., When stem cells meet graphene: Opportunities and challenges in regenerative medicine. *Biomaterials*, 155, 236-250, 2018.

[137] Chen, G.-Y. et al., A graphene-based platform for induced pluripotent stem cells culture and differentiation. *Biomaterials*, 33, 2, 418-427, 2012.

[138] Lee, W. C. et al., Origin of enhanced stem cell growth and differentiation on graphene and graphene oxide. *ACS Nano*, 5, 9, 7334-7341, 2011.

[139] Park, S. Y. et al., Enhanced differentiation of human neural stem cells into neurons on graphene. *Adv. Mater.*, 23, 36, H263-H267, 2011.

[140] Geldert, A. et al., Single-layer ternary chalcogenide nanosheet as a fluorescence-based "Capture-Release" biomolecular nanosensor. *Small*, 13, 5, 1601925, 2017.

[141] Geldert, A. et al., Highly sensitive and selective aptamer-based fluorescence detection of a malarial biomarker using single-layer MoS_2 nanosheets. *ACS Sens.*, 1, 11, 1315-1321, 2016.

[142] Geldert, A. et al., Enhancing the sensing specificity of a MoS2 nanosheet-based FRET aptasensor using a surface blocking strategy. *Analyst*, 142, 14, 2570-2577, 2017.

[143] Lim, C. T., Biocompatibility and nanotoxicity of layered two-dimensional nanomaterials. *ChemNanoMat*, 3, 1, 5-16, 2017.

[144] Luo, Z. et al., High yield preparation of macroscopic graphene oxide membranes. *J. Am. Chem. Soc*, 131, 3, 898-899, 2009.

[145] Xu, Y. et al., Self-assembled graphene hydrogel via a one-step hydrothermal process. *ACS Nano*, 4, 7, 4324-4330, 2010.

[146] Fowler, J. D. et al., Practical chemical sensors from chemically derived graphene. *ACS Nano*, 3, 2, 301-306, 2009.

[147] Lu, C. H. et al., A graphene platform for sensing biomolecules. *Angew. Chem.*, 121, 26, 4879-4881, 2009.

[148] Shan, C. et al., Direct electrochemistry of glucose oxidase and biosensing for glucose based on graphene. *Anal. Chem.*, 81, 6, 2378-2382, 2009.

[149] Wang, Y. et al., Supercapacitor devices based on graphene materials. *J. Phys. Chem. C*, 113, 30, 13103-13107, 2009.

[150] Zhu, Y. et al., Exfoliation of graphite oxide in propylene carbonate and thermal reduction of the resulting graphene oxide platelets. *ACS Nano*, 4, 2, 1227-1233, 2010.

[151] Sun, Z. et al., Graphene mode - locked ultrafast laser. *ACS Nano*, 4, 2, 803 – 810, 2010.

[152] Xu, Y. et al., Strong and ductile poly (vinyl alcohol)/graphene oxide composite films with a layered structure. *Carbon*, 47, 15, 3538 – 3543, 2009.

[153] Hong, W. et al., Transparent graphene/PEDOT – PSS composite films as counter electrodes of dye – sensitized solar cells. *Electrochem. Commun.*, 10, 10, 1555 – 1558, 2008.

[154] Qu, L. et al., Nitrogen – doped graphemes as efficient metal – free electrocatalyst for oxygen reduction in fuel cells. *ACS Nano*, 4, 3, 1321 – 1326, 2010.

[155] Si, Y. and Samulski, E. T., Exfoliated graphene separated by platinum nanoparticles. *Chem. Mater.*, 20, 21, 6792 – 6797, 2008.

[156] Mannoor, M. S. et al., Graphene – based wireless bacteria detection on tooth enamel. *Nat. Commun.*, 3, 763, 2012.

[157] Choi, W. et al., Synthesis of graphene and its applications: A review. *Crit. Rev. Solid State Mater. Sci.*, 35, 1, 52 – 71, 2010.

[158] Yang, W. et al., Carbon nanomaterials in biosensors: Should you use nanotubes or graphene? *Angew. Chem. Int. Ed.*, 49, 12, 2114 – 2138, 2010.

[159] Dong, X. et al., Electrical detection of DNA hybridization with single – base specificity using transistors based on CVD – grown graphene sheets. *Adv. Mater.*, 22, 14, 1649 – 1653, 2010.

[160] Mohanty, N. and Berry, V., Graphene – based single – bacterium resolution biodevice and DNA transistor: Interfacing graphene derivatives with nanoscale and microscale biocomponents. *Nano Lett.*, 8, 12, 4469 – 4476, 2008.

[161] Lee, C. et al., Measurement of the elastic properties and intrinsic strength of monolayer graphene. *Science*, 321, 5887, 385 – 388, 2008.

[162] Koenig, S. P. et al., Ultrastrong adhesion of graphene membranes. *Nat. Nanotechnol.*, 6, 9, 543, 2011.

[163] Romanchuk, A. Y. et al., Graphene oxide for effective radionuclide removal. *Phys. Chem. Chem. Phys.*, 15, 7, 2321 – 2327, 2013.

[164] National Research Council, *Groundwater and Soil Cleanup: Improving Management of Persistent Contaminants*, National Academies Press, Washington DC, USA, 1999.

[165] Akhavan, O. and Ghaderi, E., Toxicity of graphene and graphene oxide nanowalls against bacteria. *ACS Nano*, 4, 10, 5731 – 5736, 2010.

[166] Chang, Y. et al., In vitro toxicity evaluation of graphene oxide on A549 cells. *Toxicol. Lett.*, 200, 3, 201 – 210, 2011.

[167] Salas, E. C. et al., Reduction of graphene oxide via bacterial respiration. *ACS Nano*, 4, 8, 4852 – 4856, 2010.

[168] Zhang, X. et al., Distribution and biocompatibility studies of graphene oxide in mice after intravenous administration. *Carbon*, 49, 3, 986 – 995, 2011.

[169] Brodie, B. C., XIII. On the atomic weight of graphite. *Philos. Trans. R. Soc. London*, 149, 249 – 259, 1859.

[170] Sun, Z., James, D. K., Tour, J. M., Graphene chemistry: Synthesis and manipulation. *J. Phys. Chem. Lett.*, 2, 19, 2425 – 2432, 2011.

[171] Kosynkin, D. V. et al., Graphene oxide as a high – performance fluid – loss – control additive in water – based drilling fluids. *ACS Appl. Mater. Interfaces*, 4, 1, 222 – 227, 2011.

[172] Behabtu, N. et al., Spontaneous high – concentration dispersions and liquid crystals of graphene. *Nat. Nanotechnol.*, 5, 6, 406, 2010.

[173] Yang, S. – T. et al., Folding/aggregation of graphene oxide and its application in Cu^{2+} removal. *J.*

Colloid Interface Sci.,351,1,122-127,2010.

[174] Zhao,G. et al.,Few-layered graphene oxide nanosheets as superior sorbents for heavy metal ion pollution management. *Environ. Sci. Technol.*,45,24,10454-10462,2011.

[175] Sun,Y. et al.,Interaction between Eu(III) and graphene oxide nanosheets investigated by batch and extended X-ray absorption fine structure spectroscopy and by modeling techniques. *Environ. Sci. Technol.*,46,11,6020-6027,2012.

[176] Zhang,K. et al.,Graphene oxide/ferric hydroxide composites for efficient arsenate removal from drinking water. *J. Hazard. Mater.*,182,1-3,162-168,2010.

[177] Barroso-Bujans,F. et al.,Sorption and desorption behavior of water and organic solvents from graphite oxide. *Carbon*,48,11,3277-3286,2010.

[178] Dimiev,A. et al.,Pristine graphite oxide. *J. Am. Chem. Soc.*,134,5,2815-2822,2012.

[179] Dan,Y. et al.,Intrinsic response of graphene vapor sensors. *Nano Lett.*,9,4,1472-1475,2009.

[180] Schedin,F. et al.,Detection of individual gas molecules adsorbed on graphene. *Nat. Mater.*,6,9,652,2007.

[181] Song,C.,Global challenges and strategies for control,conversion and utilization of CO_2 for sustainable development involving energy,catalysis,adsorption and chemical processing. *Catal. Today*,115,1-4,2-32,2006.

[182] Schrag,D. P.,Preparing to capture carbon. *Science*,315,5813,812-813,2007.

[183] Orr,F. M.,Jr.,CO_2 capture and storage:Are we ready? *Energy Environ. Sci.*,2,5,449-458,2009.

[184] Cinke,M. et al.,CO_2 adsorption in single-walled carbon nanotubes. *Chem. Phys. Lett.*,376,5-6,761-766,2003.

[185] Yong,Z.,Mata,V. G.,Rodrigues,A. E.,Adsorption of carbon dioxide on chemically modified high surface area carbon-based adsorbents at high temperature. *Adsorption*,7,1,41-50,2001.

[186] Boehm,H.,Some aspects of the surface chemistry of carbon blacks and other carbons. *Carbon*,32,5,759-769,1994.

[187] Low,J.,Yu,J.,Ho,W.,Graphene-based photocatalysts for CO_2 reduction to solar fuel. *J. Phys. Chem. Lett.*,6,21,4244-4251,2015.

[188] Maginn,E. J.,What to Do with CO_2,*J. Phys. Chem. Lett.*,1,24,3478-3479,2010.

[189] Yu,J. et al.,Enhanced photocatalytic CO_2-reduction activity of anatase TiO_2 by coexposed {001} and {101} facets. *J. Am. Chem. Soc.*,136,25,8839-8842,2014.

[190] Habisreutinger,S. N.,Schmidt-Mende,L.,Stolarczyk,J. K.,Photocatalytic reduction of CO_2 on TiO_2 and other semiconductors. *Angew. Chem. Int. Ed.*,52,29,7372-7408,2013.

[191] Li,X. et al.,Design and fabrication of semiconductor photocatalyst for photocatalytic reduction of CO_2 to solar fuel. *Sci. China Mater.*,57,1,70-100,2014.

[192] Ehsan,M. F. and He,T.,In situ synthesis of ZnO/ZnTe common cation heterostructure and its visible-light photocatalytic reduction of CO_2 into CH_4. *Appl. Catal.*,B,166,345-352,2015.

[193] Marszewski,M. et al.,Semiconductor-based photocatalytic CO_2 conversion. *Mater. Horiz.*,2,3,261-278,2015.

[194] Ramesha,G. K.,Brennecke,J. F.,Kamat,P. V.,Origin of catalytic effect in the reduction of CO_2 at nanostructured TiO_2 films. *ACS Catal.*,4,9,3249-3254,2014.

[195] Yu,J. et al.,Photocatalytic reduction of CO_2 into hydrocarbon solar fuels over gC_3N_4-Pt nanocomposite photocatalysts. *Phys. Chem. Chem. Phys.*,16,23,11492-11501,2014.

[196] Yuan,L. and Xu,Y.-J.,Photocatalytic conversion of CO_2 into value-added and renewable fuels.

Appl. Surf. Sci. ,342,154 – 167,2015.

[197] Liang,Y. T. et al. ,Minimizing graphene defects enhances titania nanocomposite – based photo – catalytic reduction of CO_2 for improved solar fuel production. Nano Lett. ,11,7,2865 – 2870,2011.

[198] Chen,D. et al. ,Graphene and its derivatives for the development of solar cells,photoelectron – chemical,and photocatalytic applications. Energy Environ. Sci. ,6,5,1362 – 1387,2013.

[199] Tang,Y. ,Hu,X. ,Liu,C. ,Perfect inhibition of CdS photocorrosion by graphene sheltering engineering on TiO_2 nanotube array for highly stable photocatalytic activity. Phys. Chem. Chem. Phys. ,16,46,25321 – 25329,2014.

[200] Yu,J. et al. ,A noble metal – free reduced graphene oxide – CdS nanorod composite for the enhanced visible – light photocatalytic reduction of CO_2 to solar fuel. J. Mater. Chem. A ,2,10,3407 – 3416,2014.

[201] Lightcap,I. V. ,Kosel,T. H. ,Kamat,P. V. ,Anchoring semiconductor and metal nanoparticles on a two – dimensional catalyst mat. Storing and shuttling electrons with reduced graphene oxide. Nano Lett. ,10,2,577 – 583,2010.

[202] Gan,Z. et al. ,Photothermal contribution to enhanced photocatalytic performance of graphene – based nanocomposites. ACS Nano ,8,9,9304 – 9310,2014.

[203] Guadagno,L. et al. ,Self – healing materials for structural applications. Polym. Eng. Sci. ,54,4,777 – 784,2014.

[204] Huang,L. et al. ,Multichannel and repeatable self – healing of mechanical enhanced graphene – thermoplastic polyurethane composites. Adv. Mater. ,25,15,2224 – 2228,2013.

[205] Huang,X. et al. ,Graphene – based composites. Chem. Soc. Rev. ,41,2,666 – 686,2012.

[206] Huang,X. et al. ,Graphene – based materials:Synthesis,characterization,properties,and applications. Small ,7,14,1876 – 1902,2011.

[207] Liang,J. et al. ,Molecular – level dispersion of graphene into poly (vinyl alcohol) and effective reinforcement of their nanocomposites. Adv. Funct. Mater. ,19,14,2297 – 2302,2009.

[208] Rafiee,M. A. et al. ,Enhanced mechanical properties of nanocomposites at low graphene content. ACS Nano ,3,12,3884 – 3890,2009.

[209] Avouris,P. ,Chen,Z. ,Perebeinos,V. ,Carbon – based electronics. Nat. Nanotechnol. ,2,10,605,2007.

[210] Balandin,A. A. et al. ,Superior thermal conductivity of single – layer graphene. Nano Lett. ,8,3,902 – 907,2008.

[211] He,Q. et al. ,Graphene – based electronic sensors. Chem. Sci. ,3,6,1764 – 1772,2012.

[212] Huang,X. et al. ,Graphene – based electrodes. Adv. Mater. ,24,45,5979 – 6004,2012.

[213] Sui,D. et al. ,Flexible and transparent electrothermal film heaters based on graphene materials. Small ,7,22,3186 – 3192,2011.

[214] Fan,Y. et al. ,Evaluation of the microwave absorption property of flake graphite. Mater. Chem. Phys. ,115,2 – 3,696 – 698,2009.

[215] Li,Z. et al. ,Ultrafast,dry microwave synthesis of graphene sheets. J. Mater. Chem. ,20,23,4781 – 4783,2010.

[216] Liang,J. et al. ,Infrared – triggered actuators from graphene – based nanocomposites. J. Phys. Chem. C ,113,22,9921 – 9927,2009.

[217] Yoonessi,M. and Gaier,J. R. ,Highly conductive multifunctional graphene polycarbonate nano – composites. ACS Nano ,4,12,7211 – 7220,2010.

[218] Boehm,H. and Scholtz,W. ,Deflagration point of graphite oxide. Anorg. Alleg. Chem. ,335,74 – 79,1965.

[219] Fukushima,H. and Drzal,L. ,A carbon nanotube alternative:Graphite nanoplatelets as reinforcements for

polymers,in:*ANTEC* 2003 *Conference Proceedings*,2003.

［220］ Lueking, A. D. et al., Effect of expanded graphite lattice in exfoliated graphite nanofibers on hydrogen storage. *J. Phys. Chem. B*,109,26,12710 – 12717,2005.

［221］ Matsuo, Y. et al., Synthesis of polyaniline – intercalated layered materials via exchange reaction. *J. Mater. Chem.*,12,5,1592 – 1596,2002.

［222］ Schniepp, H. C. et al., Functionalized single graphene sheets derived from splitting graphite oxide. *J. Phys. Chem. B*,110,17,8535 – 8539,2006.

［223］ Staudenmaier, L., Verfahren zur darstellung der graphitsäure. *Eur. J. Inorg. Chem.*,31,2,1481 – 1487,1898.

［224］ Du, X. et al., Direct synthesis of poly (arylenedisulfide)/carbon nanosheet composites via the oxidation with graphite oxide. *Carbon*,43,1,195 – 197,2005.

［225］ Gómez – Navarro, C. et al., Electronic transport properties of individual chemically reduced graphene oxide sheets. *Nano Lett.*,7,11,3499 – 3503,2007.

［226］ Dikin, D. A. et al., Preparation and characterization of graphene oxide paper. *Nature*,448,7152,457,2007.

［227］ He, H. et al., A new structural model for graphite oxide. *Chem. Phys. Lett.*,287,1 – 2,53 – 56,1998.

［228］ Lerf, A. et al., Structure of graphite oxide revisited. J. Phys. Chem. B,102,23,4477 – 4482,1998.

［229］ Li, X. et al., Highly conducting graphene sheets and Langmuir – Blodgett films. *Nat. Nanotechnol.*,3,9,538,2008.

［230］ Stankovich, S. et al., Synthesis of graphene – based nanosheets via chemical reduction of exfoliated graphite oxide. *Carbon*,45,7,1558 – 1565,2007.

［231］ Wang, H. et al., Solvothermal reduction of chemically exfoliated graphene sheets. *J. Am. Chem. Soc.*,131,29,9910 – 9911,2009.

［232］ Wang, H. et al., Chemical self – assembly of graphene sheets. *Nano Res.*,2,4,336 – 342,2009.

［233］ Yoo, E. et al., Large reversible Li storage of graphene nanosheet families for use in rechargeable lithium ion batteries. *Nano Lett.*,8,8,2277 – 2282,2008.

［234］ Eda, G. and Chhowalla, M., Graphene – based composite thin films for electronics. *Nano Lett.*,9,2,814 – 818,2009.

［235］ Eda, G., Fanchini, G., Chhowalla, M., Large – area ultrathin films of reduced graphene oxide as a transparent and flexible electronic material. *Nat. Nanotechnol.*,3,5,270,2008.

［236］ Park, S. et al., Colloidal suspensions of highly reduced graphene oxide in a wide variety of organic solvents. *Nano Lett.*,9,4,1593 – 1597,2009.

［237］ Chen, C. et al., Self – assembled free – standing graphite oxide membrane. *Adv. Mater.*,21,29,3007 – 3011,2009.

［238］ Gao, W., The chemistry of graphene oxide, *Graphene Oxide*,61 – 95,2015.

［239］ Kim, H. W. et al., Selective gas transport through few – layered graphene and graphene oxide membranes. *Science*,342,6154,91 – 95,2013.

［240］ Joshi, R. et al., Precise and ultrafast molecular sieving through graphene oxide membranes. *Science*,343,6172,752 – 754,2014.

［241］ Medhekar, N. V. et al., Hydrogen bond networks in graphene oxide composite paper:Structure and mechanical properties. *ACS Nano*,4,4,2300 – 2306,2010.

［242］ Nair, R. et al., Unimpeded permeation of water through helium – leak – tight graphene – based membranes. *Science*,335,6067,442 – 444,2012.

[243] Chong, J. Y. *et al.*, Dynamic microstructure of graphene oxide membranes and the permeation flux. *J. Membr. Sci.*, 549, 385-392, 2018.

[244] Ponomarenko, L. *et al.*, Chaotic Dirac billiard in graphene quantum dots. *Science*, 320, 5874, 356-358, 2008.

[245] Si, Y. and Samulski, E. T., Synthesis of water soluble graphene. *Nano Lett.*, 8, 6, 1679-1682, 2008.

[246] Niyogi, S. *et al.*, Solution properties of graphite and graphene. *J. Am. Chem. Soc.*, 128, 24, 7720-7721, 2006.

[247] Chen, J. *et al.*, Solution properties of single-walled carbon nanotubes. *Science*, 282, 5386, 95-98, 1998.

[248] Kuznetsova, A. *et al.*, Oxygen-containing functional groups on single-wall carbon nanotubes: NEXAFS and vibrational spectroscopic studies. *J. Am. Chem. Soc.*, 123, 43, 10699-10704, 2001.

[249] Niyogi, S. *et al.*, Chemistry of single-walled carbon nanotubes. *Acc. Chem. Res.*, 35, 12, 1105-1113, 2002.

[250] Zhang, J. *et al.*, Effect of chemical oxidation on the structure of single-walled carbon nanotubes. *J. Phys. Chem. B*, 107, 16, 3712-3718, 2003.

[251] Li, X. *et al.*, Large-area graphene single crystals grown by low-pressure chemical vapor deposition of methane on copper. *J. Am. Chem. Soc.*, 133, 9, 2816-2819, 2011.

[252] Shen, H. *et al.*, Biomedical applications of graphene. *Theranostics*, 2, 3, 283, 2012.

[253] Bai, H. *et al.*, A pH-sensitive graphene oxide composite hydrogel. *Chem. Commun.*, 46, 14, 2376-2378, 2010.

[254] Fan, H. *et al.*, Fabrication, mechanical properties, and biocompatibility of graphene-reinforced chitosan composites. *Biomacromolecules*, 11, 9, 2345-2351, 2010.

[255] Fang, M. *et al.*, pH-responsive chitosan-mediated graphene dispersions. *Langmuir*, 26, 22, 16771-16774, 2010.

[256] Sun, S. and Wu, P., A one-step strategy for thermal- and pH-responsive graphene oxide inter-penetrating polymer hydrogel networks. *J. Mater. Chem.*, 21, 12, 4095-4097, 2011.

[257] Yang, X. *et al.*, Well-dispersed chitosan/graphene oxide nanocomposites. *ACS Appl. Mater. Interfaces*, 2, 6, 1707-1713, 2010.

[258] Xuan, Y. *et al.*, Atomic-layer-deposited nanostructures for graphene-based nanoelectronics. *Appl. Phys. Lett.*, 92, 1, 013101, 2008.

[259] Liu, C. *et al.*, Membraneless enzymatic biofuel cells based on graphene nanosheets. *Biosens. Bioelectron.*, 25, 7, 1829-1833, 2010.

[260] Wang, L. *et al.*, Graphene oxide as an ideal substrate for hydrogen storage. *ACS Nano*, 3, 10, 2995-3000, 2009.

[261] Feng, L. and Liu, Z., Graphene in biomedicine: Opportunities and challenges. *Nanomedicine*, 6, 2, 317-324, 2011.

[262] Guo, S. and Dong, S., Graphene nanosheet: Synthesis, molecular engineering, thin film, hybrids, and energy and analytical applications. *Chem. Soc. Rev.*, 40, 5, 2644-2672, 2011.

[263] Jiang, H., Chemical preparation of graphene-based nanomaterials and their applications in chemical and biological sensors. *Small*, 7, 17, 2413-2427, 2011.

[264] Wang, Y. *et al.*, Graphene and graphene oxide: Biofunctionalization and applications in biotechnology. *Trends Biotechnol.*, 29, 5, 205-212, 2011.

[265] Kharche, N. and Nayak, S. K., Quasiparticle band gap engineering of graphene and graphone on hexagonal boron nitride substrate. *Nano Lett.*, 11, 12, 5274-5278, 2011.

[266] Schwierz, F., Graphene transistors. *Nat. Nanotechnol.*, 5, 7, 487, 2010.

[267] Han, M. Y. *et al.*, Energy band-gap engineering of graphene nanoribbons. *Phys. Rev. Lett.*, 98, 20, 206805, 2007.

[268] Son, Y.-W., Cohen, M. L., Louie, S. G., Energy gaps in graphene nanoribbons. *Phys. Rev. Lett.*, 97, 21, 216803, 2006.

[269] Li, L. *et al.*, Functionalized graphene for high-performance two-dimensional spintronics devices. *ACS Nano*, 5, 4, 2601–2610, 2011.

[270] Pasanen, P. *et al.*, Graphene for future electronics. *Phys. Scr.*, 2012, T146, 014025, 2012.

[271] Orecchioni, M. *et al.*, Graphene as cancer theranostic tool: Progress and future challenges. *Theranostics*, 5, 7, 710, 2015.

[272] Feng, L. *et al.*, Polyethylene glycol and polyethylenimine dual-functionalized nano-graphene oxide for photothermally enhanced gene delivery. *Small*, 9, 11, 1989–1997, 2013.

[273] Joseph, D. *et al.*, Double-stranded DNA-graphene hybrid: Preparation and anti-proliferative activity. *ACS Appl. Mater. Interfaces*, 6, 5, 3347–3356, 2014.

[274] Kim, H. *et al.*, Graphene oxide-polyethyleniminenanoconstruct as a gene delivery vector and bioimaging tool. *Bioconjugate Chem.*, 22, 12, 2558–2567, 2011.

[275] Yin, D. *et al.*, Functional graphene oxide as a plasmid-based Stat3 siRNA carrier inhibits mouse malignant melanoma growth in vivo. *Nanotechnology*, 24, 10, 105102, 2013.

[276] Zhi, F. *et al.*, Functionalized graphene oxide mediated adriamycin delivery and miR-21 gene silencing to overcome tumor multidrug resistance *in vitro*. *PloS One*, 8, 3, e60034, 2013.

[277] Tabish, T. A., Zhang, S., Winyard, P. G., Developing the next generation of graphene-based platforms for cancer therapeutics: The potential role of reactive oxygen species. *Redox Biol.*, 15, 34–40, 2017.

[278] Johnstone, R. W., Ruefli, A. A., Lowe, S. W., Apoptosis: A link between cancer genetics and chemotherapy. *Cell*, 108, 2, 153–164, 2002.

第7章 竹制多层氧化石墨烯的新合成方法、基本性质和未来电子应用

J. J. Prias – Barragan[1,2], K. Gross[3], H. Ariza – Calderón[1], P. Prieto[3]

[1] 哥伦比亚亚美尼亚城金迪奥大学跨学科科学研究所(IIS)
[2] 哥伦比亚亚美尼亚城金迪奥大学电子仪器技术项目部(EITP)
[3] 哥伦比亚卡利市瓦耶大学新材料卓越中心(CENM)和物理系

摘　要　获得石墨烯最常用的技术之一是石墨的氧化和剥离。然而,对于大规模生产,这一技术具有耗时长、对环境有害的缺点。因此,本章介绍了竹制多层氧化石墨烯的新合成方法、基本性质以及在电子学中可能的应用,作为一种替代的生产方式,具有低时间消耗和环境可持续性的优势。研究人员基于热解方法,使用竹(巴拉圭实心竹)焦木酸(BPA)为原料,在 673～973 K 的不同碳化温度范围内(T_{CA})合成了多层氧化石墨烯样品,这是研究人员提出的一种简单且经济有效的新型方法。研究人员研究了氧化石墨烯竹焦木酸(GO – BPA)样品的形态、结构、元素、振动、电学和磁学性质,发现了一种获得多层氧化石墨烯的新方法,使其在运输性质中具有稳定和还原性的特点。研究人员发现 GO – BPA 样品主要在声子 – 声子相互作用下表现出纳米片的形态、多晶材料的结构、热隔离器材料的振动行为,以及主要由载流子杂质散射过程描述的窄带隙半导体的电响应,而且还在室温下观察到其主要由边界缺陷引起的铁磁有序磁性。这些结果证实了 GO – BPA 的结构、振动、电学和磁学行为,与通过更复杂的合成方法获得的还原氧化石墨烯薄片相似,表明这些样品作为二维材料的潜在用途以及在可再生自然资源电子产品中的一些应用。

关键词　石墨烯,石墨,氧化物,纳米片,竹子

7.1 引言

近年来,氧化石墨烯由于其独特而突出的物理化学性质,引起了物理学、化学和材料科学领域的特别关注[1-5]。此外,它可以被描述为石墨烯的氧化形式,羟基、羧基和环氧官能团沿着其碳原子的六边形网络随机分布[1-5]。氧化物所赋予的多功能性,加上石墨烯的特殊性质,使得氧化石墨烯成为下一代电子和光电子以及能量转换和存储技术的多功能候选材料[1-3,6-8]。通过调制氧化物的组成和晶体结构,可以对其物理化学性质进行改性和功能化[1]。

因此,本章总结了 GO-BPA 样品的合成、基本性质、主要传输机制的识别、物理关联的关键实验结果,并讨论了其在电子学中的应用前景。第 7.2 节介绍了新合成方法的基本结果。第 7.3 节介绍了 GO-BPA 样品的形态、结构、成分、振动、电学和磁学性质。此外,还确定了 GO-BPA 样品中主要转运机制。另外,第 7.4 节讨论了关于 GO-BPA 样品的主要传输机制在电子学中的未来应用。

本著作受益于在样品制备过程中获得的经验,我们将专注于 GO-BPA 样品作为纳米片的基本性质和传输机制的首个研究,这仍然是一个开放的领域[9-10]。本研究以 DTD 法建立 T_{CA} 自变量函数,并通过 XPS 测量氧化物覆盖率,再以 XRD 结果分析计算碳原子平面外,然后用拉曼结果分析确定密度缺陷和晶粒尺寸。本章的研究对于理解无序、缺陷和杂质对 GO-BPA 样品作为纳米片或氧化石墨烯多层传输机制的影响非常重要[9-10]。

7.2 新合成方法

可以通过传统的 Brodie[11]、Hummer[11-12] 或 Tang Lau[13] 方法及其相应的改进方法获得氧化石墨烯(GO)。1859 年,Brodie 首次在浓发烟硝酸中用氯酸钾处理石墨粉,以自上而下方法合成 GO。1899 年,Staudenmaier 在浓发烟硫酸中用氯酸钾处理石墨粉,以自上而下方法获得 GO。1958 年,Hummer 在浓硫酸中用高锰酸钾和硝酸钠将氧化时间缩短到几个小时,用自上而下的方法获得 GO。2012 年,Tang Lau 以葡萄糖为唯一来源,获得 GO,这是采用自下而上的方法。

用 DTD(复热分解)法,在可控温度和氮气气氛下,并在 673~973K 的不同 T_{CA} 温度下,合成了 GO-BPA 样品。通过使用图 7.1 中所示的 DTD 方法的制备过程,我们的研究小组在参考文献[9,10]中公布了更多细节,并且由于竹子的高生长率和生产率(3~5 年)、高炭化率(18%~28%)、热带地区富产(1600 种,亚洲和大洋洲占 65%,美洲占 28%,非洲占 7%,食物来源和农业(2005))[14]、竹产业的废弃物约占 30%(约 1500 次使用)[14-17],因此使用竹子制备了样品。

竹纤维的化学成分包括 73.83% 的纤维素、12.49% 的半纤维素、10.15% 的木质素、3.16% 的水提取物和 0.37% 的果胶[18]。此外,据 W. M. Qiao 等[19] 报道,竹焦油中富含高含氧量的酚基。

图 7.1 显示通过三个步骤制备 GO-BPA 样品。第一步,对作为 Macana 竹生物型的巴拉圭实心竹原料进行清洗和机械处理。第二步,在 973 K 温度下,通过第一次热解过程将竹子原料碳化得到竹焦木酸(BPA),并收集到倾析漏斗玻璃中,便于竹焦油倾析和分离。第三步,以 BPA 的竹焦油为前驱体,在 673~973K 范围的 T_{CA} 下处理 GO。W. M. Qiao 等[19] 发现,在这个温度范围内,竹焦油中酚类化合物的芳香结构的热分解导致碳结构的形成。当 BPA 焦油的碳化过程完成后,获得碳泡沫,随后在陶瓷手研钵中通过机械研磨将其变成片状粉末。

图 7.2 显示了 T_{CA} 与碳化产率百分比的关系。产率是以碳化过程后 GO-BPA 样品重量和碳化过程前焦木酸重量之间的商来测量。当 T_{CA} 增加时,BPA 中存在的有机化合物通过热分解被解吸,因此,产率百分比从 28% 降低到 18%,如图 7.2 所示,剩余部分转化为煤。

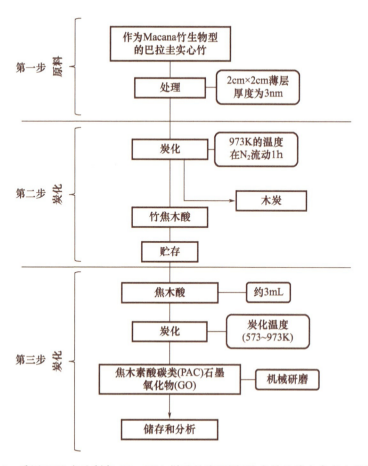

图7.1 采用DTD方法制备GO-BPA样品的流程图(取自并改编自参考文献[9])

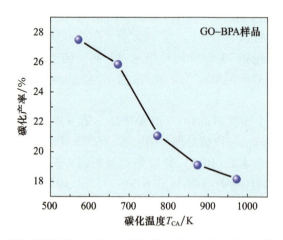

图7.2 碳化产率百分比与T_{CA}的函数关系(取自并改编自参考文献[9])

如图7.3和图7.4所示,图7.1所示的方法提供了获得不同样本类型的可能性。然而,本著作中研究的GO-BPA样品是GO-BPA纳米微片,如图7.5所示。如图7.6所示,使用TEM和SEM测量并证实了厚度。表7.1给出了通过XPS和EDS技术(第7.2节)

测量的 GO-BPA 样品中不同 T_{CA} 元素组成的对比研究。我们发现,通过 XPS 和 EDS 技术(第 7.4 节)测量,T_{CA}(从 673 K 到 973 K)增加会提高石墨转化率(含碳量),范围从 85.71%~94.00%,氧覆盖率从 12.99% 降低到 5.25%;如图 7.2 所示,这一行为与多功能氧化物通过热分解效应解吸有关。

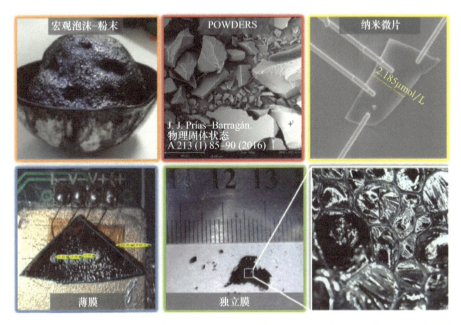

图 7.3　在本研究中,通过 DTD 方法从 BPA 合成并获得 GO 样品类型作为宏观泡沫、粉末、纳米微片、薄膜和独立膜,以用于物理和技术应用的基础研究

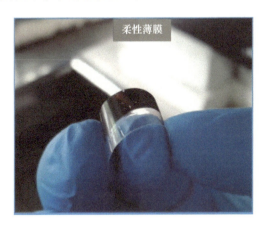

图 7.4　采用本书中提出的 DTD 方法制备 GO-BPA 柔性薄膜

表 7.1 显示,通过 XPS 和 EDS 技术测量,GO-BPA 样品含有少量杂质,N 杂质含量为 0.61%~0.75%,Na 杂质含量为 0.60%~2.77%。

在样品合成过程中,由于氮的流动,热解过程中会出现 N 杂质。Na 杂质表现为天然污染,因为竹焦油中含有这种天然钠或热解系统中活性炭过程的污染。

尽管本著作有所提及 N 和 Na 杂质,但因为它们浓度非常低,因此其对传输特性的影响主要归因于存在的碳和多功能氧化物,如第 7.4 节所述。

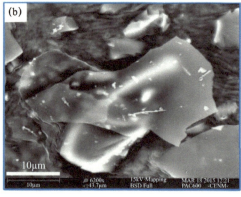

图 7.5 采用本著作中提出的 DTD 方法制备 GO – BPA 纳米微片

(a)三维 SEM 图像;(b)SEM 图像,横向尺寸为 20μm,形状不规则,厚度 80nm;这种行为与最近的 ISO 标准分类纳米微片一致[20]。高电子透明度可能与极低的厚度有关。

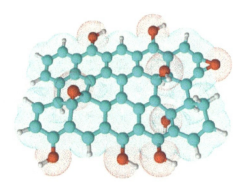

图 7.6 本研究中提出的分子模型方法示例,用于描述单个 GO – BPA 样品中氧化石墨烯层片结构(C 原子,蓝色;氧原子,红色;氢原子,白色)

采用 XPS 和 EDS 技术的测量元素组成中的差异小于 17.33%,如表 7.1 中 $\Delta O/O$ 所示。第 7.4 节中介绍的分析仅考虑 XPS 测量的元素组成和 EDS 结果,以确认该元素组成。

表 3.1 中所示 XPS 和 EDS 测量的元素组成之间的差异,可能是因为 XPS 对低氮敏感,而 EDS 对低氮不敏感。有关此类技术涉及的基本物理过程,见第 7.2 节中的讨论。

表7.1　通过 XPS 和 EDS 技术测量不同温度 T_{CA} 下获得的 GO-BPA 样品的元素组成

GO-BPA	XPS 测量				EDS 测量				差异 ($\Delta O/O$)/%
T_{CA}/K	C-1s/%	O-1s/%	N-1s/%	Na-1s/%	C-K/%	O-K/%	N-K/%	Na-K/%	($\Delta O/O$)/%
673	85.71	12.99	0.70	0.60	85.30	13.18	—	1.52	1.46
773	92.15	7.16	0.69	—	90.74	7.84	—	1.42	9.50
873	87.49	9.69	0.61	2.21	89.95	10.05	—	—	3.71
973	94.00	5.25	0.75	—	91.07	6.16	—	2.77	17.33

表7.1中的组分分析表明，GO-BPA样品符合低氧化物覆盖率机制，与 Sabina Drewniak 等报告的还原氧化石墨烯(RGO)材料相似[21]。

本研究通过图7.6中所示的分子模型提出 GO-BPA 样品可以描述为石墨烯的氧化形式，主要伴随着沿着碳原子六边形网络随机分布的羟基、羧基和环氧官能团[21,22]。

鉴于 GO 有趣的科学和技术性能，获得 GO 最常见的技术之一是氧化石墨，随后进行剥离。然而，对于大规模生产，这种技术具有耗时、对环境有毒、波纹效应高的缺点，并且在 553~573K 之间分解，成为无定形碳并且损失材料中存在的许多氧化物。

因此，我们提出并采用一种新型、简单、经济高效的热解方法，以哥伦比亚竹子为原料合成 GO 或氧化石墨烯多层膜，作为在刚性或柔性基底上合成的纳米片、微片、薄片和薄膜，如图7.3和图7.4所示[9-10]。

由于 GO-BPA 样品具有时间消耗低(约30h)、对环境无毒、波纹效应小的优点，因此可以认为是大规模生产 GO 材料的良好候选材料，并且由于其在1800 K 以上的温度下分解，因此比 GO 传统材料更具热稳定性。

基于这些原因，本文研究了 DTD 法合成 GO-BPA 薄片的转运机制。

本文介绍了 GO-BPA 样品的合成及其基本特性；下一节将讨论用于样品制备的 DTD 方法的基础知识。

7.2.1　二次热分解法

热分解法是通过在受控气氛(本研究仅使用氮气气氛)中高温(碳化温度 T_{CA})加热，从生物质中解吸一些有机和无机物质，直到在热解系统中获得主要含多功能氧化物的碳形成物。热解是将生物质转化为碳基材料的最有前景的技术之一，具有开发有利产品的诱人物理化学性质[19,21]。

生物质热解产生气体、生物油、煤和多层氧化石墨或氧化石墨烯。BPA 在受控氮气气氛下高温热分解用于制备煤，通过使用竹焦油的双重热分解技术，可以获得 GO-BPA 样品，如本节所述。可通过采用热解系统实验 DTD 方法，如图7.7所示。

利用 10^{-3} Torr 的机械真空泵建立热解系统的真空。在第一个热分解过程中，实验装置如图7.7所示，当原料或生物质被放入反应器中时，热解过程开始，通过控制温度和氮气气氛，可以将生物质转化为碳，竹焦油在一个倾析玻璃漏斗中冷凝，不可冷凝的气体被困在输出过滤器中。

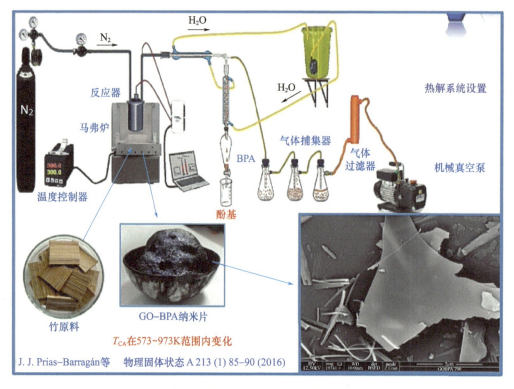

图 7.7　本书中采用 DTD 方法合成 GO‑BPA 样品的实验装置

此后,在第二次热分解过程中,竹焦油返回反应器,并通过控制 T_{CA} 和氮气气氛,最后,获得作为泡沫型 GO‑BPA 样品,并使用手动机械砂浆获得薄片。

在 DTD 方法中,T_{CA} 是一个重要的控制参数,因为它改变了 GO‑BPA 样品中存在的多功能氧化物。因此,T_{CA} 的准确性起着特殊的作用。为了建立适当的 T_{CA} 控制,有必要通过考虑热力学和第一性原理进行马弗炉设计[23‑24]。

因此,考虑到第一热力学定律,马弗炉产生的热量是由电能 E_E 产生的热能形式 E_{Th},然后根据能量守恒定律,我们可以得出:

$$E_{Th} - E_E = 0 \tag{7.1}$$

根据幂法则,式(7.1)可以写成:

$$P_{Th} - P_E = 0 \tag{7.2}$$

通过选择马弗炉中的同等斑菌技术,文献[25‑26]给出式(7.2)中的热功率:

$$P_{Th} = \frac{\chi T}{R_{Th}} = \frac{T_f - T_{RT}}{R_{Th}} \tag{7.3}$$

式中:T_f 为热解系统中的最终最高温度,该参数采用的标准为 1073K;T_{RT} 为 300K 室温;R_{Th} 为马弗炉内的总热阻,将马弗炉内各加热器壁视为双层系统,由导热系数 k_1 为 1.04W/(m·K) 的混凝土耐火材料、导热系数 k_2 为 0.28W/(m·K) 的陶瓷纤维毯组成,且每层厚度为 1″,热阻由下式确定[25]:

$$R_T = R_1 + R_2 = \frac{l_1}{k_1 A} + \frac{l_1}{k_2 A} \tag{7.4}$$

式中:A 为同等斑菌的面积,$A = bh$;b 为基底,h 为高度。电源为[25]

$$P_E = VI = I^2 R_E = \frac{V^2}{R_E} \tag{7.5}$$

式中:V 为导线加热器中的外加电压;I 为电流;R_E 为马弗的电阻。与式(7.4)相似,在 293K(20℃)时,电阻为[25]

$$R_{E(293K)} = \frac{\rho_{293K} L}{A} \tag{7.6}$$

式中:$\rho_{293K} = 2.89 \times 10^{-6} \Omega/m$ 为室温下的电阻率;L 为导线的长度;$A = \frac{\pi d^2}{4}$ 为导线的面积;d 为直径。工作温度为 1473K(200℃)时的电阻为

$$R_{E(1473K)} = C_{1473K} R_{E(293K)} \tag{7.7}$$

$C_{1473K} = 1.04$ 是阻率系数[24,27]。然后,用作镍铬合金加热器(每个加热器)的定量材料的长度 L 由以下公式确定:

$$L = \frac{R_E}{R_{E(1473K)}} \tag{7.8}$$

热阻由式(7.4)给出,可以通过式(7.3)来计算热功率,并通过使用式(7.2)来确定所需的电功率。现在,通过使用式(7.5),可以计算每个加热器的电阻,通过考虑式(7.8),可以确定每个加热器的长度。

表 7.2 给出了本著作中使用 DTD 合成 GO – BPA 样品的技术电气特性。

表 7.2 DTD 方法的特点

技术特性	值
电源电压/V	220
加热器电阻/Ω	16
电流/A	13.75
操作功率/kW	3
马弗炉尺寸/(cm×cm×cm)	35×35×50
最高工作温度/K	1073

图 7.7 所示热解系统的动力学分析可通过使用闭环系统进行建模,如图 7.8 所示。研究了镍铬 k 型热电偶的控制器、马弗炉和温度传感器的传递函数。

马弗炉内的实验温度变化如图 7.9 所示。可以观察到,随着时间的增加,马弗内部温度从室温上升到稳定状态或 673K 的设定温度 T_{CA},如图 7.10 中观察到的一阶系统。

通过确定总传递函数,如图 7.8 所示,并获得时域拉普拉斯逆变换,可以从理论上描述马弗炉内的温度演变:

$$T(t) = \left[\begin{array}{l} \left(\left(\frac{k_d}{\tau} - k_p + k_i \tau\right)(12 \times 10^{-3} T_{SP}) - T_{RT}\right) \\ \left(1 - \exp\left(-\frac{t}{\tau}\right)\right) + ((k_p - k_i \tau) + k_i)(83.3 \times 10^{-3} T_{RT}) \end{array} \right] \mu(t) \tag{7.9}$$

k_p、k_i、k_d 分别是 PID 控制器的比例常数、积分常数和微分常数，τ 是与热裂解系统热阻和容量相关的系统特征时间。T_{SP} 和 T_{RT} 分别是设定点温度或 T_{CA} 和室温。$\mu(t)=1$ 与温度测量系统相关。

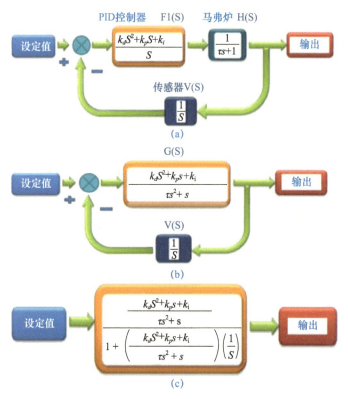

图 7.8　在 DTD 方法中用于获得理论温度演变的闭环动态热解系统

(a) PID 控制器、马弗炉和热电偶的拉普拉斯传递函数；(b) PID 控制器和马弗传递函数的求解；(c) 总传递函数（摘自并改编自参考文献[27]）。

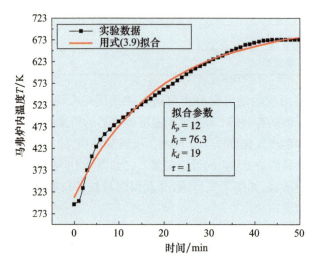

图 7.9　本工作中使用的 DTD 方法获得马弗炉内部温度的演变

黑色正方形是实验数据，红色曲线是使用式(7.9)进行的理论拟合（摘自并改编自参考文献[27]）。

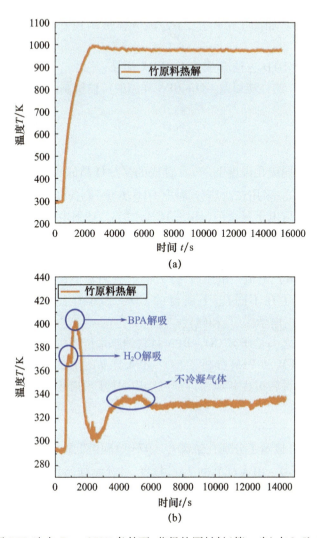

图7.10 使用DTD法在$T_{CA}=973K$条件下,获得竹原材料(第一步)在3.5h内的温度演变
(a)在反应器内,(b)第一步热分解竹原料,获得反应器的输出温度。

在式(7.9)中,当时间十分大时,$T(t)$趋向于T_{SP},称为稳态并与T_{CA}一致,那么式(7.9)可以写成:

$$T(t) = T_{SP}\mu(t) = T_{CA} \tag{7.10}$$

式(7.10)表明,在稳定状态下,可以控制T_{CA}设定点温度,精度低于10%,特征时间为1s。在哥伦比亚金迪奥大学跨学科科学研究所的有机实验室实施本文使用的DTD方法,以此合成GO-BPA样品。

通过DTD方法中的精确控制PID温度T_{CA},可以测量热解系统在碳化过程中的输出温度变化,如图7.10所示。注意,如图7.10(a)所示,随着时间的延长,反应器内的温度从室温以稳定状态上升到T_{CA}。

图7.10(b)显示了在竹子转化为碳的过程中,水(H_2O)在370 K时于1000s内的解吸过程、竹焦木酸(BPA)在403K时于1300s内的解吸过程,以及不冷凝气体在333K时于

3000~6000s 内的解吸过程。这种现象可以用热分解效应来解释。水和 BPA 被浓缩并储存在倾析漏斗玻璃中。如图 7.7 所示，不冷凝气体被困在基本气体捕集器和气体过滤器中。

本节研究了利用 DTD 方法合成 GO-BPA 样品，并讨论了目前为止所有基础知识。下面将讨论 GO-BPA 的性能以及 GO-BPA 样品的传输机制。

7.3 基本性能

本节总结了在不同碳化温度下（T_{CA}）合成的薄片样品的竹制多层氧化石墨烯（GO-BPA）的关键实验技术。采用二次热分解法（DTD 方法）制备样品见第 7.2 节。

利用高分辨率透射电子显微镜（HR-TEM）[28-34]、透射电子显微镜（TEM）、电子衍射（ED）、扫描电子显微镜（SEM）、原子力显微镜（AFM）、X 射线衍射（XRD）、能量电子损失谱（EELS）、X 射线光电子能谱（XPS）、能量色散 X 射线能谱（EDS）、拉曼光谱（RS）、傅里叶变换红外光谱（FTIR）、电流-电压（I-V）曲线、磁力显微镜（MFM）以及振动样品磁强计（VSM）技术，研究了在不同 T_{CA} 下获得的 GO-BPA 样品形貌[28-35]、结构[36-42]、成分[43]、热或振动[44-50]、电学[51-56]和磁性[57]。

本章的主要目的之一是研究 GO-BPA 材料的基本传输机制；为此，利用拉曼光谱、红外光谱、$I-V$ 曲线、MFM 和 VSM 分析了 GO-BPA 样品的主要传输机制；而在制备态和外加磁场作用下的磁化反转过程和域结构都可以用 MFM 来描述。

7.3.1 外观形貌

图 7.11(a)和(b)显示了分别在最高 T_{CA}（973K）和最低 T_{CA}（673K）下制备样品的 TEM 显微照片，照片取自 GO-BPA 样品的 2μm 标度，并显示样品具有石墨斑块和不规则的几何形状，正如预期[11,58]。

在 TEM 碳膜上可以清楚地看到薄的纳米片。纳米片的尺寸通常在十几微米左右，横向尺寸通常在 5~100μm 左右，并且根据低损耗 EELS 光谱估计厚度<100nm，通常在 25~60nm 之间，并且与 SEM 测量一致。图 7.11(c)和(d)分别显示了在 973 和 673K T_{CA} 下制备样品的两张 HR-TEM 显微照片。

对于在 973K 的 T_{CA} 下制备的样品，清楚显示了无序石墨团簇（图 7.11(c)中的橙色箭头），而在 673K 的 T_{CA} 下制备的样品的显微照片更具有无序材料的特征。通过使用 Fiji-64 位软件分析测量层间 d 间距的 HR-TEM 图像，得到的平均值为 0.34nm，与我们在本研究中通过 XRD 技术测量的 0.3355~0.3496nm 的值一致（表 7.3）。

图 7.11(e)和(f)分别为 5% 和 17% 的 GO-BPA 纳米片的 ED 结果，并显示了无序多晶材料的扩散环特征。GO-BPA 单分子膜上下表面上的氧官能团的随机附着对确定堆叠序列起着关键作用，因为：①破坏相邻蜂窝状碳晶格的对称性；②引入轻微的粗糙度（或局部波纹效应），这是源于碳原子平面外晶格中 C—O 键的畸变和缺陷；③增加 XRD 层间 d 间距，如表 7.3 所列（GO-BPA 样品在 973K 时表现出卓越性能，显示了比其他样品更多的 XRD 结晶峰值），并证实层间间距随着氧含量的增加而增加。

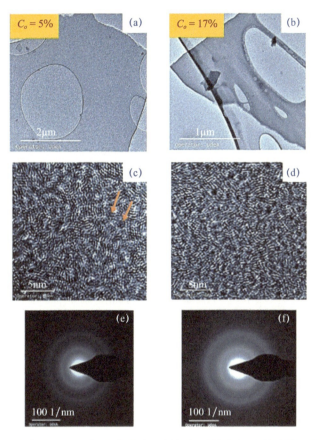

图 7.11 通过 DTD 方法合成的 GO-BPA 样品在不同氧含量覆盖 C_o 下的 TEM、HR-TEM 和 ED 图像
(a)、(c)和(e)分别为 C_o = 5%时的图片;(b)、(d)和(f)分别为 C_o = 17%时的图片。

表 7.3 用高斯分布拟合不同 T_{CA} 下制备的 GO-BPA 样品的(002)峰 1,通过 XRD 图谱分析得出综合结果,并与石墨进行对比作为参考*

GO-BPA				(002)峰值1					
T_{CA}/K	2θ/(°)	半峰全宽/(°)	$d_{(002)1}$/Å	D_{002}/Å	N	ρ/(g/cm³)	Y/%	O_x/%	n_{Df}/(10^{-4}cm^{-2})
673	26.402	0.300	3.376	4.692	2	2.26	74.41	12.99	4.98
773	26.474	0.162	3.637	8.680	4	2.26	84.88	7.16	5.00
873	26.464	0.204	3.368	6.924	3	2.26	83.72	9.69	5.74
973	25.482	0.223	3.496	6.304	3	2.18	65.12	5.25	6.03
石墨	26.579	0.230	3.354	6.125	3	2.27	100	1.46	—

*2θ 是 002 位置的衍射角;FWHM 是半峰全宽;d_{002} 是层间 d 间距;D_{002} 是纳米晶粒厚度;N 为层数;ρ 为 XRD 密度;Y 为石墨化程度;O_x 是用 XPS 技术测量的氧覆盖率;n_{Df} 是用拉曼光谱分析结果确定的缺陷密度。

由于较高的层间距,单个层相对于相邻层表现出旋转和倾斜无序,因此没有优选的堆叠取向,并产生无序堆叠。然而,值得一提的是,973k 的 T_{CA} 下制备的样品更好描述了衍射环,从而证实了该样品更高的局部阶数。

通过 SEM 证实 GO-BPA 纳米片的厚度值,因此,图 7.12 显示了在 773K 的 T_{CA} 下以 9.9nm 工作距离合成的 GO-BPA 纳米片的 SEM 图像。

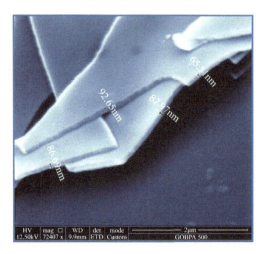

图 7.12　用 DTD 法合成在 T_{CA} = 773 K 时合成的 GO-BPA 纳米片的 SEM 图像及其厚度测量

在 65.51~92.65nm 的厚度范围内观察到不同纳米片的重叠;这些值与 <100nm 的厚度值一致,并通过 EELS 和 TEM 技术进行测量,符合 ISO 技术规范所报告的纳米片的纳米物体标准[20]。

将这些 GO-BPA 纳米片视为多层材料,如前所述,其厚度 <100nm,并且 XRD 层间 d 间距为 0.3367~0.3496nm,如表 7.3 所列,在 773K 和 973K 的 T_{CA} 下获得的每个纳米片的最大和最小层数分别为 298 层和 287 层。因此,GO-BPA 样品表现出纳米片几何尺寸的形态行为。

7.3.2　组织结构

Seung Hun Huh[36] 报道,XRD 技术基于布拉格定律,用下式表示[37]:

$$n\lambda = 2d_{(hkl)}\sin(\theta) \tag{7.11}$$

式中:λ 为 X 射线的波长;θ 为散射角;n 为表示衍射峰阶数的整数;$d_{(hkl)}$ 为(hkl)密勒指数中晶格的面间距离。对于石墨,(002)面是图案衍射图中的主峰,用 $d_{(002)}$ 表示层间距离。入射的 X 射线从每个石墨平面散射出去。因为石墨平面和 X 射线束之间的角度 θ 会导致路径长度差,差值是 X 射线波长 λ 的 n 整数倍,因此从相邻的单个石墨平面散射的 X 射线将以有利方式结合在一起。因此,石墨中的(002)面产生了 $d_{(002)}$ 临界值以及晶格尺寸和质量所需的信息[29]。石墨厚度可以用谢乐方程估算,用下式表示[37]:

$$D_{(002)} = \frac{K\lambda}{B\cos(\theta)} \tag{7.12}$$

式中:$D_{(002)}$ 为晶体的厚度(这里是石墨厚度);K 为一个常数,取决于微晶的形状(石墨为 0.89);λ 为 X 射线波长;B 为半峰全宽(FWHM)处的全宽;θ 为散射角。然后,根据式(7.12),并考虑到样品为少层,石墨层的数量可以用下式表示[37]:

$$N = \frac{D_{(002)}}{d_{(002)}} \tag{7.13}$$

本文研究了氧化石墨烯还原过程中的 XRD 图谱,并简单直接的考虑几种类型的石墨和氧化石墨烯距离。由于石墨烯层具有存在于单个二维晶体结构[39]中的固有纳米曲率畸变[36,38],石墨烯的层间距(d_{GP})略大于大块石墨。

研究发现d_{GP}和石墨分别为 3.4Å[40]和 3.348 ~ 3.360Å[38]。由于氧化石墨烯有许多缺陷或纳米孔,因此有理由认为热还原石墨烯也会和氧化石墨烯一样有许多缺陷和纳米孔(d_{Df})。因此,氧化石墨和石墨烯可以在其缺陷和纳米孔中(d_{Ox})具有 sp³ 键的 C—Ox 的氧化物基团。因此,氧化石墨具有最大的层间距离(d_{GO}),因为它具有插层 H_2O 分子和几个氧化物基团。

d_{GO} 数值在约 5 ~ 9Å 之间,取决于插层水分子的数量。合理的假设是层间距离顺序遵循这个标准$d_{GO} > d_{Ox} > d_{Df} > d_{GP} > d_{石墨}$。

如果层中缺陷足够大,可以认为氧化物基团和 H_2O 分子存在于空位中;因此,顺序是$d_{Ox} \approx d_{Df}$或$d_{Ox} \approx d_{GP}$。基于具有各种中间层的模型,预计氧化石墨烯在热还原期间具有d_{Ox}和d_{Df}的中间结构,并且通过自下而上层堆叠,所得到的石墨烯随着晶体生长以及d_{Ox}和d_{Df}的去除向石墨演化[36]。

在式(7.11) ~ 式(7.13)中,(002)方向通过 2θ 衍射角,与层间 d 间距$d_{(002)}$、纳米晶粒厚度$D_{(002)}$和层数 N 有关。其他峰值提供了样品中碳原子长度的信息,但是本研究仅给出 002 方向的 XRD 分析结果,因为所有样品都在该方向显示出晶体变宽。

研究人员发现 GO – BPA 样品通过多功能氧化物、有机化合物和缺陷以及作为两相的六边形石墨而表现出多晶结构行为[9-10]。这些结果与不同 GO 材料的 XRD 图谱一致[21,29,36,59-60]。据报道。Ch. N. Barnakov 等[61]报道了,通过对本工作中研究的所有样品中的结晶 002 峰的分析,考虑以下因素可以获得有关样品的层堆叠密度和石墨化程度的信息:层堆叠密度或 XRD 密度 ρ,可用给出的关系式确定[61]:

$$\rho = \frac{0.762(\text{gnm/cm}^3)}{d_{(002)}} \tag{7.14}$$

此外,石墨化程度可由下式确定[61-62]:

$$Y = \frac{3.440\text{Å} - d_{(002)}(\text{Å})}{3.440\text{Å} - 3.354\text{Å}} \times 100\% \tag{7.15}$$

3.440Å 是层间 d 间距的值,该间距与具有更高堆叠无序度的碳结构有关,3.354Å 与六边形石墨结构的层间 d 间距有关。

需要式(7.11) ~ 式(7.15)来描述所研究样品结晶 002 峰的结构性质。

因此,根据 Seung Hun Huh[36]报告以及在第 3 章中讨论的 XRD 模型解释,这项工作提出可以用两个高斯函数的卷积作为晶体展宽贡献,以此描述 002 方向 XRD 图案的理论分析,这与多功能氧化物的随机分布(在低衍射角值下)和缺陷(在高衍射角值下)有关,这两种机制可以产生不同的层间 d 间距;还假设缺陷中的d_{002}、d_{Df}和多功能氧化物 d_{Ox} 符合 $d_{Df} < d_{Ox} < d_{石墨}$ 标准。

图 7.13 显示了石墨和 GO – BPA 样品(黑色实线)在 002 方向上的 XRD 图谱分析,通过使用两个高斯贡献(红色实线)的卷积和使用样品中有机化合物产生的荧光 XRD 背景的线性减法,分别进行了理论拟合。

这一标准有效,因为 002 峰的窄加宽值比 002 方向上每个 XRD 图案的衍射角的数量级范围小一个数量级,因此,这个贡献被认为可以忽略。结果表明,本文提出的理论拟合与实验数据符合得很好。

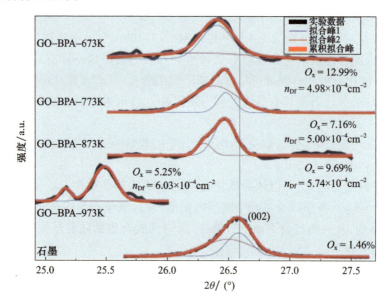

图 7.13　在不同 T_{CA} 下合成的 GO – BPA 样品的(002)峰的 XRD 图谱分析以及分析级石墨作为参考

由于存在许多独立过程,实验数据通过两个高斯分布进行拟合,可能与样品中的随机分布的缺陷(峰 1)和多功能氧化物(峰 2)有关,并假设缺陷中的 d_{002}、d_{Df} 和多功能氧化物 d_{Ox} 符合 $d_{Df} < d_{Ox} < d_{石墨}$ 标准。

本研究考虑了高斯线形分布,假设样品 002 方向的 XRD 衍射主要由作为独立过程随机分布的氧化物和缺陷控制,并给出了实验数据的最佳理论描述,在 673K、773K、873K、973K 下合成的 GO – BPA 样品和石墨样品中,回归常数为 0.97023、0.99713、0.97453、0.96499 和 0.99713。

结果表明,随着氧化物浓度的增加和缺陷密度的减小,GO – BPA 样品在 002 方向的 XRD 图谱呈现出向低衍射角方向的系统性位移。此外,还观察到与石墨 XRD 图谱相比,GO – BPA – 973 样品的 XRD 图谱显示了衍射角发生了最大位移;如 Li Hui 等的报告,这种行为可归因于缺陷密度增加导致的堆叠无序[62]。

表 7.3 和表 7.4 列出了从图 7.13 所示的 XRD 图谱分析中计算出的各贡献的合并值,峰 1 和峰 2 分别与缺陷和多功能氧化物的存在导致的 XRD 峰贡献相关。在不考虑 973K 合成 GO – BPA 样品结果的情况下,考虑它表现出更多的结晶峰行为,观察到 T_{CA} 增加导致衍射角变大(2θ)、石墨化相(Y)和拉曼缺陷密度(η_{Df})。增加氧化物覆盖率(O_x)和增加层间 d 间距(d_{002}),以及纳米微晶厚度(D_{002}),正如预期[29]。

研究人员发现 XRD 密度(ρ)与 T_{CA} 无关,这些值与通过 EELS 技术获得的值一致。

据观察,与其他 GO – BPA 样品相比,在 T_{CA} =973K 下合成的 GO – BPA 样品具有更多的结晶优化(与涡轮层状碳结构非常不同),并且具有层间 d 间距最大值和最小氧化物覆盖率,这可能是由于存在高密度的拉曼缺陷和无序堆叠[9]。

面外碳原子的存在会影响无序堆叠;因此,本研究工作提出了平面外碳原子的平均位移(Δd_{002})可通过下式确定:

$$\Delta d_{002} = d_{(002)2} - d_{(002)1} \tag{7.16}$$

$d_{(002)1}$ 和 $d_{(002)2}$ 是样品在（002）峰 1 和 2 处的扩面 d 间距，在本研究中分别与缺陷（$d_{(002)1} = d_{Df}$）和存在的多功能氧化物（$d_{(002)2} = d_{Ox}$）相关，如 Seung Hun Huh[36] 报告的 XRD – GO 模型所述。

利用式（7.16），测定了不同 T_{CA} 下合成的石墨和 GO – BPA 样品的石墨化阶段的碳平面外影响，如图 7.14 所示。结果表明，碳的减少使石墨化相增加；如 7.3.4 节所述，这种行为可以通过拉曼缺陷密度的增加和无序堆叠来解释。

表 7.4 使用高斯分布拟合在不同 T_{CA} 下合成的 GO – BPA 样品中的（002）峰 2 的整合 XRD 图谱分析以及作为参考的石墨*

	GO – BPA			(002) 峰值 2					
T_{CA}/K	$2\theta/(°)$	半峰全宽/(°)	$d_{(002)2}/\text{Å}$	$D_{002}/\text{Å}$	N	$\rho/(\text{g/cm}^3)$	$Y/\%$	$\Delta d_{002}/\text{pm}$	$n_{Df}/(10^{-4}/\text{cm}^2)$
673	26.240	1.023	3.397	1.379	1	2.24	50.00	2.1	4.98
773	26.375	0.452	3.379	3.122	2	2.25	70.93	1.2	5.00
873	26.297	0.138	3.389	10.188	4	2.25	59.30	2.1	5.74
973	25.158	0.111	3.540	0.109	1	2.15	16.28	4.4	6.03
石墨	26.491	0.459	3.365	3.073	2	2.26	87.21	1.1	—

* 本研究中提出了 $\Delta d_{002} = d_{(002)2} - d_{(002)1}$ 作为平面外碳原子的位移。

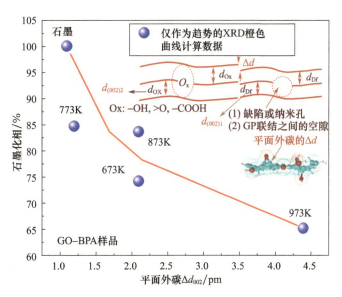

图 7.14 不同 T_{CA} 下石墨和 GO – BPA 样品的石墨化阶段的碳平面外影响
插图：本文提出了氧化石墨 XRD 模型。

图 7.14 中的插图显示了本研究中用于解释本章 XRD 结果的示意模型。可以观察到该模型是基于氧化物的层间 d 间距差异和样品中存在的缺陷，这是根据氧化物产生的 d 间距大于缺陷的标准，原因是石墨烯相层之间多功能氧化物呈现的分子尺寸大于缺陷、纳

米孔和空位。

这是一个十分重要的结果,因为它表明通过 DTD 方法合成的 GO－BPA 样品在结构上为具有缺陷的多层氧化石墨烯的多晶样品,并且表明这种行为在实验中可以通过 DTD 方法精细控制 T_{CA} 进行调节。

图 7.15 显示了主要结构改性通过多功能氧化物和缺陷边缘影响 GO－BPA 样品。该图表明,在 T_{CA} =973K 的 GO－BPA 样品可以在 3.354Å(石墨)至 3.496Å(样品)的范围内通过作为层间 d 间距的氧化物和缺陷来改变其结构。C—C 键长度值在 2.456Å(石墨)至 2.461Å(样品)间也存在变化。

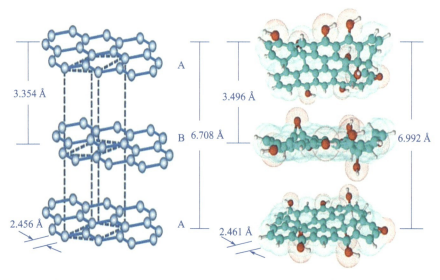

图 7.15 通过 XRD 图谱分析,显示了 T_{CA} =973K 下以石墨结构形态存在的合成 GO－BPA 样品的氧化物示意图

本文发现,通过有机化合物解吸,增加 T_{CA} 减少层间 d 间距和增加石墨转换,这一行为可以解释为体积或三维膨胀,如 GO 材料带来的预期所示[9]。本章提出的用 DFT 计算模拟得到的 GO－BPA 样品的分子构型在这里未进行说明。

图 7.16 显示了在 T_{CA} =973K 下合成的 GO－BPA 纳米片上获得的代表性 EELS 光谱。C－K 边缘(大致位于 280eV 和 325eV 之间)和 O－K 边缘(位于 530eV 左右)清晰可见。所有的薄片都是化学均匀且成分相似。在这种情况下,O/(C＋O)比率约为 5%;因此结果表明,薄片有轻微氧化,与 XPS 测定的样品值 5.25% 一致。

C－K 边缘呈现出特征性的精细结构,类似于石墨(图 7.16 插图中的绿色箭头),因此表明了能带结构效应的影响。这一点很重要,因为它表明局部碳主要是三重 sp^2 键结构。插图显示了 GO－BPA－973K 样品的 C－K 边缘放大(黑色曲线)和无定形碳的两个参考光谱(红色曲线)以及高度有序的热解石墨(HOPG,蓝色曲线)[10]。

绿色箭头突出显示了特有的石墨精细结构。EELS 比较结果表明,GO－BPA 样品的结构与六边形石墨结构吻合,与无定形碳结构不吻合。尽管由于高的层间 d 间距值导致短距离晶体序列和沿 d 方向的不一致性,但是准确的 EELS 测量证明了我们的纳米片中高水平的 sp^2 键。

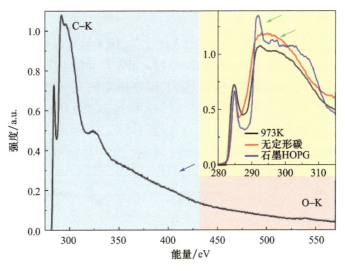

图 7.16 GO-BPA-973K 样品的 EELS 光谱

显示 RT 时的 C-K 和 O-K 边缘。插图显示了样品 C-K 边缘的放大（黑色曲线）和无定形碳（红色曲线）和高度有序热解石墨（HOPG，蓝色曲线）的两个参考光谱，以及绿色箭头指示石墨峰，如我们小组的报告[9-10]。

7.3.3 成分组成

图 7.17 显示了 GO-BPA 样品中与 T_{CA} 有关的氧和碳含量百分比的固相图，这两种测量均采用 XPS 技术进行，如第 7.2 节所述。

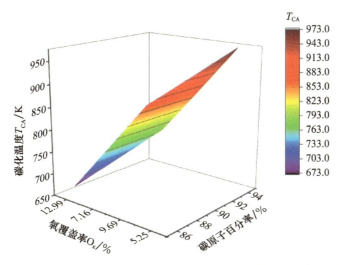

图 7.17 GO-BPA 样品中氧覆盖率和碳原子百分比与 T_{CA} 关系的相图

观察到，当 T_{CA} 从 673K 增加到 973K，氧覆盖率从 12.99% 降低到 5.25%，碳覆盖率从 85.71% 增加到 94.00%，如表 7.1 和表 7.3 所列。

氧和碳含量分别为 13.18%~6.16% 和 85.30%~91.07%。两项测量均通过 EDS-SEM 技术进行，如表 7.1 所列。

7.3.4 振动特性

傅里叶变换红外光谱是一种多功能的表征工具,用于研究碳样品中的官能团和有机化合物。图 7.18 显示了在不同 T_{CA} 下合成的 GO-BPA 样品的 FTIR 光谱,石墨作为参考。

如图 7.18 所示,对于最低 T_{CA} 值,在以下位置检测到几个峰值:$3426cm^{-1}$、$2927\sim2850cm^{-1}$、$2350cm^{-1}$、$1680cm^{-1}$、$1590cm^{-1}$、$1370\sim1435cm^{-1}$、$1157cm^{-1}$ 和 $1066cm^{-1}$,分别归因于实验实验室贡献的 O—H、C—H、CO_2 以及 C=O、C=C、C—H、C—O—C 和 C—O 键。这些结果与 Yan Geng 及其同事[63]和我们的研究组[9]之前报道的峰值位置一致。

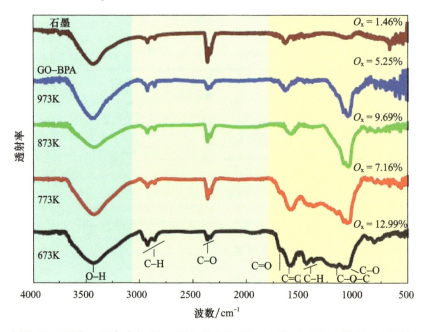

图 7.18 不同 T_{CA} 下合成的 GO-BPA 样品的 FTIR 光谱;实验在室温(RT)下进行

然而,当 T_{CA} 从 673K 增加到 973K 时,一些有机化合物和氧化物的解吸也增加,GO-BPA 样品中的氧化物覆盖率分别从 12.99%~5.25% 不等。

可以观察到,在 973K 时,样品显示出 C—H、C=C 和 C—O 键的存在,正如热分解热解过程中所预期的结果。此外,我们还观察到,GO-BPA 样品的 T_{CA} 和 FTIR 光谱显示出碳作为石墨材料的转化。

图 7.19 显示了在 T_{CA} 973K 下合成的 GO-BPA 样品的拉曼光谱(黑色方形点)。通过使用六个洛伦兹函数贡献的拟合进行拉曼光谱分析:

$1550cm^{-1}$ 处的 G 带峰(在 $1550\sim1580cm^{-1}$ 处的峰),表明通过 sp^2 键合碳原子的振动形成石墨化结构[64-68]。

$1330cm^{-1}$ 附近的 D 带峰(从 $1330\sim1360cm^{-1}$ 处的峰),对应于缺陷引起的无序诱导声子模式,与晶界、氧化物和 sp^3 缺陷等引起的弹性散射有关(本文通过 FTIR 分别观察到 C—O—C、C—OH 和 C—H,见图 7.18)[64-68]。

$1593cm^{-1}$ 处的 D′带峰(从 $1593\sim1620cm^{-1}$ 处的峰)是由于缺陷中的声子吸收或发射引起的拉曼非弹性散射,这会产生氧化石墨烯层的膨胀和收缩[64-68]。

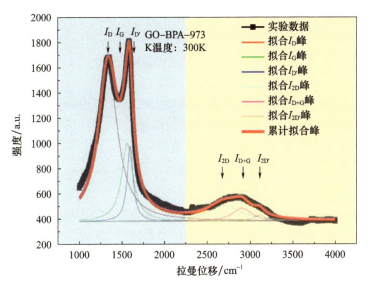

图 7.19　在室温下采集 GO – BPA – 973K 样品在 532nm 波长可见激光激发下的拉曼光谱
使用六个洛伦兹函数进行拟合,涉及共振强迫行为过程,显示样品中音调(蓝色区域)和泛音(黄色区域)的响应。

约在 $2697cm^{-1}$、$2900cm^{-1}$ 和 $3110cm^{-1}$ 处出现 2D、D + G 和 2D′带峰;表明存在许多具有边缘、缺陷和 sp^2 区域的石墨烯层,这是 GO 材料的普遍特征[64-68]。

如图 7.20 所示,在减去线性背景并归一化至 G 峰高度后,所有光谱可反褶积为特征峰:G 带峰在 $1560cm^{-1}$ 左右,D 带峰在 $1350cm^{-1}$ 左右;这些能带的存在表明石墨化结构的形成,而后者对应于无序诱导声子模。

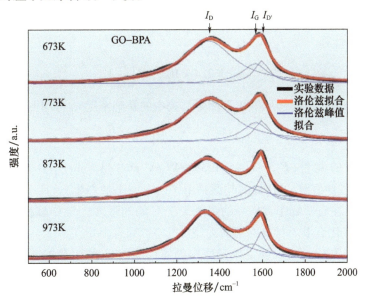

图 7.20　不同 T_{CA} 下获得 GO – BPA 样品在 632.8nm 波长的可见激光和洛伦兹反褶积拟合的拉曼光谱
假设在 D、G 和 D′能带的共振强迫行为过程,减去荧光背景后,对应于音调响应。

第三个峰值被确定为 $1590cm^{-1}$ 左右的 D′能带,与边界缺陷的存在有关。$2800cm^{-1}$ 附近的宽 2D、D + G 和 2D′能带表明存在许多具有边缘、缺陷和 sp^2 区域的石墨烯层,这是氧化石墨烯的普遍特征[64-68]。结果表明,本文提出的理论拟合与实验拉曼光谱吻合。

根据图 7.20 中给出的 GO-BPA 样品每个拉曼光谱的理论拟合的相应结果分析,可以确定以下拉曼参数:峰位移或振动模式、峰宽比、峰强度比(拟合数据)和缺陷密度(计算值)。

他们发现拉曼峰移在每个 D、G 和 D' 波段的出现呈现 1339 cm^{-1}、1563 cm^{-1}、1594 cm^{-1} 的平均值,正如在还原氧化石墨烯材料中预期的结果[48,69-70]。Γ_D/Γ_G、$\Gamma_D/\Gamma_{D'}$、$\Gamma_G/\Gamma_{D'}$ 给出峰宽比平均值 1.9、3.7 和 2.0,与报告的值范围一致[70]。

I_D/I_G、$I_D/I_{D'}$ 和 $I_{D'}/I_G$ 峰值强度比的值分别为 2.8、1.9 和 1.5。正如 Tumstra 和 Koenig 所说,I_D/I_G 增加会提高结构的无序性[71]。

1970 年,Tuinstra 和 Koenig[71] 首次利用 I_D/I_G 和石墨的 XRD 图谱之间的物理关联,证明了石墨中 D 能带的起源,并提出了 I_D/I_G 和拉曼晶体尺寸以及 I_D/I_G 和拉曼缺陷密度之间的可能关系[71]。

然而,有机化合物和氧化物的进一步解吸还原反应,使 sp^2 结构更加无序和畸变。因此,较高的 Γ_D/Γ_G 和 I_D/I_G 比意味着还原 GO-BPA 样品的 DTD 方法和反应辅助环境使用更高的 T_{CA} 进行合成,并且这些值与 A. Bhaumik 等[70] 建议的值一致。

还原氧化石墨烯拉曼光谱中 D 能带和 G 能带的峰值强度之间的关系取决于材料还原程度[47-48]。峰值 D 的强度(I_D)与使用激光照射区域内样品中存在的缺陷总数成正比。但随着缺陷浓度的增加,sp^2 团簇尺寸减小,网络扭曲。

sp^2 团簇的相对运动决定了振动模式 G。因此,G 峰的强度(I_G)取决于还原氧化石墨烯中缺陷的浓度。随着还原氧化石墨烯结构中缺陷浓度的增加,G 峰强度降低,I_D/I_G 比增大。然后,对于无定形碳,I_D 降低意味着碳 sp^2 电子态的恢复。平面中聚合物 sp^2 的大小(L_A)可通过下式计算[47,49]:

$$L_A(nm) = 2.4 \times 10^{-10} \lambda^4 \left(\frac{I_D}{I_G}\right)^{-1} \tag{7.17}$$

式中:λ 为激光的波长。而还原氧化石墨烯结构中的缺陷密度 n_D 可用下式计算[47,49]:

$$n_D^2(cm^{-2}) = 7.3 \times 10^{-9} E_L^4 \left(\frac{I_D}{I_G}\right) \tag{7.18}$$

式中:E_L 为激光的能量,$E_L(eV) = 1239.84 (eV \cdot nm)/\lambda(nm)$。D 峰的二阶泛音是 2698 cm^{-1} 中心的 2D 振型。2D 峰的起源是由于两个声子的产生,这两个声子的波向量分别为 $-k$ 和 $+k$。在石墨烯中,2D 峰的强度大于 G 峰的强度。与 G 峰相比,2D 峰的强度较低,表明还原氧化石墨烯材料的基面无序[47,49]。

通过使用式(7.17),可以确定拉曼面内晶体尺寸与 T_{CA} 的函数关系,如图 7.21 所示,其各自的线性拟合可以作为合理的理论描述。发现 T_{CA} 从 973K 降至 673K 时,晶粒尺寸分别从 1.302nm 增至 1.905nm,这些值与 Alpana Thakur 等[72] 报道的还原氧化石墨烯的 3.6nm 值一致。这种行为是由于样品中多官能团氧化物和一些有机化合物的热解吸作用,导致 T_{CA} 增加,从而使得边界缺陷增加,正如我们研究小组的报道[9]。

考虑到式(7.18),可以确定每个 T_{CA} 的拉曼缺陷密度。图 7.22 显示了 T_{CA} 对拉曼缺陷密度的依赖性,以及其线性拟合可以作为合理理论描述。研究发现,T_{CA} 增加会导致密度缺陷增加,这是由于在本节中使用 DTD 法合成样品会产生 BPA 的热分解,从而导致多官能团氧化物和一些有机化合物的解吸。

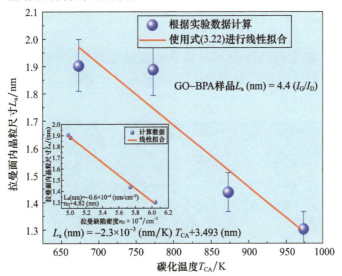

图 7.21 T_{CA} 对拉曼面内晶体尺寸(蓝色圆圈)的依赖性,采用线性关系(红色实线)的实验数据和理论拟合中有 10% 的误差

随着 T_{CA} 从 673K 增加到 973K,缺陷密度从 $4.98 \times 10^{-4} cm^{-2}$ 增加到 $6.03 \times 10^{-4} cm^{-2}$。这些值与 AnaghBhaumik 和 Jagdish Narayan[48] 所报道的 $5.3 \times 10^{-4} cm^{-2} \sim 4.9 \times 10^{-4} cm^{-2}$ 范围内变化的值一致。我们发现,上述拉曼缺陷的密度与样品中存在的边界缺陷有关,如图 7.22 的插图所示,因为 I_D/I_G 比约为 2.8,该值约为 3.0,与存在的边界缺陷有关。

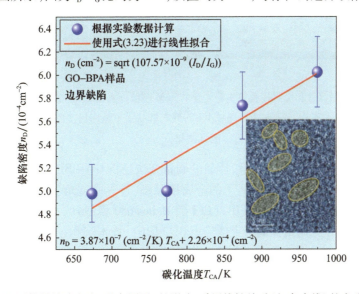

图 7.22 T_{CA} 对拉曼缺陷密度(蓝色圆圈)的影响,采用线性关系(红色实线)的实验数据和理论拟合中有 5% 的误差

插图:HR-TEM 图像显示单个 GO-BPA 纳米片(右下侧)存在边界缺陷(黄色椭圆形)。

本节介绍了 GO – BPA 样品的热性能;7.3.5 节回顾了一些关于 GO – BPA 样品电气性能的基本结果。

7.3.5 电气性能

图 7.23 显示了使用 FEBID – FIBID 技术电接触的单个 GO – BPA 纳米片的 SEM 图像。我们还使用扫描电子显微镜中的 EDS 来完成成分研究,并检查氧含量(百分比,CO)。

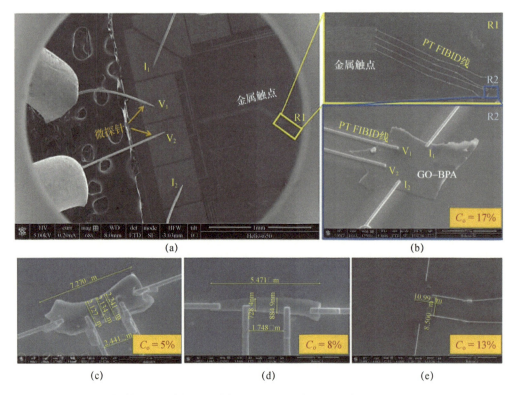

图 7.23 显示微探针和金属接触垫实验装置的 SEM 图像(a),区域 R1 的放大区域显示通过 FIBID 技术在 SiO_2/Si 衬底上生长的铂线(b),区域 R2 的放大区域显示横向尺寸约为 $7\mu m$ 且厚度 $t<100nm$ 的典型单个 GO – BPA 纳米片,Pt 触点进行电气测量(e)

为了对单个纳米片进行电测量,样品的制备方法是将 GO – BPA 纳米片悬浮在异丙醇中,并将其沉积在靠近 SiO_2/Si 基底上的金属接触垫(首先通过光学光刻制作)。

然后使用配备有聚焦离子束(FIB)(FEI 的 Helios 650 模型)的 SEM,在低电压(<5kV)下定位单个纳米片。采用聚焦离子束诱导沉积(FIBID)技术沉积了四根铂引线,将纳米片连接到放置微探针的金属接触垫上。

FIBID 以最佳方式沉积的铂基触点允许低接触电阻率,可以带来微结构或纳米结构的无噪声电气特性[54-55];有关此技术的更多详细信息,请参阅文献[10,56]。

图 7.23 显示了能够显示单个 GO – BPA 纳米片上微探针、金属接触垫和铂丝的实验装置的 SEM 图像。使用美国吉时利 Keithley 6220 直流电源,通过注入一定范围的电流 $\pm 6\mu A$ 在两个外部触点进行电测量;同时,用美国吉时利 Keithley 2182 A 纳伏表测量了两

个内部触点的电压。更多实验细节见参考文献[10]。

合成条件的变化,具体而言即T_{CA},导致含氧官能团改性,以及作为单个纳米片的GO-BPA中的晶体结构改性,研究人员已经说明并且通过XRD和其他技术证实了此点,正如我们研究组的报道[9]。

图7.24显示了在不同氧化物覆盖率下获得的单个GO-BPA纳米片的$V-I$测量值。观察到预期的欧姆行为。为了通过SEM技术了解样品的几何结构,可以测定每个GO-BPA纳米片的电导率。

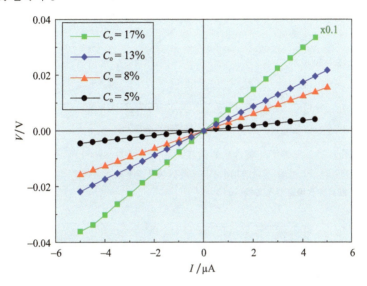

图7.24 在不同氧化物覆盖率下获得的单个GO-BPA纳米片的$V-I$测量(在室温下进行测量)

对于电学特性,我们关注在更高T_{CA}(873K和973K)下获得的单个GO-BPA纳米片,这确保了改进的晶体结构,如HR-TEM结果所示,如图7.11(c)和(d)所示。在这些温度条件下,氧含量低于20%,这引起了我们的兴趣,因为在这个氧区内仍未清楚了解GO的电学行为。氧原子浓度C_o=5%、8%、13%和17%时,通过电流-电压($I-V$)测量室温电导率。

所有$I-V$曲线在整个电流范围内(±6μA)都表现出欧姆特性,通过SEM获得的纳米片的斜率和几何参数,可以计算电导率值。室温电导率随C_o的变化如图7.25所示。氧含量从17%降低到5%,导致电导率从6.4×10^1S/m开始上升两个数量级,并在氧化程度最低时达到2.3×10^3S/m。

图7.25的插图显示了我们的实验数据,数据与这些理论假设一致。根据上下文,我们将此图中的数据与报告的石墨(黄色正方形)数据进行了比较。

可以看出,在单个GO-BPA纳米片中发现的最低值氧含量下电导率仍然比石墨的值(2×10^4S/m)低一个数量级左右,从而阐明了氧官能团对电导率的直接影响。

利用σ和E_g之间的显式关系,当$\sigma_0=2\times10^4$S/m,得到$\sigma=\sigma_0\exp(-E_g/(2kT))$,正如在$T$=300K时对石墨的报道结果,并且考虑到图7.25中所报告的C_o=5%、8%、13%和17%时的电导率值,我们估计了能量带隙值与C_o的函数关系,如图7.26所示,以及使用带隙与适用于半导体的散射中心X的一般二次依赖关系的拟合线[73-74]。

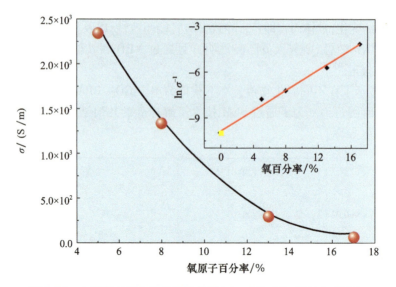

图 7.25 电导率与氧含量的函数关系(C_o = 5%、8%、13% 和 17%)

清楚可见这条线所示结果。插图:通过适用于本征半导体的载流子浓度表达式,与实验数据(全菱形)拟合(实线)。在室温下测定(摘自并改编自参考文献[10])。

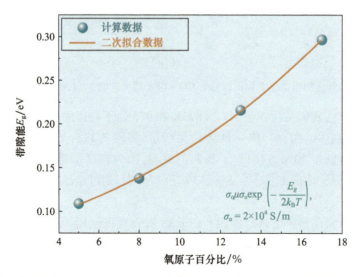

图 7.26 绘制了单个 GO-BPA 纳米片的带隙(E_g)与其对应的氧原子百分比的关系图

橙色实线是通过使用适用于半导体的散射中心 X 带隙的一般二次依赖关系的拟合[73-74]。在室温下进行估算(摘自并改编自参考文献[10])。

随着氧含量的降低,带隙能量在 0.30~0.11 eV 之间变化。我们的实验结果和理论预测非常一致,这解释了单个 GO-BPA 纳米片中氧介导的电荷传输散射,并表明我们的样品表现出窄带隙半导体行为,正如我们小组所预期和报告的结果[10]。

7.3.6 氧化石墨烯竹焦木酸样品的磁性特征

图 7.27 显示了在 T_{CA} = 973 K 时,-2000~+2000 Oe 的外加磁场范围内,在 300 K 和

10K 下测量的磁化回路（此处，样品架的磁化作为参考）。

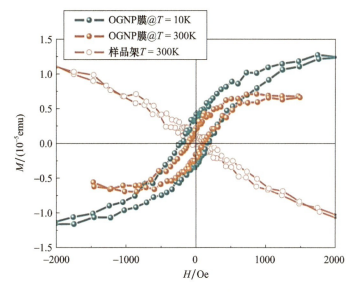

图 7.27 $T=10$ 和 300K 时 GO – BPA 薄膜的 M – H 曲线

在室温和低温下均观察到 GO – BPA 样品类铁磁性磁滞回线，其特点是剩磁和矫顽力值较低。

结果表明，对于铁磁性软材料，温度升高时，磁化饱和度降低。

图 7.28 显示了零场冷却（ZFC）和场冷却（FC）实验中 GO – BPA 膜（OGNP 膜）磁化受到温度影响，观察到 FC 大于 ZFC 曲线，并且铁磁性软材料在低温下磁化强度增加，正如预期。

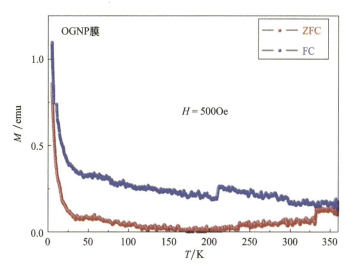

图 7.28 在 500 Oe 条件下，ZFC（零场冷却）和 FC（场冷却）下相同薄膜的磁化 – 温度曲线

如 SEM 图像表明的缺陷，结果发现在较高 T_{CA} 下制备的样品中，缺陷更为明显。

我们的研究小组将发表由拉曼光谱获得的磁化饱和 Ms 和缺陷密度之间的关系[75]。

为了解释磁性金属杂质的贡献,我们使用了 XPS 测量,分析面积为 700μm×300μm,所有样品的深度剖面为 10μm;在此测量容量内,未检测到磁性杂质。

正如 Sudipta Dutta 等[76]所报道,GO-BPA 样品中的 FM 阶可以由边界缺陷密度和无序引起。

7.4 电子方面的应用前景

本研究的主要目的是确定通过 DTD 方法合成的 GO-BPA 样品的基本性能。然而,对这些物理机制的基本理解在应用物理学中具有技术意义和开放的研究领域。基于这些原因,本节概述了 GO-BPA 样品在电子方面的不同应用前景,并讨论了为这些电子学应用提供了支持的应用物理学的一些重要结果。

2010 年,正如诺贝尔物理学奖得主 Konstantin Novoselov 等[77]报道,石墨烯驱动的信息通信技术(ICT)革命的主要焦点是机遇,例如:电源管理,混合电子,柔性电子和能源。

因此,我们提出了石墨烯在电子学中的以下潜在应用[77-78]:油墨和浆料作为导电油墨或涂料油墨;作为化学传感器的屏障;LED 照明散热器;汽车和飞机部件的复合材料;太阳能电池;电池和超级电容器;柔性显示器和触摸屏;半导体如高速晶体管、RFIC 和传感器等。

根据第 7.3 节所述的实验物证和结果分析发现,采用 DTD 法在低氧覆盖区合成的 GO-BPA 样品显示了与还原氧化石墨烯材料(如碳基材料)类似的化学物理性质,结果表明 GO-BPA 样品在电子方面与石墨烯材料具有一样的应用前景,其结构具有多功能氧化物和热稳定性的优势。

我们研究小组报道了 GO-BPA 材料在电子领域的这些未来技术应用包括:太阳能电池可能的选择性接触[79];红外发射器或加热器装置[9];场效应晶体管(FET)器件;血糖 FET 生物传感器[9,80-81];电池[80];由白炽效应产生的发光器件[80]。

仅考虑室温情况,DTD 法合成的 GO-BPA 具有如下机会使用到应用物理中。

7.4.1 基于氧化石墨烯竹焦木酸的红外发射器或加热器装置

考虑到在 GO-BPA-973K 薄片中获得的振动响应,该样品实现了电控 IR 发射器或加热器装置。图 7.29(a)和(b)分别给出了所提议装置的配置和发展[9]。通过使用图 7.29(a)所示的多层结构来完成 IR 发射器的制造。GO-BPA 细颗粒(437mm 厚)位于两个圆形铝箔之间,并附着有银浆;用银浆将金丝与铝箔电接触。

电测量采用两点 $I-V$ 曲线法。图 7.29(c)显示了 IR 发射器装置中的欧姆响应。这种现象可以用焦耳效应来解释,这与通过 GO-BPA 样品的电流在红外发射装置中产生的热量有关。假设在器件终端之间施加 DC 极化,电子开始流过器件,GO-BPA 薄片中的原子振动增加,因此 GO-BPA 样品温度升高。从样品到铝箔的声子占据数(与原子振动相关)增加,原子振动通过铝箔作为红外辐射发射。

加热器装置使用涂有碳的铝箔来保证最大的发射率和聚合物密封,避免 GO-BPA 薄片的损失。IR 发射器或加热器装置的热行为与热系统的一阶响应(以瞬态和稳态为特征)有关系,如图 7.30(a)所示。

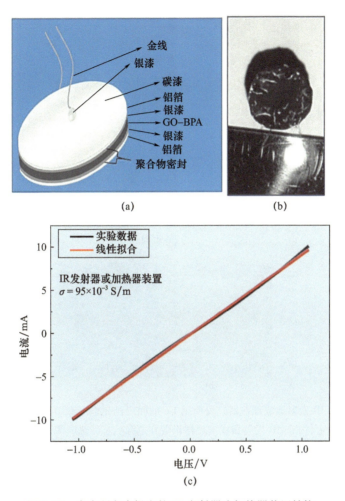

图7.29 本次研究中提出的IR发射器或加热器装置结构

(a)结构;(b)红外发射装置的数字图像;(c)电气特性。GO-BPA 973K样品的电导率值与半导体材料的预期数量级一致[9]。

当 IR 发射器件以 $I-V$ 固定值极化时,电流在 10mA 左右,器件温度在 30s 内从室温升高到 31.6℃。在这种稳定状态下,耗电量约为 10mW,与其他 IR 发射器相比,例如红外二极管(15mW,在 1.5V 和 10mA 下极化),这个耗电量是最低值。图 7.30(b) 和 (c) 分别显示了加热器装置关闭和打开时的热像图。

可以清楚地观察到热发射。根据在本工作中对 IR 发射器或加热器装置所获得的结果,我们建议将其考虑在以下潜在应用中:IR 辐射的光学屏障;其尺寸(直径和厚度分别为 1cm 和 0.1cm)使其适用于低能耗的保暖服、汽车和温室。其他领域包括局部产热的医学和生物科学,如肌肉放松疗法、皮肤刺激疗法和血管扩张疗法,以及其他柔性电子产品,例如具有高便携性的电控热源,以及其他潜在用途。

这里说明了一些 IR 发射器或加热器装置的情况;现在我们将探索 GO-BPA 样品作为场效应晶体管器件的结构,以及样品的其他重要替代用途。

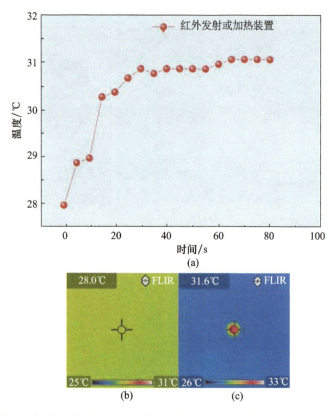

图 7.30 （a）当 IR 发射器或加热器装置使用 1V 的固定极化电压和 10mA 的电流时,其温度演变。装置在 30s 内达到稳定状态。IR 发射器或加热器设备在电源状态的热成像图像;（b）关;（c）开（摘自并转载自参考文献[9]）

7.4.2 基于氧化石墨烯竹焦木酸的场效应晶体管器件

图 7.31（a）给出了本研究中提出的场效应晶体管（上栅极）结构的示意图。在 T_{CA} = 973K 下合成了 GO – BPA 样品,通过使用银作为电触点、掩模,在 150A 电流、3V 电压和 2×10^{-4} bar 真空下,使用蒸发技术在样品上面沉积漏极、源极和上栅极（在胶带/GO – BPA 上）端子。

另外,本文还提出用 Ag/胶带/GO – BPA 样品可以形成栅极端子,并用胶带作为绝缘材料,其电阻约为 10 MΩ。我们研究小组首次考虑了这种替代器件[80]。

图 7.31（b）~（d）显示了在这项工作中开发的 GO – BPA FET 的图像,分别带有后部、变焦和前部插座电路。开发插座电路是为了保证本工作中阐述的 GO – BPA FET 器件和电气特性设备之间阻抗耦合的稳定性。

图 7.32（b）显示了栅源电压对漏极电流的影响（黑圈）及其使用 Shockley FET 模型的相应拟合。

结果表明,栅源电压从 0 增加到 6.0V,漏电流从 0 增加到 5mA;这是 FET 器件输入曲线的典型电学行为,可以用 Shockley 模型来描述,并说明了电场对主导漏电流载流子调制的影响。从各自的分析中,我们得到了已知的 FET 理论来描述 FET 的实验数据。

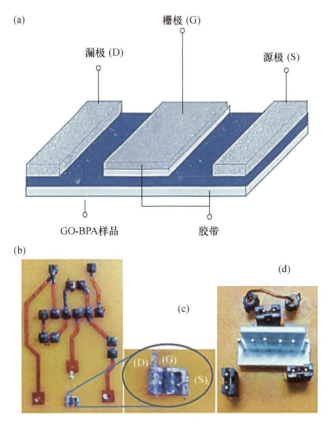

图 7.31 （a）本研究中提出的场效应晶体管（上栅极）结构；(b)、(c)和(d)分别使用后部、变焦和前部插座电路开发的 GO‑BPA FET 的数字图像（如参考文献[80]所述）

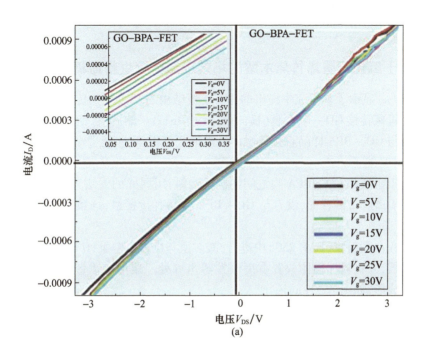

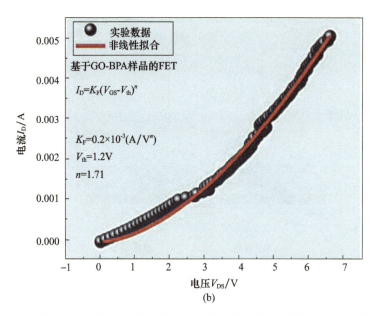

图 7.32 （a）基于在 973K 下合成 GO – BPA 样品的 FET 器件在不同栅极电压下的输出曲线

插图是一个零行为附近的放大图,说明了 GO – BPA – FET 栅级电压（或电场）的影响。（b）用 Shockley 模型（红色实线）拟合了漏级电流对栅源电压的依赖关系（黑色圆圈）

在 $K_F = 0.2 \times 10^{-3} A/V^2$ 时,FET 为正向电流常数,该值与 $0.3 \times 10^{-3} A/V^2$ 处商用 FET 典型值一致,在 $V_{th} = 1.2V$ 时的关断阈值电压与商用 FET 的 $0.3 \sim 18V$ 的值一致,$n = 1.71$ 的指数参数值与商用 FET 的 2.0 值一致,这是商用 FET 显示的典型值。

这些结果证明了本研究中提出的 DTD 法合成的 GO – BPA 样品在器件中具有重要的电场效应。这也为应用物理学开辟了一个研究领域。

由于 GO 与水分子的高度相容性,GO – BPA FET 结构被认为可能应用于血糖生物传感器,如前所述。

7.4.3　基于氧化石墨烯竹焦木酸的场效应晶体管生物血糖测试传感器

图 7.33（a）显示了本研究中提出的具有下栅结构的 FET 生物传感器,用于监测血糖。用透明胶带机械转移 GO – BPA 膜（横向尺寸约 $10\mu m$）。然后,将铟（99.99%）蒸发,以两条不相连且与 GO – BPA 样品直接接触的能带形式沉积;这些能带被命名为漏极（D）和源极（S）电极作为端子。

为了便于血液和 GO – BPA 膜之间的机械接触,用同样的方法建立了第三个铟能带,但这次是在隔离胶带的背面,没有与 GO – BPA 样品直接接触;这条能带被称为栅极（G）电极终端。

蒸发过程在溅射室（BAE 250）中进行,溅射室与机械真空泵（0.15mbar）相连,使用高纯度钨蒸发器,并将目标物体放置在离蒸发器 5cm 处。矩形遮罩带有 2mm×3mm 插槽,可以使电极成形,如图 7.33（a）所示。

用银漆将电极焊接到铜线上,测量 D 和 S 电极之间的电阻（RDS）（约 12.6kΩ）。这些 P 通道半导体器件如图 7.33（b）所示。

根据图 7.33(a)，PCS1 装置的电气特性程序对应于 G 电极中的固定电压(V_G)，并在测量 D 和 S 电极之间的电压(V_D)时，通过 D 端子产生 I_D 电流的变化。

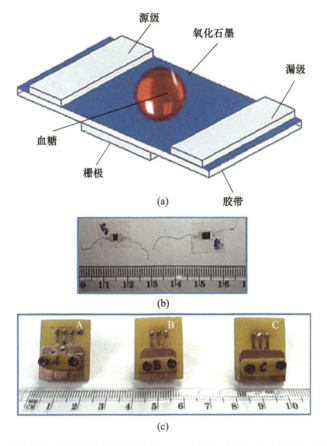

图 7.33 (a)本研究中提出的检测血糖的 FET 生物传感器(下栅)结构；(b)和(c)FET 生物传感器的数字图像，分别作为柔性和刚性替代物(摘自并转载自参考文献[81])

对于 V_G 的另一个固定值，重复相同的方法。图 7.33(b)和(c)分别显示了在这项工作中开发的场效应晶体管生物传感器的柔性和刚性替代品的图像[81]。

刚性 FET 生物传感器的稳定性和再现性比柔性替代配置更强，因为它机械优化了金属－半导体电接触[81]。

图 7.34(a)显示了 GO－BPA－FET 生物传感器(下栅)配置中的 $I-V$ 曲线，其测量的不同血糖浓度为 66～320 mg/dL，对应于典型的测量范围。

结果发现，血糖浓度的增加加大了 $I-V$ 关系斜率所给出的系统位移。这一行为可归因于 GO－BPA 材料表面的葡萄糖吸附效应，其增加了导电性。

图 7.34(b)显示了血糖浓度对漏源电阻的依赖性。

因此，在本章中提出的 GO－BPA－FET 生物传感器的漏源电阻中，观察到血糖降低会增加电阻；如前所述，该行为表明血液中存在的葡萄糖分子增加了电导率，这可能与血液中存在的 C—OH 官能团和 GO－BPA 材料之间的高度相容性有关，如本工作中通过 FTIR 光谱分析结果所讨论(图 7.18)。

如前所述，GO－BPA 窄带隙半导体是先进电学中的优秀候选材料，用于开发基于

FET 结构传感器和器件,并开辟了应用物理学的一个重要研究领域。

此外,考虑到能源方面的机遇,我们提出了第一个基于 GO – BPA 材料的电池电源配置的物理实验。

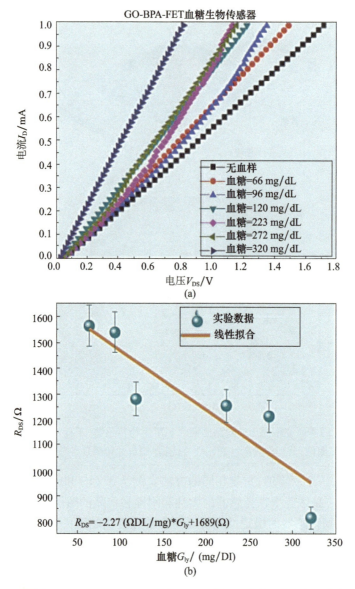

图 7.34 (a)不同血糖浓度下 GO – BPA – FET 生物传感器(下栅)配置的 $I-V$ 曲线;(b)提出血糖浓度对漏源电阻 GO – BPA – FET 生物传感器的影响,误差为 5%(摘自并转载自参考文献[81])

7.4.4 氧化石墨烯竹焦木酸电池

图 7.35(a)显示了本次研究中提出的 GO – BPA 电池结构。在这种结构中,GO – BPA 材料被放置在两种不同的金属(铜和银)之间,然后,由于金属费米能级之间的差异会在 GO – BPA 样品中诱导内部电场并产生电池效应,且由于铜和银金属电极费米能级的差异使得 GO – BPA 样品中的电荷载流子重新分布,从而产生强烈的内部电场,可以加速电路

中的电荷载流子作为电池电源[80]。

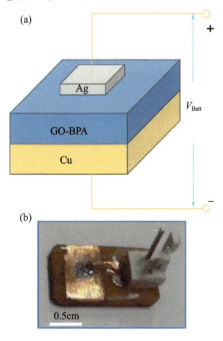

图 7.35 （a）本次研究中提出的 GO–BPA 电池配置；（b）本次研究中开发的 GO–BPA 电池的照片

通过电极间的费米能级差会产生空穴–电子对极化，GO–BPA 电池的功能基于这种极化机制，这增加 GO–BPA 薄片内部的电场，产生电位差作为电压。图 7.35（b）显示了在这项工作中开发的 GO–BPA 电池原型的照片；这种电池用聚乙烯醇封装。

图 7.36 显示了本次研究中提出的 GO–BPA 电池中的电压演变，观察到 GO–BPA 电池中测量时间的增加，这在其连接端子之间产生了 650mV 的稳定电压。此外，在低测量时间的瞬态或稳态行为可能是由于测量仪器的输入阻抗。

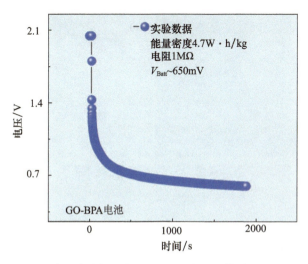

图 7.36 本研究中提出的 GO–BPA 电池空载时的电压变化

电池的输出电阻为 1MΩ。能量密度的平均值约为 5W·h/kg，与商用电池的 103W·h/kg

相比,这是一个非常低的值;然而,到目前为止,我们还没有考虑使用锂或钠作为电解质产生的影响。

基于这个原因,这些结果表明,优化这些原型可以使用电解质,这为在电池应用物理中开发基于以 GO - BPA 材料为宿主的不同电解质开启了一个新的领域。

本研究还探索了另一个重要的替代电子器件,即基于 GO - BPA 材料的光发射器。

7.4.5 氧化石墨烯竹焦木酸光发射器

图 7.37 显示了本研究中提出的 GO - BPA 发光器件的结构图。用 DTD 法在 973K 下合成了 GO - BPA 材料,将其机械转移到刚性或柔性基底上,并定位在两个平行路径的蒸发银膜上,将其作为电接触,基底间距为 100μm,然后用银漆和金漆对 25μm 直径的电接触进行涂层。

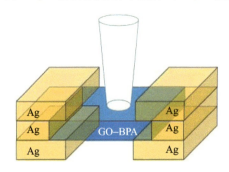

图 7.37　本研究中提出的 GO - BPA 发光器件的结构图

当施加外加电场时,GO - BPA 材料中的载流子一直加速到其结构产生高分子振动,并通过白炽效应产生光。

图 7.38 显示了本次研究中开发的 GO - BPA 光发射器的照片,其比例为 100μm 尺度。在以下条件下通过蒸发技术沉积银路径膜:使用带平行贴片的掩模,电流为 150A,电压为 3V,真空为 2×10^{-4} m bar。

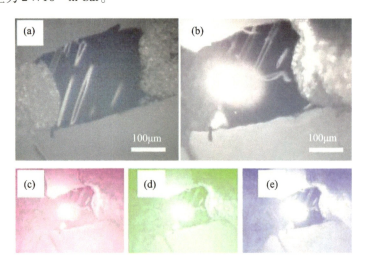

图 7.38　GO - BPA 光发射器数码图片

(a)处于断电状态;(b)通电状态下(10V 和 8mA),观察到白炽效应发白光;(c)、(d)和(e)分别对应于(b)中显示图像的 RGB(红色、绿色和蓝色)去卷积。

图 7.38(a)显示了在断电情况下本工作中阐述和提出的光发射器。与预期一样,没有观察到光发射。图 7.38(b)显示了 GO-BPA 材料中白炽效应产生的强白光发射,通电状态时在 10V 和 8mA 下使用电源对装置进行极化。该装置采用聚乙烯醇封装。

图 7.38(c)~(e)显示了数字图像的去卷积演算,注意实验观察到的白光的 RGB(红-绿-蓝)颜色成分。该装置要求优化控制白光发射的条件;然而,这是很好的开端,并在光电子学和应用物理学领域开辟了一个广阔研究领域。

迄今为止,我们研究了 DTD 法合成的 GO-BPA 薄片基本性质的物理实验结果;此外,我们还讨论了这些物理机制在未来电子学应用中的一些技术意义,这些重要结果表明,GO-BPA 材料可以成为开发先进传感器和器件电子学的优秀候选材料。

7.5 小结

我们提出并实现了一种制备 GO-BPA 样品的新方法,通过控制碳化温度可以改变多功能氧化物的组成。

我们研究了 GO-BPA 样品的基本物理性质,发现 GO-BPA 样品具有纳米片的形貌、多层氧化石墨烯的多晶结构、取决于 T_{CA} 的氧化物组成、良好隔热材料的振动行为,并且在室温和低温下观察到窄带隙半导体材料的电响应和边界缺陷引起的铁磁性行为。

我们讨论并提出了 GO-BPA 样品在先进电子传感器和器件中的一些潜在应用。

参考文献

[1] SaeidMasoumi, Hassan Hajghssem, Alireza Erfanian and Ahmad Molaei Rad., Fabrication offield-effect transistor based on RGO. *American Journal of Engineering Research (AJER)*, 6, 364, 2017.

[2] Kim, S., Kulkarni, D. D., Henry, M., Zackowski, P., Jang, S. S., Tsukruk, V. V., Fedorov, A. G., Localized conductive patterning via focused electron beam reduction of graphene oxide. *Appl. Phys. Lett.*, 106, 133109, 2015.

[3] Bonaccorso, F., Sun, Z., Hasan, T., Ferrari, A. C., Graphene photonics and optoelectronics. *Nat. Photonics*, 4, 611, 2010.

[4] You, Y., Sahajwalla, V., Yoshimura, M., Joshi, R. K., Graphene and graphene oxide for desalination. *Nanoscale*, 8, 117, 2016.

[5] Ambrosi, A., Chua, C. K., Latiff, N. M., Loo, A. H., Wong, C. H. A., Eng, A. Y. S., Bonanni, A., Pumera, M., Graphene and its electrochemistry—An update. *Chem. Soc. Rev.*, 45, 2458, 2016.

[6] Choi, H.-J., Jung, S.-M., Seo, J.-M., Chang, D. W., Daic, L., Baek, J.-B., Graphene for energy conversion and storage in fuel cells and supercapacitors. *Nano Energy*, 1, 534, 2012.

[7] Liu, J., Xue, Y., Zhang, M., Dai, L., Graphene-based materials for energy applications. *Mater. Res. Soc. Bull.*, 37, 1265, 2012.

[8] Radich, J. G., McGinn, P. J., Kamat, P. V., Graphene-based composites for electrochemical energy storage. *Electrochem. Soc. Interface*, 20, 1, 63, 2011.

[9] Prías-Barragán, J. J., Gross, K., Ariza-Calderón, H., Prieto, P., Synthesis and vibrational response of graphite oxide platelets from bamboo for electronic applications. *Phys. Status Solidi A*, 213, 1, 85, 2016.

[10] Gross, K., Prías-Barragán, J. J., Sangiao, S., De Teresa, J. M., Lajaunie, L., Arenal, R., Ariza Cal-

deron, H., Prieto, P., Electrical conductivity of oxidized – graphenic nanoplatelets obtained from bamboo: Effect of the oxygen content. *Nanotechnology*, 27, 365708, 2016.

[11] Talyzin, A. V., Mercier, G., Klechikov, A., Hedenström, M., Johnels, D., Wei, D., Cotton, D., Opitz, A., Moons, E., Brodie vs Hummers graphite oxides for preparation of multi – layered materials. *Carbon*, 115, 430, 2017.

[12] Park, S. and Ruoff, R. S., Chemical methods for the production of graphenes. *Nat. Nanotechnol.*, 4, 217, 2009.

[13] Tang, L., Li, X., Ji, R., Teng, K. S., Tai, G., Ye, J., Wei, C., Lau, S. P., Bottom – up synthesis of large – scale graphene oxide nanosheets. *J. Mater. Chem.*, 22, 5676, 2012.

[14] Lobovikov, M., Paudel, S., Piazza, M., Ren, H., Wu, J., World bamboo resources: A thematic study prepared in the framework of the Global Forest Resources Assessment 2005. *Food and Agriculture Organization of the United Nations. Non – Wood Forest Products*, 18, 1, 2007.

[15] Bowyer, J., Fernholz, K., Frank, M., Howe, J., Bratkovich, S., Pepke, E., Bamboo products and their environmental impacts: Revisited. *Dovetail Partners*, 1, 1, 2014.

[16] Zhou, B. – Z., Fu, M. – Y., Xie, J. – Z., Yang, X. – S., Li, Z. – C., Ecological functions of bamboo forest: Research and application. *J. For. Res.*, 16, 2, 143, 2005.

[17] Asia – Pacific Network Global Chance Research and Development Alternatives, Bamboo: Green Construction Material. *APN – GCR*, 1, 1, 2014. Available: https://www.apn – gcr.org/resources/files/original/1654f846a58279adea4aeb44a881321b.pdf

[18] Abdul Khalil, H. P. S., Bhat, I. U. H., Jawaid, M., Zaiden, A., Hermawan, D., Hadi, Y. S., Bamboo fibre reinforced biocomposites: A review. *Mater. Des.*, 42, 353, 2012.

[19] Qiao, W. M., Song, Y., Huda, M., Zhang, X., Yoon, S. – H., Mochida, I., Katou, O., Hayashi, H., Kawamoto, K., Development of carbon precursor from bamboo tar. *Carbon*, 43, 3002, 2005.

[20] ISO Technical specification. Nanotechnologies—Terminology and definitions for nano – objects—Nanoparticle, nanofibre and nanoplate. ISO/TS 27687: 2008(E), 2008.

[21] Drewniak, S., Muzyka, R., Stolarczyk, A., Pustelny, T., Kotyczka – Morańska, M., Setkiewicz, M., Studies of reduced graphene oxide and graphite oxide in the aspect of their possible application in gas. *Sensors*, 16, 103, 1, 2016.

[22] Zhu, Y., Murali, S., Cai, W., Li, X., Suk, J. W, Potts, J. R., Ruoff, R. S., Graphene and graphene oxide: Synthesis, properties, and applications. *Adv. Mater.*, 22, 3906, 2010.

[23] Waitz, R., Muffle furnaces for temperatures from 200 – 1200℃ with controlled atmospheres and vacuum. *Heat Process.*, 6, 1, 33, 2008.

[24] Kanthal, Super Kanthal electric heating handbook. *Kanthal*, 1, 1, 1999.

[25] Seshasayee, N., Understanding thermal dissipation and design of a heatsink. *Texas Instruments*, 1, SL-VA462, 2011.

[26] Lenz, M., Striedl, G., Frohler, U., Thermal resistance theory and practice. *Infineon Technologies AG*, 1, 1, 2000.

[27] Prías – Barragán, J. J., Gross, K., Ariza – Calderon, H., Prieto, P., *Transport Mechanisms Study in Graphite Oxide Platelets for Possible Applications in Electronic*, Doctoral Thesis, pp. 1 – 209, Department of Physics. PhD. Program in Physical Science at Universidad del Valle, 2018.

[28] Somanathan, T., Prasad, K., Ostrikov, K., Saravanan, A., Krishna, V. M., Graphene oxide synthesis from agro waste. *Nanomaterials*, 5, 826, 2015.

[29] Shalaby, A., Nihtianova, D., Markov, P., Staneva, A. D., Iordanova, R. S., Dimitriev, Y. B., Structural analysis of reduced graphene oxide by transmission electron microscopy. *Bulgarian. Chem. Commun.*, 47, 1,

291,2015.

[30] Wilson, N. R., Pandey, P. A., Beanland, R., Young, R. J., Kinloch, I. A., Gong, L., Liu, Z., Suenaga, K., Rourke, J. P., York, S. J., Sloan, J., Graphene oxide: Structural analysis and application as a highly transparent support for electron microscopy. *ACS Nano*, 3, 9, 2547, 2009.

[31] Alam, S. N., Sharma, N., Kumar, L., Synthesis of graphene oxide (GO) by modified Hummers method and its thermal reduction to obtain reduced graphene oxide (rGO). *Graphene*, 6, 1, 2017.

[32] Pavoski, G., Maraschin, T., Fim, F. d. C., Balzaretti, N. M., Galland, G. B., Moura, C. S., de Souza Basso, N. R., Few layer reduced graphene oxide: Evaluation of the best experimental conditions for easy production. *Mater. Res.*, 1, 1, 2016.

[33] Erickson, K., Erni, R., Lee, Z., Alem, N., Gannett, W, Zettl, A., Determination of the local chemical structure of graphene oxide and reduced graphene oxide. *Adv. Mater.*, 22, 4467, 2010.

[34] Persson, H., Yao, Y., Klement, U., Rychwalski, R. W., A simple way of improving graphite nano-platelets (GNP) for their incorporation into a polymer matrix. *eXPRESSPolym. Lett.*, 6, 2, 142, 2012.

[35] Capella, B. and Dietler, G., Force-distance curves by atomic force microscopy. *Surf. Sci. Rep.*, 34, 1, 1999.

[36] Huh, S. H., *Thermal Reduction of Graphene Oxide, Physics and Applications of Graphene—Experiments*, S. Mikhailov (Ed.), p. 73, InTech, London, UK, 2011.

[37] Cullity, B. D., *Elements of X-Ray Diffraction*, second edition, p. 569, Addison-Wesley Series in Metallurgy and Materials, New York, USA, 1978.

[38] Li, Z. Q., Lu, C. J., Xia, Z. P., Zhou, Y., Luo, Z., X-ray diffraction patterns of graphite and turbostratic carbon. *Carbon*, 45, 1686, 2007.

[39] McAllister, M. J., Li, J.-L., Adamson, D. H., Schniepp, H. C., Abdala, A. A., Liu, J., Herrera-Alonso, M., Milius, D. L., Car, R., Prud'homme, R. K., Aksay, I. A., Single sheet functionalized graphene by oxidation and thermal expansion of graphite. *Chem. Mater.*, 19, 4396, 2007.

[40] Stankovich, S., Dikin, D. A., Piner, R. D., Kohlhaas, K. A., Kleinhammes, A., Jia, Y., Wu, Y., Nguyen, S. T., Ruoff, R. S., Synthesis of graphene-based nanosheets via chemical reduction of exfoliated graphite oxide. *Carbon*, 45, 1558, 2007.

[41] Egerton, R. F., Electron energy-loss spectroscopy in the TEM. *Rep. Prog. Phys.*, 72, 016502, 2009.

[42] Egerton, R. F., *Electron Energy-Loss Spectroscopy in the Electron Microscope*, Third Edition, p. 504, Springer, New York, USA, 2006.

[43] Ii, S., *Nanoscale Chemical Analysis in Various Interfaces with Energy Dispersive X-Ray Spectroscopy and Transmission Electron Microscopy. X-Ray Spectroscopy*, vol. 13, p. 265, Intechopen, London, UK, 2012.

[44] Smith, E. and Dent, G., *Modern Raman Spectroscopy: A Practical Approach*, p. 225, Wiley, Hoboken, NJ, 2005.

[45] Merlen, A., Buijnsters, J. G., Pardanaud, C., A guide to and review of the use of multiwavelength Raman spectroscopy for characterizing defective aromatic carbon solids: From graphene to amorphous carbons. *Coatings*, 7, 153, 1, 2017.

[46] Seresht, R. J., Jahanshahi, M., Rashidi, A. M., Ghoreyshi, A. A., Synthesis and characterization of thermally-reduced graphene. *Iranica J. Energy Environ. Special Issue Nanotechnol.*, 4, 1, 53, 2013.

[47] Wang, L., Park, Y., Cui, P., Bak, S., Lee, H., Lee, S. M., Lee, H., Facile preparation of n-type reduced graphene oxide field effect transistor at room temperature. *Chem. Commun.*, 50, 1224, 2014.

[48] Bhaumik, A. and Narayan, J., Conversion of p to n-type reduced graphene oxide by laser annealing at room temperature and pressure. *J. Appl. Phys.*, 121, 125303, 2017.

[49] Ferrari, A. C., Meyer, J. C., Scardaci, V., Casiraghi, C., Lazzeri, M., Mauri, F., Piscanec, S., Jiang, D., Novoselov, K. S., Roth, S., Geim, A. K., Raman spectrum of graphene and graphene Layers. *Phys. Rev. Lett.*, 97, 187401, 2006.

[50] Stuart, B., *Infrared Spectroscopy*: Fundamentals and Applications. Analytical Techniques in the Sciences, p. 200, John Wiley & Sons, New Jersey, USA, 2004.

[51] Antony, R. P., Preethi, L. K., Gupta, B., Mathews, T., Dash, S., Tyagi, A. K., Efficient electrocatalytic performance of thermally exfoliated reduced graphene oxide – Pt hybrid. *Mater. Res. Bull.*, 70, 60, 2015.

[52] Wenner, W. F., A method of measuring the earth resistivity. *Bull. Bur. Stand.*, 12, 469, 1915.

[53] Smits, F. M., Finite – size corrections for 4 – points probe measurements. *Bell Syst. Tech. J.*, 37, 711, 1958.

[54] Hiley, C. I., Scanlon, D. O., Sokol, A. A., Woodley, S. M., Ganose, A. M., Sangiao, S., De Teresa, J. M., Manuel, P, Khalyavin, D. D., Walker, M., Lees, M. R., Walton, R. I., Antiferromagnetism at T > 500K in the layered hexagonal ruthenate $SrRu_2O_6$. *Phys. Rev. B*, 92, 104413, 2015.

[55] Marcano, N., Sangiao, S., Plaza, M., Perez, L., Fernandez Pacheco, A., Cordoba, R., Sanchez, M. C., Morellon, L., Ibarra, M. R., De Teresa, J. M., Weak – antilocalization signatures in the magnetotransport properties of individual electrodeposited Bi nanowires. *Appl. Phys. Lett.*, 96, 082110, 2010.

[56] De Teresa, J. M., Córdoba, R., Fernández – Pacheco, A., Montero, O., Strichovanec P., Ibarra, M. R., Origin of the difference in the resistivity of as – grown focused – ion – and focused electron beam – induced Pt nanodeposits. *J. Nanomater.*, 936863, 1, 2009.

[57] Hartmann, U., Magnetic force microscopy. *Annu. Rev. Mater. Sci.*, 29, 53, 1999.

[58] Kataria, S., Wagner, S., Ruhkopf, J., Gahoi, A., Pandey, H., Bornemann, R., Vaziri, S., Smith, A. D., Ostling, M., Lemme, M. C., Chemical vapor deposited graphene: From synthesis to applications. *Phys. Status Solidi A*, 211, 2439, 2014.

[59] Saini, A., Kumar, A., Anand, VK., Sood, S. C., Synthesis of graphene oxide using modified Hummer's method and its reduction using hydrazine hydrate. *International J. Eng. Trends Technol. (IJETT)*, 40, 2, 67, 2016.

[60] O'Neill, A., Bakirtzis, D., Dixon, D., Polyamide 6/Graphene composites: The effect of in situ polymerisation on the structure and properties of graphene oxide and reduced graphene oxide. *Eur. Polym. J.*, 59, 353, 2014.

[61] Barnakov, Ch. N., Khokhlova, G. P., Popova, A. N., Sozinov, S. A., Ismagilov, Z. R., XRD characterization of the structure of graphites and carbon materials obtained by the low – temperature graphitization of coal tar pitch. *Eurasian Chem. Technol. J.*, 17, 87, 2015.

[62] Hui, L., Zheng, Y. C., Fang, L., Novel method for determining stacking disorder degree in hexagonal graphite by X – ray diffraction. *Sci. China, Ser. B Chem.*, 52, 2, 174, 2009.

[63] Geng, Y., Wang, S. J., Kim, J. – K., Preparation of graphite nanoplatelets and graphene sheets. *J. Colloid Interface Sci.*, 336, 592, 2009.

[64] Kim, H. J., Lee, S. – M., Oh, Y. – S., Yang, Y. – H., Lim, Y. S., Yoon, D. H., Lee, C., Kim, J. – Y., and R. S., Unoxidized graphene/alumina nanocomposite: Fracture – and wear – resistance effects of graphene on alumina matrix Ruoff. *Sci. Rep.*, 4, 5176, 2014.

[65] R. Sundara, E. Varrla, J. A. Sasidharannair, Production of graphene using electromagnetic radiation, US Patent A120130056346, assigned to Indian Institute of Technology Madras, 2013.

[66] Kajen, R. S., Chandrasekhar, N., Pey, K. L., Vijila, C., Jaiswal, M., Saravanan, S., Ng, A. M. H., Wong, C. P., Loh, K. P., Trap levels in graphene oxide: A thermally stimulated current study. *ECSSolid State*

Lett., 2, 2, M17 – M19, 2013.

[67] Gui, Y., Yuan, J., Wang, W., Zhao, J., Tian, J., Xie, B., Facile solvothermal synthesis and gas sensitivity of graphene/WO3 nanocomposites. *Materials*, 7, 6, 4587, 2014.

[68] Subrahmanyam, K. S., Vivekchand, S. R. C., Govindaraj, A., Rao, C. N. R., A study of graphenes prepared by different methods: Characterization, properties and solubilization. *J. Mater. Chem.*, 18, 1517, 2008.

[69] Some, S., Kim, Y., Yoon, Y., Yoo, H. J., Lee, S., Park, Y., Lee, H., High – quality reduced graphene oxide by a dual – function chemical reduction and healing process. *Sci. Rep.*, 3, 1929, 1, 2013.

[70] Bhaumik, A., Haque, A., Taufique, M. F. N., Karnati, P., Patel, R., Nath, M., Ghosh, K., Reduced graphene oxide thin films with very large charge carrier mobility using pulsed laser deposition. *J. Mater. Sci. Eng.*, 6, 4, 1, 2017.

[71] Tuinstra, F. and Koenig, J. L., Raman spectrum of graphite. *J. Chem. Phys.*, 53, 1126, 1970.

[72] Thakur, A., Kumar, S., Rangra, VS., Synthesis of reduced graphene oxide (rGO) via chemical reduction. *AIP Conf. Proc.*, 1661, 080032, 2015.

[73] Van Vechten, J. A. and Bergstresser, T. K., Electronic structures of semiconductor alloys. *Phys. Rev. B*, 1, 8, 3351, 1970.

[74] Vurghaftman, I., Meyer, J. R., Ram – Mohan, L. R. J., Band parameters for III – V compound semi – conductors and their alloys. *Appl. Phys.*, 89, 5815, 2001.

[75] Gross, K., Prías – Barragán, J. J., Ariza – Calderón, H., Prieto, P., Room temperature Ferromagnetism in oxidized – graphenic nanoplatelets induced by topographic defects. *JMMM*, 2019. In process.

[76] Dutta, S. and Wakabayashi, K., Magnetization due to localized states on graphene grain boundary. *Nat. Sci. Rep.*, 5, 11744, 1, 2015.

[77] Bonaccorso, F., Ferrari, A., Falko, V, Novoselov, K., Scientific and technological roadmap for graphene in ICT. Coordination action for graphene – driven revolutions in ICT and beyond. Project funded by the European Commission under grant agreement n°284558. *Graphene – CA*, D3, 1, 1, 2012.

[78] Singh, V., Joung, D., Zhai, L., Das, S., Khondaker, S. I., Seal, S., Review: Graphene based materials: Past, present and future. *Prog. Mater. Sci.*, 56, 1178, 2011.

[79] PríasBarragán, J. J., Gross, K., Perea, J. D., Aspuru – Guzik, A., Kilallea, N., Heiss, W., Brabec, C. J., Calderón, H. A., Prieto, P., Optoelectronic studies of graphene oxide thin films obtained frombamboo. *Adv. Funct. Mater.*, 2019. In process.

[80] Prías – Barragán, J. J., Echeverry – Montoya, N. A., Ariza – Calderón, H., Fabricación y caracteri – zación de carbónactivado y de nanoplaquetas de carbón a partir de Guadua angustifolia Kunthpara aplicacionesenelectrónica. *Rev. Acad. Colomb. Cienc. Ex. Fis. Nat.*, 39, 153, 444, 2015.

[81] Yanza, V., Orozco, M. D., Echeverry – Montoya, N. A., Zúñiga, J. M., Prías – Barragán, J. J., Bolaños, G., Ariza – Calderón, H., Fabrication and characterization of semiconductor devices based ongraphite oxide with possible application as biosensor for blood parameters. *Phys. Status Solidi*, 2019. In process.

第 8 章　通过激光刻写还原氧化石墨烯的机理及应用

RakeshArul[1,2,3,4], ReeceN. Oosterbeek[5], B. P. RMallett[1,2,3,4], M. CatherSimpson[1,2,3,4]

[1] 新西兰奥克兰大学光子学院
[2] 新西兰 Dodd Walls 量子与光子技术中心 MacDiarmid 先进材料与纳米技术研究所
[3] 新西兰奥克兰大学化学科学学院
[4] 新西兰奥克兰大学物理系
[5] 英国剑桥大学材料科学与冶金系

摘　要　氧化石墨烯的激光还原是一种简单但用途广泛的快速成型和制造石墨烯基器件的方法。本章回顾了使用各种激光源(脉冲和连续波)以及非激光光源还原氧化石墨烯的最新技术,综述了复杂的化学和结构重排氧化石墨烯,从而还原氧化石墨烯的机理。激光源产生的基本微观变化与技术应用的宏观参数有关。最后,在基于石墨烯技术的更广泛领域的背景下,综述了激光还原氧化石墨烯商业化的最新进展。

关键词　激光还原氧化石墨烯,光还原,石墨烯,激光直写,光化学,石墨烯技术

8.1　引言

石墨烯在凝聚态科学中有着突出的地位,因为它具有许多不寻常的性质。近年来,该领域的重点已经扩大到研究基于石墨烯技术的无数应用[1]。这包括石墨烯在工业和商业应用中的应用,关键挑战是可靠并重复制造/图案化石墨烯。激光还原氧化石墨烯(rGO)和其他碳基前体已成为一种很有前途的技术,可以将石墨烯生产与简单科学结合起来[2]。

激光还原技术可以在多种表面同时图案化和合成石墨烯,这使得它比其他技术具有关键优势。本章回顾了目前生产工业规模石墨烯的强大方法。首先,简要讨论激光 rGO 的背景,探讨了石墨烯的行为特征,这些特征使其成为新技术的亮点,重点介绍了其中的一些技术应用,并简要讨论了合成石墨烯的光还原以外的方法。通过介绍和比较最重要的实验方法产生的性能,概述了 GO 的激光还原。然后讨论了通过光将 GO 转化为功能化还原氧化石墨烯(rGO)的机理,探索了 GO 光还原过程中的主要光物理和光化学过程[3],并进行了光谱和计算研究,以建立各种过程中时间尺度的相干图像。

重要的是,激光还原 GO(LrGO)具有许多物理和化学性质,使其比其他合成形式的石

墨烯更具竞争力(图 8.1),从而使其能够在整个石墨烯技术范围内使用。因此,我们对该领域常用的衡量激光还原石墨烯质量的指标和工具进行了严格的评估。本章还将表征化工具与 rGO 各种应用的优值相关联。还原过程的基本微观机制将与可调节的宏观实验参数相关联。本章介绍大多数材料科学家所熟悉的结构特性处理性能方法。

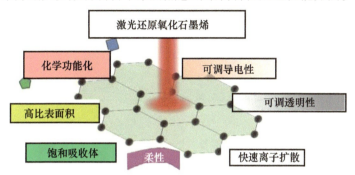

图 8.1 激光还原氧化石墨烯的物理和化学性质(使其成为各种工程和技术应用的"灵丹妙药")

最后,讨论了 2010 年至今 LrGO 技术商业化领域的最新进展,评估了激光 rGO 技术的例子,以及它们离开了研究实验室的限制沿着商业化道路的发展。

8.2 石墨烯简介

8.2.1 石墨烯的优异性能

本节简要描述了使石墨烯成为电学和光子学应用中理想材料的重要特性(图 8.2)。发现和合成石墨烯的研究人员在 2010 年获得了诺贝尔奖,21 世纪初的第一篇论文发表以来[1],研究人员发现了大量奇异的石墨烯性能[2-3]。

8.2.1.1 电学性能

在目前已知材料中,单片纯石墨烯拥有最高的室温电子迁移率,高达约 $10^5 cm^2/(V·s)$[2,4-6]。Wallace 于 1947 年首次计算了石墨烯能带结构[7],结果表明石墨烯是一种零带隙半导体,在布里渊区点上(K 和 K' 点)具有电子-空穴对称性[8-9]。石墨烯作为一种双极性半导体,可以很容易地通过化学方法或电子栅极进行电子或空穴掺杂,其载流子浓度达到 $10^{13} cm^{-2}$[2]。薄片的电导约在 100 V 栅极电压下的典型值约为 $5×10^3 S/cm$[1]。

纯石墨烯单片很少出现,但即使是在粗糙基底、缺陷和表面吸附质等常见的缺陷情况下,石墨烯仍然保持着非常高的流动性和良好的导电性[9-12]。另一方面,GO 是一种电绝缘体,其面内电导率值约为 $1×10^{-3} S/m$[13-14]。氧可以与碳形成 sp^3 键[15],使键上的电子局部化,并在化学势下打开带隙。

8.2.1.2 光学和光子特性

石墨烯是一种具有吸引力的光学和光子应用材料[16]。原始石墨烯虽然薄为原子厚度,但在可见光波段具有约 2.3% 相对较高的光吸收。可以通过改变层数来改变石墨烯的光吸收。

在高强度辐照下,石墨烯是一种可饱和吸收体[17]。事实上,石墨烯具有已知的最高饱和吸收率[18]。饱和吸收是指随着光强度的增加,材料中的光吸收减少[19],在被动锁模和皮秒和亚皮秒激光脉冲的产生中非常有用[20-21]。石墨烯还表现出其他一些非线性光学特性,包括高效的二次谐波产生[22-23]、荧光上转换[24],以及比典型电介质高 8~9 个数量级的巨大非线性克尔指数[25-26]。这种异常高的克尔指数与同类 GO 和激光 rGO 材料相同[27]。在飞秒激光处理的 GO 中,在 0.01~0.35 的大范围内也可调节线性折射率[28]。

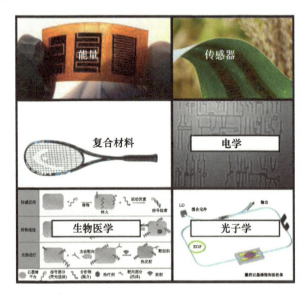

图 8.2 基于石墨烯的技术正被开发用于数百种应用

这里我们集中讨论利用 rGO 独特性能的几个领域;能量:柔性超级电容器。2013 年施普林格·自然杂志社版权所有,经授权转载自文献[13]。传感器:图片由 Liang Dong 提供。复合材料:由石墨烯复合材料制成的 Head™ 网球拍。电子设备:经知识共享许可证转载自文献[42]。生物医学:2013 年约翰威立父子公司版权所有,经授权转载自文献[43]。光子学:经知识共享许可证转载自文献[44]。

可以通过几种方法来实现石墨烯的发光,包括操纵尺寸/形状、操纵缺陷和化学掺杂六方晶格结构[16,29]。与氧有关的缺陷状态可以与碳键合(如在 GO),局域 sp^2 团簇也可以引入带隙[30],并在近 NIR 到 UV 区域产生电致发光和光致发光特性[31-33]。已经观察到的一个反直觉现象是石墨烯基材料的荧光猝灭特性,这是由于其通常具有异质性[34-35]。GO 和 rGO 的石墨区域已被证明能猝灭染料的荧光[36],并被用于抑制困扰有机分子共振拉曼光谱的荧光[37]。

8.2.1.3　电化学性能

石墨烯的高比表面积(约 $2600m^2/g$[38])和导电性使其非常适合作为电化学传感和其他应用的电极。石墨烯电极可以由石墨烯改性的高取向热解石墨/玻璃碳制成[38-39],也可以直接使用激光改性石墨烯。石墨烯有两种不同的结构特征:边缘平面和基面平面,能够显示不同的电化学反应动力学/速率[38,40-41]。石墨烯的电化学性质可以通过诸如酶、络合剂或氧化还原活性配体(如二茂铁)之类的探针附着来改性[41],这允许对溶液中的特定分析物进行有针对性的传感。

8.2.2　石墨烯技术

8.2.2.1　复合材料与涂料

在含有石墨烯的复合材料中,石墨烯被用作分散的增强组分,这种复合材料在各种应用中显示出卓越的前景。迄今为止,研究人员对聚合物-石墨烯复合材料的研究最为深入[45],发现聚合物-石墨烯复合材料显示出增强的力学强度、导电性和热稳定性[46]。获得合适的石墨烯分散体是关键,已经出现了许多方法来应对这一挑战,包括原位聚合[47]、溶液插层[46]和熔融共混[48]。半导体与石墨烯的复合材料作为光催化剂也非常有前景,可用于有机污染物的光降解、水分解和CO_2还原[49]。最近,石墨烯涂层作为一种缓蚀涂层,由于其优异的阻隔性能和化学稳定性,也受到了关注[50-51]。但应注意的是,石墨烯对大多数金属是阴极,这意味着任何轻微的划痕或针孔缺陷都可能加速金属腐蚀。

8.2.2.2 传感器

石墨烯最显著和最有用的应用之一是作为传感平台中的活性元件。电化学传感器可以由石墨烯或rGO制成,具有良好的灵敏度、选择性、再现性和高动态范围[41]。rGO作为传感元件具有很高的导电性,而且能够通过化学方式功能化rGO上的氧部分,包括DNA、酶、环糊精、超分子络合剂[43,52-53],因此它是一个很好的平台。石墨烯利用分析物吸附作用对薄片电子性质的影响,其本身可以作为传感元件[54]。人们已广泛研究这一领域[55-58]。石墨烯的宽带吸收可以应用于光电探测器中,包括利用光伏、光电热电和热辐射热效应[16,59]。石墨烯的优点是工作波长范围宽和响应时间快。

8.2.2.3 储能材料

石墨烯独特的电学、光学和物理特性的结合使其成为一种具有吸引力的材料,可用于多种能量储存和生产应用。Brownson等[60-61]对此进行了广泛的研究。石墨烯基电极由于具有更高的比表面积、更好的插层容量和快速扩散能力,可改善锂离子电池的循环性能和能量容量[56,60,62-64]。一种新型石墨烯基超级电容器将大力促进储能技术的发展[13-14,65-69]。这些超级电容器结合了电池的储能能力($0.1W\cdot h/cm^3$)和电容器的功率密度($10W/cm^3$)。其中性能最好的是基于LrGO的电极[14,66],这是因为①它具有高孔隙率和允许更大电荷积累的表面积;②其2D结构允许快速离子扩散和快速充放电速率;③石墨烯的高导电性,使能量损失低和放电时间常数短,仅为20ms[13]。

8.2.2.4 生物医学技术

石墨烯在生物医学技术领域的应用仍处于初级阶段,但进展正在加快。由于其极高的比表面积,石墨烯作为一种药物/基因载体引起了人们的兴趣。研究人员通常利用π-π堆叠相互作用(用于传递带有芳香基团的药物)或GO的总负电荷,这允许与亲水性(带正电)化合物发生静电相互作用[43]。研究人员已经报道了GO与叶酸(FA)的功能化,可以使目标药物传输到叶酸受体癌细胞[43]。然而,LrGO在生物医学领域的应用还处于起步阶段。

8.2.2.5 电子设备

毫无疑问石墨烯是一种很有前景的电子技术材料,也是最近几篇关于这个主题的评论文章的主题[61,70]。它的高载流子迁移率和通过掺杂或应变设计带隙的能力使得它对晶体管非常有用[61,71-72]。此外,石墨烯具有机械灵活性、无毒性和相对透明度等优点,这也使石墨烯非常适合应用于可穿戴电子产品[73-74]、触摸屏显示器[16]、导电油墨和电子纸[75]等领域。

8.2.2.6 光学和光电设备

石墨烯和rGO已被用作超快光纤激光器中的可饱和吸收体[76],它们可以实现宽带可调谐锁模以产生皮秒和亚皮秒红外脉冲[18,77-81]。石墨烯基材料的发光特性也可用于LED[82]或更常见的生物系统成像和荧光标记[29,43,53,83]。石墨烯显示出比一些有毒荧光染料更高的生物相容性,并且可以功能化以靶向特定分析物[84](如蛋白质、DNA、细胞膜)。这已成功地应用于FRET[85]和荧光猝灭传感器[86]。

8.2.3 石墨烯合成概述

石墨烯材料的合成有多种方法,如图8.3所示。激光还原GO得到的石墨烯材料的质量比CVD法和机械剥离法获取的产物质量低,与液相剥离法制备的石墨烯材料相当。由于激光器的成本高和能源需求大,我们估计大规模生产的成本将高于液相剥离。然而,原位图刻的优势和快速制造rGO器件可以弥补较高成本的缺陷。事实上,人们对利用激光光还原技术作为快速制作器件原型的工具非常感兴趣。本节将讨论制造石墨烯的其他主要方法,以便与激光还原法进行比较。

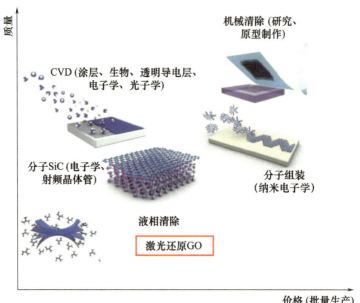

图8.3 基于价格与质量分类的石墨烯材料合成方法。
(2012年《自然》版权所有,经授权转载自参考文献[75])

8.2.3.1 化学气相沉积

尽管化学气相沉积(CVD)非常复杂,但它是制备石墨烯最重要的方法之一,因为使用这种方法能够生成高质量、无缺陷的石墨烯,并且能够调节石墨烯的性能。常用的CVD方法包括在高温下退火金属基底(最常见的是Ni或Cu),H_2/CH_4气体混合物随后在基底上反应或分解从而形成石墨烯[87]。目前面临的挑战包括:生长可控的大粒度石墨烯、直接在绝缘基底上生长、精细地控制层数以及使用降低成本的低温生长工艺[87]。

8.2.3.2 脉冲激光沉积

与化学气相沉积(CVD)类似,脉冲激光沉积(PLD)将基底暴露于含碳蒸汽中,在这种情况下,该蒸汽是通过用脉冲激光烧蚀碳靶产生[88]。与CVD相比,PLD具有许多优点,主要是通过这种方法生产的高质量石墨烯可以沉积在绝缘基底上,已经证实PLD可以在硅和熔融石英上生产石墨烯[89-90]。与CVD相比,PLD的主要缺点是很难在复杂的3D基底上沉积石墨烯。通过这种方法产生的石墨烯粒子也相对较小(几十纳米[91]),限制了它们在需要大颗粒石墨烯领域的应用。

8.2.3.3 剥离法

自2004年首次制备石墨烯以来,剥离法一直是制备单层石墨烯的关键方法[1]。它依靠机械力克服石墨烯层间微弱的范德瓦耳斯力,从大块石墨中剥离石墨烯薄片。然而,这种方法需要大量劳力,难以大规模实施。最近,出现了易于扩展的液相剥离方法,这种方法的生产量高达73mg/h[92]。这些方法包括超声法[93]、电化学法[94]、球磨法[92]或剪切混合法[95]。这一过程可以借助插层离子的存在或表面活性剂分子[96-97]来帮助分散剥离的薄片并防止聚集。超声处理依赖于法向力,且石墨烯产率较低,但生产的石墨烯会具有相对无缺陷的原始层[98]。相比之下,球磨使用剪切力分离层,速度更快,产量更高,但是高能过程造成的破碎意味着只能获得小薄片[99]。剪切混合使用流体流动来产生高剪切力来剥离石墨烯薄片,但是这可能会遇到与超声波方法类似的空化问题,从而引入不必要的缺陷[99]。

8.2.3.4 氧化石墨烯/前体还原法

将石墨转化为氧化石墨,然后再转化为rGO,这一过程起初看起来可能有悖常理,但已经取得了巨大的成功[100]。石墨到氧化石墨的转化通常是通过改进的Hummer法,本章后面将对其进行详细的评述。还原后,共轭石墨烯结构的岛/颗粒被恢复,这导致更高的导电性,并使rGO获得接近原始石墨烯的许多珍贵特性。因此,还原GO已成为制备石墨烯的主要方法,并应用于电化学、传感和光催化等领域。虽然还原GO生产的石墨烯的缺陷要多于其他方法生成的石墨烯,但这些缺陷通常是有用的。需要重点考虑的是所产生的氧化官能团的异质性,以及较难表征石墨氧化物的精确纳米结构。不同还原方法所产生的石墨烯类型的异质性是不同还原方法的特点,甚至在相同的还原方法中也会有所不同。GO和rGO的结构和功能特性将在下面的8.4节中进行讨论。

GO的化学还原包括用还原剂进行处理,这些还原剂能切断碳氧键并恢复平面的sp^2共轭石墨烯结构。使用的试剂包括水合肼、氢碘酸和硼氢化钠[100-101]。热退火处理也可随后或同时与化学还原一起使用(溶剂热反应[102]),以增加导电性。与其他方法相比,化学还原GO的缺陷密度很大,达到0.01%的数量级[56,103]。

电化学还原可以通过从电极到溶液中GO层的直接电子转移或在电极上的沉积来实现。常规的电化学电池在阴极发生还原(电子供给),这个过程不需要添加试剂,但对pH值和温度等因素敏感[104]。电化学还原不可逆且易于进行,并且可以得到电导率高达85S/cm的膜[105],这与联氨的化学还原相当(高达99.6S/cm[106])。在高负外加电位下,这可以提高到350S/cm[107]。

GO的热还原去除了CO_2和CO气体中的碳氧官能团,得到的rGO通常有高度缺陷(含有基面空位)、晶粒尺寸小,并且具有剥落和起皱的结构。由于加热过程中释放的气体迅速膨胀会形成剥离。热处理可以在传统的熔炉中进行(从约500℃到大于1000℃)或进行水热处理[108]。虽然容易热还原,但加热的能源成本可能很高,并且与其他还原方法相比,这种方法所得的rGO具有较低的电导率。此外,还原所需的温度通常会使沉积GO

的基底退化。

光还原结合了热还原和化学还原的优点以及光源选择性地绘制图案和精细特征的能力。此方法是本章其余部分的重点：从 GO 到 rGO 的光还原。此外，光还原遵守绿色化学合成的原则，因为它不需要使用苛刻的试剂。光还原技术的主要限制因素是技术的真正可扩展性（即吞吐量和合成产率）。然而，这并不是光还原 GO 在电化学电容器和传感器等主要应用的限制。使用空间光调制器或快速振镜扫描仪进行并行处理，这有可能提高激光 rGO 生产的速度和吞吐量。

8.3 激光还原氧化石墨烯概述

8.3.1 氧化石墨烯的光致还原

本节将回顾光还原 GO 的主要方法。我们的目的不是详尽无遗，而是总结该领域的代表性论文，展示每种技术的主要特点以及相关的优缺点。根据是否使用相关光源，以及用于诱导还原过程的辐射源性质（连续波、脉冲和脉冲宽度），对不同的光还原方法进行分类。这种分类可以区分光还原过程中不同原子机制。

8.3.1.1 氧化石墨烯的非相干辐射衰减

相干辐射即激光辐射，是一种流行的光还原工具，然而成功的光还原也被证明使用非相干辐射。最显著的例子是微波辐射的使用，Zhu 等首次报道了使用普通厨房微波炉[109]。微波辐射被吸收并产生等离子体，产生一个局部高能环境，石墨氧化物被化学还原并剥落。进一步的研究表明，利用脉冲微波辐射和添加少量石墨粉去催化反应，可以加快这一过程，提高 rGO 的质量[110-111]。

微波还原 GO 是一种很有吸引力的大规模生产方法，因为它快速和可扩展，并且可以同时进行还原和剥离步骤。分子动力学模拟表明，微波辐射引起的快速加热使得含氧部分在时间尺度上被去除得过快，从而破坏了石墨烯薄片的稳定性，产生了相当高质量的 rGO[112]。

除微波辐射外，研究人员还报道了紫外（UV）和红外（IR）灯对 GO 进行光还原。人们认为，通过光热机制可以用红外光还原 GO，并且光吸收的加热驱动了还原过程[113]。在利用 UV 光产生的加热来还原 GO 时，也可使用类似的光热过程，然而利用光催化反应而不是光热途径，也可以一起使用催化剂与紫外线，以此产生 rGO[114]。

8.3.1.2 氧化石墨烯的连续波激光还原

由于连续波（CW）激光器及其相关光学元件的可用性和低成本，CW 激光是生产激光还原 GO（LrGO）最广泛使用的工具。此外，所制备的 rGO 质量往往很高，拉曼光谱中的 I_{2D}/I_G 比值大、I_D/I_G 比值小，且电导率高。在 CW 激光处理中，在器件优化中经常改变的参数有激光波长、激光功率、激光光斑尺寸和扫描速度。最后三个参数控制激光总注量，即单位面积沉积的能量，这是真正的控制参数。使用传统的振镜扫描仪或舞台平移方法，或使用基于空间光调制器的全息技术，可以将复杂图案直接写入各种表面（图 8.4）[115]。

还原机制本质上主要是光热，因为 CW 激光将能量沉积到 GO 系统中，由于激光焦点处达到的高温，这种方法并不影响波长且只产生 rGO。这是因为 GO 的吸收光谱在所使用的典型 CW 激光范围内没有任何峰值,并且对于低强度的 CW 激光,非线性吸收过程没有占主导地位。然而,与峰值强度高、脉冲能量小(1~100mJ)的脉冲激光相比,CW 激光可以传输更多总能量,这就增强了光热还原效应。光热还原还导致石墨烯薄片结构更加容易剥落,因此电化学活性边缘的表面积和密度更大。然而,与所有激光治疗方法一样,随着激光功率的增加或总剂量/沉积能量的增加,通常会观察到激光还原和激光烧蚀之间的过渡[116]。然而,在惰性氮气气氛下进行激光处理可以抑制激光烧蚀和氧化的发生[117],并合成更原始的石墨烯结构[118]。

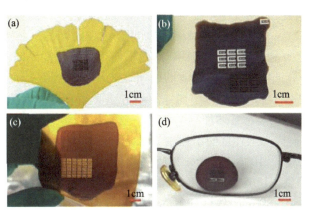

图 8.4 GO 在各种基底上沉积(a)银杏叶、(b)黏胶、(c)聚酰亚胺薄膜和(d)玻璃透镜和随后的连续波激光还原 GO(经授权转载自文献[119],2016 年爱思唯尔版权所有)

加州大学洛杉矶分校的 Kaner 等所在的研究小组[120-121]在 CW 激光处理 GO 方面进行了开创性的实验。他们证明了使用包含在一个简单的光雕 DVD 驱动器(788nm)中的连续激光,通过改变激光的写入速度和功率,可以将 rGO 的导电性调整到超过 5 个数量级。使用这种方法来图案化电化学气体传感器、电极和超级电容器。所制备的超级电容器比电容高达 $5mF/cm^2$,并在许多弯曲循环中保持其稳定性,具有优异的充放电速率[13,121]。使用一个简单的光雕 DVD 驱动就可以容易地进行图案化,因为可以用一个商业 DVD 标签刻录软件来创建所需的图案,而 GO 可以容易地沉积在 PET 薄膜上,然后粘附在 DVD 光盘的表面上。当用拉曼光谱(高 2D 能带)和 XPS(高 C∶O 比)表征时,发现光雕方法产生的 rGO 的性能与毫微秒脉冲激光合成的 rGO 相当[122]。其他人也采用了不同的 CW 激光来生产平面超级电容器[123-124],甚至是电容高达 $1.2mF/cm^2$ 的光纤超级电容器[125-126]。光雕(CW)LrGO 的一个缺点是 LrGO 在水溶液于基底上的附着性差,这是光致还原不彻底产生的残余 GO 发生溶解造成的。这可以通过在光雕激光还原之前浇铸 GO 和 PVDF – HFP[127]的初始混合物来缓解,以增加耐水性,而不损害电化学活性。

虽然在还原固体薄膜时,人们很自然地选择激光还原 GO,但并不限于此结构,激光也可以用来还原悬浮在溶液中的 GO。如果在另一种可还原试剂发生这种情况,则另一种还原产物可涂层所得 rGO 片的表面。当存在 $AgNO_3$[128]或 $HAuCl_4$[129]时,使用还原 GO 生成用于表面增强拉曼光谱的银和金涂层的 rGO 片。此外,这一方法还被用于在石墨烯中掺杂氟,通过用 488nm 连续激光照射含氟聚合物覆盖的石墨烯前体,形成高度绝缘的结构[130]。GO 也可以在 GO 聚集体周围的脂质囊泡变形中看到还原对邻近结构的影响,这是由于 CW 激光还原时释放气体[131]。

尽管在还原过程中优先增加石墨化程度,但有时通过拉曼光谱测量的石墨化程度不一定对应于最高电导率[132],这是由于在获得拉曼光谱时,样品在表征过程中发生变化,或者是存在石墨烯内部网络(在较厚的样品中),这些都无法在拉曼激光的焦体积中探测到。然而,在大多数情况下,对于足够薄的 rGO(几微米),高 I_{2D}/I_G 比率通常对应于更高的电导率[133]。

由于 CW 激光 rGO 的缺陷与电学性质密切相关,研究人员对缺陷和畴尺寸对电阻率的影响进行了详细研究,并发现拉曼比与电阻率成反比关系[134]。这与人们对单层石墨烯的普遍期望背道而驰,因为所制备的多层 rGO 具有更高密度的小 sp^2 畴[135],以便电荷渗透。这表明在固态还原和环境条件下,CW 激光不能很好地修复缺陷和增加 sp^2 畴的总体尺寸。Eigler 等的研究证实了这一点,他们的研究表明在激光还原时,I_D/I_G 比率增加到 2.8[136]。相反,生成更具导电性的石墨烯样品的方法必须是将较大的 GO 片脱氧成较小的 sp^2 畴,使电荷通过它们渗透并增加导电性。

利用 CW 激光,研究小组还证明了控制 rGO 表面的光学性质和表面润湿性质的能力。Furio 等[134]使用 CO_2 激光(10.6μm)和紫外线灯制备 rGO 表面,并将水接触角从 22°调整到 105°。CO_2 激光提供了比光雕激光更具导电性的 rGO 薄膜。此外,使用不同的紫外线灯曝光时间,宽带(450~800nm)线性透射率可以调节到两个数量级上。由于石墨化程度的增加和去除氧基同时增加了疏水性和导电性,接触角与导电性之间存在正相关关系。研究人员已经证明 CO_2 激光在还原 GO 方面具有多种功能,发现其甚至能够通过激光处理木材来制造多孔石墨烯[137]。用 CW 激光还原法制备了由 rGO 制成的光电器件,如光纤布拉格光栅[138]、热测辐射热计[139]、rGO–Si 异质结光电探测器[119]。利用从 GO 到 rGO 的转变导致的荧光猝灭,荧光"条码"可以写入 GO,从而沉积到表面上[140]。

CW LrGO 可以用作应变计(测量电阻变化与施加应变的函数)[141]。制备的 GO–rGO 层状复合材料的传感能力得到改善,例如,其响应环境湿度的机械变形能力已用于制造步行机器人和对湿度敏感的纺织品[126]。

8.3.1.3 氧化石墨烯的纳秒脉冲激光还原

纳秒激光是另一种用于产生 rGO 的脉冲激光。纳秒激光产生的 rGO 质量(通过拉曼测试 I_{2D}/I_G 比、电导率和缺陷密度)是脉冲激光中最高的。对于脉冲激光,可以优化的主要参数是激光波长、重复频率、脉冲宽度、激光能量密度、聚焦透镜数值孔径和重叠脉冲数(或扫描速度)。所有这些因素都改变了三维空间中能量沉积的数量和分布,以及能量沉积的速率。

纳秒激光器的脉冲持续时间为一纳秒到几十纳秒。在这个脉冲期间,有足够的时间产生热效应以此累积 GO 并脱氧。许多纳秒脉冲激光器在紫外线区工作(如准分子或倍频/三倍频 YAG 激光器),因此除了光热效应外,还产生光化学效应。GO 的吸收光谱峰值在 200~300nm。因此,GO 将吸收紫外线并经历众所周知涉及自由基的光化学反应(羰基中心的诺里什反应[142])。还产生等离子体羽流,可导致在激光处理区周围材料再沉积,以及伴随激光还原而发生的烧蚀。脉冲纳秒激光(248nm、355nm、532nm)的一些首例是在 2010 年,在固态下对 GO 进行还原(图 8.5),并产生了纳秒激光处理区的特征异质结构,中心有原始 2D 层,但边缘有更多无序区域[118,143]。在未来,通常是在还原过程中对激光进行光栅化,使表面更加均匀。Arul 等为确定最佳参数对重叠脉冲的能量密度和数量进行了优化(图8.5),以生产具有清晰2D拉曼光谱特征的原始石墨烯[122]。在惰性气体、真空或氢气气氛下进行激光辐照可以提高激光处理的质量。氢气环境已被证明能增加最终获得的 rGO 电导率[144],但是与环境条件下的还原相比差异很小[145-146]。一般来说,纳秒脉冲激光除了用于还原外,还可以通过激光烧蚀来控制纳米结构或 GO 材料。Lin 等已经合成了多种一维 GO 纳米结构(纳米正方形、纳米三角形、纳米六边形等),它们表现出可调谐的光致发光[147]。

纳秒 LrGO 的片电阻很低(100~500Ω/sq[143]),与其他脉冲激光还原方法相比有相当大的优势。然而,CW 激光还原往往更佳,使得 rGO 具有比纳秒激光还原氧化石墨烯更低的电阻(<80Ω/sq[13,66]),然而最近一项研究表明,在液氮下皮秒激光还原(10ps,1064nm,100kHz 重复频率)GO 可以产生高质量的 rGO,其片电阻低至 50~60Ω/sq[148]。也可以使用脉冲激光沉积,用纳秒激光在各种基底上涂层 GO 和 rGO。这有利于 rGO 与不同晶圆基片的集成,这种应用通常用于半导体工业(如 Cu、TiN 和 Si[149])。

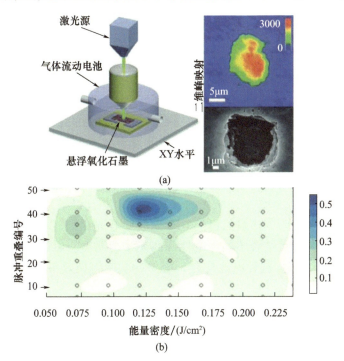

图 8.5 (a)所用激光还原设备的示意图,以及由此产生的还原氧化石墨烯,其二维拉曼峰在表面上进行了化学映射(经授权转载自文献[118],2010 年美国化学学会版权所有);(b)当激光能量密度和脉冲数发生变化时,用拉曼 I_{2D}/I_G 比测量纳秒 LrGO 质量的热图(授权转载文献[122],2010 年美国化学学会版权所有)

Huang 等[150]和 Abdelsayed 等[151]在 2010 年,用纳秒激光还原水溶液中的 GO,生产分散的 rGO 片,随后将其浇铸到薄膜上。后来的工作进一步探索了基于溶液的纳秒激光还原 GO[152-153]。纳秒脉冲激光水溶液还原也可以在氨水溶液中进行[154],尽管生成的 rGO 没有非常高的电导率、高的 I_{2D}/I_G 比率或高的 C:O 比率,但与联氨化学还原方法的产物相当。大多数激光处理都是利用 Nd:YAG 脉冲激光的谐波以低重复频率(10Hz)进行,脉冲持续时间约为数个 ns(5ns)[155-156]。与 CW 激光处理一样,水溶液的还原受周围溶液中试剂的影响,可以通过辐照活化的还原剂来辅助还原过程。例如,通过多金属氧酸盐团簇的光催化活性来辅助还原 GO,从而生成具有增强饱和吸收特性的 rGO[157]。也可以通过前体金属盐的原位光还原将银和镍纳米粒子沉积在 rGO 上[158]。基于溶液的纳秒激光处理在光催化剂和吸附材料等领域有着独特的应用。Russo 等合成水性 rGO,制造出一种能吸附污染染料的材料[159]。在 TiO_2 存在的情况下,通过还原 GO 来实现染料去除,从而形成由 rGO 片支撑的 TiO_2 纳米粒子结构[160],并作为用于水分解的良好可见光驱动光催化剂[161]。

与水溶液相比,GO 还可以分散在水或其他溶剂的冷冻基体中,并通过脉冲激光沉积沉积在表面上。这种技术称为基质辅助脉冲激光蒸发(MAPLE),并被用于在石英/硅基底上同时沉积和减少 Go 变为 rGO[162-164]。

通过在 GO 表面激光刻划结构光栅,双光束激光干涉可使 rGO-GO 结构产生超疏水性,其接触角可达 157°[165-166]。这归因于化学变化(石墨烯 sp^2 畴的增加和亲水氧基的减少)和结构变化(Cassie 浸湿)。这些超疏水光栅也显示光学彩虹。

可通过在 GO 表面流动气体(Cl_2 或 NH_3[167])或在 GaN[168]等含掺杂剂的基底上沉积 GO 来实现光还原过程中 rGO 的掺杂。通过改变准分子激光加工条件和改变 rGO 的还原程度,可以将 rGO 从 p 型转化为 n 型[169]。

虽然通常用 CW 激光合成超级电容器,但也可以用纳秒和皮秒脉冲激光技术。皮秒脉冲激光器可以制造由多孔 rGO 制成的超级电容器,电容为 $38mF/cm^2$,比类似的 CW 激光划刻方法制备的电容器电容小[170]。在纳秒准分子激光处理下,电容更低,最大值为 $2.4\mu F/cm^2$[171]。

纳秒 LrGO 也被用于各种传感应用,如光电探测器和 rGO 纸基电化学传感器[172]。在可见光到红外范围内吸收 90%~98% 光的 rGO 测辐射热计已被用于构建具有高灵敏度和热阻系数的光电探测器[173]。虽然厚的 rGO 薄膜吸收光很好,但薄的 rGO 薄膜可以作为光伏应用的透明电极,其结合了高导电性和高光学透明度。Konios 等构建了含有 rGO 电极的柔性有机光伏电池,这种电池具有 3.05% 的功率转换效率,是同类报道中效率最高的太阳能电池[174]。

8.3.1.4 氧化石墨烯的飞秒脉冲激光还原

飞秒激光器是一种高科技工具,最近才将其从光学研究转而应用于工业材料加工。它们通常集中在光谱的红外区域(800~1030nm)使用 100 fs(100×10^{-15} s)量级的超短激光脉冲。这些激光器通常用于去除(烧蚀)微米级材料,因为它的超短脉冲持续时间允许在原子晶格的显著热传递前,对材料进行电离和喷射(即,脉冲持续时间短于电子-声子耦合时间—通常为皮秒),使激光微加工几乎没有热影响区。

飞秒激光烧蚀中的一个常见现象是潜伏期效应,即材料中光致缺陷的积累可以降低材料去除所需的能量。最近研究在 GO 和高取向热解石墨中观察到了这种效应,但是没有发现 rGO 显示这种效应,他们认为这是 rGO 薄膜的缺陷丰富结构及其超快能量弛豫所致[175]。

2010 年,Zhang 等首次报道了利用飞秒脉冲激光还原 GO 薄膜,他们证明了通过改变激光功率可以调节 rGO 电阻率[176]。尽管在飞秒激光还原 GO 过程中可以修改许多实验参数,但得到的 rGO 材料通常具有相似的特性。在 UV-Vis 吸收光谱中可以详细观察到棕色 GO 膜在还原时逐渐变黑,发生了红移且吸收整体增加。还观察到层厚度和间距的减小(通过 XRD 和 AFM)。XPS 可能是测量飞秒激光 rGO 还原最常用的方法,其中在 C 1s 光谱中 C—O 结合基团的减少和更高的 C:O 元素比率是还原的明确指标[177]。

尽管飞秒激光 rGO 与其他 rGO 都有这些还原指标,但超短脉冲持续时间会导致一些关键的差异。如 XPS 光谱所示,飞秒激光还原可去除含氧部分(优先去除高能键),然而超短脉冲持续时间意味着在大多数情况下,没有足够的热量传递到石墨烯晶格以驱动 sp^3-sp^2 结构重排[122]。大约 2700 cm^{-1} 处的拉曼 2D 能带证实了重排 sp^2 结构的存在[118,178],这在飞秒激光 rGO 中通常不显著,因为该过程是非热性质。然而,通过提高脉冲能量、脉冲数或脉冲重复率,晶格加热和孵育可导致 sp^3-sp^2 结构重排[179-180]。

除了烧蚀和还原之外,已经证明飞秒激光处理可以在氨气环境下实现 GO 与氮气的同时还原和掺杂[181]。通过调节激光功率,可以调节 N 掺杂浓度和键型(吡啶或吡咯),从而可以制备石墨烯基场效应晶体管。已证实飞秒激光脉冲在水溶液中可以还原 GO,飞秒激光脉冲作为一种简单且无毒的方法替代了常见化学还原方法,可以制备应用于超级电容器和电分析等应用的水性 rGO[177]。

由于飞秒脉冲激光能够在不损伤周围区域的情况下进行精确的微米级图案化,因此在各种光学和光电器件中可以应用飞秒激光制备的 rGO,它被用作有机光伏电池和有机发光器件的电极,因为在这些器件中高导电性和光学透明性(对于少数 GO 和 rGO 层)非常重要[179,182]。利用飞秒激光脉冲将 GO 还原为 rGO 后,利用其折射率的变化来制作用于数据记录和波前整形的全息图。飞秒激光脉冲可以对还原反应的精细控制,允许以空间图案化的方式逐渐降低和调整 rGO 的折射率,从而能够制造超薄光学透镜[183]。这种折射率修正还可以生成宽视角的三维彩色全息图像,还可利用光谱平坦折射率调制无热生成 rGO[28,184]。

8.3.1.5 激光还原方法的优缺点

不同的激光还原平台允许以不同的空间分辨率、质量和速度合成 LrGO。这里我们简要回顾一下每种平台,并列出其优缺点。

CW 激光还原法使用相对便宜的激光(如光雕 DVD 刻录机[121]),可以迅速生成大面积的 LrGO。因此,它是大规模生产 LrGO 的最佳选择,可应用于电化学超级电容器和传感器等领域。CW 激光合成的缺点是其分辨率的限制,纳秒和飞秒脉冲激光能够在更大的空间控制下形成更精细的图案。导致分辨率降低的因素有很多。首先,基本衍射极限,即在可见光和红外范围工作的 CW 激光比在紫外线范围工作的脉冲准分子激光的衍射极限更高。其次,飞秒脉冲激光器在一个高度非线性的区域工作,由于非线性聚焦和多光子吸收,激光影响区较小,而大多数 CW 激光在线性区域工作。最后,由于热扩散,光热效应使激光处理区变宽。

由于紫外线脉冲的衍射极限,纳秒激光具有较小的基本图形分辨率。此外,与 CW 激光相比,由于热沉积主要是空间局部化且时间更短,因此远离激光光斑的热扩散被最小化。该方法的缺点是单次激光处理区域的不均匀性,激光诱导的烧蚀可与还原同时发生[122,143],并且与 CW 激光相比,rGO 的质量通常较低[118]。这种较低的质量表现为拉曼光谱中较宽的半峰全宽,以及较低的 I_{2D}/I_G 和较高的 I_D/I_G。然而,仅在环境条件下进行激光处理时,这两种方法具有可比性[122]。

飞秒激光处理可以获得非常精细的 LrGO 激光图形,但是要求高重复率的和飞秒激光的高成本往往会抵消这种优势。虽然飞秒激光基本是所有材料精密微加工的首选工具[185],但我们认为纳秒激光和 CW 激光更适合于大规模激光还原 GO。

8.4 氧化石墨烯的激光还原和衍射花样机理分析

激光还原 GO 的机理尚不清楚。通过几项研究,我们试图在激光照射过程中和之后建立一个图像的时间尺度和基本化学现象。由于未解决时间,尚未进行固态还原过程的原位探测,必须从液体还原中的类似研究或计算模拟中推导出来有关基本反应步骤的信息。

8.4.1 氧化石墨烯还原的光化学和光物理

整个还原过程取决于沉积的能量、还原过程的时间尺度和 GO 的结构(化学成分、插层水、薄片形态)等因素。我们对激光还原机制的假设如下:GO 激光还原通过两个步骤进行[122]。第一步是光化学去除 GO 表面的氧。这一步骤的确切机制因所用激光波长、脉冲持续时间不同而不同,通常伴随着激光诱导的材料去除/烧蚀。第二步是将碳基晶格结构重组为平面的 sp^2 共轭畴。这一步由热效应介导,并且在本质上具有空间异质性,这取决于诸如激光空间强度分布、处理条件、各向异性热扩散等因素。这两个步骤发生在不同的时间尺度上。光化学反应可以在几百飞秒内发生,而热扩散的最早阶段(从电子到声子/分子振动的能量转移)为几十皮秒量级。

8.4.1.1 光化学还原

激光还原过程中发生的光化学反应可分为线性吸收和非线性吸收两种机制。非线性吸收效应只发生在皮秒和亚皮秒脉冲激光相互作用的高强度区域,而对于纳秒和 CW 激光,线性吸收占主导地位。很难估计光学带隙,因为 GO 是一种异质材料。在某种程度上,我们可以把 GO 片视为半导体,Liaros 等提出了一个约 0.6eV 的能隙,对应于非氧化 sp^2 区和 sp^3 区,另外一个 $2.6~3eV$ 的能隙对应于氧化区[186]。

根据 GO 表面的化学功能,会产生不同的还原过程。总地来说,已经确定 GO 的结构最接近 Lerf – Klinowski 模型[187-188],其基面功能性是环氧化物和羟基,边缘有羧基、羰基和内酯[189],由于不完全氧化,小 sp^2 石墨域会填充基面。进一步的研究还表明,当通过 Hummers – Offerman 方法合成 GO 时,存在小于 50nm 的腐殖酸和黄腐酸样碎屑,这些碎屑装饰了较大 GO 片的表面[190]。这可以在下面的图 8.6 中看到,图中描述了石墨烯、GO 和 rGO 之间的差异。

对 GO 光还原过程中复杂机理的研究由于 GO 本身结构的复杂性和不均匀性而受到限制。Hong 等最近的工作试图阐明不同官能团对 GO 还原的影响,使用石墨烯的双光子氧化来仔细控制存在的官能团[192-193]。Hong 等研究发现,激光还原可以引起氧化还原反应,在数十秒的时间范围内将一个官能团转化为另一个官能团。这一发现对光热[194]和光化学还原[195]都有影响;当总 C:O 比率较高时,通过环氧化物扩散和随后去除会发生还原,同时高结合能官能团(如羰基和羧基)在完全还原之前首先转化为低结合能基团(如环氧化物或醚)。如果 C:O 比率较低,则首先发生氧化还原反应,将环氧化物和醚转化为羧基和羰基,然后逐步还原为sp^2和sp^3残碳。

为了解 GO 的光还原,我们还可以研究小碳基碎片的类光解反应,这也是分子光化学领域广泛研究的内容。Plotnikov 等详细分析了小分子与 GO 解离的可能反应机制,并观察了非相干紫外线辐射下的sp^2畴扩展[196],Matsumoto 等[197]也对此进行了研究。GO 主要在 227nm 的紫外线区域吸收光。随着有效光还原的进行,吸收最大红移到 265nm 处,这表明sp^2共轭畴的尺寸增大[9]。在荧光激发-发射图中还可以观察到共轭增加和含氧基团去除的特征[198]。sp^2共轭畴的生长归因于残余的环氧化物和羟基片向片外围迁移,据估计其具有 0.9eV 的能垒,因此很容易被波长小于 1378nm 的光源超越。事实上,在 405nm 连续波辐照下,在还原单个 GO 薄片的过程中,通过原位光致发光研究观察到了羟基迁移步骤[199]。

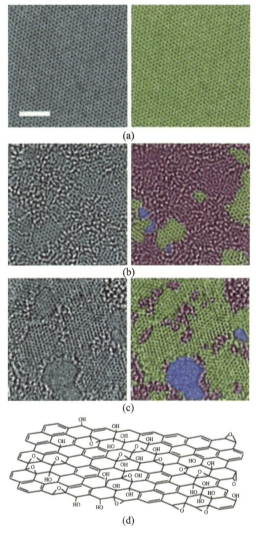

图 8.6 (a)原始石墨烯,(b)空穴氧化石墨烯(蓝色)、石墨畴(黄色)和含氧畴(红色)的像差校正 TEM 图像,(c)具有空穴的还原氧化石墨烯(蓝色)、石墨畴(黄色)和氧化畴(红色)(2010 威利版权所有。经授权转载自文献[191]),(d)Lerf-Klinowski 的 GO 模型示意图(2009 年皇家化学学会版权所有。经授权转载自文献[142])

CO、CO_2、H_2O、O_2 分子的解离也可能发生在电子激发态,而不是振动激发基态。这突出了传统光化学还原和光热还原的主要区别。光热还原涉及振动激发基态,通过加热或电子激发态的弛豫来填充。光化学还原发生在激发态,并依赖于所涉及态的自旋多重性(单重态/三重态)。

R—O 和 O—H 碎片(其中 R 代表全碳碎片)具有排斥(反键)的激发态,具有三重态和单重态特征,因此激发到任一状态都将导致键断裂。然而,三重态激发态的能量更高[196,200],而且不太可能由单个 UV 光子填充。C—O 单线态的激发态能量低于 O—H 单线态[201],因此 C—O 键将优先断裂。在羧基(RCO_2H)和羰基(RCHO)官能团消除 CO 和 CO_2 时,也有类似的现象[202]。当发生协同反应时,这些基团被消除,同时氢转移到剩余的碳碎片上。环氧、羰基和羧基官能团的去除/光解可通过 GO 吸收的减少来跟踪,特别是光解过度并降解所产生的 rGO 的结构[199]。然而,构成主要碳网络的 C—C 键不容易被纯光化学方法破坏,因为它的解离三重态激发态能量很高[203]。

如上所述,UV 光子辐照会导致光化学还原和光热还原[197],并且是 GO 薄膜和溶液中 GO 线性吸收必需。可见光波长的吸收较弱,但对于 GO 来说,吸收率保持在 0.5～400nm 左右,因此可见光的光化学还原仍然可能。在 532nm 和 635nm 的 CW 激光波长下,线性吸收较差,没有发生光化学还原。然而,一旦使用了红外辐射,或在高激光功率下,其机制就从光化学机制转变为光热机制[194]。任何光化学反应都必须通过非线性吸收机制进行,例如在超快激光的极高光子通量下,非线性吸收机制变得非常重要。在超快区域,光氧化[193]可与光还原作比较。光氧化不利于还原氧化石墨烯,因为它会降低 C:O 比和类石墨烯畴的尺寸。

Zheng 等[27]广泛描述了 GO 的非线性响应。对于重复频率为 1kHz 的 800nm、100fs 脉冲激光器,他们发现了四种不同的非线性效应(如饱和吸收、克尔非线性等)与激光能量密度的函数关系。四个区域(从低到高能量密度区域排列)为:①饱和吸收;②sp^3 基质的双光子吸收和激发态吸收;③GO 还原的开始;④GO 还原的完成。使用超出最终范围的能量密度进行加工会导致激光烧蚀。然而,尽管有证据(根据 XPS)表明氧被去除,但在更高能量密度的区域中产生的 rGO 没有明显的 2D 拉曼光谱带[184]。这表明 rGO 片与平面石墨烯层之间没有弛豫,具有扩展 sp^2 共轭。

与线性吸收光化学类似,还存在官能团对非线性吸收的影响。此外,较低的氧化百分比或较高的 sp^2 碳含量会导致较高的非线性吸收,这是飞秒[27,204]到纳秒激光还原[156,205]的趋势。奇怪的是,在 405nm 处的 CW 激光甚至存在非线性吸收,并且随着激光还原 GO 而减小(在相同的波长下)。虽然在 rGO 中观察到非线性折射率和双光子吸收截面的波长色散[206],但通常随着 sp^2 含量的增加,非线性也会增加[207]。

8.4.1.2 光物理还原

为了了解激光还原 GO 的光热性质,我们以 GO 的热还原研究为指导。假设在微观层面上,光热效应引起的 GO 结构变化与纯热效应引起的 GO 结构变化具有相似性。然而,由于激光的光栅运动和局部热沉积,最终产物的形貌与在熔炉中更各向同性加热还原的 GO 相比存在差异。

热重分析研究表明,在还原过程中材料去除/再吸收存在两个单独的步骤。第一次去除发生在 150℃ 左右,是去除环氧和羟基功能,而第二次去除发生在 600℃,是去除其他官能团,如边缘羰基和羧基[187]。同步辐射 XPS 研究表明,边缘羧基比羰基更容易去除,羟基附着在 sp^2 碳上的酚 C—OH 最稳定[208]。此外,在 600℃处的去除步骤伴随着费米能级附近电子密度的大幅增加,这表明大 sp^2 区域的恢复和 rGO 电导率的增加。

热还原还导致剥落[209-210],并且在 200~300℃时 rGO 的孔径大大增加,这是由于去除了气态物质(H_2O、CO、CO_2 等)和含氧基团[211]。这在光热还原中也能观察到,即石墨烯在低激光能量密度下发生剥落。

在 500~700℃时,由于羟基或羧基的去除,结构略微致密,然后在 900℃时再次变得更加开放。在连续波或纳秒激光的聚焦下,紧密聚焦光束中心的温度可以达到 $10^3 \sim 10^5$ K 以上[212]。除了剥离外,在 2000~2800℃的温度下通过退火过程也可以观察到缺损愈合。计算和实验研究都指出空位消除、通过交联增加横向畴尺寸和增加六边形 sp^2 区域是缺陷消除的来源[213]。如果初始 GO 材料已经用低浓度的氧功能预还原,则在 2073K 退火时观察到缺陷完全去除,否则会解吸 CO/CO_2 并留下空位[214]。因此,相对于初始 GO,光热还原可以增大石墨烯畴的尺寸并降低 rGO 中缺陷的密度。

一般来说,在惰性气体或真空条件下激光还原 GO 可获得更高质量、更高导电性的rGO[133]。然而,在热还原 GO 时,在氢气氛中的还原 GO 会比惰性氩气氛产生更多的还原rGO(更高的 C∶O 比)。这种效应可能是由于羰基和环氧化合物被氢还原成羟基,羟基很容易被水消除。对于 GO 的激光还原,强束缚水分子可以取代氢气的作用[215],这些水分子保留在弱插层水的初始解吸过程中。理论研究[216-217]表明了这一机制的合理性,并进一步证实了结合水在还原 GO 中的重要性。分子动力学模拟是深入了解原子机制的主要方法,而 LAMPSS 和 ReaxFF 等代码在计算效率上的发展使得模拟更大的 GO 薄片成为可能。

除了有助于剥离过程外,GO 层中的水还可以通过改变 rGO 的光学性质在光还原过程中发挥作用。研究发现,由于去除 GO 层间水分,GO 的线性折射率和吸收系数随着 GO 的热还原而增大。这有助于进一步吸收来自辐照源的能量,并提高 GO 到 rGO 的转化率[218]。

8.4.2 氧化石墨烯和还原过程中光—物质相互作用的时间尺度

8.4.2.1 连续波激光

连续波(CW)激光还原主要由在 IR 和长波区域(800nm~10μm)的 CW 激光的光热还原过程控制。Lazauskas 等报道了剥落的 rGO 形态与 788nm 处的 LrGO 相似[219]。如果光的波长超过 GO 的带隙(通常在可见光到近紫外线的能量范围内),能够有效吸收,从而使得光化学机制可以发挥作用。

Sokolov 等已经进行了一项全面的研究,研究了 405nm 激光还原单片 GO 的机理[199]。CW 还原过程的第一步本质上是光化学(图 8.7(a)中的第一阶段),因为薄片的测量温度变化不超过几个开尔文[220],并且还原过程的这一步的活化能很好地对应于消除羟基所需的屏障。下一步是用 405nmCW 激光照射 100s 后,将 rGO 还原并烧蚀成高光致发光物种(图 8.7(a)中的第二阶段)。最后一步是碎片光漂白,这是由于发射物质与氧的激发态反应所致。在单一 GO 薄片中观察到不均匀还原程度,这是由多个因素造成:①初始 GO 材料中的固有无序性,②激光束轮廓,③由于不均匀热导率引起的温度梯度,从而导致光引发事件的变化[220]。这可以从图8.7(b)~(e)中叠加的光致发光变化率向量看出。变化率向量通过跟踪光致发光强度变化的梯度来指示还原的扩散。激光束的光栅化可以减少"还原前沿"的不均匀扩展。因此，存在一个最佳的CW激光曝光时间，这样平衡了光漂白还原GO，Struchkov等[133]也对此进行了观察。

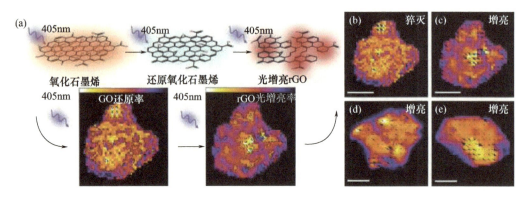

图8.7 (a)CW激光(405nm)还原单个GO片的示意图，下面的彩色图像指示还原动力学(第一阶段)或光增亮(第二阶段)(通过光致发光映射测量)。(b)还原向量场叠加在光化学还原速率彩色图的顶部。(c)~(e)光致发光增强矢量场叠加在光致发光增强速率彩色图的顶部。所有比例尺均为2.5μm(2013年美国化学学会版权所有。经授权转载自文献[220])

Deng等[119]使用650nm激光研究了能量密度对激光还原过程的影响。能量密度依赖性表现出与时间对还原影响相似的行为，表明CW激光还原依赖于能量的量，而不是单独依赖于能量密度或时间。他们观察到一个清晰的生长区域，在这个区域可以剥落和还原高质量rGO(图8.8(a))。下一阶段是过渡区域(图8.8(b))，在该过渡区中，以逐层方式烧蚀rGO层，同时降低膜厚度并增大热影响区的尺寸。最后一个区域是蚀刻区域，其特征是GO的纯激光烧蚀(图8.8(c))。通过将薄膜高度与所用激光功率相关联，可以看出这三种不同的状态(图8.8(f))。

8.4.2.2 纳秒脉冲激光

GO中的纳秒激光相互作用也以线性吸收为主，这是因为它们具有高光子能量和长脉冲持续时间，因此允许发生8.4.1.1节详述的各种光化学过程。也可能发生非线性吸收，主要是由于激发sp^3态和sp^2态的吸收[27,221]，但效率低于飞秒激光相互作用。根据激光波长的不同，共振激发将产生激发态吸收，而非共振激发将产生多光子吸收。GO片对光子的吸收将发生各种光化学过程，如8.3.1.1节中所述。

在纳秒激光处理中，由于激光脉冲的瞬态特性，会产生进一步的物理效应。一旦一个光子被吸收，电子的激发就会热转化为晶格，Sokolov等预测会发生空穴-空穴局部化、激子自陷和作为等离子体去除材料[143]。我们的研究组以前也观察到了伴随激光复位的烧蚀现象[122]，特别是在环境大气的处理过程中。

研究人员观察到了预孵育效应，在材料去除之前，需要最小的能量沉积来去除氧，并产生一定密度的空位缺陷[122,143]。纳秒激光脉冲还原GO也会产生明显的烧蚀羽流。Sokolov等表明该烧蚀羽流可能含有碳碎片，这些碳碎片在空气中被重新氧化，随后重新沉积在材料顶部[143]。这可能是纳秒激光在空气中处理产生的rGO质量低于氮气处理

rGO 质量的原因[118]。然而,后来的研究表明,激光除了还原 GO 外,还可以对 GO 进行光氧化[193]。因此,可以在还原和氧化之间取得平衡,特别是在具有不同程度氧官能化的 GO 膜的异质区域中。

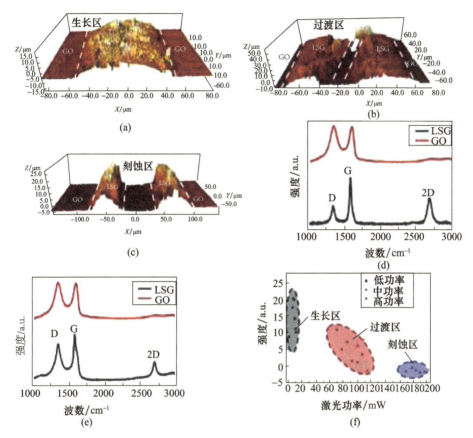

图 8.8 (a)生长区、(b)过渡区和(c)蚀刻区 rGO 的地形图(白光干涉法)。相应的拉曼光谱显示在(d)生长区 rGO(黑色)和 GO(红色)下方,以及(e)过渡区 rGO(黑色)和 GO(红色)下方。(f)高度与所用激光功率的关系,分为三个区域(2016 爱思唯尔版权所有。经授权转载自文献[119])

8.4.2.3 飞秒脉冲激光

飞秒激光对 GO 的影响主要是非线性效应,这是由于脉冲的峰值强度较高。GO 的光学间隙在 2.6~3eV 之间[186]。由于大多数飞秒激光在 800nm 的钛蓝宝石波长下工作(1.55eV),因此 GO 对光子的吸收主要是非线性。

研究人员使用了许多基于飞秒激光脉冲泵浦探针光谱,将其用来说明 GO 的超快预还原行为[186,222-223]。Murphy 和 Huang 研究了 GO 薄膜的超快行为,发现激发态动力学对 GO 层数、基底和激发强度都不敏感。这表明层内电子动力学占主导地位且层间相互作用较弱。他们观察到一个初始的 1~2ps 的衰变,这是由于电子的浅缺陷俘获,而一个持续 –10~100ps 的较长衰变与非辐射衰变有关(如声子热化等)。

使用高重复频率飞秒激光制成高质量的 rGO,这个过程以孵化和加热效应为主[176]。然而,使用单脉冲和低重复率(1kHz)的还原并没有产生具有明显拉曼 2D 能带和小 D 能带高质量的 rGO[184]。我们认为这是因为光化学除氧的解耦效应,以及随后发生的薄片到平面形式的弛豫过程,这是石墨烯的特点(而不是其他无序形式的碳)。

Zhang 和 Miyamoto 利用依赖时间的密度泛函理论模型证明了 C—O 键选择性断裂的可能性,同时还可以保持 C—C 键的完整性[224]。他们在一个小的九碳环碎片上演示了他们的模拟,这个碎片被一个 800nm、2fs 的脉冲照射。这些模拟显示环氧和羟基的解吸。然而,迄今为止的所有实验都是在更长的脉冲下进行,一般大于 10fs,并且持续时间为 10~45fs 的脉冲可以破坏石墨烯层之间的黏附力[224]。这与实验情况更为一致,在实验中通常激光还原大于 1 层的 GO。

用飞秒激光以低于烧蚀阈值的能量密度照射原始石墨烯,可在表面引入氧功能[193],这将与加热引发的非线性还原过程媲美。理论和 STM 研究也表明,由于层间压缩和剪切位移的相干激发,飞秒激光辐照石墨可以将石墨表面的 sp^2 碳转变为 sp^3 配位体[225]。这种现象在纳秒脉冲激光以烧蚀阈值辐照石墨时没有观察到[225]。

总地来说,这些不同的证据表明通过光化学易去除氧,但由此产生的 rGO 具有更无序和非平面的结构。非平面结构可以通过热退火来弛豫[101],例如由于高重复率下的孵化效应,可以用大脉冲数飞秒激光辐照进行处理[14,180]。相比之下,虽然使用单脉冲"还原"低质量 rGO 需要的氧含量较低,但其缺乏区别于原始石墨烯或 rGO 的结构特征。

这一假设的一个例外是飞秒激光在水溶液中还原 GO。在 UV 光还原的情况下,通过氧功能团的热电离或光电离对还原过程的贡献被排除[226]。而用于还原过程的电子源则来自所用的溶剂(水)。超过 1~250ps 时,溶剂化电子与 GO 相互作用,将其还原为 rGO,而大范围还原必需数个脉冲。

8.5 石墨烯材料中氧化石墨烯的合成与表征

8.5.1 氧化石墨烯的生产

GO 生产是一个独立的领域,在过去的十年中,研究人员在 GO 的生产和表面沉积方面有许多创新。在这里,我们将重点介绍合成 GO 的主要方法,并回顾在表面沉积石墨烯的各种铸造方法。我们还将 GO 的物理化学性质与激光还原的后续行为联系起来。本节是为不熟悉表征和合成技术的读者编写的。进阶读者可以跳过本节。

8.5.1.1 氧化石墨烯的合成路线

Brodie 在 1885 年开始了 GO 和氧化石墨的合成[227],他们将浓缩 H_2SO_4 和 $KClO_3$ 用于氧化石墨。然而,所使用的试剂非常危险,并且 $KClO_3$ 和 H_2SO_4 会产生反应,使 ClO_2 在 45℃爆炸分解[228]。随后进行了许多改进工艺的研究[228],最终形成了合成氧化石墨的三种主要方法:Staudenmaier 法,Hofmann 法和 Hummers – Offeman 法。Staudenmaier 法和 Hofmann 法使用 HNO_3、H_2SO_4 和 $KClO_3$ 作为氧化剂,但 Brodie 提出了在较低的温度下进行并使用不同的试剂比。低温(由冰浴等设备管理)是将爆炸风险降至最低的必要条件。Hummers – Offeman 方法完全避免使用硝酸和 $KClO_3$,这种方法使用浓缩 H_2SO_4、$NaNO_3$ 和 $KMnO_4$。所得混合物通常经过沉淀、离心(分离出均匀的薄片尺寸),并在水溶剂中进行超声波处理,以形成稳定的单分散 GO 薄片悬浮液。在超声波处理过程中,应注意不要过度超声和破坏薄片的横向尺寸[229]。关于 GO 合成的详细描述,可参考文献[103,142,

230]。传统的合成工艺有许多改进,例如用插层离子剥离石墨片[231],以及改进的 Hummers 方法[232],使用 H_2SO_4 和 H_3PO_4(不使用任何$NaNO_3$)生成氧化程度更高的产品。

GO 的合成不像传统的精确、节省原子的有机合成的合成方式。严格组合使用氧化性试剂和对石墨起始材料结构控制不当常常导致产生异质 GO。这种异质性表现在样品的形貌、官能团(环氧、羰基、羧基等)的比例和位置以及缺陷的密度上。样品异质性的进一步来源来自于处理过程,在这个过程中 GO 与强酸混合物分离,样品可暴露于光或水。这三种主要技术合成 GO 并热还原氧化石墨烯,产物的非均相电子转移速率存在可测量的差异[228]。对于电化学应用,源自 Hummers 方法的 rGO 显示出比 Staudenmaier 法或 Hoffmann 法更快的电子转移动力学和更低的过电位[230]。GO 的氧化机理已经在计算和实验上得到了广泛的研究[100,142,233]。

8.5.1.2 氧化石墨烯的表面沉积

由于其独特的溶液处理能力,因此它可以涂覆在各种基底上(如SiO_2、Si、PET、ITO、金属、玻璃碳、聚酰亚胺、PTFE 等),GO 在基于石墨烯的技术中占据首要地位。GO 是亲水性,因此易溶于水溶剂。经过超声波处理、沉积和干燥,得到的薄膜可以具有可控的厚度和形貌。关于 GO 的溶液处理有大量的文献可以参考[100,234]。

GO 在水溶剂中容易分散的重要物理特性是因为其形式上的两亲性[235]。薄片的基面由疏水性不饱和碳组成,而边缘具有高浓度的亲水性氧功能。这些氧基团用于稳定这些薄片和水分子的溶剂化位点。

滴注是将 GO 涂覆到各种表面的最简单方法。它包括将已知容量的 GO 滴到表面上,并在环境条件下或通过加热惰性气体使其干燥[236]。薄膜的厚度可以通过改变 GO 沉积的表面积/容量或所得溶液的浓度来控制。这种方法具有多用途,可以在不同的基底几何形状和各向异性结构上进行涂层。虽然涂层在速度和容易程度方面具有优势,但由于表面张力的影响,沉积膜的厚度存在不均匀性。此外,GO 表层的快速干燥防止水从下面的层逸出,从而增加了捕获水物种的数量[235]。滴铸 GO 膜的均匀性和亲水性可通过对底层支撑基片的改性来调节,例如通过将氧官能团附着到 PET 膜上[237]。

旋涂是制造均匀厚度薄膜的常用技术,其厚度可由溶剂黏度、溶液浓度和旋涂机转速控制。旋涂可以使 GO 和石墨烯在表面形成非常均匀的单层膜。通常,需要多个阶段的旋涂,以均匀湿润表面,随后稀释溶剂层。在旋转过程中,也可以同时将氮气吹过基底,以提高溶剂蒸发的速度[238]。这种快速制备样品的方法的缺点是需较长时间来优化不同的旋涂参数和制备基底。可根据应用变更旋涂基底,如玻璃、硅或石英。通常在溶剂中彻底清洗这些基底,如丙醇或甚至食人鱼溶液(H_2SO_4 和 H_2O_2 的混合物),然后再涂层。此外,为了形成更均匀的 GO 涂层,可以用(氨丙基)三乙氧基硅烷[239]或氧等离子体[240]对表面进行官能化。氧基或硅烷基团增加了表面的亲水性,从而使 GO 能够更有效地润湿基底。GO 溶液的后续干燥可在真空烘箱或环境条件下进行。

常见的方法还有将 GO 溶液真空过滤到纤维素酯或聚酰胺制成的滤纸上[74]。这种方法通常用于湿法化学合成中的产物分离,可以从低浓度溶液中沉积 GO 薄膜。通过改变浓度或过滤体积,可以很好地控制膜的厚度,因为当 GO 片沉积在膜孔上,沉积为自限性。然而,由于膜表面的孔隙不均匀,沉积的 GO 薄膜存在一些不均匀性,因为堵塞附近孔隙的薄片可能发生重叠或导致褶皱[74]。所得膜可保持在膜基底的顶部,或可分层以供进一步使用。分层可以通过溶解下面的膜来进行,如果压在另一个基底上,则 GO 膜可以转移。也可以通过水从下面的基底上抬起自立膜。

其他沉积方法包括 Langmuir – Blodgett 法、将 GO 溶液浸涂和喷涂[241]到惰性基底上[100]。Langmuir – Blodgett 方法涉及将 GO 水溶液和甲醇分散在水上,从而使 GO 片悬浮在空气 – 水界面[235]。由于 GO 单分子膜降低了表面的表面张力,并且由于 GO 片的边缘氧官能团之间的静电排斥防止了层坍塌,因此该层具有稳定性。然后将该膜沉积到基底上并转移到基底上。在转移过程中有可能损坏薄膜,需要仔细优化溶剂和加快扩散速度。

8.5.2 氧化石墨烯和石墨烯材料的表征和质量控制指标

理性进行材料设计的核心是理解结构、加工、性能和性能之间的关系。为了理解 Lr-GO 材料的这种复杂关系,需要各种表征技术。本节以"教材"的形式编写,演示使用每种技术可以提取的主要优点、限制和重要信息。

基于 LrGO 的强大设备的开发需要可靠和标准化的质量度量。这些指标因应用不同而不同,可分为微观参数(表 8.1),如缺陷密度和晶粒尺寸,以及宏观量(表 8.2),如电化学反应活性或电导率。

表 8.1 微观参数

微观参数	表征技术
横向薄片尺寸	原子力显微镜、拉曼光谱、高分辨透射电镜
缺陷浓度	拉曼光谱
化学成分(如掺杂剂,C∶O 比)	XPS、FTIR
相位/杂质	TGA、UV – Vis
层状结构	XRD、AFM、拉曼光谱
表面形态(褶皱等)	SEM、TEM、光学显微镜
电子结构(sp^2 共轭)	UV – Vis

表 8.2 宏观工程量

宏观量	表征技术
表面积	BET、染料吸附
导电性	四探针
电容,电极反应动力学	循环伏安法
复介电函数	电阻抗谱
光吸收、透射、反射	椭圆偏振仪

8.5.2.1 形态

扫描电子显微镜(SEM)在材料科学中有着广泛的应用,它利用光栅扫描的电子束和电子与样品的相互作用来产生图像。尽管石墨烯层的厚度小于 SEM 的分辨率(通常为纳米级),但它仍然可以揭示石墨烯基材料的重要形态信息。

石墨烯材料的层状结构是 SEM 表征中常见的观察结果,并且可以在图 8.9 中的石墨烯、GO 和 rGO 中观察到。SEM 还可以用来测量石墨烯薄片的横向尺寸,这是一个重要的质量指标。尽管它没有测量石墨烯层厚度所需的分辨率，但 SEM 观察到的"透明"石墨烯薄片表明存在少量石墨烯层，石墨烯层少于 10 层[242]。

图 8.9　石墨烯基材料的 SEM 图像

(a)GO；(b)LrGO，显示在激光诱导的热剥离过程中形成的层状结构；(c)电化学剥离的石墨烯；(d)"透明"的少量 rGO 层片；((a)和(d)经授权转载自文献[242]，2012 年施普林格·自然版权所有，(c)经创作共用许可证(CC BY)授权转载自文献[243])。

透射电子显微镜(TEM)、高分辨电子显微镜(HR－TEM)和扫描透射电子显微镜(STEM)是表征石墨烯基材料最重要的技术。在传统的 TEM 中，电子衍射可用于表征底层石墨烯晶格的结晶度，即使石墨烯处于氧化状态，也能保持这种结晶度[244]。还可以观察到石墨烯薄片或微片的形态以及薄膜中的皱纹或褶皱。

HR－TEM 可以对 GO 进行更详细的分析，因为它可以成像晶格原子和缺陷位置。石墨sp^2碳畴通常可见，夹杂着原始石墨烯结构被氧部分破坏的区域，如图 8.10 所示。HR－TEM 清楚地看到了这些氧基团的存在及其引入的紊乱结构[245-246]。在横截面成像中，可以分辨各个层，并测量层间距[247]。

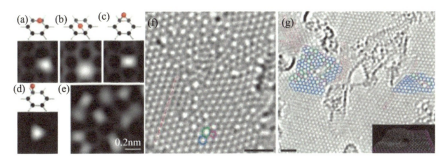

图 8.10　左：模拟的含氧石墨烯的 STEM－ADF 图像，(a)～(d)表示氧键合到石墨烯晶格的可能构型，而(e)表示氧以 1∶50∶C 的比例随机连接到石墨烯晶格(经授权转载自文献[15]，2009 年美国化学学会版权所有)；(f)、(g)rGO 的 HR－TEM 图像显示石墨烯晶格和缺陷，碳六边形(蓝色)、五边形(品红)和七边形(绿色)(经授权转载自文献[248]，2010 年美国化学学会版权所有[248])

TEM 分析发现由于 GO 具有较高的电子透明度,因此它也被用作纳米粒子和大分子的支撑膜[244]。实际问题包括 GO 在高压束下的稳定性,在高压束下可以看到氧化基团移动到电子束聚焦的地方,导致 60~80kV 的稳定成像上限[245]。TEM 图像中也观察到 GO 与 Si 的污染,这是生产过程中携带去离子水过滤器中微量 Si 的结果[245]。

Brunauer - Emmett - Teller 分析(BET)通过测量样品表面吸附的气体量来确定样品的比表面积(m^2/g)。对于石墨烯基材料,这一指标在传感器、超级电容器和储氢领域具有特别重要的意义。孤立的石墨烯薄片具有 $2630m^2/g$ 的极高表面积,但是在实践中,由于多层石墨烯的聚集和存在,很少实现大于 $700m^2/g$ 的表面积。纳米网石墨烯等改性降低了这一趋势,并使比表面积达到 $1650m^2/g$[249]。

在分析电容器用石墨烯基材料时,必须考虑该技术的一些实际局限性。石墨烯层剥落产生的孔/腔,可能难以通过某些物理吸附气体进入,导致 N_2 和 CO_2 测量的比表面积存在差异。这可能导致界面电容(F/m^2)等关键性能指标的计算不一致或不可靠[250]。

光学显微镜是一种应用广泛且相对简单的方法,可以直观地检查石墨烯基材料。当 SiO_2 放置在一定厚度的硅上(取决于照明波长,300nm 的 SiO_2 用于白光)时,路径长度差异意味着即使单层石墨烯也可以用标准光学显微镜检测到,对比度变化可以用来确定存在的层数[251]。最近的进展使光学显微镜不仅可以检查层数,还可以观察薄片形状/大小(图 8.11)。通过对底层铜箔的选择性氧化,可以在光学显微镜下显示石墨烯薄片中的晶界[252]。干涉反射显微镜(图 8.11)是一种无标记技术,可以利用石墨烯和 GO 之间折射率的差异来观察氧化反应过程[253]。

光学轮廓测量法,或干涉测量法,是另一种光学技术,它可以提供石墨烯基材料的形貌信息,并通过使用干涉物镜提供有关表面高度变化的准确信息。相移干涉测量法使用单一波长源,在平滑变化的表面上具有极高的垂直分辨率(<0.1nm)。然而,与此技术的典型应用相反,光通过石墨烯层时发生的相移提供了测量的高度差异,而不是从表面反射的路径长度差异(二氧化硅上的石墨烯具有非常低的反射率)。这意味着高度数据出现倒置,石墨烯层的相移似乎来自相对于表面的凹陷(图 8.11)。为了正确测量表面高度,必须使用单层石墨烯的已知厚度对其进行校准[254]。

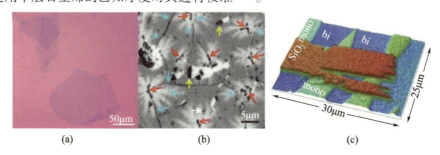

图 8.11 (a)用白光照射在 300nm SiO_2 的石墨烯,显示单层和多层石墨烯的可见度(经授权转载自文献[255],2010 年美国化学学会版权所有);(b)干涉反射显微镜图像,显示石墨烯在 Clorox 中氧化 1h 后的情况,较浅的区域是氧化石墨烯,在纳米级双层膜上启动(红色箭头)(经授权转载自文献[253]。2017 美国化学学会版权所有);(c)石墨烯的三维相移干涉图像,显示了通过石墨烯的相移在高度数据中是如何以"凹陷"的形式出现的(经授权转载自文献[254],2007 AIP Publishing 版权所有)

白光干涉测量法是另一种光学轮廓测量法,白光被用来代替单一波长,导致较低的垂直分辨率(几纳米)和增加的范围。白光干涉测量法依赖于样品表面的反射光,因此在测量低反射率的石墨烯基材料时会出现困难。它无法解析单个石墨烯层,但对于更大范围的测量非常有用,例如石墨烯薄膜或从溶液中浇铸出来 GO 的厚度。

原子力显微镜(AFM)使用敏感的扫描探针来表征绝缘或导电表面的形貌,使其成为石墨烯、GO 和 rGO 成像的理想工具。用该技术测量的关键参数包括石墨烯薄片的横向尺寸、层厚度和层数,这些参数有助于评估剥离和团聚的程度。GO 薄片两侧的含氧基团通常形成厚度约为 1.2nm 的单层,而原始石墨烯的厚度为 0.34nm[245]。

Shearer 等讨论了精确测量石墨烯必须考虑的一些因素,特别是单层石墨烯的厚度。首先,石墨烯层的顶部通常存在一个吸附层,这会影响针尖中样品之间的相互作用一般常通过激光照射去除。也有证据表明石墨烯和基底表面之间存在缓冲层,原因是测量的层高度取决于施加在石墨烯上的压力。为了获得准确的层厚,必须将石墨烯推过缓冲层以接触表面,这可以通过使用高尖端力或对尖端进行改性(如连接碳纳米管)去集中力来实现[256]。

扫描隧道显微镜(STM)是一种相关的技术,它也利用锐利的扫描针尖,而是利用针尖和导电样品之间隧道电流的变化来建立图像。它允许以亚原子分辨率成像地形,允许详细检查石墨烯结构[257]。由于 GO 的绝缘性质,利用 STM 对其进行表征的研究较少,但是Gómez - Navarro 等报道了,氧化区域显示为亮点/区域,没有有序晶格特征[258]。

8.5.2.2　化学结构

拉曼光谱是分析碳基材料尤其是石墨烯的杰出技术[259-260]。拉曼光谱可以探测石墨烯中的量子化扩展态振动(声子),通过理论分析可以利用对称性对这些振动进行分类。峰位置的移动可能与晶格中的应变有关,峰值的半峰全宽表明了材料的无序[261-262]。类石墨烯材料中有几个可见的能带,但我们主要关注三个能带[263],如图 8.12 所示。G 能带($1580cm^{-1}$)起源于具有 E_{2g} 对称性的面内声子,2D 能带($2700cm^{-1}$)与石墨烯的平面性和电子结构有关。在有缺陷的石墨烯基材料中,包括 GO 和 rGO,有一个额外的被称为 D 能带($1350cm^{-1}$)的突出峰值。D 能带是一种 A_{1g} 对称的 sp^2 环形呼吸模式。D 能带通常是拉曼不活跃,除非无序的存在将其改变为对称允许的跃迁(原子空位、晶界、氧原子等)。

通常,碳材料的拉曼光谱归一化为 G 能带,这与碳纳米管和石墨等其他碳基材料共享[102]。通过这种归一化,可以比较不同光还原方法的拉曼光谱。随后,可以取谱带强度的比值,并将其与不同的微观参数相关联。I_{2D}/I_G 比值与石墨化程度有关[264],I_D/I_G 比值与材料的缺陷密度有关,I_{2D}/I_D 比值表示层数(最多 5 层,超过 5 层很难识别)[265]。

此外,平均晶粒尺寸可通过 I_D/I_G 比计算,使用由 Cançado 等[266-267]确定的公式。而对于单层石墨烯,较低的 I_D/I_G 比率会导致较高的电子电导率,而在多层或 rGO 材料中,通常会看到相反的情况[134]。这归因于小的石墨烯状畴的数量增加,从而增加了相对于 GO 的导电性,即使畴的尺寸较小。

在拉曼光谱中,从峰移和峰宽也可以检测到少层石墨烯的电荷不均匀性和杂质[268]。

通过先进的显微拉曼和拉曼映射仪器可以查看 GO 还原程度的空间分辨图,并了解还原机制[136]。激光辐照 GO 后,随着 I_{2D}/I_G 比的增加,可以观察到成功建立了 rGO 中类石墨烯网络,而当缺陷愈合时,I_D/I_G 比降低。然而,在某些应用中,高密度的缺陷可能仍然有用,例如在电化学传感中。在获取 GO 的拉曼光谱时应小心,因为激光功率可能会无意中将其光还原到某个激光能量密度阈值以上[269]。

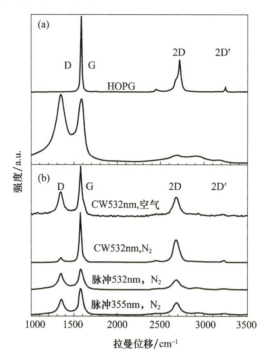

图 8.12 (a)顶部:高取向热解石墨(HOPG)拉曼光谱;底部:GO 的拉曼光谱。(b)LrGO 带有标签的拉曼光谱:连续波(CW)、脉冲纳秒、在空气或 N_2 中进行处理(经授权转载自文献[118],2010 年美国化学学会版权所有)

傅里叶变换红外光谱(FTIR)是识别碳基材料中不同官能团的重要工具。虽然原始石墨烯本身没有任何具有显著红外峰的官能团,但 FTIR 可以提供 GO、rGO 和其他类型的功能化石墨烯中存在官能团的有价值的信息。对于 GO,特征 C—O 峰出现在 $1050cm^{-1}$(环氧 C—O—C)、$1680cm^{-1}$(—C═O 振动)、$1350cm^{-1}$(C—O 振动)和 $3470cm^{-1}$(C—OH 拉伸)[270]。对于石墨烯基材料,由于其所代表的复杂结构,通常不能解释低于 $900cm^{-1}$ 的峰。对于石墨烯基材料,也可以通过 FTIR 检测到 C—C 键,大约出现在 $1500\sim1600cm^{-1}$[271]。

这个碳:氧(C/O)比是表征不同方法制备的 GO 和 rGO 的一个重要指标,常用 X 射线光电子能谱(XPS)对其进行测量。GO 的 C:O 比通常在 4:1~2:1 之间,还原后可降至 12:1 左右[104]。低分辨率测量扫描 C1s/O1s 峰面积比可以给出这种类型的元素分析;更高分辨率的核级扫描可以提供更多关于不同碳官能团的详细信息。图 8.13 显示了 GO、rGO 和石墨的测量和 C1s 核心级光谱示例。

在纯石墨烯中,C1s 谱在 284.6eV 处由 sp^2 键合控制,当存在大面积的原始石墨烯晶格时,会在大于 290eV 时出现额外的 $\pi-\pi^*$ 跃迁峰。当峰拟合高 p 含量石墨烯基材料(即原始石墨烯或高度还原 GO)时,还必须使用 Doniach – Sunjic 组分考虑 sp^2 峰的不对称性[272]。sp^3 碳在 285.4eV 左右被发现,但是这两个 C—C 峰可能很难去卷积,并且有时被拟合成一个峰。

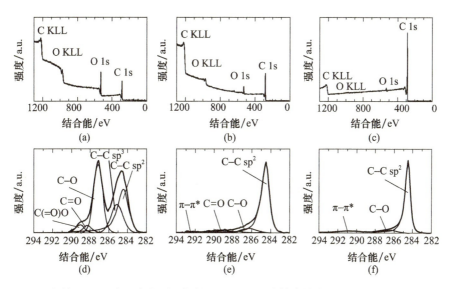

图 8.13 XPS 光谱，显示元素组成的测量扫描(a)~(c)和碳结合状态的 C 1s 核心级扫描(d)~(f)。
(a)氧化石墨烯；(b)还原氧化石墨烯；(c)石墨；(d)氧化石墨烯；(e)还原氧化石墨烯特 C 1s；(f)石墨 C 1s

测量 C—O 组分是分析 GO 的关键，C—O 主要组分约是 286.5eV 处的 C—O 键，包括环氧(—O—)和羟基(—OH)键、约 288eV 处的羰基键(C=O)和约 289eV 的羧基键(C(=O)O)。这些基团在 GO 中非常显著，但在 rGO 中虽然存在却不明显。用氮掺杂石墨烯会在 C1s 光谱中引入额外的峰，最常见的是在约 258.8eV 和约 287.1eV 处分别发现 sp^2 的 C=N 键和 sp^3 的 C—N 键[273]。

X 射线衍射(XRD)分析石墨烯基材料(通常为粉末状)可以揭示石墨层之间的层间距信息。纯石墨的主峰在 26~27°(对于 Cu-Ka 辐射)，对应于约 3.35Å 的层间间距。对于 GO，这个峰值移到 11°左右，但受氧化程度和水化程度的影响，层间距可在 6.0~9.5Å(9°~15°)之间变化[232,270,274]。当 GO 还原时，随着氧官能团的去除，该峰移回更高的角度，石墨烯层可以更紧密地堆积[275]。

Scherrer 方程通常与 XRD 数据一起用于从峰宽计算晶粒尺寸，并且晶粒尺寸在所有三维中都相似的大多数应用中，Scherrer 因子 $K \approx 0.9$。对于石墨烯基材料，必须考虑石墨烯晶体的二维性质，合适的形状因子为 1.84，大约是原来的 2 倍[276]。

8.5.2.3 电气性能

rGO 的导电性是衡量其质量的一个指标[277-278]，因为它对氧还原程度和石墨烯薄片中的缺陷非常敏感。Mattevi[279] 发现薄膜和单个薄片之间具有可比的导电性，证实限制导电性的主要因素是 rGO 薄片本身的质量[234]。实际上，多层 rGO 可以具有更高的导电率[280]，因为电流可以在薄片之间移动，以避免单个薄片上的缺陷。

rGO 片是由导电 sp^2 键合碳和绝缘 sp^3 键合氧化碳或晶格缺陷组成的无序阵列。最近使用导电原子力显微镜对此直接成像[281-282]。对于 <70% sp^2 键合碳的 rGO，其有典型残余氧组分，由于电子通过绝缘区在导电区之间隧穿，从而发生电子传导[282-283]。在较高的氧还原率下，导电 sp^2 区的渗流意味着导电率接近于纯多晶石墨的导电率，约 1×10^5 S/m[279]。

由于 rGO 的电阻率与氧还原程度有关,因此可以通过还原过程来控制其电阻率。例如,对于激光 rGO,暴露时间和强度用于改变绝缘 GO 的电导率(其电导率由离子电导率控制[14])达到 3×10^4 S/m[176]。

8.5.2.4 光学性能

用吸光度、透射率、折射率、复电导率等相关量来描述 rGO 的光学响应,这是 rGO 的一个信息性特征。可以通过 FTIR 反射光谱或透射光谱等技术对其进行测量,或者更精确地说,可以通过光谱椭偏法来测量这种技术还可以独立测量复杂电导率的实部和虚部。

GO 的还原可以通过光学响应的多种方式来表征(图 8.14)。首先,在红外(IR)响应中,从绝缘 GO 到导电 rGO 的转变以其光吸收增加为标志[284]。有关 rGO 质量的其他信息,如载流子浓度和迁移率,以及费米能级,可以通过光谱椭偏法测量的复电导率获得[285]。

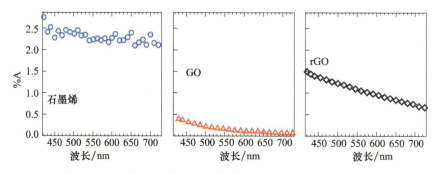

图 8.14 石墨烯、GO 和 rGO 在可见光到近红外区域的吸收光谱
(2015 年施普林格·自然版权所有,经授权转载自文献[284])

IR 电导率也很有趣,因为它揭示了与石墨烯和杂质有关的声子激发,例如羟基和环氧基,它们可以在还原 GO 前后被跟踪[284,286]。

在较短波长下,在可见光和紫外线线内,250nm 左右的 $\pi-\pi^*$ 带间跃迁对 rGO 氧化程度非常敏感。插层和吸附的水是另一种杂质,可以通过 GO 的厚度和折射率尤其是利用椭圆偏振法对其进行测量[287]。

8.5.2.5 电化学性能

石墨烯和石墨烯基材料在电能存储[66]和传感[288]方面显示出巨大的前景。循环伏安法是用于表征电化学应用的候选材料的主要技术。循环伏安(CV)法研究与电解质(液体、凝胶等)接触的电极之间的基本电子转移(氧化还原)过程。本质上,该技术涉及应用电压扫描和监测材料对该电压扫描的电流响应。应在一定的电压扫描速率下进行这种扫描,根据电化学过程的动力学,材料的响应可以随着扫描速率的变化而变化(图 8.15(a))。电流的峰值与电压响应的关系指示了发生在电极本身或电极周围溶液的化学反应的数量和特性。这一原理可用于传感,因为可以很好地表征特定反应的电压(相对于标准甘汞电极等标准)。如果特定分析物在特定电压下经历氧化还原反应,则氧化或还原峰的电流大小可作为溶液中分析物浓度的指示。然后分析物的响应被"捎带"或通过石墨烯电极传递,并记录在 CV 轨迹上[289],如图 8.15(b)所示。我们指导读者参考文献[290]和[291],以获得循环伏安法原理的更全面教程。

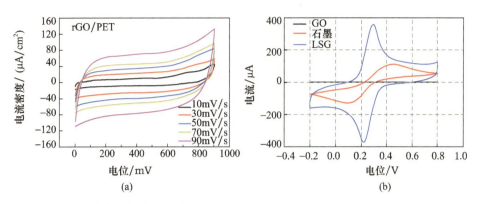

图8.15 （a）不同电压扫描速率下 PET 基底上 rGO 超级电容器的循环伏安图（文献[124]授权转载。2018年爱思唯尔版权所有）；（b）氧化石墨（G）、石墨和激光刻划石墨烯在 1.0mol/L KCl 的 $K_3[Fe(CN)_6]/K_3[Fe(CN)_6]$ 溶液中的循环伏安图，扫描速率为 50mV/s（经授权转载自文献[120]。2012年美国化学学会版权所有）

GO 合成方法[292]和化学还原方法[41]的差异导致不同的 CV 响应，某些形状可能对某些应用更有用。例如，更像长方体的 CV 轨迹更具电容性的响应，这有助于表征材料的电容值[293]。

电阻抗谱是 CV 的一种补充技术，涉及对系统施加正弦扰动（或电压或电流），并监测每个频率的响应[294-295]。根据频率相关的电位和电流，可以计算出复阻抗。这些数据可以表示为 Bode 图（振幅与频率和相位与频率）或 Nyquist 图（复阻抗与真实阻抗）。系统的响应可以用电路元件（如电容器、电阻等）和化学过程的唯象模型（如 Warburg 扩散元素[296]等）建模。然后将复阻抗响应拟合到模型中，提取有用的参数，如双层电容和等效串联电阻。等效串联电阻可以反映电容器充放电循环的速度。阻抗谱也可用于计算由 LrGO 制成的电极的离子电导率[14]，并揭示水的水合作用和扩散到石墨烯薄片中的影响。图8.16 显示了 GO 在高频区的电阻抗谱形状的变化，这对应于随着水在真空环境中暴露时间的延长而蒸发，离子电导率降低[14]。

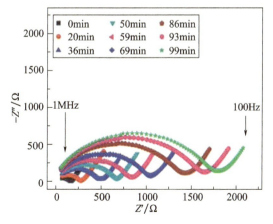

图8.16 25℃真空下不同曝光时间下原始 GO 膜的电阻抗谱
（文献[14]授权转载。2011年施普林格·自然版权所有）

8.6 激光还原氧化石墨烯的商业化

石墨烯相关材料(GRM)的商业化是从美国到欧洲再到韩国等多个国家在全球范围内共同努力的目标[56]。自 2006 年发表石墨烯的发现以来,许多公司(https://www.graphene-info.com/companies 持续更新与石墨烯有关的公司和新闻)进入这个领域,一些公司提供研究实验室,但越来越多的公司将 GRM 用于工业和商业应用[297]。GRM 的第一个主要应用被认为是来自石墨烯复合材料[298]。

研究人员对激光 rGO 的研究兴趣与 GRM 保持一致(一直占论文的 0.6%),已申请了约 60~70 项与激光 rGO 相关的专利。然而,与普通 GRM 不同的是,目前还没有任何基于激光 rGO 的明确的上市产品。由于工艺通常是专有的,因此很难知道一家公司是否将激光 rGO 专门用于其产品的生产! 尽管在学术文献中报道了一些有希望的结果[299]。

基于激光 rGO 的产品的商业化可能会放缓,因为没有一个公司拥有大量的专利。从发现产品到市场化产品还有许多挑战,这过程通常需要几十年[298]。在这方面,尽管基于激光 rGO 的应用的首个报告在十年前的 2010~2011 年发表(文献[300]和文献[301]),激光 rGO 技术实际上仍处于起步阶段。

尽管目前还没有现成的激光 rGO 产品,(图 8.17)印刷电子电路和芯片超级电容器可能很快就会开发出来。一般来说,rGO 是一种用于超级电容器的有吸引力的材料(见 8.2.2.3 节),并已被许多人确定为开发的关键产品[299,302]。Skeleton Technologies 公司将石墨烯基超级电容器推向市场,有报道称,中国国有机车车辆制造商 CRRC 在公交车上使用石墨烯基超级电容器。这些制造商使用的确切工艺尚不清楚,但很可能是一种经过溶液处理的 rGO,而不是激光 rGO[68]。

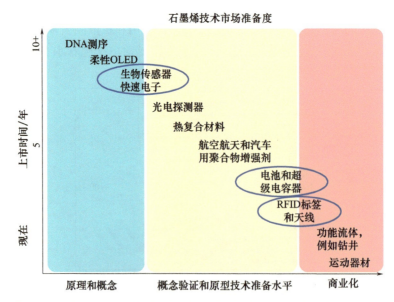

图 8.17　各种石墨烯基技术的成熟度预估,圈出可能发挥重要作用的 LrGO
(2016 年约翰威利版权所有,经授权转载自文献[56])

Kaners 教授在伯克利的研究小组发表了基于 rGO 的激光超级电容器的早期研究成果,之后又推出了一家名为 NanoTech 的公司。这家公司生产和销售 rGO,使用化学、水热和光热方法来还原 GO。NanoTech 公司正在积极致力于生产电池、印刷电路和超级电容器,但这些应用还没有进入市场。然而,NanoTech 公司表现出研发激光 rGO 超级电容器的广泛兴趣。例如,Graphene Solutions 是一家最近成立的公司,该公司基于斯威本大学的研究,其目标是在 2019 年之前制造出一个激光 rGO 超级电容器原型。

如果给予较长的开发时间,相对较新的激光 rGO 技术能够得到商业应用。同时,这种技术在快速成形和一些 rGO 产品的研发阶段也可以发挥重要的作用。

8.7 小结

石墨烯基技术有可能被广泛地集成到未来的设备和基础设施中。石墨烯优异的导电性、电化学活性、比表面积和光电特性使其真正具有"神奇材料"的地位。激光还原氧化石墨烯是制造石墨烯基器件原型的最简单、最快速的方法之一。这是一种可扩展的技术,世界各地的研究小组都竞相展示这项技术。然而,这项技术还没有完全摆脱研究实验室的限制,没有应用于工业生产。为了将这项技术用于工业,需要对激光还原氧化石墨烯器件进行工程应用研究,并对激光还原过程的机理进行基础研究。本章将光谱和计算研究结合起来,为一系列不同脉冲和 CW 激光的激光还原过程建立一个模型。对于飞秒和纳秒激光处理过程中发生的原位化学过程,还存在许多尚未解决的问题,需要进一步的实验研究。随着对这些过程的更好理解,我们预计激光还原氧化石墨烯作为材料科学家和工程师工具箱中的一种常见元素将得到越来越多的应用。

参考文献

[1] Novoselov, K. S. et al., Electric field effect in atomically thin carbon films. *Science*, 306, 5696, 666 – 669, 2004.

[2] Geim, A. K. and Novoselov, K. S., The rise of graphene. *Nat. Mater.*, 6, 3, 183 – 191, 2007.

[3] Zhang, Y. et al., Experimental observation of the quantum Hall effect and Berry's phase in graphene. *Nature*, 438, 7065, 201, 2005.

[4] Orlita, M. et al., Approaching the Dirac point in high – mobility multilayer epitaxial graphene. *Phys. Rev. Lett.*, 101, 26, 267601, 2008.

[5] Bolotin, K. I. et al., Ultrahigh electron mobility in suspended graphene. *Solid State Commun.*, 146, 9, 351 – 355, 2008.

[6] Du, X. et al., Approaching ballistic transport in suspended graphene. *Nat. Nanotechnol.*, 3, 8, 491 – 495, 2008.

[7] Wallace, P. R., The band theory of graphite. *Phys. Rev.*, 71, 9, 622 – 634, 1947.

[8] Rao, C. e. N. e. R. et al., Graphene:The new two – dimensional nanomaterial. *Angew. Chem. Int. Ed.*, 48, 42, 7752 – 7777, 2009.

[9] Neto, A. C. et al., The electronic properties of graphene. *Rev. Mod. Phys.*, 81, 1, 109, 2009.

[10] Yazyev, O. V. and Louie, S. G., Electronic transport in polycrystalline graphene. *Nat. Mater.*, 9, 10, 806 –

809,2010.

[11] Dean, C. R. et al., Boron nitride substrates for high-quality graphene electronics. *Nat. Nanotechnol.*, 5, 10, 722–726, 2010.

[12] Schedin, F. et al., Detection of individual gas molecules adsorbed on graphene. *Nat. Mater.*, 6, 9, 652–655, 2007.

[13] El-Kady, M. F. and Kaner, R. B., Scalable fabrication of high-power graphene micro-supercapacitors for flexible and on-chip energy storage. *Nat. Commun.*, 4, 1475, 2013.

[14] Gao, W. et al., Direct laser writing of micro-supercapacitors on hydrated graphite oxide films. *Nat. Nanotechnol.*, 6, 8, 496–500, 2011.

[15] Mkhoyan, K. A. et al., Atomic and electronic structure of graphene-oxide. *NanoLett.*, 9, 3, 1058–1063, 2009.

[16] Bonaccorso, F. et al., Graphene photonics and optoelectronics. *Nat. Photonics*, 4, 9, 611–622, 2010.

[17] Bao, Q. et al., Atomic-layer graphene as a saturable absorber for ultrafast pulsed lasers. *Adv. Funct. Mater.*, 19, 19, 3077–3083, 2009.

[18] Sun, Z. et al., Graphene mode-locked ultrafast laser. *ACS Nano*, 4, 2, 803–810, 2010.

[19] Husaini, S. and Bedford, R., Graphene saturable absorber for high power semiconductor disk laser mode-locking. *Appl. Phys. Lett.*, 104, 16, 161107, 2014.

[20] Haus, H., Theory of mode locking with a slow saturable absorber. *IEEE J. Quantum Electron.*, 11, 9, 736–746, 1975.

[21] Haus, H. A., Theory of mode locking with a fast saturable absorber. *J. Appl. Phys.*, 46, 7, 3049–3058, 1975.

[22] Dean, J. J. and van Driel, H. M., Second harmonic generation from graphene and graphitic films. *Appl. Phys. Lett.*, 95, 26, 261910, 2009.

[23] Mikhailov, S., Theory of the giant plasmon-enhanced second-harmonic generation in graphene and semiconductor two-dimensional electron systems. *Phys. Rev. B*, 84, 4, 045432, 2011.

[24] Zhu, S. et al., Surface chemistry routes to modulate the photoluminescence of graphene quantum dots: From fluorescence mechanism to up-conversion bioimaging applications. *Adv. Funct. Mater.*, 22, 22, 4732–4740, 2012.

[25] Zhang, H. et al., Z-scan measurement of the nonlinear refractive index of graphene. *Opt. Lett.*, 37, 11, 1856–1858, 2012.

[26] Hendry, E. et al., Coherent nonlinear optical response of graphene. *Phys. Rev. Lett.*, 105, 9, 097401, 2010.

[27] Zheng, X. et al., In situ third-order non-linear responses during laser reduction of graphene oxide thin films towards on-chip non-linear photonic devices. *Adv. Mater.*, 26, 17, 2699–2703, 2014.

[28] Li, X., Zhang, Q., Chen, X., and Gu, M. (2013). Giant refractive-index modulation by two-photon reduction of fluorescent graphene oxides for multimode optical recording. *Sci. Rep.*, 3, 2819.

[29] Loh, K. P. et al., Graphene oxide as a chemically tunable platform for optical applications. *Nat. Chem.*, 2, 12, 1015–1024, 2010.

[30] Nourbakhsh, A. et al., Bandgap opening in oxygen plasma-treated graphene. *Nanotechnology*, 21, 43, 435203, 2010.

[31] Gokus, T. et al., Making graphene luminescent by oxygen plasma treatment. *ACS Nano*, 3, 12, 3963–3968, 2009.

[32] Feng, Y. et al., Enhancement in the fluorescence of graphene quantum dots by hydrazine hydrate reduction. *Carbon*, 66, 334–339, 2014.

[33] Ju, J. and Chen, W., Synthesis of highly fluorescent nitrogen – doped graphene quantum dots for sensitive, label – free detection of Fe (Ⅲ) in aqueous media. *Biosens. Bioelectron.*, 58, 219 – 225, 2014.

[34] Shang, J. et al., The origin of fluorescence from graphene oxide. *Sci. Rep.*, 2, 792, 2012.

[35] Kim, J. et al., Visualizing graphene based sheets by fluorescence quenching microscopy. *J. Am. Chem. Soc.*, 132, 1, 260 – 267, 2009.

[36] Kagan, M. R. and McCreery, R. L., Reduction of fluorescence interference in Raman spectroscopy via analyte adsorption on graphitic carbon. *Anal. Chem.*, 66, 23, 4159 – 4165, 1994.

[37] Xie, L. et al., Graphene as a substrate to suppress fluorescence in resonance Raman spectroscopy. *J. Am. Chem. Soc.*, 131, 29, 9890 – 9891, 2009.

[38] Brownson, D. A., and Banks, C. E., The handbook of graphene electrochemistry, pp. 127 – 174. London, Springer, 2014.

[39] Chen, L. et al., Direct electrodeposition of reduced graphene oxide on glassy carbon electrode and its electrochemical application. *Electrochem. Commun.*, 13, 2, 133 – 137, 2011.

[40] Brownson, D. A. et al., Electrochemistry of graphene: Not such a beneficial electrode material? *RSC Adv.*, 1, 6, 978 – 988, 2011.

[41] Ambrosi, A. et al., Graphene and its electrochemistry—An update. *Chem. Soc. Rev.*, 45, 9, 2458 – 2493, 2016.

[42] Xiong, W. et al., Direct writing of graphene patterns on insulating substrates under ambient conditions. *Sci. Rep.*, 4, 4892, 2014.

[43] Bitounis, D. et al., Prospects and challenges of graphene in biomedical applications. *Adv. Mater.*, 25, 16, 2258 – 2268, 2013.

[44] Lee, E. J. et al., Active control of all – fibre graphene devices with electrical gating. *Nat. Commun.*, 6, 6851, 2015.

[45] Nieto, A. et al., Graphene reinforced metal and ceramic matrix composites: A review. *Int. Mater. Rev.*, 62, 5, 241 – 302, 2017.

[46] Kuilla, T. et al., Recent advances in graphene based polymer composites. *Prog. Polym. Sci.*, 35, 11, 1350 – 1375, 2010.

[47] O'Neill, A. et al., Polymer nanocomposites: In situ polymerization of polyamide 6 in the presence of graphene oxide. *Polym. Compos.*, 38, 3, 528 – 537, 2017.

[48] Young, R. J. et al., The mechanics of graphene nanocomposites: A review. *Compos. Sci. Technol.*, 72, 12, 1459 – 1476, 2012.

[49] Li, X. et al., Graphene in photocatalysis: A review. *Small*, 12, 48, 6640 – 6696, 2016.

[50] Prasai, D. et al., Graphene: Corrosion – inhibiting coating. *ACS Nano*, 6, 2, 1102 – 1108, 2012.

[51] Cui, C., Lim, A. T. O., Huang, J., A cautionary note on graphene anti – corrosion coatings. *Nat. Nanotechnol.*, 12, 9, 834 – 835, 2017.

[52] Ambrosi, A. et al., Electrochemistry of graphene and related materials. *Chem. Rev.*, 114, 14, 7150 – 7188, 2014.

[53] Yang, Y. et al., Graphene based materials for biomedical applications. *Mater. Today*, 16, 10, 365 – 373, 2013.

[54] Rangel, N. L. and Seminario, J. M., Vibronics and plasmonics based graphene sensors. *J. Chem. Phys.*, 132, 12, 03B611, 2010.

[55] Feng, L. et al., A graphene functionalized electrochemical aptasensor for selective label – free detection of cancer cells. *Biomaterials*, 32, 11, 2930 – 2937, 2011.

[56] Nazarpour, S. and Waite, S. R., *Graphene Technology: From Laboratory to Fabrication*, John Wiley & Sons, Hoboken, New Jersey, 2016.

[57] Shao, Y. et al., Graphene based electrochemical sensors and biosensors: A review. *Electroanalysis*, 22, 10, 1027–1036, 2010.

[58] Pumera, M., Graphene in biosensing. *Mater. Today*, 14, 7, 308–315, 2011.

[59] Koppens, F. et al., Photodetectors based on graphene, other two-dimensional materials and hybrid systems. *Nat. Nanotechnol.*, 9, 10, 780–793, 2014.

[60] Brownson, D. A., Kampouris, D. K., Banks, C. E., An overview of graphene in energy production and storage applications. *J. Power Sources*, 196, 11, 4873–4885, 2011.

[61] Wolf, E. L., *Graphene: A New Paradigm in Condensed Matter and Device Physics*, OUP, Oxford, 2013.

[62] Paek, S.-M., Yoo, E., Honma, I., Enhanced cyclic performance and lithium storage capacity of SnO_2/graphene nanoporous electrodes with three-dimensionally delaminated flexible structure. *NanoLett.*, 9, 1, 72–75, 2008.

[63] Wang, H. et al., Mn_3O_4-graphene hybrid as a high-capacity anode material for lithium ion batteries. *J. Am. Chem. Soc.*, 132, 40, 13978–13980, 2010.

[64] Zhou, G. et al., Graphene-wrapped Fe_3O_4 anode material with improved reversible capacity and cyclic stability for lithium ion batteries. *Chem. Mater.*, 22, 18, 5306–5313, 2010.

[65] Stoller, M. D. et al., Graphene-Based Ultracapacitors. *NanoLett.*, 8, 10, 3498–3502, 2008.

[66] El-Kady, M. F., Shao, Y., Kaner, R. B., Graphene for batteries, supercapacitors and beyond. *Nat. Rev. Mater.*, 1, 16033, 2016.

[67] Shao, Y. et al., Graphene-based materials for flexible supercapacitors. *Chem. Soc. Rev.*, 44, 11, 3639–3665, 2015.

[68] Ke, Q. and Wang, J., Graphene-based materials for supercapacitor electrodes—A review. *J. Materiomics*, 2, 1, 37–54, 2016.

[69] Wu, Z.-S., Feng, X., Cheng, H.-M., Recent advances in graphene-based planar micro-supercapacitors for on-chip energy storage. *Natl. Sci. Rev.*, 1, 2, 277–292, 2014.

[70] Fiori, G. et al., Electronics based on two-dimensional materials. *Nat. Nanotechnol.*, 9, 768, 2014.

[71] Geim, A. K., Graphene: Status and prospects. *Science*, 324, 5934, 1530–1534, 2009.

[72] Avouris, P. and Dimitrakopoulos, C., Graphene: Synthesis and applications. *Mater. Today*, 15, 3, 86–97, 2012.

[73] Wassei, J. K. and Kaner, R. B., Graphene, a promising transparent conductor. *Mater. Today*, 13, 3, 52–59, 2010.

[74] Eda, G., Fanchini, G., Chhowalla, M., Large-area ultrathin films of reduced graphene oxide as a transparent and flexible electronic material. *Nat. Nanotechnol.*, 3, 5, 270–274, 2008.

[75] Novoselov, K. S. et al., A roadmap for graphene. *Nature*, 490, 7419, 192–200, 2012.

[76] Kim, J. and Song, Y., Ultralow-noise mode-locked fiber lasers and frequency combs: Principles, status, and applications. *Adv. Opt. Photonics*, 8, 3, 465–540, 2016.

[77] Sun, Z. et al., A stable, wideband tunable, near transform-limited, graphene-mode-locked, ultrafast laser. *Nano Res.*, 3, 9, 653–660, 2010.

[78] Zhang, H. et al., Graphene mode locked, wavelength-tunable, dissipative soliton fiber laser. *Appl. Phys. Lett.*, 96, 11, 111112, 2010.

[79] Ma, J. et al., Graphene mode-locked femtosecond laser at 2 μm wavelength. *Opt. Lett.*, 37, 11, 2085–2087, 2012.

[80] Zhu, G. et al., Graphene mode-locked fiber laser at 2.8μm. *IEEE Photonics Technol. Lett.*, 28, 1, 7-10, 2016.

[81] Cho, W. B. et al., Graphene mode-locked femtosecond Cr 2+: ZnS laser with ~300nm tuning range. *Opt. Express*, 24, 18, 20774-20780, 2016.

[82] Wang, X., Tian, H., Mohammad, M. A., Li, C., Wu, C., Yang, Y., & Ren, T. L. (2015). A spectrally tunable all-graphene-based flexible field-effect light-emitting device. *Nature communications*, 6, 7767.

[83] Shen, H. et al., Biomedical applications of graphene. *Theranostics*, 2, 3, 283, 2012.

[84] Yang, K. et al., Nano-graphene in biomedicine: Theranostic applications. *Chem. Soc. Rev.*, 42, 2, 530-547, 2013.

[85] Chang, H. et al., Graphene fluorescence resonance energy transfer aptasensor for the thrombin detection. *Anal. Chem.*, 82, 6, 2341-2346, 2010.

[86] Balapanuru, J. et al., A graphene oxide-organic dye ionic complex with dna-sensing and optical-limiting properties. *Angew. Chem.*, 122, 37, 6699-6703, 2010.

[87] Zhang, Y., Zhang, L., Zhou, C., Review of chemical vapor deposition of graphene and related applications. *Acc. Chem. Res.*, 46, 10, 2329-2339, 2013.

[88] Zhang, H. and Feng, P. X., Fabrication and characterization of few-layer graphene. *Carbon*, 48, 2, 359-364, 2010.

[89] Kumar, I. and Khare, A., Multi- and few-layer graphene on insulating substrate via pulsed laser deposition technique. *Appl. Surf. Sci.*, 317, 1004-1009, 2014.

[90] Qian, M. et al., Formation of graphene sheets through laser exfoliation of highly ordered pyrolytic graphite. *Appl. Phys. Lett.*, 98, 17, 173108, 2011.

[91] Koh, A. T., Foong, Y. M., Chua, D. H., Comparison of the mechanism of low defect few-layer graphene fabricated on different metals by pulsed laser deposition. *Diamond Relat. Mater.*, 25, 98-102, 2012.

[92] Damm, C., Nacken, T. J., Peukert, W, Quantitative evaluation of delamination of graphite by wet media milling. *Carbon*, 81, 284-294, 2015.

[93] Ciesielski, A. and Samori, P, Graphene via sonication assisted liquid-phase exfoliation. *Chem. Soc. Rev.*, 43, 1, 381-398, 2014.

[94] Su, C.-Y. et al., High-quality thin graphene films from fast electrochemical exfoliation. *ACS Nano*, 5, 3, 2332-2339, 2011.

[95] Varrla, E. et al., Turbulence-assisted shear exfoliation of graphene using household detergent and a kitchen blender. *Nanoscale*, 6, 20, 11810-11819, 2014.

[96] Lotya, M. et al., Liquid phase production of graphene by exfoliation of graphite in surfactant/water solutions. *J. Am. Chem. Soc.*, 131, 10, 3611-3620, 2009.

[97] Ang, P. K. et al., High-throughput synthesis of graphene by intercalation-exfoliation of graphite oxide and study of ionic screening in graphene transistor. *ACS Nano*, 3, 11, 3587-3594, 2009.

[98] Coleman, J. N., Liquid exfoliation of defect-free graphene. *Acc. Chem. Res.*, 46, 1, 14-22, 2012.

[99] Yi, M. and Shen, Z., A review on mechanical exfoliation for the scalable production of graphene. *J. Mater. Chem. A*, 3, 22, 11700-11715, 2015.

[100] Eda, G. and Chhowalla, M., Chemically derived graphene oxide: Towards large-area thin-film electronics and optoelectronics. *Adv. Mater.*, 22, 22, 2392-2415, 2010.

[101] Gao, W. et al., New insights into the structure and reduction of graphite oxide. *Nat. Chem.*, 1, 5, 403-408, 2009.

[102] Liu, W. -W. et al., Synthesis and characterization of graphene and carbon nanotubes: A review on the past and recent developments. *J. Ind. Eng. Chem.*, 20, 4, 1171-1185, 2014.

[103] Eigler, S. and Hirsch, A., Chemistry with graphene and graphene oxide—Challenges for synthetic chemists. *Angew. Chem. Int. Ed.*, 53, 30, 7720-7738, 2014.

[104] Pei, S. and Cheng, H. -M., The reduction of graphene oxide. *Carbon*, 50, 9, 3210-3228, 2012.

[105] Zhou, M. et al., Controlled synthesis of large-area and patterned electrochemically reduced graphene oxide films. *Chem. Eur. J.*, 15, 25, 6116-6120, 2009.

[106] Gao, X., Jang, J., Nagase, S., Hydrazine and thermal reduction of graphene oxide: Reaction mechanisms, product structures, and reaction design. *J. Phys. Chem. C*, 114, 2, 832-842, 2009.

[107] Guo, H. -L. et al., A green approach to the synthesis of graphene nanosheets. *ACS Nano*, 3, 9, 2653-2659, 2009.

[108] Zhou, Y. et al., Hydrothermal dehydration for the "green" reduction of exfoliated graphene oxide to graphene and demonstration of tunable optical limiting properties. *Chem. Mater.*, 21, 13, 2950-2956, 2009.

[109] Zhu, Y. et al., Microwave assisted exfoliation and reduction of graphite oxide for ultracapacitors. *Carbon*, 48, 7, 2118-2122, 2010.

[110] Liu, R. et al., A catalytic microwave process for superfast preparation of high-quality reduced graphene oxide. *Angew. Chem.*, 129, 49, 15883-15888, 2017.

[111] Voiry, D. et al., High-quality graphene via microwave reduction of solution-exfoliated graphene oxide. *Science*, 353, 6306, 1413-1416, 2016.

[112] Chaban, V. V. and Prezhdo, O. V., Microwave reduction of graphene oxide rationalized by reactive molecular dynamics. *Nanoscale*, 9, 11, 4024-4033, 2017.

[113] Guo, H. et al., Preparation of reduced graphene oxide by infrared irradiation induced photothermal reduction. *Nanoscale*, 5, 19, 9040-9048, 2013.

[114] Guardia, L. et al., UV light exposure of aqueous graphene oxide suspensions to promote their direct reduction, formation of graphene-metal nanoparticle hybrids and dye degradation. *Carbon*, 50, 3, 1014-1024, 2012.

[115] Orabona, E. et al., Holographic patterning of graphene-oxide films by light-driven reduction. *Opt. Lett.*, 39, 14, 4263-4266, 2014.

[116] Sadallaha, F. and Elsaida, E. A., Novel optical technique for 2D graphene reduction, in: *Proc. of SPIE Vol*, 2017.

[117] Zhou, Y. et al., Microstructuring of graphene oxide nanosheets using direct laser writing. *Adv. Mater.*, 22, 1, 67-71, 2010.

[118] Sokolov, D. A., Shepperd, K. R., Orlando, T. M., Formation of graphene features from direct laser-induced reduction of graphite oxide. *J. Phys. Chem. Lett.*, 1, 18, 2633-2636, 2010.

[119] Deng, N. -Q. et al., Tunable graphene oxide reduction and graphene patterning at room temperature on arbitrary substrates. *Carbon*, 109, 173-181, 2016.

[120] Strong, V. et al., Patterning and electronic tuning of laser scribed graphene for flexible all-carbon devices. *ACS Nano*, 6, 2, 1395-1403, 2012.

[121] El-Kady, M. F. et al., Laser scribing of high-performance and flexible graphene-based electrochemical capacitors. *Science*, 335, 6074, 1326-1330, 2012.

[122] Arul, R. et al., The mechanism of direct laser writing of graphene features into graphene oxide films involves photoreduction and thermally assisted structural rearrangement. *Carbon*, 99, 423-431, 2016.

[123] Wang, D. et al., Laser induced self-propagating reduction and exfoliation of graphite oxide as an elec-

trode material for supercapacitors. *Electrochim. Acta*,141,271 – 278,2014.

[124] Ghoniem,E. ,Mori,S. ,Abdel – Moniem,A. ,Low – cost flexible supercapacitors based on laser reduced graphene oxide supported on polyethylene terephthalate substrate. *J. Power Sources*,324,272 – 281,2016.

[125] Hu,Y. *et al.* ,All – in – one graphene fiber supercapacitor. *Nanoscale*,6,12,6448 – 6451,2014.

[126] Cheng,H. *et al.* ,Graphene fibers with predetermined deformation as moisture – triggered actuators and robots. *Angew. Chem. Int. Ed.* ,52,40,10482 – 10486,2013.

[127] Xu,G. *et al.* ,Direct laser scribed graphene/PVDF – HFP composite electrodes with improved mechanical water wear and their electrochemistry. *Appl. Mater. Today*,8,35 – 43,2017.

[128] Teoh, H. F. *et al.* , Microlandscaping on a graphene oxide film via localized decoration of Ag nanoparticles. *Nanoscale*,6,6,3143 – 3149,2014.

[129] Wan,Y. *et al.* ,Spontaneous decoration of Au nanoparticles on micro – patterned reduced graphene oxide shaped by focused laser beam. *J. Appl. Phys.* ,117,5,054304,2015.

[130] Lee,W. H. *et al.* ,Selective – area fluorination of graphene with fluoropolymer and laser irradiation. *NanoLett.* ,12,5,2374 – 2378,2012.

[131] Liu,J. *et al.* ,Modulated deformation of lipid membrane to vesicles and tubes due to reduction of graphene oxide substrate under laser irradiation. *Carbon*,98,300 – 306,2016.

[132] Zhang,T. – Y. *et al.* ,A super flexible and custom – shaped graphene heater. *Nanoscale*,9,38,14357 – 14363,2017.

[133] Struchkov,N. *et al.* ,Research and development of the method of graphene oxide thin films local reduction by modulated laser irradiation,in:*Journal of Physics*:*Conference Series*,IOP Publishing,Bristol,2017.

[134] Furio,A. *et al.* ,Light irradiation tuning of surface wettability,optical,and electric properties of graphene oxide thin films. *Nanotechnology*,28,5,054003,2016.

[135] Longo, A. *et al.* , Graphene oxide prepared by graphene nanoplatelets and reduced by laser treatment. *Nanotechnology*,28,22,224002,2017.

[136] Eigler,S. ,Dotzer,C. ,Hirsch,A. ,Visualization of defect densities in reduced graphene oxide. *Carbon*,50,10,3666 – 3673,2012.

[137] Ye,R. ,Chyan,Y. ,Zhang,J. ,Li,Y. ,Han,X. ,Kittrell,C. ,and Tour,J. M. ,Laser – induced graphene formation on wood. *Adv. Mater.* ,29,37,1702211,2017.

[138] Chen,L. *et al.* ,Fabrication of rGO – GO long period fiber grating using laser reduction method. *IEEE Photonics J.* ,9,6,1 – 9,2017.

[139] Kondrashov,V. A. *et al.* ,Graphene oxide reduction by solid – state laser irradiation for bolomet – ric applications. *Nanotechnology*,29,3,035301,2017.

[140] Qiao,Z. *et al.* ,Versatile and scalable micropatterns on graphene oxide films based on laser induced fluorescence quenching effect. *Opt. Express*,25,25,31025 – 31035,2017.

[141] Gamil, M. *et al.* , Graphene – based strain gauge on a flexible substrate. *Sens. Mater.* , 26,9,699 – 709,2014.

[142] Dreyer,D. R. *et al.* ,The chemistry of graphene oxide. *Chem. Soc. Rev.* ,39,1,228 – 240,2010.

[143] Sokolov, D. A. *et al.* , Excimer laser reduction and patterning of graphite oxide. *Carbon*, 53, 81 – 89,2013.

[144] Le Borgne,V. *et al.* ,Hydrogen – assisted pulsed KrF – laser irradiation for the in situ photoreduction of graphene oxide films. *Carbon*,77,857 – 867,2014.

[145] Yung,K. *et al.* ,Laser direct patterning of a reduced – graphene oxide transparent circuit on a graphene

oxide thin film. *J. Appl. Phys.* ,113,24,244903,2013.

[146] Yung,W. K. et al. ,Eye – friendly reduced graphene oxide circuits with nonlinear optical transparency on flexible poly(ethylene terephthalate) substrates. *J. Mater. Chem. C*,3,43,11294 – 11299,2015.

[147] Lin,T. et al. ,Laser – ablation production of graphene oxide nanostructures:From ribbons to quantum dots. *Nanoscale*,7,6,2708 – 2715,2015.

[148] Guan,Y. et al. ,Fabrication of laser – reduced graphene oxide in liquid nitrogen environment. *Sci. Rep.* ,6,28913,2016.

[149] Bhaumik,A. and Narayan,J. ,Wafer scale integration of reduced graphene oxide by novel laser processing at room temperature in air. *J. Appl. Phys.* ,120,10,105304,2016.

[150] Huang,L. et al. ,Pulsed laser assisted reduction of graphene oxide. *Carbon*,49,7,2431 – 2436,2011.

[151] Abdelsayed,V. et al. ,Photothermal deoxygenation of graphite oxide with laser excitation in solution and graphene – aided increase in water temperature. *J. Phys. Chem. Lett.* ,1,19,2804 – 2809,2010.

[152] Liu,Y. et al. ,Pulsed laser assisted reduction of graphene oxide as a flexible transparent conducting material. *J. Nanosci. Nanotechnol.* ,12,8,6480 – 6483,2012.

[153] Kumar,P. ,Subrahmanyam,K. ,Rao,C. ,Graphene produced by radiation – induced reduction of graphene oxide. *Int. J. Nanosci.* ,10,04n05,559 – 566,2011.

[154] Ghadim,E. E. et al. ,Pulsed laser irradiation for environment friendly reduction of graphene oxide suspensions. *Appl. Surf. Sci.* ,301,183 – 188,2014.

[155] Spanò,S. F. et al. ,Tunable properties of graphene oxide reduced by laser irradiation. *Appl. Phys. A*,117,1,19 – 23,2014.

[156] Wang,S. et al. ,The role of sp^2/sp^3 hybrid carbon regulation in the nonlinear optical properties of graphene oxide materials. *RSC Adv.* ,7,84,53643 – 53652,2017.

[157] Li,H. et al. ,Photoreduction of graphene oxide with polyoxometalate clusters and its enhanced saturable absorption. *J. Colloid Interface Sci.* ,427,25 – 28,2014.

[158] Anwar,A. et al. , Simple and inexpensive synthesis of rGO – (Ag,Ni) nanocomposites via green methods. *Mater. Technol.* ,30,sup3,155 – 160,2015.

[159] Russo,P. et al. , In liquid laser treated graphene oxide for dye removal. *Appl. Surf. Sci.* ,348,85 – 91,2015.

[160] Filice,S. et al. ,Modification of graphene oxide and graphene oxide – TiO_2 solutions by pulsed laser irradiation for dye removal from water. *Mater. Sci. Semicond. Process.* ,42,50 – 53,2016.

[161] Li,L. et al. ,Reduced TiO_2 – graphene oxide heterostructure as broad spectrum – driven efficient water – splitting photocatalysts. *ACS Appl. Mater. Interfaces*,8,13,8536 – 8545,2016.

[162] Queraltó,A. et al. , MAPLE synthesis of reduced graphene oxide/silver nanocomposite electrodes:Influence of target composition and gas ambience. *J. Alloys Compd.* ,726,1003 – 1013,2017.

[163] del Pino,A. P. et al. ,Study of the deposition of graphene oxide by matrix – assisted pulsed laser evaporation. *J. Phys. D:Appl. Phys.* ,46,50,505309,2013.

[164] György,E. et al. ,Titanium oxide – reduced graphene oxide – silver composite layers synthesized by laser technique:Wetting and electrical properties. *Ceram. Int.* ,42,14,16191 – 16197,2016.

[165] Jiang,H. B. et al. ,Bioinspired fabrication of superhydrophobic graphene films by two – beam laser interference. *Adv. Funct. Mater.* ,24,29,4595 – 4602,2014.

[166] Wang,J. N. et al. ,Biomimetic graphene surfaces with superhydrophobicity and iridescence. *Chem. Asian J.* ,7,2,301 – 304,2012.

[167] Savva,K. et al. ,In situ photo – induced chemical doping of solution – processed graphene oxide for elec-

tronic applications. *J. Mater. Chem. C*, 2, 29, 5931 – 5937, 2014.

[168] Ryu, B. D. *et al.*, Stimulated N – doping of reduced graphene oxide on GaN under excimer laser reduction process. *Mater. Lett.*, 116, 412 – 415, 2014.

[169] Bhaumik, A. and Narayan, J., Conversion of p to n – type reduced graphene oxide by laser annealing at room temperature and pressure. *J. Appl. Phys.*, 121, 12, 125303, 2017.

[170] Yun, X. *et al.*, Hierarchical porous graphene film: An ideal material for laser – carving fabrication of flexible micro – supercapacitors with high specific capacitance. *Carbon*, 125, 308 – 317, 2017.

[171] Kumar, R. *et al.*, Direct laser writing of micro – supercapacitors on thickgraphite oxide films and their electrochemical properties in different liquid inorganic electrolytes. *J. Colloid Interface Sci.*, 507, 271 – 278, 2017.

[172] Das, S. R. *et al.*, 3D nanostructured inkjet printed graphene via UV – pulsed laser irradiation enables paper – based electronics and electrochemical devices. *Nanoscale*, 8, 35, 15870 – 15879, 2016.

[173] Evlashin, S. *et al.*, Controllable laser reduction of graphene oxide films for photoelectronic applications. *ACS Appl. Mater. Interfaces*, 8, 42, 28880 – 28887, 2016.

[174] Konios, D. *et al.*, Reduced graphene oxide micromesh electrodes for large area, flexible, organic photovoltaic devices. *Adv. Funct. Mater.*, 25, 15, 2213 – 2221, 2015.

[175] Yan, R. *et al.*, An abnormal non – incubation effect in femtosecond laser processing of freestanding reduced graphene oxide paper. *J. Phys. D: Appl. Phys.*, 50, 18, 185302, 2017.

[176] Zhang, Y. *et al.*, Direct imprinting of microcircuits on graphene oxides film by femtosecond laser reduction. *Nano Today*, 5, 1, 15 – 20, 2010.

[177] Chang, H. – W. *et al.*, Reduction of graphene oxide in aqueous solution by femtosecond laser and its effect on electroanalysis. *Electrochem. Commun.*, 23, 37 – 40, 2012.

[178] Trusovas, R. *et al.*, Reduction of graphite oxide to graphene with laser irradiation. *Carbon*, 52, 574 – 582, 2013.

[179] Kymakis, E. *et al.*, Flexible organic photovoltaic cells with in situ nonthermal photoreduction of spin – coated graphene oxide electrodes. *Adv. Funct. Mater.*, 23, 21, 2742 – 2749, 2013.

[180] Kasischke, M. *et al.*, Graphene oxide reduction induced by femtosecond laser irradiation, in: *Nanostructured Thin Films X*, International Society for Optics and Photonics, Washington, 2017.

[181] Guo, L. *et al.*, Laser – mediated programmable n doping and simultaneous reduction of graphene oxides. *Adv. Opt. Mater.*, 2, 2, 120 – 125, 2014.

[182] Bi, Y. – G. *et al.*, Arbitrary shape designable microscale organic light – emitting devices by using femtosecond laser reduced graphene oxide as a patterned electrode. *ACS Photonics*, 1, 8, 690 – 695, 2014.

[183] Zheng, X., Jia, B., Lin, H., Qiu, L., Li, D., and Gu, M., Highly efficient and ultra – broadband graphene oxide ultrathin lenses with three – dimensional subwavelength focusing. *Nat. Commun.*, 6, 8433, 2015.

[184] Li, X. *et al.*, Athermally photoreduced graphene oxides for three – dimensional holographic images. *Nat. Commun.*, 6, 6984, 2015.

[185] Gattass, R. R. and Mazur, E., Femtosecond laser micromachining in transparent materials. *Nat. Photonics*, 2, 4, 219, 2008.

[186] Liaros, N. *et al.*, Ultrafast processes in graphene oxide during femtosecond laser excitation. *J. Phys. Chem. C*, 120, 7, 4104 – 4111, 2016.

[187] Mao, S., Pu, H., Chen, J., Graphene oxide and its reduction: Modeling and experimental progress. *RSC Adv.*, 2, 7, 2643 – 2662, 2012.

[188] Lerf, A. et al., Structure of graphite oxide revisited. *J. Phys. Chem. B*, 102, 23, 4477–4482, 1998.

[189] De Jesus, L. R. et al., Inside and outside: X–ray absorption spectroscopy mapping of chemical domains in graphene oxide. *J. Phys. Chem. Lett.*, 4, 18, 3144–3151, 2013.

[190] Rodriguez-Pastor, I. et al., Towards the understanding of the graphene oxide structure: How to control the formation of humic– and fulvic–like oxidized debris. *Carbon*, 84, 299–309, 2015.

[191] Erickson, K. et al., Determination of the local chemical structure of graphene oxide and reduced graphene oxide. *Adv. Mater.*, 22, 40, 4467–4472, 2010.

[192] Hong, Y.-Z. et al., Reduction–oxidation dynamics of oxidized graphene: Functional group composition dependent path to reduction. *Carbon*, 129, 396–402, 2018.

[193] Koivistoinen, J. et al., From seeds to islands: Growth of oxidized graphene by two–photon oxidation. *J. Phys. Chem. C*, 120, 39, 22330–22341, 2016.

[194] Maiti, R. et al., Tunable optical properties of graphene oxide by tailoring the oxygen functionalities using infrared irradiation. *Nanotechnology*, 25, 49, 495704, 2014.

[195] Larciprete, R. et al., Dual path mechanism in the thermal reduction of graphene oxide. *J. Am. Chem. Soc.*, 133, 43, 17315–17321, 2011.

[196] Plotnikov, V. et al., The graphite oxide photoreduction mechanism. *High Energy Chem.*, 45, 5, 411–415, 2011.

[197] Matsumoto, Y. et al., Simple photoreduction of graphene oxide nanosheet under mild conditions. *ACS Appl. Mater. Interfaces*, 2, 12, 3461–3466, 2010.

[198] Minella, M. et al., Photochemical stability and reactivity of graphene oxide. *J. Mater. Sci.*, 50, 6, 2399–2409, 2015.

[199] Sokolov, D. A. et al., Direct observation of single layer graphene oxide reduction through spatially resolved, single sheet absorption/emission microscopy. *NanoLett.*, 14, 6, 3172–3179, 2014.

[200] Shulga, Y. M. et al., Gaseous products of thermo– and photo–reduction of graphite oxide. *Chem. Phys. Lett.*, 498, 4, 287–291, 2010.

[201] Gurvich, L. et al., Energiirazryvakhimicheskikhsvyazei. Potentsialyionizatsiiisrodstvo k elektronu, in: *Bond Dissociation Energies, Ionization Potentials, and Electron Affinity*, V. N. Kondrat'ev (Ed.), Nauka, Moscow, 1974.

[202] Smirnov, V. et al., Photochemical processes in graphene oxide films. *High Energy Chem.*, 50, 1, 51–59, 2016.

[203] Coyle, J. D., *Introduction to Organic Photochemistry*, John Wiley & Sons, Hoboken, New Jersey, 1986.

[204] Shi, H. et al., Tuning the nonlinear optical absorption of reduced graphene oxide by chemical reduction. *Opt. Express*, 22, 16, 19375–19385, 2014.

[205] Liaros, N. et al., The effect of the degree of oxidation on broadband nonlinear absorption and ferromagnetic ordering in graphene oxide. *Nanoscale*, 8, 5, 2908–2917, 2016.

[206] Perumbilavil, S. et al., White light Z–scan measurements of ultrafast optical nonlinearity in reduced graphene oxide nanosheets in the 400–700nm region. *Appl. Phys. Lett.*, 107, 5, 051104, 2015.

[207] Karimzadeh, R. and Arandian, A., Unusual nonlinear absorption response of graphene oxide in the presence of a reduction process. *Laser Phys. Lett.*, 12, 2, 025401, 2014.

[208] Ganguly, A. et al., Probing the thermal deoxygenation of graphene oxide using high–resolution *in situ* X–ray–based spectroscopies. *J. Phys. Chem. C*, 115, 34, 17009–17019, 2011.

[209] Barroso-Bujans, R, Alegria, A., Colmenero, J., Kinetic study of the graphite oxide reduction: Combined structural and gravimetric experiments under isothermal and nonisothermal conditions. *J. Phys. Chem. C*,

114,49,21645-21651,2010.

[210] McAllister, M. J. et al., Single sheet functionalized graphene by oxidation and thermal expansion of graphite. *Chem. Mater.*, 19,18,4396-4404,2007.

[211] Dolbin, A. V. et al., The effect of the thermal reduction temperature on the structure and sorption capacity of reduced graphene oxide materials. *Appl. Surf. Sci.*, 361,213-220,2016.

[212] Bäuerle, D., *Laser Processing and Chemistry*, Springer Science & Business Media, Heidelberg, 2013.

[213] Huang, Y. et al., Fabrication and molecular dynamics analyses of highly thermal conductive reduced graphene oxide films at ultra-high temperatures. *Nanoscale*, 9,6,2340-2347,2017.

[214] Rozada, R. et al., From graphene oxide to pristine graphene: Revealing the inner workings of the full structural restoration. *Nanoscale*, 7,6,2374-2390,2015.

[215] Buchsteiner, A., Lerf, A., Pieper, J., Water dynamics in graphite oxide investigated with neutron scattering. *J. Phys. Chem. B*, 110,45,22328-22338,2006.

[216] Acik, M. et al., The role of intercalated water in multilayered graphene oxide. *ACS Nano*, 4,10,5861-5868,2010.

[217] Cabrera-Sanfelix, P. and Darling, G. R., Dissociative adsorption of water at vacancy defects in graphite. *J. Phys. Chem. C*, 111,49,18258-18263,2007.

[218] Jung, I. et al., Characterization of thermally reduced graphene oxide by imaging ellipsometry. *J. Phys. Chem. C*, 112,23,8499-8506,2008.

[219] Lazauskas, A. et al., Thermally-driven structural changes of graphene oxide multilayer films deposited on glass substrate. *Superlattices Microstruct.*, 75,461-467,2014.

[220] McDonald, M. P. et al., Direct observation of spatially heterogeneous single-layer graphene oxide reduction kinetics. *NanoLett.*, 13,12,5777-5784,2013.

[221] Liu, Z. et al., Nonlinear optical properties of graphene oxide in nanosecond and picosecond regimes. *Appl. Phys. Lett.*, 94,2,021902,2009.

[222] Zhang, Q. et al., The realistic domain structure of as-synthesized graphene oxide from ultrafast spectroscopy. *J. Am. Chem. Soc.*, 135,33,12468-12474,2013.

[223] Murphy, S. and Huang, L., Transient absorption microscopy studies of energy relaxation in graphene oxide thin film. *J. Phys.: Condens. Matter*, 25,14,144203,2013.

[224] Zhang, H. and Miyamoto, Y., Graphene production by laser shot on graphene oxide: An ab initio prediction. *Phys. Rev. B*, 85,3,033402,2012.

[225] Kanasaki, J. et al., Formation of sp3-bonded carbon nanostructures by femtosecond laser excitation of graphite. *Phys. Rev. Lett.*, 102,8,087402,2009.

[226] Gengler, R. Y. et al., Revealing the ultrafast process behind the photoreduction of graphene oxide. *Nat. Commun.*, 4,2560,2013.

[227] Brodie, B. C., On the atomic weight of graphite. *Philos. Trans. R. Soc. London*, 149,249-259,1859.

[228] Dimiev, A. M., *Graphene Oxide: Fundamentals and Applications*, John Wiley & Sons, Hoboken, New Jersey, 2016.

[229] Eda, G. and Chhowalla, M., Graphene-based composite thin films for electronics. *NanoLett.*, 9,2,814-818,2009.

[230] Poh, H. L. et al., Graphenes prepared by Staudenmaier, Hofmann and Hummers methods with consequent thermal exfoliation exhibit very different electrochemical properties. *Nanoscale*, 4,11,3515-3522,2012.

[231] Zheng, Q. et al., Graphene oxide-based transparent conductive films. *Prog. Mater. Sci.*, 64,200-247,2014.

[232] Marcano, D. C. et al., Improved synthesis of graphene oxide. *ACS Nano*, 4, 8, 4806 – 4814, 2010.

[233] Gao, X. et al., Theoretical insights into the structures of graphene oxide and its chemical conversions between graphene. *J. Comput. Theor. Nanosci.*, 8, 12, 2406 – 2422, 2011.

[234] Parviz, D. et al., Challenges in liquid – phase exfoliation, processing, and assembly of pristine graphene. *Adv. Mater.*, 28, 40, 8796 – 8818, 2016.

[235] Kim, F., Cote, L. J., Huang, J., Graphene oxide：Surface activity and two – dimensional assembly. *Adv. Mater.*, 22, 17, 1954 – 1958, 2010.

[236] Li, D. et al., Processable aqueous dispersions of graphenenanosheets. *Nat. Nanotechnol.*, 3, 2, 101 – 105, 2008.

[237] Zhao, C. et al., Formation of uniform reduced graphene oxide films on modified PET substrates using drop – casting method. *Particuology*, 17, 66 – 73, 2014.

[238] Robinson, J. T. et al., Reduced graphene oxide molecular sensors. *NanoLett.*, 8, 10, 3137 – 3140, 2008.

[239] Becerril, H. A. et al., Evaluation of solution – processed reduced graphene oxide films as transparent conductors. *ACS Nano*, 2, 3, 463 – 470, 2008.

[240] Yang, D. et al., Chemical analysis of graphene oxide films after heat and chemical treatments by X – ray photoelectron and Micro – Raman spectroscopy. *Carbon*, 47, 1, 145 – 152, 2009.

[241] Pham, V. H. et al., Fast and simple fabrication of a large transparent chemically – converted graphene film by spray – coating. *Carbon*, 48, 7, 1945 – 1951, 2010.

[242] Tkachev, S. V. et al., Reduced graphene oxide. *Inorg. Mater.*, 48, 8, 796 – 802, 2012.

[243] Cooper, A. J. et al., Single stage electrochemical exfoliation method for the production of few – layer graphene via intercalation of tetraalkylammonium cations. *Carbon*, 66, 340 – 350, 2014.

[244] Wilson, N. R. et al., Graphene oxide：Structural analysis and application as a highly transparent support for electron microscopy. *ACS Nano*, 3, 9, 2547 – 2556, 2009.

[245] Gao, W., *Graphene Oxide：Reduction Recipes, Spectroscopy, and Applications*, Springer, Cham, 2015.

[246] Zhao, J., Liu, L., Li, F., *Graphene Oxide：Physics and Applications*, Springer, Amsterdam, 2015.

[247] Moon, I. K. et al., Reduced graphene oxide by chemical graphitization. *Nat. Commun.*, 1, 73, 2010.

[248] Gómez – Navarro, C. et al., Atomic structure of reduced graphene oxide. NanoLett., 10, 4, 1144 – 1148, 2010.

[249] Ning, G. et al., Gram – scale synthesis of nanomesh graphene with high surface area and its application in supercapacitor electrodes. *Chem. Commun.*, 47, 21, 5976 – 5978, 2011.

[250] Lobato, B. et al., Capacitance and surface of carbons in supercapacitors. *Carbon*, 122, 434 – 445, 2017.

[251] Blake, P. et al., Making graphene visible. *Appl. Phys. Lett.*, 91, 6, 063124, 2007.

[252] Duong, D. L. et al., Probing graphene grain boundaries with optical microscopy. *Nature*, 490, 7419, 235 – 239, 2012.

[253] Wojcik, M. et al., Spatially resolved in situ reaction dynamics of graphene via optical microscopy. *J. Am. Chem. Soc.*, 139, 16, 5836 – 5841, 2017.

[254] Venkatachalam, D. K. et al., Rapid, substrate – independent thickness determination of large area graphene layers. *Appl. Phys. Lett.*, 99, 23, 234106, 2011.

[255] Zhao, J. et al., Efficient preparation of large – area graphene oxide sheets for transparent conductive films. ACS Nano, 4, 9, 5245 – 5252, 2010.

[256] Shearer, C. J. et al., Accurate thickness measurement of graphene. *Nanotechnology*, 27, 12, 125704, 2016.

[257] Andrei, E. Y., Li, G., Du, X., Electronic properties of graphene：A perspective from scanning tunneling microscopy and magnetotransport. *Rep. Prog. Phys.*, 75, 5, 056501, 2012.

[258] Gómez-Navarro, C. et al., Electronic transport properties of individual chemically reduced graphene oxide sheets. *NanoLett.*, 7, 11, 3499-3503, 2007.

[259] Ferrari, A. C. and Basko, D. M., Raman spectroscopy as a versatile tool for studying the properties of graphene. *Nat. Nanotechnol.*, 8, 4, 235-246, 2013.

[260] Malard, L. et al., Raman spectroscopy in graphene. *Phys. Rep.*, 473, 5, 51-87, 2009.

[261] Pimenta, M. et al., Studying disorder in graphite-based systems by Raman spectroscopy. *Phys. Chem. Chem. Phys.*, 9, 11, 1276-1290, 2007.

[262] Ferrari, A. C., Raman spectroscopy of graphene and graphite: Disorder, electron-phonon coupling, doping and nonadiabatic effects. *Solid State Commun.*, 143, 1, 47-57, 2007.

[263] Kudin, K. N. et al., Raman spectra of graphite oxide and functionalized graphene sheets. *NanoLett.*, 8, 1, 36-41, 2008.

[264] Ferrari, A. C. and Robertson, J., Interpretation of Raman spectra of disordered and amorphous carbon. *Phys. Rev. B*, 61, 20, 14095, 2000.

[265] Faugeras, C. et al., Few-layer graphene on SiC, pyrolitic graphite, and graphene: A Raman scattering study. *Appl. Phys. Lett.*, 92, 1, 011914, 2008.

[266] Cançado, L. et al., General equation for the determination of the crystallite size La of nano-graphite by Raman spectroscopy. *Appl. Phys. Lett.*, 88, 16, 163106, 2006.

[267] Cançado, L. G. et al., Quantifying defects in graphene via Raman spectroscopy at different excitation energies. *NanoLett.*, 11, 8, 3190-3196, 2011.

[268] Casiraghi, C. et al., Raman fingerprint of charged impurities in graphene. *Appl. Phys. Lett.*, 91, 23, 233108, 2007.

[269] Mehta, J. S. et al., How reliable are Raman spectroscopy measurements of graphene oxide? *J. Phys. Chem. C*, 121, 30, 16584-16591, 2017.

[270] Lee, D. et al., The structure of graphite oxide: Investigation of its surface chemical groups. *J. Phys. Chem. B*, 114, 17, 5723-5728, 2010.

[271] Krishnamoorthy, K. et al., The chemical and structural analysis of graphene oxide with different degrees of oxidation. *Carbon*, 53, 38-49, 2013.

[272] Speranza, G. and Minati, L., The surface and bulk core lines in crystalline and disordered polycrystalline graphite. *Surf. Sci.*, 600, 19, 4438-4444, 2006.

[273] Susi, T., Pichler, T., Ayala, P., X-ray photoelectron spectroscopy of graphitic carbon nanomaterials doped with heteroatoms. *Beilstein J. Nanotechnol.*, 6, 177, 2015.

[274] Szabó, T., Berkesi, O., Dékány, I., DRIFT study of deuterium-exchanged graphite oxide. *Carbon*, 43, 15, 3186-3189, 2005.

[275] Stobinski, L. et al., Graphene oxide and reduced graphene oxide studied by the XRD, TEM and electron spectroscopy methods. *J. Electron Spectrosc. Relat. Phenom.*, 195, 145-154, 2014.

[276] Warren, B., X-ray diffraction in random layer lattices. *Phys. Rev.*, 59, 9, 693, 1941.

[277] Luo, D. et al., Evaluation criteria for reduced graphene oxide. *J. Phys. Chem. C*, 115, 23, 11327-11335, 2011.

[278] Zhu, Y. et al., Graphene and graphene oxide: Synthesis, properties, and applications. *Adv. Mater.*, 22, 35, 3906-3924, 2010.

[279] Mattevi, C. et al., Evolution of electrical, chemical, and structural properties of transparent and conducting chemically derived graphene thin films. *Adv. Funct. Mater.*, 19, 16, 2577-2583, 2009.

[280] Tu, Y. et al., Enhancing the electrical conductivity of vacuum-ultraviolet-reduced graphene oxide by

multilayered stacking. *J. Vac. Sci. Technol.*, *B*: *Nanotechnol. Microelectron.*, 35, 3, 03D110, 2017.

[281] Tu, Y. et al., Vacuum – ultraviolet photoreduction of graphene oxide: Electrical conductivity of entirely reduced single sheets and reduced micro line patterns. *Appl. Phys. Lett.*, 106, 13, 133105, 2015.

[282] Faucett, A. C. et al., Evolution, structure, and electrical performance of voltage – reduced graphene oxide. *FlatChem*, 1, 42 – 51, 2017.

[283] Joung, D., Zhai, L., Khondaker, S. I., Coulomb blockade and hopping conduction in graphene quantum dots array. *Phys. Rev. B*, 83, 11, 115323, 2011.

[284] McDonald, M. P., Morozov, Y., Hodak, J. H., and Kuno, M., Spectroscopy and microscopy of graphene oxide and reduced graphene oxide, in: *Graphene Oxide: Reduction Recipes, Spectroscopy, and Applications*, Springer, Cham., pp. 29 – 60, 2015.

[285] Chang, Y. C. et al., Extracting the complex optical conductivity of mono – and bilayer graphene by ellipsometry. *Appl. Phys. Lett.*, 104, 26, 261909, 2014.

[286] Malek Hosseini, S. M. B. et al., Excimer laser assisted very fast exfoliation and reduction of graphite oxide at room temperature under air ambient for Supercapacitors electrode. *Appl. Surf. Sci.*, 427, 507 – 516, 2018.

[287] Ghosh, M. et al., Confined water layers in graphene oxide probed with spectroscopic ellipsometry. *Appl. Phys. Lett.*, 106, 24, 241902, 2015.

[288] Hill, E. W., Vijayaragahvan, A., Novoselov, K., Graphene sensors. *IEEE Sens. J.*, 11, 12, 3161 – 170, 2011.

[289] Griffiths, K. et al., Laser – scribed graphene presents an opportunity to print a new generation of disposable electrochemical sensors. *Nanoscale*, 6, 22, 13613 – 13622, 2014.

[290] Elgrishi, N., Rountree, K. J., McCarthy, B. D., Rountree, E. S., Eisenhart, T. T., and Dempsey, J. L., A practical beginner's guide to cyclic voltammetry. *J. Chem. Educ.*, 95(2), 197 – 206, 2017.

[291] Mabbott, G. A., An introduction to cyclic voltammetry. *J. Chem. Educ.*, 60, 9, 697, 1983.

[292] Eng, A. Y. S. et al., Unusual inherent electrochemistry of graphene oxides prepared using permanganate oxidants. *Chem. Eur. J.*, 19, 38, 12673 – 12683, 2013.

[293] Li, R. – Z. et al., High – rate in – plane micro – supercapacitors scribed onto photo paper using in situ femtolaser – reduced graphene oxide/Au nanoparticle microelectrodes. *Energy Environ. Sci.*, 9, 4, 1458 – 1467, 2016.

[294] Orazem, M. E. and Tribollet, B., *Electrochemical Impedance Spectroscopy*, vol. 48, John Wiley & Sons, Hoboken, New Jersey, 2011.

[295] Barsoukov, E. and Macdonald, J. R., *Impedance Spectroscopy: Theory, Experiment, and Applications*, John Wiley & Sons, Hoboken, New Jersey, 2005.

[296] Li, F. et al., All – solid – state potassium – selective electrode using graphene as the solid contact. *Analyst*, 137, 3, 618 – 623, 2012.

[297] Ciriminna, R. et al., Commercialization of graphene – based technologies: A critical insight. *Chem. Commun.*, 51, 33, 7090 – 7095, 2015.

[298] Park, S., The puzzle of graphene commercialization. *Nat. Rev. Mater.*, 1, 16085, 2016.

[299] Kumar, R., Singh, R. K., Singh, D. P., Joanni, E., Yadav, R. M., and Moshkalev, S. A., Laser – assisted synthesis, reduction and micro – patterning of graphene: Recent progress and applications. *Coord. Chem. Rev.*, 342, 34 – 79, 2017.

[300] Duocastella, M. and Arnold, C. B., Bessel and annular beams for materials processing. *Laser Photonics Rev.*, 6, 5, 607 – 621, 2012.

[301] El-Kady, M. F., Strong, V. A., and Kaner, R. B. U. S. Patent No. 9,779,884. Washington, DC: U. S. Patent and Trademark Office, 2017.

[302] Ferrari, A. C. et al., Science and technology roadmap for graphene, related two-dimensional crystals, and hybrid systems. *Nanoscale*, 7, 11, 4598-4810, 2015.

第9章 湿热环境下双层石墨烯薄片的波传播响应

Farzad Ebrahimi, Ali Dabbagh
伊朗加兹温省伊玛目霍梅尼国际大学工程学院机械工程系

摘　要　本章扩展了非局部应力应变梯度弹性假设,以研究弹性波在双层石墨烯薄片中的传播行为。首先,利用 Kirchhoff-Love 板模型得到了应变-位移关系。然后,根据非局部应变梯度弹性理论对板的本构方程进行修正,以覆盖微小尺寸结构的影响。上板和下板被认为是通过范德瓦耳斯相互作用耦合。其次,基于虚功原理的动态表示,建立了板位移场的控制偏微分方程。最后,利用解析指数法求解,得到系统的角频率。将本章结果与文献中的结果进行比较,以保证本章方法的有效性。此外,数值算例表明,系统的波传播响应不仅受非局部参数的影响,而且还受长度尺度参数的影响。

关键词　波传播,非局部应变梯度理论(NSGT),双层石墨烯薄片(DLGS),黏性-Pasternak 介质,湿热环境

9.1 引言

在碳纳米管(CNT)发明之后,许多高科技行业以尽可能快的速度在各种单任务或多任务系统中使用纳米级元件[1]。基于这一现实,许多科学家发现非常有必要在他们的力学研究中进一步关注纳米结构。显然,在纳米尺寸范围内的结构元件的行为与常规宏观尺寸下的行为并不相似。此后,研究人员试图找到解决这种差异的方法,这就是非局部弹性理论的起源。在这方面,Eringen[2-3]是第一个介绍非局部弹性理论的人。这一理论表明,在研究纳米结构时,必须对本构方程进行修正。从那时起,许多科学项目依赖于这个假设中提出的修正,开始探索纳米结构的力学行为。Wang 和 Varadan[4]将非定域性与壳模型相结合,以探索波在纳米壳中传播的行为。Pang 和 Reddy[5]基于非局部理论分析了 CNT 的力学响应。此外,Aydogdu[6]还获得了纳米尺寸梁的一般力学分析。Wang 等[7]解释了小尺度对纳米板上波传播响应的影响。Malekzadeh 等[8]研究了正交各向异性纳米板的动态行为。Narendar 和 Gopalakrishnan[9]完成了热环境对微小纳米板波传播结果的影响的研究。此外,Narendar 和 Gopalakrishnan[10]在对纳米板波传播特性的尺寸依赖性分析中证明了表面体积比的影响。Eltaher 等[11]结合非局部弹性梁的经典理论,采用数值求解的方法来捕捉尺寸效应。此外,Ebrahimi 和 Salari[12]基于非局部定理讨论了 CNT 的动态响应。Ebrahimi 等[13]在研究 CNT 的稳定性和动态分析时,考虑了热影响和表面影响。

Ghadiri 和 Shafiei[14] 采用了一种著名的数值方法来求解纳米尺度梁的弯曲动态响应。在许多文献中,Ebrahimi 等[15-31] 使用 Eringen 的非局部理论,分析了不同类型环境荷载下结构的静态和动态特性。尽管 Eringen 的理论已经被许多研究者使用,但这一理论还不足以完全描述纳米结构的尺寸依赖行为。有鉴于此,一些研究人员研究了 NE 的不足[32-33]。Lam 等[33] 证明了弹性应变梯度在小型结构尺寸相关响应中具有关键作用。Lim 等[34] 为耦合非局部弹性和应变梯度弹性,建立了一个新的非局部应变梯度理论(NSGT),涵盖了前两种影响。在这个新的假设中,除了考虑刚度软化效应外,还关注了刚度变化的影响。此外,Lim 等[34] 的这种新理论还表现出在预测 CNT 的波色散响应方面的独创性。此后,许多研究人员试图利用这一理论研究纳米结构的振动、弯曲、屈曲或波传播问题。Li 和 Hu[35] 使用 NSGT 对纳米级光束进行稳定性分析。此外,为了探索纳米板的热影响稳定性特性,Farajpour 等[36] 也应用了这一理论。而 Ebrahimi 等[37-40] 在研究波在这种微小元件中传播的力学特征时,考虑了纳米尺度结构的尺寸依赖性等方面。此外,Ebrahimi 和 Barati[41-42] 采用 NSGT,强调了不同变体对复合纳米梁振动行为的影响。最近,Ebrahimi 和 Barati[43] 提出了一个基于 NSG 的理论,目的是研究黏弹性纳米板在黏性-Pasternak 基底上的动态响应。

除此之外,单层石墨烯薄片(SLGS)具有重要意义,因为它们能够通过改变分子形状而转移到其他碳纳米结构中[44]。此外,与其他由多种材料制成的小尺寸结构相比,石墨烯薄片具有一些优势,如更高的弹性势[45] 和更大的导热系数[46]。基于上述原因,有必要收集有关此类纳米结构力学行为的详细数据。因此,Kitipornchai 等[47] 对弹性基座上的多层石墨烯薄片(MLGS)进行了动态研究。Pradhan 和 Murmu[48] 通过非局部假设强调了 SLGS 的时间依赖性特征。此外,Pradhan 和 Phadikar[49] 完成了嵌在聚合物基质上的 MLGS 的动态分析。Pradhan 和 Murmu[50] 对 SLGS 的稳定性行为进行了另一项与规模相关的研究。Ansari 等[51] 根据一种有效的数值求解方法,测量了 MLGS 的动态特性。此外,Ansari 等[52] 继续采用数值方法研究石墨烯薄片在各种边缘支撑作用下的动态行为。Pradhan 和 Kumar[53] 在著名的微分求积法(DQM)的框架内解决了 SLGS 的动态问题。Rouhi 和 Ansari[54] 对 SLGS 的动态和稳定性特性进行了数值求解。Natsuki 等[55] 基于 Eringen 理论对圆形石墨烯薄片进行了稳定性分析。此外,GhorbanpourArani 等[56] 在 DQM 的基础上,考察了 DLGS 在几何非线性效应方面的热弹性动态特性。Murmu 等[57] 研究了 Eringens 假设在磁环境下 SLGS 振动分析中的适用性。Farajpour 等[58] 研究了 MLGS 在双向压缩载荷作用下的稳定性响应。此外,Anjomshoa 等[59] 将非局部理论与基于有限元的方法相结合,以研究 MLGS 的屈曲行为。Li 等[60] 提出了 DLGS 关于石墨烯黏弹性的动态问题的解决方案。Ahmadi Savadkoohi 等[61] 对 DLGS 进行了精确的动态分析。GhorbanpourArani 等[62] 的另一项研究还包括了当系统被嵌入黏弹性基底上时,磁环境对 SLGS 振动和屈曲特性的影响。Zenkour[63] 分析了石墨烯薄片在黏性 Pasternak 介质上的时间依赖动态问题。Ebrahimi 和 Shafiei[64] 在薄片嵌入在双参数刚性介质中时,对石墨烯薄片进行了振动分析,分析了结构中的预应力效应。

显然,SLGS/DLGS 的静态和动态特性都可以在文献中找到。然而,对同一结构的波传播分析却很少。虽然对其进行分析的研究相对少见,但波频散是最关键的动态现象之一,能够解决工业中的许多问题。例如,在无法进行无损检测的应用中,波传播分析可用于缺陷检测。近年来,一些研究者致力于研究石墨烯薄片的波频散问题。例如,Liew 等[65]基于非局部假设,研究了石墨烯薄片的波频散特性。此外,Liu 和 Yang[66]还根据非局部弹性,说明了在介质中嵌入石墨烯薄片对连续介质中传播波频率的影响。最近,Xiao 等[67]利用非局部应力应变梯度假设来求解黏弹性 SLGS 的波分散响应。

上述简要的文献综述,揭示了在湿热环境中对嵌入 DLGS 的波传播响应研究的不足。本章主要是在 NSGT 的框架下对这一缺陷进行修正。本章将虚功原理与基尔霍夫板理论的运动学关系相耦合,导出了控制方程。此外,利用解析方程求解最终的非局部微分方程。然后,本章有一个单独的部分来研究每个参数对传播波的频率和相速度的影响。

9.2 理论与公式

9.2.1 运动学关系

本节描述石墨烯薄片的运动学行为。嵌入式 DLGS 的示意图见图 9.1。这里,位移场可以写成:

$$\begin{cases} U_i(x,y,z) = -z\dfrac{\partial w_i}{\partial x} \\ V_i(x,y,z) = -z\dfrac{\partial w_i}{\partial y}, i=(1,2) \\ W_i(x,y,z) = w_i(x,y) \end{cases} \quad (9.1)$$

式中:w_i 为第 i 块板在厚度方向上的弯曲挠度。现在,每个石墨烯薄片的非零应变可以表示为

$$\begin{Bmatrix} \varepsilon_{xx,i} \\ \varepsilon_{yy,i} \\ \gamma_{xy,i} \end{Bmatrix} = \begin{Bmatrix} -\dfrac{\partial^2 w_i}{\partial x^2} \\ -\dfrac{\partial^2 w_i}{\partial y^2} \\ -2\dfrac{\partial^2 w_i}{\partial x \partial y} \end{Bmatrix}, i=(1,2) \quad (9.2)$$

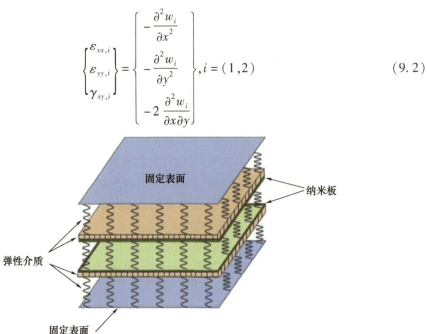

图 9.1　在 Winkler – Pasternak 基底上的双层石墨烯薄片的几何结构

此外，哈密顿原理可以定义为

$$\int_0^t \delta(U - T + V)\mathrm{d}t = 0 \qquad (9.3)$$

式中：U 为应变能；T 为动能；V 为外力所做功。每个板的应变能变化可计算为

$$\delta U = \int_V \sigma_{mn,i}\delta\varepsilon_{mn,i}\mathrm{d}V = \int_V (\sigma_{xx,i}\delta\varepsilon_{xx,i} + \sigma_{yy,i}\delta\varepsilon_{yy,i} + \sigma_{xx,i}\delta\gamma_{xy,i})\mathrm{d}V, i=(1,2) \qquad (9.4)$$

将式(9.2)代入式(9.4)中，可得出

$$\delta U_i = \int_0^a \int_0^b \left(-M_{xx,i}\frac{\partial^2\delta w_i}{\partial x^2} - 2M_{xy,i}\frac{\partial^2\delta w_i}{\partial x\partial y} - M_{yy,i}\frac{\partial^2\delta w_i}{\partial y^2}\right)\mathrm{d}y\mathrm{d}x, i=(1,2) \qquad (9.5)$$

在式(9.5)中，未知参数可按以下形式定义：

$$M_{j,i} = \int_{-h/2}^{h/2} z\,\sigma_{j,i}\mathrm{d}z, j=(xx,yy,xy), i=(1,2) \qquad (9.6)$$

此外，外力所做功的变化可以表示如下：

$$\delta V_i = \int_0^a \int_0^b \left(\begin{array}{c} N_x^0\dfrac{\partial w_i}{\partial x}\dfrac{\partial\delta w_i}{\partial x} + N_y^0\dfrac{\partial w_i}{\partial y}\dfrac{\partial\delta w_i}{\partial y} \\ -k_w\delta w_i + k_p\left(\dfrac{\partial w_i}{\partial x}\dfrac{\partial\delta w_i}{\partial x} + \dfrac{\partial w_i}{\partial y}\dfrac{\partial\delta w_i}{\partial y}\right) - C_d\delta\dfrac{\partial w_i}{\partial t} \end{array}\right)\mathrm{d}y\mathrm{d}x, i=(1,2) \qquad (9.7)$$

式中：N_x^0 和 N_y^0 为面内施加荷载；k_w、k_p 和 C_d 分别是 Winkler 系数、Pasternak 系数和阻尼系数。动能的变化将写为

$$\delta K = \int_0^a \int_0^b \left(I_0\left(\frac{\partial w_i}{\partial t}\frac{\partial\delta w_i}{\partial t}\right) + I_2\left(\frac{\partial w_i}{\partial x\partial t}\frac{\partial\delta w_i}{\partial x\partial t} + \frac{\partial w_i}{\partial y\partial t}\frac{\partial\delta w_i}{\partial y\partial t}\right)\right)\mathrm{d}y\mathrm{d}x \qquad (9.8)$$

其中，

$$(I_0, I_2) = \int_{-h/2}^{h/2}(1, z^2)\rho\mathrm{d}z \qquad (9.9)$$

在式(9.3)中插入式(9.5)、式(9.7)和式(9.8)，并将系数 δw_i 设置为零，每个石墨烯薄片的欧拉-拉格朗日方程式可重写为

$$\frac{\partial^2 M_{xx,i}}{\partial x^2} + 2\frac{\partial^2 M_{xy,i}}{\partial x\partial y} + \frac{\partial^2 M_{yy,i}}{\partial y^2} + N_x^0\frac{\partial^2 w_i}{\partial x^2} + N_y^0\frac{\partial^2 w_i}{\partial y^2} - k_w w_i - C_d\frac{\partial w_i}{\partial t} + k_p\nabla^2 w_i$$

$$= I_0\frac{\partial^2 w_i}{\partial t^2} - I_2\nabla^2\left(\frac{\partial^2 w_i}{\partial t^2}\right), \quad i=(1,2) \qquad (9.10)$$

式中：N^T 和 N^H 分别表示温度和湿度变化产生的外加荷载，$N_x^0 = N_y^0 = N^T + N^H$。

9.2.2 非局部应变梯度理论

根据非局部应变梯度理论，应力场除考虑应变梯度应力场外，还考虑了非局部弹性应力场的影响。因此，对于弹性固体，理论可以表示为

$$\sigma_{ij} = \sigma_{ij}^{(0)} - \frac{\mathrm{d}\sigma_{ij}^{(1)}}{\mathrm{d}x} \qquad (9.11)$$

在上述方程中，应力 $\sigma_{xx}^{(0)}$（经典应力）和 $\sigma_{xx}^{(1)}$（高阶应力）分别对应于应变 ε_{xx} 和应变梯度 $\varepsilon_{xx,x}$，如下所示：

$$\begin{cases} \sigma_{ij}^{(0)} = \int_0^L C_{ijkl}\, \alpha_0(x, x', e_0 a)\, \varepsilon'_{kl}(x')\, \mathrm{d}x' \\ \sigma_{ij}^{(1)} = l^2 \int_0^L C_{ijkl}\, \alpha_1(x, x', e_1 a)\, \varepsilon'_{kl,x}(x')\, \mathrm{d}x' \end{cases} \tag{9.12}$$

式中：C_{ijkl} 为弹性系数；$e_0 a$ 和 $e_1 a$ 引入来解释非局部效应。同时，l 捕捉了应变梯度效应。一旦非局部核函数 $\alpha_0(x,x',e_0 a)$ 和 $\alpha_1(x,x',e_1 a)$ 满足展开条件，非局部应变梯度理论的本构关系可以表示为

$$(1 - (e_1 a)^2 \nabla^2)(1 - (e_0 a)^2 \nabla^2)\sigma_{ij} = C_{ijkl}(1 - (e_1 a)^2 \nabla^2)\varepsilon_{kl} - C_{ijkl} l^2 (1 - (e_0 a)^2 \nabla^2)\nabla^2 \varepsilon_{kl} \tag{9.13}$$

∇^2 表示拉普拉斯算子。当 $e_1 = e_0 = e$，式（9.15）中的一般本构关系为

$$(1 - (ea)^2 \nabla^2)\sigma_{ij} = C_{ijkl}(1 - l^2 \nabla^2)\varepsilon_{kl} \tag{9.14}$$

最后，简化的本构关系可以写成如下：

$$(1 - \mu^2 \nabla^2)\begin{Bmatrix} \sigma_{xx} \\ \sigma_{yy} \\ \sigma_{xy} \end{Bmatrix} = (1 - \eta^2 \nabla^2)\begin{pmatrix} Q_{11} & Q_{12} & 0 \\ Q_{12} & Q_{22} & 0 \\ 0 & 0 & Q_{66} \end{pmatrix}\begin{Bmatrix} \varepsilon_{xx} \\ \varepsilon_{yy} \\ \varepsilon_{xy} \end{Bmatrix} \tag{9.15}$$

在上述方程式中

$$Q_{11} = Q_{22} = \frac{E}{1-v^2},\ Q_{12} = v\, Q_{11},\ Q_{66} = \frac{E}{2(1+v)} \tag{9.16}$$

$\mu = e_0 a, \eta = l$。现在，在式（9.15）中插入式（9.6），得到

$$(1 - \mu^2 \nabla^2)\begin{Bmatrix} M_{xx} \\ M_{yy} \\ M_{xy} \end{Bmatrix} = (1 - \eta^2 \nabla^2)\begin{pmatrix} D_{11} & D_{12} & 0 \\ D_{12} & D_{22} & 0 \\ 0 & 0 & D_{66} \end{pmatrix}\begin{Bmatrix} -\dfrac{\partial^2 w_i}{\partial x^2} \\ -\dfrac{\partial^2 w_i}{\partial y^2} \\ -2\dfrac{\partial^2 w_i}{\partial x \partial y} \end{Bmatrix} \tag{9.17}$$

在式（9.17）中，横截面刚度可表示为

$$\begin{Bmatrix} D_{11} \\ D_{12} \\ D_{66} \end{Bmatrix} = \int_{-h/2}^{h/2} Q_{11}\, z^2 \begin{Bmatrix} 1 \\ v \\ \dfrac{1-v}{2} \end{Bmatrix} \mathrm{d}z \tag{9.18}$$

将式（9.17）代入式（9.10），可直接导出 DLGS 各层的非局部控制方程，其位移形式如下：

$$(1 - \eta^2 \nabla^2)\left(D_{11}\frac{\partial^4 w_i}{\partial x^4} + 2(D_{12} + 2 D_{66})\frac{\partial^4 w_i}{\partial x^2 \partial y^2} + D_{22}\frac{\partial^4 w_i}{\partial y^4}\right) + (1 - \mu^2 \nabla^2)$$
$$\left(I_0 \frac{\partial^2 w_i}{\partial t^2} - I_2\left(\frac{\partial^4 w_i}{\partial x^2 \partial t^2} + \frac{\partial^4 w_i}{\partial y^2 \partial t^2}\right) + k_w w_i + C_d \frac{\partial w_i}{\partial t} - (k_p - N^T - N^H)\left(\frac{\partial^2 w_i}{\partial x^2} + \frac{\partial^2 w_i}{\partial y^2}\right)\right) = 0, i = (1,2) \tag{9.19}$$

上述方程为各层的非局部控制方程，不考虑层间的相互作用。本章采用范德瓦耳斯模型对这一现象作如下解释：

$$(1-\eta^2\nabla^2)\left(D_{11}\frac{\partial^4 w_1}{\partial x^4}+2(D_{12}+2D_{66})\frac{\partial^4 w_1}{\partial x^2\partial y^2}+D_{22}\frac{\partial^4 w_1}{\partial y^4}\right)+(1-\mu^2\nabla^2)$$

$$\left(I_0\frac{\partial^2 w_1}{\partial t^2}-I_2\left(\frac{\partial^4 w_1}{\partial x^2\partial t^2}+\frac{\partial^4 w_1}{\partial y^2\partial t^2}\right)+k_w w_1+C_d\frac{\partial w_1}{\partial t}-(k_p-N^T-N^H)\right.$$

$$\left.\left(\frac{\partial^2 w_1}{\partial x^2}+\frac{\partial^2 w_1}{\partial y^2}\right)+C(w_1-w_2)\right)=0 \tag{9.20}$$

$$(1-\eta^2\nabla^2)\left(D_{11}\frac{\partial^4 w_2}{\partial x^4}+2(D_{12}+2D_{66})\frac{\partial^4 w_2}{\partial x^2\partial y^2}+D_{22}\frac{\partial^4 w_2}{\partial y^4}\right)+(1-\mu^2\nabla^2)$$

$$\left(I_0\frac{\partial^2 w_2}{\partial t^2}-I_2\left(\frac{\partial^4 w_2}{\partial x^2\partial t^2}+\frac{\partial^4 w_2}{\partial y^2\partial t^2}\right)+k_w w_2+C_d\frac{\partial w_2}{\partial t}-(k_p-N^T-N^H)\right.$$

$$\left.\left(\frac{\partial^2 w_2}{\partial x^2}+\frac{\partial^2 w_2}{\partial y^2}\right)+C(w_2-w_1)\right)=0 \tag{9.21}$$

式中:C 为范德瓦耳斯相互作用系数。

9.3 分析解决方案

在这一部分中,将解析地求解上一节导出的非局部控制方程。位移场假定为指数,可按如下定义:

$$\begin{Bmatrix}w_1(x,y,t)\\w_2(x,y,t)\end{Bmatrix}=\begin{Bmatrix}W_1\exp[i(\beta_1 x+\beta_2 y-\omega t)]\\W_2\exp[i(\beta_1 x+\beta_2 y-\omega t)]\end{Bmatrix} \tag{9.22}$$

式中:W_1 和 W_2 是未知系数;β_1 和 β_2 分别是波沿 x 和 y 方向传播的波数;ω 为波的角频率。现在,将式(9.22)代入式(9.20)和式(9.21)得出:

$$(K_{2\times 2}-\omega^2 M_{2\times 2})\{\Delta\}=\{0\} \tag{9.23}$$

相应的 k_{ij} 和 m_{ij},可见附录。式(9.23)中的未知参数如下:

$$\{\Delta\}=\{W_1,W_2\}^T \tag{9.24}$$

为了获得波的角频率,式(9.23)左侧的行列式应设置为零:

$$\left|[K]_{2\times 2}-\omega^2[M]_{2\times 2}\right|=0 \tag{9.25}$$

在上述公式中:通过设置 β_1 和 $\beta_2=\beta$,求解得到 ω 的方程,可以计算出嵌入 DLGS 的波的角频率。用角频率除以波数,则得到相速度如下:

$$c_p=\frac{\omega}{\beta} \tag{9.26}$$

此外,DLGS 的逃逸频率可通过将波数趋于无穷大来推导:

$$f_{\text{esc}}=\lim_{\beta\to\infty}\frac{\omega}{2\pi} \tag{9.27}$$

9.4 外部驱动力

这里,外部驱动力可以表示为

$$\begin{cases} N^T = \int_{-h/2}^{h/2} \frac{E}{1-v} \cdot \alpha \cdot \Delta T \mathrm{d}z \\ N^H = \int_{-h/2}^{h/2} \frac{E}{1-v} \cdot \beta \cdot \Delta C \mathrm{d}z \end{cases} \tag{9.28}$$

式中：E、v、α、β、ΔC 和 ΔT 分别是杨氏模量、泊松比、热膨胀系数、水分膨胀系数、水分浓度和温度梯度。

9.5 结果和分析

在这里，比较了当各种参数改变时 DLGS 的波传播响应。石墨烯薄片的材料特性定义如下：$E = 1\mathrm{TPa}$、$v = 0.19$、$\rho = 2300\mathrm{kg/m^3}$、$\alpha = 1.6 \times 10^{-6} 1/\mathrm{K}$、$\beta = 0.0026$。此外，厚度假定为 $h = 0.34\mathrm{nm}$。范德瓦耳斯相互作用系数可以假设为 $C = -108\mathrm{GPa/nm}$[47]。在图 9.2 中，波频率是通过将波的角频率除以 $2\pi\left(f = \frac{\omega}{2\pi}\right)$ 来计算的。此外，通过将本研究结果与前人的研究结果进行比较（表 9.1），证明了本文结果的有效性。

图 9.2 显示了非局部参数和长度尺度参数对 DLGS 波频率随波数变化的影响。很明显，在 NE（$\eta = 0$）的情况下，非局部参数量的增加表明波频率值降低。在这种情况下，随着波数的增加，波的频率逐渐增大，直至达到峰值。一旦考虑应变梯度弹性（$\eta \neq 0$），随着波数的增大，波频率趋于无穷大。此外，在这种情况下，长度尺度参数以增加波频率的方式起作用。换言之，如果假设非局部参数为常数，则长度尺度参数值的增加可导致波频率的增加。

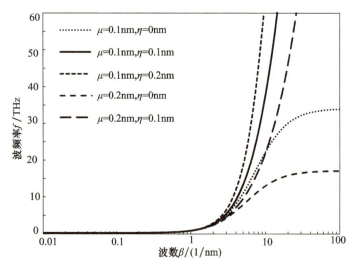

图 9.2 非局部和长度尺度参数对 DLGS 波频率的耦合效应（$k_w = k_p = 0$，$C_d = 0$，$\Delta T = \Delta C = 0$）

在图 9.3 中，绘制了各种非局部和长度尺度参数的变化或相速度与波数的关系。显然，当采用 NET 时（$\eta = 0$），随着波数的增加，相速度上升到最大值，然后开始不断减小。此外，值得一提的是，非局部参数对 DLGS 的相速度和波频率有弱化作用。实际上，相速度可以很容易地通过选择一个较大的非局部参数来降低。此外，如果采用 NSGT（$\eta \neq 0$），通过增加波数，相速度变大，当达到最大值后，保持不变。有必要说明，使用更大的长度尺度参数，可以获得更大的相速度值。

表9.1　各种非局部参数下 FG 纳米板的频率比较($p=5$)

μ	$a/h=10$		$a/h=20$	
	[68]	目前	[68]	目前
0	0.0441	0.043803	0.0113	0.011255
1	0.0403	0.040051	0.0103	0.010288
2	0.0374	0.037123	0.0096	0.009534
4	0.033	0.032791	0.0085	0.008418

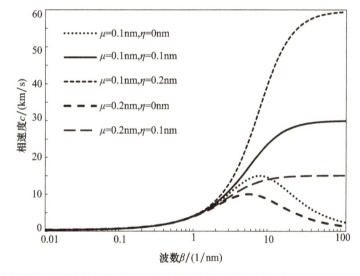

图9.3　非局域和长度尺度参数对 DLGS 相速度的耦合效应（$k_w=k_p=0, C_d=0, \Delta T=\Delta C=0$）

图9.4 是为了描述不同温度梯度和水分浓度值下波频率与波数的变化。很明显，在小波数下改变温度梯度或水分浓度会影响波频率。如前所述，温度梯度的增加会导致波频率的减少。此外，通过改变水分浓度也可以观察到类似的行为。换言之，水分浓度的升高，可以获得较小的波频率。波数趋于无穷大，波频率的变化会变得不敏感。因此，获得较小波频率的方法之一是利用湿热环境而不是热环境。

各种 Winkler 系数和 Pasternak 系数对 DLGS 波频率的影响如图9.5 所示。很明显，在每个参数的数量不变的情况下，可以通过为另一个系数选择更高的值来获得更大的波频率。应考虑在小波数下，Winkler 系数对波频率的影响大于 Pasternak 系数。然而，波数大于 $\beta=0.2\times 10^9$ 时，Pasternak 系数的影响会更明显。因此，可以得出结论，采用较大的线性或非线性介质参数可以获得较高的波频值。

此外，在图9.6 中绘制了不同水分浓度下相速度随温度梯度的变化曲线。只要温度梯度和水分浓度升高，相速度值均会降低。在每一个目标水分浓度中，相速度从其最大值开始，以连续的方式减小到零。水分浓度增加后，这一现象在较小的温度梯度时发生。

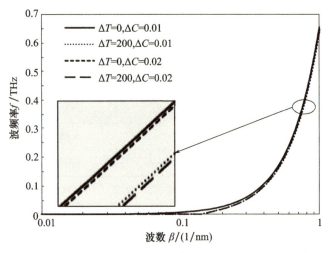

图 9.4 温度梯度和水分浓度对 DLGS 波频率的耦合效应（$\mu = \eta = 0.1\text{nm}, k_w = k_p = 0, C_d = 0$）

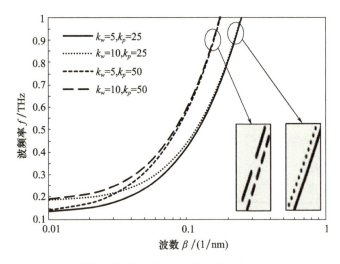

图 9.5 Winkler 和 Pasternak 系数对 DLGS 波频率的耦合效应（$\mu = \eta = 0.1\text{nm}, C_d = 0, \Delta T = \Delta C = 0$）

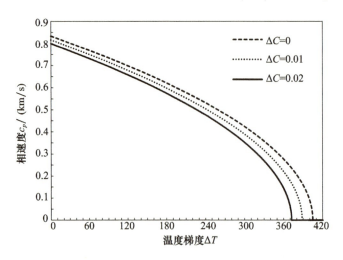

图 9.6 不同水分浓度下 DLGS 相速度随温度梯度的变化（$\mu = \eta = 0.1\text{nm}, k_w = k_p = 0, C_d = 0, \beta = 0.2 \times 10^9$）

此外,图 9.7 还研究了热湿条件下相速度随阻尼系数的变化。可以理解,一石墨烯薄片沉积在黏弹性基底时,与 Winkler – Pasternak 系数相比,它们的波频散响应会衰减。此外,还应指出,DLGS 的波传播响应在热和湿热条件下没有太大差异。而无论何时选择湿热条件,结果都可能是相速度值与热条件相比非常微小的下降。因此,尽管相速度对环境的热或湿热不敏感,但选择湿热环境可被视为获得较小相速度的备选方案之一。

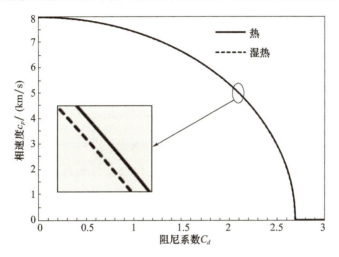

图 9.7　热和湿热条件下 DLGS 相速度随阻尼系数的变化($\mu = \eta = 0.1\text{nm}, k_w = k_p = 0, \beta = 0.2 \times 10^9$)

最后绘制了图 9.8 和图 9.9,放大了黏弹性介质对热湿条件下 DLGS 波频率的影响。可以很好地观察到波频随黏性 – Pasternak 阻尼系数的变化而表现出阻尼影响。如前所述,一旦考虑湿热环境,波频将更小。事实上,线性系数(Winkler)和非线性系数(Pasternak)都足以放大波的频率。值得一提的是,Winkler 系数的影响可以通过使用较小的阻尼系数来阻尼。此外,有必要指出,Pasternak 系数比 Winkler 系数需要更大的值才能使波频率增加。显然,当以提高波频率为主要目的时,需更加注意 Pasternak 系数;因为,在相同的线性和非线性基础参数中,该系数与 Winkler 系数相比可以极大地放大波频率。

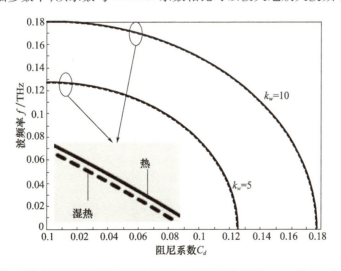

图 9.8　不同 Winkler 系数和湿热条件下 DLGS 波频率随阻尼系数的变化($\mu = \eta = 0.1\text{nm}, k_p = 0, \beta = 0.2 \times 10^9$)

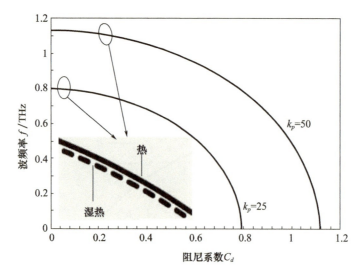

图9.9 不同 Pasternak 系数和热湿条件下 DLGS 波频率随阻尼系数的变化
($\mu = \eta = 0.1\text{nm}, k_w = 0, \beta = 0.2 \times 10^9$)

9.6 小结

本章的目的是研究在湿热环境下沉积在黏性 Pasternak 基底上的 DLGS 的波传播响应。并在 NSGT 的基础上进行了更精确的尺寸相关分析。我们将虚功原理与运动学关系相结合,导出了每个石墨烯薄片的最终运动方程。然后,利用范德瓦耳斯相互作用模型将这些方程耦合起来。最后,在解析方法的框架下得到了波的频率。现在,需要回顾一些最重要的影响,如下:

(1)增大长度规模参数或减小非局部参数,能够很容易地增强波频率和相速度。

(2)放大线性和非线性介质参数,能增加波频率或相速度。

(3)只要捕捉到阻尼系数,波频率或相速度最终可以在每个目标波数中被阻尼。

(4)与热条件相比,采用湿热条件,DLGS 的波分散响应相对较小。

(5)增加温度梯度或水分浓度是降低 DLGS 波频率和相速度量的实用方法。

附录

在式(9.23)中,k_{ij} 和 m_{ij},$(i,j=1,2)$ 的定义如下:

$$k_{11} = k_{22} = (1 + \eta^2(\beta_1^2 + \beta_2^2))(D_{11}\beta_1^4 + 2(D_{12} + 2D_{66})\beta_1^2\beta_2^2 + D_{22}\beta_2^4) +$$
$$(1 + \mu^2(\beta_1^2 + \beta_2^2))(k_w + (k_p - N^T - N^H)(\beta_1^2 + \beta_2^2) - i\omega C_d + C)$$
$$k_{12} = k_{21} = -(1 + \mu^2(\beta_1^2 + \beta_2^2))C \tag{A.1}$$
$$m_{11} = m_{22} = (1 + \mu^2(\beta_1^2 + \beta_2^2))(I_0 + I_2(\beta_1^2 + \beta_2^2))$$
$$m_{12} = m_{21} = 0 \tag{A.2}$$

参考文献

[1] Ebrahimi, F. and Salari, E., Thermal buckling and free vibration analysis of size dependent Timoshenko FG

nanobeams in thermal environments. *Compos. Struct.*, 128, 363 – 380, 2015.

[2] Eringen, A. C., Linear theory of nonlocal elasticity and dispersion of plane waves. *Int. J. Eng. Sci.*, 10, 5, 425 – 435, 1972.

[3] Eringen, A. C., On differential equations of nonlocal elasticity and solutions of screw dislocation and surface waves. *J. Appl. Phys.*, 54, 9, 4703 – 4710, 1983.

[4] Wang, Q. and Varadan, V. K., Application of nonlocal elastic shell theory in wave propagation analysis of carbon nanotubes. *Smart Mater. Struct.*, 16, 1, 178, 2007.

[5] Reddy, J. N. and Pang, S. D., Nonlocal continuum theories of beams for the analysis of carbon nanotubes. *J. Appl. Phys.*, 103, 2, 023511, 2008.

[6] Aydogdu, M., A general nonlocal beam theory: Its application to nanobeam bending, buckling and vibration. *Physica E*, 41, 9, 1651 – 1655, 2009.

[7] Wang, Y. Z., Li, F. M., Kishimoto, K., Scale effects on the longitudinal wave propagation in nanoplates. *Physica E*, 42, 5, 1356 – 1360, 2010.

[8] Malekzadeh, P., Setoodeh, A. R., Beni, A. A., Small scale effect on the free vibration of orthotropic arbitrary straight – sided quadrilateral nanoplates. *Compos. Struct.*, 24, 7, 1631 – 1639, 2011.

[9] Narendar, S. and Gopalakrishnan, S., Temperature effects on wave propagation in nanoplates. *Composites Part B*, 43, 3, 1275 – 1281, 2012.

[10] Narendar, S. and Gopalakrishnan, S., Study of terahertz wave propagation properties in nanoplates with surface and small – scale effects. *Int. J. Mech. Sci.*, 64, 1, 221 – 231, 2012.

[11] Eltaher, M. A., Alshorbagy, A. E., Mahmoud, F. F., Vibration analysis of Euler – Bernoulli nanobeams by using finite element method. *Appl. Math. Modell.*, 37, 7, 4787 – 4797, 2013.

[12] Ebrahimi, F. and Salari, E., Thermo – mechanical vibration analysis of a single – walled carbon nanotube embedded in an elastic medium based on higher – order shear deformation beam theory. *J. Mech. Sci. Technol.*, 29, 9, 3797 – 3803, 2015.

[13] Ebrahimi, F., Shaghaghi, G. R., Boreiry, M., An investigation into the influence of thermal loading and surface effects on mechanical characteristics of nanotubes. *Struct. Eng. Mech.*, 57, 1, 179 – 200, 2016.

[14] Ghadiri, M. and Shafiei, N., Nonlinear bending vibration of a rotating nanobeam based on nonlocal Eringen's theory using differential quadrature method. *Microsyst. Technol.*, 22, 12, 2853 – 2867, 2016.

[15] Ebrahimi, F. and Barati, M. R., A nonlocal higher – order shear deformation beam theory for vibration analysis of size – dependent functionally graded nanobeams. *Arabian J. Sci. Eng.*, 41, 5, 1679 – 1690, 2016.

[16] Ebrahimi, F., Ghasemi, F., Salari, E., Investigating thermal effects on vibration behavior of temperature – dependent compositionally graded Euler beams with porosities. *Meccanica*, 51, 1, 223 – 249, 2016.

[17] Ebrahimi, F. and Barati, M. R., Effect of three – parameter viscoelastic medium on vibration behavior of temperature – dependent non – homogeneous viscoelastic nanobeams in hygrother – mal environment. *Mech. Adv. Mater. Struct.*, 2016.

[18] Ebrahimi, F. and Barati, M. R., Vibration analysis of nonlocal beams made of functionally graded material in thermal environment. *Eur. Phys. J. Plus*, 131, 8, 279, 2016.

[19] Ebrahimi, F. and Barati, M. R., A unified formulation for dynamic analysis of nonlocal hetero – geneous nanobeams in hygro – thermal environment. *Appl. Phys. A*, 122, 9, 792, 2016.

[20] Ebrahimi, F., Barati, M. R., Haghi, P., Nonlocal thermo – elastic wave propagation in temperature – dependent embedded small – scaled nonhomogeneous beams. *Eur. Phys. J. Plus*, 131, 11, 383, 2016.

[21] Ebrahimi, F., Barati, M. R., Dabbagh, A., Wave dispersion characteristics of axially loaded magneto – electro – elastic nanobeams. *Appl. Phys. A*, 122, 11, 949, 2016.

[22] Ebrahimi, F., Dabbagh, A., Barati, M. R., Wave propagation analysis of a size-dependent magneto-electro-elastic heterogeneous nanoplate. *Eur. Phys. J. Plus*, 131, 12, 433, 2016.

[23] Ebrahimi, F. and Barati, M. R., Static stability analysis of smart magneto-electro-elastic hetero-geneous nanoplates embedded in an elastic medium based on a four-variable refined plate theory. *Smart Mater. Struct.*, 25, 10, 105014, 2016.

[24] Ebrahimi, F. and Barati, M. R., Thermal buckling analysis of size-dependent FG nanobeams based on the third-order shear deformation beam theory. *Acta Mech. Solida Sin.*, 24, 5, 547-554, 2016.

[25] Ebrahimi, F. and Barati, M. R., Magneto-electro-elastic buckling analysis of nonlocal curved nanobeams. *Eur. Phys. J. Plus*, 227, 9, 346, 2016.

[26] Ebrahimi, F. and Hosseini, S. H. S., Thermal effects on nonlinear vibration behavior of viscoelastic nanosize plates. *J. Therm. Stresses*, 39, 5, 606-625, 2016.

[27] Ebrahimy, F. and Hosseini, S. H. S., Nonlinear electroelastic vibration analysis of NEMS consist-ing of double-viscoelastic nanoplates. *Appl. Phys. A*, 122, 10, 922, 2016.

[28] Ebrahimi, F. and Dabbagh, A., Wave propagation analysis of smart rotating porous heteroge-neous piezo-electric nanobeams. *Eur. Phys. J. Plus*, 132, 1-15, 2017.

[29] Ebrahimi, F. and Barati, M. R., Vibration analysis of viscoelastic inhomogeneous nanobeams incorporating surface and thermal effects. *Appl. Phys. A*, 123, 1, 5, 2017.

[30] Ebrahimi, F. and Barati, M. R., Hygrothermal effects on vibration characteristics of viscoelastic FG nanobeams based on nonlocal strain gradient theory. *Compos. Struct.*, 159, 433-444, 2017.

[31] Ebrahimi, F. and Barati, M. R., Buckling analysis of smart size-dependent higher order magneto-electro-thermo-elastic functionally graded nanosize beams. *J. Mech.*, 33, 1, 23-33, 2017.

[32] Fleck, N. A. and Hutchinson, J. W, A phenomenological theory for strain gradient effects in plasticity. *J. Mech. Phys. Solids*, 41, 12, 1825-1857, 1993.

[33] Lam, D. C., Yang, F., Chong, A. C. M., Wang, J., Tong, P., Experiments and theory in strain gradient e-lasticity. *J. Mech. Phys. Solids*, 51, 8, 1477-1508, 2003.

[34] Lim, C. W., Zhang, G., Reddy, J. N., A higher-order nonlocal elasticity and strain gradient theory and its applications in wave propagation. *J. Mech. Phys. Solids*, 78, 298-313, 2015.

[35] Li, L. and Hu, Y., Buckling analysis of size-dependent nonlinear beams based on a nonlocal strain gradi-ent theory. *Int. J. Eng. Sci.*, 97, 84-94, 2015.

[36] Farajpour, A., Yazdi, M. H., Rastgoo, A., Mohammadi, M., A higher-order nonlocal strain gradient plate model for buckling of orthotropic nanoplates in thermal environment. *Acta Mech.*, 227, 7, 1849-1867, 2016.

[37] Ebrahimi, F., Barati, M. R., Haghi, P, Thermal effects on wave propagation characteristics of rotating strain gradient temperature-dependent functionally graded nanoscale beams. *J. Therm. Stresses*, 227, 1-13, 2016.

[38] Ebrahimi, F., Barati, M. R., Dabbagh, A., A nonlocal strain gradient theory for wave propagation analysis in temperature-dependent inhomogeneous nanoplates. *Int. J. Eng. Sci.*, 107, 169-182, 2016.

[39] Ebrahimi, E and Dabbagh, A., On flexural wave propagation responses of smart FG magneto-electro-e-lastic nanoplates via nonlocal strain gradient theory. *Compos. Struct.*, 162, 281-293, 2017.

[40] Ebrahimi, F. and Dabbagh, A., Nonlocal strain gradient based wave dispersion behavior of smart rotating magneto-electro-elastic nanoplates. *Mater. Res. Express*, 4, 2, 025003, 2017.

[41] Ebrahimi, F. and Barati, M. R., Vibration analysis of piezoelectrically actuated curved nanosize FG beams via a nonlocal strain-electric field gradient theory. *Mech. Adv. Mater. Struct.*, 231, 1-10, 2017.

[42] Ebrahimi, F. and Barati, M. R., Through – the – length temperature distribution effects on thermal vibration analysis of nonlocal strain – gradient axially graded nanobeams subjected to nonuniform magnetic field. *J. Therm. Stresses*, 40, 5, 548 – 563, 2017.

[43] Ebrahimi, F. and Barati, M. R., Damping vibration analysis of smart piezoelectric polymeric nanoplates on viscoelastic substrate based on nonlocal strain gradient theory. *Smart Mater. Struct.*, 26, 6, 065018, 2017.

[44] Arani, A. G. and Jalaei, M. H., Nonlocal dynamic response of embedded single – layered graphene sheet via analytical approach. *J. Eng. Math.*, 98, 1, 129 – 144, 2016.

[45] Lee, C., Wei, X., Kysar, J. W., Hone, J., Measurement of the elastic properties and intrinsic strength of monolayer graphene. *Science*, 321, 5887, 385 – 388, 2008.

[46] Seol, J. H., Jo, I., Moore, A. L., Lindsay, L., Aitken, Z. H., Pettes, M. T., Mingo, N., Two – dimensional phonon transport in supported graphene. *Science*, 328, 5975, 213 – 216, 2010.

[47] Liew, K. M., He, X. Q., Kitipornchai, S., Predicting nanovibration of multi – layered graphene sheets embedded in an elastic matrix. *Acta Mater.*, 54, 16, 4229 – 4236, 2006.

[48] Murmu, T. and Pradhan, S. C., Vibration analysis of nano – single – layered graphene sheets embedded in elastic medium based on nonlocal elasticity theory. *J. Appl. Phys.*, 105, 6, 064319, 2009.

[49] Pradhan, S. C. and Phadikar, J. K., Small scale effect on vibration of embedded multilayered graphene sheets based on nonlocal continuum models. *Phys. Lett. A*, 373, 11, 1062 – 1069, 2009.

[50] Pradhan, S. C. and Murmu, T., Small scale effect on the buckling analysis of single – layered graphene sheet embedded in an elastic medium based on nonlocal plate theory. *Physica E*, 42, 5, 1293 – 1301, 2010.

[51] Ansari, R., Rajabiehfard, R., Arash, B., Nonlocal finite element model for vibrations of embed – ded multi – layered graphene sheets. *Comput. Mater. Sci.*, 49, 4, 831 – 838, 2010.

[52] Ansari, R., Arash, B., Rouhi, H., Vibration characteristics of embedded multi – layered graphene sheets with different boundary conditions via nonlocal elasticity. *Compos. Struct.*, 93, 9, 2419 – 2429, 2011.

[53] Pradhan, S. C. and Kumar, A., Vibration analysis of orthotropic graphene sheets using nonlocal elasticity theory and differential quadrature method. *Compos. Struct.*, 93, 2, 774 – 779, 2011.

[54] Rouhi, S. and Ansari, R., Atomistic finite element model for axial buckling and vibration analysis of single – layered graphene sheets. *Physica E*, 44, 4, 764 – 772, 2012.

[55] Natsuki, T., Shi, J. X., Ni, Q. Q., Buckling instability of circular double – layered graphene sheets. *J. Phys. Condens. Matter*, 24, 13, 135004, 2012.

[56] Arani, A. G., Kolahchi, R., Barzoki, A. A. M., Mozdianfard, M. R., Farahani, S. M. N., Elastic foundation effect on nonlinear thermo – vibration of embedded double – layered orthotropic graphene sheets using differential quadrature method. *Proceedings of the Institution of Mechanical Engineers, Part C: Journal of Mechanical Engineering Science*, 227, 4, 862 – 879, 2013.

[57] Murmu, T., McCarthy, M. A., Adhikari, S., In – plane magnetic field affected transverse vibration of embedded single – layer graphene sheets using equivalent nonlocal elasticity approach. *Compos. Struct.*, 96, 57 – 63, 2013.

[58] Farajpour, A., Solghar, A. A., Shahidi, A., Postbuckling analysis of multi – layered graphene sheets under non – uniform biaxial compression. *Physica E*, 47, 197 – 206, 2013.

[59] Anjomshoa, A., Shahidi, A. R., Hassani, B., Jomehzadeh, E., Finite element buckling analysis of multi – layered graphene sheets on elastic substrate based on nonlocal elasticity theory. *Appl. Math. Modell.*, 38, 24, 5934 – 5955, 2014.

[60] Wang, Y., Li, F. M., Wang, Y. Z., Nonlinear vibration of double layered viscoelastic nanoplates based on nonlocal theory. *Physica E*, 67, 65 – 76, 2015.

[61] Hashemi, S. H., Mehrabani, H., Ahmadi-Savadkoohi, A., Exact solution for free vibration of coupled double viscoelastic graphene sheets by viscoPasternak medium. *Composites Part B*, 78, 377–383, 2015.

[62] Arani, A. G., Haghparast, E., Zarei, H. B., Nonlocal vibration of axially moving graphene sheet resting on orthotropic visco-Pasternak foundation under longitudinal magnetic field. *Physica B*, 495, 35–49, 2016.

[63] Zenkour, A. M., Nonlocal transient thermal analysis of a single-layered graphene sheet embed-ded in viscoelastic medium. *Physica E*, 79, 87–97, 2016.

[64] Ebrahimi, F. and Shafiei, N., Influence of initial shear stress on the vibration behavior of single-layered graphene sheets embedded in an elastic medium based on Reddy's higher-order shear deformation plate theory. *Mech. Adv. Mater. Struct.*, 24, 9, 761–772, 2017.

[65] Arash, B., Wang, Q., Liew, K. M., Wave propagation in graphene sheets with nonlocal elastic theory via finite element formulation. *Comput. Methods Appl. Mech. Eng.*, 223, 1–9, 2012.

[66] Liu, H. and Yang, J. L., Elastic wave propagation in a single-layered graphene sheet on two-parameter elastic foundation via nonlocal elasticity. *Physica E*, 44, 7, 1236–1240, 2012.

[67] Xiao, W., Li, L., Wang, M., Propagation of in-plane wave in viscoelastic monolayer graphene via nonlocal strain gradient theory. *Appl. Phys. A*, 123, 6, 388, 2017.

[68] Natarajan, S., Chakraborty, S., Thangavel, M., Bordas, S., Rabczuk, T., Size-dependent free flexural vibration behavior of functionally graded nanoplates. *Comput. Mater. Sci.*, 65, 74–80, 2012.

第10章 石墨烯太赫兹漏波天线

Walter Fuscaldo[1], Paolo Burghignoli[1], Paolo Baccarelli[2], Alessandro Galli[1]
[1]意大利罗马大学信息工程、电子和电信系
[2]意大利罗马第三大学工程系

摘 要 本章我们将重点介绍石墨烯太赫兹(THz)天线的最新发展,特别是利用石墨烯场效应来重新配置其辐射特性的天线。为此,首先从物理和工程的角度综述了石墨烯在 THz 波段的电子性质。这将有助于我们在严谨的理论基础上分析石墨烯在太赫兹天线系统中的应用。通过目前提出的各种石墨烯天线的鸟瞰图,读者将认识到使用石墨烯代替其他材料的优点和缺点,并了解不同的可能辐射机制。在这方面,特别关注基于等离子体波或非等离子体波的石墨烯天线,讨论其固有差异和相关辐射特性。具体来说,石墨烯非等离子体漏波天线的精确设计是为了向读者介绍一种系统而方便的石墨烯太赫兹漏波天线的设计方法。最后,深入讨论了太赫兹技术和石墨烯合成的技术限制,以突出这种材料在 THz 天线方面的真实前景。

关键词 石墨烯,太赫兹辐射,天线,可调器件,等离子体,漏波

10.1 引言

A. K. Geim 和 K. S. Novoselov[1]已经为这种有前途的材料在多种情况下的应用铺平了道路,包括集成技术,特别是在太赫兹频率下。在这个频率范围内,石墨烯显示出有趣的特性,因为它的表面导电性(由于单原子层结构,完全表征了它的电磁特性),石墨烯变得具有响应性[2-3],因此可以支持等离子体传播[4]。此外,由石墨烯支撑的表面等离子激元(SPP)波的导波波长可能比自由空间中平面波的波长短得多,从而导致 SPP 场的紧横向限制[5-6],特别是与沿着普通金属表面的 SPP 传播相比。然而,石墨烯最吸引人的特点可能是通过应用静电偏置场动态调节其导电性,这为可重构太赫兹器件的发展奠定了基础。

尽管有这些优异的性能,石墨烯最初主要被认为是后硅晶体管的替代品[7],而不是作为天线和其他无源器件的材料。如今,不同的著作探索了石墨烯在天线设计中提供的可能性[8-27],特别是在太赫兹范围内(感兴趣的读者可以在文献[28]中找到石墨烯太赫兹天线的全面综述)。这些著作大多[10-18]考虑了横向磁场(TM)SPP 激发的辐射机制。有

趣的是,在文献[10,11]中,石墨烯薄片被正弦调制以控制其表面电抗;这允许将传播的 SPP 转换成向后辐射的快速漏波。这种等离子体漏波允许在固定频率下实现波束控制能力。然而,SPP 在石墨烯上经历的相对较高的损耗将这些 LWA 的效率限制在 20% 左右[10-12,14]。直到最近,才提出了一种基于非等离子体石墨烯的 LWA[20]。图案化石墨烯薄片被用来增强高阻抗表面的可调谐性,该高阻抗表面在二维 LWA 中充当接地层。然而,所提出的天线的方向性相当低[20]。事实上,任何可重构石墨烯天线的效率都存在根本的限制,如文献[29,30]中的理论所示。具体而言,在石墨烯 LWA 中石墨烯损耗的作用已在文献[23,26]中讨论。

在本章中,我们重点研究了 Fabry – Perot 腔漏波天线(FPC LWA),其辐射机制是基于漏波(即非等离子体)的激发[24-27],强调了基于等离子体的有界天线和漏波传播区天线的优缺点[10-12]。10.2 节简要介绍了石墨烯的电子和物理性质。特别是比较了 Kubo 公式[31-32]的有效性与考虑石墨烯空间色散性质的更复杂模型。重点讨论了石墨烯质量对石墨烯欧姆损耗的影响。在 10.3 节中,严格讨论了等离子体损耗在石墨烯基结构中的作用,展示了等离子体损耗如何影响基于 SPP 的石墨烯太赫兹天线的性能。这促使非等离子体漏波在 FPC – LWA 中的应用。在 10.4 节中,总结了 FPC LWA 的基本特征,以向读者介绍石墨烯 FPC – LWA。在 10.5 节中,我们详细描述了基于石墨烯的不同的 FPC – LWA 设计,即石墨烯平面波传导(GPW)(10.5.1 节)、石墨烯衬底覆层(GSS)(见 10.5.2 节)和石墨烯带光栅(GSG)(10.5.3 节)。最后,在 10.6 节中,考虑到太赫兹技术和石墨烯合成所施加的所有限制,仔细讨论了所提议器件的技术实现。

10.2 石墨烯特性

石墨烯是一层单原子厚的碳原子,排列成蜂窝状晶格[1,33-36]。可以将石墨烯的 Wigner – Seitz 胞[37]看作是一个三角形的单位胞,由两个晶格常数的原子 $a = 1.42 Å$ 组成。有趣的是,石墨烯是一种零带隙材料,电子波函数在第一布里渊区的角(K 点)处的化学势周围表现出伪自旋和线性色散[35-36]。因此,能量的线性色散允许评估费米速度 $v_F = \hbar^{-1} \partial \varepsilon / \partial k$,能量由紧束缚模型近似给出 $\varepsilon = (3\hbar t a/2)|k|$[35-36,38],$t$ 是第一近邻紧束缚参数。结果,电荷载流子在低能下以恒定的费米速度 $v_F = 3at/2 \approx 10^6 m/s$ 作为无质量的手征相对论狄拉克费米子。

一方面,这产生了许多不寻常的特征,通常只能在量子电动力学的背景下观察到。另一方面,由此产生的低电子有效质量和长散射长度导致非常高的载流子迁移率,室温值高达 $200000 cm^2/(V \cdot s)$ 数量级[39]。感兴趣的读者可以在文献[35]中找到对石墨烯电子性质的全面综述。在本章中,我们将重点介绍与天线应用相关的内容。

10.2.1 石墨烯电导率:Kubo 形式

从天线工程的观点来看,石墨烯理论的一个非常有趣的方面是,由于其厚度非常小,石墨烯单层被视为金属表面,其均匀化的表面具有导电性(忽略非局部效应[40-41]),可以通过 Kubo 形式以标量形式导出[31-32]。在这个框架中,石墨烯的电导率 $\sigma = \sigma_{intra} + \sigma_{inter}$ 由以下表达式给出的 σ_{intra} 和带间 σ_{inter} 贡献来描述:

$$\sigma_{\text{intra}} = \frac{2}{\pi} \frac{q_e^2 k_B T}{\hbar^2 (\tau^{-1} + j\omega)} \ln\left[2\cosh\left(\frac{\mu_c}{2 k_B T}\right)\right] \tag{10.1}$$

$$\sigma_{\text{inter}} = -j\frac{q_e^2}{4\pi\hbar}\ln\left(\frac{2|\mu_c| - (\omega - j\tau^{-1})\hbar}{2|\mu_c| - (\omega - j\tau^{-1})\hbar}\right), \text{hyp.}: k_B T \ll |\mu_c|, \hbar\omega \tag{10.2}$$

式中:ω 为角频率 $\omega = 2\pi f$(本章假设并抑制了时间谐波相关性 $e^{j\omega t}$),$-q_e$ 是电子电荷;k_B 是玻尔兹曼常数;$\hbar$ 是约化普朗克常数;τ 为弛豫时间(通过 $\Gamma = 1/(2\tau)$ 与散射率 Γ 相关);μ_c 为化学势,相当于费米能级 E_F。

显然,σ 是受到 μ_c 强烈影响的值,而 μ_c 反过来与有关的静电偏压 E_0 有关。事实上,如果考虑嵌入石墨烯薄片的介质相对介电常数 ε_r,则位移矢量场的法向分量 $D = \varepsilon_0 \varepsilon_r E = \rho_s$ 应等于(石墨烯薄片两侧的)表面电荷,由 $\rho_s = n_s q_e/2$① 给出。由于双极电场效应[1],二维(2D)表面电荷密度 n_s 分别来自正负电荷载体,即电子和空穴。因此,得到 $n_s = |n - p|$,其中 n 和 p 分别是电子和空穴载流子密度,其表达式为[42]

$$n = \frac{2}{\pi}\left(\frac{k_B T}{\hbar v_F}\right)^2 \mathfrak{I}_1(+\mu_c), p = \frac{2}{\pi}\left(\frac{k_B T}{\hbar v_F}\right)^2 \mathfrak{I}_1(-\mu_c) \tag{10.3}$$

且

$$\mathfrak{I}_1(\mu_c) = \frac{1}{(k_B T)^2}\int_0^\infty \varepsilon(1 + \exp[(\varepsilon - \mu_c)/(k_B T)])^{-1}d\varepsilon \tag{10.4}$$

ε 是能量。n_s 使用式(10.3),我们最终得到:

$$n_s = \frac{1}{\pi \hbar^2 v_F^2}\int_0^\infty \varepsilon[f_d(\varepsilon) - f_d(\varepsilon + 2\mu_c)]d\varepsilon \tag{10.5}$$

$f_d(\varepsilon)$ 是费米-狄拉克分布:

$$f_d(\varepsilon) = (1 + \exp[(\varepsilon - \mu_c)/(k_B T)])^{-1} \tag{10.6}$$

根据现在的定义,E_0 通过以下积分方程表示为化学势 μ_c 的函数:

$$E_0 = \frac{q_e}{\pi \varepsilon_0 \varepsilon_r \hbar^2 v_F^2}\int_0^\infty \varepsilon[f_d(\varepsilon) - f_d(\varepsilon + 2\mu_c)]d\varepsilon \tag{10.7}$$

因此,对于给定的化学势 μ_c,可以通过数值求解方程式(10.7)右侧的积分直接得到 E_0[3]。已在图 10.1 中报告了不同类型电介质衬底顶部石墨烯薄片的 $0 \leq \mu_c \leq 1\text{eV}$ 范围内,E_0 和 μ_c 的关系。如图所示,在几个 V/nm 量级的静电场中,化学势的最大绝对值约为 1eV。应该注意的是,这种静电场相当高,通常高于大多数普通介电材料的电压击穿[43]。这方面将在 10.6 节中进一步讨论。

在天线工程的背景下,双极电场效应是石墨烯理论中最特殊的方面之一,因为它揭示了即使在固定频率下,施加偏置电压也可以改变石墨烯的导电性,从而为设计可重构 LWA 提供了可能性。

---

① 需要注意,基于电容器构型的偏置,ρ_s 应加倍,因为石墨烯薄片上侧的正常电场几乎可以忽略不计。

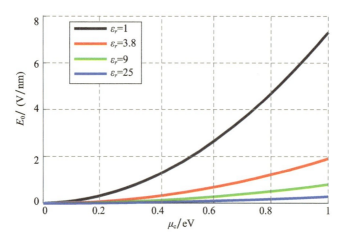

图 10.1　根据式(10.7)，在 $0 \leqslant \mu_c \leqslant 1\text{eV}$ 范围内得出 E_0 和 μ_c 的关系，$\varepsilon_r = 1$(空气)、$\varepsilon_r = 3.8$(石英)、$\varepsilon_r = 9$(铝)、$\varepsilon_r = 25$(氧化镁)

10.2.2　石墨烯电导率：非局部模型

众所周知[3]，在低太赫兹波段时，当传播波数足够低的波 k_ρ(假设波沿 k_ρ 轴传播)，空间色散效应通常可以忽略。当这些假设没有得到满足时(例如，当 $k_\rho \gg k_0$ 时，极端受限的SPP)，必须考虑非局部空间分散导电模型[40]。如文献[40,41]所示，石墨烯的电导率通常由石墨烯的非局部并矢导电性来描述，在谱域和极坐标中，石墨烯是对角张量 $\boldsymbol{\sigma} = \text{diag}(\sigma_\rho, \sigma_\phi)$，其中 σ_ρ 和 σ_ϕ 仅是径向波数 k_ρ 的函数(因此石墨烯是各向同性)，并采用以下表达式：

$$\sigma_\rho = \frac{v_F}{2\pi\gamma_D(1-\chi) + v_F\chi}\sigma_\phi \tag{10.8}$$

$$\sigma_\phi = \gamma\frac{2\pi a}{v_F^2 k_\rho^2}(1-\chi) \tag{10.9}$$

其中

$$\gamma = \frac{jq_e^2 k_B T}{\pi^2 \hbar^2}\ln\left\{2\left[1+\cosh\left(\frac{\mu_c}{k_B T}\right)\right]\right\}, \gamma_D = -j\frac{v_F}{2\pi\omega\tau},$$

$$\chi = \sqrt{1-\frac{v_F^2 k_\rho^2}{a^2}}, a = \omega + j\tau^{-1} \tag{10.10}$$

在图 10.2(a)和(b)中，当 $k_\rho = k_0$ 和 $k_\rho = 200\, k_0$，与 Kubo 公式给出的 σ 表达式进行比较时，在 $0.3\text{THz} \leqslant f \leqslant 3\text{THz}$ 范围内计算了无偏石墨烯薄片($\mu_c = 0$)的 σ_ρ 和 σ_ϕ 的表达式(见式(10.1)和式(10.2))。正如预期的那样，只有当 σ_ρ 和 σ_ϕ 的值开始不同时，k_ρ 会非常高，才能看到不可忽略的差异。在任何情况下，σ(由 Kubo 公式给出)总是低估了 σ_ρ 和 σ_ϕ，然而，对于石墨烯的特别精确的数值模拟，以及沿着石墨烯薄片传播的极端受限的($k_\rho \gg k_0$)SPP 的色散分析，非局部模型可能有用。

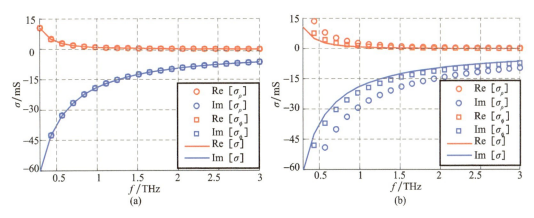

图 10.2 石墨烯表面电导率与频率关系的实部(红色)和虚部(蓝色)。比较非局部模型的表达式,即σ_ρ(圆)和σ_ϕ(正方形),以及 Kubo 公式 σ(实线)。显示了$\mu_c = 0\mathrm{eV}$ 和(a) $k_\rho = k_0$、(b) $k_\rho = 200 k_0$ 的结果

10.2.3 石墨烯电导率:Kubo 模型分析

在低太赫兹范围内,即 $0.3\mathrm{THz} \leqslant f \leqslant 3\mathrm{THz}$ 和室温下,即 $T = 300\mathrm{K}$,$\sigma_{\mathrm{intra}} \gg \sigma_{\mathrm{inter}}$[2-3],因此 $\sigma \approx \sigma_{\mathrm{intra}}$(图 10.3(a))。这意味着当只保留了带内贡献时,σ 可由 Drude 式的表达式表达,从而 σ 表示为化学势μ_c、频率 f 和弛豫时间 τ 的复值标量函数。因为在本章中,我们始终满足低 THz 和室温的假设,从现在起我们总是假设 $\sigma: = \sigma_{\mathrm{intra}}$,因此

$$\sigma = \sigma_R - \mathrm{j}\sigma_J = \frac{2 q_e^2 k_\mathrm{B} T}{(\tau^{-1} + \mathrm{j}\omega)\pi\hbar^2}\ln\left[2\cosh\left(\frac{\mu_c}{2 k_\mathrm{B} T}\right)\right] \quad (10.11)$$

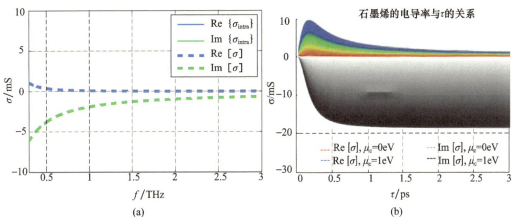

图 10.3 (a)在低太赫兹范围内$0.3\mathrm{THz} \leqslant f \leqslant 3\mathrm{THz}$,当$\mu_c = 0.1\mathrm{eV}$ 和 $\tau = 3\mathrm{ps}$,$\sigma = \sigma_{\mathrm{intra}} + \sigma_{\mathrm{inter}}$(实线)和 σ_{intra}(虚线)之间的比较。当μ_c 和 τ 的值合理时,两者一致性较好。(b)当 $f = 1\mathrm{THz}$ 时,μ_c 范围为 $0 \sim 1\mathrm{eV}$,石墨烯 $\mathrm{Re}[\sigma]$ 和 $\mathrm{Im}[\sigma]$ 与 τ 的关系。当μ_c 从 $0\mathrm{eV}$ 增加到 $1\mathrm{eV}$ 时,$\mathrm{Re}[\sigma]$曲线从红色逐渐变为蓝色,$\mathrm{Im}[\sigma]$ 从灰色逐渐变为黑色(图 10.3(b)来自文献[27])

在 Siemens S 表达式中:σ_R 和 $-\sigma_J$ 是石墨烯等效导纳的电导和电纳。在图 10.3(b)中,当$f = 1$ THz 时,σ_R(彩色)和σ_J(黑白)值与 τ 和μ_c 的函数关系。我们考虑在 $0 \sim 3\mathrm{ps}$ 范

围内 τ 值（这是人们希望得到的原始石墨烯的 τ 的最高值[3]），以及范围为 $0 \sim 1\text{eV}$ 时的 μ_c（对应于几个 V/nm 量级的电场，如图 10.1 所示）。

正如预期，石墨烯电导率 σ_R 的电阻部分随着 μ_c 增加和 τ 减少而增加（注意，较低的 τ 值时，石墨烯质量更差），而其反应部分 σ_J 随着 τ 和 μ_c 增加而增加。在文献[24]中已经对这一行为进行了评论，强调了对于 μ_c 高值的石墨烯，σ 主要是反应性，因此当 μ_c 在 $0 \sim 1\text{eV}$ 的范围内升高时，石墨烯可以从不良导体切换到良导体。然而，从图 10.3 中，我们也注意到欧姆损耗随着高 μ_c 值的增加而增加。因此，偏压石墨烯，即使质量好（高值 τ），在所考虑的太赫兹范围内表现为具有不可忽略欧姆损耗的良导体。由于本章中描述的天线通常需要高质量的石墨烯单分子膜，图 10.4 中当 $\tau = 3\text{ps}$ 时，频率 f 和化学势 μ_c 与 σ_R 和 σ_J 行为的函数关系。

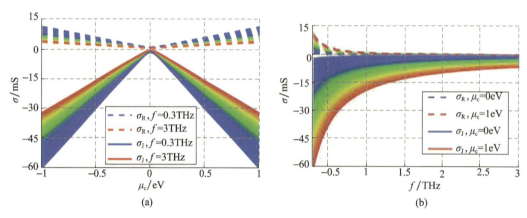

图 10.4　(a) 频率从 0.3THz 升高到 3THz 时，频率在 $-1 \sim 1\text{eV}$ 范围内石墨烯表面电导率与化学势的关系（σ_J 和 σ_R 颜色从蓝色变为红色）；(b) 化学势从 0 提高到 1eV 时，石墨烯表面电导率与在 0.3 $\sim$ 3THz 能带内的化学势频率的关系（σ_J 和 σ_R 颜色从蓝色变为红色）

这里值得强调的是，尽管存在复杂的模型[44-45]，这种模型可以解释声子散射、晶界和杂质等对石墨烯质量的影响（或由其电荷载流子迁移率 μ 表示，或由其弛豫时间 τ 表示），但后者随样品的变化很大，也取决于所采用的合成技术[46]。因此，对石墨烯电导率的全面分析应考虑到弛豫时间在实验数据提供的适当范围内的变化。关于这些方面的最新详细调查报告见文献[47]。在下一节中，将结合由归一化 SPP 波数 $\hat{k}_{\text{SPP}} = \hat{\beta}_{\text{SPP}} - j\hat{a}_{\text{SPP}} = k_{\text{SPP}}/k_0$（$k_0$ 是真空中的波数）的归一化衰减常数 $\hat{a}_{\text{SPP}}$ 表示的 SPP 的耗散损耗更深入地讨论这种行为。在下一节中，标准化为 k_0 的波数将始终用帽子（ˆ）标识。

10.3　石墨烯等离子

众所周知[5]，由石墨烯薄片支撑的 SPP 波的特征是相位常数远大于自由空间波数，而产生横向倏逝，从而出现高度受限的表面波。归一化的 SPP 波数 $\hat{k}_{\text{SPP}}$ 和 SPP 的模型结构直接依赖于 σ。对于悬浮在真空中的导电石墨烯薄片的最简单情况（这也是地平面上方空气中石墨烯薄片的良好近似值，这个距离大于衬底中波长的一半[10]），可以用封闭形式计算 $\hat{k}_{\text{SPP}}$[4-5]。很容易找到 $\hat{\beta}_{\text{SPP}}$ 和 $\hat{a}_{\text{SPP}}$ 与 σ_R（表示等离子体耗散损耗）和 σ_J 的函数关系的精确表达式[26-27]：

$$\hat{\beta}_{SPP} = \left[\sigma_R \cos\left(\frac{1}{2}\arctan\frac{\Pi}{\Delta}\right) - \sigma_J \sin\left(\frac{1}{2}\arctan\frac{\Pi}{\Delta}\right)\right]\frac{(\Delta^2+\Pi^2)^{\frac{1}{4}}}{\sigma_R^2+\sigma_J^2} \quad (10.12)$$

$$\hat{\alpha}_{SPP} = \left[\sigma_J \cos\left(\frac{1}{2}\arctan\frac{\Pi}{\Delta}\right) + \sigma_R \sin\left(\frac{1}{2}\arctan\frac{\Pi}{\Delta}\right)\right]\frac{(\Delta^2+\Pi^2)^{\frac{1}{4}}}{\sigma_R^2+\sigma_J^2} \quad (10.13)$$

$\Delta = \sigma_R^2 - \sigma_J^2 - 4/\zeta_0^2$ 和 $\Pi = -2\sigma_R\sigma_J$，$\zeta_0 \approx 337\Omega$ 是真空的特性阻抗。

10.3.1 石墨烯电浆子损失

在图 10.5 中，使用式（10.13）计算 $\hat{\alpha}_{SPP}$ 值，这表示为复电导率平面中的灰度图，其值范围与图 10.3 中获得的 σ_R 和 σ_J 值范围大致相同。此外，当频率范围从 0.75THz（符号的最小尺寸）到 1.25THz（符号的最大尺寸）时，在复电导率平面中的石墨烯的复值表面电导率所遵循的路径表示 μ_c 值为 0.25~1eV 范围（使用不同的颜色）和 τ 值为 0.1~3ps（使用不同的符号）。注意，$\tau = 0.1$ps 是 SiO_2 衬底上石墨烯的典型值[23]。由于图 10.5 中的黑色区域表示导致最高耗散损耗的复电导率值，因此很明显：

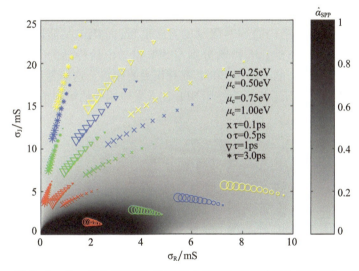

图 10.5 在 σ 复合平面 [0,1] 范围内等离子体耗散损失的强度 $\hat{\alpha}_{SPP}$

为便于阅读，$\hat{\alpha}_{SPP}$ 的动态范围已饱和为大于 1 的值。复合平面中石墨烯表面电导率所遵循的路径已被报道为范围为 0.75~1.25THz 的 f 值（符号尺寸增加），τ 范围为 0.1~3ps（符号形状按以下顺序变化：O、X、∇、*），范围在 0.25~1eV 之间（符号颜色按以下顺序变化：红色、绿色、蓝色和黄色）。黑色区域代表具有最高耗散损耗的区域，并且由具有较低 μ_c 和 τ 的石墨烯样品获得。

（1）当频率从 0.75THz 增加到 1.25THz 时（每个彩色符号代表从最小到最大），对于任何化学势（颜色）或弛豫时间（符号），即对于任何偏压状态或石墨烯质量，石墨烯表面电导率移动到耗散损失最高的区域。频率随着 μ_c 增加而增加，σ 也随之明显增加。

（2）μ_c 增加时（每个符号的颜色样式的顺序如下：红色、绿色、蓝色和黄色），石墨烯表面电导率从耗散损失最高的区域移动到耗散损失最低的区域，大约沿着相对于复导电平面原点的径向线移动。这条线的斜率取决于 τ 和 f 的值。

（3）当 τ 增加时（每种颜色的符号样式顺序如下：O、X、∇、*），石墨烯的表面电导率从损耗最大的区域移动到损耗最小的区域,大致沿着以原点为中心的圆周弧移动,其半径取决于 μ_c 和 f 的值。

文献[10-12]中发现的大多数基于 SPP 的石墨烯太赫兹天线的工作条件是,在频率 $f \approx 1\text{THz}$,$\tau \approx 1\text{ps}$,$\mu_c \approx 0.5\text{eV}$,导致 $\hat{a}_{\text{SPP}} \approx 0.1$(图10.5)。由此产生的损耗是基于 SPP 的石墨烯太赫兹天线辐射效率 η 的最重要限制因素,通常低于 20%[10-12]。最近,关于在光学纳米天线中使用银片,文献[48]也强调了类似的结果。

10.3.2 电浆子数据优点

到目前为止,由于我们正在处理天线应用,其中相关尺寸通常与自由空间波长 λ_0 相关,因此我们已将该数量 $\hat{a}_{\text{SPP}} = \alpha_{\text{SPP}}/k_0 = \alpha_{\text{SPP}}\lambda_0/2\pi$ 视为 SPP 耗散损耗的品质因数(FoM)。然而,对于波导结构(例如,纳米互连、纳米谐振器、布拉格光栅等)中的表面等离子体质量的度量由不同的 FoM 给出。在文献[49]中,提出了三个品质因子作为效益成本比(其中效益由限制表示,成本为衰减)。具体而言,我们关注的是 M_2 和 M_3 的 FOM,定义为

$$M_2 = (\hat{\beta}_{\text{SPP}} - 1)/\hat{a}_{\text{SPP}} \tag{10.14}$$

$$M_3 = \hat{\beta}_{\text{SPP}}/(2\pi \hat{a}_{\text{SPP}}) \tag{10.15}$$

M_2 给出了 1D 和 2D 结构的 SPP 限制的直接度量,而 M_3 与品质因子 Q 严格相关[49]。在图 10.6(a)和(b)中,公布了 M_2 和 M_3 分别与 SPP 沿导电板传播的 σ_R 和 σ_J 函数关系。对于相当低的 σ_R 值和足够高的 σ_J 值,M_2 和 M_3 都有很大的改善。这清楚地强调了仅在足够高的 τ 和 μ_c 值的情况下,沿石墨烯薄片使用 SPP 在未来应用中的潜在前景,其中石墨烯显示出相对高的 σ_J 和中等的 σ_R 值(图10.3)。

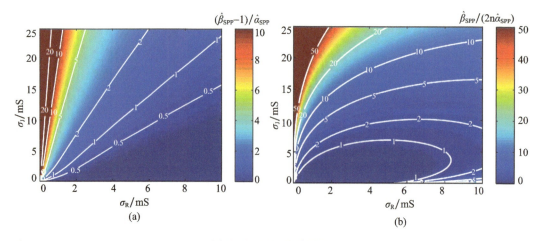

图 10.6 SPP 品质因子

在图 10.4(a)所示的动态范围内,(a) $M_2 = (\hat{\beta}_{\text{SPP}} - 1)/\hat{a}_{\text{SPP}}$ 和(b) $M_3 = \hat{\beta}_{\text{SPP}}/(2\pi \hat{a}_{\text{SPP}})$ 与 σ_R 和 σ_J 的关系。(a)给出了 1D 和 2D 波导结构中悬浮 SPP 的限制测量。(b)与品质因子 Q 严格相关[49](图10.6 取自文献[27])。

10.3.3 漏波与表面等离子体的对比

如图 10.7 所示,基于 SPP 的太赫兹天线中的损耗可能导致非常低的效率。为了克服

这些限制，我们现在考虑普通非等离子体、基本 TE-TM① 漏模对在 GPW 中的传播，这是一种特殊的 Fabry-Perot 腔状结构(10.4 节)。

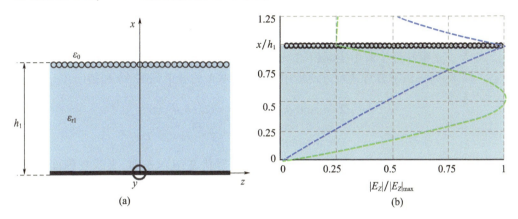

图 10.7 (a)GPW 结构的 2D 草图（$\tau = 3\text{ps}, \mu_c = 1\text{eV}, \varepsilon_{r1} = 3.8, h_1 = 77\mu\text{m}$）。未说明偏压方案。(b) 在 GPW 天线中，基本 TM 漏模（绿线）和 SPP（蓝线）在 $f = 0.92\text{THz}$ 时电场切向分量 E_z 的归一化场结构。浅青色和白色区域分别代表衬底和空气，而黑色圆圈代表石墨烯薄片。x 轴标准化为衬底的高度 h_1。

在图 10.7(a)描述了 GPW 结构中(标题中的参数)，评估并比较了其支持的基本 TM 漏模和 SPP 模的模场结构，从而可以获得可观的物理洞察力。如图 10.7(b)所示，SPP 模式结构高度限制在石墨烯薄片附近，电场为最大。这意味着石墨烯的表面电导率强烈影响模式场，进而影响辐射(我们考虑的是 1eV 的偏置石墨烯薄片)；同时，石墨烯的欧姆损耗影响较大，使得效率较低。另一方面，LW 模结构类似于平行板波导(PPW)的基本 TM 模之一，即具有正弦横向变化且在天线腔的中间平面上具有最大值的普通模。因此，石墨烯表面电导率的变化可能会减少对辐射特性的影响。同时，石墨烯的欧姆损耗影响较小，反过来效率应明显提高。这些考虑促使使用基于普通漏波的天线，而不是基于 SPP 的天线(在导波或漏波情况下)，以设计高效的可重构石墨烯基太赫兹天线。在 10.4 节中，我们将简要介绍法布里-珀罗(Fabry-Perot)空腔漏波天线(FPC-LWA)的相关特性。

10.4 法布里-珀罗空腔漏波天线

法布里-珀罗(Fabry-Perot)空腔漏波天线(FPC LWA)是一种部分开放的波导结构，它支持从源向外径向传播的圆柱形漏波[50-51]。所有 FPC LWA 的基本结构是接地介质板(GDS)，覆盖有部分反射屏(PRS)，具有各种形式(如均匀阻抗、覆盖层、分布式布拉格反射器、石墨烯薄片等[52])。在这类结构中，通过激发结构所支撑的基本漏模而发生辐射，这些漏模是正向快波。有趣的是，当激发来自水平偶极子(电或磁)时，TE、TM 漏模的基本对被激发，FPC-LWA 可以在宽边产生定向笔形波束或锥形波束，锥轴沿垂直 x 轴[50-51,53]。本章 z 轴被选为首选传播轴，发生于纵向。

---

① 本章使用首字母缩略词 TE（TM）来指代相对于 xz 平面的横向电场（磁场）(见图 10.7)。

10.4.1 法布里－珀罗空腔漏波天线特点

在某些条件下[54-55]（通常由适当设计的 FPC LWA 满足[56]），基本 TE、TM 漏模对足以描述此类 FPC LWA 的辐射。在这种情况下，TM 漏波确定 E 面模式，而 TE 漏波确定 H 面模式[50]。光束特性主要由主漏模的一般复传播波数 $k_z = \beta_z - j\alpha_z$ 的相位 β_z 和衰减常数 α_z 决定。具体而言，以下方程式可方便地用于估计 LWA 的波束宽度 $\Delta\theta$ 和指向角 θ_p：

$$\Delta\theta \approx 2\hat{\alpha}_z \sec\theta_p, \theta_p \neq 0°, \Delta\theta \approx 2\sqrt{2}\hat{\alpha}_z, \theta_p = 0° \quad (10.16)$$

$$\sin\theta_p \approx \sqrt{\hat{\beta}_z^2 - \hat{\alpha}_z^2} \quad (10.17)$$

式（10.17）明确规定了 FPC-LWA 的不同辐射状态：$\beta_z < \alpha_z$ 时，天线在侧面辐射；否则，它会发射一束扫描的光束。在极限条件下，即当 $\beta_z = \alpha_z$ 时，这也称为漏截止条件或分束点时，天线在侧面辐射最大功率密度。

10.4.2 法布里－珀罗空腔漏波天线设计

在所有基于 PRS 的 FPC LWA 中，PRS 用于创建泄漏平行板波导（PPW）区域，并且漏波是 PPW 导模的泄漏（辐射）版本，该 PPW 导模将由理想 PPW 中的源激发，如果用金属壁①代替 PRS，则会产生泄漏。为了增强侧面的辐射[51,56-58]，衬底的厚度通常设置为 $h_1 = 0.5\lambda_0/\sqrt{\varepsilon_{r1}}$，其中 ε_{r1} 是电介质填充的相对介电常数。在衬底上层配置（SS）的情况下，PRS 由衬底更致密的介电材料制成的覆盖层来表示[57,59]。为了优化侧面的辐射，衬底厚度再次设置为 $h_1 = 0.5\lambda_0/\sqrt{\varepsilon_{r1}}$，而上层厚度设置为 $h_2 = 0.25\lambda_0/\sqrt{\varepsilon_{r2}}$。

在所有 FPC LWA 中，横向截断 L 的大小取决于目标辐射效率 $\eta_r := P_{rad}/P_{in} = 1 - e^{-\alpha_z L}$，其中 P_{rad} 和 P_{in} 分别是辐射功率和初始功率。结果是

$$L/\lambda_0 = -\ln(1-\eta_r)/(2\pi\hat{\alpha}_z) \quad (10.18)$$

但是，此设计规则假定结构无损。当存在损耗时，结构的效率应按系数 $\hat{\alpha}_{rad}/\hat{\alpha}_z$ 缩放[60]，$\hat{\alpha}_{rad}$ 是理想无损结构产生的泄漏率。因此，无损结构的效率由 $\eta_r \hat{\alpha}_{rad}/\hat{\alpha}_z$ 给出。

最后，源级的最佳位置取决于它的极化。当 HMD 源放置在地平面上时，它的峰值功率密度最大化[51]。然而，源位置通常对模式形状几乎没有影响，因为这是由漏波相位和衰减常数决定。尤其需要注意相位常数主要由介电层的厚度决定，而衰减常数主要由 PRS 的特性决定。

10.4.3 法布里－珀罗空腔漏波天线分析

无论 PRS 的类型，用 PRS 阻抗（导纳）Z_{PRS}（$Y_{PRS} = 1/Z_{PRS}$）来描述其电磁行为很方便。在此假设下，采用横向等效网络（TEN）模型可以方便地研究 FPC-LWA。已知 Z_{PRS} 后，可将横向共振技术[51]应用于等效电路模型（图 10.8），以导出 TE 和 TM 模式的相关分散方程：

$$Y_0^p + Y_{PRS}^p - jY_1^p \cot(k_0 h \hat{k}_{x1}) = 0 \quad (10.19)$$

---

① 这促使了在 FPC-WA 中使用高质量、高度偏置的石墨烯。

式中:TE 和 TM 模 $p \in \{TE, TM\}$。在空气 Y_0^p 和板内 Y_1^p 的等效导纳有以下表达式：

$$Y_0^{TM} = 1/(\hat{k}_{x0}\eta_0), Y_1^{TM} = \varepsilon_r/(\hat{k}_{x1}\eta_0), Y_0^{TM} = \hat{k}_{x0}/\eta_0, Y_1^{TM} = \hat{k}_{x1}/\eta_0 \quad (10.20)$$

$\eta_0 \approx 120\pi\Omega$ 为真空阻抗，而空气和电介质中的归一化垂直波数分别为 $\hat{k}_{x0} = \sqrt{1-\hat{k}_z^2}$ 和 $\hat{k}_{x1} = \sqrt{\varepsilon_r - \hat{k}_z^2}$。式(10.19)的 0 表示在束缚 $\hat{\beta}_z > 1$ (即表面波)和辐射 $\hat{\beta}_z < 1$ (即快速漏波)两种情况下结构的本征模波数①。

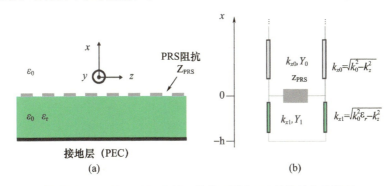

图 10.8 (a)FPC-LWA 的二维截面图和(b)其等效电路模型

最后我们应该强调，所有传统的 FPC-LWA 都表现出频率扫描行为，即随着频率的变化光束转向。事实上，如式(10.17)所示，当 $\alpha_z \ll k_0$ (定向 LWA 的必要条件)时，指向角由归一化相位常数确定，其具有固有频率分散性质(FPC LWA 中的漏模是 PPW 中导模的轻微扰动，其显著分散[61])。因此，频率的变化通常决定了归一化相位常数的变化，而归一化相位常数又决定了光束的转向量，其量由式(10.17)给出。然而，固定频率下波束扫描将有利于无线通信领域的许多应用[62]。事实上，这将允许更换昂贵和复杂的解决方案，如相控阵。在这方面，只要在设计中考虑可调谐元件，FPC-LWA 可以在固定频率下显示可重构特征。过去，在微波范围内提出了许多解决方案，这里仅举两个相关的例子，即铁电材料[63-64]或有源阻抗[65-66]，最近石墨烯被推广为太赫兹范围内 FPC-LWA 的可调谐 PRS[24-27]。下一节将全面介绍这种结构。

10.5 石墨烯法布里-珀罗空腔漏波天线

本节将介绍三种不同的石墨烯基 FPC-LWA 的分析、设计和性能评估。从 GPW 开始，这是最简单的基于石墨烯的 FPC-LWA，由 GDS 顶部的无图案石墨烯薄片组成。然后，在 GSS 中，石墨烯基 FPC LWA 的性能得到了显著的改进，GSS 是 SS-LWA，在 GSS 中石墨烯薄片在最佳位置被适当地引入衬底中。最后，展示了由图案化石墨烯薄片制成的 GPW，即石墨烯带光栅(GSG)所提供的可能性。

由于结构简单，采用 10.4 节概述的传统 FPC LWA 的漏波方法直接分析这些石墨烯

---

① 值得一提的是，表面波是适当的波(仅从数学角度来看，存在着不适当的表面波，但它们在物理上没有意义)，因为它们在垂直方向呈指数衰减 $a_x > 0$，而正向 ($\hat{\beta}_z > 0$) 漏波是不适当的波，因为它们在垂直方向呈指数增长 $a_x < 0$。这并不影响漏波的物理意义，因为漏波的指数增长特性仅维持在有限的角区域内，因此它们不会违反无限远的 Sommerfeld 辐射条件(有关细节讨论，请参见文献[54-55])。

FPC LWA。然而,石墨烯的独特性质使其具有传统 FPC-LWA 所不具备的多种辐射特性。为此,下节将介绍一个原始的漏波分析,以更好地突出这类器件相对于传统器件的新颖辐射特性。

10.5.1 石墨烯平面波传导

石墨烯平面波传导(GPW)(图 10.9)是一种 FPC-LWA,它的 PRS 由石墨烯薄片组成,以允许在固定频率下进行图案重新配置。假设腔中填充有 $\varepsilon_{r1}=3.8$(石英)介电介质,厚度在 $f=1$ THz 时为 $h_1=(\lambda/2\sqrt{\varepsilon_{r1}}\approx 77\mu m)$。一种极薄的中等导电的聚合物薄膜,例如 PEDOT:PSS[67-68],被用作控制石墨烯电导率的栅电极,但是由于其非常薄的外形和中等的损耗①,在 TEN 模型中它被安全地忽略了(图 10.9)。

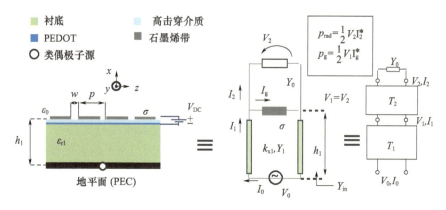

图 10.9 GPW 天线的 2D 草图、TEN 模型和 ABCD 基体表示

沿所考虑的 GPW 传播的模式分散方程由式(10.19)获得,在式(10.1)中用 σ 表达替换 Y_{PRS}^P。由于石墨烯在低太赫兹频率和低 μ_c 值下对辐射几乎是透明的(其电抗 $|\sigma_J|\approx \sigma_R$ 相当低,见图 10.4),无偏 GPW(以下简称 GPW)可视为 GDS 的扰动。相反,对于足够高的 μ_c,石墨烯对辐射几乎不透明(其电抗 $|\sigma_J|\gg\sigma_R$ 相当高,见图 10.4),因此偏置 GPW(以下称为 BGPW)可被视为等效 PPW 的扰动(即用无损金属板替换石墨烯薄片)。感兴趣的读者可以在文献[24]中找到 GPW 在不同偏压状态下的综合模态分析,并描述了 GPW 在束缚态、漏态和等离子体区支持的所有模态。在这里,我们将注意力集中在 GPW 高度偏压(即 $\mu_c>0.5$ eV)时的基本 TE-TM 漏波对上。

图 10.10 更好地显示了通过应用偏压引入的主要结果,结果表明基本 TE 和 TM LW 的分散曲线已经表明了(a)当频率从 0.75~1.1 THz 变化时,化学势的三个有效值;(b)对于固定频率($f=0.92$ THz),当化学势从 0.2~1eV 变化时,我们看到通过式(10.16)和式(10.17),FPC-LWA 的半功率束宽 $\Delta\theta$ 和指向角 θ_p 与归一化漏波数 $\hat{k}_z=\hat{\beta}_z-j\hat{\alpha}_z$ 有关。

考虑到现在的图 10.10(a),很明显,由于 TE 和 TM 情况下的泄漏率都达到较低的

---

① 所采用的 TEN 模型假设了若干简化(例如,无限横向范围、无损接地层、无损介质材料)。然而,从定性角度来看,使用更精确的模型不会显著影响漏波分析的结果[24]。

值,与基本 LW 相关频率上的辐射行为在较高的 μ_c 值下得到改善。考虑到图 10.10(b),我们注意到当施加 1eV 的偏置时,f = 0.92THz 的频率对应于 TE 和 TM LW 的分束条件(图 10.10(a))。在这里,化学势上的光束扫描对于 TE 和 TM 模都遵循最佳的准线性行为,从而再次证实了这种 LW 辐射的可调谐特性。

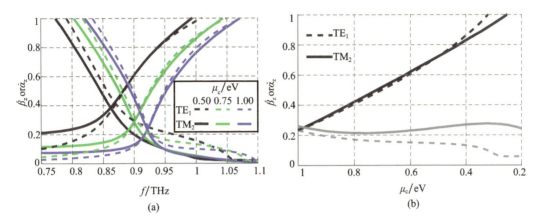

图 10.10 TE_1、TM_2 基本 LW 的分散曲线(a)在 0.75 ~ 1.1THz 范围内,μ_c = 0.5、0.75、1eV;(b)在 $0.2 \leq \mu_c \leq 1eV$ 范围内,f = 0.92THz。在(a)中,对于 TE_1 模式,$\hat{\beta}_z$ 和 $\hat{\alpha}_z$ 都用虚线表示,对于 TM_2,则用实线表示。(b)分别用实线和虚线表示两种模型的 $\hat{\beta}_z$ 和 $\hat{\alpha}_z$

然后,使用 TEN 模型计算 GPW 的远场表达式(图 10.9),并借助互易定理,考虑沿 y 轴定向的水平磁偶极子(HMD)(图 10.11(a))作为源(远场模式的分析表达式见文献[27])。这些结果已经通过电磁 CAD 工具 CST 微波工作室[69]对不同的 μ_c 值(和相应的指向角)进行了充分验证(其详细信息可参见文献[26])。正如预期的那样,由于相位常数和衰减常数受到同等影响,在两个平面上几乎以相同的偏置达到指向角(图 10.11(b) ~ (c))。值得注意的是,TM、TE 漏波相位常数的均衡允许在相当大的仰角范围内使用近圆锥形扫描光束进行频率和偏压扫描(图 10.10(a)和(b))[24,70]。

然而,根据比值 $\eta = P_{rad}/(P_{rad} + P_g + P_L)$ 评估理论辐射效率是很重要,P_{rad} 是空间辐射功率,P_g 是沿石墨烯薄片耗散的功率,P_L 是天线终端处耗散的功率[60,71]。作为典范[51],这些结构假定在横向平面上电率大,因此可以忽略 P_L;从而 η 减少到 $\eta = P_{rad}/(P_{rad} + P_g)$。这种功率平衡分析可以利用 ABCD 基体表示法(见图 10.9),如文献[26-27]所述。

当功率密度在侧面达到最大值时,即当满足分束条件 $\hat{\beta}_z \approx \hat{\alpha}_z$ 时(当 μ_c = 1eV 时,对于 TM 模式,这将发生在 f = 0.92THz 处,且 $\hat{\alpha}_z \approx 0.24$),可以得到 $\eta \approx 70\%$,这远远高于基于等离子体漏波的任何石墨烯 THz LWA[10-12,14],从而激发了普通漏波在太赫兹石墨烯基 LWA 设计中的应用。这种效率的提高是以稍微降低可重构性为代价,这可以通过比较扫描 45°角范围所需的 μ_c 动态范围来看出(从图 10.11 可以看出,扫描范围从 0.5 ~ 1eV),文献[10]中对此有报道(此处,μ_c 扫描范围位 0.6 ~ 1eV)。

对 GPW 天线性能的结论涉及获得的方向性。如图 10.11(b)和(c)所示,半功率波束宽度在两个平面上都相当大;因此方向性相当低。这主要是由于归一化衰减常数 $\hat{\alpha}_z$ 获得了相对较高的值(见式(10.16))。为了提高方向性,文献[25]提出了 GSS。下节将介绍 GSS 的分散、辐射和功率分析,并将其性能与 GPW 进行比较。

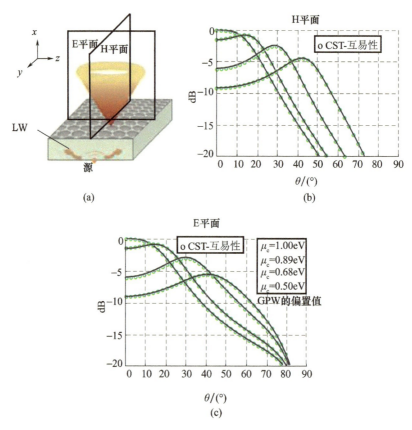

图 10.11 (a)GPW 天线典型可扫描锥形波束扫描特征的示例。在(b)和(c)中,分别显示了(a)中 GPW 天线的 H 平面和 E 平面的归一化到总最大值的辐射模式(在侧面达到)与仰角对于 θ 的关系。分析结果以黑色实线绘制,而使用工具 CST Microwave Studio[69]获得的全波结果以蓝色圆圈给出。当 θ_p = 0°、15°、30°、45°时,固定频率(f_c = 0.922)下的扫描行为显示为波束最大值。相应的化学势见图例

10.5.2 石墨烯衬底 – 覆层

此处提出的石墨烯衬底覆层(GSS)(图 10.12)可以认为是 10.4 节中所述 SS – LWA 的扰动,石墨烯的存在允许在固定频率下进行波束控制,而传统 SS – LWA 仅可能进行频率控制。然而,在衬底内部引入石墨烯单层膜提出了一个问题,即找到一个最佳位置来定位石墨烯薄片以有效地扰动 SS 结构。理想情况下,石墨烯薄片应放置在适当的位置,以便能够①显著影响归一化 LW 相位常数 $β_z$,从而产生有用的波束角可重构性;②最小化归一化 LW 衰减常数 $\hat{α}_z$,以同时提高天线的侧向方向性。由于主漏模的水平电场在地平面上为零($x = 0$)①,在衬底 – 覆层界面上为最小($x = h_1$)②,这两个位置分别产生零或可忽略的石墨烯/SS 相互作用。相反,当 $x_0 = h_1/2$ 时,相互作用预计较高,如图 10.7 所示。然而,最大相互作用的位置不一定能使侧向方向性最大化,这一特性与泄漏率密切相关[26]。

---

① 在这种情况,GSS 与 SS – LWA 等效。
② 在这种情况,GSS 与 GPW 等效,除引入的覆盖层外(即覆层)。

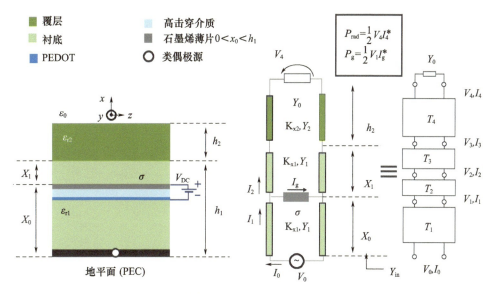

图 10.12　GSS 天线的 2D 草图、TEN 模型和 ABCD 基体表示

实际上，对于定向天线，侧向方向性（$\theta=0$）可以用以下公式近似：$D_0 \approx 4\pi/\Delta\theta_{BW}^2 \approx 0.5\pi/\hat{\alpha}_z^2$（$\theta_p=0°$ 的最后一个公式是应用式（10.16）得出）。因此，最佳位置由 x_{opt} 值提供，当 $\hat{\beta}_z \approx \hat{\alpha}_z$ 时，该值导致最小 $\hat{\alpha}_z$ 值（注意，通过增加高于分裂条件的频率，LW 衰减常数通常减小）。对于由厚度 $h_1=77\mu m$ 的石英（SiO_2）衬底（$\varepsilon_{r1}=3.8$）和厚度为 $h_2=15\mu m$ 的氧化铪（HfO_2）超覆层（$\varepsilon_{r2}=25$）制成的 GSS，其加载有化学电势 $\mu_c=1eV$ 偏置的石墨烯薄片（石墨烯在低太赫兹频率下表现为良导体的值[24]）①，对于 TM 漏模，这个最佳位置在 $f=1.132THz$ 时，有 $x_{opt}=0.82 h_1$。在图 10.13（a）中，我们报告了未扰动 SS 的基本 TM 漏模的分散曲线以及石墨烯薄片位置 x_0 从 h_1（红点）到 0（蓝点）时 GSS 的分裂条件②。如预期的那样，对于非扰动的 SS，$x_0=h_1$ 时，GSS 漏模的 TM 色散曲线与之非常相似。如图 10.13（b）所示，在 $f_c=1.132THz$ 时，当 $x_0=0.82 h_1$，条件 $\hat{\beta}_z(f_c) \approx \hat{\alpha}_z(f_c)$ 达到约 0.148 的最小值。此外，当石墨烯薄片向衬底中部移动时，截止频率在最大的位置 $x_0=0.5 h_1$ 向上移动，这时水平电场最大，因此石墨烯薄片强烈地扰动结构。

对于基本 TE 漏模，发现了非常相似的结果（图 10.13（a）～（d））。具体地说，当 $x_0=0.805 h_1$ 时，在 $f_c=1.148THz$ 处达到最小条件（$\hat{\beta}_z \approx \hat{\alpha}_z \approx 0.140$）。对于 TE 漏模和 TM 漏模，最小区域 $\hat{\alpha}_z$ 是平坦状，因此对于给定的极化，天线侧向方向性的最佳条件是另一极化的准最佳条件。下面将讨论关于 TM 偏振的优化 GSS。

然而，执行此优化程序是为了提高侧面方向性。如果评估预期效率，就是不同的讨论。如果评估 GSS 天线的理论辐射效率 η（借助于图 10.12 所示的 ABCD 基体表示，如文献[26-27]所述），就会发现当石墨烯薄片靠近 x_{opt} 时，η 肯定不是最佳值。为了进一步说

---

① 一般情况下，优化取决于介电对比度 $d_{1,2}=\varepsilon_{r2}/\varepsilon_{r1}$。从定性角度看，较高 $d_{1,2}$ 时，覆层效果[72]主导石墨烯效应。当 $\varepsilon_{r2}=25$ 且 $\varepsilon_{r1}=3.8$ 时，导致 $d_{1,2}\approx 6$，这是一个中间选择。对于不同 $d_{1,2}$ 的优化见文献[27]。

② 出于可读性目的，我们没有报告任何 $x_0=h_1$ 值的分散曲线，而只报告了分束条件。

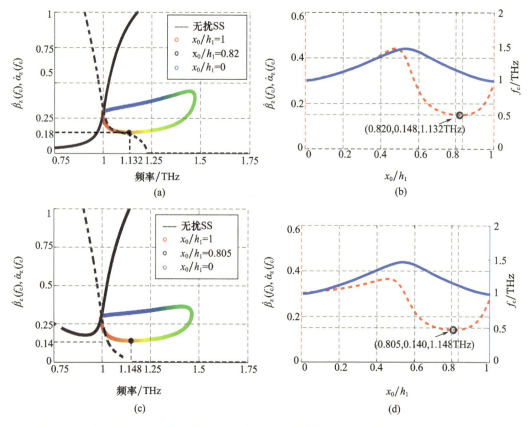

图 10.13 在(a)和(c)中,在 $0.75 \leqslant f \leqslant 1.25$ THz 的频率范围内,未扰动 SS 的基本(a)TM 和(c)TE 漏模的分散曲线($\hat{\beta}$ 和 $\hat{\alpha}_z$ 与 f 的关系,分别为黑色实线和虚线)。在相同的图上,显示了从界面 $x_0/h_1 = 1$ 到地平面 $x_0/h_1 = 0$ 的石墨烯薄片的不同位置的分束条件($\hat{\beta}_z = \hat{\alpha}_z$)的值。当石墨烯薄片从 $x_0/h_1 = 1$ 移动到 $x_0/h_1 = 0$ 时,点的颜色从红色变为蓝色。当考虑 TM(TE)漏模时,当 $x_0/h_1 = 0.82$ 时($x_0/h_1 = 0.805$),在 $f = 1.132$ THz($f = 1.148$ THz)处找到一个最佳位置。注意,发生分束情况的频率 f_c 范围约为 1THz 到 1.5THz。(b)对于 GSS 结构中的基本(b)TM 模和(d)TE 模,截止频率 f(蓝色实线)和 $\hat{\beta}_z(f_c) = \hat{\alpha}_z(f_c)$(红色虚线)的相关值与石墨烯薄片到地平面的归一化距离 x_0/h_1 的函数关系。

明这一方面,在图 10.14 中,报告了石墨烯位置是接地层($x_0 = 0$)到衬底覆层界面($x_0 = h_1$)时,其效率 η(绿线)和侧向方向性的值(蓝线)归一化到其最大值 $\overline{D}_0 = D_0/D_{max}$($D_{max}$ 是关于 x_0 的 D_0 最大值)。如图 10.14 所示,最大方向性不对应于效率的最大值,因此方向性的最佳位置,即 $x_0 = 0.82h_1$,不会导致效率方面的最佳配置。这一物理解释也被图 10.15(a)~(b)中报道的 GSS 中基本 TM 漏模电场 E_z 切向分量的模态结构所证实。当石墨烯置于 $x_0 = 0.82h_1$ 时(图 10.15(a))的电场强度比石墨烯置于 $x_0 = h_1$ 时更强(图 10.15(b))。有趣的是,位置 $x_0 = 0.9h_1$(图 10.14)使得侧面的效率 η 和归一化方向性 $\overline{D}_0$ 几乎等于 80%,因此代表了天线设计的一个很好的权衡。

为了完成这一图,应将优化后的 GSS 的性能(即考虑到 TM 漏模的优化,$x_0 = 0.82h_1$,$f_c = 1.132$ THz)与 GPW 的性能进行比较,如图 10.16 所示,将基本 TE 和 TM LW 的归一化相位 $\hat{\beta}_z$ 和衰减常数 $\hat{\alpha}_z$ 绘制为优化 GSS 配置的化学势 μ_c 的函数(实线),并与原始 GPW 配置进行比较(见10.5.1节)。可以看出，GSS 的 TE 和 TM 泄漏模式都显示出两个非常有趣的特征：①在整个μ_c偏压范围内，相位常数遵循最佳准线性行为，即 0~1eV；②衰减常数表现出轻微变化，始终保持在$\hat{\alpha}_z \approx 0.15$以下，远小于 GPW 情况下的值(图 10.16)。涉及$\hat{\beta}_z$的前一个特征①使得能够在相当大的化学势范围内，即 0~1eV 范围内，具有更精细的线性调谐灵敏度，从而允许对光束扫描过程的精确控制。事实上，在 1eV 到 0eV 的偏置范围内，GSS 基本漏模的$\hat{\beta}_z$值为 0.15~1，而 GPW 基本漏模中，在 1eV 到 0.35eV 的偏置范围内，这个值为 0.25~1。涉及$\hat{\alpha}_z$的后一特征②，使得能够在整个扫描区域上具有期望的准恒定窄波束宽度。值得注意的是，为了获得较低的泄漏率，覆盖层对此很有用，可以大大提高方向性。实际上，GSS 的归一化衰减常数从不超过 0.15，而对于 GPW，TM 基本漏模的衰减常数可以达到 0.3 以上。

辐射模式的全波模拟(CST)和分析结果(图 10.17(b)~(c))均证实，对于所有考虑的指向角($\theta_p = 0°、15°、30°、45°$)，相对于 GPW 解决方案(图 10.11(b)~(c))，优化的 GSS 显示出显著改善的方向性。注意，获得的 GPW 和 GSS 的方向性与文献[10,13]①中提出的基于石墨烯的 SPP 天线的方向性相当。只需降低偏置电压(化学势和偏置电压之间的关系由式(10.7)表示)即可在固定频率下获得电子束扫描行为，从而将 GSS 的石墨烯化学势从 1eV 降至 0.3eV，并将 GPW 的石墨烯化学势从 1eV 降至 0.5eV，对应于 H 面的初始和最终指向角$\theta_p = 0°$和$\theta_p = 45°$。对进一步的角度而言，两个平面上的辐射模式开始变宽，如图 10.16 所预测的分散分析。此外，辐射模式在所考虑的 0°~45°角度范围内有一个准恒定的束宽，如图 10.16 所示，通过观察缓慢变化的泄漏率可以预测。

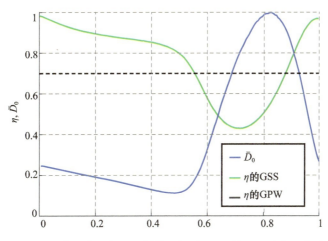

图 10.14　衬底x_0/h_1中效率η与石墨烯位置的关系(红线)，以及归一化为最大$\overline{D}_0$的侧向方向性(蓝线)。在每个石墨烯位置x_0/h_1的相应截止频率下计算了η和$\overline{D}_0$。灰色虚线表示等效 GPW 天线的效率，已将此用于比较

---

① GSS 和 GPW 光束特性之间的定量比较见文献[24,26]。

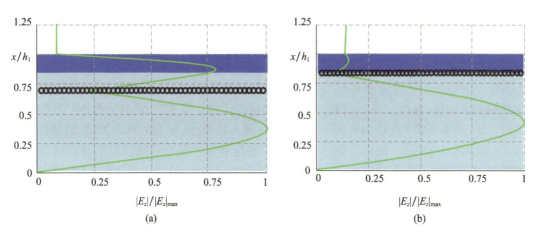

图 10.15 GSS 天线中基本 TM 漏模（绿线）电场 E_z 切向分量的场配置（a）在 $f=1.13$ THz 时，石墨烯放置在 $x_0=0.82\ h_1$，以及（b）在 $f=1.00$ THz 时，石墨烯放置在界面 $x_0=h_1$。浅青色、深蓝色和白色区域代表衬底、覆层、空气，而黑色的圆圈代表石墨烯薄片。x 轴被归一化为整个结构的高度 $h=h_1+h_2$

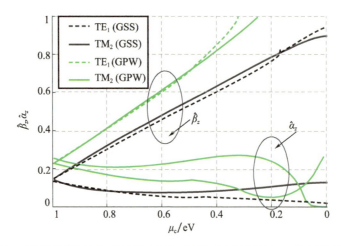

图 10.16 GPW（虚线）基本 TM（黑色）和 TE（灰色）漏模的归一化相位常数和衰减常数，参数如文献[24]所示（即石墨烯以固定频率 $f_c=0.92$ THz 放置在空气和介电层之间的界面上），以及 GSS（实线）的参数如图 10.13（a）所示，在这个模式中石墨烯以固定频率 $f_c=1.132$ THz 放置在最佳位置 $x_0=0.82\ h_1$ 处，作为 $1>\mu_c>0$ eV 范围内化学势的函数

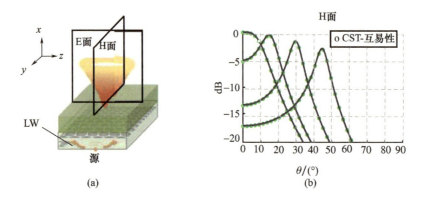

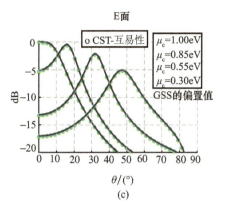

图 10.17 （a）GSS 天线典型锥形波束扫描特征的示例。在（b）和（c）中，分别针对 H 面和 E 面报告了（a）中所示 GSS 天线归一化为总体最大值的辐射模式（在侧面实现）与仰角 θ 的关系。分析结果以黑色实线绘制，而使用工具 CST Microwave Studio[69] 获得的全波结果以蓝色圆圈给出。固定频率（f_c = 1.132THz）下的扫描行为显示了 $\theta = 0°$、$15°$、$30°$、$45°$ 下波束最大值。相应的化学势见图例

10.5.3 石墨烯带光栅

本节最后提出的石墨烯带光栅（GSG）是一种基于图案化石墨烯超表面的可重构 LWA，如图 10.18 所示。除了石墨烯薄片的图案化之外，其结构与 GPW 相同[24]。具体来说，我们考虑了沿 y 轴排列的密集阵列或无限长的石墨烯带。该光栅的特点是在设计频率 $f = 1\text{THz}$（相当于 $\lambda_0 \approx 300\mu m$）下具有一个亚波长周期 $p = \lambda_0/5$ 和条带间非常小的间隙 $w = p/10 = \lambda_0/50$。根据这些条件，图案化的石墨烯薄片可以用一个均匀的表面阻抗精确地描述[73-75]。注意，在这些假设下，提出的 GSG 与文献[76]中提出的模式有很大的不同，它的光栅周期与波长相当，因此单个阻抗不足以描述表面的特性[73]。

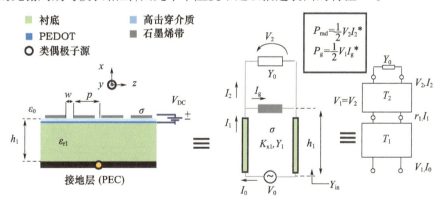

图 10.18 GSG 天线及其 TEN 型号的 2D 剖面图

对于不完美导体，或者更一般地任意二维材料，由像石墨烯一样的复杂表面电导率表征，它们的均匀化 TE 和 TM 阻抗的表达式适用[74-75]：

$$Z_s^{TM} = \frac{p}{\sigma(p-w)} - j\frac{\zeta_{eff}}{2\alpha} \qquad (10.21)$$

$$Z_s^{TM} = \frac{p}{\sigma(p-w)} - j\frac{\zeta_{eff}}{2\alpha(1-(k_z/k_{eff})^2/2)} \quad (10.22)$$

且

$$\alpha = (k_{eff}p/\pi)\ln\csc\left(\frac{\pi\omega}{2p}\right)$$

式中:$k_{eff} = k_0\sqrt{\varepsilon_{eff}}$,$\zeta_{eff} = \zeta_0/\sqrt{\varepsilon_{eff}}$和$=(\varepsilon_{r1}+1)/2$。

按照文献[24,77]中概述的相同程序,使用式(10.21)~式(10.22)来描述薄片阻抗,可以容易地获得 GSG 的分散曲线。结果如图 10.19 所示,报告了 GPW 的基本 TE 和 TM 漏模的分散曲线(分别见图 10.19(a)和(b)),并与 GSG 的分散曲线(分别见图 10.19(c)和(d))进行了比较,得出了四个不同的化学势值μ_c。选择了μ_c值,目的是为了获得 GPW 和 GSS 天线分析的相同理论指向角[56],即在$\theta_p = 0°$、$15°$、$30°$、$45°$,第一个天线的固定频率为$f \approx 0.922$THz,第二个天线的固定频率为$f \approx 1.12$THz。除了频移之外,这些行为是相似的,因此可以从相关漏模的贡献中获得类似的辐射性能。

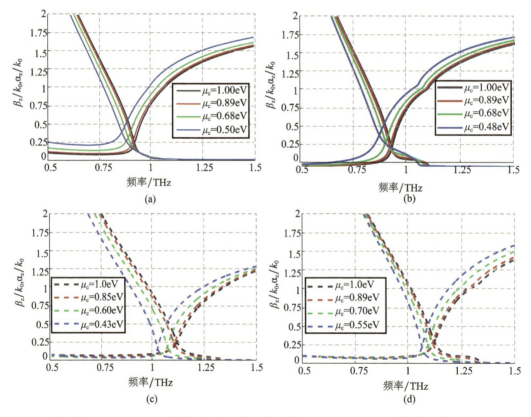

图 10.19 (a)~(b)石墨烯基平面单平板天线(实线)和(c)~(d)石墨烯带光栅天线(虚线)的(a)~(c)TE 和(b)~(d)TM 基本漏模的$\hat{\beta}_z$和$\hat{\alpha}_z$分散图和与频率(THz)的关系。化学势μ_c值见图例(图 10.19(a)~(d)摘自文献[27])

为了验证这一点,通过仅考虑泄漏模式的贡献分析计算了辐射模式(图 10.20),如文献[56]中所述。正如预期的那样,由于泄漏率的小幅度增加,GSG 侧面(黑线)的辐射模式显示出稍大的波束宽度,如图 10.19 和图 10.20 所示。然而,当偏压从其最大值 $\mu_c=1eV$(侧面条件)降低时,石墨烯欧姆损耗增加,如 10.2 节中所述。因此,在 GPW(图 10.19(a)~(b))中,截止频率 $f\approx0.922THz$ 时的泄漏率几乎保持不变(注意,在 FPC-LWA 中,当相位常数增加超过截止频率时,泄漏率通常降低[56]),相应的半功率波束宽度在所考虑的扫描范围内相当大(图 10.20(a)~(b)中的实线)。相反,在 GSG(图 10.19(c)~(d))中,截止频率 $f\approx1.12THz$ 处的泄漏率随着 μ_c 减小而减小,并且相应的半功率波束宽度(图 10.20(a)~(b)中的虚线)比 GPW(图 10.20(a)~(b)中的实线)窄,因为波束扫描的角度更宽。这种行为有一个简单的物理解释。从式(10.21)~式(10.22)可以推断,对石墨烯带光栅均匀化阻抗的 σ 依赖性由光栅的几何特性"加权"。因此,石墨烯电导率 σ 的任何变化都反映在较弱的效应中,其强度取决于"填充因子" w/p。因此,这里显示的结果是选择 $w/p=0.1$ 的直接结果。

最后,TE-TM 模式在 GSG 情况下的不同均衡值得评论。如图所示,获得相同指向角所需的化学势值在 H 面和 E 面上不同,而 GPW 的化学势值几乎相同。这是不同表达式的结果(参见石墨烯带光栅在 TE 和 TM 情况下所示等效阻抗的方程式(10.21)和式(10.22))。然而,由于 GSG 为天线设计者提供了设计的自由度,其仍然具有相当的吸引力。事实上,使用图案化石墨烯薄片而不是均匀的无图案化石墨烯薄片可以允许独立地偏压每个条带,从而允许实现具有锥形孔径分布的可调谐 LWA。

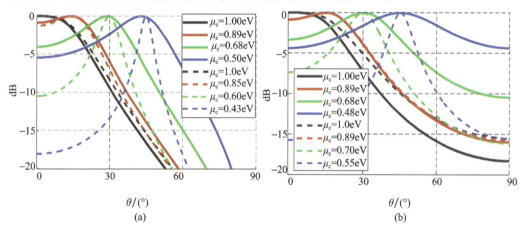

图 10.20 GPW(蓝线)和 GSG(红线)的(a)TE 和(b)TM 基本泄漏模式的归一化辐射模式 $P(\theta)/P_{max}$ 与 θ 的关系

最后,我们注意到,假设 GSG 的阻抗均匀化,已经初步分析了 GSG 的辐射特性。在这种情况下,为了评估式(10.21)~式(10.22)中的均匀化公式对于具有石墨烯等有限复杂电导率的导电带的有效性,更需要进行全波模拟。

10.6 太赫兹构建技术

本节将提供一些关于 GPW、GSS 和 GSG 的技术实施的信息。拟议结构分别如图 10.9、图 10.12 和图 10.18 所示。一般来说,当必须在太赫兹范围内设计基于石墨烯的 FPC-LWA 时,必须考虑几个额外的技术限制:①石墨烯合成技术的现状(见 10.6.1 节),

②有效太赫兹源的可用性(见 10.6.2 节),③偏置方案实现的复杂性(见 10.6.3 节)。然而,值得强调的是,石墨烯方法和太赫兹技术正在快速发展,并且由当前技术水平决定的限制可能在未来几年内很容易被解决。

10.6.1 石墨烯合成

考虑本章中的所有石墨烯 FPC LWA[24-27],假设石墨烯薄片完全覆盖电介质衬底的上表面。因此,石墨烯薄片所需的横向尺寸取决于空腔的横向尺寸。在这方面,结构的横向尺寸由式(10.18)确定。特别是,考虑到工作频率为 1THz($\lambda_0 = 300\mu m$),并假设 $\eta_r \approx 90\%$(LWA 设计中的惯例[51]),线性尺寸由式(10.18)中的泄漏率值决定。对于 GPW(GSG 也有类似的考虑),$\hat{\alpha}_z \approx 0.2$,这表示衬底的线性尺寸约为 $500\mu m$ 数量级,而对于 GSS,$\hat{\alpha}_z \approx 0.15$,这表示衬底的线性尺寸约为 $750\mu m$ 数量级。GSS 相对于 GPW 的线性尺寸增加是由于覆层的覆盖效应所提供的泄漏率的减少[25]。然而,这些尺寸,甚至更大的尺寸属于生产高质量石墨烯薄片的最高技术水平,正如许多最近的著作所述[78-83]。众所周知,化学气相沉积(CVD)方法允许在铜箔上生长高质量的大面积石墨烯薄膜。更有趣的是,最近有研究表明,一种基于 CVD 的新型、简单、有效的方法[83]允许生产几平方厘米的严格单层石墨烯薄片,从而为工业上大规模生产单层石墨烯铺平了道路。

一旦产生石墨烯膜,它就可以转移到背面金属 SiO_2 衬底上(已经包括多晶硅层),如文献[81]中所述。在 GSS 的情况下,由一层 SiO_2 和一层 HfO_2 组成的双层板堆叠在石墨烯薄片的顶部。关于 GSG,唯一的区别在于石墨烯薄片从铜箔到压印聚甲基丙烯酸甲酯(PMMA)的转移过程,如文献[84]所述。这里值得强调的是,这种技术[84]保持了 CVD 生长石墨烯的质量,并提供了将 GSG 转移到氧化硅衬底上的可能性。

10.6.2 太赫兹源

本节研究的 FPC – LWA 被假设为 HMD 激发。这种类型的激发可以通过在地平面上蚀刻一个次谐振槽来实现。这种槽既可以用相干太赫兹源进行背光照明,也可以用太赫兹波导馈电。这两种类型的激发表明实现准共振槽(因此模拟半波长偶极子,而不是短偶极子)有两个原因。关于自由空间激发,必须考虑商用太赫兹透镜将能量聚焦在具有 2D 高斯剖面约 1mm 光斑上[85]。因此,如果考虑尺寸不小于 $100\mu m$ 的槽,则可获得良好的能量耦合;这种尺寸在 1THz 的目标频率下对应于 $\lambda/3$。关于导波激发,必须考虑在太赫兹范围内工作的商用太赫兹波导的横截面。在 900~1400GHz 能带内,波导横截面为 $200\mu m \times 100\mu m$[86],对应于 1THz 处的 $2\lambda/3 \times \lambda/3$。

10.6.3 太赫兹偏置方案

然后,通过改变石墨烯薄片和多晶硅层之间的直流电压来利用石墨烯的可调谐特性,这里将其用作栅极(感兴趣的读者可以在文献[87]中找到关于实现不同偏置方案的更多细节)。关于最后一个方面,由于获得显著的化学势值要求高静电场,因此存在一些限制。如 10.2 节所示,一个积分方程将化学势 μ_c 与静电场 E_0 联系起来。在图 10.1 中可以看出,在 0~1eV 范围内 μ_c 的变化需要几个 V/nm 的静电场。然而,在文献中很少提及由石墨烯层和导电聚合物层构成的填充电容器的介质电压击穿。实际上,通过近似公式

得出[88-89]:

$$E_0 \approx \frac{q_e}{\varepsilon_0 \varepsilon_r} \frac{1}{\pi} \left(\frac{\mu_c}{\hbar v_F} \right)^2 \tag{10.23}$$

式中:$v_F \approx 10^6 \text{m/s}$ 是石墨烯中的费米速度;很容易发现,对于某种材料可以达到的最大化学势 $\mu_{c,max}$ 由以下公式给出:

$$\mu_{c,max} = \hbar v_F \sqrt{\frac{\pi \varepsilon_0 \varepsilon_r E_{bd}}{q_e}} \tag{10.24}$$

式中:E_{bd} 为给定电介质材料的电压击穿。如果使用 SiO_2 的 E_{bd}($\varepsilon_r = 3.8$,$E_{bd} = 1.5\text{V/nm}$),这是具有最高 E_{bd} 的材料之一[43],那么可以得到的最大化学势只有 0.622eV①。然而,由于 $\mu_{c,max}$ 不仅取决于 E_{bd} 而且也取决于 ε_r,对文献[43]中精确分析说明了,选择 HfO_2($\varepsilon_r = 25$ 且 $E_{bd} = 0.67\text{V/nm}$)、TiO_2($\varepsilon_r = 95$ 且 $E_{bd} = 0.25\text{V/nm}$)和 Al_2O_3($\varepsilon_r = 9$ 且 $E_{bd} = 1.38\text{V/nm}$)分别得出等于 1.12eV、1.33eV 和 0.92eV 的 $\mu_{c,max}$ 值。值得注意的是,即使在太赫兹范围内 HfO_2、TiO_2、Al_2O_3 具有不可忽略的损耗角正切[90-91],我们设计中所需的极薄层也会对天线的性能产生的影响微乎其微。

还应注意的是,这些材料(即 HfO_2、TiO_2 和 Al_2O_3)在与薄介电层集成时,对外延石墨烯结构性能的简并最小[92]。特别是,可以看出,相对于其他高介电常数材料而言,表面光学声子散射对 Al_2O_3 影响很小[44]。另一方面,已经证明高介电常数材料会受到声子散射的影响,这会降低石墨烯的迁移率[44](Al_2O_3 显示了一个很好的选择)。此外,最近涉及离子凝胶栅极电介质的新技术[88,93]似乎提供了一种创新的解决方案,以使石墨烯的偏压达到 1eV,从而避免了最常见电介质材料的电压击穿所带来的问题。

在我们的设计中,在 45°扫描光束的化学势的最小值约为 0.30eV[25],因此为了避免使用 TiO_2 和 HfO_2,可以用化学预掺杂石墨烯来表示一种合适方案。还要注意的是,化学掺杂似乎几乎不影响石墨烯中载流子的迁移率[1]。

参考文献

[1] Geim, A. K. and Novoselov, K. S., The rise of graphene. *Nat. Mater.*, 6, 3, 183-191, 2007.

[2] Hanson, G. W, Dyadic Green's functions and guided surface waves for a surface conductivity model of graphene. *J. Appl. Phys.*, 103, 6, 064302, 2008.

[3] Hanson, G. W., Dyadic Green's functions for an anisotropic, non-local model of biased graphene. *IEEE Trans. Antennas Propag.*, 56, 3, 747-757, 2008.

[4] Maier, S. A., *Plasmonics: Fundamentals and applications*, Springer Science & Business Media, New York, NY, USA, 2007.

[5] Vakil, A. and Engheta, N., Transformation optics using graphene. *Science*, 332, 6035, 1291-1294, 2011.

[6] Vakil, A. and Engheta, N., Fourier optics on graphene. *Phys. Rev. B*, 85, 7, 075434, 2012.

[7] Schwierz, F., Graphene transistors. *Nat. Nanotechnol.*, 5, 7, 487-496, 2010.

[8] Dragoman, M., Muller, A. A., Dragoman, D., Coccetti, F., Plana, R., Terahertz antenna based on

---

① 我们注意到在文献[26]中,错误地报告了 0.430eV 的值,在此处对此进行了更正。

graphene. *J. Appl. Phys.*, 107, 10, 104313, 2010.

[9] Tamagnone, M., Capdevila, S., Lombardo, A., Wu, J., Zurutuza, A., Centeno, A., Ionescu, A. M., Ferrari, A. C., Mosig, J. R., Graphene reflectarraymetasurface for terahertz beam steering and phase modulation. *arXiv preprint arXiv*: 1806. 02202, 2018.

[10] Esquius – Morote, M., Gómez – Díaz, J. S., Perruisseau – Carrier, J. et al., Sinusoidally modulated graphene leaky – wave antenna for electronic beamscanning at THz. *IEEE Trans. THz Sci. Tech.*, 4, 1, 116 – 122, 2014.

[11] Gómez – Díaz, J. S., Esquius – Morote, M., Perruisseau – Carrier, J., Plane wave excitation – detection of non – resonant plasmons along finite – width graphene strips. *Opt. Express*, 21, 21, 24 856 – 24 872, 2013.

[12] Tamagnone, M., Gómez – Díaz, J. S., Mosig, J. R., Perruisseau – Carrier, J., Reconfigurable terahertz plasmonic antenna concept using a graphene stack. *Appl. Phys. Lett.*, 101, 21, 214102, 2012.

[13] Tamagnone, M., Gómez – Díaz, J. S., Mosig, J. R., Perruisseau – Carrier, J., Analysis and design of terahertz antennas based on plasmonic resonant graphene sheets. *J. Appl. Phys.*, 112, 11, 114915, 2012.

[14] Correas – Serrano, D., Gómez – Díaz, J. S., Alù, A., Melcón, A. Á., Electrically and magnetically biased graphene – based cylindrical waveguides: Analysis and applications as reconfigurable antennas. *IEEE Trans. THz Sci. Tech.*, 5, 6, 951 – 960, 2015.

[15] Carrasco, E. and Perruisseau – Carrier, J., Reflectarray antenna at terahertz using graphene. *IEEE Antennas Wirel. Propag. Lett.*, 12, 253 – 256, 2013.

[16] Perruisseau – Carrier, J., Tamagnone, M., Gómez – Díaz, J. S., Esquius – Morote, M., Mosig, J. R., Resonant and leaky – wave reconfigurable antennas based on graphene plasmonics, in: 2013 *IEEE Antennas and Propagation Society International Symposium (APS – URSI)*, IEEE, Orlando, FL, USA. 7 – 13 July, 2013. pp. 136 – 137, 2013.

[17] Filter, R., Farhat, M., Steglich, M., Alaee, R., Rockstuhl, C., Lederer, F., Tunable graphene antennas for selective enhancement of THz – emission. *Opt. Express*, 21, 3, 3737 – 3745, 2013.

[18] Jornet, J. M. and Akyildiz, I. F., Graphene – based plasmonic nano – antenna for terahertz band communication in nanonetworks. *IEEE J. Sel. Areas Commun.*, 31, 12, 685 – 694, 2013.

[19] Llatser, I., Kremers, C., Cabellos – Aparicio, A., Jornet, J. M., Alarcón, E., Chigrin, D. N., Graphene – based nano – patch antenna for terahertz radiation. *Photo. Nano. Fund. App.*, 10, 4, 353 – 358, 2012.

[20] Wang, X. – C., Zhao, W. – S., Hu, J., Yin, W. – Y., Reconfigurable terahertz leaky – wave antenna using graphene – based high – impedance surface. *IEEE Trans. Nanotechnol.*, 14, 1, 62 – 69, 2015.

[21] Wang, D. – W, Zhao, W – S., Xie, H., Hu, J., Zhou, L., Chen, W., Gao, P, Ye, J., Xu, Y., Chen, H. – S. et al., Tunable THz multiband frequency – selective surface based on hybrid metal – graphene structures. *IEEE Trans. Nanotechnol.*, 16, 6, 1132 – 1137, 2017.

[22] Wu, B., Hu, Y., Zhao, Y. T., Lu, W. B., Zhang, W., Large angle beam steering thz antenna using active frequency selective surface based on hybrid graphene – gold structure. *Opt. Express*, 26, 12, 15 353 – 15361, 2018.

[23] Chu, D. A., Hon, P. W. C., Itoh, T., Williams, B. S., Feasibility of graphene CRLH metamaterial waveguides and leaky wave antennas. *J. Appl. Phys.*, 120, 1, 013103, 2016.

[24] Fuscaldo, W., Burghignoli, P., Baccarelli, P., Galli, A., Complex mode spectra of graphene – based planar structures for THz applications. *J. Milli. Terahz. Waves*, 36, 8, 720 – 733, 2015.

[25] Fuscaldo, W., Burghignoli, P., Baccarelli, P., Galli, A., A reconfigurable substrate – superstrate graphene – based leaky – wave THz antenna. *IEEE Antennas Wirel. Propag. Lett.*, 15, 1545 – 1548, 2016.

[26] Fuscaldo, W., Burghignoli, P., Baccarelli, P., Galli, A., Graphene Fabry – Perot cavity leaky – wave an-

tennas: Plasmonic versus nonplasmonic solutions. *IEEE Trans. Antennas Propag.* ,65,4,1651 – 1660, 2017.

[27] Fuscaldo,W. ,Burghignoli,P. ,Baccarelli,P. ,Galli,A. ,Efficient 2 – D leaky – wave antenna configurations based on graphene metasurfaces. *Int. J. Microw. Wirel. Technol.* ,9,6,1293 – 1303,2017.

[28] Correas – Serrano,D. and Gomez – Diaz,J. S. ,Graphene – based antennas for terahertz systems: A review. *arXiv preprint arXiv*:1704. 00371,2017.

[29] Tamagnone,M. ,Fallahi,A. ,Mosig,J. R. ,Perruisseau – Carrier,J. ,Fundamental limits and near – optimal design of graphene modulators and non – reciprocal devices. *Nat. Photonics*,8,7,556 – 563,2014.

[30] Tamagnone,M. and Mosig,J. R. ,Theoretical limits on the efficiency of reconfigurable and non – reciprocal graphene antennas. *IEEE Antennas Wirel. Propag. Lett.* ,15,1549 – 1552,2016.

[31] Gusynin,V. P. ,Sharapov,S. G. ,Carbotte,J. P. ,On the universal AC optical background in graphene. *New J. Phys.* ,11,9,095013,2009.

[32] Gusynin,V. P. ,Sharapov,S. G. ,Carbotte,J. P. ,AC conductivity of graphene: From tight – binding model to 2 + 1 – dimensional quantum electrodynamics. *Int. J. Mod. Phys. B*,21,27,4611 – 4658,2007.

[33] Novoselov,K. S. ,Fal,V. I. ,Colombo,L. ,Gellert,P. R. ,Schwab,M. G. ,Kim,K. ,A roadmap for graphene. *Nature*,490,7419,192 – 200,2012.

[34] Novoselov,K. S. ,Geim,A. K. ,Morozov,S. V,Jiang,D. ,Zhang,Y. ,Dubonos,S. V,Grigorieva,I. V,Firsov,A. A. ,Electric field effect in atomically thin carbon films. *Science*,306,5696,666 – 669,2004.

[35] Neto,A. H. C. ,Guinea,F. ,Peres,N. M. ,Novoselov,K. S. ,Geim,A. K. ,The electronic properties of graphene. *Rev. Mod. Phys.* ,81,1,109,2009.

[36] Raza,H. ,*Graphene nanoelectronics: Metrology, synthesis, properties and applications*,Springer Science & Business Media,Heidelberg,Germany,2012.

[37] Ashcroft,N. W. and Mermin,N. D. ,*Solid state physics*,Saunders College,Philadelphia,PA,USA,1976.

[38] Wallace,P. R. ,The band theory of graphite. *Phys. Rev.* ,71,9,622,1947.

[39] Bolotin,K. I. ,Sikes,K. J. ,Jiang,Z. ,Klima,M. ,Fudenberg,G. ,Hone,J. ,Kim,P. ,Stormer,H. L. ,Ultrahigh electron mobility in suspended graphene. *Solid State Commun.* ,146,9,351 – 355,2008.

[40] Lovat,G. ,Hanson,G. W,Araneo,R. ,Burghignoli,P. ,Semiclassical spatially dispersive intraband conductivity tensor and quantum capacitance of graphene. *Phys. Rev. B*,87,11,115429,2013.

[41] Lovat,G. ,Burghignoli,P. ,Araneo,R. ,Low – frequency dominant – mode propagation in spatially dispersive graphene nanowaveguides. *IEEE Trans. Electromagn. Comp.* ,55,2,328 – 333,2013.

[42] Fang,T. ,Konar,A. ,Xing,H. ,Jena,D. ,Carrier statistics and quantum capacitance of graphene sheets and ribbons. *Appl. Phys. Lett.* ,91,9,092109,2007.

[43] McPherson,J. W. ,Kim,J. ,Shanware,A. ,Mogul,H. ,Rodriguez,J. ,Trends in the ultimate breakdown strength of high dielectric – constant materials. *IEEE Trans. Electron. Devices*,50,8,1771 – 1778,2003.

[44] Konar,A. ,Fang,T. ,Jena,D. ,Effect of high – fc gate dielectrics on charge transport in graphene – based field effect transistors. *Phys. Rev. B*,82,11,115452,2010.

[45] Ponomarenko,L. A. ,Yang,R. ,Mohiuddin,T. M. ,Katsnelson,M. I. ,Novoselov,K. S. ,Morozov,S. V. , Zhukov,A. A. ,Schedin,F. ,Hill,E. W,Geim,A. K. ,Effect of a high – k environment on charge carrier mobility in graphene. *Phys. Rev. Lett.* ,102,20,206603,2009.

[46] Raccichini,R. ,Varzi,A. ,Passerini,S. ,Scrosati,B. ,The role of graphene for electrochemical energy storage. *Nat. Mater.* ,14,3,271 – 279,2015.

[47] Zouaghi,W. ,Voß,D. ,Gorath,M. ,Nicoloso,N. ,Roskos,H. G. ,How good would the conductivity of graphene have to be to make single – layer – graphene metamaterials for terahertz frequencies feasible? *Car-*

bon,94,301-308,2015.

[48] Lorente-Crespo,M. and Mateo-Segura,C., Highly directive Fabry-Perot leaky-wave nanoantennas based on optical partially reflective surfaces. *Appl. Phys. Lett.*,106,18,183104,2015.

[49] Berini,P., Figures of merit for surface plasmon waveguides. *Opt. Express*,14,26,13 030-13 042,2006.

[50] Ip,A. and Jackson,D. R., Radiation from cylindrical leaky waves. *IEEE Trans. Antennas Propag.*,38,4,482-488,1990.

[51] Jackson,D. R. and Oliner,A. A., Leaky-wave antennas,in: *Modern Antenna Handbook*,C. A. Balanis (Ed.),John Wiley & Sons,New York,NY,USA,325-367,2011.

[52] Fuscaldo,W., Tofani,S., Burghignoli,P., Baccarelli,P., Galli,A., *Terahertz leaky-wave antennas based on metasurfaces and tunable materials*, InTech Open,London,UK,ch. 5,1-24,2018.

[53] Zhao,T., Jackson,D. R., Williams,J. T., Oliner,A. A., General formulas for 2-D leaky-wave antennas. *IEEE Trans. Antennas Propag.*,53,11,3525-3533,2005.

[54] Tamir,T. and Oliner,A. A., Guided complex waves. Part 1:Fields at an interface. *Proc. IEE*,110,2,310-324,1963.

[55] Tamir,T. and Oliner,A. A., Guided complex waves. Part 2:Relation to radiation patterns. *Proc. IEE*,110,2,325-334,1963.

[56] Lovat,G., Burghignoli,P., Jackson,D. R., Fundamental properties and optimization of broadside radiation from uniform leaky-wave antennas. *IEEE Trans. Antennas Propag.*,54,5,1442-1452,2006.

[57] Jackson,D. R. and Alexópoulos,N. G., Gain enhancement methods for printed circuit antennas. *IEEE Trans. Antennas Propag.*,33,976-987,1985.

[58] Jackson,D. R. and Oliner,A. A., A leaky-wave analysis of the high-gain printed antenna configuration. *IEEE Trans. Antennas Propag.*,36,7,905-910,1988.

[59] Alexopoulos,N. G. and Jackson,D. R., Fundamental superstrate (cover) effects on printed circuit antennas. *IEEE Trans. Antennas Propag.*,32,8,807-816,1984.

[60] Di Nallo,C., Frezza,F., Galli,A., Lampariello,P., Rigorous evaluation of ohmic-loss effects for accurate design of traveling-wave antennas. *J. Electromagn. Waves Appl.*,12,1,39-58,1998.

[61] Pozar,D. M., *Microwave engineering*,John Wiley & Sons,Hoboken,NJ,USA,2009.

[62] Costantine,J., Tawk,Y., Barbin,S. E., Christodoulou,C. G., Reconfigurable antennas:Design and applications. *Proceedings of the IEEE*,103,3,424-437,2015.

[63] Lovat,G., Burghignoli,P., Celozzi,S., A tunable ferroelectric antenna for fixed-frequency scanning applications. *IEEE Antennas Wirel. Propag. Lett.*,5,1,353-356,2006.

[64] Varadan,V. K., Varadan,V. V., Jose,K. A., Kelly,J. F., Electronically steerable leaky wave antenna using a tunable ferroelectric material. *Smart Mater. Struct.*,3,4,470,1994.

[65] Sievenpiper,D., Schaffner,J., Lee,J. J., Livingston,S., A steerable leaky-wave antenna using a tunable impedance ground plane. *IEEE Antennas Wirel. Propag. Lett.*,1,1,179-182,2002.

[66] Ji,L.-Y., Guo,Y. J., Qin,P.-Y., Gong,S.-X., Mittra,R., A reconfigurable partially reflective surface (PRS) antenna for beam steering. *IEEE Trans. Antennas Propag.*,63,6,2387-2395,2015.

[67] Vosgueritchian,M., Lipomi,D. J., Bao,Z., Highly conductive and transparent PEDOT:PSS films with a fluorosurfactant for stretchable and flexible transparent electrodes. *Adv. Functional Mater.*,22,2,421-428,2012.

[68] Du,Y., Tian,H., Cui,X., Wang,H., Zhou,Z.-X., Electrically tunable liquid crystal terahertz phase shifter driven by transparent polymer electrodes. *J. Mater. Chem. C*,4,19,4138-4142,2016.

[69] CST products Darmstadt,Germany,2016. [Online]. Available:http://www.cst.com.

[70] Baccarelli,P.,Burghignoli,P.,Frezza,F.,Galli,A.,Lampariello,P.,Lovat,G.,Paulotto,S.,Fundamental modal properties of surface waves on metamaterial grounded slabs. *IEEE Trans. Microw. Theory Tech.*,53,4,1431-1442,2005.

[71] Galli,A.,Baccarelli,P.,Burghignoli,P.,Leaky-wave antennas,in: *The Wiley Encyclopedia of Electrical and Electronics Engineering*,J. Webster(Ed.),John Wiley & Sons,New York,NY,USA,1-20,2016.

[72] Jackson,J. D.,*Classical Electrodynamics*,vol. 3,John Wiley & Sons,Hoboken,NJ,USA,1962.

[73] Luukkonen,O.,Simovski,C.,Granet,G.,Goussetis,G.,Lioubtchenko,D.,Raisanen,A. V.,Tretyakov,S. A.,Simple and accurate analytical model of planar grids and high-impedance surfaces comprising metal strips or patches. *IEEE Trans. Antennas Propag.*,56,6,1624-1632,2008.

[74] Yakovlev,A. B.,Padooru,Y. R.,Hanson,G. W.,Mafi,A.,Karbasi,S.,A generalized additional boundary condition for mushroom-type and bed-of-nails-type wire media. *IEEE Trans. Microw. Theory Tech.*,59,3,527-532,2011.

[75] Tretyakov,S.,*Analytical modeling in applied electromagnetics*,Artech House,Norwood,MA,USA,2003.

[76] Shapoval,O. V.,Gómez-Díaz,J. S.,Perruisseau-Carrier,J.,Mosig,J. R.,Nosich,A. I.,Integral equation analysis of plane wave scattering by coplanar graphene-strip gratings in the THz range. *IEEE Trans. Tetrahertz Sci. Technol.*,3,5,666-674,2013.

[77] Yakovlev,A. B.,Luukkonen,O.,Simovski,C. R.,Tretyakov,S. A.,Paulotto,S.,Baccarelli,P.,Hanson,G. W.,Analytical modeling of surface waves on high impedance surfaces,in: *Metamaterials and Plasmonics: Fundamentals,Modelling,Applications*,pp. 239-254,Springer,Dordrecht,The Netherlands,2009.

[78] Mas'ud,F. A.,Cho,H.,Lee,T.,Rho,H.,Seo,T. H.,Kim,M. J.,Domain size engineering of CVD graphene and its influence on physical properties. *J. Phys. D Appl. Phys.*,49,20,205504,2016.

[79] Deokar,G.,Avila,J.,Razado-Colambo,I.,Codron,J.-L.,Boyaval,C.,Galopin,E.,Asensio,M.-C.,Vignaud,D.,Towards high quality CVD graphene growth and transfer. *Carbon*,89,82-92,2015.

[80] Li,X.,Cai,W.,An,J.,Kim,S.,Nah,J.,Yang,D.,Piner,R.,Velamakanni,A.,Jung,I.,Tutuc,E. *et al.*,Large-area synthesis of high-quality and uniform graphene films on copper foils. *Science*,324,5932,1312-1314,2009.

[81] Li,X.,Zhu,Y.,Cai,W.,Borysiak,M.,Han,B.,Chen,D.,Piner,R. D.,Colombo,L.,Ruoff,R. S.,Transfer of large-area graphene films for high-performance transparent conductive electrodes. *Nano Lett.*,9,12,4359-4363,2009.

[82] Wan,H.,Cai,W.,Wang,F.,Jiang,S.,Xu,S.,Liu,J.,High-quality monolayer graphene for bulk laser mode-locking near 2um. *Opt. Quant. Electron.*,48,1,1-8,2016.

[83] Wan,X.,Zhou,N.,Gan,L.,Li,H.,Ma,Y.,Zhai,T.,Towards wafer-size strictly monolayer graphene on copper via cyclic atmospheric chemical vapor deposition. *Carbon*,110,384-389,2016.

[84] Ng,A. M.,Wang,Y.,Lee,W. C.,Lim,C. T.,Loh,K. P.,Low,H. Y.,Patterning of graphene with tunable size and shape for microelectrode array devices. *Carbon*,67,390-397,2014.

[85] Lo,Y. H. and Leonhardt,R.,Aspheric lenses for terahertz imaging. *Opt. Express*,16,20,15991-15998,2008.

[86] Fuscaldo,W.,Tofani,S.,Zografopoulos,D. C.,Baccarelli,P.,Burghignoli,P.,Beccherelli,R.,Galli,A.,Systematic design of THz leaky-wave antennas based on homogenized metasurfaces. *IEEE Trans. Antennas Propag.*,66,3,1169-1178,2018.

[87] Gomez-Diaz,J. S.,C. Moldovan,Capdevila,S.,Romeu,J.,Bernard,L. S.,Magrez,A.,Ionescu,A. M.,Perruisseau-Carrier,J.,Self-biased reconfigurable graphene stacks for terahertz plas-monics. *Nat. Commun.*,6,1-8,2015.

[88] Ju,L.,Geng,B.,Horng,J.,Girit,C.,Martin,M.,Hao,Z.,Bechtel,H. A.,Liang,X.,Zettl,A.,Shen,

Y. R. et al. , Graphene plasmonics for tunable terahertz metamaterials. *Nat. Nanotechnol.* , 6, 10, 630 – 634, 2011.

[89] Novoselov, K. S. , Geim, A. K. , Morozov, S. V. , Jiang, D. , Katsnelson, M. I. , Grigorieva, I. V. , Dubonos, S. V. , Firsov, A. A. , Two – dimensional gas of massless Dirac fermions in graphene. *Nature*, 438, 7065, 197 – 200, 2005.

[90] Sharma, P, Perruisseau – Carrier, J. , Moldovan, C. , Ionescu, A. M. , Electromagnetic performance of RF NEMS graphene capacitive switches. *IEEE Trans. Nanotechnol.* , 13, 1, 70 – 79, 2014.

[91] Berdel, K. , Rivas, J. G. , Bolivar, P. H. , de Maagt, P. , Kurz, H. , Temperature dependence of the permittivity and loss tangent of high – permittivity materials at terahertz frequencies. *IEEE Trans. Microw. Theory Tech.* , 53, 4, 1266 – 1271, 2005.

[92] Robinson, J. A. , LaBella, M. , III, Trumbull, K. A. , Weng, X. , Cavelero, R. , Daniels, T. , Hughes, Z. , Hollander, M. , Fanton, M. , Snyder, D. , Epitaxial graphene materials integration:Effects of dielectric overlayers on structural and electronic properties. *ACS Nano*, 4, 5, 2667 – 2672, 2010.

[93] Kim, B. J. , Jang, H. , Lee, S. – K. , Hong, B. H. , Ahn, J. – H. , Cho, J. H. , High – performance flexible graphene field effect transistors with ion gel gate dielectrics. *Nano Lett.* , 10, 9, 3464 – 3466, 2010.

第 11 章　石墨烯太赫兹的应用

Minjie Wang, Eui - Hyeok Yang
美国新泽西州泽西市斯蒂文斯理工学院

摘　要　由于石墨烯独特的无带隙、线性能带结构、超高载流子迁移率以及其他特殊性质,自第一次成功分离石墨烯以来,其备受人们的关注,有望缓解"待开发的电磁频谱的最后前沿"或"太赫兹技术缺口"的技术匮乏。本章将讨论基于石墨烯的太赫兹应用研究的最新进展。本章从石墨烯的合成基础、光电性能、力学性能和化学性能等方面进行了探讨。然后从太赫兹的产生、探测和操纵三个方面综述了近年来的研究进展。光泵浦或电泵浦的石墨烯在狄拉克点附近会出现粒子数反转,从而在较宽的太赫兹光谱范围内产生负的动态电导率。采用 Fabri - Perot 谐振腔设计,实现了光泵浦太赫兹激光。石墨烯的电和化学可调费米能级均已用于调制太赫兹波形,还讨论了增强单层石墨烯中光吸收以获得更多调制深度的方法。本章详细阐述了石墨烯在未来通信、电子等领域的潜在太赫兹应用。

关键词　石墨烯,太赫兹,太赫兹,产生,检测,调制

11.1　引言

太赫兹(THz)频率范围包含 0.1~20THz 的频率(或者等效地,3~600cm^{-1},0.41~82meV,或者 3~0.02mm)。这个频率范围介于两个明确定义的频率区域之间:一个是高频(或较短波长)侧的光子区域;另一个是低频(或较长波长)侧的电子区域。这个特殊的位置意味着人们可以使用光学、电子或光学和电子手段来产生、探测或操纵电磁波。太赫兹频率范围在科学上有丰富内容,包含凝聚态物质中大量的低能基本激发和集体激发(即声子、等离子体、磁振子、自旋共振和超导隙激发)[1-7]。固体中的动力学现象,如载流子散射[8]、复合[9-10]和隧穿[11-13],通常发生在皮秒的时间尺度上,这对应于太赫兹范围内的频率。4meV(即1THz)的特征能量对应于 46K 的温度,这意味着需要在液氦温度下进行测量,以便探索凝聚态物质中的太赫兹现象。然而,从技术上讲,太赫兹频率范围还未充分发展。目前还没有成熟的固态技术来产生、检测和操纵太赫兹电磁波。因此,这个频率范围通常称为"要开发的电磁频谱的最后前沿"或"太赫兹技术缺口"。然而,最近出现了一些显著的突破,例如双色激光灯丝产生太赫兹的3D数值模拟[14]、石墨烯和拓扑绝缘

体中太赫兹等离子体激元的非线性产生[15]、带有整流器（整流天线）的28.3THz纳米整流天线，用于收集红外能量[16]，以及有机Mott绝缘体中Hubbard U的太赫兹调制[17-19]。

近年来，石墨烯、六方氮化硼（h-BN）、过渡金属二卤化物（TMD）、硅烯和磷烯等2D材料受到了广泛关注[20-21]。这些2D材料从电子和光学的角度提供了令人兴奋的机会[22-24]。先前的报告表明，石墨烯和其他2D材料可以在包括太赫兹在内的各种波长范围内实现集成光子电路所需的所有功能（如光子的产生、调制和检测）。这些功能结合其独特的电子特性，如无间隙能带结构和超高载流子迁移率，以及其他特殊的机械、化学和光学特性，可以实现基于2D材料的新功能电光器件[25]。

石墨烯自2004年首次成功地从石墨中分离出来[26]，以及2005年对其独特量子电磁特性的实验研究以来[27-28]，一直备受关注。石墨烯是第一个被分离出来的原子薄材料，它打开了通往2D材料世界的大门。石墨烯中的碳原子被紧密的sp^2键合成六角形晶格，这可以看作是两个交错的三角形晶格，从而提供了石墨烯的稳定性[29-30]。石墨烯具有所有同素异形体中最高的边缘原子比率，这使其产生的化学激活反应高出较厚的片100倍[31-32]。石墨烯是一种特别有趣的光学应用材料，因为它具有宽带光学吸收特性：石墨烯吸收任何频率的光，包括在太赫兹范围内。此外，石墨烯是一种零隙半导体，具有独特的线性能量-动量色散关系[25,33-35]。在石墨烯的导带和价带交叉的地方存在狄拉克点，这赋予了它许多有趣的特性，如与传统半导体相比，石墨烯具有可调载流子密度[36-38]和可预测的高非线性[39-41]。此外，石墨烯在室温下显示的电子迁移率高达15000$cm^2/(V \cdot s)$，理论电势极限为200000$cm^2/(V \cdot s)$，并受到声光子散射的限制。由于石墨烯的这些特性，通过石墨烯中的e-h对获得了在所有波长下都为栅控的超宽带。因此，石墨烯可以具有强的光相互作用和特殊现象，例如载流子集体振荡的光激发，即石墨烯中的等离子体[42-43]。此外，利用光激发[33]，可以在狄拉克点周围产生锥形电子带的反转，从而在THz范围内获得增益。这些特性使得石墨烯在光子学和光电子学领域有着广阔的应用前景，引起了人们的广泛关注。例如，通过在亚波长尺度上消除强耦合，石墨烯带被证明是潜在的宽带吸收体[44]，利用石墨烯基超材料有望开发新的太赫兹宽带偏振旋转器[45]。本节主要讨论基于石墨烯的THz辐射源、探测器和调制器的最新进展[46]。

11.2 石墨烯太赫兹辐射源

太赫兹辐射源是整个太赫兹系统的核心和起点。为了获得更高强度，特别是更宽带宽的太赫兹波，研究人员正致力于开发新的、更好的太赫兹生产技术。一般来说，过去已经发展了三代太赫兹辐射源：光导天线[47]、非线性电光晶体[48]和空气等离子体[49]。目前，这些源的效率和强度都不足以满足应用的需求。因此，基于石墨烯和其他2D材料的太赫兹辐射源因其优异的电光性能而受到人们的青睐。

最近有几项研究以微观理解的方式探索了石墨烯独特载流子动力学在太赫兹的应用[50]。早在2007年，由于超快的载流子弛豫和相对缓慢的复合寿命，光泵或电泵石墨烯被预测在狄拉克点附近出现粒子数反转[51-52]，这导致在很宽的太赫兹光谱范围内动态电导率的实分为负值[53]。动态电导率包括带间和带内贡献，在足够强的泵浦下，动态电导率的负实部意味着能量$\hbar\omega$的光子带间发射压倒了带内Drude吸收。即在特定波长范围内建立正增益。在这些实验和理论研究的基础上,2009 年提出了一种基于光泵石墨烯异质结构的光泵太赫兹激光器,并用 Fabri – Perot 谐振腔设计进行了验证[54]。结构示意图如图 11.1 所示。石墨烯层中的电子和空穴首先通过光激发引入,能量为 $\hbar\Omega$。经过光学声子级联后,得到了能产生太赫兹辐射的底部导带和顶部价带的大量电子和空穴粒子数。如果石墨烯层中产生的太赫兹辐射功率与腔体和 Si 层中吸收的太赫兹功率之比足够大,则太赫兹激光会增加。

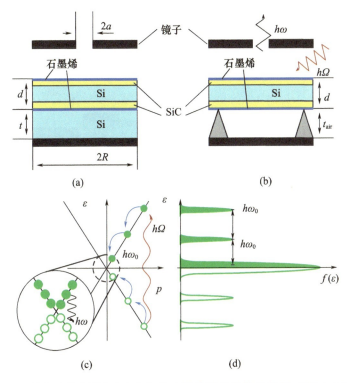

图 11.1 (a)具有硅分离层和(b)空气分离层的激光结构示意图,以及(c)激光泵浦方案和(d)电子和空穴分布函数[54]

另一种太赫兹激光器的设计基于具有金属槽线波导或电介质波导的光泵浦多石墨烯层结构[55]。考虑了波导中吸收的频率依赖性和增益重叠因子,证明了室温下太赫兹激光在太赫兹频率范围的低端产生。此外,还提出了电流注入太赫兹激光作为石墨烯通道晶体管太赫兹激光的替代品,以避免光学泵浦中的缺点,例如复杂的设置可能不方便且低效,以及可能产生显著加热的过量高能量[56-57]。石墨烯基 p – i – n 结构的电子和空穴注入(双注入)示意图如图 11.2 所示[58]。这种结构基于化学掺杂或栅极产生的 p – i – n 联结。在一定条件下,证明了太赫兹模在衬底(垂直于注入电流方向)中的自激发和激光。在源极和漏极之间施加的注入电压只有几毫伏到几十毫伏。

除此之外,还提出了用于产生太赫兹的石墨烯等离子体振荡器[51,59-60]。研究还表明,石墨烯具有可调和可改的本征等离子体[61]。观察到与带状线金属电极接触的自由悬浮石墨烯中的时间分辨皮秒光电流,在光泵石墨烯中电子空穴等离子体产生高达 1THz 的电磁辐射。信号与金属带状线交流耦合[62]。然而,石墨烯的带间吸收仅限于 $e^2/4\hbar$,相当于正常入射光每层吸收 2.3%[63-66],这限制了其在太赫兹激光器中的应用。稍后将再讨论。

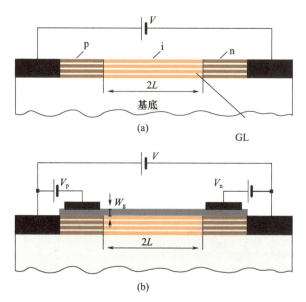

图 11.2 (a)具有化学掺杂的 n - 和 p - 截面,以及(b)具有由侧栅极电压电诱导的截面的多个石墨烯层激光结构的横截面示意图[58]

11.3 石墨烯太赫兹探测器

在过去的几十年中,许多太赫兹探测器都是基于各种原理开发,包括测辐射热太赫兹探测器、肖特基势垒太赫兹探测器、成对制动太赫兹探测器和场效应晶体管(FET)太赫兹探测器。为了表征这些太赫兹探测器,通常使用两个通用性能参数:一种是噪声等效功率(NEP),它与可检测的最小功率有关,另一种是检测率[67]。其他问题,如响应时间、稳定性、成本和维护成本也是值得关注的问题。尽管太赫兹辐射的光电探测在通信、成像、安全、生命科学和医学等领域有着广泛的应用,但现有的常规太赫兹和亚太赫兹探测系统都有其局限性。例如,测辐射热型探测器对背景辐射、温度波动、机械振动和电气干扰极为敏感,在太赫兹范围内的更高频率下性能更差[67]。在许多情况下,冷却到低温是必要的条件。肖特基势垒太赫兹探测器的设计、制造和操作都比较困难。与上述探测器相比,利用场效应晶体管进行太赫兹光谱分析似乎更有希望,因为它们速度非常快,且响应速度非常快。在一系列开创性的论文中[68-71],预测 FET 通道中的等离子体振荡可以产生太赫兹发射吸引了很多人的兴趣。几年后,在低温和室温下实验观察了场效应晶体管的太赫兹发射和探测。结果表明,栅极长度可以决定谐振腔的等离子体频率。对于 1 或 0.1 μm 量级的栅极长度,等离子体振荡出现在太赫兹区域[72]。

基于这些理论和实验结果,提出了各种太赫兹探测结构。单层和双层石墨烯 FET 器件通常用于谐振太赫兹检测,简单的顶栅天线耦合配置也用于通过激发过阻尼等离子体波进行宽带太赫兹检测[73-84]。为了制作这些异质结器件,实际上可以看作是一种超越普通场效应管的新型太赫兹探测器,例如高电子迁移率晶体管(HEMT),可以将 h – BN 等石墨烯以外的新型 2D 材料及其操纵方法结合起来。

例如,通过仔细对准由 h – BN 层分隔的两个石墨烯层中的晶格的取向,可以构造具有能量和动量守恒的共振隧穿的隧道晶体管。这种隧道晶体管在量子阱中没有长载流子驻留时间(皮秒)的基本限制,因此它有可能被缩放以用于太赫兹探测[77]。

隧道晶体管结构示意图如图 11.3 所示。

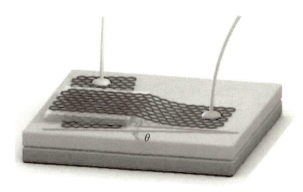

图 11.3 带有扩大角度 θ 两个石墨烯层(由 h – BN 隧道势垒隔开)的器件示意图[77]。

对由夹在两层石墨烯(即 n 型和 p 型掺杂)之间的薄 h – BN 隧道势垒构成的类似异质结构进行了研究。研究人员报道了电压可调太赫兹波的产生和检测[85]。石墨烯通道晶体管和石墨烯光电探测器在 THz 范围内工作[86-91]。通过进一步施加外部磁场,石墨烯晶体管也可用作频率可调(0.76~33THz)探测器[92]。

研究人员一直致力于更好控制石墨烯 THz 器件,如柔性。2017 年,X. Yang 等[93]报道了柔性石墨烯太赫兹探测器。该探测器介电常数为 2.6,在柔性透明的聚对苯二甲酸乙二酯(PET)基底上制成,其设计基于天线耦合石墨烯场效应晶体管(GFET)。柔性基底通过弯曲调整响应度提供额外的控制。

柔性 GFET – THz 探测器的光学显微镜图像和示意图如图 11.4 所示。

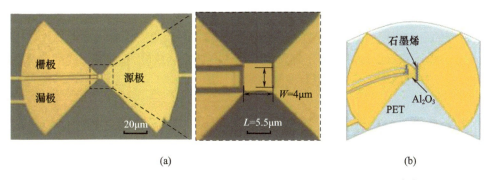

图 11.4 (a)探测器的光学显微镜图像,(b)弯曲探测器的示意图[93]

该器件在室温下可用于 0.3~0.5THz 范围的太赫兹探测。该器件无弯曲,可以提供大于 2V/W 的太赫兹电压响应,噪声等效功率(NEP)在 487GHz 时小于 $3nW/\sqrt{Hz}$。随着应变,响应度的最大值减小。这是由于弯曲产生的平面外压缩应变导致介电常数降低。

石墨烯也可以通过太赫兹脉冲泵浦发光。这意味着石墨烯在太赫兹探测中的应用，I. V Oladyshkin 等[94]于 2018 年首次观察到了强太赫兹脉冲诱导的石墨烯光发射。

首次将 P 掺杂、CVD 生长的石墨烯转移到硼硅酸盐玻璃基底上，其费米能级为 200 meV。p 掺杂被认为由石墨烯-氧化物界面的不均匀性引起。作者使用钛宝石飞秒激光器提供的脉冲太赫兹辐射，其持续时间 50fs、能量 1mJ、中心波长 795nm、重复频率 700Hz。收集并传输产生的太赫兹辐射，并测量从石墨烯样品发射的光学光子数（波长为 340~600nm）。石墨烯发射光子的数量与太赫兹场大小的关系如图 11.5 所示。

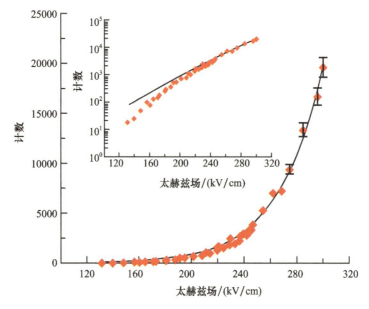

图 11.5　石墨烯发射的光子数与入射太赫兹场的函数关系[94]

结果表明，当入射太赫兹场增加 2 倍时，光发射增加近三个数量级。这表明电子-空穴对的倍增是由外场引起的，而不是由于电子加热，因为温度为恒定。实验数据与 Landau–Zener 带间跃迁理论吻合较好。这种情况可能发生，因为在重掺杂石墨烯的情况下，强太赫兹场将准粒子从带间跃迁区域移除。

最近的研究表明，石墨烯通道晶体管和石墨烯光电探测器也有望在太赫兹范围内运行[86-91]。单层和双层石墨烯 FET 器件通常用于共振太赫兹检测，顶栅天线耦合配置也用于通过激发过阻尼等离子体波进行宽带太赫兹检测[84]。

11.4　石墨烯太赫兹调制器

除了石墨烯太赫兹激光的应用前景之外，石墨烯的另一个潜在的重要应用领域是太赫兹调制[95]。一般来说，根据是否涉及电子元件的调制机制来分类石墨烯光调制器。对于电光石墨烯光调制器，必须同时考虑带间跃迁和带内跃迁。主导短波吸收的带间跃迁与频率无关，可计算为 $T \approx 1 - \pi a \approx 0:977$ [63-66]，其中 a 是精细结构常数（$a = e^2/4\hbar = 1/137 = 2.3\%$）。对于长波情况，带内跃迁更为重要，可以用以下太赫兹区石墨烯的方程式来描述：

$$T(\varpi) = \left(1 + \frac{\pi\alpha}{1+n_{sub}} \frac{\sigma'(\omega)}{\frac{\pi e^2}{2h}}\right)^{-2} \tag{11.1}$$

其中 n_{sub} 是基底的折射率。Drude 模型是计算太赫兹区石墨烯参数的常用模型,可描述为

$$\tilde{\sigma}(\varpi) = \frac{\sigma_0}{1 - i\varpi\tau} \tag{11.2}$$

式中:σ_0 为直流电导率;τ 为载流子散射时间。很容易通过化学或电子栅极来改变石墨烯中的载流子密度[96-97],石墨烯的光学跃迁主要由掺杂水平决定,表达如下:

$$\sigma_0 = en\mu = en\left(\frac{e\tau}{m^*}\right) \tag{11.3}$$

$$\mu = \frac{ev_f\tau}{\hbar\sqrt{\pi n}} \tag{11.4}$$

$$E_F = v_F\hbar\sqrt{\pi n} \tag{11.5}$$

式中:n 为载流子密度;$v_F = 10^6$ m/s 是石墨烯中电子的费米速度;μ 为载流子迁移率。已经提出了基于带内吸收的石墨烯太赫兹调制器[96,98-100]。不同的研究小组已经发现了通过调节费米能级和改变电荷类型来改变石墨烯电子性质的不同方法。石墨烯的电学和化学可调费米能级都被用来调制太赫兹波形[96],最近的研究表明,通过环孔的超常透射,调制深度得到了增强[101]。在典型的石墨烯/SiO$_2$/p-Si 器件结构中,可以通过可调栅极电压调制传输的 THz 电磁波[96],如图 11.6(a)所示。太赫兹波是正常入射到器件上,透射波被检测并记录为与栅极电压的函数关系(V_g),如图 11.6(b)所示。

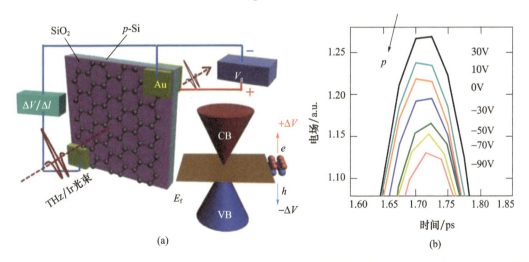

图 11.6 (a)制造的具有入射和透射太赫兹光束的栅极大面积石墨烯器件的草图;(b)栅极电压相关的太赫兹波通过单层石墨烯的传输[96]

石墨烯/SiO$_2$/p-Si FET 器件的调制深度约为 12%,外加栅极电压约为 110V,最近已证明通过环孔的超常传输将其提高到 46% 以上[101]。石墨烯具有可调谐的本征等离子体[61]。石墨烯与贵金属纳米结构的结合也支持表面等离子体模式,这些模式也可以通过

THz 区域的电子栅极进行调谐[61,101]。研究还表明,光驱动硅调制器中衰减和调制深度的增强可以通过在硅上沉积石墨烯来实现,这为石墨烯的应用提供了另一种可能,超越了其自身对 THz 波的调制[102]。通过对石墨烯的光掺杂,实现了频率范围为 0.2~2THz 的宽带太赫兹调制,最大调制深度为 99%。

11.5 太赫兹波的吸收增强

石墨烯在直流到阳光的频率内吸收光。如上节所述,在任何频率下通过带间跃迁的吸收强度由自然常数的组合 $e^2/4\hbar$ 给出,这对应于正常入射光每层 2.3% 的吸收率[63-66]。对于带内无载流子吸收,根据载流子密度,吸收量可比带间吸收大约 30 倍[96]。考虑到石墨烯的原子薄性质,这些数字令人印象深刻,但对于实际用途来说,它们还太小,限制了其在光电器件中的应用[97],如光电探测器[103-105]、光学天线和太阳能电池。因此,提高单层石墨烯的光吸收成为该领域的研究目标之一。例如,100% 的光吸收可以发生在掺杂石墨烯纳米盘的单一图案板上[106]。预测表面等离子体增强的吸收和抑制的透射发生在石墨烯带的周期性阵列中[107]。单层石墨烯已被证明通过与光子晶体引导共振的临界耦合,在近红外和可见光波长范围内具有完全吸收能力[108],并且通过掺杂/栅极,石墨烯可以在吉赫兹至太赫兹范围内表现出更高的吸收性[109-111]。要在石墨烯中获得高的光学吸收率,必须有切实可行的方法。对于由两层单层石墨烯组成的系统,已经提出了在太赫兹频率下电磁波近 100% 的吸收率[112]。最近,也有人提出,当电磁波的入射角保持在全内反射几何范围内时,通过改变石墨烯的费米能量,可以将石墨烯在 0.01~0.1THz 范围内的吸收从 0 调节到近 100%[113]。这是一种经济实用的方法,尽管有时需要石墨烯的大迁移率或高费米能量($1eVE_F$)。通过使用具有平行四边形 TOPAS® 基底的全反射几何结构,在 0.6~1.6THz 范围内,单层石墨烯对太赫兹波的吸收率提高了 70%[86]。在节转移到平行四边形 TOPAS® 棱镜表面的石墨烯显著吸收太赫兹光。采用双棱镜 TOPAS 结构测量了 45°入射角石墨烯的反射率,该反射率采用太赫兹时域光谱系统在 0.6~1.6THz 范围内可产生 0~4 个石墨烯反射。在每次反射时,石墨烯在这个频率范围内均匀地吸收了 71% 的偏振太赫兹光束,在 45°时吸收了 31% 的 p 偏振太赫兹光束。正如预期,每次反射的吸收量为恒定。研究人员也通过单棱镜 TOPAS® 结构测量了透射率的角度依赖性,其具有最多 2 个石墨烯反射。通过旋转单棱镜 TOPAS® 器件,入射角为 25°~70°。对于 s 偏振反射,观察到大约 50°的透射率下降。TOPAS® 上的石墨烯的波导几何结构如图 11.7 所示。

2017 年有研究人员提出垂直生长的石墨烯(VGG)具有独特的超黑表面结构,可增强光与物质的相互作用,进一步增强太赫兹发射[114]。采用微波等离子体增强化学气相沉积(MPECVD)方法在石英基底上生长 VGG 样品,其可见光区域的反射率小于 3%。VGG 的 SEM 和 TEM 图像如图 11.8(a) 和 (b) 所示。

利用太赫兹时域发射光谱系统地研究了 VGG 的太赫兹辐射特性。研究人员使用钛宝石飞秒激光器,获得脉冲太赫兹辐射,持续时间为 35fs、能量高达 500mJ、中心波长为 800nm、重复频率为 1kHz,以此来泵浦 VGG 样品。使用反射和透射两种配置,并且很容易从一种配置转移到另一种配置。在 500~1100nm 范围内,VGG 的反射率小于 3%,在 45°

入射角的 800nm 处的反射率甚至小于 0.5%。在透射结构上，VGG 在 800nm 处的透射率小于 0.25%，穿透深度约为 $0.328\mu m^{-1}$，说明 VGG 是一种超黑材料，可以用来增强光与物质的相互作用。

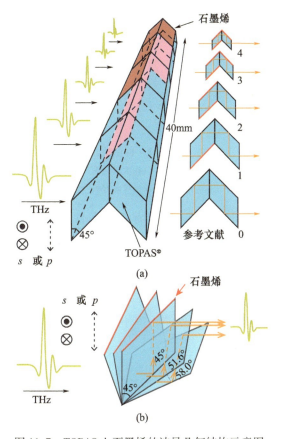

图 11.7　TOPAS 上石墨烯的波导几何结构示意图

(a) 两个 TOPAS 平行四边形组合成四个 45°反射。一片、两片、三片或四片石墨烯被放在 TOPAS 的表面。通过沿垂直于入射太赫兹光束的方向滑动结构，可以选择不同数量的石墨烯反射。(b) 一个平行四边形几何形状，用于角度相关性测量。石墨烯的入射角由波导下的可旋转级控制[86]。

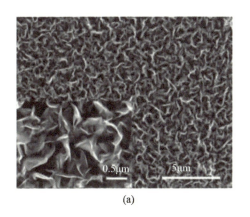

(a)

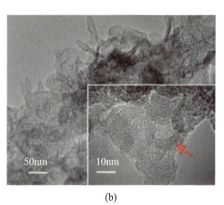

(b)

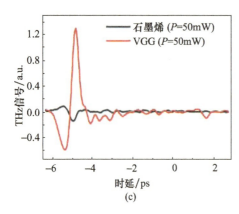
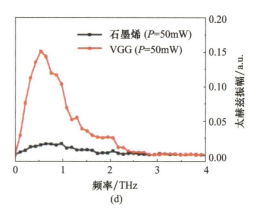

图 11.8 样品表征

(a) VGG 的 SEM 图像;(b) VGG 的 TEM 图像;(c) 在太赫兹时域信号中, 直接比较 VGG 和功率为 50mW 的单层石墨烯的太赫兹发射性能;(d) 太赫兹波形的快速傅里叶变换[114]。

通过比较单层石墨烯和 VGG 在相同传输配置条件下的太赫兹辐射, 观察到 VGG 的太赫兹信号在振幅上是单层石墨烯的 10 倍, 如图 11.8(c) 和 (d) 所示。这种差异发生在不同功率和入射角的其他激发条件下。图 11.8(c) 和 (d) 中使用的相同激发条件为 50mW 功率和入射角为 45°的传输配置。

11.6 小结和展望

本章综述了石墨烯在太赫兹技术中的应用。理论和实验都证明, 石墨烯和其他二维材料可用于发射、检测和调制太赫兹信号[115-116]。虽然已经提出了石墨烯太赫兹发射、检测和调制的理论和机制, 但为了获得良好的工业应用设备, 需要更高效、准确、可靠和可控的新设计。例如, 这些器件的调制速度和能量消耗比不上现有的商用器件。另一个关键问题是石墨烯的稳定性和质量。尽管人们已努力制备单晶、大尺寸石墨烯, 但要获得大于毫米尺寸的单晶石墨烯仍然很困难。CVD 生长样品中的缺陷、污染和材料的时间简并给器件性能带来了许多问题, 这给研制稳定的器件带来了困难。现今对发展更加成熟的石墨烯太赫兹技术有重大需求。

参考文献

[1] M. Tonouchi, Cutting - edge terahertz technology. *Nat. Photonics*, 1, 97 – 105, 2007.

[2] B. Ferguson, X. C. Zhang, Materials for terahertz science and technology. *Nat. Mater.*, 1, 26 – 33, 2002.

[3] D. Mittleman, *Sensing with Terahertz Radiation*. Springer, Berlin, 2003.

[4] K. Sakai, *Terahertz Optoelectronics*. Springer, Berlin, 2005.

[5] C. A. Schmuttenmaer, Exploring dynamics in the far - infrared with terahertz spectroscopy. *Chem. Rev.*, 104, 1759 – 1779, 2004.

[6] P. H. Siegel, Terahertz technology. *Ieee T. Microw. Theory*, 50, 910 – 928, 2002.

[7] P. H. Siegel, Terahertz technology in biology and medicine. *Ieee T. Microw. Theory*, 52, 2438 – 2447, 2004.

[8] S. K. Ray, T. N. Adam, R. T. Troeger, J. Kolodzey, G. Looney, A. Rosen, Characteristics of THz waves and

carrier scattering in boron – doped epitaxial Si and Si1 – xGex films. *J. Appl. Phys.* ,95 ,5301 – 5304 ,2004.

［9］ S. D. Brorson ,J. C. Zhang ,S. R. Keiding ,Ultrafast Carrier Trapping and Slow Recombination in Ion – Bombarded Silicon – on – Sapphire Measured Via Thz Spectroscopy. *Appl. Phys. Lett.* ,64 ,2385 – 2387 ,1994.

［10］ Y. T. Li, J. W. Shi, C. Y. Huang, N. W. Chen, S. H. Chen, J. I. Chyi, Y. C. Wang, C. S. Yang, C. L. Pan, Characterization and Comparison of GaAs/AlGaAs Uni – Traveling Carrier and Separated – Transport – Recombination Photodiode Based High – Power Sub – THz Photonic Transmitters. *Ieee J. Quantum. Elect.* ,46 ,19 – 27 ,2010.

［11］ N. Kishimoto, S. Suzuki, A. Teranishi, M. Asada, Frequency increase of resonant tunneling diode oscillators in sub – THz and THz range using thick spacer layers. *Appl. Phys. Express* ,1 ,042003 ,2008.

［12］ J. Nishizawa, P. Plotka, T. Kurabayashi, Ballistic and Tunneling GaAs static induction transistors：Nano – devices for THz electronics. *Ieee T. Electron Dev.* ,49 ,1102 – 1111 ,2002.

［13］ X. Oriols, A. Alarcon, L. Baella, Dynamically modulated tunneling for multipurpose electron devices：Application to THz frequency multiplication. *Solid State Electron.* ,51 ,1287 – 1300 ,2007.

［14］ L. Berge, S. Skupin, C. Kohler, I. Babushkin, J. Herrmann, 3D Numerical Simulations of THz Generation by Two – Color Laser Filaments. *Phys. Rev. Lett.* ,110 ,073901 ,2013.

［15］ X. H. Yao, M. Tokman, A. Belyanin, Efficient Nonlinear Generation of THz Plasmons in Graphene and Topological Insulators. *Phys. Rev. Lett.* ,112 ,055501 ,2014.

［16］ M. N. Gadalla, M. Abdel – Rahman, A. Shamim, Design, Optimization and Fabrication of a 28. 3 THz Nano – Rectenna for Infrared Detection and Rectification. *Sci. Rep – Uk.* ,4 ,4270 ,2014.

［17］ P. Kuzel, F. Kadlec, Tunable structures and modulators for THz light. *Cr Phys.* ,9 ,197 – 214 ,2008.

［18］ M. Rahm, J. S. Li, W J. Padilla, THz Wave Modulators：A Brief Review on Different Modulation Techniques. *J. Infrared Millim. Te.* ,34 ,1 – 27 ,2013.

［19］ R. Singla, G. Cotugno, S. Kaiser, M. Forst, M. Mitrano, H. Y. Liu, A. Cartella, C. Manzoni, H. Okamoto, T. Hasegawa, S. R. Clark, D. Jaksch, A. Cavalleri, THz – Frequency Modulation of the Hubbard U in an Organic Mott Insulator. *Phys. Rev. Lett.* ,115 ,187401 ,2015.

［20］ A. Gupta, T. Sakthivel, S. Seal, Recent development in 2D materials beyond graphene. *Prog. Mater Sci.* ,73 ,44 – 126 ,2015.

［21］ R. Mas – Balleste, C. Gomez – Navarro, J. Gomez – Herrero, F. Zamora, 2D materials：To graphene and beyond. *Nanoscale* ,3 ,20 – 30 ,2011.

［22］ S. J. Kim, K. Choi, B. Lee, Y. Kim, B. H. Hong, Materials for Flexible, Stretchable Electronics：Graphene and 2D Materials. *Annu. Rev. Mater. Res.* ,45 ,63 – 84 ,2015.

［23］ W. G. Kim, S. Nair, Membranes from nanoporous 1D and 2D materials：A review of opportunities, developments, and challenges. *Chem. Eng. Sci.* ,104 ,908 – 924 ,2013.

［24］ M. Chhowalla, D. Jena, H. Zhang, Two – dimensional semiconductors for transistors. *Nature Reviews Materials* ,1 ,16052 ,2016.

［25］ A. C. Ferrari, F. Bonaccorso, V. Fal'ko, K. S. Novoselov, S. Roche, R Boggild, S. Borini, F. H. L. Koppens, V. Palermo, N. Pugno, J. A. Garrido, R. Sordan, A. Bianco, L. Ballerini, M. Prato, E. Lidorikis, J. Kivioja, C. Marinelli, T. Ryhanen, A. Morpurgo, J. N. Coleman, V. Nicolosi, L. Colombo, A. Fert, M. Garcia – Hernandez, A. Bachtold, G. F. Schneider, F. Guinea, C. Dekker, M. Barbone, Z. R Sun, C. Galiotis, A. N. Grigorenko, G. Konstantatos, A. Kis, M. Katsnelson, L. Vandersypen, A. Loiseau, V. Morandi, D. Neumaier, E. Treossi, V. Rellegrini, M. Rolini, A. Tredicucci, G. M. Williams, B. H. Hong, J. H. Ahn, J. M. Kim, H. Zirath, B. J. van Wees, H. van der Zant, L. Occhipinti, A. Di Matteo, I. A. Kinloch, T. Seyller, E. Quesnel, X. L. Feng, K. Teo, N. Rupesinghe, R Hakonen, S. R. T. Neil, Q. Tannock,

T. Lofwander, J. Kinaret, Science and technology roadmap for graphene, related two-dimensional crystals, and hybrid systems. *Nanoscale*, 7, 4598-4810, 2015.

[26] K. S. Novoselov, A. K. Geim, S. V. Morozov, D. Jiang, Y. Zhang, S. V. Dubonos, I. V. Grigorieva, A. A. Firsov, Electric field effect in atomically thin carbon films. *Science*, 306, 666-669, 2004.

[27] K. S. Novoselov, A. K. Geim, S. V. Morozov, D. Jiang, M. I. Katsnelson, I. V. Grigorieva, S. V. Dubonos, A. A. Firsov, Two-dimensional gas of massless Dirac fermions in graphene. *Nature*, 438, 197-200, 2005.

[28] Y. B. Zhang, Y. W. Tan, H. L. Stormer, R Kim, Experimental observation of the quantum Hall effect and Berry's phase in graphene. *Nature*, 438, 201-204, 2005.

[29] J. W Jiang, J. S. Wang, B. W. Li, Young's modulus of graphene: A molecular dynamics study. *Phys. Rev. B*, 80, 113405, 2009.

[30] M. Mirnezhad, M. Modarresi, R. Ansari, M. R. Roknabadi, Effect of Temperature on Young's Modulus of Graphene. *J. Therm. Stresses*, 35, 913-920, 2012.

[31] L. Zhang, L. J. Long, W. Y. Zhang, D. Du, Y. H. Lin, Study of Inhibition, Reactivation and Aging Processes of Pesticides Using Graphene Nanosheets/Gold Nanoparticles-Based Acetylcholinesterase Biosensor. *Electroanal.*, 24, 1745-1750, 2012.

[32] O. Akhavan, E. Ghaderi, A. Esfandiar, Wrapping Bacteria by Graphene Nanosheets for Isolation from Environment, Reactivation by Sonication, and Inactivation by Near-Infrared Irradiation. *J. Phys. Chem. B*, 115, 6279-6288, 2011.

[33] Z. P. Sun, A. Martinez, F. Wang, Optical modulators with 2D layered materials. *Nat. Photonics*, 10, 227-238, 2016.

[34] F. N. Xia, H. Wang, D. Xiao, M. Dubey, A. Ramasubramaniam, Two-dimensional material nanophotonics. *Nat. Photonics*, 8, 899-907, 2014.

[35] F. Bonaccorso, Z. Sun, T. Hasan, A. C. Ferrari, Graphene photonics and optoelectronics. *Nat. Photonics*, 4, 611-622, 2010.

[36] L. Wang, Z. Sofer, P. Simek, I. Tomandl, M. Pumera, Boron-Doped Graphene: Scalable and Tunable p-Type Carrier Concentration Doping. *J. Phys. Chem. C*, 117, 23251-23257, 2013.

[37] S. L. Lei, B. Li, E. J. Kan, J. Huang, Q. X. Li, J. L. Yang, Carrier-tunable magnetism of graphene with single-atom vacancy. *J. Appl. Phys.*, 113, 213709, 2013.

[38] C. Baeumer, S. P. Rogers, R. J. Xu, L. W. Martin, M. Shim, Tunable Carrier Type and Density in Graphene/PbZr0.2Ti0.8O3 Hybrid Structures through Ferroelectric Switching. *Nano Lett.*, 13, 1693-1698, 2013.

[39] K. J. A. Ooi, L. K. Ang, D. T. H. Tan, Waveguide engineering of graphene's nonlinearity. *Appl. Phys. Lett.*, 105, 111110, 2014.

[40] W. J. Kim, Y. M. Chang, J. Lee, D. Kang, J. H. Lee, Y. W. Song, Ultrafast optical nonlinearity of multi-layered graphene synthesized by the interface growth process. *Nanotechnology*, 23, 225706, 2012.

[41] S. F. Wu, L. Mao, A. M. Jones, W. Yao, C. W. Zhang, X. D. Xu, Quantum-Enhanced Tunable Second-Order Optical Nonlinearity in Bilayer Graphene. *Nano Lett.*, 12, 2032-2036, 2012.

[42] S. M. Rao, J. J. F. Heitz, T. Roger, N. Westerberg, D. Faccio, Coherent control of light interaction with graphene. *Opt. Lett.*, 39, 5345-5347, 2014.

[43] F. N. A. Xia, The interaction of light and graphene: Basics, devices and applications. *Ieee Photon Conf.*, 543-543, 2013.

[44] X. Shi, L. Ge, X. Wen, X. Han, Y. Yang, Broadband light absorption in graphene ribbons by canceling strong coupling at subwavelength scale. *Opt. Express*, 24, 26357-26362, 2016.

[45] X. Wen, J. Zheng, Broadband THz reflective polarization rotator by multiple plasmon resonances.

Opt. Express, 22, 28292 – 28300, 2014.

[46] M. Hasan, S. Arezoomandan, H. Condori, B. Sensale – Rodriguez, Graphene terahertz devices for communications applications. *Nano Commun. Netw.*, 10, 68 – 78, 2016.

[47] P. R. Smith, D. H. Auston, M. C. Nuss, SubpicosecondPhotoconducting Dipole Antennas. *Ieee J. Quantum Elect.*, 24, 255 – 260, 1988.

[48] A. Rice, Y. Jin, X. F. Ma, X. C. Zhang, D. Bliss, J. Larkin, M. Alexander, Terahertz Optical Rectification from (110) Zincblende Crystals. *Appl. Phys. Lett.*, 64, 1324 – 1326, 1994.

[49] N. Karpowicz, J. M. Dai, X. F. Lu, Y. Q. Chen, M. Yamaguchi, H. W. Zhao, X. C. Zhang, L. L. Zhang, C. L. Zhang, M. Price – Gallagher, C. Fletcher, O. Mamer, A. Lesimple, K. Johnson, Coherent heterodyne time – domain spectrometry covering the entire "terahertz gap" *Appl. Phys. Lett.*, 92, 011131, 2008.

[50] T. Otsuji, S. A. B. Tombet, A. Satou, H. Fukidome, M. Suemitsu, E. Sano, V. Popov, M. Ryzhii, V. Ryzhii, Graphene – based devices in terahertz science and technology. *J. Phys. D Appl. Phys.*, 45, 303001, 2012.

[51] V. Ryzhii, M. Ryzhii, T. Otsuji, Negative dynamic conductivity of graphene with optical pumping. *J. Appl. Phys.*, 101, 083114, 2007.

[52] M. Ryzhii, V. Ryzhii, Injection and population inversion in electrically induced p – n junction in graphene with split gates. *Jpn. J. Appl. Phys.*, 2 46, L151 – L153, 2007.

[53] A. Satou, F. T. Vasko, V. Ryzhii, Nonequilibrium carriers in intrinsic graphene under interband photoexcitation. *Phys. Rev. B*, 78, 115431, 2008.

[54] A. A. Dubinov, V. Y. Aleshkin, M. Ryzhii, T. Otsuji, V. Ryzhii, Terahertz Laser with Optically Pumped Graphene Layers and Fabri – Perot Resonator. *Appl. Phys. Express*, 2, 092301, 2009.

[55] V. Ryzhii, A. A. Dubinov, T. Otsuji, V. Mitin, M. S. Shur, Terahertz lasers based on optically pumped multiple graphene structures with slot – line and dielectric waveguides. *J. Appl. Phys.*, 107, 054505, 2010.

[56] T. Otsuji, S. B. Tombet, A. Satou, V. Ryzhii, M. Ryzhii, Terahertz Wave Generation Using Graphene – Toward the Creation of Terahertz Graphene Injection Lasers. *P Ieee Les. Eastm.*, 1 – 4, 2012.

[57] V. Ryzhii, M. Ryzhii, V. Mitin, T. Otsuji, Toward the creation of terahertz graphene injection laser. *J. Appl. Phys.*, 110, 094503, 2011.

[58] V. Ryzhii, I. Semenikhin, M. Ryzhii, D. Svintsov, V. Vyurkov, A. Satou, T. Otsuji, Double injection in graphene p – i – n structures. *J. Appl. Phys.*, 113, 244505, 2013.

[59] F. Rana, Graphene terahertz plasmon oscillators. *Ieee T. Nanotechnol.*, 7, 91 – 99, 2008.

[60] V. Ryzhii, A. Satou, W. Knap, M. S. Shur, Plasma oscillations in high – electron – mobility transistors with recessed gate. *J. Appl. Phys.*, 99, 084507, 2006.

[61] A. N. Grigorenko, M. Polini, K. S. Novoselov, Graphene plasmonics. *Nat. Photonics*, 6, 749 – 758, 2012.

[62] L. Prechtel, L. Song, D. Schuh, P. Ajayan, W. Wegscheider, A. W. Holleitner, Time – resolved ultrafast photocurrents and terahertz generation in freely suspended graphene. *Nat. Commun.*, 3, 646, 2012.

[63] H. Choi, F. Borondics, D. A. Siegel, S. Y. Zhou, M. C. Martin, A. Lanzara, R. A. Kaindl, Broadband electromagnetic response and ultrafast dynamics of few – layer epitaxial graphene. *Appl. Phys. Lett.*, 94, 172102, 2009.

[64] Z. Q. Li, E. A. Henriksen, Z. Jiang, Z. Hao, M. C. Martin, P. Kim, H. L. Stormer, D. N. Basov, Dirac charge dynamics in graphene by infrared spectroscopy. *Nat. Phys.*, 4, 532 – 535, 2008.

[65] K. F. Mak, M. Y. Sfeir, Y. Wu, C. H. Lui, J. A. Misewich, T. F. Heinz, Measurement of the Optical Conductivity of Graphene. *Phys. Rev. Lett.*, 101, 196405, 2008.

[66] R. R. Nair, P. Blake, A. N. Grigorenko, K. S. Novoselov, T. J. Booth, T. Stauber, N. M. R. Peres, A. K. Geim, Fine structure constant defines visual transparency of graphene. *Science*, 320, 1308 – 1308, 2008.

[67] M. G. Krishna, S. D. Kshirsagar, S. P. Tewari, Terahertz emitters, detectors and sensors: Current status and future prospects. *Photodetectors*, S. Gateva, Ed., 2012, chap. 6.

[68] M. Dyakonov, M. Shur, Shallow – Water Analogy for a Ballistic Field – Effect Transistor – New Mechanism of Plasma – Wave Generation by Dc Current. *Phys. Rev. Lett.*, 71, 2465 – 2468, 1993.

[69] M. I. Dyakonov, M. S. Shur, Choking of Electron Flow – A Mechanism of Current Saturation in Field – Effect Transistors. *Phys. Rev. B*, 51, 14341 – 14345, 1995.

[70] M. Dyakonov, M. Shur, Detection, mixing, and frequency multiplication of terahertz radiation by two – dimensional electronic fluid. *Ieee T. Electron Dev.*, 43, 380 – 387, 1996.

[71] M. I. Dyakonov, M. S. Shur, Plasma wave electronics: Novel terahertz devices using two dimensional electron fluid. *Ieee T. Electron Dev.*, 43, 1640 – 1645, 1996.

[72] M. I. Dyakonov, Boundary instability of a two – dimensional electron fluid. *Semiconductors.*, 42, 984 – 988, 2008.

[73] R. M. Feenstra, D. Jena, G. Gu, Single – particle tunneling in doped graphene – insulator – graphene junctions. *J. Appl. Phys.*, 111, 043711, 2012.

[74] V. Ryzhii, T. Otsuji, M. Ryzhii, M. S. Shur, Double graphene – layer plasma resonances terahertz detector. *J. Phys. D Appl. Phys.*, 45, 302001, 2012.

[75] V Ryzhii, A. Satou, T. Otsuji, M. Ryzhii, V Mitin, M. S. Shur, Dynamic effects in double graphene – layer structures with inter – layer resonant – tunnelling negative conductivity. *J. Phys. D Appl. Phys.*, 46, 315107, 2013.

[76] L. Britnell, R. V. Gorbachev, A. K. Geim, L. A. Ponomarenko, A. Mishchenko, M. T. Greenaway, T. M. Fromhold, K. S. Novoselov, L. Eaves, Resonant tunnelling and negative differential conductance in graphene transistors. *Nat. Commun.*, 4, 1794, 2013.

[77] A. Mishchenko, J. S. Tu, Y. Cao, R. V. Gorbachev, J. R. Wallbank, M. T. Greenaway, V. E. Morozov, S. V Morozov, M. J. Zhu, S. L. Wong, F. Withers, C. R. Woods, Y. J. Kim, K. Watanabe, T. Taniguchi, E. E. Vdovin, O. Makarovsky, T. M. Fromhold, V. I. Fal'ko, A. K. Geim, L. Eaves, K. S. Novoselov, Twist – controlled resonant tunnelling in graphene/boron nitride/graphene heterostructures. *Nat. Nanotechnol.*, 9, 808 – 813, 2014.

[78] B. Fallahazad, K. Lee, S. Kang, J. M. Xue, S. Larentis, C. Corbet, K. Kim, H. C. P. Movva, T. Taniguchi, K. Watanabe, L. F. Register, S. K. Banerjee, E. Tutuc, Gate – Tunable Resonant Tunneling in Double Bilayer Graphene Heterostructures. *Nano Lett.*, 15, 428 – 433, 2015.

[79] V. Ryzhii, T. Otsuji, V. Y. Aleshkin, A. A. Dubinov, M. Ryzhii, V. Mitin, M. S. Shur, Voltage – tunable terahertz and infrared photodetectors based on double – graphene – layer structures. *Appl. Phys. Lett.*, 104, 163505, 2014.

[80] V. Ryzhii, T. Otsuji, M. Ryzhii, V. Mitin, M. S. Shur, Resonant plasmonic terahertz detection in vertical graphene – base hot – electron transistors. *J. Appl. Phys.*, 118, 204501, 2015.

[81] A. Tomadin, A. Tredicucci, V. Pellegrini, M. S. Vitiello, M. Polini, Photocurrent – based detection of terahertz radiation in graphene. *Appl. Phys. Lett.*, 103, 211120, 2013.

[82] V. Ryzhii, T. Otsuji, M. Ryzhii, V. Y. Aleshkin, A. A. Dubinov, D. Svintsov, V. Mitin, M. S. Shur, Graphene vertical cascade interband terahertz and infrared photodetectors. *2D Mater.* 2, 025002, 2015.

[83] B. Sensale – Rodriguez, Graphene – insulator – graphene active plasmonic terahertz devices. *Appl. Phys. Lett.*, 103, 123109, 2013.

[84] L. Vicarelli, M. S. Vitiello, D. Coquillat, A. Lombardo, A. C. Ferrari, W. Knap, M. Polini, V. Pellegrini, A. Tredicucci, Graphene field – effect transistors as room – temperature terahertz detectors. *Nat. Mater.*, 11,

865-871,2012.

[85] D. Yadav, S. B. Tombet, T. Watanabe, S. Arnold, V. Ryzhii, T. Otsuji, Terahertz wave generation and detection in double-graphene layered van der Waals heterostructures. *2D Mater.*, 3, 045009, 2016.

[86] Y. Harada, M. S. Ukhtary, M. J. Wang, S. K. Srinivasan, E. H. Hasdeo, A. R. T. Nugraha, G. T. Noe, Y. Sakai, R. Vajtai, P. M. Ajayan, R. Saito, J. Kono, Giant Terahertz-Wave Absorption by Monolayer Graphene in a Total Internal Reflection Geometry. *ACS Photonics.*, 4, 121-126, 2017.

[87] F. Schwierz, Graphene transistors. *Nat. Nanotechnol.*, 5, 487-496, 2010.

[88] Y. Q. Wu, Y. M. Lin, A. A. Bol, K. A. Jenkins, F. N. Xia, D. B. Farmer, Y. Zhu, P. Avouris, High-frequency, scaled graphene transistors on diamond-like carbon. *Nature*, 472, 74-78, 2011.

[89] Y. Q. Wu, K. A. Jenkins, A. Valdes-Garcia, D. B. Farmer, Y. Zhu, A. A. Bol, C. Dimitrakopoulos, W. J. Zhu, F. N. Xia, P. Avouris, Y. M. Lin, State-of-the-Art Graphene High-Frequency Electronics. *Nano. Lett.*, 12, 3062-3067, 2012.

[90] V. Ryzhii, T. Otsuji, N. Ryabova, M. Ryzhii, V. Mitin, V. Karasik, Concept of infrared photodetector based on graphene-graphene nanoribbon structure. *Infrared Phys. Techn.*, 59, 137-141, 2013.

[91] V. Ryzhii, N. Ryabova, M. Ryzhii, N. V. Baryshnikov, V. E. Karasik, V. Mitin, T. Otsuji, Terahertz and infrared photodetectors based on multiple graphene layer and nanoribbon structures. *Opto-Electron Rev.*, 20, 15-25, 2012.

[92] Y. Kawano, Wide-band frequency-tunable terahertz and infrared detection with graphene. *Nanotechnology*, 24, 214004, 2013.

[93] X. X. Yang, A. Vorobiev, A. Generalov, M. A. Andersson, J. Stake, A flexible graphene terahertz detector. *Appl. Phys. Lett.*, 111, 611, 2017.

[94] I. V. Oladyshkin, S. B. Bodrov, Y. A. Sergeev, A. I. Korytin, M. D. Tokman, A. N. Stepanov, Optical emission of graphene and electron-hole pair production induced by a strong terahertz field. *Phys. Rev. B*, 96, 155401, 2017.

[95] M. Liu, X. B. Yin, E. Ulin-Avila, B. S. Geng, T. Zentgraf, L. Ju, F. Wang, X. Zhang, A graphene-based broadband optical modulator. *Nature*, 474, 64-67, 2011.

[96] L. Ren, Q. Zhang, S. Nanot, I. Kawayama, M. Tonouchi, J. Kono, Terahertz Dynamics of Quantum-Confined Electrons in Carbon Nanomaterials. *J. Infrared Millim. Te.*, 33, 846-860, 2012.

[97] R. R. Hartmann, J. Kono, M. E. Portnoi, Terahertz science and technology of carbon nanomaterials. *Nanotechnology*, 25, 322001, 2014.

[98] V. Ryzhii, M. Ryzhii, A. Satou, T. Otsuji, A. A. Dubinov, V. Y. Aleshkin, Feasibility of terahertz lasing in optically pumped epitaxial multiple graphene layer structures. *J. Appl. Phys.*, 106, 084507, 2009.

[99] V. Ryzhii, M. Ryzhii, A. Satou, T. Otsuji, N. Kirova, Device model for graphene bilayer field-effect transistor. *J. Appl. Phys.*, 105, 104510, 2009.

[100] B. Sensale-Rodriguez, T. Fang, R. S. Yan, M. M. Kelly, D. Jena, L. Liu, H. L. Xing, Unique prospects for graphene-based terahertz modulators. *Appl. Phys. Lett.*, 99, 113104, 2011.

[101] W. L. Gao, J. Shu, K. Reichel, D. V. Nickel, X. W. He, G. Shi, R. Vajtai, P. M. Ajayan, J. Kono, D. M. Mittleman, Q. F. Xu, High-Contrast Terahertz Wave Modulation by Gated Graphene Enhanced by Extraordinary Transmission through Ring Apertures. *Nano Lett.*, 14, 1242-1248, 2014.

[102] P. Weis, J. L. Garcia-Pomar, M. Hoh, B. Reinhard, A. Brodyanski, M. Rahm, Spectrally Wide-Band Terahertz Wave Modulator Based on Optically Tuned Graphene. *ACS Nano.*, 6, 9118-9124, 2012.

[103] G. Pirruccio, L. M. Moreno, G. Lozano, J. G. Rivas, Coherent and Broadband Enhanced Optical Absorption in Graphene. *ACS Nano.*, 7, 4810-4817, 2013.

[104] T. Mueller, F. N. A. Xia, P. Avouris, Graphene photodetectors for high-speed optical communications. *Nat. Photonics*, 4, 297-301, 2010.

[105] F. N. Xia, T. Mueller, Y. M. Lin, A. Valdes-Garcia, P. Avouris, Ultrafast graphene photodetector. *Nat. Nanotechnol.*, 4, 839-843, 2009.

[106] S. Thongrattanasiri, F. H. L. Koppens, F. J. G. de Abajo, Complete Optical Absorption in Periodically Patterned Graphene. *Phys. Rev. Lett.*, 108, 047401, 2012.

[107] A. Y. Nikitin, F. Guinea, F. J. Garcia-Vidal, L. Martin-Moreno, Surface plasmon enhanced absorption and suppressed transmission in periodic arrays of graphene ribbons. *Phys. Rev. B*, 85, 081405, 2012.

[108] J. R. Piper, S. H. Fan, Total Absorption in a Graphene Mono layer in the Optical Regime by Critical Coupling with a Photonic Crystal Guided Resonance. *ACS Photonics*, 1, 347-353, 2014.

[109] U. Ralevic, G. Isic, B. Vasic, D. Gvozdic, R. Gajic, Role of waveguide geometry in graphene-based electro-absorptive optical modulators. *J. Phys. D Appl. Phys.*, 48, 355102, 2015.

[110] J. Gosciniak, D. T. H. Tan, B. Corbett, Enhanced performance of graphene-based electroabsorption waveguide modulators by engineered optical modes. *J. Phys. D Appl. Phys.*, 48, 235101, 2015.

[111] S. Y. Luo, Y. N. Wang, X. Tong, Z. M. Wang, Graphene-based optical modulators. *Nanoscale Res. Lett.*, 10, 1-11, 2015.

[112] C. B. Reynolds, M. S. Ukhtary, R. Saito, Absorption of THz electromagnetic wave in two mono-layers of graphene. *J. Phys. D Appl. Phys.*, 49, 195306, 2016.

[113] M. S. Ukhtary, E. H. Hasdeo, A. R. T. Nugraha, R. Saito, Fermi energy-dependence of electro-magnetic wave absorption in graphene. *Appl. Phys. Express*, 8, 055102, 2015.

[114] L. Zhu, Y. Huang, Z. Yao, B. Qua, L. Zhang, J. Li, C. Gu, X. Xu, Z. Ren, Enhanced polarization-sensitive terahertz emission from vertically grown graphene by a dynamical photon drag effect. *Nanoscale Res. Lett.*, 9, 10301, 2017.

[115] G. C. Wang, B. Zhang, H. Y. Ji, X. Liu, T. He, L. F. Lv, Y. B. Hou, J. L. Shen, Monolayer graphene based organic optical terahertz modulator. *Appl. Phys. Lett.*, 110, 023301, 2017.

[116] S. Chen, F. Fan, Y. Miao, X. He, K. Zhang, S. Chang, Ultrasensitive terahertz modulation by silicon-grown MoS2 nanosheets. *Nanoscale Res. Lett.*, 8, 4713-4719, 2016.

第 12 章 用于增强太赫兹纳米通信的石墨烯纳米带天线建模

M. Aidi, M. Hajji, H. Messaoudi, T. Aguili

突尼斯共和国突尼斯马纳尔大学突尼斯国家工程学院 Syscom 实验室

摘 要 在本章中,我们提出了一个基于矩量和广义等效电路法(MoM-GEC)相结合的石墨烯纳米带天线的电磁建模公式。在数学公式中引入了石墨烯的电学性质,并从 Kubo 公式推导出了量子力学电导率。天线结构被屏蔽在带有电边界墙的矩形波导中。其次,利用等效电路对整体天线结构进行建模,研究天线参数。结果表明,石墨烯基纳米带的天线具有与传统天线相似的性能,可以在太赫兹频段工作。单个石墨烯纳米带天线的高输入阻抗会导致阻抗失配问题,这需要使用天线阵列。因此,为了优化天线响应,人们对耦合现象进行了深入的研究。数值结果表明,天线谐振频率对石墨烯化学势的变化非常敏感。因此通过一个简单的偏置电压控制可重构天线。另一方面,研究表明,在太赫兹频率下石墨烯纳米带天线阵列可以增强短距离的远场通信,有利于纳米通信。

关键词 石墨烯纳米带,动态导电性,纳米天线,天线阵列,太赫兹范围,MoM-GEC 方法,纳米通信

12.1 引言

2004 年,曼彻斯特大学的 Kostya Novoselov 和 Andre Gein 首次利用机械剥离技术成功地从天然石墨分离出石墨烯薄片。然而,直到 2010 年,这两位研究人员才继石墨烯革命之后获得诺贝尔物理学奖。

石墨烯是一种二维材料,由排列在蜂窝状晶格(六角形晶格)中的单层碳原子组成[1]。它是许多碳同素异形体的组成部分,如碳纳米管(CNT)、石墨烯纳米带(GNR)和富勒烯。石墨烯薄片的堆叠会产生石墨,即铅笔芯中的石墨。石墨烯薄膜具有特殊的力学、电气和热学性能。这引起了科学界和工业界的注意。

此外,在高频下,石墨烯通过电子的弹道传输具有非常高的导电性。事实上,室温下电子在石墨烯中的移动速度比硅中的速度高出 200 倍。这使得石墨烯有望应用于微波结构如天线应用[2-3]。

在以前的著作中,我们研究了碳纳米管基偶极子天线的性能。提出了一个新的基于

耦合积分方程的公式，来表示电场的连续性[4-6]。然而，无论是制备碳纳米管还是在电子芯片中插入数量合适的碳纳米管都非常复杂。这迫使我们寻找其他具有类似性质的平面结构。CNT 和石墨烯纳米带电子结构的相似性产生类似的电性能，如弹道传输、动态导电性和电子迁移率[7]。

由于石墨烯的慢波性能和高导电性，人们深入研究并集成了石墨烯基平面结构，因此出现了从微波到光学频率的不同应用[8-9]。特别是，已提出将石墨烯纳米带用于不同的高频潜在应用，如超高速晶体管[10]、生物电子学[11]、无线纳米传感器[12]、调制器[13]和纳米天线[2-3,14]。

在之前的著作[15]中，利用基于有限元方法的 Ansys HFSS 模拟器研究了石墨烯纳米带基天线。还研究了辐射特性，天线性能在约 570GHz 的工作频率下，其增益峰值为 5.71dB。研究人员提出了基于传输线模型的公式来研究 GNR 天线性能[16]。为此，他们研究了传输线特性参数和天线辐射特性。结果表明，GNR 天线能够在太赫兹能带(0.1~10THz)辐射电磁波。在文献[17]中，作者提出了一种空间域公式，用于分析单石墨烯纳米带和耦合石墨烯纳米带模态。采用分段基函数的 MoM 法离散求解电流密度积分微分方程。当存在较强的空间分散效应时，该公式的有效性受到限制。

传统的高阻抗表面(HIS)是由周期性的金属晶胞构成的 2D 阵列，导致阻抗表面在共振附近有一个非常高的实部[18-19]。事实上，由放置在电磁辐射器附近的周期性金属反射器增强电磁场[20]。HIS 被建模为具有复表面阻抗的 2D 电路阵列。表面阻抗的实部在谐振频率附近取高值(10^2~10^4)，这取决于金属晶胞的几何形状和尺寸。因此，抑制了表面波和旁瓣，从而在谐振频率周围的窄带宽内引起多径干扰和后向辐射。因此，天线辐射特性得到增强[21]。在先前的工作[22]中，石墨烯薄片由于其可调的表面导电性而被认为是一种 HIS。石墨烯的阻抗表面的特点是在 0V 栅极处有一个用于大带宽的 500Ω~4kΩ 的高实部[23-25]。利用 CST 模拟器研究了石墨烯 HIS 上偶极子天线的辐射特性，CST 模拟器是一种基于有限积分技术(FIT)的商用三维电磁解算器[22]。结果表明，石墨烯作为一种天然的 HIS 材料，比金属 HIS 具有更大的带宽。

本章致力于研究石墨烯基纳米带的平面天线。本研究基于矩量和广义等效电路法(MoM-GEC)。结果表明，单个纳米天线具有很强的电阻结构。因此，有必要对石墨烯基纳米带的天线阵列的研究公式进行扩展。随后，参数研究将有助于确定耦合参数(耦合距离和天线数量)，并讨论天线阵列的辐射性能。

另一方面，利用石墨烯薄片作为高阻抗表面来提高天线的辐射性能。本章的最后一节专门使用基于 MoM-GEC 方法的严格公式研究作为 HIS 的石墨烯。

12.2 石墨烯的电气特性

12.2.1 石墨烯历史

石墨是自 18 世纪以来就为人所知的一种巨大的晶体系统(3D)。石墨烯天然存在于煤中。通过六角形晶格堆叠大量薄片得到石墨烯。单片(2D)被称为石墨烯。自 1947 年以来，人们就预计了它的电气特性。然而，直到 2004 年才分离出石墨烯[26]。它在平衡狭拉克点附近的电气分散线性引起了人们的极大兴趣。

石墨烯具有高电子迁移率（200000cm²/(V·s)）的特点。事实上，电子在石墨烯中的移动速度为1000km/s，大约是硅（7km/s）的150倍。此外，由于发现了石墨烯的二维晶体特性和快速自冷能力，其成为微波电子和THz应用领域中特别有吸引力的材料。因此，了解石墨烯的晶体结构和电子能带结构对于更好地理解其电气特性必不可少。

12.2.2 晶体结构和倒易晶格

石墨是由多个碳原子sp²杂化的六角形单原子层堆叠而成。同一层的原子通过共价键连接，其原子间距为$a_{cc} = 1.44$Å。层间通过π键连接，其层间距离为3.4Å。

碳原子有四个价电子，这使得它可以通过2s、2p_x和2p_y原子轨道与最近的三个碳原子形成三个共价键。这些碳-碳键位于石墨烯的平面上（σ键）。σ键被认为是最强的共价键（强于钻石）。与其他轨道不同，2p_z轨道保持垂直于石墨烯平面，这允许实现π键，其电子在晶格中更自由地移动。π电子主要对导电起作用。如图12.1所示，石墨烯的Bravais晶格完全由一个钻石型的晶胞定义，其图案由两个原子组成，属于两个原子位A和B。

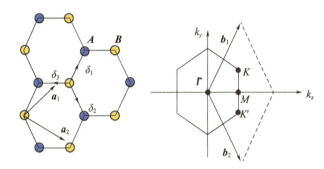

图12.1 石墨烯的正倒晶格。向量a_1和a_2，原子A和B定义了Bravais晶格。向量b_1和b_2定义了第一个布里渊区[28]

正晶格基向量a_1和a_2由正交单位向量(x, y)定义为

$$a_1 = \left(\frac{\sqrt{3}}{2}a, \frac{a}{2}\right), \text{且} \ a_2 = (\sqrt{3}, -1)\frac{a}{2} \tag{12.1}$$

其中，$a = \sqrt{3}a_{cc} = 2.49$Å。

从正晶格向量a_1和a_2，导出倒易晶格向量b_1和b_2，满足以下关系式[27]：

$$a_i \cdot b_j = \delta_{ij} = \begin{cases} 1 & (i = j) \\ 0 & (i \neq j) \end{cases} \tag{12.2}$$

倒易晶格由向量b_1和b_2定义，见以下公式：

$$b_1 = \left(\frac{1}{\sqrt{3}}, 1\right)\frac{2\pi}{a} \text{和} \ b_2 = \left(\frac{2\pi}{\sqrt{3}a}, -\frac{2\pi}{a}\right) \tag{12.3}$$

它有四个高度对称的点：在布里渊区中心的Γ点、在六边形的顶部的非等效点K和K'，以及段[KK']的中点M。这两个非等效点K和K'是每个晶胞中存在两个原子的结果。它们在倒易空间的坐标是：

$$K = \left(\frac{1}{3}, \frac{1}{3\sqrt{3}}\right)\frac{2\pi}{a} \text{和} K' = \left(\frac{1}{3}, -\frac{1}{3\sqrt{3}}\right)\frac{2\pi}{a} \tag{12.4}$$

石墨烯中的输运由能量接近费米能级的载流子提供。K 和 K′在费米能级附近有一个能级,所以石墨烯的电子性质与这些高度对称的点密切相关。

12.2.3 石墨烯的电子带结构

碳原子在石墨烯平面上呈现出 sp^2 杂化的三个价带 σ 键。包含最后一个价电子并垂直于这个平面的自由轨道 p_z,其将与最近的近邻杂化,形成 π 键和 π^* 反键。

石墨烯的电子性质与电输运性质密切相关,这可以从强键理论推导出来。利用倒易晶格和强键近似,我们可以在能量域得到足够精确的描述。实际上,只考虑 π 束缚轨道和 π^* 反束缚轨道,我们定义了 γ_0,即最近邻 p_z 轨道之间的重叠积分来确定系统的哈密顿量:

$$H(k) = \begin{pmatrix} 0 & f^*(k) \\ f^*(k) & 0 \end{pmatrix} \tag{12.5}$$

式中:$f(k) = \gamma_0 \sum_m e^{ik \cdot \delta_m}$,$\delta_m$ 是将 A 型原子与其最近的三个 B 型邻居相连的向量(图 12.1)。我们可以找到 2D 色散关系[29]:

$$E_{2D}(k_x, k_y) = \pm \gamma_0 \sqrt{1 + 4\cos\left(\frac{\sqrt{3}k_x a}{2}\right)\cos\left(\frac{\sqrt{3}k_y a}{2}\right) + 4\cos^2\left(\frac{\sqrt{3}k_y a}{2}\right)} \tag{12.6}$$

式中:γ_0 为重叠轨道能量,$\gamma_0 = 2.9\text{eV}$;$a = 2.49\text{Å}$。

符号(+)和(-)分别对应于 π 束缚轨道和 π^* 反束缚轨道。

石墨烯的电子能带结构如图 12.2 所示。

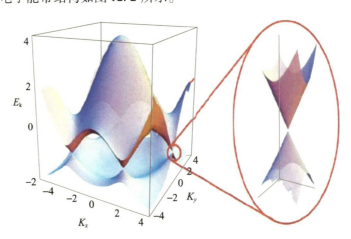

图 12.2 石墨烯的能带结构[30]

我们注意到价带和导带重叠成布里渊区的六个点,即在还原布里渊区的两个非等效点 K 和 K′。

发生导带和价带退化的两个能量谷的存在导致谷简并 $g_v = 2$。在平衡时,π^* 带完全填满,而 π 带完全为空。然后在零温度下,没有载流子可以参与传导。石墨烯是一种半金属(具有零间隙的半导体)。如前所述,石墨烯最特殊的性质来自于非等效点 K 和 K′附近的能带结构。事实上,当 $|\delta k| \ll |K|$,假设 $k = K + \delta k$[31],我们得到:

$$E_\pm(\delta k) = \pm \hbar \delta k\, v_F \tag{12.7}$$

式中:δk 是狄拉克点测量的波矢量,v_F 为费米速度,$v_F = 3\gamma_0 a/(2\hbar) \approx 10^6 \text{m/s}$。

在狄拉克点附近,色散关系为线性,这与色散关系为二次方 $E(k) = \hbar^2 k^2/2m$ 的常规 2D 气体的情况相反。因此,这些带中载流子的有效质量为零。因此,在石墨烯中,低能量的电荷载流子将具有类似于量子电动力学描述的相对论粒子的特性,其中光速被费米速度取代。这种费米速度不依赖于通常情况下的能量或冲量($v_F = \hbar k/m$)。这就提出了关于这种近似的有效极限的问题。除了结构有效性极限外(即 $|\delta k| \ll |K|$),其他现象也可能导致偏离线性,例如与晶格缺陷的相互作用。为了量化这一点,可以考虑,如果载流子能量 $K_C = \hbar \delta\, k_C v_F$ 小于 γ_0,可忽略这个偏差[32]。这种非常特殊的分散将对石墨烯的电子输运性质产生重要影响,例如电荷载流子非常高的迁移率或朗道能级的非常规量化。事实上,图 12.3 表明,对于恒定磁场,石墨烯的不同朗道能级在能量上并非等距,在抛物线带结构的半导体中获得的 2D 气体也是如此。这种差异是石墨烯中观察到的异常霍尔效应的根源[33]。

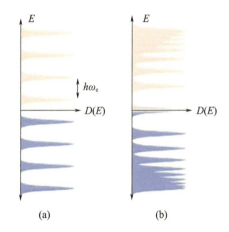

图 12.3 (a)抛物线带结构半导体中二维电子的朗道能级图,
(b)无质量狄拉克电子的朗道能级图(石墨烯情况)[33]

12.2.4 石墨烯电导率

在碳纳米管的情况下,石墨烯带可以由具有复杂表面导电性的无限薄表面建模,这是由于其具有足够小的厚度。Han 等[34]通过实验证明,当石墨烯薄片的横向尺寸远小于 100nm 时,边缘效应显著影响石墨烯的电导率。在下文中,我们假设石墨烯薄片的横向尺寸远大于 100nm。因此,边缘效应被忽略。因此,为了研究石墨烯的表面电导率 $\sigma(w, \mu_c, \Gamma, T)$,我们采用了无限石墨烯薄片的导电性模型[35],其中 w 是弧度频率,μ_c 是化学势,Γ 是假设与能量 ε 无关的唯象散射率,T 是以开尔文表示的温度。这种表面电导率的频率依赖性可以使用"Kubo"形式来计算[36]。

$$\sigma(w, \mu_c, \Gamma, T) = \frac{je^2(w - j2\Gamma)}{\pi \hbar^2}\left[\frac{1}{(w - j2\Gamma)^2}\int_0^\infty \varepsilon\left(\frac{\partial f_d(\varepsilon)}{\partial \varepsilon} - \frac{\partial f_d(-\varepsilon)}{\partial \varepsilon}\right)d\varepsilon - \right.$$

$$\int_0^\infty \left(\frac{f_d(-\varepsilon) - f_d(\varepsilon)}{(w-j2\Gamma)^2 - 4(\varepsilon/\hbar)^2} \right) d\varepsilon \Big] \tag{12.8}$$

式中：e 为电子电荷；$\hbar$ 为普朗克常数。我们假设电导率是各向同性，并且没有外磁场。

关系式(12.8)的第一项表示带内作用,第二项表示带间作用。

对于孤立的石墨烯薄片,化学势 μ_c 与载流子密度 n_s 的关系为

$$n_s = \frac{2}{\pi \hbar^2 v_F^2} \int_0^\infty \varepsilon (f_d(\varepsilon) - f_d(\varepsilon + 2\mu_c)) d\varepsilon \tag{12.9}$$

式中：$v_F \approx 9.5 \times 10^5 \mathrm{m/s}$ 是费米速度。这种电荷密度可以通过施加化学掺杂和/或栅极电压来控制。

石墨烯的总电导率表示为带内电导率和带间电导率两项之和。

带内作用根据以下公式得出：

$$\sigma_{\mathrm{intra}}(w, \mu_c, \Gamma, T) = -j \frac{e^2 k_B T}{\pi \hbar (w-j2\Gamma)} \left(\frac{\mu_c}{k_B T} + 2\ln\left(e^{-\frac{\mu_c}{k_B T}} + 1\right) \right) \tag{12.10}$$

式(12.8)中的第二项表示可近似为 $k_B T \ll |\mu_c|, \hbar w$ 的带间电导率[23]

$$\sigma_{\mathrm{inter}}(w, \mu_c, \Gamma, 0) \approx \frac{-je^2}{4\pi\hbar} \ln\left(\frac{2|\mu_c| - (w-j2\Gamma)\hbar}{2|\mu_c| + (w-j2\Gamma)\hbar} \right) \tag{12.11}$$

对于零散射率 ($\Gamma = 0$),我们区分两种情况：

(1) $2|\mu_c| > \hbar w$, $\sigma_{\mathrm{inter}} = j\sigma''_{\mathrm{inter}}$ 以及 $\sigma''_{\mathrm{inter}} > 0$

(2) $2|\mu_c| < \hbar w$, σ_{inter} 是一个复数值,$\mu_c \neq 0$ 时,得出 $\sigma'_{\mathrm{inter}} = \frac{\pi e^2}{2h} = 6.805 \times 10^{-5} (S)$ 且 $\sigma''_{\mathrm{inter}} > 0$。

值得注意的是,在更高的频率下,我们可以忽略带间的贡献,而不是带内的贡献,并且假设总电导率仅为带内部分。图 12.4 显示了石墨烯总电导率的实部和虚部与频率的函数关系。这种等效表面电导率的特征是虚部为负。后一部分代表了一种感应效应,它使沿 GNR 的电磁波速减速,从而导致波长减小。

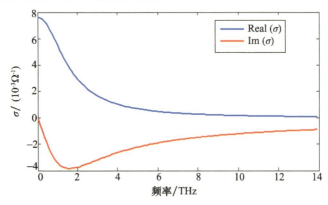

图 12.4 总石墨烯电导率的频率依赖性(温度和化学势分别固定在 300K 和 0.19eV[14])

表 12.1 显示了一些碳基材料的性能,特别是石墨烯和碳纳米管,以及其与作为优秀导体的铜和著名半导体的硅的比较。值得注意的是,碳基材料表现出非常优异的电气特性,这使得它们在天线等一些有前途的应用中非常有吸引力[14]。

表 12.1　石墨烯纳米带与铜和硅的电气特性的比较

材料	碳纳米管	石墨烯纳米带	铜	硅
电阻率/(Ω·m)	约10^{-8}	约10^{-8}	1.7×10^{-8}	10×10^{-8}
最大电流密度/(A/cm^2)	约10^{-8}	约10^{-8}	约10^6	受基底热导率的影响
电子迁移率/(cm^2/(V·s))	20000	200000	32	1300

12.3　矩量-广义等效电路形式

对于平面微波结构的电磁研究,积分法是最合适的方法。事实上,初始边界条件在不连续面上重写,这减少了问题的维数和计算时间[37-39]。这些方法的主要缺点是当结构复杂度增加时很难解决问题。为此,研究人员引入了 GEC 方法,将场问题转化为更易于分析的广义等效电路。GEC 方法通过将未知计算返回到不连续面来减轻麦克斯韦方程组的求解[39]。等效电路将所研究的结构描述为一个不连续面及其环境。在不连续面上,我们使用广义测试函数来表示不储存能量的虚源。将不连续环境的边界条件建模为阻抗算符或导纳算符。假设不连续激发由实场源或实电流源表示[38-39]。

一般来说,GEC 方法的建模包括将基尔霍夫定律概念推广到麦克斯韦模式(E、H)。实际上,为了正确地应用基尔霍夫定律,磁场 H 被电流密度 J 所代替,定义为 $J = H \wedge n$。这里 n 表示不连续面上的法向量。需要注意的是,在不连续面上,电流密度和电场是在互补域上的两个对偶变量。

为了更好地理解,我们考虑放置在矩形波导中的完美导体上的电磁波的衍射(图 12.5)。在一般情况下,我们将考虑两种传播介质。它们将缩写为介质(1)和介质(2)。可以通过求解一个描述等效电路的方程组减少平面波的衍射问题。

电流密度 J_s 对应于平面波的入射磁场 H_0,可以表示为 $J_0 = I_0 f_0$,其中 f_0 是基模函数,I_0 是输入电流。

平面波的入射电场 E_0 可以假设为波导在第一介质(1)中的基本模式,可以表示为 $E_0 = V_0 f_0$,其中 V_0 是输入电压。在不连续面上,J_s 是定义在金属表面上的电流测试函数,并验证边界条件。

根据等效电路,第一介质中的衍射场表示为

$$E_1^d = -\hat{Z}_1 J_1 \tag{12.12}$$

式中:$\hat{Z}_1$ 给出了阻抗算符,能够模拟第一介质的消逝模阻抗。

同理,衍射电场 E_2^d 由以下公式给出

$$E_2^d = \hat{Y}_2^{-1} J_2 \tag{12.13}$$

$\hat{Y}_2$ 给出了导纳算符,能够模拟第二介质的消逝模导纳。

因此,通过应用基尔霍夫定律,我们可以找到以下矩阵关系:

$$\begin{pmatrix} J_0 \\ E \end{pmatrix} = \begin{pmatrix} (\hat{I}+\hat{Y}_2\hat{Z}_1)^{-1}\hat{Y}_2 & -(\hat{I}+\hat{Y}_2\hat{Z}_1) \\ \hat{I}-\hat{Z}_1((\hat{I}+\hat{Y}_2\hat{Z}_1)^{-1}\hat{Y}_2) & -\hat{Z}_1(\hat{I}+\hat{Y}_2\hat{Z}_1) \end{pmatrix} \cdot \begin{pmatrix} E_0 \\ J_s \end{pmatrix} \tag{12.14}$$

式中:$\hat{I}$ 给出了单位算符。

所得方程组可用矩量法求解。

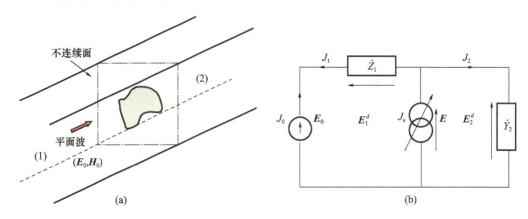

图 12.5　(a) 具有平面不连续性的波导的平面波衍射；(b) 相应的等效电路

12.4　单石墨烯纳米带天线

本节将研究单石墨烯纳米带天线的性能。将基于 MoM – GEC 方法建模天线。通过与相同尺寸和形状的常规天线的比较，讨论了石墨烯纳米带天线的性能。

12.4.1　天线结构

研究的全球结构如图 12.6(a) 所示。它由间隙源激发的石墨烯基纳米带组成，中心有单位电压。天线结构被屏蔽在由完美电边界形成的矩形波导中。波导的顶部和下端分别被假定为开路和接地层。与该天线结构相对应的等效电路模型如图 12.6(b) 所示，其中 E_0 是激发源，Z_s 是石墨烯表面阻抗，可表示为

$$\hat{Z}_s = \frac{1}{\sigma(w)} = R_s + \mathrm{j}\, X_s \tag{12.15}$$

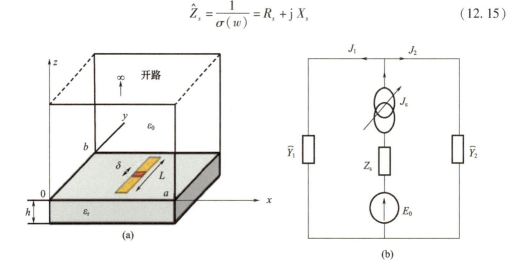

图 12.6　(a) 在矩形波导中屏蔽的石墨烯基纳米带天线，具有电边界条件，(b) 等效电路模型

12.4.2 基于矩量-广义等效电路法的石墨烯纳米带天线公式

图 12.6(a) 所示的考虑结构基于 MoM-GEC 方法建模。实际上,这种结构的通用等效电路如图 12.6(b) 所示。对应于所用波导的模态基由 $f_{mn}^{TE,TM}$ 函数表示,m 和 n 是两个整数。用等效导纳算符 $\hat{Y} = \hat{Y}_1 + \hat{Y}_2$ 表示不连续环境。

$\hat{Y}_1$ 和 $\hat{Y}_2$ 分别是开路(波导上部)和短路(波导下部)的导纳算符:

$$\hat{Y}_1 = \sum |f_{mn}> y_{mn,upper}^{TE,TM} <f_{mn}| \tag{12.16}$$

$$\hat{Y}_2 = \sum |f_{mn}> y_{mn,down}^{TE,TM} <f_{mn}| \tag{12.17}$$

参考文献[40]解释了总模态导纳 $y_{mn,上}^{TE,TM}$ 和 $y_{mn,下}^{TE,TM}$。真实源以均匀电场表示:

$$E_0 = F_0 V = \frac{1}{\delta} V \tag{12.18}$$

这表示了纳米带局域激发源,它应该比波长小很多(小于 $\frac{\lambda}{10}$),目的是引入一个被忽略的相移。

J_e 表示了仅定义在石墨烯纳米带域上的虚拟电流源,它是将未知问题近似为一系列已知函数 g_p,由未知系数 $x_p (p = 1, 2, \cdots, N_e)$ 加权。g_p 是验证边界条件的形状函数。

$$J_e = \sum x_p g_p \tag{12.19}$$

通过将 Ω 定律和基尔霍夫定律应用于等效电路,我们得到以下方程组:

$$\begin{cases} J = J_e \\ E_e = \hat{Y}^{-1} J_e + \hat{Z}_s J_e - E_0 \end{cases} \tag{12.20}$$

使用加权未知系数(I_m)的模态函数定义电流 J,其中 $m = 1, 2, \cdots, M$。

$$J_m = \sum I_m f_m \tag{12.21}$$

因此,应用伽辽金法可将式(12.20)改写为简化矩阵形式,表示如下:

$$\begin{pmatrix} I \\ 0 \end{pmatrix} = \begin{pmatrix} 0 & -A^T \\ A & B \end{pmatrix} \begin{pmatrix} V_0 \\ X \end{pmatrix} \tag{12.22}$$

其中

$$A(p,1) = <\frac{1}{\delta}/g_p> \tag{12.23}$$

$$B(p,q) = \sum_m <g_p/f_m> z_{m,上,下}^{TE,TM} <f_m/g_p> + Z_s \hat{I} \tag{12.24}$$

因此,从式(12.22)中可得出

$$\begin{cases} I = -A^T X \\ 0 = A V_0 + BX \end{cases} \tag{12.25}$$

通过求解这个方程组,我们得到了结构的输入阻抗:

$$Z_{in} = \frac{1}{A^T B^{-1} A} \tag{12.26}$$

它还导致计算加权系数(x_p)、电流密度 J 和衍射电场 E_e。

12.4.3 数值公式的验证

为了验证,我们考虑了两种天线结构:第一种结构由石墨烯纳米带偶极子天线构成;第二种结构由石墨烯纳米带单极子天线构成。我们将从收敛性研究开始设置问题参数。

12.4.3.1 收敛性研究

为了设置一些问题参数,首先研究了天线响应的收敛性。为此,让我们考虑长度为 $L=13.5\mu m$ 的石墨烯纳米带偶极子天线,宽度 $W=2\mu m$,并由单位电压的三角形间隙源局部激发。如图 12.6(a)所示,源极间隙固定为 $\delta=0.5\mu m$,矩形波导截面尺寸为 $a=54\mu m$。图 12.7 显示了不同测试函数数的输入阻抗范数变化与模式数的函数关系。结果发现,对于测试函数数 $N_y=17$,输入阻抗收敛并稳定,基函数数量 $M=300\times300$。对于超过 17 的较大 N_y 值,阻抗范数收敛到工作频率 $f=1.12THz$ 的相同值 $Z_{in}=231\Omega$。接下来,我们使用测试函数数量 $N_y=20$ 和 $M=300\times300$ 模式来确保收敛性。

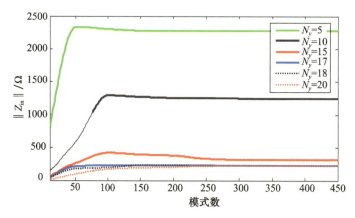

图 12.7 长度 $L=13.5\mu m$、宽度 $W=2\mu m$ 的 GNR 偶极子天线的输入阻抗范数与模式数的函数关系,其工作频率 $f=1.12THz$、化学势 $\mu_c=0.1eV$、温度 $T=300K$[14]

12.4.3.2 激发和波传导尺寸效应

本节对一些参数进行优化研究非常有用,如间隙源尺寸效应和天线与波导壁的分离距离的影响。

为了研究间隙源尺寸的影响,我们在图 12.8 中绘制了工作频率接近第一谐振($f=1.12THz$)时在 $x=a/2$ 平面(如与天线中心相交的平面)处的电流密度分布。还可以注意到,如果间隙长度减小,则天线中心处的电流幅度增大。对于小于 $0.5\mu m$ 的间隙尺寸,电场范数收敛并取固定值 $2\times10^4 A/m$。在下文中,源极间隙长度固定为 $0.5\mu m$。另一个取决于天线响应的重要参数是波导管壁的位置。图 12.9 中给出了电波导壁不同位置沿偶极子天线(平面 $x=a/2$)的电流密度分布。结果表明,壁面位置对电流分布有很大的影响。对于超过 $d=50\mu m$ 的值,分离距离不会造成显著影响。在下文中,侧壁位置固定为 $a=54\mu m$,以确保这些参数对进一步结果无影响。

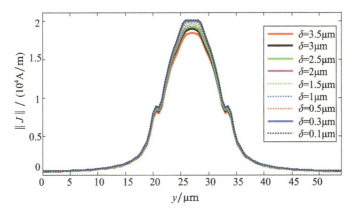

图 12.8　不同源极间隙尺寸下，电流密度范数作为 $y=b/2$ 平面中 x 空间的函数

这些结果是针对长度 $L=13.5\mu m$、宽度 $W=2\mu m$ 的 GNR 偶极子天线，其工作频率为 $f=1.12THz$[14]。

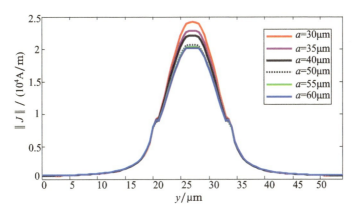

图 12.9　不同波导壁位置和固定源极间隙 $\delta=0.5\mu m$ 下，电流密度范数与 y 空间的函数关系

这些结果是针对长度 $L=13.5\mu m$、宽度 $W=2\mu m$ 的 GNR 偶极子天线，其工作频率为 $f=1.12THz$[14]。

12.4.3.3　验证：与文献比较

经过参数研究确保公式收敛性和稳定性采用与文献[41]相同的结构；假设天线长度和宽度为 $L=22\mu m$ 和 $W=7\mu m$，间隙电压 $\delta=2\mu m$。在这种情况下，假设相同的化学势和温度条件（$\mu_c=1eV$，$T=300K$）。使用 Ansys HFSS 模拟器（图 12.10），给出了获得的输入阻抗，并与参考文献[41]中的结果进行了比较。结果表明，MoM – GEC 方法的计算结果与文献[41]的结果基本一致。实际上，Ansys HFSS 计算基于有限元法，需要三维网格。获得非常精细网格的收敛性，这需要非常多的计算时间。然而，MoM – GEC 方法将三维问题转化为二维问题，只对金属零件进行离散化。这使 MoM GEC 比 Ansys HFSS 模拟器更容易实现收敛，这解释了图 12.10 的两个结果之间的微小差异。

12.4.4　单石墨烯纳米带天线性能

本节将应用公式来研究天线参数。这里将讨论单 GNR 天线的性能，并与相同尺寸和形状的传统单天线进行比较。为此，考虑由 GNR 偶极子天线形成的天线结构，如图 12.6（a）所示。对于第一次共振周围的工作频率，归一化电流密度分布如图 12.11 所示。在这

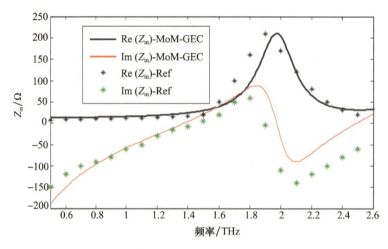

图 12.10 长度 $L = 22\mu m$、宽度 $W = 7\mu m$ 的 GNR 偶极子天线的输入阻抗与频率的函数关系[14]。使用 MoM-GEC 方法得到的结果与文献[41]中的结果进行了比较

种情况下,工作频率 $f = 1.12 THz$ 和天线长度 $L = 13.5\mu m$ 时,电流分布约为半正弦波,对应于 $L = \lambda/2$。由于石墨烯在 THz 波段的低损耗和过大的动态电感,GNR 天线表现出等离子体共振和高的输入阻抗,这可以被认为是这些结果的一个重要结论。如参考文献[41,42]所示,GNR 天线在相同尺寸下产生与金属天线相同的辐射方向图,但效率较低,可以通过拟合化学势来弥补。此外,图 12.12 中给出了不连续面中的归一化辐射电场;电场在天线边缘和源区中心处最大。我们可以注意到电场验证了边界条件。

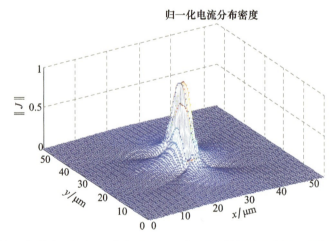

图 12.11 长度 $L = 13.5\mu m$、宽度 $W = 2\mu m$ 的 GNR 偶极子天线的电流密度分布,其工作频率为 $f = 1.12 THz$[14]

我们在图 12.13 中给出了不同化学势值下 GNR 天线的复合输入阻抗。为了便于比较,本章给出了完全导电纳米带天线的输入阻抗。可以注意到,对于化学势 $\mu_c = 0.1 eV$,GNR 天线具有接近 1.12THz 的第一共振,产生传播速度 $v_p = 0.1008c$,其中 c 是真空中的光速。

然而,完美导电的纳米带天线在这个频率范围内没有任何共振。第一次共振出现在

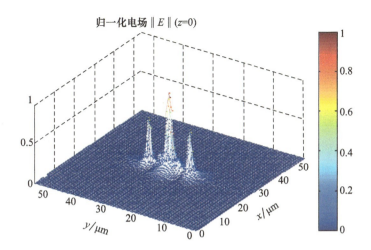

图 12.12　长度 $L = 13.5\mu m$、宽度 $W = 2\mu m$ 的 GNR 偶极子天线的电场范数分布[14]

12THz 附近,产生的传播速度 $v = 0.8c$。因此,该共振频率对应于约为 0.126 量级的速度降低因数。与传统天线相比,GNR 天线中的动电感过大是速度降低的重要原因。这种过高的动电感对减缓电磁波在 GNR 天线上的传播有着非常重要的影响,从而导致波长的减小。这构成了天线小型化的主要思想。另外,当化学势增大时,共振频率向高值移动;这导致通过简单的偏置电压控制重新配置天线。

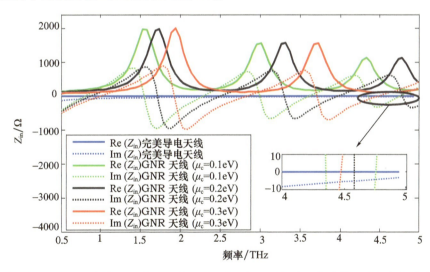

图 12.13　长度 $L = 13.5\mu m$、宽度 $W = 2\mu m$ 的 GNR 偶极子天线的复合输入阻抗与频率的函数关系。温度固定在 $T = 300K$ 时,我们提出三种化学势: $\mu_c = 0.1eV$、$\mu_c = 0.2eV$、$\mu_c = 0.3eV$[14]

12.5　石墨烯纳米带天线阵

12.4 节内容证明了石墨烯是一种非常有吸引力的天线应用材料。事实上,这使得实现一种非常小型可重构的天线成为可能,这种天线可以在 THz 范围内辐射。然而,GNR

偶极子天线具有较高的输入阻抗,这会导致阻抗失配问题。因此,迫切需要对基于石墨烯纳米带的天线阵列的研究公式进行扩展。

12.5.1 天线结构

所考虑的全球结构如图 12.14 所示。它由 N 个石墨烯纳米带组成;每个 GNR 由一个单位电压的矩形局部化源在中心局部激发。天线结构被屏蔽在由完美电边界形成的矩形波导中。假设波导的顶部和底部分别为开路和接地层。图 12.15 中给出了相应的等效电路模型。真实的源 E_{0i} 给出了 i 个 GNR 天线中心的天线激发。$\hat{Y}_1$ 和 $\hat{Y}_2$ 分别是开路(波导上部)和短路(波导下部)的导纳算符,$\hat{Z}_s$ 表示石墨烯的表面阻抗。

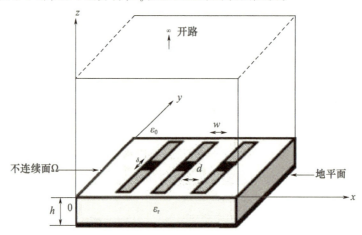

图 12.14 具有电边界条件的石墨烯基纳米带状天线阵列屏蔽在矩形波导中[14]

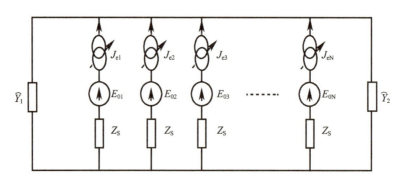

图 12.15 耦合 GNR 偶极子天线的等效电路模型[14]

12.5.2 基于矩量-广义等效电路法的耦合石墨烯纳米带天线形式

如图 12.15 所示,使用该结构的通用等效电路对所考虑的结构进行建模。对应于所用波导的模态基由 $f_{mn}^{TE,TM}$ 函数表示,m 和 n 是两个整数。如 12.4.2 节所述,不连续环境由导纳运算符 $\hat{Y}_1$ 和 $\hat{Y}_2$ 表示。均匀电场 E_{0i} 呈现了 i 个 GNR 偶极子天线中心的真实源。为了忽略引入的相移,带隙源的尺寸应足够小于波长 ($\delta < \dfrac{\lambda_g}{10}$)。

J_e^i 是在 i 个石墨烯纳米带域上的虚拟电流源 ($i = 1, 2, \cdots N$),它是将未知问题近似为

一系列已知测试函数 g_p，由未知系数 x_p 加权（$p = 1, 2, \cdots, N_e$），

$$J_e^i = \sum x_p^i g_p^i \tag{12.27}$$

通过将 Ω 定律和基尔霍夫定律应用于图 12.14 所示的等效电路，则有

$$\begin{cases} J^i = J_e^i \\ E_e^i = \hat{Y}^{-1} J + \hat{Z}_s J_e^i - E_0^i = \hat{Y}^{-1} \sum_{i=1}^{N} J_e^i + \hat{Z}_s J_e^i - E_0^i \end{cases} \tag{12.28}$$

该方程组转化为矩阵形式，它给出了真实和虚拟源与其双重参数之间的关系：

$$\begin{pmatrix} J_1 \\ \cdot \\ \cdot \\ \cdot \\ J_N \\ \hline E_e^1 \\ \cdot \\ \cdot \\ \cdot \\ E_e^N \end{pmatrix} = \begin{pmatrix} 0 & 0 & \cdot & \cdot & 0 & 1 & 0 & \cdot & \cdot & 0 \\ 0 & 0 & \cdot & \cdot & \cdot & 0 & 1 & \cdot & \cdot & \cdot \\ \cdot & \cdot & \cdot & \cdot & \cdot & \cdot & \cdot & \cdot & \cdot & \cdot \\ \cdot & \cdot & \cdot & \cdot & \cdot & \cdot & \cdot & \cdot & \cdot & 0 \\ 0 & \cdot & \cdot & 0 & 0 & \cdot & \cdot & 0 & 1 \\ \hline 1 & 0 & \cdot & \cdot & 0 & \hat{Y}^{-1}+\hat{Z}_s & \hat{Y}^{-1} & \cdot & \cdot & \hat{Y}^{-1} \\ 0 & 1 & \cdot & \cdot & \cdot & \hat{Y}^{-1} & \hat{Y}^{-1}+\hat{Z}_s & \cdot & \cdot & \cdot \\ \cdot & \cdot & \cdot & \cdot & \cdot & \cdot & \cdot & \cdot & \cdot & \cdot \\ \cdot & \cdot & \cdot & \cdot & 0 & \cdot & \cdot & \cdot & \cdot & \hat{Y}^{-1} \\ 0 & \cdot & \cdot & 0 & 1 & \hat{Y}^{-1} & \cdot & \cdot & \hat{Y}^{-1} & \hat{Y}^{-1}+\hat{Z}_s \end{pmatrix} \begin{pmatrix} E_0^1 \\ E_0^2 \\ \cdot \\ \cdot \\ E_0^N \\ \hline J_e^1 \\ J_e^i \\ \cdot \\ \cdot \\ J_e^N \end{pmatrix} \tag{12.29}$$

电流 J^i 由未知系数（I_m）加权的模态函数定义，其中 $m = 1, 2, \cdots, M$。

$$J_m = \sum I_m^i f_m \tag{12.30}$$

因此，应用伽辽金法可将式（12.29）改写为简化矩阵形式，如下所示：

$$\begin{pmatrix} I_1 \\ I_2 \\ \cdot \\ \cdot \\ I_N \\ \hline [0] \\ [0] \\ \cdot \\ \cdot \\ [0] \end{pmatrix} = \begin{pmatrix} 0 & 0 & \cdot & \cdot & 0 & A_1^T & 0 & \cdot & \cdot & 0 \\ 0 & 0 & \cdot & \cdot & \cdot & 0 & A_2^T & \cdot & \cdot & \cdot \\ \cdot & \cdot & \cdot & \cdot & \cdot & \cdot & \cdot & \cdot & \cdot & \cdot \\ \cdot & \cdot & \cdot & \cdot & \cdot & \cdot & \cdot & \cdot & \cdot & 0 \\ 0 & \cdot & \cdot & 0 & 0 & \cdot & \cdot & 0 & A_N^T \\ \hline A_1 & 0 & \cdot & \cdot & 0 & B_{11} & B_{12} & \cdot & \cdot & B_{1N} \\ 0 & A_2 & \cdot & \cdot & \cdot & B_{21} & \cdot & \cdot & \cdot & B_{2N} \\ \cdot & \cdot & \cdot & \cdot & \cdot & \cdot & B_{ij} & \cdot & \cdot & \cdot \\ \cdot & \cdot & \cdot & \cdot & 0 & \cdot & \cdot & \cdot & \cdot & \cdot \\ 0 & \cdot & \cdot & 0 & A_N & B_{N1} & B_{N1} & \cdot & \cdot & B_{NN} \end{pmatrix} \begin{pmatrix} V_0^1 \\ V_0^2 \\ \cdot \\ \cdot \\ V_0^N \\ \hline [X_1] \\ [X_2] \\ \cdot \\ \cdot \\ [X_N] \end{pmatrix} \tag{12.31}$$

其中，A_i 表示激发，表示为 $A_i = <g_p^i/f_0>$，B_{ij} 是阻抗矩阵，由以下公式给出：

$$\begin{cases} B_{ij} = \sum_{mn} <g_p^i/f_{mn}> z_{mn}^{\text{上,下}} <f_{mn}/g_p^j> & \text{当}(i \neq j) \\ B_{ij} = \sum_{mn} <g_p^i/f_{mn}> z_{mn}^{\text{上,下}} <f_{mn}/g_p^j> + Z_s I(P,P) & \text{当}(i \neq j) \end{cases} \tag{12.32}$$

A_i 和 B_{ij} 表示列向量和完整矩阵：

$$A_i = \begin{pmatrix} <g_1^i/f_0> \\ <g_1^i/f_0> \\ \cdot \\ \cdot \\ \cdot \\ <g_p^i/f_0> \end{pmatrix} \quad (12.33)$$

$$B_{ij} = \begin{pmatrix} \sum_{mn} <g_1^i/f_{mn}> z_{mn}^{\text{上,下}} <f_{mn}/g_1^j> & \cdots & \sum_{mn} <g_1^i/f_{mn}> z_{mn}^{\text{上,下}} <f_{mn}/g_p^j> \\ \sum_{mn} <g_2^i/f_{mn}> z_{mn}^{\text{上,下}} <f_{mn}/g_1^j> & \cdots & \sum_{mn} <g_2^i/f_{mn}> z_{mn}^{\text{上,下}} <f_{mn}/g_p^j> \\ \cdot & \cdots & \cdot \\ \cdot & \cdots & \cdot \\ \sum_{mn} <g_p^i/f_{mn}> z_{mn}^{\text{上,下}} <f_{mn}/g_1^j> & \cdots & \sum_{mn} <g_p^i/f_{mn}> z_{mn}^{\text{上,下}} <f_{mn}/g_p^j> \end{pmatrix} \quad (12.34)$$

利用激发向量 A 和阻抗矩阵 B，我们将式（12.31）改写为

$$\begin{pmatrix} I \\ 0 \end{pmatrix} = \begin{pmatrix} 0 & A^T \\ A & B \end{pmatrix} \begin{pmatrix} V_0 \\ X \end{pmatrix} \quad (12.35)$$

其中 A 和 B 由以下公式得出：

$$A = \begin{bmatrix} A_1 & 0 & 0 & 0 & 0 \\ 0 & A_2 & \cdot & \cdot & \cdot \\ 0 & \cdot & \cdot & \cdot & \cdot \\ 0 & \cdot & \cdot & \cdot & 0 \\ 0 & 0 & 0 & 0 & A_N \end{bmatrix} \text{ 和 } B = \begin{bmatrix} B_{11} & B_{12} & \cdot & \cdot & B_{1N} \\ B_{21} & \cdot & \cdot & \cdot & B_{2N} \\ \cdot & \cdot & \cdot & \cdot & \cdot \\ \cdot & \cdot & \cdot & \cdot & \cdot \\ B_{N1} & B_{N1} & \cdot & \cdot & B_{NN} \end{bmatrix} \quad (12.36)$$

因此，从式（12.35）中，我们得出式（12.37）：

$$\begin{cases} I = A^T X \\ 0 = AV_0 + BX \end{cases} \quad (12.37)$$

通过求解式（12.37），我们得到了由以下公式给出的输入阻抗矩阵：

$$Z_{i,j} = \left[\frac{V_0^i}{I_j}\right] = (A^T Z A)^{-1} \quad (12.38)$$

式（12.19）还可以计算加权系数（x_p）、电流密度 J 和衍射电场 E_e。

12.5.3 数值结果

在这一节中，我们对 GNR 天线阵的响应进行了定量的讨论。我们的主要目标是通用上述公式，证明其适用于大量耦合天线。实际上，我们给出了不同的数值结果来讨论物理耦合对天线辐射性能的影响。将所得结果与传统天线的结果进行比较，得出石墨烯的优点。

12.5.3.1 GNR 天线耦合效应

如果天线彼此靠近,天线间的互耦现象就不可忽略。这种耦合取决于两个重要参数：分隔距离和阵列元素数。

1. GNR 数的影响

图 12.16 显示了均匀阵列中 GNR 数与输入阻抗实部的函数关系。假设每个偶极子天线的长度和宽度为 $L=13.5\mu m$ 和 $W=2\mu m$,化学势 $\mu_c=0.2eV$ 和温度 $T=300K$ 时,工作频率为 $f=1.732THz$。应该注意的是,当 GNR 数增加时,输入阻抗的实部像 $1/x$ 函数一样单调地减小。此外,施加 50Ω 的电阻不需要大量的 GNR,我们也只需要 $N=5$ 个带来解决这个问题。

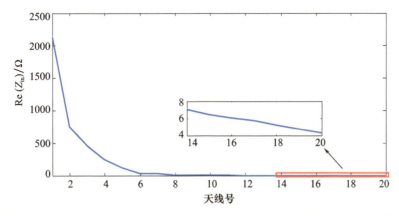

图 12.16 工作频率 $f=1.732THz$ 时,输入阻抗的实部与 GNR 数的函数关系[14]

图 12.17 中给出了不同天线数量的复合输入阻抗。在 $N=2$ 天线的情况,第一次谐振发生在频率 $f=1.3THz$ 的周围,谐振阻抗的实部约为 1087Ω。这证明了由两个天线构成的 GNR 天线阵与传统的完全导电金属天线相比,具有 0.162 的重要减降因数。在 $N=4$ 的情况下,谐振频率接近 $f=1.53THz$,导致谐振输入阻抗为 1069Ω。此外,比例减降因数达到 0.19。这一结果证明了输入阻抗与 GNR 天线数成反比,且在较低的值下变化很大。

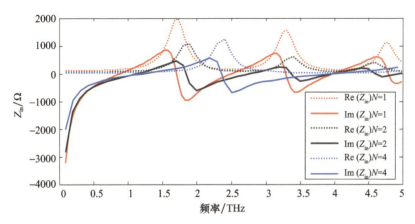

图 12.17 不同 GNR 天线数量下复合输入阻抗与频率的函数关系[14]

2. 分离距离的影响

为了研究耦合距离效应,我们考虑了由三个 GNR 偶极子天线组成的均匀天线阵,并选取了五种耦合距离 d。获得的输入阻抗如表 12.2 所列,相应的归一化电流密度分布如图 12.18 和图 12.19 所示。我们注意到,对于耦合距离 $d = 0.001L$,输入阻抗达到 $Z_{in} = 311.02\Omega$ 的量级。随着耦合距离的增加,输入阻抗逐渐增大。实际上,当耦合距离分别等于 $d = 0.01L$ 和 $d = 0.1L$ 时,可获得 $Z_{in} = 331.59\Omega$ 和 $Z_{in} = 425.94\Omega$。当耦合距离大于 $0.5L$ 时,激发 GNR 天线产生几乎相同的输入阻抗 $Z_{in} = 463.8\Omega$。这一结果证明偶极子天线在 $0.5L$ 的距离处产生分离。在这种情况下,激发天线的输入阻抗达到与单个 GNR 偶极子天线相同的值。因此,输入阻抗取决于分离距离。

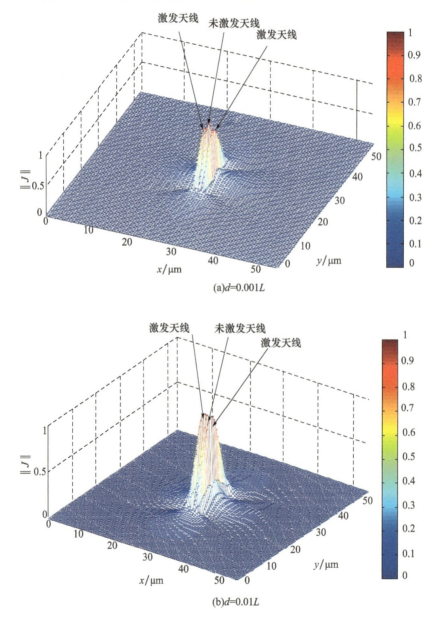

(a) $d=0.001L$

(b) $d=0.01L$

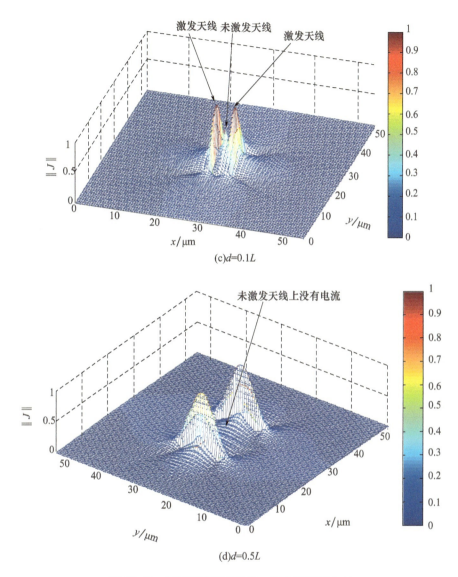

图 12.18 不同耦合距离的归一化电流密度分布

(a) $d=0.001L$；(b) $d=0.01L$；(c) $d=0.1L$；(d) $d=0.5L$。GNR 天线数量固定为 $N=3$，只有中间的天线不受激发[14]。

另一方面，图 12.18 中给出了不同耦合距离下的归一化电流密度分布。所得结果证明，对于小于 $0.01L$ 的耦合距离，与激发天线相比，未激发天线上的电流分布具有重要的值(图 12.18(a) 和 (b))。实际上，未激发偶极子天线上的电流分布是由两个激发天线辐射的入射电场引起。这表明 GNR 偶极子天线是强耦合，并且产生近似相同的电流密度分布。如图 12.18(c) 所示，对于弱耦合天线 ($0.2L < d < 0.5L$)，沿未激发天线的感应电流密度保持相同形状，幅度显著减小。当耦合距离增加超过 $0.5L$ 时，耦合效应消失，沿未激发天线方向不存在感应电流，这验证了边界条件，符合物理规律。因此，证明了我们提出的公式可以适用于任何耦合距离，并且可以扩展到研究任何形状的不规则天线阵。为了进行比较，图 12.19 中给出了不同耦合距离下 $x=a/2$ 平面上未激发天线的归一化电流密

度。所得结果与沿单个 GNR 偶极子天线的电流密度分布进行了比较,并与图 12.18 中所得结果有很好的一致性。

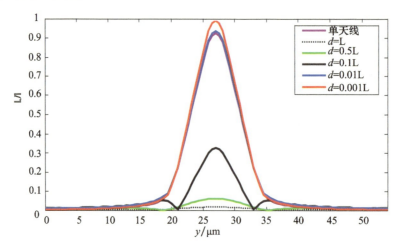

图 12.19 不同耦合距离下沿未激发 GNR 偶极子天线的归一化感应电流密度分布。电流分布绘制在 $x = a/2$ 平面上[14]

表 12.2 将 GNR 偶极子数固定为 $N = 3$ 时,输入阻抗与偶极子分离距离的函数关系[14]

耦合距离/μm	Z_{in}/Ω
0.001L	311.02
0.01L	331.59
0.1L	425.94
0.5L	463.80
L	464.90

12.5.3.2 天线阵效果

图 12.20 显示了在不同 z-面上不同偶极子天线辐射的归一化电场。这里介绍了三种情况:完美导电天线、GNR 天线和由四个元件组成的天线阵列。需要注意的是,所有天线的尺寸和形状都相同。在所有情况下,在不连续面($z = 0$)中,天线边缘和源区中心的电场最大,这验证了边界条件。当 z 值很小时,不连续面附近的消逝模扰动了天线的电场分布,从而给出了天线结构的信息。当处于远场时,消逝模消失,只剩下传播模,这就产生了远场。结果表明,对于理想导电天线,在 $z = 5\lambda = 1.88\lambda_g$ 距离处获得远场电场,其中 λ 是自由空间中的波长,λ_g 是导波波长。然而,在 GNR 偶极子天线的情况下,$z = 0.377\lambda_g$ 时获得远场电场,在四元素 GNR 天线阵的情况下,$z = 0.755\lambda_g$ 时获得远场电场。因此,与传统天线相比,该天线阵列导致在较短距离内增强远场通信。事实上,GNR 天线阵列可以过滤小距离的消逝模式,而消逝模式随着元素数的增加而增加。因此,需要对参数进行优化,以确保不存在失配问题,并获得短距离的远场电场,这有利于纳米通信。

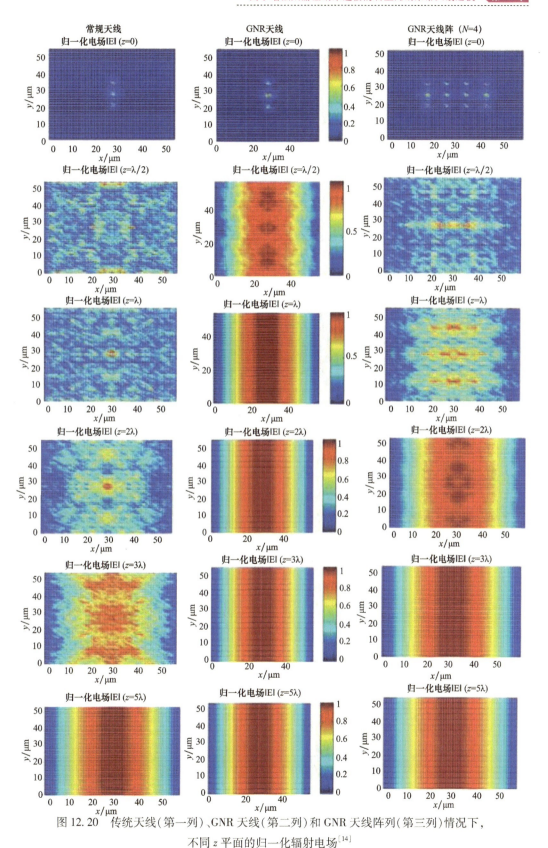

图 12.20 传统天线(第一列)、GNR 天线(第二列)和 GNR 天线阵列(第三列)情况下,不同 z 平面的归一化辐射电场[14]

12.6 石墨烯高阻抗表面在天线中的应用

本节石墨烯薄片用作增强天线辐射参数的 HIS。正在研究的整体结构如图 12.21 所示。这种结构由沉积在介电常数为 $\varepsilon_r = 3.9$ 的介质基底上的一个正方形石墨烯薄片构成。其中偶极子天线的长度 l,天线与基底之间的距离 d。天线结构被屏蔽在由完美的电边界形成的矩形波导中,并在上下部形成开路。

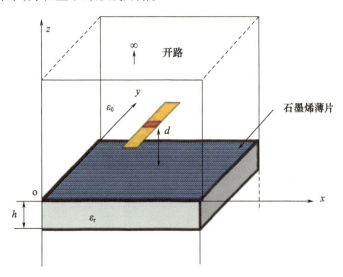

图 12.21　在石墨烯 HIS 上的偶极子天线形成的整体结构

如图 12.22 所示,与该结构相关的通用等效电路由一个局部电压源和四个并联导纳组成。

不连续环境由总导纳算符表示 $\hat{Y} = 2\hat{Y}_{oc} + \hat{Y}_s + \hat{Y}_{d1} + \hat{Y}_{d1}$,$\hat{Y}_{oc}$、$\hat{Y}_s$、$\hat{Y}_{d1}$ 和 $\hat{Y}_{d2}$ 分别是开路、石墨烯 HIS、介质基底和将偶极子天线与基底分离介质的导纳算符。

与前一种情况一样,通过将欧姆定律和基尔霍夫定律应用于图 12.22 所示的等效电路,得到方程组:

$$\begin{cases} J = J_e \\ E_e = \hat{Y}^{-1} J_e + \hat{Z}_s J_e - E_0 \end{cases} \quad (12.39)$$

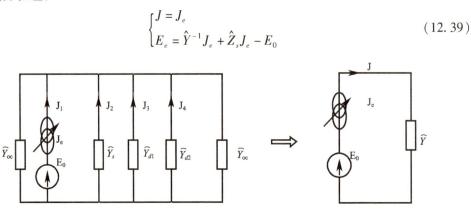

图 12.22　天线结构的等效电路模型

因此,利用伽辽金法求解所得到的方程组,进而研究了输入阻抗、S 参数、电流密度 J 和衍射电场 E^d。

在下面给出了天线长度 $l=13.5$ mm 和石墨烯尺寸 $L=23.5$ mm 的一些数值结果。假设基底的介电常数 $\varepsilon_r=3.9$,并且偶极子天线和基片被自由空间介质隔开。

图 12.23 显示了 7~14GHz 频率范围内天线结构的复合输入阻抗。可以注意到,天线结构具有 10.5GHz 的第一谐振频率。在这个共振频率附近,石墨烯的实部表面阻抗 $Rs=550\Omega$,偶极子天线的反射系数约为 -60dB,因此能够假设它很好地适应激发源。另一方面,如图 12.24 所示,使用 MoM - GEC 公式获得的反射系数 $|S11|$ 与使用 CST 模拟器获得的反射系数一致,参考文献[22]对此已经有所报道。

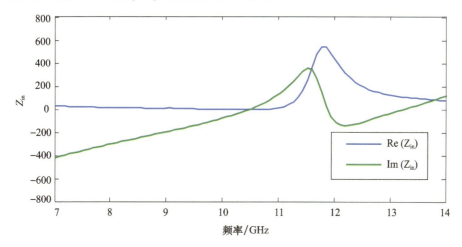

图 12.23 天线输入阻抗的频率依赖性

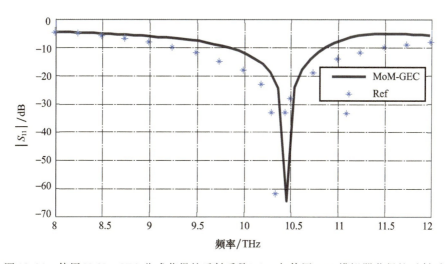

图 12.24 使用 MoM - GEC 公式获得的反射系数 $|S_{11}|$ 与使用 CST 模拟器获得的反射系数的比较,参考文献[22]对此已经有所报道

此外,如图 12.25 所示,对于第一谐振周围的工作频率,工作频率 $f=10.45$ GHz、天线长度 $L=13.5$ mm 时,电流分布采用约半正弦曲线,这几乎对应于半波长天线($l=\lambda/2$)。

此外，天线边缘和源区中心的电场最大（图12.26）。这表明电场验证了边界条件。

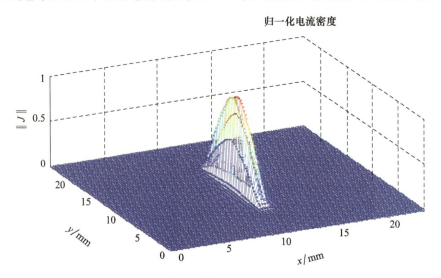

图 12.25　沿偶极子天线的归一化电流密度||J||

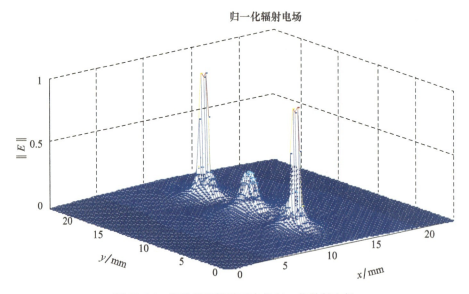

图 12.26　偶极子天线平面中的归一化散射电场

石墨烯薄片的表面阻抗与偏置电压密切相关，偏置电压直接影响天线的阻抗匹配。反射系数与偏置电压的关系如图12.27所示。实验结果表明，在没有外加偏压的情况下，表面阻抗假定为950Ω[24-25]。

然而，如果施加在石墨烯上的偏置电压增加，则表面阻抗显著降低。此外，对于550Ω量级的表面阻抗实部，可以获得最佳反射系数，从而导致共振频率约为10.45GHz。还可以看到，谐振频率可以通过优化外加偏置电压来调节。事实上，如果施加的偏置电压增加，谐振频率将移到更高的值。

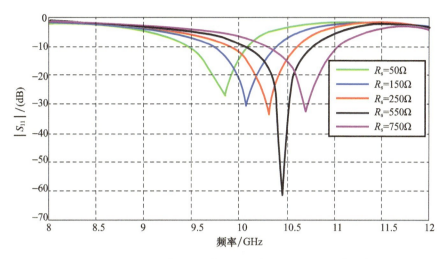

图 12.27　不同 R_s 值下石墨烯 HIS 上偶极子天线的反射系数

12.7　小结

本章基于矩量法和通用等效电路相结合,建立了一个严格的公式来研究不同的石墨烯天线结构。本章利用石墨烯的量子力学导电性,在数学公式中引入石墨烯效应。首先验证了该公式,得到了高效、准确的解。并将相同尺寸和形状的传统偶极子天线作了比较。研究发现,由于石墨烯的动电感过大,GNR 偶极子天线表现出与传统天线相似的特性,但可以在更高的频率下工作。GNR 偶极子天线具有高输入阻抗,这会导致阻抗失配问题。为了解决这个问题,研究了 GNR 天线阵列,并且证明了所提出的公式可以精确地描述任何耦合距离下的天线相互作用。另一方面,结果证明与传统天线相比,GNR 天线阵可以在较短距离内增强远场通信。该公式可推广应用于复杂形状不规则天线阵的研究。此外,所得结果证明石墨烯薄片在大带宽下呈现高阻抗表面,并且没有像金属外壳那样的织构重现。使用外加偏置电压可以调制阻抗表面,这使其成为一个天然可重构 HIS。

参考文献

[1] Neto, A. H. C. et al., The electronic properties of graphene. *Rev. Mod. Phys.*, 81, 1, 109, 2009.

[2] Tamagnone, J., Gomez – Diaz, S., Mosig, J. R., Perruisseau – Carrier, J., Analysis and design of terahertz antennas based on plasmonic resonant graphene sheets. *J. Appl. Phys.*, 112, 11, 1 – 4, 2012.

[3] Zhu, Z., Joshi, S., Grover1, S., Moddel, G., Graphene geometric diodes for terahertz rectennas. *J. Phys. D: Appl. Phys.*, 46, 18, 1 – 6, 2013.

[4] Aidi, M. and Aguili, T., Electromagnetic modeling of coupled carbon nanotube dipole antennas based on integral equations system. *Prog. Electromagn. Res. M*, 40, 179 – 183, 2014.

[5] Omri, D., Aidi, M., Aguili, T., Marching – on in degree method for electromagnetic coupling analysis of carbon nanotubes (CNT) dipoles array. *J. Electromagn. Waves Appl.*, 29, 2454 – 2471, 2015.

[6] Aidi, M. and Aguili, T., Electromagnetic modeling of antenna array based on circular carbon nanotubes bun-

dle. *The 36th Progress in Electromagnetics Research Symposium*, *PIERS*, Prague, 2015, Session 3P0:1827.

[7] Baringhaus, J. et al., Exceptional ballistic transport in epitaxial graphene nanoribbons. *Nature*, 506, 349 – 354, 2014.

[8] Dragoman, M., Muller, A. A., Dragoman, D., Coccetti, F., Plana, R., Terahertz antenna based on graphene. *J. Appl. Phys.*, 107, 10, 104313, 2010.

[9] Lovat, G., Burghignoli, P., Araneo, R., Low – frequency dominant mode propagation in spatially – dispersive graphene nano – waveguides. *IEEE Trans. Electromagn. Compat.*, 55, 2, 328 – 333, 2013.

[10] Naumis, G. G., Terrones, M., Terrones, H., Gaggero – Sager, L. M., Design of graphene electronic devices using nanoribbons of different widths. *Appl. Phys. Lett.*, 95, 182104, 2009.

[11] Geim, A. K. and Konstantin, S. N., The rise of graphene. *Nat. Mater.*, 6, 183 – 191, 2007.

[12] Akyildiz, I. F. and Jornet, J. M., Electromagnetic wireless nanosensor networks. *Nano Commun. Networks*, 1, 3 – 19, 2010.

[13] Sensale – Rodriguez, B., Fang, T., Yan, R., Kelly, M. M., Jena, D., Liu, L., Xing, H. G., Unique prospects for graphene – based terahertz modulators. *Appl. Phys. Lett.*, 99, 113104, 2011.

[14] Aidi, M., Hajji, M., Ben Ammar, A. et al., Graphene nanoribbon antenna modeling based on MoM – GEC method for electromagnetic nanocommunications in the terahertz range. *J. Electromagn. Waves Appl.*, 30, 8, 1032 – 1048, 2016.

[15] Llatser, I., Kremers, C., Chigrin, D. N., Jornet, J. M., Lemme, M. C., Cabellos – Aparicio, A., Alarcón, E., Characterization of graphene – based nano – antennas in the terahertz band, in: *Antennas and Propagation (EUCAP)*, *2012 6th European Conference on*, IEEE, pp. 194 – 198, 2012.

[16] Jornet, J. M. and Akyildiz, I. F., Graphene – based nano – antennas for electromagnetic nanocommunications in the terahertz band, in: *Antennas and Propagation (EuCAP)*, *2010 Proceedings of the Fourth European Conference on*, IEEE, pp. 1 – 5, 2010.

[17] Burghignoli, P., Araneo, R., Lovat, G., Hanson, G., Space – domain method of moments for graphene nanoribbons, in: *Antennas and Propagation (EuCAP)*, *2014 8th European Conference on*, IEEE, pp. 666 – 669, 2014.

[18] Hajji, M. and Aguili, T., Studying of surface impedance behavior of RIS against incidence and polarization for miniaturized antenna, in: *Antennas and Propagation Conference (LAPC)*, *2014 Loughborough*, IEEE, 2014.

[19] Mosallaei, H. and Sarabandi, K., Antenna miniaturization and bandwidth enhancement using a reactive impedance substrate. *IEEE Trans. Antennas Propag.*, 52, 9, 2403 – 2414, 2004.

[20] Sievenpiper, D., Zhang, L., Broas, R. F. J., Alexopolous, N. G., Yablonovitch, E., High – impedance electromagnetic surfaces with a forbidden frequency band. *IEEE Trans. Microwave Theory Tech.*, 47, 2059 – 2074, 1999.

[21] Huang, Y., Wu, L. S., Tang, M., Mao, J., Design of a beam reconfigurable THz antenna with graphene – based switchable high – impedance surface. *IEEE Transactions on Nanotechnology*, 11, 836 – 842, 2012.

[22] Aldrigo, M., Dragoman, M., Costanzo, A., Dragoman, D., Graphene as a high impedance surface for ultra – wideband electromagnetic waves. *J. Appl. Phys.*, 114, 18, 184308, 2013.

[23] Hanson, G. W, Dyadic Green's function and guided surface waves for a surface conductivity model of graphene. *J. Appl. Phys.*, 103, 064302, 2008.

[24] Skulason, H. S., Nguyen, H. V., Guermoune, A., Sridharan, V., Siaj, M., Caloz, C., Szkopek, T., 110GHz measurement of large – area graphene integrated in low – loss microwave structures" *Appl. Phys. Lett.*, 99, 153504, 2011.

[25] Gomez-Diaz, J. S., Perruisseau-Carrier, J., Sharma, P., Ionescu, A., Non-contact characterization of graphene surface impedance at micro and millimeter waves. *J. Appl. Phys.*, 111, 114908, 2012.

[26] Novoselov, K. S., Geim, A. K., Morozov, S. V, Jiang, D., Zhang, Y., Dubonos, S. V, Grigorieva, I. V, Firsov, A. A., Electric field effect in atomically thin carbon films. *Science*, 306, 5696, 666-669, 2004.

[27] Charlier, J. C., Blase, X., Roche, S., Electronic and transport properties of nanotubes. *Rev. Mod. Phys.*, 79, 677-732, 2007.

[28] Castro Neto, A. H., Guinea, F., Peres, N. M. R., Novoselov, K. S., Geim, A. K., The electronic properties of graphene. *Rev. Mod. Phys.*, 81, 1, 109-162, 2009.

[29] Wilder, J., Venema, L., Rinzler, A., Smalley, R. and Dekker, C., Electronic structure of atomically resolved carbon nanotubes. *Nature*, 391, 59-62, 1998.

[30] Anantram, M. P. and Leonard, F., Physics of carbon nanotube electronic devices. *Rep. Prog. Phys.*, 69, 507, 2006.

[31] Wallace, P. R., The band theory of graphite. *Phys. Rev.*, 71, 9, 622-634, 1947.

[32] Das Sarma, S., Hwang, E. H., E., Rossi., Theory of carrier transport in bilayer graphene. *Phys. Rev. B*, 81, 16, 161407, 2010.

[33] Geim, A. K., and Novoselov, K. S. The rise of graphene. In: *Nanoscience and Technology: A Collection of Reviews from Nature Journals*, 5, 11-19, 2010.

[34] Han, M. Y., Barbaros, Ö., Zhang, Y., Kim, P., Energy band-gap engineering of graphene nanoribbons. *Phys. Rev. Lett.*, 98, 206805, 2007.

[35] Mikhailov, S. A. and Ziegler, K., New electromagnetic mode in graphene. *Phys. Rev. Lett.*, 99, 016803, 2007.

[36] Xu, C., Jin, Y., Yang, L., Yang, J., Jiang, X., Characteristics of electro-refractive modulating based on Graphene-Oxide-Silicon waveguide. *Optics Express*, 20, 22398-22405, 2012.

[37] Hajji, M., Hamdi, B., Aguili, T., A new formulation of multiscale method based on modal integral operators. *J. Electromagn. Waves Appl.*, 29, 1257-1280, 2015.

[38] Aguili, T., *Modélisation des composants S. H. F planaires par la méthode des circuits équivalentsgénéralisés*, Thesis, National Engineering School of Tunis ENIT, 2000.

[39] Baudrand, H. and Bajon, D., Equivalent circuit representation for integral formulations of electromagnetic problems. *Int. J. Numer. Modell. Electron.*, 15, 23-57, 2002.

[40] Hamdi, B., Aguili, T., Raveu, N., Baudrand, H., Calculation of the mutual coupling parameters and their effects in 1-D planar almost periodic structures. *Prog. Electromagn. Res. B*, 59, 269-289, 2014.

[41] Perruisseau-Carrier, J. *et al.*, Graphene antennas: Can integration and reconfigurability compensate for the loss? *Microwave Conference (EuMC)*, 2013 European, IEEE, 2013.

[42] Tamagnone, M. and Perruisseau-Carrier, J., Predicting input impedance and efficiency of graphene reconfigurable dipoles using a simple circuit model. *Antennas Wirel. Propag. Lett.*, 13, 313-316, 2014.

第13章 石墨烯基等离子元件在太赫兹中的应用

Victor Dmitriev, Clerisson Nascimento*
巴西,帕拉联邦大学电气工程系

摘 要 本章介绍用于太赫兹应用的石墨烯基平面元件。首先,利用群论方法分析了阵列的对称性。然后对几个部件进行了数值模拟。第一个部件可以用作电磁过滤器。它是一种石墨烯基元素的平面阵列。阵列的晶胞由同轴排列在电介质衬底的相对侧两个石墨烯环组成。电磁耦合的环具有等离子体模的偶极共振。结果表明,石墨烯的化学势可以在很大范围内改变透射峰的频率位置。另一个例子是一种新型的电磁可调谐多功能部件。这种结构由放置在薄电介质两侧的正方形石墨烯阵列组成。静电改变石墨烯的化学势,从而导致通带和阻带过滤器的中心频率发生错位。这与过滤器的动态控制相对应。结合传输响应中的高峰值和深谷可以在两个分离的频带中创建开关和调制器。

关键词 石墨烯,表面等离子激元,太赫兹,过滤器

13.1 引言

设计用于控制电磁波的频率选择表面引起了电磁研究界的广泛关注。在过去的几年中,研究人员对于由不同材料制成的共振元件结构中的类法诺(Fano)共振进行了广泛的研究[1-2]。在金属元素的光学频率下,这种效应可以用电磁诱导透明(EIT)的等离子体模拟来解释[3]。在微波中,它经常称为"陷波模式区"[4]。

石墨烯是由碳原子组成的二维原子层,是一种非常有前景的电子和光子应用材料[4-10]。尤其是这种材料允许对电磁装置进行电气控制。这方面的例子是参考文献[6]中建议的集成石墨烯多层超材料。由金属元素组成的周期性结构提供共振。栅极电压控制石墨烯导电性移动超材料的透射峰。阵列的晶胞等于$60\mu m$,这对应于1THz的阵列共振频率。如参考文献[4,6-10]所述,在THz区类Fano共振的结构中,共振通过金属元素和石墨烯的结合来实现。

在所引用的工作中,阵列的高透射率由具有一定几何不对称性的元素提供,例如通过分裂环(参见文献[2]详述的关于不对称性在等离子体纳米结构的Fano共振中的作用)。在非对称元素中观察到了特定波偏振的现象。为了减小入射角和偏振依赖性,参考文献[4]建议在晶胞中使用两个同心金属环。参考文献[11]研究了另一种含有金属元素的几何结构。

在这种情况下,阵列的晶胞具有四重旋转对称性。

过滤器和开关是许多电磁系统,特别是数字通信系统中的重要元素。它们可以在频率选择表面的基础上实现[18]。参考文献[19]和参考文献[7]讨论了金属石墨烯太赫兹开关。在最后一种情况下,阵列由两个金元素和一个石墨烯正方形组成。该结构的晶胞为6.5μm,共振频率为7THz。因此,在两个引用的组件中,阵列的功能由金属元素和石墨烯提供。

本章研究介电衬底支持的石墨烯元素组成的结构。在一个晶胞中有两个同轴环的阵列中,类Fano共振被激发,保持了旋转对称性。两个圆环直径不同,这为Fano共振提供了必要的不对称性。作为这种结构的应用,我们将提出一种简单的阵列,它可以提供具有低偏振和入射角依赖性的太赫兹光谱过滤,以及一种可以作为电磁过滤器或开关的多功能组件。

13.2 传递和散射矩阵的对称性分析

首先,我们将分别使用传递矩阵 T 和散射矩阵 S 来分析阵列的一般性质。它们的结构由阵列的对称性决定。矩阵可以用群论方法计算。晶胞的点群定义如下。细胞的几何结构有两个元素,即环和晶胞本身;见图13.1。这些环与无限级C_∞的z轴和对称平面σ_v(v表示垂直)对称$C_{\infty v}$。方形晶胞由群C_{4v}描述,并由以下元素组成:四倍C_{4z}和二倍C_{2z}轴、反射面σ_x和σ_y、穿过晶胞对角线垂直面上的两个反射。根据居里对称叠加原理[13],得到的晶胞群将作为一个整体C_{4v}。现在可以使用参考文献[14]中描述的方法计算矩阵 T 的结构。

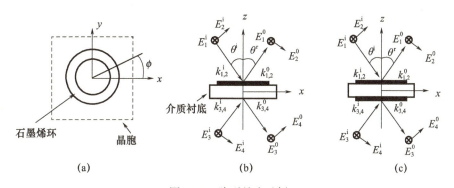

图 13.1 阵列晶胞示例

(a)俯视图;(b)和(c)侧视图;(b)二维对称单面图,晶胞的点群是C_{4v};(c)三维对称双面图。如果石墨烯环相等,则晶胞的点群为D_{4h}。

从$z>0$或$z<0$区域传入(入射)的电磁平面波由波向量$\boldsymbol{k}_n^i$($n=1,2,3,4$)描述,其中上标i表示"入射"(图13.1(b)和(c))。出射(即反射、折射或透射)波由波向量$\boldsymbol{k}_n^o$表征,上标o表示"出射"。波振幅可分别由电场的四维向量$\boldsymbol{E}^i = (E_1^i, E_2^i, E_3^i, E_4^i)^t$ 和 $\boldsymbol{E}^o = (E_1^o, E_2^o, E_3^o, E_4^o)^t$ 表示,t 表示换位。它们分别由$E_n^i \exp \mathrm{j}(\omega t - \boldsymbol{k}_n^i \cdot \boldsymbol{r})$和$E_n^o \exp \mathrm{j}(\omega t - \boldsymbol{k}_n^i \cdot \boldsymbol{r})$定义,j是虚单位,$E_n^i$和$E_n^o$是复合振幅。

对于波矢 k 的任意方向,4×4 传递矩阵 $\boldsymbol{T}$ 连接了入射波和出射波($\boldsymbol{E}^o = \boldsymbol{T}\boldsymbol{E}^i$),具有 16 个复合参数 T_{ij} 的一般形式。但入射面的四个特定方向导致了 $\boldsymbol{T}$ 的简化。它们是平面 $x = 0(\phi = 90°)$,$y = 0(\phi = 0°)$,以及穿过晶胞对角线的平面;见图 13.1。传递矩阵有 8 个复合元素:

$$\boldsymbol{T} = \begin{pmatrix} T_{11} & 0 & T_{13} & 0 \\ 0 & T_{22} & 0 & T_{24} \\ T_{31} & 0 & T_{33} & 0 \\ 0 & T_{42} & 0 & T_{44} \end{pmatrix} = \begin{pmatrix} \boldsymbol{T}_{11} & \boldsymbol{T}_{12} \\ \boldsymbol{T}_{21} & \boldsymbol{T}_{22} \end{pmatrix} \tag{13.1}$$

式中:$\boldsymbol{T}_{11}$、$\boldsymbol{T}_{22}$、$\boldsymbol{T}_{12}$ 和 $\boldsymbol{T}_{21}$ 是 2×2 子矩阵。$\boldsymbol{T}_{11}$ 连接波 $(E_1^o, E_2^o)'$ 和 $(E_1^i, E_2^i)'$,也就是说,它描述波在上半空间的反射。$(E_1^i, E_2^i)'$ 是入射波的两个正交(平行于入射面且垂直于入射面)电场分量,$(E_1^o, E_2^o)'$ 是出射波分量。子矩阵 $\boldsymbol{T}_{22}$ 定义了波在下半空间的反射,子矩阵 $\boldsymbol{T}_{21}$ 描述了波从上半空间到下半空间的传输,以及 $\boldsymbol{T}_{12}$ 描述了从下半空间到上半空间的传输。

在散射矩阵方面,一般需要 8×8 矩阵 $\boldsymbol{S}$。在正入射($\theta = 0°$)的情况下,4×4 传递矩阵 $\boldsymbol{T}$ 变换为 4×4 散射矩阵 $\boldsymbol{S}$。$\boldsymbol{S}$ 结构可按参考文献[13,15]所述计算:

$$\boldsymbol{S} = \begin{pmatrix} S_{11} & 0 & S_{13} & 0 \\ 0 & S_{11} & 0 & S_{13} \\ S_{13} & 0 & S_{33} & 0 \\ 0 & S_{13} & 0 & S_{33} \end{pmatrix} \tag{13.2}$$

首先可以看出,由于环 1 和环 2 的尺寸不同,波在上半空间和下半空间的反射和透射不同。此外,对于入射平面 $x = 0$ 和 $y = 0$ 以及与晶胞对角线重合的其他两个平面,反射波和透射波的交叉偏振受到抑制。但对于任意方向的波矢 k,情况并非如此。另外,对散射矩阵(13.2)的分析表明,正入射时的反射和透射与偏振无关。

13.3 数值模拟

在低太赫兹区,石墨烯的电导率可以用著名的 Kubo 公式的带内组分来模拟[12]:

$$\sigma = -j\frac{e^2 k_B T}{\pi \hbar^2 (\omega - 2j\Gamma)}\left[\frac{\mu_c}{k_B T} + 2\ln\left(e^{-\frac{\mu_c}{k_B T}} + 1\right)\right] \tag{13.3}$$

式中:e 为电子电荷;$\hbar$ 为约化普朗克常数;k_B 为玻尔兹曼常数;Γ 为电子 – 声子散射率;T 为温度;μ_c 为石墨烯的化学势;ω 为入射波的频率。在下面,我们假设 $T = 300\text{K}$ 和 $\Gamma = 0.52\text{meV}$。

在计算了不同激化方案下,具有不同参数阵列的反射 $R = 20\log(|E_r|/|E_i|)$ 和透射 $T = 20\log(|E_t|/|E_i|)$ 系数,其中 $|E_i|$、$|E_r|$ 和 $|E_t|$ 分别是入射、反射和透射电场分量的模量。质量因子定义为 $Q = f_0/\Delta_f$,f_0 是操作的中心频率,Δ_f 是设备的带宽,定义为 -3dB。在数值模拟中,使用了商业软件 CST[16]。

13.4 石墨烯环过滤器

平面阵列的晶胞如图 13.2 所示。它由放置在薄电介质衬底相对侧的两个同轴石墨烯环组成。具有任意偏振的入射平面波可以分解为两个偏振垂直和平行于入射面的波（即 TE 波和 TM 波）。波矢量 k 与 z 轴成一定角度 θ（见图 13.2(b)）。其在平面 xoy 上的投影是矢量 $k_{\parallel}$，如图 13.2(a) 所示。

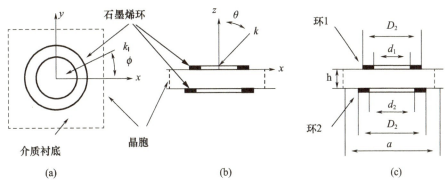

图 13.2 阵列晶胞
(a) 俯视图；(b) 侧视图；(c) 尺寸。

阵列的晶胞是一个边为 a 的正方形。阵列的厚度为 h。结构尺寸见表 13.1。请注意，在下面的独立环阵列计算中，厚度为 $h=5\mu m$，也就是说，带有衬底阵列的情况不同。与环 2 相比，环 1（图 13.2(c)）的尺寸较小。石英介质衬底具有介电常数 ε，其损耗见表 13.1 中 $\tan\delta$。

表 13.1 阵列晶胞参数　　　　　　　　　　　　　单位：μm

a	h	d_1	D_1	d_2	D_2	ε	$\tan\delta$
100	10	16	40	32	80	3.75	0.0184

13.4.1 石墨烯环的独立排列分析

图 13.3 展示了正入射波和 y 偏振波下阵列的频率响应。阵列由环 1、环 2 以及两个同轴石墨烯环的组合构成。在后一种情况下，环被距离为 $h=5\mu m$ 的空气层分隔。

阵列环 1 和阵列环 2（分别为曲线 1 和曲线 2）的高反射共振由于环的尺寸不同而错位。这些共振的中心频率和品质因数分别为 $f_1=0.85THz$ 且 $Q_1=2.5$ 以及 $f_2=1.33THz$ 且 $Q_2=11$。

两层环的相互作用在频率 $f_0=1.05THz$ 时产生新的共振（曲线 3）。这种共振的特点是在频率 f_0 下，反射率为 $-60dB$，透射率为 $-1.7dB$，在频率为 $0.8THz$ 和 $1.3THz$ 时，两个相邻的低透射率为 $-14.5dB$ 和 $-16.5dB$（曲线 3'）。比值 $\lambda_0/D_1=273/40=6.8$，其中 $\lambda_0=273\mu m$ 是对应于频率 $f_0=1.05THz$ 的自由空间波长，D_1 是环 1 的直径。

在图 13.4(a) 和 (b) 显示了两个非耦合环共振频率下石墨烯中的感应电流。

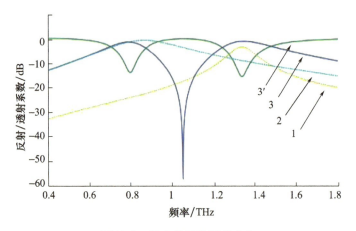

图 13.3　独立排列的频率响应

曲线 1 和曲线 2 分别是仅由环 1 和环 2 构成阵列的传输系数。曲线 3 和 3′分别是由两个环组成阵列的反射系数和透射系数。

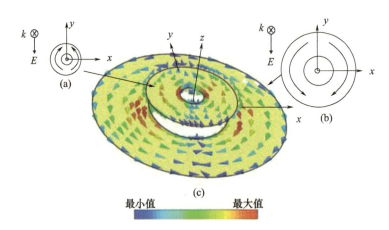

图 13.4　由隔离环 1(a)、环 2(b) 组成阵列(都是俯视图)和(c)带有耦合环阵列(3D 图)的石墨烯环上的电流分布

在单个环中,可以观察到偶极子共振。从图 13.4(c)显示的相互作用环阵列可以得出结论,共振也是偶极子型。环中的感应电流流向相反的方向,即两个电流之间存在 n 相移。因此,由两个环产生的辐射波的相消干扰导致反射波的抵消,从而导致阵列的高透射率。因此,这种共振的机制由电磁诱导透明度来定义。

电磁场分量 E_z、E_y 和 H_x 沿坐标 $x=16\mu m$ 且 $y=0$ 的直线计算,如图 13.5 所示。可以看出,谐振器的偶极子模式由表面等离子体激元波(SPP)定义。石墨烯环之间存在高浓度的电磁场(图 13.5(c))。例如,磁场是入射波场的 7 倍。

13.4.2　介质衬底上的石墨烯环

表 13.1 给出了石英衬底 ε 和 h 的参数。首先,当 $\tan\delta = 0$ 时,忽略了衬底选择的损失。从图 13.6 中,我们可以观察到共振向低频的显著偏移。

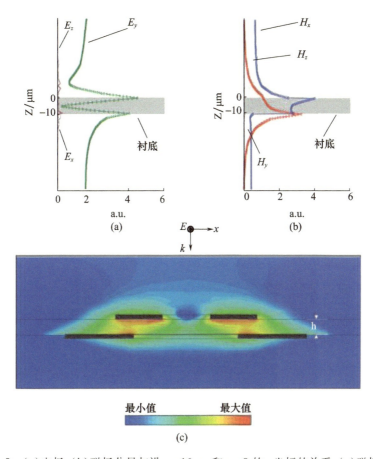

图 13.5 (a)电场,(b)磁场分量与沿 $x = 16\mu m$ 和 $y = 0$ 的 z 坐标的关系,(c)磁场强度

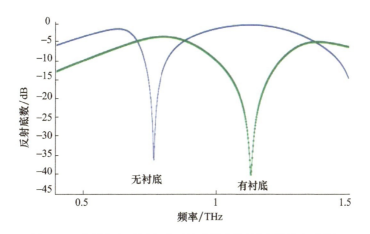

图 13.6 有衬底和无衬底阵列的反射系数(衬底被认为无损)

图 13.7 中的曲线 1 和 2 分别是由环 1 和环 2 构成阵列的透射系数,曲线 3 和 3′分别是具有两个环阵列的反射和透射系数。曲线 3 和 3′表明,反射曲线的最小值和透射曲线的最大值有一个小的错位。品质因子为 $Q = 5.5$。

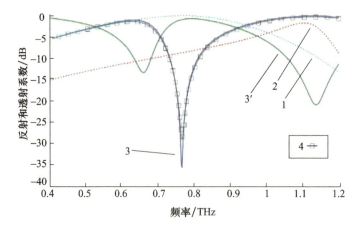

图 13.7　1 和 2 分别由环 1 和环 2 组成阵列的传输系数;3 和 3′ 分别是放置在无损石英衬底上双环阵列的透射系数和反射系数;曲线 4 是有损耗衬底的两个环的反射系数

13.4.3　不同偏振波特性的角度依赖性

下面的计算使用表 13.1 中给出的衬底 h、ε、$\tan\delta$ 的参数,化学势 $\mu_c=0.6\mathrm{eV}$。在 $\phi=0°$ 时,TE 和 TM 偏振的反射和透射的 θ 依赖关系分别如图 13.8(a) 和 (b) 所示。

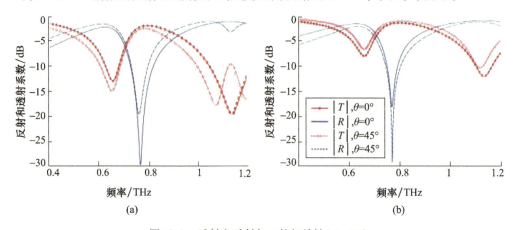

图 13.8　反射和透射与 θ 的相关性($\phi=0°$)
(a)TE 偏振;(b)TM 偏振。

当 θ 从 0° 开始增加到 45° 时,共振向低频小偏移。传输的峰值从 $-27\mathrm{dB}$ 降低到 $-20\mathrm{dB}$。类似于图 13.9(a) 和 (b) 中 $\phi=45°$ 的情况。将图 13.7 和图 13.8 中的结构特征进行比较,在透明窗户中可以看出在 $\phi=0°$ 和 $\phi=45°$ 的情况下,结构特征非常相似。

13.4.4　化学势控制

石墨烯化学势 μ_c 的变化导致载流子密度的变化,从而导致石墨烯导电性的变化;见式(13.3)。这可用于改变阵列的传输峰值的频率位置,即用于控制传输窗口。在图 13.10 中,观察到 μ_c 从 $0.3\sim1.0\mathrm{eV}$ 的变化导致中心频率从 $f_0=0.65\mathrm{THz}$ 到 $f_0=0.95\mathrm{THz}$ 的变化。

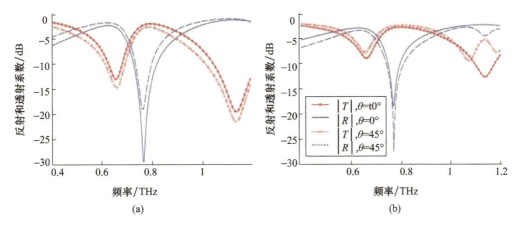

图 13.9 反射和透射与 θ 依赖的相关性($\phi = 45°$)
(a)TE 偏振;(b)TM 偏振。

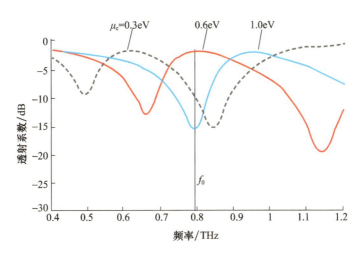

图 13.10 透射系数的化学势依赖性($\phi = 0°, \theta = 0°$)

13.5 石墨烯多功能组分

本节将介绍一种石墨烯多功能组分,它既可以作为动态可控太赫兹过滤器工作,也可以作为同一频率范围内的开关。平面阵列的晶胞如图 13.11 所示。它由两个几乎互补的相互作用的元素组成:整个石墨烯层中的圆孔和同心插入空穴中的石墨烯盘。我们也可以把晶胞看作石墨烯层中的圆孔。石墨烯元素固定在电介质衬底的两侧。

对于石墨烯的电气控制,在石墨烯层之间施加电压 V(图 13.11(d))。V 产生的静电场改变了化学势 μ_c,从而改变了石墨烯的导电性。因此,这会改变组分基团的频率响应。

在图 13.11(a)中,晶胞中心的圆盘与主石墨烯层电隔离。宽度为 w 的四个桥将圆盘与主石墨烯层连接起来,如图 13.11(b)所示。这样其就可以控制 μ_c 磁盘。请注意,这些桥不会改变晶胞的四重旋转对称性。因此,在电磁波垂直入射时,阵列的特性与偏振无关。

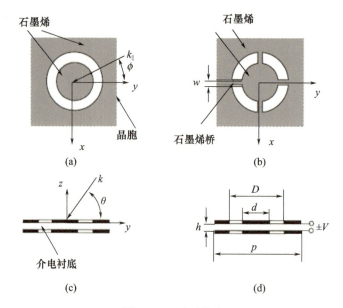

图 13.11 阵列晶胞

(a)俯视图;(b)四座桥的俯视图;(c)侧视图;(d)尺寸的侧视图。V 为外加电压。在(a)和(b)中,深灰色区域是石墨烯。

阵列的方形晶胞(图 13.11)的边 $p=100$。其他参数为 $h=0.1; d=60; D=70; w=1$(所有尺寸单位为 μm)。SiC 介质衬底的介电常数为 $\varepsilon_r=3.5$。这种基质中的小损耗被忽略了。

首先,我们将考虑 y 偏振波在无桥和无衬底单层石墨烯阵列上的垂直入射。根据巴比涅原理[18],处于最低共振的孤立圆盘可以用电偶极子表示,空穴可以用磁偶极子表示。电偶极子在频率 $f=1.5\text{THz}$ 处有反射峰,如图 13.12(a)所示,磁偶极子在频率 $f=1.56\text{THz}$ 处有透射峰(图 13.12(b)),这些共振非常接近。因此,石墨烯盘阵列具有阻带过滤特性,而空穴阵列具有通带过滤特性。

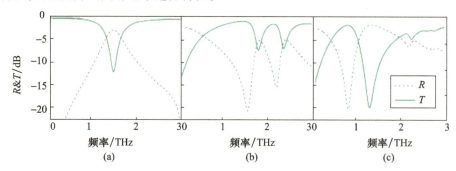

图 13.12 单层独立排列的 $\mu_c=0.5\text{eV}$ 的(a)石墨烯圆盘,(b)石墨烯中的圆空穴和(c)空穴内无桥圆盘的反射 R 和透射 T 系数

对于空穴和圆盘的组合,这些元素的相互作用会导致阵列在频率 $f=0.85\text{THz}$(图 13.12(c))下的透明度,且具有相对窄的频率特性。图 13.13 显示了圆盘和空穴边界上的电流方向相反,即 π 相移。这是类 Fano 效应的一个特征(在文献[4]中,它称为陷波模式区)。通过对图 13.12(c)的分析,可以得出这样的结论:该阵列可以在频率为 0.85THz 时用作通带过滤器,也可以在频率为 1.3THz 时用作阻带过滤器。

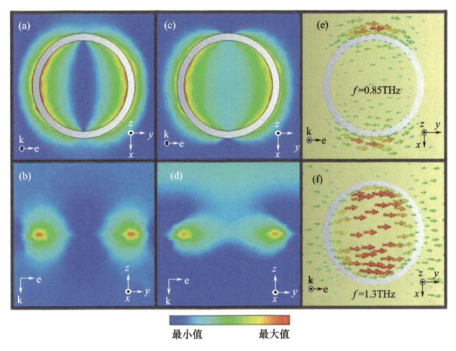

图 13.13 频率为 0.85 和 1.3THz 时计算的电场 $|E|$

(a)和(b)俯视图;(c)和(d)侧视图;(e)和(f)相同频率下石墨烯中的感应电流,无衬底和无桥的石墨烯层的垂直入射,$\mu_c = 0.5\text{eV}$。

该阵列的另一个特征是场与 z 坐标的指数依赖关系(图 13.14),对应于石墨烯中的表面等离子激元波。石墨烯层上的电场是入射波的 15 倍。

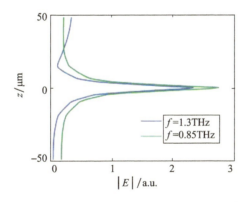

图 13.14 在 0.85 和 1.3THz 下,$x=0$ 且 $y=32.5\mu\text{m}$ 时沿 z 轴的电场分布 $|E|$ 没有衬底和桥石墨烯层的垂直入射,$\mu_c = 0.5\text{eV}$。

介电层具有非常小的厚度 $h = 0.1\mu\text{m}(h/\lambda = 3\times10^{-3})$,因此,它不影响阵列特性。由于衬底的影响,阵列传输的谐振频率从 0.93THz 移到了 0.91THz。然而,该层作为一种工具,通过施加在该层相对侧的石墨烯元素上的外部电压 V(图 13.11(d))来改变石墨烯化学势[20]。V 的值为 100V[21]。

忽略静电掺杂石墨烯中不均匀的表面电荷分布[22]。图 13.15 展示了传输特性的化学势依赖性。μ_c 从 0.21eV 增加到 1.5eV 会使透射窗口从 0.67 THz 显著地移动到 1.51THz。

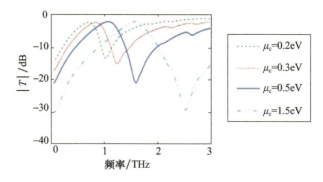

图 13.15　不同 μ_c 值下阵列的频率响应

具有衬底和桥的两个石墨烯层的垂直入射，$\mu_c = (0.21,0.3,0.5,1.5)\text{eV}$。

13.5.1　石墨烯桥接的影响

让我们来讨论一下桥接的影响。减小桥的宽度 w 会导致桥的电阻增大，从而减小桥对过滤器特性的影响。然而，小宽度 w 的石墨烯桥中的电流密度较高，因此，随着入射波功率的增加，桥有烧损的危险。此外，对于很小的 w，Kubo 模型（1）无效，因此需要对石墨烯导电性进行量子力学计算。另一方面，w 较大时，传输峰值较低（图 13.16(a)）。$w < 1\mu\text{m}$ 时，传输响应与无桥阵列的情况差别不大（见图 13.16(a) 中的黑色虚线）。因此，我们在 $w = 1\mu\text{m}$ 时进行桥接。

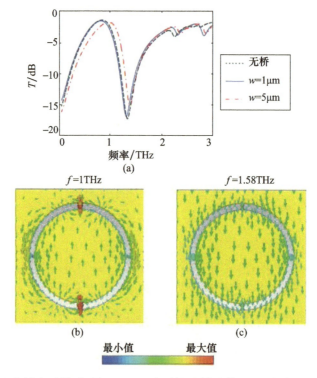

图 13.16　(a)有桥和无桥时，图 13.1(c)阵列的透射系数。(b)频率为 1THz 和 (c)频率为 1.58THz 的感应电流分布。$\mu_c = 0.5\text{eV}$。在没有介质衬底的情况下进行模拟

13.5.2 偏振和入射角的影响

接下来,考虑电磁波入射偏振和角度对过滤器特性的影响(图 13.17)。在正入射角上,TE 模和 TM 模的结果基本一致,并不取决于角 ϕ。此外,对于达到 45°的入射角 θ,共振频率有非常小的错位。从 15°开始,透射特性的形状发生显著变化。

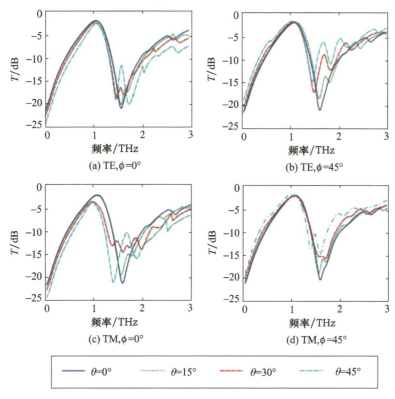

图 13.17 具有桥和介质衬底阵列的透射系数与 θ 依赖($\phi=0°$)
(a)TE 偏振;(b)TM 偏振,$\phi=45°$;(c)TE 偏振;(d)TM 偏振,$\mu_c=0.5\mathrm{eV}$。

13.5.3 电磁开关运作

利用上述结果,可以投射出一个开关。物理机制是基于通过石墨烯化学势产生共振频率位错的可能性。在过滤器的透射响应中(如图 13.15 中 $\mu_c=0.5$ 的曲线),这里存在一个高透射区域($f=1.08\mathrm{THz}$)和低透射的深谷($f=1.58\mathrm{THz}$)。这两个地区可以考虑开关。

应考虑两种不同的开关。我们从 $\mu_c=0.5\mathrm{eV}$ 开始。当 $f=1.58\mathrm{THz}$ 时,这是高透射,即开关的开启状态。将化学势从 0.5eV 降低到 0.21eV,就会将透射的过滤器特性错位到较低频率。因此,在相同频率 $f=1.58\mathrm{THz}$ 下,当 $\mu_c=0.21\mathrm{eV}$ 时,具有低传输的关闭状态(图 13.18(a))。

在第二种类型中,将化学势从 0.5eV 增加到 1.5eV,会导致过滤器特性向更高频率错位。因此,在频率 $f=1.5\mathrm{THz}$ 时,当 $\mu_c=0.5\mathrm{eV}$,状态为关闭,当 $\mu_c=1.5\mathrm{eV}$,状态为开启(图 13.18(b))。

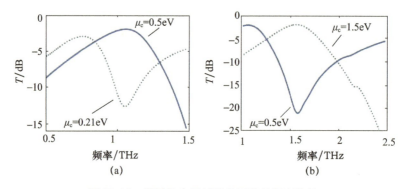

图 13.18 带桥和介质衬底的开关的频率特性

(a)第一种,$\mu_c=0.5eV$ 为开启状态,$\mu_c=0.21$ 为关闭状态;(b)第二种,$\mu_c=1.5eV$ 为开启状态,$\mu_c=0.5$ 为关闭状态。

在第一种类型(图13.18(a))中,开关的参数如下所示。在 0.99~1.15THz 频率范围内,开启状态损耗小于 -3dB,隔离度高于 -10dB。在中心频率为 1.08THz 时,这些参数分别为 -2.05 和 -12dB。调幅深度约为 91%。

在第二种类型(图13.18(b))中,开关具有以下参数。在 1.44~1.75THz 频率范围内,开启状态损耗小于 -3dB,隔离度高于 -13dB。在中心频率为 1.58THz 时,这些参数分别为 -1.96 和 -21.7dB,调制深度为 99%。请注意,更改 μ_c 的初始值可能会使开关的两个频率区域错位。

13.6 小结

本章讨论了太赫兹范围内两种石墨烯基和介质衬底的电磁器件。第一种是通带过滤器,它具有非常简单的阵列结构,由介质衬底上放置环形石墨烯元素组成。石墨烯环和晶胞的高旋转对称性使得过滤器频率响应对偏振和入射角的依赖性很低。与其他具有低对称性或完全没有对称性的 Fano 类器件相比,这是我们过滤器的一个显著优点。这种过滤器的另一个优点是易于制造,因为它只由简单几何结构的石墨烯元素组成,不需要复合金属石墨烯组分。过滤器的中心频率可以通过石墨烯环的尺寸和化学掺杂的化学势来控制。

第二个器件是一个多功能组分,可以用作动态控制的通带过滤器或阻带过滤器,也可以作为开关或调制器。这种器件的显著优点是偏振和入射角依赖性很低、调制深度很高、功能多、结构简单。它的多功能性为太赫兹系统的设计提供了灵活性。

由于石墨烯附近存在高浓度的电磁场,电磁场的微小扰动会导致过滤器的共振特性发生显著变化。这种效应可用于化学和生物传感器。例如,文献[17]中给出了此类传感器的示例。另一种可能性是使用具有柔性衬底的等离子体结构来感应错位和压力[2]。还要注意,在石墨烯环之间的介质衬底中,电磁场的大幅度增强有利于发展具有非线性效应的器件。

参考文献

[1] Miroshnichenko, A. E., Flach, S., Kivshar, Y. S., Fano resonances in nanoscale structures. Rev. Mod.

Phys. ,82,2257,2010.

[2] Luk'yanchuk, B. , Zheludev, N. I. , Maier, S. A. , Halas, N. J. , Nordlander, P. , Giessen, H. , Chong, C. T. , The Fano resonance in plasmonic nanostructures and metamaterials. *Nat. Mater.* ,9,707,2010.

[3] Chiam, S. - Y. , Singh, R. , Rockstuhl, C. , Lederer, F. , Zhang, W. , Bettiol, A. A. , Analogue of electro - magnetically induced transparency in a terahertz metamaterial. *Phys. Rev. B* ,80,153103,2009.

[4] Zheludev, N. I. , Prosvirnin, S. L. , Papasimakis, N. , Fedotov, V. A. , Lasing spaser. *Nat. Photon.* , 2, 351,2008.

[5] Jablan, M. , Soljai, M. , Buljan, H. , Plasmons in graphene: Fundamental properties and potential applications. *Proceedings of the IEEE*, vol. 101, p. 1689,2013.

[6] Lee, S. H. , Choi, M. , Kim, T. - T. , Lee, S. , Liu, M. , Yin, X. et al. , Switching terahertz waves with gate - controlled active graphene metamaterials. *Nat. Mater.* ,11,936,2012.

[7] Amin, M. , Farhat, M. , Bagcl, H. , A dynamically reconfigurable Fano metamaterial through graphene tuning for switching and sensing applications. *Sci. Rep.* ,3,2105,2013.

[8] Gallinet, B. and Martin, O. J. F. , Ab initio theory of Fano resonances in plasmonic nanostructures and metamaterials. *Phys. Rev. B* ,83,235427,2011.

[9] Sonnefraud, Y. , Verellen, N. , Sobhani, H. , Vandenbosch, G. A. E. , Moshchalkov, V. V. , Van Dorpe, R , Nordlander, P, Maier, S. A. , Experimental realization of subradiant, superradiant, and Fano resonances in ring/disk plasmonic nanocavities. *ACS Nano* ,4,1664,2010.

[10] Yang, Z. - J. , Zhang, Z. - S. , Zhang, L. - H. , Li, Q. - Q. , Hao, Z. - H. , Wang, Q. - Q. , Fano resonances in dipole - quadrupole plasmon coupling nanorod dimers. *Opt. Letters* ,36,1542,2011.

[11] Duan, X. , Chen, S. , Yang, H. , Cheng, H. , Li, J. , Liu, W. et al. , Polarization - insensitive and wide - angle plasmonically induced transparency by planar metamaterials. *Appl. Phys. Lett.* ,101,143105,2012.

[12] Hanson, G. W, Dyadic Greens functions and guided surface waves for a surface conductivity model of graphene. *J. Appl. Phys.* ,103,064302,2008.

[13] Barybin, A. A. and Dmitriev, V. A. , *Modern Electrodynamics and Coupled - Mode Theory: Application to Guided - Wave Optics*, Rinton Press, Princeton, NJ,2002.

[14] Dmitriev, V. , Symmetry properties of electromagnetic planar arrays in transfer matrix description. *IEEE Trans. Antennas Propag.* ,61,185,2013.

[15] Maslovski, S. I. , Morits, D. K. , Tretyakov, S. A. , Symmetry and reciprocity constraints on diffraction by gratings of quasi - planar particles. *J. Opt. A: Pure Appl. Opt.* ,11,074004,2009.

[16] https://www. cst. com [Internet] ,2016.

[17] Li, K. , Ma, X. , Zhang, Z. , Song, J. , Xu, Y. , Song, G. , Sensitive refractive index sensing with tunable sensing range and good operation angle - polarization - tolerance using graphene concentric ring arrays. *J. Phys. D: Appl. Phys.* ,47,405101,2014.

[18] Munk, B. A. , *Frequency Selective Surfaces: Theory and Design*, John Wiley & Sons, New York, 2000.

[19] Liu, M. , Yin, X. , Ulin - Avila, E. , Geng, B. , Zentgraf, T. , Ju, L. et al. , A graphene - based broadband optical modulator. *Nature* ,474,64,2011.

[20] Gomez - Diaz, J. S. and Perruisseau - Carrier, J. , Graphene - based plasmonic switches at near infrared frequencies. *Opt. Express* ,21,15490,2013.

[21] Nasari, H. and Abrishamian, M. S. , Magnetically tunable focusing in a graded index planar lens based on graphene. *J. Opt.* ,16,105502,2014.

[22] Thongrattanasiri, S. , Silveiro, I. , Javier García de Abajo, F. , Plasmons in electrostatically doped graphene. *Appl. Phys. Lett.* ,100,201105,2012.

第14章 连续氧化石墨烯纤维及其应用

Nuray Ucar, Ilkay Ozsev Yuksek
土耳其,伊斯坦布尔伊斯坦布尔科技大学纺织工程系

摘 要 液晶形式的氧化石墨烯被广泛用于制造氧化石墨烯纤维、薄膜和气凝胶。氧化石墨烯分散体湿法纺丝(混凝)技术是近十年来发展起来的一种低成本、高效率的生产连续氧化石墨烯纤维的方法。化学和热还原工艺也用于还原氧化石墨烯纤维,以提高导电性等性能。氧化石墨烯纤维具有多种用途,如多功能纺织品、可穿戴电子和燃料电池、电池、传感器和过滤器。本章主要介绍连续氧化石墨烯纤维、还原氧化石墨烯纤维、复合氧化石墨烯纤维及其生产和应用。

关键词 连续氧化石墨烯纤维,还原氧化石墨烯纤维,复合氧化石墨烯纤维,Hummer法,氧化石墨烯纤维性能,氧化石墨烯纤维应用领域,湿法纺丝,混凝

14.1 引言

通过湿法纺丝(混凝)氧化石墨烯分散体可以制备出连续氧化石墨烯纤维。湿法纺丝是一种低成本、高生产率的生产技术,近十年来广泛应用于氧化石墨烯纤维的生产。湿法纺丝后通常经过还原过程(化学或热)以获得导电性增强的还原氧化石墨烯纤维。氧化石墨烯纤维和还原氧化石墨烯(GO)纤维都有非常大的应用领域,例如电子纺织品、能源生产和储存、传感器和过滤器,这些也是纺织技术应用的主题。

还原氧化石墨烯(rGO),特别是在薄膜的情况下,由于其在可见光谱中的透明性和高导电性,可以在透明导体中代替氧化铟锡[1-2]。可以改变GO薄膜的厚度后将其用于晶体管[1]。GO薄膜具有纳米级厚度,其结构由单层或多层GO片组成[2]。研究发现,当rGO薄膜为单层时,其行为类似于石墨烯;然而,在厚度增加的情况下,它们出现石墨和半金属的相似特征[3]。Xie等[4]通过将还原的GO胶体转化为石墨烯薄膜,获得了石墨烯基执行器。在他们后来的研究中[4],用已烷和氧气对薄膜表面进行了不对称处理,并研究了它们对执行器性能的影响。然而,这样并没有显著提高执行器性能。

已经有大量的文献研究了GO的复合材料和纳米复合材料。通过使用GO片作为填料组分与聚合物基体一起制造而成这些复合材料[5]。对于需要导电性的应用,GO被还原加工以增强导电性[2]。对于储能应用,Yang等[6]制备了硫化钨(WS_2)/rGO纳米复合材料。复合材料具有良好的催化活性。Wang等[7]制备了硫阴极、rGO膜和分离器的三明

治复合材料,用于锂硫电池,使其放电容量达到1260mAH/g,在经过100次循环后,放电容量降至895mAH/g。对于类似的应用,Zhang等[8]使用硫和rGO,提高了电化学性能。

氧化石墨烯还可以转化为自组装石墨烯水凝胶(SGH),用于薄膜、导电应用、组织工程、支架、超级电容器等。Xu等[9]以水热还原GO制备了SGH。在SEM图像中,观察到由石墨烯薄片组成的多孔结构。在储能模量为450~490kPa的条件下,测量了所制备结构的电导率约为5×10^{-3}S/cm。Tian等[10]还采用自组装方法从石墨粉中制备了GO纤维膜。退火后的GO纤维薄膜的电导率约为15S/cm[10]。Dong等[11]利用水热法从GO制备了石墨烯纤维,水热法是通过管道处理GO悬浮液。然后,在230℃下处理纤维,拉伸强度可达180MPa,断裂伸长率为3%~6%,电导率为10S/cm;然而,当热处理时,这个值上升到420MPa。干态纤维密度低(0.23 g/cm^3)。Li等[12]应用化学气相沉积(CVD)技术从2D形式的石墨烯薄膜中形成纤维状结构。他们以乙醇为溶剂,在形成多孔纤维后除去。纤维厚度为20~50μm,电导率测量值约为1000S/m,电容值测量值为0.6~1.4mF/cm^2。为了将石墨烯纤维应用于电池、超级电容器等领域,还通过将MnO_2沉积石墨烯纤维的方法制备了石墨烯/MnO_2复合纤维。Hu等[13]开发了一种在锌、铁和银等金属表面通过"衬底辅助还原和组装GO(SARA-GO)"形成纤维的方法。GO也可以作为薄片的形式使用,通过将两种组分共纺在一起来生产具有CNT的复合纤维[14]。

Cheng等[15]研制了一种在体内使用扭曲GO水凝胶纤维的电机。采用螺旋排列的GO纤维,最大拉伸速率为5190r/min,拉伸膨胀率为4.7%。

GO气凝胶的应用是一个新的研究领域。Mi等[16]用改进的Hummer法经过冷冻干燥制备GO悬浮液,得到GO气凝胶。他们发现气凝胶能成功地从液体介质中去除Cu^{2+}离子。Gao等[17]研究了PVA交联剂制备GO气凝胶的性能。采用冷冻干燥法将GO溶液转化为GO气凝胶。得到了两种气凝胶:一种是小尺寸GO气凝胶;另一种是大尺寸GO气凝胶。由于减少了减少电子转移的接头,从大尺寸GO片获得的气凝胶具有更好的力学性能和导电性。

可以看出,大量的最终用途采用了GO和GO基材料。本章将重点介绍连续氧化石墨烯纤维、还原氧化石墨烯纤维、复合氧化石墨烯纤维及其生产和应用。因此,本章将涵盖以下主题和副标题:
· 氧化石墨烯的特点及应用领域
· 湿法纺丝生产的连续氧化石墨烯纤维(混凝)方法及其性能
· 氧化石墨烯纤维的还原及其性能研究
· 复合氧化石墨烯纤维、复合还原氧化石墨烯纤维及其性能
· 氧化石墨烯纤维和还原氧化石墨烯纤维的应用领域

14.2 氧化石墨烯的特点及应用领域

石墨烯是蜂窝状二维结构中的一层碳原子,可以以不同的形式使用,如石墨、纳米管或富勒烯[18]。对于纤维纺丝,因为石墨烯不能直接加工[19],石墨烯或剥落石墨(图14.1)转化为氧化石墨烯(图14.2)[20]。石墨烯及其衍生物可用于许多应用领域,如聚合物复合材料、传感器、储能、纳米技术、膜和执行器[9,21-24]。

图 14.1 (a)可膨胀石墨;(b)半剥落石墨烯薄片

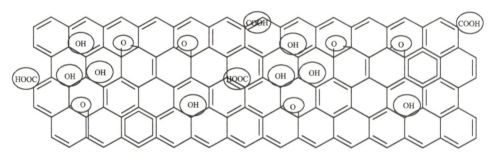

图 14.2 氧化石墨烯示意图

Brodie 于 1859 年发明了第一种将非导电石墨转化为氧化石墨的化学方法[25]。Brodie 首先在石墨悬浮液中加入 $KClO_3$,然后进行氧化处理,直到氧含量增加。之后,Brodie 进行了热处理(至 220℃),因此,H_2O、CO_2 和 CO 从结构中被移除[26]。在 Brodie 法中,氯酸盐的添加是单相,Staudenmaier 通过多次添加氯化物改变 Brodie 的方法,直到达到所需的氧化程度[26]。

1958 年,在 Hummer 方法中[27],通过石墨与高锰酸钾、硫酸和硝酸钠混合物的反应实现了从石墨到氧化石墨的转化。根据 Hummer 方法,冰浴温度低于 20℃,制备含有石墨片粉、硝酸钠和硫酸的材料,然后添加高锰酸钾。温度升高,悬浮液保持静止;因此,它变成糊状的棕灰色。然后,用水稀释悬浮液并加热至 98℃,变成棕色。再用水稀释,加入过氧化氢,使悬浮液颜色变为黄色。过滤该悬浮液并获得黄棕色滤饼。对该滤饼进行三次洗涤;然后将残余物分散在水中,除去剩余的盐。在 40℃时,在五氧化二磷上进行离心和脱水,得到干燥的氧化石墨。碳氧比和石墨氧化物的用量是决定生产方法成功与否的两点。碳氧原子比需要尽可能低(1958 年应用 Hummer 方法时为 2.25[27])。此外,如果最终产品中含有高氧化石墨,则颜色需为亮黄色。

这些方法的主要区别之一是使用氧化剂。在 Hummer 法中,反应中存在高锰酸钾($KMnO_4$)和硫酸(H_2SO_4);然而,在 Staudenmaier 和 Brodie 方法中,$KClO_3/NaClO_3$ 和 HNO_3 也存在于反应中[28]。此外,使用 Hummer 法消除了有毒和爆炸性 ClO_2 的形成,缩短了处理时间。Hummer 方法的主要缺点是通过洗涤和 H_2O_2 处理去除高锰酸盐离子[29]。目前的研究主要集中在利用 Hummer 法和改进 Hummer 法从石墨中获得 GO。对于 GO 的制备,在大多数情况下,石墨粉转化为预膨胀石墨,然后氧化得到氧化石墨分散体。然后,用

水和 H_2O_2 净化氧化石墨。发生还原过程,得到还原氧化石墨烯的分散体[28]。当比较从石墨到氧化石墨烯的转化方法时,发现每种方法的氧化剂类型、反应时间和后期间距各不相同。在 Brodie 法中,$KClO_3$ 和 HNO_3 是主要的氧化剂;而在 Staudenmaier 法中,是 $KClO_3$/$NaClO_3$、HNO_3 和 H_2SO_4;在 Hummer 法中,使用的氧化剂是 $NaNO_3$、$KMnO_4$ 和 H_2SO_4。在改进 Hummer 法中最常见的有两种:Kovtyukhova[30] 提出了用 $K_2S_2O_8$、P_2O_5 和 H_2SO_4 进行预氧化以及用 $KMnO_4$ 和 H_2SO_4 进行氧化的方法,Marcano 使用了 $NaNO_3$、$KMnO_4$ 和 H_2SO_4 而不进行预氧化。Brodie 法中,层间距和碳氧比分别为 5.95Å 和 2.2 C/O 左右,Staudenmaier 法为 6.23Å 和 1.85 C/O 左右,Hummer 法为 6.67Å 和 2.2 C/O 左右,Kovtyukhova 改进 Hummer 法为 6.9Å 和 1.3 C/O 左右,Marcanos 改进 Hummer 法为 8.3Å 和 1.8 C/O 左右[28]。

当原始石墨与氧化石墨烯比较时,观察到层间距显著增加(2~3倍)。当石墨变成氧化石墨烯时,层间间距比原始石墨大 2~3 倍(氧化反应 1h 后从 3.34Å 增加到 5.62Å,氧化反应 24h 后增加到 7.0Å±0.35Å)[28]。据报道,添加极性液体(即氢氧化钠)可增加层间距[31]。

1999 年,Kovtyukhova 在 Hummer 法中加入了预处理工艺,以提高氧化程度。制备了 H_2SO_4、$K_2S_2O_8$ 和 P_2O_5 的混合物,并用该混合物对石墨进行了预处理。该预处理之后是稀释、洗涤和过滤步骤,然后采用 Hummer 方法[30]。在 Hummer 法中还发现热处理会增加氧化。一些研究人员还关注 $KMnO_4$ 的添加[32-33]。通过改变配方和工艺条件对 Hummer 法进行不同的改性以提高其氧化性能。

Marcano 等[34] 开发了一种改进 Hummer 方法,在反应中消除 $NaNO_3$ 并使用 $KMnO_4$、$NaNO_3$ 和 H_2SO_4。该方法环保无毒,去除了反应中的有毒 $NaNO_3$,从而提高了氧化效率。

Yu 等[35] 目的是通过用 K_2FeO_4 替代 $KMnO_4$,减少反应中硫酸的使用,从而消除 $NaNO_3$。随着石墨浓度的增加,预氧化得到改善。

Wu 等[36] 研究了 Hummer 法中的工艺参数对 GO 性能的影响,得出了滴水率是控制产率的参数以及 $NaNO_3$/$KMnO_4$ 比的结论。

Akhair 等[37] 在 Hummer 法中在 2~10h 范围内改变搅拌时间,观察其对 GO 粉性能的影响。当搅拌时间从 2h 延长到 6h 时,亲水性增加,6h 搅拌时长亲水性最高。

Zaaba 等[38] 用改进 Hummer 方法从石墨烯薄片中获得 GO,将其溶解在丙酮或乙醇中,再放置在硅片/叉指电极(IDE)中。在反复加热之后进行纺丝工艺。样品命名为丙酮 GO(A-GO)和乙醇 GO(E-GO)。根据 SEM 图像,GO 溶解在丙酮中,分布在硅片中;而在以乙醇为溶剂的情况下,它在硅片中聚集。这一事实表明乙醇不能完全溶解丙酮。用布拉格方程计算的层间距不同(A-GO 为 0.75nm,E-GO 为 0.75nm)。由于水分子或氧官能团的增加,层间距增大。IDE 样品被用来测试电导率,发现 E-GO 比 A-GO 更具导电性。

Negar 等[39] 使用两种温度(60℃ 和 75℃)以及两种过氧化物(H_2O_2 和 2,5-二(叔丁基过氧基)-2,5-二甲基己烷),对氧化石墨烯进行热还原,并研究了它们对还原氧化石墨烯性能的影响。在温度升高的情况下,石墨烯板的形状被碎片化并丢失。

本章讨论了几项与热剥离(图 14.3)和 Hummer 工艺参数对 GO 薄片和 GO 纤维影响相关的研究[40-43]。Ucar 等[40,43] 研究了不同的热剥离参数和 Hummer 方法。图 14.4 显示了 Ucar 等在 Hummers 工艺中加入 H_2O_2 前后的分散情况。

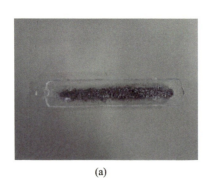 

图 14.3 （a）热剥离前的石墨；（b）热剥离后的石墨

图 14.4 （a）添加 H_2O_2 前 Hummer 过程中分散体为深色；（b）加入 H_2O_2 后 Hummer 过程中分散体为黄色

他们用三种不同的氧化石墨烯分散体制备了氧化石墨烯纤维，即预氧化 Hummer 法所得的 GO 分散体、改性 Hummer 法所得的 GO 分散体和预氧化改性 Hummer 法所得的 GO 分散体[43]。他们的结论是在这三种不同的 Hummer 法中，由改进的 Hummer 法获得的 GO 纤维在未经预氧化的情况下具有最高的断裂强度和断裂伸长率。然而，预氧化降低了断裂强度和断裂伸长率，同时增加了卷曲和起皱的结构表面[43]。热剥离过程被认为可以产生减少氧官能团和表面粗糙度以及提高导电性和断裂强度的 GO 纤维[42]。他们指出，使用 Hummer 工艺前需要较长的热剥离时间，这会导致更高的 C/O 比、更高的结晶度以及氧化石墨烯薄片之间更小的 d 空间[40]。在他们的另一项研究中[41]，从 Hummer 法获得的氧化石墨烯分散体的分散技术有所不同。结果表明，GO 纤维和 GO 分散体的结晶结构不同，即 GO 纤维中 GO 薄片的结晶度和 d 空间均低于 GO 分散体。而 GO 纤维中 GO 薄片的晶粒尺寸和层数均高于 GO 分散体。与机械均质机处理 GO 分散体相比，超声处理 GO 分散体的时间越短，剥离时间越短，电导率越高。然而，较长的超声时间导致结晶度降低，晶粒尺寸和层数增大[41]。在 XRD 图中，石墨的峰值 2θ 为 $26°\sim28°$，氧化石墨烯的峰值 2θ 在 $10°\sim12°$（图 14.5）。

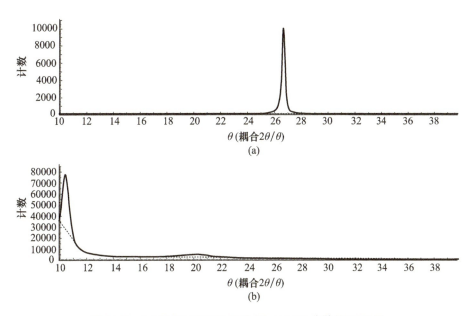

图 14.5 (a)石墨(GIC)的 XRD 图;(b)GO 分散的 XRD 图

14.3 湿法纺丝生产的连续氧化石墨烯纤维及其性能

湿法纺丝是制备氧化石墨烯纤维最常用的方法。在湿法纺丝中,通过含有溶剂的单个或多个凝固浴处理氧化石墨烯分散体。溶剂可以是甲醇、丙酮和水。混凝条件和凝固浴成分对纤维性能有显著影响。一般来说,经过热剥离石墨(GIC),然后使用改进的Hummer 法,在一个或几个浴中混凝 GO 分散体。一般来说,在混凝前,GO 分散性很好;它通过喷嘴进入凝固浴(图 14.6)。在某些应用中,为了得到离子键,在镀液中加入不同类型的盐,如 $CuCl_2$、$CaCl_2$ 等。在混凝过程中,GO 分散体被混凝,得到起皱的纤维表面(图 14.7)。从 GO 分散体和 GO 纤维在水、乙醇和 $CaCl_2$ 浴中混凝的 FTIR 图(图 14.8)可以看出,当 GO 分散体转化为 GO 纤维时(图 14.9),由于水的蒸发,OH – 羟基挑选(3200 ~ 3300cm^{-1})强度降低。当 GO 分散体转变为 GO 纤维时,C═O(1720cm^{-1})消失。两个样品的芳香族 C═C 峰值均在 1620cm^{-1} 左右[43-44]。

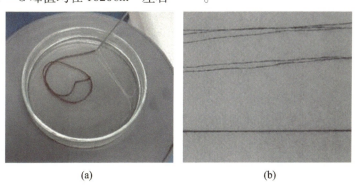

图 14.6 (a)将氧化石墨烯分散体通过喷嘴送入凝固浴;(b)不同厚度的混凝连续氧化石墨烯纤维

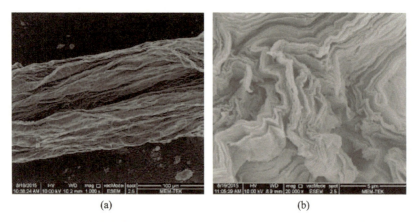

图 14.7 (a)氧化石墨烯纤维的纵向 SEM 外观;(b)氧化石墨烯纤维的横截面 SEM 形貌

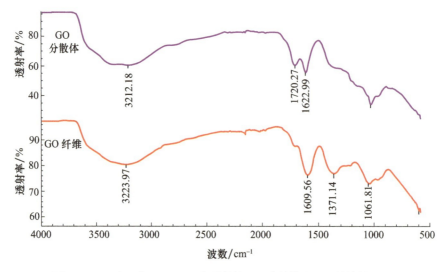

图 14.8 乙醇 + 水 + $CaCl_2$ 浴中混凝的 GO 分散体和 GO 纤维的 FTIR

Ucar 等[45]研究了氧化石墨烯纤维,其断裂强度为 30~60MPa、断裂伸长率为 2%~6%、电导率为 10^{-4}~10^{-2} S/cm(图 14.10)。

他们研究了氧化石墨烯分散体喷嘴尺寸和进料速度对氧化石墨烯纤维性能的影响,结果发现喷嘴越细、越长,其力学性能越高。进料速率的增加和喷嘴长度的减小导致纤维卷曲表面的增加。在另一项研究中[44],他们检查了凝固浴的数量、混凝时间和成分的影响。他们指出,凝固浴中的一种成分,即乙二胺,会使纤维颜色变深、卷曲、粗糙,断裂强度降低。由于 $CaCl_2$ 盐的存在,单一的凝固浴通常会导致较高的电导率;然而,较高数量的凝固浴通常会导致较高的断裂强度[44]。他们指出由于丙酮的快速蒸发和 NaOH 的半还原作用,丙酮和 NaOH 使断裂强度降低;但是,由于 Ca^{+2} 离子键的存在,会导致断裂强度的增加[46]。

Xu 和 Gao[47]通过在质量分数为 5% NaOH/甲醇的凝固浴中湿法纺丝 GO 水性液晶,然后在 40% 氢碘酸中进行化学还原,获得连续的氧化石墨烯纤维。拉伸速度和喷嘴尺寸不同,获得直径为 50~100μm 的连续 GO 纤维。在 80℃下,用 40% 的氢碘酸将 GO 纤维化学还原成横向收缩的石墨烯纤维。还原石墨烯纤维具有较高的抗拉强度(140MPa 断裂强度,杨氏模量为 7.7GPa)和良好的导电性(最高为 2.5×10^{-4}S/m)。

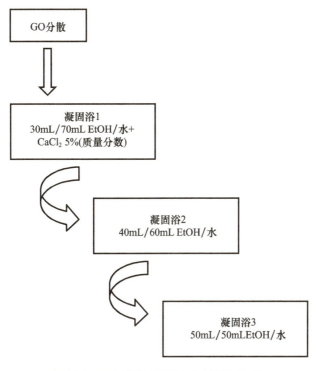

图 14.9　GO 纤维的混凝条件(见图 14.8)

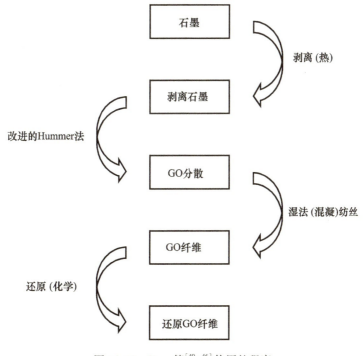

图 14.10　Ucar 等[40-46]使用的程序

在 Xu 等[48]的另一项研究中,他们制备了具有多孔结构的核壳 GO 气凝胶纤维。采用改进的 Hummer 法制造了厚度约为 0.8nm 的 GO 片。然后用液氮冷冻制备 GO 液晶凝胶。选择大喷嘴直径和大 GO 浓度(1cm 喷嘴直径和 10% GO)以实现过程的连续性。使用大约 100μm 的 GO 多孔纤维(即纤维) – 1cm(即圆柱体)直径进行纺制。为了提高导电性,用氢碘酸对纺织纤维进行化学还原。TGA 分析表明,含氧基团减少;此外,还观察到密度降低,从而导致重量下降。纤维的扫描电子显微镜观察表明,纤维形成了致密的多孔核结构。还原过程后,测量到杨氏模量增加、断裂强度和伸长率提高,以及导电性更高。

Jalili 等[49]通过使用含有 NaOH 或 KOH 的凝固浴,一步湿法纺丝液晶 GO 分散体,以获得凝胶状态的 GO 纤维。在 0.75～5mg/mL 之间观察到易纺性,而 0.75mg/mL 比常用的湿法纺丝 GO 纤维要低。

Cong 等[50]采用单步工艺制造 GO 纤维,他们通过 CTAB 溶液从带有双喷嘴的泵中抽出 GO 悬浮液。纤维通过聚四氟乙烯棒缠绕,在干燥过程中观察到纤维长度的收缩。纺成的干纤维和针织纤维一样柔软。在湿法纺丝过程中,喷嘴直径在 0.11～0.6mm 之间变化,GO 浓度在 5～22mg/mL 之间,纤维直径在 27～120μm。选择 CTAB 作为凝固浴溶液。为了将 GO 纤维转化为石墨烯纤维,对湿法纺丝 GO 纤维进行了氢碘酸还原。还原过程被认为是减少含氧基团,从而导致纤维直径减小(直径为 53μm 的 GO 纤维约为 20%)。此外,由于还原过程(145～182MPa),观察到增强的柔韧性、抗扭性、杨氏模量、拉伸强度和导电性(还原后 35S/cm)。他们研究了合成纤维与环氧、聚(N – 异丙基丙烯酰胺)(PNIPAM)、多壁碳纳米管(MWCNT)复合的性能。

Xiang 等[51]研究了 GO 薄片尺寸对合成纤维性能的影响。对于小的和大的薄片,GO 的量保持不变(5%);喷嘴直径恒定为 175μm,纺丝速度为 1ml/min,凝固浴选用乙酸乙酯。研究的主要发现是随着薄片尺寸的增加,力学性能也随之增加。使用大薄片 GO(分别为 178%、188% 和 278%)提高了比应力(大薄片为 139mN/tex,小薄片为 80mN/tex)和断裂伸长率(大薄片为 11.1%,小薄片为 4.5%)。

Zhao 等[52]通过使用两个毛细管喷嘴纺丝,然后进行热还原或化学还原工艺,生产出空心石墨烯纤维。首选含甲醇的凝固浴。空心纤维的最大拉伸强度为 140MPa,断裂伸长率一般为 2.8%。

Xu 等[53]通过使用巨型 GO(GGO)片(厚度约为 0.08nm,横向尺寸为 18.5μm,长径比高)来提高 GO 纤维的强度和导电性。为获得 GGO 纤维,采用含 KOH、$CaCl_2$ 和 $CuSO_4$ 的凝固浴对液晶凝胶纤维进行加工。通过改变凝固浴成分,观察到力学性能的变化(拉伸强度在 184.6～501.5MPa 之间,断裂伸长率在 6%～7.5% 之间,杨氏模量在 3.2～11.2 GPa 之间)。

14.4 氧化石墨烯纤维的还原及其性能研究

经过 Hummer 法和改进的 Hummer 法等氧化工艺,制备出含羟基、环氧等官能团的 GO。然而,缺点是电导率。为了增加氧化石墨烯的电导率,采用了热退火/热还原或通过还原剂进行化学还原等还原方法[54]。在热还原过程中,生成的 rGO 性质受环境条件的影响;相反,化学还原可以在室温条件下进行,因此过程更容易且成本效益高[55]。在极少数应用中,也可以应用电化学还原[56-58]和光催化还原方法[59]。在温和条件下应用氢等离子体也被用于还原过程[60]。经过这个还原过程,氧化石墨烯转化为还原的氧化石墨烯(RGO)。经过还原过程后,随着氧含量的降低,电导率也随之增加[54]。

最初的研究是使用肼蒸气;然而,由于肼蒸气具有毒性和爆炸性,它的使用并未普及[61]。肼还原 GO 的结果是高电导率和高疏水性[62-66]。热还原的其他一些应用是通过变温使用真空或氩气气氛[67]。后来,采用金属氢氧化物如硼氢化钠($NaBH_4$)[68]、氢气[69]、碱性溶液[70]、抗坏血酸(维生素 C)[45,66]等来还原 GO。与环氧树脂和羧基不同,$NaBH_4$ 足以减少 C=O 基团[71]。使用维生素 C 成为另一种选择,因为它在与水接触时无毒且具有化学稳定性[26,45,66]。

Xu 和 Gao[47]通过在 40% 氢碘酸中化学还原 GO 纤维来制备 GF。还原后纤维直径收缩,层间距减小,光泽变化。如预期的那样,随着还原过程的进行,电导率提高到 2.5×10^4 S/m。

Xu 等[48]采用氢碘酸为基础的化学还原法还原氧化石墨烯多孔纤维。羟基、环氧基和含氧基在还原过程后被消除。此外,观察到重量减轻(还原后,密度从 (110 ± 2) mg/cm^3 降至 (71 ± 3) mg/cm^3,还原多孔 GO 纤维退火后,密度为 (56 ± 3) mg/cm^3),由于官能团的消除,比表面积增加(最高 884 m^2/g),并且电导率增加(在 $2.6 \times 10^{-3} \sim 4.9 \times 10^{-3}$ S/m 之间)。在他们的其他文章中也观察到了类似的发现[53]。

Jalili 等[49]利用氧化石墨烯分散体生产石墨烯纤维和纱线,并通过在 80℃下施加肼蒸汽进行肼基化学还原。观察到电导率增强(250S/m),然而力学性能降低。采用离子交联和壳聚糖纺丝 GO 纤维,获得了最高的极限强度((442 ± 18) MPa)。

Cong 等[50]进行了另一项使用甲状腺酸的研究,他们通过湿法纺丝和化学还原从 GO 纤维中生产石墨烯纤维。通过改变喷嘴直径和涂料浓度得到了直径在 $27 \sim 120 \mu m$ 之间的纤维。与以前的研究类似,观察到含氧基团的消除和纤维直径的减小。

Chen 等[72]还对 GO 纤维进行了氢基化学还原,结果发现纤维整齐、导电性增强、力学性能高。还原大面积 GO 纤维(RLGO)的电导率为 32000S/m,而还原 GO 纤维(rGO)的电导率为 21000S/m。此外,还原后,GO 纤维线密度由 0.57tex 下降到 0.48tex,拉伸应力由 (145.4 ± 5.6) MPa 上升到 (208.7 ± 11.4) Pa。同样,在 LGO 纤维减少的情况下,线密度从 0.61tex 减小到 0.5tex,拉伸应力从 (245.2 ± 8.2) MPa 增大到 (360.01 ± 12.7) MPa。

Zhao 等[52]还使用氢碘酸为基础的化学还原来处理 GO 空心纤维。观察到电导率增加(高达 $8 \sim 10$ S/cm)和形态变化。化学还原后,断裂强度为 221MPa,延伸率为 5%。石墨烯纤维的相对应压力为 $140 \sim 180$ MPa,伸长率为 5.8%。

氧化石墨烯纳米带(GONR)是 GO 的另一个应用领域。在 Xiang 等[73]的一项研究中,GONR 纤维和 GNR 纤维通过在氯磺酸中分散而电纺。对 GONR 纤维进行热还原后,得到的 GNR 纤维具有 378MPa 的拉伸强度和 285S/cm 的电导率。Jang 等[74]对石墨烯纳米带进行了另一项研究,他们对 GONR 施加电压($1 \sim 2$V),通过化学方法还原,形成 GONR 纤维。然后对纤维进行热还原处理。经热退火后,电导率提高到 66S/cm;然而,场发射被测量为 0.7V/μm。Jang 等[74]化学还原 GONR,然后对其热还原。他们用一水合肼进行化学还原,在 200℃、500℃ 和 800℃ 下进行热还原持续 1h。还原纤维表面呈圆柱形,纤维直径为 $20 \sim 40 \mu m$。

Ucar 等[45]用维生素 C 还原 GO 纤维 2.5h。他们指出,通过维生素 C 的还原过程,断裂强度从 1.64 cN/tex 增加到 2.99cN/tex,电导率从 10^{-4} S/cm 增加到 1S/cm,纤维表面皱缩现象增加,且纤维厚度减小[45]。维生素 C 还原导致纤维直径减小,纤维强度增加,这是由于薄片之间具有的紧密结构。肼还原导致纤维直径增加,颜色变深(图14.11),并且由于薄片之间的空隙而导致强度降低(图14.12)。

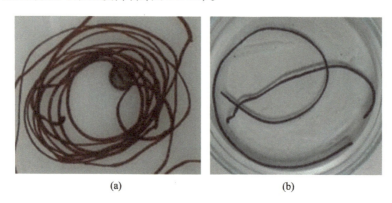

图 14.11 (a)还原前的石墨烯纤维;(b)肼还原后的石墨烯纤维

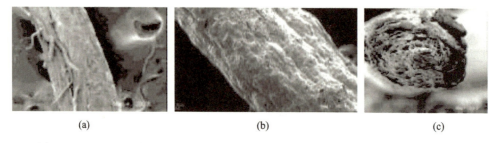

图 14.12 (a)还原前的 GO 纤维;(b)肼还原后纤维膨胀;(c)肼还原后的横截面外观

14.5 复合氧化石墨烯纤维和复合还原氧化石墨烯纤维及其性能

有关复合氧化石墨烯和复合还原氧化石墨烯纤维的文献主要集中在向聚合物中添加少量的氧化石墨烯。尽管研究了含有少量 GO 的聚合物纤维,在本章中仅考虑了研究含有少量其他聚合物和纳米填料的 GO 和 rGO 纤维复合材料[75]。

Xu 等[76]制备了掺入 Ag 纳米线的巨型氧化石墨烯(GGO)复合纤维,以提高电导率。采用改进的 Hummer 法制备了 Ag 纳米线和 GGO 液晶的混合物,以此制备了复合纤维。复合材料经肼(HI)或维生素 C 基化学还原后纺丝而成。添加 20% 的 Ag 纳米线,然后肼还原,电导率增加了 330%,然而,添加相同量的 Ag 纳米线(50%质量分数)和随后添加维生素 C 还原导致电导率增加 250%(添加 50%质量分数纳米线时,从 8.1×10^3 S/m 增加到 2.2×10^4 S/m。当考虑力学性能时,加入 50% 的 Ag 纳米线后,材料的力学强度从 360MPa 下降到 305MPa,应变从 10% 下降到 5.5%。

Hu 等[77]通过湿法纺丝 GGO – HPG 液晶(LC)获得了巨大氧化石墨烯(GGO) – 超支化聚甘油(HPG)复合纤维。结构中加入 HPG 使抗拉强度提高了约 60%(从 345MPa 增加到 555MPa)。此外,当复合纤维用氢碘酸和醋酸还原时,获得最高电导率(5261S/m)和最高拉伸强度(487MPa)。

Zhao 等[78]由自由基聚合生成聚合物接枝石墨烯液晶复合片,以此制成聚合物接枝石墨烯复合湿纺纤维。选择了不同重量比的聚合物。复合材料的拉伸强度(大于 400MPa)高于纯 GO 纤维(205MPa)。复合材料对硫酸、乙醇、丙酮等具有很高的耐化学腐蚀性。

Cheng 等[79]通过化学气相沉积研究了含有复合碳纳米管和氧化铁(Fe_3O_4)的石墨烯纤维(CNT/G 纤维)的预编织纺织电极的性能。与纯石墨烯纤维相比,复合 CNT/G 纤维具有较高的电导率(CNT/G 纤维约 12S/cm,G 纤维约 10S/cm)和较高的比表面积(CNT/G 纤维约 79.5m^2/g,G 纤维约 18m^2/g),但力学强度较低(CNT/G 纤维约 24.5MPa,G 纤维 180MPa)。

Meng 等[80]开发了石墨烯核和 3D 石墨烯网络鞘复合纤维,将其用于超级电容器。与纯石墨烯纤维相比,鞘芯纤维具有更高的柔韧性和电导率(10~20S/cm)。他们用 H_2SO_4-PVA 凝胶聚电解质将两种鞘芯纤维缠绕在一起。

Shin 等[14]通过湿纺单壁碳纳米管(SWCNT)和石墨烯薄片(RGOF),并以聚乙烯醇(PVA)为基体,获得了 RGOF/SWCNT/PVA 复合纤维。与 WNCNT/PVA 和 RGOF/PVA 纤维相比,RGOF/SWCNT/PVA 复合纤维具有更好的体积韧性(平均 1.380MJ/m^3)。

Matsumoto 等[81]对 PAN/氧化石墨烯纳米带(GONR)复合纳米纤维进行电纺,其中从多壁碳纳米管获得 GONR。复合取向纳米纤维的 GONR 含量为 0~10%,平均直径约为 200nm。为了获得纱线,扭曲纳米纤维,纱线的平均直径约为 50μm。随着 GONR 含量的增加,延伸率降低;另一方面,与纯 PVA 纳米纤维相比,GONR 含量的增加提高了拉伸强度(添加 0.5% GONR 后,拉伸强度从 69.7MPa 提高到 179MPa,提高了 170% 左右)。但当 GONR 添加量超过 1% 时,拉伸性能下降。

Cheng 等[82]通过对 GO 纤维进行激光还原,将 GO 转化为 G,制备了 G/GO 纤维,得到了非对称的 G/GO 纤维结构。随着电导率的增加,观察到与纯 GO 纤维类似的拉伸应力。

Yang 等[83]通过使用改进的 Hummer 法合成 GO,然后通过湿法纺丝、还原和使用铂纳米粒子改性石墨烯纤维,从而制备石墨烯复合纤维和光伏电线。与纯铂丝相比,光伏效率有所提高(从 7.06%~7.31% 提高到 8.2%~8.61%)。

Chen 等[84]通过将石墨烯剥离成氧化石墨烯,将氧化石墨烯还原成石墨烯,然后在不锈钢丝上涂覆石墨烯,制备了石墨烯(G)涂层纤维。与商用纤维相比,G 涂层纤维的萃取效率有所提高。

Ucar 等[40]用活性炭颗粒生产氧化石墨烯纤维。他们指出,活性炭颗粒会在纤维上形成孔隙和多孔不规则结构,从而降低断裂强度。然而,在另一项研究中,他们用 PVA 生产了氧化石墨烯纤维(图 14.13),并且观察到 PVA 的存在提高了断裂强度。

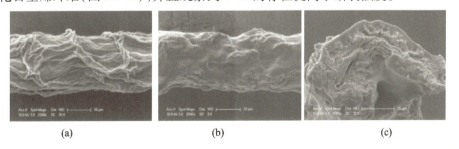

图 14.13 (a)不含 PVA 的氧化石墨烯纤维;(b)含 PVA 的氧化石墨烯纤维;(c)含 PVA 氧化石墨烯纤维的横截面

14.6 氧化石墨烯纤维和还原氧化石墨烯纤维的应用领域

由于氧化石墨烯纤维的研究是近十年才兴起,所以大部分的研究都与氧化石墨烯纤维、还原氧化石墨烯纤维及其复合材料的生产有关。这些生产的纤维建议用于各种用途,如功能纺织品[11,47,72]、传感器和催化剂[50,52]、储能[50,85]、电磁(EMI)屏蔽[10]等(图 14.14)。

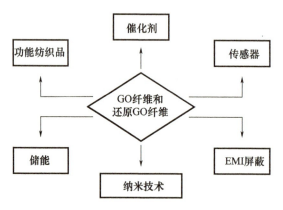

图 14.14 GO 和还原 GO 纤维的主要应用

氧化石墨烯纤维及其复合材料的应用和原型开发是一个新的研究领域,主要集中在纤维或纤维复合材料在催化剂中的应用。

Cheng 等[15]制造的执行器基于可以控制水分的扭曲 GO 纤维水凝胶。随着旋转的增加,长度减少,直径收缩,从而去除溶剂。结果表明,螺旋角随扭曲度的增大而增大(1000 t/m 时为 11.8°,而 5000 t/m 时为 46.2°)。力学强度变化不大(约 110MPa);另一方面,应变值从 4% 增加到 13.5%。当湿度从 20% 变化到 85% 时,螺旋角从 46.2° 变为 42°。试样的总致动长度为 20cm,相应的扭转旋转为 588(°)/mm,这超过碳纳米管扭转执行器的 2 倍,其含有 250(°)/mm 的扭转旋转。纤维的峰值功率输出为 71.9W/kg,而碳纳米管丝执行器在液体电极中的功率密度为 61W/kg。他们设计了一种湿度开关,当湿度增加时,开关打开 LED,当湿度降低时,关闭灯。

Huang 等[86]用肼或水离子酸还原湿纺 GO 纤维,通过湿纺法,并将纤维平行放置在电极上,从而生产超级电容器。他们选用 PVA/H_3PO_4 凝胶作为电解质。他们发现这些电容器耐用(能够承受几乎 5000 次的充电循环而不发生变化);计算了良好电容值 C_a(为 3.3mF/cm^2)来确定电容器的性能,肼还原比表面积电容(C_a)值是水离子酸还原的 1.3 倍。另一方面,水离子酸的还原使内阻增大。因此,可以得出结论,与用水离子酸还原的电容器相比,用肼还原纤维的电容器更好。将 PANI 引入到结构中以提高性能,并将 PANI 纳米粒子沉积到纤维上。在纤维上添加 PANI 可使 C_a 增加 20 倍(66.6mF/cm^2)。

Fan 等[87]采用石墨烯纤维进行固相微萃取(SPME),采用一步水热法,通过加热至 230℃ 的管道注入 GO 悬浮液,并进行干燥,从而获得多孔褶皱表面结构。石墨烯纤维直径优化为 140μm。获得了耐用的纤维,使萃取性能保持在 160 倍以上。通过提高提取温度和 NaCl 盐浓度,提高了萃取效率,并发现优化的工艺条件为 40℃ 时 NaCl(w/w)含量为

20%，处理时间为 50min。

Aboutalebi 等[88]采用湿法纺丝法从 GO 液晶分散体中制备多孔 GO 和 rGO 纱线，并将其用于电容器。在湿法纺丝过程中，利用酸性 LCGO 将含丙酮的凝固浴中的污染物由水改为丙酮，并降低 pH 值，使纤维快速脱水，从而形成多孔纤维。成型纤维经热还原后，与 GO 纤维和纱线相比，rGO 纤维和纱线的力学性能有所提高。为了生产电容器，用丙酮浴将 rGO 纤维转化成纱线，然后用手工编织的方法将这些纱线编织成 PVDF 膜和电荷收集器之间的导电柔性织物。在 10mV/s 下测得的电容为 399F/g，然而可以获得高比电容值（1A/g 电流密度下，为 409F/g），这高于微超级电容器（约 265F/g）和多功能光纤。在 10A/g 时，进行 5000 次充电循环后，未观察到电容损失。

Xu 等[76]从含有 Ag 纳米线的石墨烯纤维中获得可拉伸导体。在 Hummer 法制备的 GGO 中引入 Ag 纳米线以提高其导电性。复合材料的结构是湿纺和还原（HI 或维生素 C）；从而制备了还原 GGO - Ag 纳米线复合纤维。HI 还原的含有 20% Ag 纳米线纤维具有约 $(9.1 \sim 9.3) \times 10^4 S/m$ 的电导率和 330% 的增强因子，而 HI 还原的含有 50% Ag 纳米线纤维具有 250% 的增强因子和 $2.2 \times 10^4 S/m$ 的电导率。这一发现类似于这样一个事实，即用维生素 C 还原的纯纤维比用 HI 还原的纯纤维（$8.1 \times 10^3 S/m$ 和 $2.8 \times 10^4 S/m$）具有更低的电导率。50% Ag 纳米线的加入使拉伸强度从 360MPa 降低到 305MPa，应变从 10% 降低到 5.5%。通过在预应变（150%）聚二甲基硅氧烷（PDMS）衬底之间放置复合纤维阵列，将纤维固定到 PMDS 上的 Al 阵列上，制备了可拉伸导体。发现 50 次循环后导体仍然耐用，如果在空气介质中在 80℃下烘烤超过 2 天，电导率稳定下降 12%。

Wang 等[89]通过含有聚吡咯电解质将 GF 置于镍棒上，经电聚合处理，制备出 GF/PPy（聚吡咯）复合纤维。GF 和 GF/PPy 复合材料的拉伸强度没有变化（高达 230MPa）。进行了 100 个循环的耐久性实验，最大位移损失了 20%（从 279mm 到 211mm）。

Yang 等[83]利用石墨烯/铂复合纤维和染料吸附改性 Ti 线获得光伏线。采用掺 TiO_2 的 Ti 线工作电极，将石墨烯/铂复合纤维电极缠绕在线工作电极上，以此制成光伏线。采用改进的 Hummer 法、湿法纺丝和水离子酸化学还原法制备 GO 纤维。通过在石墨烯纤维上电沉积 Pt 纳米粒子制备了石墨烯/Pt 复合纤维，使用的 Pt 含量高达 22.9%（质量分数）。Pt 纳米粒子的加入增加了电导率；然而，拉伸强度没有明显变化。复合光伏线的最大效率为 8.2% ~ 8.61%，高于纯 Pt 丝（7.06% ~ 7.31%）。

Chen 等[90]通过在石墨烯纤维框架上使用 MnO_2 沉积芯 - 鞘结构石墨烯薄片，以此生产超级电容器。通过电解得到 G/GF，而通过三电极电沉积得到 MnO_2 纳米花。将两个杂化 MnO_2/G/GF 电极缠绕在一起，得到了光纤电容器。凝胶 H_2SO_4 - PVA 聚电极是制造超级电容器的首选材料。经 100 次弯曲循环后电极稳定，测得比电容为 $9.1 \sim 9.6 mF/cm^2$；长度比电容为 $143 \mu F/cm$。

Alptoga 等[91]研究了单浴和三浴法制备的氧化石墨烯纤维网的 SO_2 吸附性能（图 14.15）。他们指出，纯氧化石墨烯纤维网在三浴和单浴中的 SO_2 吸附量分别为 310 ~ 320mg/g 和 370 ~ 380mg/g，这可能是由于纤维表面有 $CaCl_2$。

Yuksek 等[92]研究了用 NaOH 处理后氧化石墨烯纤维的 SO_2 吸附性能。由于 NaOH 的半还原作用，吸附容量低，为 102mg/g。

此外，还研究了氧化石墨烯纤维的电磁屏蔽效应。Kayaoglu 等[93]没有观察到在纤维基复合材料中使用氧化石墨烯纤维有任何改善。

图 14.15　氧化石墨烯纤维网

14.7　小结

氧化石墨烯液晶分散体广泛应用于气凝胶、薄膜以及连续氧化石墨烯纤维。氧化石墨烯纤维和还原氧化石墨烯纤维在电子纺织品、传感器、过滤器、发电机等领域有着非常广泛的应用。从氧化石墨烯分散体的制备到石墨烯纤维的还原,所有的工艺参数都影响着石墨烯基纤维的最终性能。因此,有许多研究考察了热剥离、广泛用于石墨制备氧化石墨烯分散体的 Hummer 法、纤维生产过程中的混凝参数以及还原参数对最终石墨烯基连续纤维的影响。检索文献发现,连续石墨烯纤维的力学和电学性能变化范围很广,为 30～400MPa,其断裂伸长率 2%～6%,达到 10^{-4}～10^2S/cm。利用不同的聚合物和纳米粒子,如氧化铁(Fe_3O_4)、碳纳米管(CNT)、活性炭、Pt、Ag、MnO_2、PVA 和 PAN,可以制备连续复合石墨烯基纤维,以提高功能性和性能。研究人员研究了光伏、超级电容器、执行器、气体吸附、过滤、电磁屏蔽等不同领域,特别是在储能/发电和过滤领域,前景非常光明。

参考文献

[1] Zhao, J., Liu, L., Li, F., *Graphene oxide: Physics and applications*, pp. 1 – 11, Springer, 2015.

[2] Mandal, M., Maitra, A., Das, T., Das, C. K., Graphene related two dimensional materials, in: *Graphene Materials*, A. Tiwari and M. Syuajarvi (Eds.), pp. 3 – 20, Co – published by John Wiley & Sons, Inc., Hoboken, New Jersey, Scrivener Publishing LLC, Salem, Massachusetts, 2015.

[3] Eda, G., Fanchini, G., Chhowalla, M., Large – area ultrathin films of reduced graphene oxide as a transparent and flexible electronic material. *Nat. Nanotechnol.*, 3, 5, pp. 270 – 274, 2008.

[4] Xie, X., Bai, H., Shi, G., Qu, L., Load – tolerant, highly strain – responsive graphene sheets. *J. Mater. Chem.*, 21, 2057, 2011.

[5] Paul, D. R. and Robeson, L. M., Polymer nanotechnology: Nanocomposites. *Polymer*, 49, pp. 3187 – 3204, 2008.

[6] Yang, J., Voiry, D., Ahn, S. J., Kang, D., Kim, A. Y., Chhowalla, M., Shin, H. S., Two-dimensional hybrid nanosheets of tungsten disulfide and reduced graphene oxide as catalysts for enhanced hydrogen evolution. *Angew. Chem. Int. Ed.*, 52, pp. 13751-13754, 2013.

[7] Wang, X., Wang, Z., Chen, L., Reduced graphene oxide film as a shuttle-inhibiting interlayer in a lithium-sulfur battery. J. Power Sources, 242, 65, 2013.

[8] Zhang, F., Zhang, X., Dong, Y., Wang, L., Facile and effective synthesis of reduced graphene oxide encapsulated sulfur via oil/water system for high performance lithium sulfur cells. *J. Mater. Chem.*, 22, 11452, 2012.

[9] Xu, Y., Sheng, K., Li, C., Shi, G., Self-assembled graphene hydrogel via a one-step hydrothermal process. *ACS Nano*, 4, 7, pp. 4324-4330, 2010.

[10] Tian, Z., Xu, C., Li, J., Zhu, G., Shi, Z., Lin, Y., Self-assembled free-standing graphene oxide fibers. *ACS Appl. Mater. Interfaces*, 5, pp. 1489-1493, 2013.

[11] Dong, Z., Jiang, C., Cheng, H., Zhao, Y., Shi, G., Jiang, L., Qu, L., Facile fabrication of light, flexible and multifunctional graphene fibers. *Adv. Mater.*, 24, pp. 1856-1861, 2012.

[12] Li, X., Zhao, T., Wang, K., Yang, Y., Wei, J., Kang, F., Wu, D., Zhu, H., Directly drawing self-assembled, porous, and monolithic graphene fiber from chemical vapor deposition grown graphene film and its electrochemical properties. *Langmuir*, 27, pp. 12164-12171, 2011.

[13] Hu, C., Zhai, X., Liu, L., Zhao, Y., Jiang, L., Qu, L., Spontaneous reduction and assembly of graphene oxide into three-dimensional graphene network on arbitrary conductive substrates. *Sci. Rep.*, 3, 2065, 2013.

[14] Shin, M. K., Lee, B., Kim, S. H., Lee, J. A., Spinks, G. M., Gambhir, S., Wallace, G. G., Kozloc, R. H., Baughman, R. H., Kim, S. J., Synergistic toughening of composite fibres by self-alignment of reduced graphene oxide and carbon nanotubes. *Nat. Commun.*, 3, 650, 2012.

[15] Cheng, H., Hu, Y., Zhao, F., Dong, Z., Wang, Y., Chen, N., Zhang, Z., Qu, L., Moisture-activated torsional graphene-fiber motor. *Adv. Mater.*, 26, pp. 2909-2913, 2014.

[16] Mi, X., Huang, G., Xie, W., Wang, W., Liu, Y., Gao, J., Preparation of graphene oxide aerogel and its adsorption for Cu^{2+} ions. *Carbon*, 50, pp. 4856-4864, 2012.

[17] Gao, Y., Kong, Q., Liu, Z., Li, X., Chen, C., Cai, R., Graphene oxide aerogels constructed using large or small graphene oxide with different electrical, mechanical and adsorbent properties. *RSC Adv.*, 6, 9851, 2016.

[18] Geim, A. K. and Novoselov, K. S., The rise of graphene. *Nat. Mater.*, 6, pp. 183-191, 2007.

[19] Banerjee, S., Lee, J. H., Kuila, T., Kim, N. H., Synthesis of graphene-based polymeric nanocomposites in fillers and reinforcements for advanced nanocomposites, in: *Woodhead Publishing Series in Composites Science and Engineering*, Y. Dong, R. Umer, A. K. T. Lu (Eds.), pp. 135-136, Cambridge, 2015.

[20] TCI Deutschland GmbH, Graphene Oxide. http://www.tcichemicals.com/en/li/support-download/tci-mail/application/167-06.html, accessed on 20 Feb. 2018.

[21] Zhao, Y., Song, L., Zhang, Z., Qu, L., Stimulus-responsive graphene systems towards actuator applications. *Energy Environ. Sci.*, 6, pp. 3520-3536, 2013.

[22] Zhang, J., Song, L., Zhang, Z., Chen, N., Qu, L., Environmentally responsive graphene systems. *Small*, 10, 11, pp. 2151-2164, 2014.

[23] Huang, Y., Liang, J., Chen, Y., The application of graphene based materials for actuators. *J. Mater. Chem.*, 22, 3671, 2012.

[24] Zhang, J., Zhao, F., Zhang, Z., Chen, N., Qu, L., Dimension-tailored functional graphene structures for

energy conversion and storage. *Nanoscale*, 5, 3112, 2013.

[25] Brodie, B. C., On the atomic weight of graphite. *Philos. Trans. R. Soc. London*, 149, pp. 249–259, 1859.

[26] Chen, C., *Surface chemistry and macroscopic assembly of graphene for application in energy storage*, Doctoral Thesis, pp. 1–41, University of Chinese Academy of Sciences, China, Springer Theses, 2016.

[27] Hummers, W. and Offeman, R., Preparation of graphitic oxide. *J. Am. Chem. Soc.*, 1958.

[28] Gao, W., Synthesis, structure, and characterizations, in: *Graphene Oxide Reduction Recipes, Spectroscopy, and Applications*, W. Gao (Ed.), pp. 1–29, Springer International Publishing Switzerland, Switzerland, 2015.

[29] Johnson, J. A., Benmore, C. J., Stankovich, S., Ruoff, R. S., A neutron diffraction study of nano-crystalline graphite oxide. *Carbon*, 47, 9, pp. 2239–2243, 2009.

[30] Kovtyukhova, N. I., Ollivier, P. J., Martin, B. R., Mallouk, T. E., Chizhik, S. A., Buzaneva, E. V., Gorchinskiy, A. D., Layer-by-layer assembly of ultrathin composite films from micron-sized graphite oxide sheets and polycations. *Chem. Mater.*, 11, pp. 771–778, 1999.

[31] Boehm, H. P, Clauss, A., Fischer, G. O., Hofmann, U., Das Adsorptionsverhalten sehr dünner Kohlenstoff-Folien. *ZAAC*, 316, 3–4, pp. 119–127, 1962.

[32] Gilje, S., Han, S., Wang, M., Wang, K. L., Kaner, R. B., A chemical route to graphene for device applications. *Nano Lett.*, 7, pp. 3394–3398, 2007.

[33] Chen, J., Yao, B., Li, C., Shi, G., An improved Hummers method for eco-friendly synthesis of graphene oxide. *Carbon*, 64, pp. 225–229, 2013.

[34] Marcano, D. C., Kosynkin, D. V., Berlin, J. M., Sinitskii, A., Sun, Z., Slesarev, A., Alemany, L. B., Lu, W., Tour, J. M., Improved synthesis of graphene oxide. *ACS Nano*, 4, 8, pp. 4806–4814, 2010.

[35] Yu, H., Zhang, B., Bulin, C., Li, R., Xing, R., High-efficient synthesis of graphene oxide based on improved Hummers method. *Sci. Rep.*, 6, 36143, 2016.

[36] Wu, T. and Ting, J., Preparation and characteristics of graphene oxide and its thin films. *Surf. Coat. Technol.*, 231, pp. 487–491, 2013.

[37] Akhair, S. H. M., Harun, Z., Jamalludin, M. R., Shuhor, M. F., Kamarudin, N. H., Yunos, M. Z., Ahmad, A., Azhar, M. F. H., Polymer Mixed Matrix Membrane with Graphene Oxide for HumicAcid Performances. *Chem. Eng. Trans.*, 56, pp. 697–702, 2017.

[38] Zaaba, N. I., Foo, K. L., Hashim, U., Tan, S. J., Liu, W., Voon, C. L., Synthesis of graphene oxide using modified Hummers method: Solvent influence. *Procedia Eng.*, 184, pp. 469–477, 2017.

[39] Maab, N. Z. K., Shokuhfar, A., Ahmadi, S., The effect of temperature and type of peroxide on graphene synthesized by improved Hummers' method. *Int. Nano Lett.*, 6, pp. 211–214, 2016.

[40] Ucar, N., Olmez, M., Alptoga, O., Yavuz Karatepe, N., Onen, A., Graphene oxide fiber with different exfoliation time and activated carbon particle. *WASET, World Academy Science Engineering and Technology Conference*, Istanbul, Turkey, 19–20 December 2016, pp. 1514–1518, 2016.

[41] Ucar, N., Olmez, M., Karaguzel, B., Onen, A., Karatepe, N., Eksik, O., Structural properties of graphene oxide fibers: From graphene oxide dispersion until continuous graphene oxide fiber. Accepted for publication in *J TEXT I*.

[42] Ucar, N., Can, E., Yuksek, I. O., Olmez, M., Onen, A., Karatepe Yavuz, N., The effect of exfoliation and plasma application on the properties of continous graphene oxide fiber. *Fuller. Nanotub. Car. N.*, 25, 10, pp. 570–575, 2017.

[43] Ucar, N., Yuksek, I. O., Olmez, M., Can, E., Onen, A., The effect of oxidation process on graphene oxide fiber properties. Accepted for publication in *Mater. Sci – Poland*.

[44] Ucar, N., Gokceli, G., Yuksek, I. O., Onen, A., Karatepe Yavuz, N., The effect of coagulation time, number of coagulation bath and ingredients on properties of continous graphene oxide fiber. *IJFTR*, 43, pp. 217 – 223, 2018.

[45] Ucar, N., Gokceli, G., Yuksek, I. O., Onen, A., Karatepe Yavuz, N., Graphene oxide and graphene fiber produced by different nozzle size, feed rate and reduction time with VitaminC. *J. Ind. Text*, 48, 1, pp. 292 – 303, 2018.

[46] Ucar, N., Gokceli, G., Onen, A., Karatepe Yavuz, N., The effect of dispersion preparation type and last coagulation bath on graphene oxide fibers produced by wet spinning technique. *Text. Apparel J.*, 25, 3, 2015.

[47] Xu, Z. and Gao, C., Graphene chiral liquid crystals and macroscopic assembled fibres. *Nat. Commun.*, 2, 571, 2011.

[48] Xu, Z., Zhang, Y., Li, P., Gao, C., Strong, conductive, lightweight, neat graphene aerogel fibers with aligned pores. *ACS Nano*, 6, 8, pp. 7103 – 7113, 2012.

[49] Jalili, R., Aboutalebi, S. H., Izadeh, D. E., Shepherd, R. L., Chen, J., *Scalable one – step wet – spinning of graphene fibers and yarns from liquid crystalline dispersions of graphene oxide: Towards multifunctional textiles*, Australian Institute for Innovative Materials – Papers, 2013.

[50] Cong, H., Ren, X., Wang, P., Yu, S., Wet – spinning assembly of continuous, neat, and macroscopic graphene fibers. *Sci. Rep.*, 2, 613, 2012.

[51] Xiang, C., Young, C. C., Wang, X., Yan, Z., Hwang, C., Cerioti, G., Lin, J., Konu, J., Pasquali, M., Tour, J. M., Large flake graphene oxide fibers with unconventional 100% knot efficiency and highly aligned small flake graphene oxide fibers. *Adv. Mater.*, 25, pp. 4592 – 4597, 2013.

[52] Zhao, Y., Jiang, C., Hu, C., Dong, Z., Xue, J., Meng, Y., Zheng, N., Chen, P., Qu, L., Large – scale spinning assembly of neat, morphology – defined, graphene – based hollow fibers. *ACS Nano*, 7, 3, 2406 – 2412, 2013.

[53] Xu, Z., Sun, H., Zhao, X., Gao, C., Ultrastrong fibers assembled from giant graphene oxide sheets. *Adv. Mater.*, 25, pp. 188 – 193, 2013.

[54] Zhu, J., Liu, F., Mahnood, N., Hou, Y., Graphene polymer nanocomposites for fuel cells, in: *Graphene – Based Polymer Nanocomposites in Electronics*, K. K. Sadasivuni, D. Ponnamma, J. Kim, S. Thomas (Eds.), pp. 99 – 100, Springer International Publishing Switzerland, Switzerland, 2015.

[55] Bose, S., Kuila, T., Kim, N. H., Lee, J. H., Graphene produced by electrochemical exfoliation, in: *Graphene: Properties, Preparation, Characterisation and Devices*, V. Skákalováand A. B. Kaiser (Eds.), pp. 101 – 119, Woodhead Publishing Limited, Cambridge, 2014.

[56] Zhou, M., Wang, Y., Zhai, Y., Zhai, J., Ren, W., Wang, F., Dong, S., Controlled synthesis of large – area and patterned electrochemically reduced graphene oxide films. *Chem. Eur. J.*, 15, pp. 6116 – 6120, 2009.

[57] Ramesha, G. K. and Sampath, S., Electrochemical reduction of oriented graphene oxide films: An in situ Raman spectroelectrochemical study. *J. Phys. Chem. C*, 113, 7985 – 7989, 2009.

[58] Wang, Z. J., Zhou, X. Z., Zhang, J., Boey, F., Zhang, H., Direct electrochemical reduction of single – layer graphene oxide and subsequent functionalization with glucose oxidase. *J. Phys. Chem. C*, 113, pp. 14071 – 14075, 2009.

[59] Williams, G., Seger, B., Kamat, P. V., TiO_2 – graphene nanocomposites. UV – assisted photocatalytic reduction of graphene oxide. *ACS Nano*, 2, pp. 1487 – 1491, 2008.

[60] Gomez – Navarro, C., Weitz, R. T., Bittner, A. M., Scolari, M., Mews, A., Burghard, M., Kern, K., Electronic transport properties of individual chemically reduced graphene oxide sheets. *Nano Lett.*, 7, pp. 3499 –

3503, 2007.

[61] Sundaram, R., Chemically derived graphene, in: *Graphene: Properties, Preparation, Characterisation and Devices*, V. Skákalová and A. B. Kaiser (Eds.), p. 54, Woodhead Publishing Limited, Cambridge, 2014.

[62] Stankovich, S., Dikin, D. A., Piner, R. D., Kohlhaas, K. A., Kleinhammes, A., Jia, Y., Wu, Y., Nguyen, S. T., Ruoff, R. S., Synthesis of graphene – based nanosheets via chemical reduction of exfoliated graphite oxide. *Carbon*, 45, 7, pp. 1558 – 1565, 2007.

[63] Kotov, N. A., Dekany, I., Fendler, J. H., Ultrathin graphite oxide – polyelectrolyte composites prepared by self – assembly: Transition between conductive and non – conductive states. *Adv. Mater.*, 8, 8, 637, 1996.

[64] Stankovich, S., Piner, R. D., Chen, X. Q., Wu, N. Q., Nguyen, S. T., Ruoff, R. S., Stable aqueous dispersions of graphitic nanoplatelets via the reduction of exfoliated graphite oxide in the presence of poly (sodium 4 – styrenesulfonate). *J. Mater. Chem.*, 16, 2, pp. 155 – 158, 2006.

[65] Li, D., Muller, M. B., Gilje, S., Kaner, R. B., Wallace, G. G., Processable aqueous dispersions of graphene nanosheets. *Nat. Nanotechnol.*, 3, 2, pp. 101 – 105, 2008.

[66] Fernandez – Merino, M. J., Guardia, L., Paredes, J. I., Villar – Rodil, S., Solis – Fernandez, P., Martinez – Alonso, Tascon, J. M. D., Vitamin C is an ideal substitute for hydrazine in the reduc – tion of graphene oxide suspensions. *J. Phys. Chem. C*, 114, 14, 6426 – 6432, 2010.

[67] Jung, I., Dikin, D. A., Piner, R. D., Ruoff, R. S., Tunable electrical conductivity of individual graphene oxide sheets reduced at "low" temperatures. *Nano Lett.*, 8, pp. 4283 – 4287, 2008.

[68] Shin, H. J., Kim, K. K., Benayad, A., Yoon, S., Park, H. K., Jung, I., Jin, M. H., Jeong, H. K., Kim, J. M., Choi, J. Y., Lee, Y. H., Efficient reduction of graphite oxide by sodium borohydride and its effect on electrical conductance. *Adv. Funct. Mater.*, 19, pp. 1987 – 1992, 2009.

[69] Wu, Z. S., Ren, W, Gao, L., Liu, B., Jiang, C., Cheng, H. M., Synthesis of high – quality graphene with a pre – determined number of layers. *Carbon*, 47, pp. 493 – 499, 2009.

[70] Fan, X., Peng, W, Li, Y., Li, X., Wang, S., Zhang, G., Zhang, F., Deoxygenation of exfoliated graphite oxide under alkaline conditions: A green route to graphene preparation. *Adv. Mater.*, 20, pp. 4490 – 4493, 2008.

[71] Periasamy, M. and Thirumalaikumar, P., Methods of enhancement of reactivity and selectivity of sodium borohydride for applications in organic synthesis. *J. Organomet. Chem.*, 609, 1 – 2, pp. 137 – 151, 2000.

[72] Chai, S., Qiang, H., Chen, F., Fu, Q., Toward high performance graphene fibers. *Nanoscale*, 5, pp. 5809 – 5815, 2013.

[73] Xiang, C., Behabtu, N., Liu, Y., Chae, H. G., Young, C. C., Genorio, B., Tsentalovich, D. E., Zhang, C., Kosynkin, D. V., Lomeda, J. R., Hwang, C. C., Kumar, S., Pasquali, M., Tour, J. M., Graphene nanoribbons as an advanced precursor for making carbon fiber. *ACS Nano*, 7, 2, pp. 1628 – 1637, 2013.

[74] Jang, E. Y., Carretero – Gonzalez, J., Choi, A., Kim, W. J., Kozlov, M. E., Kim, T., Kang, T. J., Baek, S. J., Kim, D. W., Park, Y. W., Baughman, R. H., Kim, Y. H., Fibers of reduced graphene oxide nanoribbons. *Nanotechnology*, 23, 235601, 2012.

[75] Jiang, Z., Li, Q., Chen, M., Li, J., Li, J., Huang, Y., Besenbacher, F., Dong, M., Mechanical rein – forcement fibers produced by gel – spinning of poly – acrylic acid (PAA) and graphene oxide (GO) composites. *Nanoscale*, 5, 6265, 2013.

[76] Xu, Z., Liu, Z., Sun, H., Gao, C., Highly electrically conductive Ag – doped graphene fibers as stretchable conductors. *Adv. Mater.*, 25, pp. 3249 – 3253, 2013.

[77] Hu, X., Xu, Z., Liu, Z., Gao, C., Liquid crystal self – templating approach to ultrastrong and tough biomimic composites. *Sci. Rep.*, 3, 2373, 2013.

[78] Zhao,X.,Xu,Z.,Zheng,B.,Gao,C.,Macroscopic assembled,ultrastrong and H_2SO_4 – resistant fibres of polymer – grafted graphene oxide. *Sci. Rep.*,3,3164,2013.

[79] Cheng,H.,Dong,Z.,Hu,C.,Zhao,Y.,Hu,Y.,Qu,L.,Chen,N.,Dai,L.,Textile electrodes woven by carbon nanotube – graphene hybrid fibers for flexible electrochemical capacitors. *Nanoscale*,5,3428,2013.

[80] Meng,Y.,Zhao,Y.,Hu,C.,Cheng,H.,Hu,Y.,Zhang,Z.,Shi,G.,Qu,L.,All – graphene coresheath microfibers for all – solid – state,stretchable fibriform supercapacitors and wearable electronic textiles. *Adv. Mater.*,25,pp. 2326 – 2331,2013.

[81] Matsumoto,H.,Imaizumi,S.,Konosu,Y.,Ashizawa,M.,Minagawa,M.,Tanioka,A.,Lu,W.,Tour,J. M.,Electrospun composite nanofiber yarns containing oriented graphene nanoribbons. *ACS Appl. Mater. Interfaces*,5,pp. 6225 – 6231,2013.

[82] Chen,H.,Liu,J.,Zhao,Y.,Hu,C.,Zhang,Z.,Chen,N.,Jiang,L.,Qu,L.,Graphene fibers with predetermined deformation as moisture – triggered actuators and robots. *Angew. Chem. Int. Ed.*,52,pp. 10482 – 10486,2013.

[83] Yang,Z.,Sun,H.,Chen,T.,Qiu,L.,Luo,Y.,Peng,H.,Photovoltaic wire derived from a graphene composite fiber achieving an 8.45% energy conversion efficiency. *Angew. Chem. Int. Ed.*,52,pp. 7545 – 7548,2013.

[84] Chen,J.,Zou,J.,Zeng,J.,Song,X.,Ji,J.,Wang,Y.,Ha,J.,Chen,X.,Preparation and evaluation of graphene – coated solid – phase microextraction fiber. *Anal. Chim. Acta*,678,pp. 44 – 49,2010.

[85] Sun,J.,Li,Y.,Peng,Q.,Hou,S.,Zou,D.,Shang,Y.,Li,Y.,Li,P.,Du,Q.,Wang,Z.,Xia,Y.,Xia,L.,Li,X.,Cao,A.,Macroscopic,flexible,high – performance graphene ribbons. *ACS Nano*,7,11,pp. 10225 – 10232,2013.

[86] Huang,T.,Zheng,B.,Kou,L.,Gopalsamy,K.,Xu,Z.,Gao,C.,Meng,Y.,Wei,Z.,Flexible high performance wet – spun graphene fiber supercapacitors. *RSC Adv.*,3,23957,2013.

[87] Fan,J.,Dong,Z.,Qi,M.,Fu,R.,Qu,L.,Monolithic graphene fibers for solid – phase microextraction. *J. Chromatogr. A*,1320,pp. 27 – 32,2013.

[88] Aboutalebi,S. H.,Jalili,R.,Esrafilzadeh,D.,Salari,M.,Gholamvand,Z.,Yamini,S. A.,Konstantinov,K.,Shepherd,R. L.,Chen,J.,Moulton,S. E.,Innis,P. C.,Minett,A. I.,Razal,J. M.,Wallace,G. G.,High – performance multifunctional graphene yarns:Toward wearable all – carbon energy storage textiles. *ACS Nano*,8,3,pp. 2456 – 2466,2014.

[89] Wang,Y.,Bian,K.,Hu,C.,Zhangi,Z.,Chen,N.,Zhang,H.,Qu,L.,Flexible and wearable graphene/polypyrrole fibers towards multifunctional actuator applications. *Electrochem. Commun.*,35,pp. 49 – 52,2013.

[90] Chen,Q.,Meng,Y.,Hu,C.,Zhao,Y.,Shao,H.,Chen,N.,Qu,L.,MnO2 – modified hierarchical graphene fiber electrochemical supercapacitor. *J. Power Sources*,247,pp. 32 – 39,2014.

[91] Alptoga,O.,Ucar,N.,Yavuz Karatepe,N.,Onen,A.,Effect of the coagulation bath and reduction process on SO_2 adsorption capacity of graphene oxide fiber. ICTETT 2017:19*th International Conference on Textile Engineering and Textile Testing*,Venice,Italy,June 21 – 22,2017.

[92] Yuksek,I. O.,Ucar,N.,Karatepe Yavuz,N.,Onen,A.,Investigation of SO_2 adsorption of graphene oxide fiber bundle. *Third International Conference on Advances on Applied Science and Environmental Technology*,Bangkok,Thailand,28 – 29 Aralik 2015.

[93] Kayaoglu,B.,Ucar,N.,Bilge,A.,Gurel,G.,Sencandan,P.,Paker,S.,Yuksek,I. O.,A textile based lightweight composite with electromagnetic shielding (EMI) and electrical conductivity properties. 5*th International Polymeric Composites Symposium and Workshops*,İzmir,Turkey,2 – 4 November 2017.

第 15 章　双层石墨烯薄片在湿热机械载荷作用下的屈曲特性

Farzad Ebrahimi, Mohammad Reza Barati
伊朗加兹温省伊玛目霍梅尼国际大学工程学院机械工程系

摘　要　本章基于新近发展起来的非局部应变梯度理论,研究了双层石墨烯薄片在弹性介质中的湿热机械屈曲行为。很明显,以前所有关于石墨烯薄片的研究都只应用了非局部弹性理论来捕捉小尺度效应。然而,非局部弹性理论在精确预测纳米结构的力学行为方面存在一定的局限性。为了提供更精确的分析,所提出的板理论包含两个与非局部和应变梯度效应相关的尺度参数,以捕捉刚度软化和刚度硬化的影响。利用哈密顿原理得到了非局部应变梯度双层石墨烯薄片的控制方程。通过伽辽金法求解这些方程,得到屈曲载荷。结果表明,石墨烯薄片的屈曲行为受非局部参数、长度尺度参数、温升、湿度浓度上升、层间刚度、弹性基底和边界条件等因素的影响。

关键词　屈曲,精细板理论,双层石墨烯薄片,非局部应变梯度,湿热载荷

15.1 引言

许多基于碳的纳米结构,包括碳纳米管、纳米板和纳米梁,都被视为是石墨烯薄片的变形[1]。实际上,石墨烯薄片的分析是纳米材料和纳米结构研究中的一个基本问题。应用经典理论对无标度板进行分析的文献很多。但是,这些理论无法检验小尺寸纳米结构的尺度效应。因此,在考虑小尺度效应的情况下发展了 Eringen[2-3] 的非局部弹性理论。与局部理论中任意一点的应力状态只取决于该点的应变状态相反,在非局部理论中,给定点的应力状态取决于所有点的应变状态。非局部弹性理论已广泛应用于研究纳米结构的力学行为[4-9]。

Pradhan 和 Murmu[10] 研究了均匀面内载荷作用下,单层石墨烯薄片屈曲行为的非局部影响。此外,Pradhan 和 Kumar[11] 使用半解析方法对包含非局部效应的正交各向异性石墨烯薄片进行了振动研究。Aksenser 和 Aydogdu[12] 研究了莱维(Levy)型方法在含有非局部效应的纳米片稳定性和振动研究中的应用。Mohammadi 等[13] 对弹性基底上的正交各向异性石墨烯薄片进行了剪切屈曲分析。在另一项研究中,Mohammadi 等[14] 研究了平面内载荷对圆形石墨烯薄片非局域振动行为的影响。此外,Ansari 等[15] 探讨了不同边界

条件下嵌入非局部多层石墨烯薄片的振动响应。Shen 等[16]研究了基于非局域石墨烯薄片模型的纳米机械质量传感器的振动特性。他们发现石墨烯薄片的振动响应受附着纳米粒子质量的显著影响。Farajpour 等[17]研究了非局部板在非均匀面内载荷作用下的静力稳定性。此外, Ansari 和 Sahmani[18]基于非局部弹性理论,利用分子动力学模拟研究了单层石墨烯薄片的双轴屈曲行为。他们将分子动力学模拟的结果与非局部平板模型的结果相匹配,以提取适当的非局部参数值。Sobhy[19]基于二元高阶剪切变形理论,研究了 Winkler – Pasternak 基底中单层石墨烯薄片的静态弯曲和振动行为。此外, Narendar 和 Gopalakrishnan[20]根据非局部双变量精细板理论,对正交各向异性纳米板进行了尺寸相关的稳定性分析。他们指出,双变量精细板模型考虑了横向剪切对板厚度的影响;因此,无需应用剪切修正系数。Murmu 等[21]探索了单向磁场对弹性衬底上非局域单层石墨烯薄片振动行为的影响。Bessaim 等[22]针对微/纳米尺度板的自由振动行为,提出了一种非局部准 3D 三角板模型。Hashemi 等[23]通过黏弹性 Pasternak 介质研究了黏弹性双层石墨烯薄片的自由振动行为。Ebrahimi 和 Shafiei[24]基于 Reddy 的高阶剪切变形板理论,研究了初始剪切应力对嵌入弹性介质中的单层石墨烯板振动行为的影响。Jiang 等[25]利用伽辽金条带分布传递函数法对单层石墨烯薄片质量传感器进行了振动分析。Arani 等[26]研究了纵向磁场作用下正交各向异性黏塑性基底上轴向运动的石墨烯薄片的非局部振动。Sobhy[27]利用双变量板理论分析了弹性介质中耦合石墨烯薄片的湿热振动行为。此外,Zenkour[28]基于非局部弹性理论对黏弹性基底上的石墨烯薄片进行了瞬态热分析。

很明显,以前所有关于石墨烯薄片的研究都只应用了非局部弹性理论来捕捉小尺度效应。然而,非局部弹性理论在精确预测纳米结构的力学行为方面有一定的局限性,因为非局部弹性理论无法检验实验工作中观察到的刚度增量和应变梯度弹性[29]。最近,Lim 等[30]提出了非局部应变梯度理论,将两种长度尺度引入到一个理论中。非局部应变梯度理论捕捉了两个长度尺度参数对小尺寸结构物理和力学行为的真实影响[31-32]。Ebrahimi 和 Barati[33-36]将非局部应变梯度理论应用于纳米梁的分析。他们提到,纳米结构的力学特性分别受到非局部效应和应变梯度效应导致的刚度软化和刚度硬化机制的显著影响。Ebrahimi 等[37]还扩展了用于分析纳米板的非局部应变梯度理论,以获得两个尺度参数范围内的波频率。因此,首次将非局域效应和应变梯度效应结合起来分析石墨烯薄片具有重要意义。

本章采用非局部应变梯度板理论研究了嵌入式双层石墨烯薄片的湿热机械屈曲问题。该理论引入了对应于非局部效应和应变梯度效应的两个尺度参数,以此捕捉刚度软化和刚度硬化的影响。应用哈密顿原理,推导了弹性衬底上非局部应变梯度双层石墨烯薄片的控制方程。其次,利用伽辽金法求解不同边界条件下的控制方程。研究了湿热载荷、非局部参数、长度尺度参数、弹性基底、层间刚度和边界条件等因素对双层石墨烯薄片屈曲特性的影响。

15.2 控制方程

高阶精细板理论的位移场如下:

$$u_1(x,y,z) = -z\frac{\partial w_b}{\partial x} - f(z)\frac{\partial w_s}{\partial x} \tag{15.1}$$

$$u_2(x,y,z) = -z\frac{\partial w_b}{\partial y} - f(z)\frac{\partial w_s}{\partial y} \tag{15.2}$$

$$u_3(x,y,z) = w_b(x,y) + w_s(x,y) \tag{15.3}$$

其中，理论上具有如下形式的三角函数：

$$f(z) = z - \frac{h}{\pi}\sin\left(\frac{\pi z}{h}\right) \tag{15.4}$$

式中：w_b 和 w_s 分别表示屈曲和剪切横向位移。当前板模型的非零应变表示如下：

$$\begin{Bmatrix}\varepsilon_x\\ \varepsilon_y\\ \gamma_{xy}\end{Bmatrix} = +z\begin{Bmatrix}K_x^b\\ K_y^b\\ K_{xy}^b\end{Bmatrix} + f(z)\begin{Bmatrix}K_x^s\\ K_y^s\\ K_{xy}^s\end{Bmatrix}, \begin{Bmatrix}\gamma_{yz}\\ \gamma_{xz}\end{Bmatrix} = g(z)\begin{Bmatrix}\gamma_{yz}^s\\ \gamma_{xz}^s\end{Bmatrix} \tag{15.5}$$

其中 $g(z) = 1 - df/dz$ 且

$$\begin{Bmatrix}K_x^b\\ K_y^b\\ K_{xy}^b\end{Bmatrix} = \begin{Bmatrix}-\dfrac{\partial^2 w_b}{\partial x^2}\\ -\dfrac{\partial^2 w_b}{\partial y^2}\\ -2\dfrac{\partial^2 w_b}{\partial x\partial y}\end{Bmatrix}, \begin{Bmatrix}K_x^s\\ K_y^s\\ K_{xy}^s\end{Bmatrix} = \begin{Bmatrix}-\dfrac{\partial^2 w_s}{\partial x^2}\\ -\dfrac{\partial^2 w_s}{\partial y^2}\\ -2\dfrac{\partial^2 w_s}{\partial x\partial y}\end{Bmatrix}, \begin{Bmatrix}\gamma_{yz}^s\\ \gamma_{xz}^s\end{Bmatrix} = \begin{Bmatrix}\dfrac{\partial w_s}{\partial y}\\ \dfrac{\partial w_s}{\partial x}\end{Bmatrix} \tag{15.6}$$

此外，哈密顿原理表示：

$$\int_0^t \delta(U+V)\mathrm{d}t = 0 \tag{15.7}$$

式中：U 为应变能；V 为外载荷做功。应变能的变化计算如下：

$$\delta U = \int_v \sigma_{ij}\delta\varepsilon_{ij}\mathrm{d}V = \int_v(\sigma_x\delta\varepsilon_x + \sigma_y\delta\varepsilon_y + \sigma_{xy}\delta\varepsilon_{xy} + \sigma_{yz}\delta\varepsilon_{yz} + \sigma_{xz}\delta\varepsilon_{xz})\mathrm{d}V \tag{15.8}$$

将式(15.5)和式(15.6)代入式(15.8)得出：

$$\delta U = \int_0^b\int_0^a\bigg[-M_x^b\frac{\partial^2\delta w_b}{\partial x^2} - M_x^s\frac{\partial^2\delta w_s}{\partial x^2} - M_y^b\frac{\partial^2\delta w_b}{\partial y^2} - M_y^s\frac{\partial^2\delta w_s}{\partial y^2} - 2M_{xy}^b\frac{\partial^2\delta w_b}{\partial x\partial y} -$$

$$2M_{xy}^s\frac{\partial^2\delta w_s}{\partial x\partial y} - Q_{yz}\frac{\partial\delta w_s}{\partial y} + Q_{xz}\frac{\partial\delta w_s}{\partial x}\bigg]\mathrm{d}x\mathrm{d}y \tag{15.9}$$

得出：

$$(M_i^b, M_i^s) = \int_{-h/2}^{h/2}(z, f)\sigma_i\mathrm{d}z, i = (x, y, xy)$$

$$Q_i = \int_{-h/2}^{h/2} g\,\sigma_i\mathrm{d}z, i = (xz, yz) \tag{15.10}$$

施加荷载所做功的变化可写为

$$\delta V = \int_0^b\int_0^a\bigg(N_x^0\frac{\partial(w_b+w_s)}{\partial x}\frac{\partial\delta(w_b+w_s)}{\partial x} + N_y^0\frac{\partial(w_b+w_s)}{\partial y}\frac{\partial\delta(w_b+w_s)}{\partial y} +$$

$$2\delta N_{xy}^0\frac{\partial(w_b+w_s)}{\partial x}\frac{\partial(w_b+w_s)}{\partial y} - q\delta(w_b+w_s)\bigg)\mathrm{d}x\mathrm{d}y \tag{15.11a}$$

式中：N_x^0、N_y^0、N_{xy}^0 为面内施加荷载；q 是 Winkler – Pasternak 和夹层介质的横向荷载，如下

所示:

$$q_1 = -k_w(w_{1,b}+w_{1,s}) + k_p\left[\frac{\partial^2(w_{1,b}+w_{1,s})}{\partial x^2}+\frac{\partial^2(w_{1,b}+w_{1,s})}{\partial y^2}\right] - k_0(w_{1,b}+w_{1,s}-w_{2,b}-w_{2,s})$$

$$q_2 = -k_w(w_{2,b}+w_{2,s}) + k_p\left[\frac{\partial^2(w_{2,b}+w_{2,s})}{\partial x^2}+\frac{\partial^2(w_{2,b}+w_{2,s})}{\partial y^2}\right] + k_0(w_{1,b}+w_{1,s}-w_{2,b}-w_{2,s})$$

(15.11b)

式中:k_w 和 k_p 是 Winkler 和 Pasternak 常数, k_0 是层间刚度。同时, $N_x^0 = N_y^0 = N^T + N^H + N^0$, $N_{xy}^0 = 0$, 湿热结果可表示为

$$N^T = \int_{-h/2}^{h/2} \frac{E}{1-v}\alpha\Delta T \mathrm{d}z \tag{15.12}$$

$$N^H = \int_{-h/2}^{h/2} \frac{E}{1-v}\beta\Delta C \mathrm{d}z \tag{15.13}$$

式中:α 和 β 分别为热膨胀系数和湿膨胀系数。

通过将式(15.9)~式(15.12)插入式(15.7),并将 δw_b 和 δw_s 的系数设为0,得到以下方程:

$$\frac{\partial^2 M_x^b}{\partial x^2} + 2\frac{\partial^2 M_{xy}^b}{\partial x \partial y} + \frac{\partial^2 M_y^b}{\partial y^2} - (N^T+N^H+N^0)\left[\frac{\partial^2(w_b+w_s)}{\partial x^2}+\frac{\partial^2(w_b+w_s)}{\partial y^2}\right] + q = 0$$

(15.14)

$$\frac{\partial^2 M_x^s}{\partial x^2} + 2\frac{\partial^2 M_{xy}^s}{\partial x \partial y} + \frac{\partial^2 M_y^s}{\partial y^2} + \frac{\partial Q_{xz}}{\partial x} + \frac{\partial Q_{yz}}{\partial y} - (N^T+N^H+N^0)\left[\frac{\partial^2(w_b+w_s)}{\partial x^2}+\frac{\partial^2(w_b+w_s)}{\partial y^2}\right] + q = 0$$

(15.15)

15.2.1 非局部应变梯度纳米板模型

新发展的非局部应变梯度理论[37]通过引入两个尺度参数,同时考虑了非局部应力场和应变梯度效应。该理论将应力场定义为

$$\sigma_{ij} = \sigma_{ij}^{(0)} - \frac{\mathrm{d}\sigma_{ij}^{(1)}}{\mathrm{d}x} \tag{15.16}$$

式中:应力 $\sigma_{xx}^{(0)}$ 和 $\sigma_{xx}^{(1)}$ 分别对应于应变 ε_{xx} 和应变梯度 $\varepsilon_{xx,x}$, 如下所示:

$$\sigma_{ij}^{(0)} = \int_0^L C_{ijkl}\,\alpha_0(x,x',e_0a)\,\varepsilon'_{kl}(x')\mathrm{d}x' \tag{15.17a}$$

$$\sigma_{ij}^{(1)} = l^2\int_0^L C_{ijkl}\,\alpha_1(x,x',e_1a)\,\varepsilon'_{kl,x}(x')\mathrm{d}x' \tag{15.17b}$$

式中:C_{ijkl} 为弹性系数; e_0a 和 e_1a 捕捉非局部效应; l 捕捉应变梯度效应。当非局部函数 $\alpha_0(x,x',e_0a)$ 和 $\alpha_1(x,x',e_1a)$ 满足 Eringen 条件[3]时, 非局部应变梯度理论的本构关系具有如下形式:

$$[1-(e_1a)^2\nabla^2][1-(e_0a)^2\nabla^2]\sigma_{ij} = C_{ijkl}[1-(e_1a)^2\nabla^2]\varepsilon_{kl} - C_{ijkl}l^2[1-(e_0a)^2\nabla^2]\nabla^2\varepsilon_{kl}$$

(15.18)

式中:∇^2 为拉普拉斯算子。当 $e_1=e_0=e$ 时,式(15.22a)中的通用本构关系为

$$[1-(ea)^2\nabla^2]\sigma_{ij} = C_{ijkl}[1-l^2\nabla^2]\varepsilon_{kl} \tag{15.19}$$

最后,非局部应变梯度理论的本构关系可以表示为

$$(1-\mu\nabla^2)\begin{Bmatrix}\sigma_x\\ \sigma_y\\ \sigma_{xy}\\ \sigma_{yz}\\ \sigma_{xz}\end{Bmatrix}=(1-\lambda\nabla^2)\begin{Bmatrix}Q_{11}&Q_{12}&0&0&0\\ Q_{12}&Q_{22}&0&0&0\\ 0&0&Q_{66}&0&0\\ 0&0&0&Q_{44}&0\\ 0&0&0&0&Q_{55}\end{Bmatrix}\begin{Bmatrix}\varepsilon_x-\alpha\Delta T-\beta\Delta C\\ \varepsilon_y-\alpha\Delta T-\beta\Delta C\\ \gamma_{xy}\\ \gamma_{yz}\\ \gamma_{xz}\end{Bmatrix}$$

(15.20)

其中

$$Q_{11}=Q_{22}=\frac{E}{1-v^2},\ Q_{12}=v\,Q_{11},\ Q_{44}=Q_{55}=Q_{66}=\frac{E}{2(1+v)} \qquad(15.21)$$

在式(15.23)中插入式(15.10)得出：

$$(1-\mu\nabla^2)\begin{Bmatrix}M_x^b\\ M_y^b\\ M_{xy}^b\end{Bmatrix}$$

$$=(1-\lambda\nabla^2)\left[\begin{pmatrix}D_{11}&D_{12}&0\\ D_{12}&D_{22}&0\\ 0&0&D_{66}\end{pmatrix}\begin{Bmatrix}-\dfrac{\partial^2 w_b}{\partial x^2}\\ -\dfrac{\partial^2 w_b}{\partial y^2}\\ -2\dfrac{\partial^2 w_b}{\partial x\partial y}\end{Bmatrix}+\begin{pmatrix}D_{11}^s&D_{12}^s&0\\ D_{12}^s&D_{22}^s&0\\ 0&0&D_{66}^s\end{pmatrix}\begin{Bmatrix}-\dfrac{\partial^2 w_s}{\partial x^2}\\ -\dfrac{\partial^2 w_s}{\partial y^2}\\ -2\dfrac{\partial^2 w_s}{\partial x\partial y}\end{Bmatrix}\right]$$

(15.22)

$$(1-\mu\nabla^2)\begin{Bmatrix}M_x^s\\ M_y^s\\ M_{xy}^s\end{Bmatrix}$$

$$=(1-\lambda\nabla^2)\left[\begin{pmatrix}D_{11}^s&D_{12}^s&0\\ D_{12}^s&D_{22}^s&0\\ 0&0&D_{66}^s\end{pmatrix}\begin{Bmatrix}-\dfrac{\partial^2 w_b}{\partial x^2}\\ -\dfrac{\partial^2 w_b}{\partial y^2}\\ -2\dfrac{\partial^2 w_b}{\partial x\partial y}\end{Bmatrix}+\begin{pmatrix}H_{11}^s&H_{12}^s&0\\ H_{12}^s&H_{22}^s&0\\ 0&0&H_{66}^s\end{pmatrix}\begin{Bmatrix}-\dfrac{\partial^2 w_s}{\partial x^2}\\ -\dfrac{\partial^2 w_s}{\partial y^2}\\ -2\dfrac{\partial^2 w_s}{\partial x\partial y}\end{Bmatrix}\right]$$

(15.23)

$$(1-\mu\nabla^2)=\begin{Bmatrix}Q_x\\ Q_y\end{Bmatrix}=(1-\lambda\nabla^2)\begin{bmatrix}A_{44}^s&0\\ 0&A_{55}^s\end{bmatrix}\begin{Bmatrix}\dfrac{\partial w_s}{\partial x}\\ \dfrac{\partial w_s}{\partial y}\end{Bmatrix} \qquad(15.24)$$

横截面刚度定义如下：

$$\begin{Bmatrix} D_{11} & D_{11}^s & H_{11}^s \\ D_{12} & D_{12}^s & H_{12}^s \\ D_{66} & D_{66}^s & H_{66}^s \end{Bmatrix} = \int_{-h/2}^{h/2} Q_{11}(z^2, zf, f^2) \begin{Bmatrix} 1 \\ v \\ \dfrac{1-v}{2} \end{Bmatrix} \mathrm{d}z \qquad (15.25)$$

$$A_{44}^s = A_{55}^s = \int_{-h/2}^{h/2} g^2 \frac{E}{2(1+v)} \mathrm{d}z \qquad (15.26)$$

通过将式(15.25)~式(15.27)插入式(15.14)~式(15.15)中,得到了非局部应变梯度石墨烯薄片关于位移的控制方程,如下所示:

$$\begin{aligned}
& -D_{11}\left[\frac{\partial^4 w_{1,b}}{\partial x^4} - \lambda\left(\frac{\partial^6 w_{1,b}}{\partial x^6} + \frac{\partial^6 w_{1,b}}{\partial x^4 \partial y^2}\right)\right] - 2(D_{12}+2D_{66}) \\
& \left[\frac{\partial^4 w_{1,b}}{\partial x^2 \partial y^2} - \lambda\left(\frac{\partial^6 w_{1,b}}{\partial x^4 \partial y^2} + \frac{\partial^6 w_{1,b}}{\partial x^2 \partial y^4}\right)\right] - D_{22}\left[\frac{\partial^4 w_{1,b}}{\partial y^4} - \lambda\left(\frac{\partial^6 w_{1,b}}{\partial y^6} + \frac{\partial^6 w_{1,b}}{\partial y^4 \partial x^2}\right)\right] - \\
& D_{11}^s\left[\frac{\partial^4 w_{1,s}}{\partial x^4} - \lambda\left(\frac{\partial^6 w_{1,s}}{\partial x^6} + \frac{\partial^6 w_{1,s}}{\partial x^4 \partial y^2}\right)\right] - 2(D_{12}^s+2D_{66}^s) \\
& \left[\frac{\partial^4 w_{1,s}}{\partial x^2 \partial y^2} - \lambda\left(\frac{\partial^6 w_{1,s}}{\partial x^4 \partial y^2} + \frac{\partial^6 w_{1,s}}{\partial x^2 \partial y^4}\right)\right] - D_{22}^s\left[\frac{\partial^4 w_{1,s}}{\partial y^4} - \lambda\left(\frac{\partial^6 w_{1,s}}{\partial y^6} + \frac{\partial^6 w_{1,s}}{\partial y^4 \partial x^2}\right)\right] - \\
& (N^T + N^H + N^0)\left[1 - \mu\left(\frac{\partial^2}{\partial x^2} + \frac{\partial^2}{\partial y^2}\right)\right]\left[\frac{\partial^2(w_{1,b}+w_{1,s})}{\partial x^2} + \frac{\partial^2(w_{1,b}+w_{1,s})}{\partial y^2}\right] + \\
& k_p\left[1 - \mu\left(\frac{\partial^2}{\partial x^2} + \frac{\partial^2}{\partial y^2}\right)\right]\left[\frac{\partial^2(w_{1,b}+w_{1,s})}{\partial x^2} + \frac{\partial^2(w_{1,b}+w_{1,s})}{\partial y^2}\right] - \\
& k_w\left[(w_{1,b}+w_{1,s}) - \mu\left(\frac{\partial^2(w_{1,b}+w_{1,s})}{\partial x^2} + \frac{\partial^2(w_{1,b}+w_{1,s})}{\partial y^2}\right)\right] - \\
& k_0\left[(w_{1,b}+w_{1,s}-w_{2,b}-w_{2,s}) - \mu\left(\frac{\partial^2}{\partial x^2} + \frac{\partial^2}{\partial y^2}\right)(w_{1,b}+w_{1,s}-w_{2,b}-w_{2,s})\right] = 0
\end{aligned}$$

$$(15.27)$$

15.3 伽辽金法求解

$$\begin{aligned}
& -D_{11}^s\left[\frac{\partial^4 w_{1,b}}{\partial x^4} - \lambda\left(\frac{\partial^6 w_{1,b}}{\partial x^6} + \frac{\partial^6 w_{1,b}}{\partial x^4 \partial y^2}\right)\right] + A_{55}^s\left[\frac{\partial^2 w_{1,s}}{\partial x^2} - \lambda\left(\frac{\partial^4 w_{1,s}}{\partial x^4} + \frac{\partial^4 w_{1,s}}{\partial x^2 \partial y^2}\right)\right] + \\
& A_{44}^s\left[\frac{\partial^2 w_{1,s}}{\partial y^2} - \lambda\left(\frac{\partial^4 w_{1,s}}{\partial y^4} + \frac{\partial^4 w_{1,s}}{\partial y^2 \partial x^2}\right)\right] - 2(D_{12}^s+2D_{66}^s)\left[\frac{\partial^4 w_{1,b}}{\partial x^2 \partial y^2} - \lambda\left(\frac{\partial^6 w_{1,b}}{\partial x^4 \partial y^2} + \frac{\partial^6 w_{1,b}}{\partial x^2 \partial y^4}\right)\right] - \\
& D_{22}^s\left[\frac{\partial^4 w_{1,b}}{\partial y^4} - \lambda\left(\frac{\partial^6 w_{1,b}}{\partial y^6} + \frac{\partial^6 w_{1,b}}{\partial y^4 \partial x^2}\right)\right] - H_{11}^s\left[\frac{\partial^4 w_{1,s}}{\partial x^4} - \lambda\left(\frac{\partial^6 w_{1,s}}{\partial x^6} + \frac{\partial^6 w_{1,s}}{\partial x^4 \partial y^2}\right)\right] - \\
& 2(H_{12}^s + 2H_{66}^s)\left[\frac{\partial^4 w_{1,s}}{\partial x^2 \partial y^2} - \lambda\left(\frac{\partial^6 w_{1,s}}{\partial x^4 \partial y^2} + \frac{\partial^6 w_{1,s}}{\partial x^2 \partial y^4}\right)\right] - H_{22}^s\left[\frac{\partial^4 w_{1,s}}{\partial y^4} - \lambda\left(\frac{\partial^6 w_{1,s}}{\partial y^6} + \frac{\partial^6 w_{1,s}}{\partial y^4 \partial x^2}\right)\right] -
\end{aligned}$$

$$(N^T + N^H + N^0)\left[1 - \mu\left(\frac{\partial^2}{\partial x^2} + \frac{\partial^2}{\partial y^2}\right)\right]\left[\frac{\partial^2(w_{1,b} + w_{1,s})}{\partial x^2} + \frac{\partial^2(w_{1,b} + w_{1,s})}{\partial y^2}\right] +$$

$$k_p\left[1 - \mu\left(\frac{\partial^2}{\partial x^2} + \frac{\partial^2}{\partial y^2}\right)\right]\left[\frac{\partial^2(w_{1,b} + w_{1,s})}{\partial x^2} + \frac{\partial^2(w_{1,b} + w_{1,s})}{\partial y^2}\right] -$$

$$k_w\left[(w_b + w_s) - \mu\left(\frac{\partial^2(w_{1,b} + w_{1,s})}{\partial x^2} + \frac{\partial^2(w_{1,b} + w_{1,s})}{\partial y^2}\right)\right] -$$

$$k_0\left[(w_{1,b} + w_{1,s} - w_{2,b} - w_{2,s}) - \mu\left(\frac{\partial^2}{\partial x^2} + \frac{\partial^2}{\partial y^2}\right)(w_{1,b} + w_{1,s} - w_{2,b} - w_{2,s})\right] = 0 \quad (15.28)$$

$$-D_{11}\left[\frac{\partial^4 w_{2,b}}{\partial x^4} - \lambda\left(\frac{\partial^6 w_{2,b}}{\partial x^6} + \frac{\partial^6 w_{2,b}}{\partial x^4 \partial y^2}\right)\right] - 2(D_{12} + 2D_{66})\left[\frac{\partial^4 w_{2,b}}{\partial x^2 \partial y^2} - \lambda\left(\frac{\partial^6 w_{2,b}}{\partial x^4 \partial y^2} + \frac{\partial^6 w_{2,b}}{\partial x^2 \partial y^4}\right)\right] -$$

$$D_{22}\left[\frac{\partial^4 w_{2,b}}{\partial y^4} - \lambda\left(\frac{\partial^6 w_{2,b}}{\partial y^6} + \frac{\partial^6 w_{2,b}}{\partial y^4 \partial x^2}\right)\right] - D_{11}^s\left[\frac{\partial^4 w_{2,s}}{\partial x^4} - \lambda\left(\frac{\partial^6 w_{2,s}}{\partial x^6} + \frac{\partial^6 w_{2,s}}{\partial x^4 \partial y^2}\right)\right] -$$

$$2(D_{12}^s + 2D_{66}^s)\left[\frac{\partial^4 w_{2,s}}{\partial x^2 \partial y^2} - \lambda\left(\frac{\partial^6 w_{2,s}}{\partial x^4 \partial y^2} + \frac{\partial^6 w_{2,s}}{\partial x^2 \partial y^4}\right)\right] - D_{22}^s\left[\frac{\partial^4 w_{2,s}}{\partial y^4} - \lambda\left(\frac{\partial^6 w_{2,s}}{\partial y^6} + \frac{\partial^6 w_{2,s}}{\partial y^4 \partial x^2}\right)\right] -$$

$$(N^T + N^H + N^0)\left[1 - \mu\left(\frac{\partial^2}{\partial x^2} + \frac{\partial^2}{\partial y^2}\right)\right]\left[\frac{\partial^2(w_{2,b} + w_{2,s})}{\partial x^2} + \frac{\partial^2(w_{2,b} + w_{2,s})}{\partial y^2}\right] +$$

$$k_p\left[1 - \mu\left(\frac{\partial^2}{\partial x^2} + \frac{\partial^2}{\partial y^2}\right)\right]\left[\frac{\partial^2(w_{2,b} + w_{2,s})}{\partial x^2} + \frac{\partial^2(w_{2,b} + w_{2,s})}{\partial y^2}\right] -$$

$$k_w\left[(w_{2,b} + w_{2,s}) - \mu\left(\frac{\partial^2(w_{2,b} + w_{2,s})}{\partial x^2} + \frac{\partial^2(w_{2,b} + w_{2,s})}{\partial y^2}\right)\right] +$$

$$k_0\left[(w_{1,b} + w_{1,s} - w_{2,b} - w_{2,s}) - \mu\left(\frac{\partial^2}{\partial x^2} + \frac{\partial^2}{\partial y^2}\right)(w_{1,b} + w_{1,s} - w_{2,b} - w_{2,s})\right] = 0 \quad (15.29)$$

在本章采用伽辽金法来求解非局部应变梯度双层石墨烯薄片的控制方程。双层石墨烯薄片经历三种运动：

- 异相屈曲：$w_b = w_{1,b} - w_{2,b} \neq 0$ 且 $w_s = w_{1,s} - w_{2,s} \neq 0$

$$-D_{11}^s\left[\frac{\partial^4 w_{1,b}}{\partial x^4} - \lambda\left(\frac{\partial^6 w_{1,b}}{\partial x^6} + \frac{\partial^6 w_{1,b}}{\partial x^4 \partial y^2}\right)\right] + A_{55}^s\left[\frac{\partial^2 w_{1,s}}{\partial x^2} - \lambda\left(\frac{\partial^4 w_{1,s}}{\partial x^4} + \frac{\partial^4 w_{1,s}}{\partial x^2 \partial y^2}\right)\right] +$$

$$A_{44}^s\left[\frac{\partial^2 w_{1,s}}{\partial y^2} - \lambda\left(\frac{\partial^4 w_{1,s}}{\partial y^4} + \frac{\partial^4 w_{1,s}}{\partial y^2 \partial x^2}\right)\right] - 2(D_{12}^s + 2D_{66}^s)\left[\frac{\partial^4 w_{1,b}}{\partial x^2 \partial y^2} - \lambda\left(\frac{\partial^6 w_{1,b}}{\partial x^4 \partial y^2} + \frac{\partial^6 w_{1,b}}{\partial x^2 \partial y^4}\right)\right] -$$

$$D_{22}^s\left[\frac{\partial^4 w_{2,b}}{\partial y^4} - \lambda\left(\frac{\partial^6 w_{2,b}}{\partial y^6} + \frac{\partial^6 w_{2,b}}{\partial y^4 \partial x^2}\right)\right] - H_{11}^s\left[\frac{\partial^4 w_{2,s}}{\partial x^4} - \lambda\left(\frac{\partial^6 w_{2,s}}{\partial x^6} + \frac{\partial^6 w_{2,s}}{\partial x^4 \partial y^2}\right)\right] -$$

$$2(H_{12}^s + 2H_{66}^s)\left[\frac{\partial^4 w_{2,s}}{\partial x^2 \partial y^2} - \lambda\left(\frac{\partial^6 w_{2,s}}{\partial x^4 \partial y^2} + \frac{\partial^6 w_{2,s}}{\partial x^2 \partial y^4}\right)\right] - H_{22}^s\left[\frac{\partial^4 w_{2,s}}{\partial y^4} - \lambda\left(\frac{\partial^6 w_{2,s}}{\partial y^6} + \frac{\partial^6 w_{2,s}}{\partial y^4 \partial x^2}\right)\right] -$$

$$(N^T + N^H + N^0)\left[1 - \mu\left(\frac{\partial^2}{\partial x^2} + \frac{\partial^2}{\partial y^2}\right)\right]\left[\frac{\partial^2(w_{2,b} + w_{2,s})}{\partial x^2} + \frac{\partial^2(w_{2,b} + w_{2,s})}{\partial y^2}\right] +$$

$$k_p\left[1-\mu\left(\frac{\partial^2}{\partial x^2}+\frac{\partial^2}{\partial y^2}\right)\right]\left[\frac{\partial^2(w_{1,b}+w_{1,s})}{\partial x^2}+\frac{\partial^2(w_{1,b}+w_{1,s})}{\partial y^2}\right]-$$

$$k_w\left[(w_{2,b}+w_{2,s})-\mu\left(\frac{\partial^2(w_{2,b}+w_{2,s})}{\partial x^2}+\frac{\partial^2(w_{2,b}+w_{2,s})}{\partial y^2}\right)\right]+$$

$$k_0\left[(w_{1,b}+w_{1,s}-w_{2,b}-w_{2,s})-\mu\left(\frac{\partial^2}{\partial x^2}+\frac{\partial^2}{\partial y^2}\right)(w_{1,b}+w_{1,s}-w_{2,b}-w_{2,s})\right]=0 \quad (15.30)$$

- 同相屈曲：$w_b = w_{1,b} - w_{2,b} = 0$ 且 $w_s = w_{1,s} - w_{2,s} = 0$
- 一个纳米片固定：$w_b = w_{1,b} = 0$ 且 $w_s = w_{1,s} = 0$

在异相屈曲的情况下，两个石墨烯薄片都会异步振动；而在同相屈曲时，两个石墨烯薄片同步振动。因此，位移场可计算为

$$w_b = \sum_{m=1}^{\infty}\sum_{n=1}^{\infty} W_{bmn}\,\Phi_{bm}(x)\,\Psi_{bn}(y) \quad (15.31)$$

$$w_s = \sum_{m=1}^{\infty}\sum_{n=1}^{\infty} W_{smn}\,\Phi_{sm}(x)\,\Psi_{sn}(y) \quad (15.32)$$

式中：(W_{bmn}, W_{smn}) 是未知系数，函数 Φ_m 和 Ψ_n 满足边界条件。基于当前板模型的边界条件为

$$w_b = w_s = 0, \frac{\partial^2 w_b}{\partial x^2} = \frac{\partial^2 w_s}{\partial x^2} = \frac{\partial^2 w_b}{\partial y^2} = \frac{\partial^2 w_s}{\partial y^2} = 0 \quad \text{简单支撑边缘} \quad (15.33)$$

$$w_b = w_s = 0, \frac{\partial w_b}{\partial x} = \frac{\partial w_s}{\partial x} = \frac{\partial w_b}{\partial y} = \frac{\partial w_s}{\partial y} = 0 \quad \text{固定边缘} \quad (15.34)$$

将式(15.31)和式(15.32)插入式(15.27)~式(15.30)中，在式的两边同时乘以 $\Phi_{im}\Psi_{in}(i=b,s)$，并在整个区域上积分，得到以下联立方程：

$$\int_0^b\int_0^a \Phi_{bm}\Psi_{bn}\left[-D_{11}\left[\frac{\partial^4 \Phi_{bm}}{\partial x^4}\Psi_{bn}-\lambda\left(\frac{\partial^6 \Phi_{bm}}{\partial x^6}\Psi_{bn}+\frac{\partial^4 \Phi_{bm}}{\partial x^4}\frac{\partial^2 \Psi_{bn}}{\partial y^2}\right)\right]-\right.$$

$$2(D_{12}+2D_{66})\left[\frac{\partial^2 \Phi_{bm}}{\partial x^2}\frac{\partial^2 \Psi_{bn}}{\partial y^2}-\lambda\left(\frac{\partial^4 \Phi_{bm}}{\partial x^4}\frac{\partial^2 \Psi_{bn}}{\partial y^2}+\frac{\partial^2 \Phi_{bm}}{\partial x^2}\frac{\partial^4 \Psi_{bn}}{\partial y^4}\right)\right]-$$

$$D_{22}\left[\frac{\partial^4 \Psi_{bm}}{\partial y^4}\Phi_{bn}-\lambda\left(\frac{\partial^6 \Psi_{bm}}{\partial y^6}\Phi_{bn}+\frac{\partial^2 \Psi_{bm}}{\partial x^2}\frac{\partial^4 \Psi_{bn}}{\partial y^4}\right)\right]-$$

$$D_{11}^s\left[\frac{\partial^4 \Phi_{sm}}{\partial x^4}\Psi_{sn}-\lambda\left(\frac{\partial^6 \Phi_{sm}}{\partial x^6}\Psi_{sn}+\frac{\partial^4 \Phi_{sm}}{\partial x^4}\frac{\partial^2 \Psi_{sn}}{\partial y^2}\right)\right]-$$

$$2(D_{12}^s+2D_{66}^s)\left[\frac{\partial^2 \Phi_{sm}}{\partial x^2}\frac{\partial^2 \Psi_{sn}}{\partial y^2}-\lambda\left(\frac{\partial^4 \Phi_{sm}}{\partial x^4}\frac{\partial^2 \Psi_{sn}}{\partial y^2}+\frac{\partial^2 \Phi_{sm}}{\partial x^2}\frac{\partial^4 \Psi_{sn}}{\partial y^4}\right)\right]-$$

$$D_{22}^s\left[\frac{\partial^4 \Psi_{sm}}{\partial y^4}\Phi_{sn}-\lambda\left(\frac{\partial^6 \Psi_{sm}}{\partial y^6}\Phi_{sn}+\frac{\partial^2 \Psi_{sm}}{\partial x^2}\frac{\partial^4 \Psi_{sn}}{\partial y^4}\right)\right]-(N^T+N^H+N^0)$$

$$\left[1-\mu\left(\frac{\partial^2}{\partial x^2}+\frac{\partial^2}{\partial y^2}\right)\right]\left[\frac{\partial^2 \Phi_{bm}}{\partial x^2}\Psi_{bn}+\frac{\partial^2 \Phi_{sm}}{\partial x^2}\Psi_{sn}+\frac{\partial^2 \Psi_{sm}}{\partial y^2}\Phi_{sn}+\frac{\partial^2 \Psi_{bm}}{\partial y^2}\Phi_{bn}\right]+$$

$$k_p \left[1 - \mu\left(\frac{\partial}{\partial x^2} + \frac{\partial}{\partial x^2}\right) \right] \left[\frac{\partial^2 \Phi_{bm}}{\partial x^2} \Psi_{bn} + \frac{\partial^2 \Phi_{sm}}{\partial x^2} \Psi_{sn} + \frac{\partial^2 \Psi_{sm}}{\partial y^2} \Phi_{sn} + \frac{\partial^2 \Psi_{bm}}{\partial y^2} \Phi_{bn} \right] -$$

$$k_w \left[1 - \mu\left(\frac{\partial}{\partial x^2} + \frac{\partial}{\partial x^2}\right) (\Phi_{bm}\Psi_{bn} + \Phi_{sm}\Psi_{sn}) \right] +$$

$$\widetilde{k}_0 \left[(\Phi_{bm}\Psi_{bn} + \Phi_{sm}\Psi_{sn}) - \mu\left(\frac{\partial^2 \Phi_{bm}}{\partial x^2}\Psi_{bn} + \frac{\partial^2 \Phi_{sm}}{\partial x^2}\Psi_{sn} + \frac{\partial^2 \Psi_{sm}}{\partial y^2}\Phi_{sn} + \frac{\partial^2 \Psi_{bm}}{\partial y^2}\Phi_{bn}\right) \right] \mathrm{d}x\mathrm{d}y$$

$$= 0 \tag{15.35}$$

$$\int_0^b \int_0^a \Phi_{sm} \Psi_{sn} \left[-D_{11}^s \left[\frac{\partial^4 \Phi_{bm}}{\partial x^4} \Psi_{bn} - \lambda\left(\frac{\partial^6 \Phi_{bm}}{\partial x^6}\Psi_{bn} + \frac{\partial^4 \Phi_{bm}}{\partial x^4}\frac{\partial^2 \Psi_{bn}}{\partial y^2}\right) \right] - \right.$$

$$2(D_{12}^s + 2D_{66}^s)\left[\frac{\partial^2 \Phi_{bm}}{\partial x^2}\frac{\partial^2 \Psi_{bn}}{\partial y^2} - \lambda\left(\frac{\partial^4 \Phi_{bm}}{\partial x^4}\frac{\partial^2 \Psi_{bn}}{\partial y^2} + \frac{\partial^2 \Phi_{bm}}{\partial x^2}\frac{\partial^4 \Psi_{bn}}{\partial y^4}\right)\right] -$$

$$D_{22}^s \left[\frac{\partial^4 \Psi_{bm}}{\partial y^4}\Phi_{bn} - \lambda\left(\frac{\partial^6 \Psi_{bm}}{\partial y^6}\Phi_{bn} + \frac{\partial^2 \Phi_{bm}}{\partial x^2}\frac{\partial^4 \Psi_{bn}}{\partial y^4}\right) \right] -$$

$$H_{11}^s \left[\frac{\partial^4 \Phi_{sm}}{\partial x^2}\Psi_{sn} - \lambda\left(\frac{\partial^6 \Phi_{sm}}{\partial x^6}\Psi_{sn} + \frac{\partial^4 \Phi_{sm}}{\partial x^4}\frac{\partial^2 \Psi_{sn}}{\partial y^2}\right) \right] -$$

$$2(H_{12}^s + 2H_{66}^s)\left[\frac{\partial^2 \Phi_{sm}}{\partial x^2}\frac{\partial^2 \Psi_{sn}}{\partial y^2} - \lambda\left(\frac{\partial^4 \Phi_{sm}}{\partial x^4}\frac{\partial^2 \Psi_{sn}}{\partial y^2} + \frac{\partial^2 \Phi_{sm}}{\partial x^2}\frac{\partial^4 \Psi_{sn}}{\partial y^4}\right)\right] -$$

$$H_{22}^s \left[\frac{\partial^4 \Psi_{sm}}{\partial y^4}\Phi_{sn} - \lambda\left(\frac{\partial^6 \Psi_{sm}}{\partial y^6}\Phi_{sn} + \frac{\partial^2 \Phi_{sm}}{\partial x^2}\frac{\partial^4 \Psi_{sn}}{\partial y^4}\right) \right] - (N^T + N^H + N^0)$$

$$\left[1 - \mu\left(\frac{\partial^2}{\partial x^2} + \frac{\partial^2}{\partial y^2}\right) \right] \left[\frac{\partial^2 \Phi_{bm}}{\partial x^2}\Psi_{bn} + \frac{\partial^2 \Phi_{sm}}{\partial x^2}\Psi_{sn} + \frac{\partial^2 \Psi_{sm}}{\partial y^2}\Phi_{sn} + \frac{\partial^2 \Psi_{bm}}{\partial y^2}\Phi_{bn} \right] +$$

$$A_{55}^s \left[\frac{\partial^2 \Phi_{sm}}{\partial x^2}\Psi_{sn} - \lambda\left(\frac{\partial^4 \Phi_{sm}}{\partial x^4}\Psi_{sn} + \frac{\partial^2 \Phi_{sm}}{\partial x^2}\frac{\partial^2 \Psi_{sn}}{\partial y^2}\right) \right] +$$

$$A_{44}^s \left[\frac{\partial^2 \Phi_{sm}}{\partial y^2}\Psi_{sn} - \lambda\left(\frac{\partial^4 \Phi_{sm}}{\partial y^4}\Psi_{sn} + \frac{\partial^2 \Phi_{sm}}{\partial x^2}\frac{\partial^2 \Psi_{sn}}{\partial y^2}\right) \right] + k_p\left(1 - \mu\left(\frac{\partial}{\partial x^2} + \frac{\partial}{\partial x^2}\right)\right)$$

$$\left[\frac{\partial^2 \Phi_{bm}}{\partial x^2}\Psi_{bn} + \frac{\partial^2 \Phi_{sm}}{\partial x^2}\Psi_{sn} + \frac{\partial^2 \Psi_{sm}}{\partial y^2}\Phi_{sn} + \frac{\partial^2 \Psi_{bm}}{\partial y^2}\Phi_{bn} \right] -$$

$$k_w \left[1 - \mu\left(\frac{\partial}{\partial x^2} + \frac{\partial}{\partial x^2}\right)(\Phi_{bm}\Psi_{bn} + \Phi_{sm}\Psi_{sn}) \right] +$$

$$\widetilde{k}_0 \left[(\Phi_{bm}\Psi_{bn} + \Phi_{sm}\Psi_{sn}) - \mu\left(\frac{\partial^2 \Phi_{bm}}{\partial x^2}\Psi_{bn} + \frac{\partial^2 \Phi_{sm}}{\partial x^2}\Psi_{sn} + \frac{\partial^2 \Psi_{sm}}{\partial y^2}\Phi_{sn} + \frac{\partial^2 \Psi_{bm}}{\partial y^2}\Phi_{bn}\right) \right] \mathrm{d}x\mathrm{d}y$$

$$= 0 \tag{15.36}$$

在上述解中，$\widetilde{k}_0 = 2k_0$ 和 $\widetilde{k}_0 = k_0$ 表示异相和一个纳米板固定屈曲。然而，双层石墨烯薄片的同相屈曲不受层间刚度的影响，因为上下层之间的相对位移消失。此外，不同边界

条件的函数 Φ_m 定义如下：

SS：
$$\Phi_m(x) = \sin(\lambda_m x)$$
$$\lambda_m = \frac{m\pi}{a} \tag{15.37}$$

CC：$\Phi_m(x) = \sin(\lambda_m x) - \sinh(\lambda_m x) - \xi_m(\cos(\lambda_m x) - \cosh(\lambda_m x))$

$$\xi_m = \frac{\sin(\lambda_m x) - \sinh(\lambda_m x)}{\cos(\lambda_m x) - \cosh(\lambda_m x)}$$

$\lambda_1 = 4.730, \lambda_2 = 7.853, \lambda_3 = 10.996, \lambda_4 = 14.137,$

$$\lambda_{m \geq 5} = \frac{(m + 0.5)\pi}{a} \tag{15.38}$$

CS：$\Phi_m(x) = \sin(\lambda_m x) - \sinh(\lambda_m x) - \xi_m(\cos(\lambda_m x) - \cosh(\lambda_m x))$

$$\xi_m = \frac{\sin(\lambda_m x) - \sinh(\lambda_m x)}{\cos(\lambda_m x) - \cosh(\lambda_m x)}$$

$\lambda_1 = 3.927, \lambda_2 = 7.069, \lambda_3 = 10.210, \lambda_4 = 13.352,$

$$\lambda_{m \geq 5} = \frac{(m + 0.25)\pi}{a} \tag{15.39}$$

通过分别用 y、n 和 b 代替 x、m 和 a 来获得函数 Ψ_n。设置上述方程的系数矩阵会导致以下特征值问题：

$$\boldsymbol{K} \begin{Bmatrix} W_b \\ W_s \end{Bmatrix} = 0 \tag{15.40}$$

式中：$\boldsymbol{K}$ 是刚度矩阵。最后，将系数矩阵设置为零，得到屈曲载荷。应注意，计算基于以下无量纲量进行：

$$\overline{N} = N^0 \frac{a^2}{D^*}, K_w = k_w \frac{a^4}{D^*}, K_p = k_p \frac{a^2}{D^*}, D^* = \frac{E h^3}{12(1 - v^2)}$$
$$\mu = \frac{ea}{a}, \lambda = \frac{1}{a} \tag{15.41}$$

15.4 数值结果和讨论

本节致力于研究弹性基底上非局部应变梯度双层石墨烯薄片在湿热载荷下的屈曲行为。该模型引入了与非局部效应和应变梯度效应相关的两个尺度系数，以便更精确地分析石墨烯薄片。石墨烯薄片的材料特性如下：$E = 1\text{TPa}$、$v = 0.19$ 和 $\rho = 2300\text{kg/m}^3$。此外，石墨烯薄片的厚度被认为是 $h = 0.34\text{nm}$。双层石墨烯薄片的结构如图 15.1 和图 15.2 所示。对于各种非局部参数（$\mu = 0, 0.5\text{nm}^2, 1\text{nm}^2, 1.5\text{nm}^2, 2\text{nm}^2$），Hashemi 和 Samaei[38]获得的结果验证了纳米片的屈曲载荷。通过本研究中伽辽金法获得的屈曲载荷与 Hashemi 和 Samaei[38]给出的精确解非常一致，如表 15.1 所列。对于比较研究，应变梯度或长度比例参数设置为零（$\lambda = 0$）。

当 $a/h = 10$ 时，非局部和应变梯度对双层石墨烯薄片屈曲载荷的影响以及非局部参数如图 15.3 所示。很明显，当 $\lambda = 0$ 时，基于非局部弹性理论，可以得到双层石墨烯薄片的屈曲载荷。然而，当 $\mu = 0$ 和 $\lambda = 0$ 时，得到了基于经典连续介质力学的结果。结果表明,随着非局部参数的增加,双层石墨烯薄片的屈曲载荷减小。这一观察结果表明,非局部参数发挥刚度软化效应,导致较低的屈曲载荷。但非局部参数对屈曲载荷大小的影响取决于应变梯度或长度尺度参数的取值。事实上,石墨烯薄片的屈曲载荷随着长度尺度参数的增加而增加,这突出了应变梯度引起的刚度硬化效应。另外,在固定的非局部和长度尺度参数下,系统的异相屈曲比同相屈曲具有更大的屈曲载荷。然而,当一个纳米板固定时,屈曲载荷总是介于同相运动和异相运动获得的载荷之间。

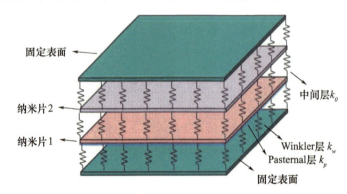

图 15.1 弹性衬底上石墨烯薄片的结构

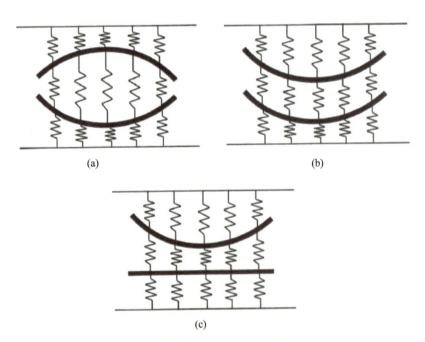

图 15.2 双层石墨烯薄片系统的不同运动类型
(a)异相屈曲;(b)同相屈曲;(c)固定一个纳米片。

表 15.1 各种非局部参数下石墨烯薄片屈曲载荷的比较

μ	$a/h = 100$		$a/h = 20$	
	Hashemi 和 Samaei[38]	本研究	Hashemi 和 Samaei[38]	本研究
0	9.8671	9.86683	9.8067	9.80062

续表

μ	$a/h=100$		$a/h=20$	
	Hashemi 和 Samaei[38]	本研究	Hashemi 和 Samaei[38]	本研究
0.5	9.4029	9.40282	9.3455	9.33972
1	8.9803	8.98049	8.9527	8.92023
1.5	8.5939	8.59447	8.542	8.53680
2	8.2393	8.24026	8.1898	8.18497

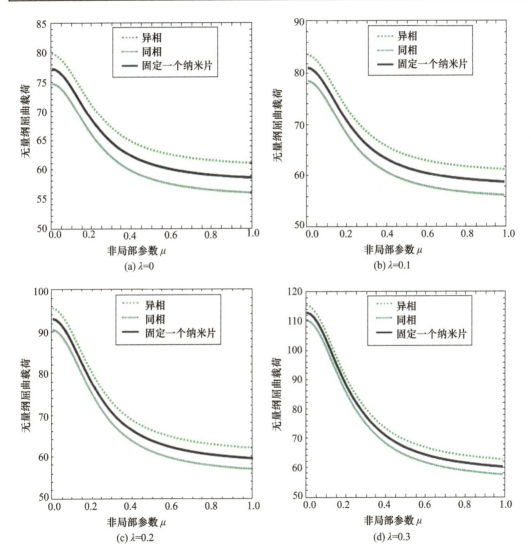

图 15.3　不同长度尺度参数（$a/h=10$、$K_0=50$、$K_w=100$、$K_p=50$）下无量纲屈曲荷载与非局部参数的关系

图 15.4 说明了在 $K_0=50$、$K_w=50$ 和 $K_p=10$ 时，不同水分浓度增量时无量纲频率随温度上升的变化。需要指出的是，随着温度的升高，石墨烯薄片的刚度降低，屈曲载荷减小，直至达到屈曲载荷为零的临界点。此时，石墨烯薄片无法承受任何机械载荷。然而，上述临界温度取决于湿度效应。事实上，随着含水量的增加，屈曲载荷减小，临界温度向左移

动。异相和同相屈曲对每一水分浓度上升值都有最大和最小的屈曲温度。

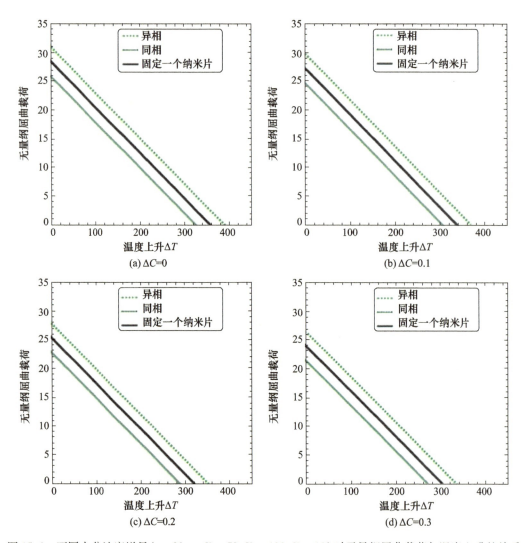

图15.4 不同水分浓度增量($a=20\text{nm}, K_0=50, K_w=100, K_p=10$)时无量纲屈曲载荷与温度上升的关系

当 $\Delta T=50$、$a=20\text{nm}$、$\mu=0.2$、$\lambda=0.1$、$K_0=50$、$K_w=100$ 和 $K_p=10$ 时，边缘条件和水分浓度增量对双层石墨烯薄片屈曲载荷的影响如图15.5所示。由此推断，过度施加湿热载荷可能导致系统的屈曲。事实上，水分浓度的增加会导致屈曲载荷的降低，直到达到临界水分浓度。同样的，通过增加固定边缘的数量使石墨烯薄片更坚硬会导致更高的屈曲载荷。因此，所示边缘条件下获得的临界水分浓度遵循以下顺序：CCCC > CCSS > CSSS > SSSS。

图15.6描述了在 $\Delta T=50$、$\Delta C=0.01$、$\mu=0.2$、$\lambda=0.1$、$K_0=50$、$K_w=100$ 和 $K_p=10$ 时，不同侧厚比(a/h)的无量纲屈曲荷载与长宽比(b/a)的关系。结果表明，具有较高侧厚比的双层石墨烯薄片具有较小的屈曲载荷。在一定的侧厚比下，随着长径比的增大，系统的屈曲载荷显著减小。这是由于随着石墨烯薄片尺寸的增大，系统的刚性降低。研究还发现，随着长径比的增大，运动类型对屈曲载荷的影响变得更为重要。

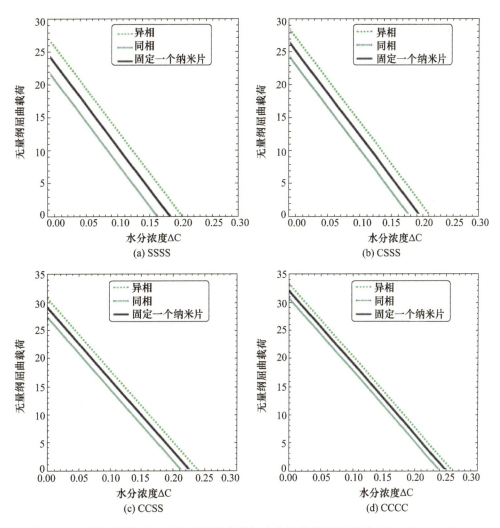

图 15.5 不同边界条件下无量纲屈曲荷载与水分浓度增量的关系（$\Delta T = 50$、$a = 20\text{nm}$、$\mu = 0.2$、$\lambda = 0.1$、$K_0 = 50$、$K_w = 100$、$K_p = 10$）。

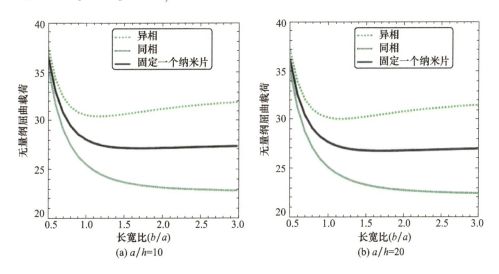

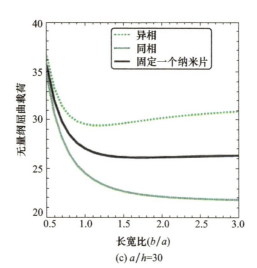

(c) $a/h=30$

图 15.6 不同尺寸纳米片的无量纲屈曲载荷与长宽比的关系（$\Delta T = 50$、$\Delta T = 0.01$、$a = 20\text{nm}$、$\mu = 0.2$、$\lambda = 0.1$、$K_0 = 50$、$K_w = 100$、$K_p = 10$）

在 $\Delta T = 50$、$\Delta T = 0.01$、$\mu = 0.2$ 和 $\lambda = 0.1$ 时，层间刚度和 Winkler – Pasternak 基底对非局部应变梯度双层石墨烯薄片的屈曲载荷的影响见图 15.7。如前所述，双层石墨烯薄片的同相屈曲不受层间刚度的影响。但是，随着层间刚度的增加，异相和固定一个纳米片屈曲的屈曲载荷增加。然而，与固定单纳米片屈曲相比，层间刚度对系统异相屈曲的影响更大。很明显，石墨烯薄片的屈曲行为取决于 Winkler 和 Pasternak 参数的值。事实上，尽管 Pasternak 层与石墨烯薄片之间存在连续的相互作用，但 Winkler 层与石墨烯薄片之间存在不连续的相互作用。增加 Winkler 和 Pasternak 参数可以提高石墨烯薄片的屈曲刚度，从而导致较大的屈曲载荷。但是，与 Winkler 层相比，Pasternak 层对屈曲载荷的影响更大。

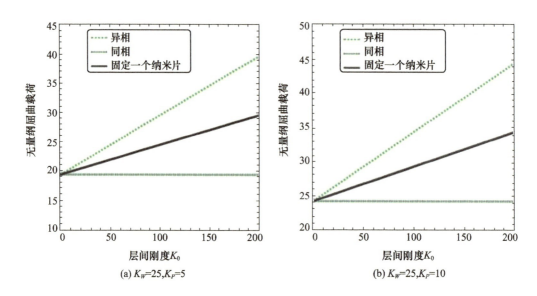

(a) $K_W=25, K_P=5$ (b) $K_W=25, K_P=10$

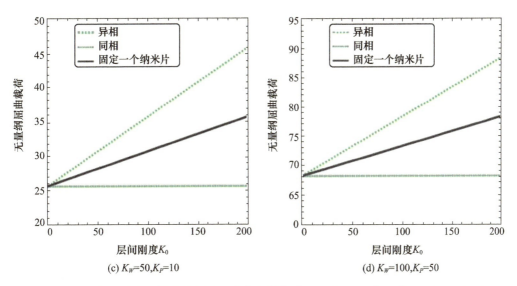

图 15.7 不同基体参数下无量纲屈曲荷载随层间刚度的变化（$\Delta T = 50$、$\Delta T = 0.01$、$a/h = 10$、$\mu = 0.2$、$\lambda = 0.1$）

15.5 小结

本章采用非局部应变梯度理论,用精细二变量板理论研究了双层石墨烯薄片在弹性介质上的湿热屈曲行为。该理论引入了对应于非局部效应和应变梯度效应的两个尺度参数,以此来捕捉刚度软化和刚度硬化的影响。利用哈密顿原理得到了非局部应变梯度石墨烯薄片的控制方程。通过伽辽金法求解这些方程,得到屈曲载荷。结果表明,随着非局部参数的增加,双层石墨烯薄片的屈曲载荷减小。相比之下,屈曲载荷随着长度尺度参数的增加而增加,这突出了应变梯度引起的刚度硬化效应。随着温度和湿度的升高,片的刚度降低,屈曲载荷减小,直至屈曲载荷达到零的临界点。结果表明,非局部应变梯度理论提供了比非局部弹性理论更大的临界温度。

参考文献

［1］Ebrahimi,F. and Salari,E. ,Thermo – mechanical vibration analysis of a single – walled carbon nanotube embedded in an elastic medium based on higher – order shear deformation beam theory. *J. Mech. Sci. Technol.* ,29,9,3797 – 3803,2015.

［2］Eringen,A. C. and Edelen,D. G. B. ,On nonlocal elasticity. *Int. J. Eng. Sci.* ,10,3,233 – 248,1972.

［3］Eringen,A. C. ,On differential equations of nonlocal elasticity and solutions of screw dislocation and surface waves. *J. Appl. Phys.* ,54,9,4703 – 4710,1983.

［4］Ebrahimi,F. and Barati,M. R. ,Vibration analysis of nonlocal beams made of functionally graded material in thermal environment. *Eur. Phys. J. Plus* ,131,8,279,2016.

［5］Ebrahimi,F. and Barati,M. R. ,A unified formulation for dynamic analysis of nonlocal hetero – geneous nanobeams in hygro – thermal environment. *Appl. Phys. A* ,122,9,792,2016.

[6] Ebrahimi, F. and Barati, M. R., A nonlocal higher-order refined magneto-electro-viscoelastic beam model for dynamic analysis of smart nanostructures. *Int. J. Eng. Sci.*, 107, 183-196, 2016.

[7] Ebrahimi, F. and Barati, M. R., Hygrothermal buckling analysis of magnetically actuated embedded higher order functionally graded nanoscale beams considering the neutral surface position. *J. Therm. Stresses*, 39, 10, 1210-1229, 2016.

[8] Ebrahimi, F. and Barati, M. R., Vibration analysis of smart piezoelectrically actuated nanobeams subjected to magneto-electrical field in thermal environment. *J. Vib. Control*, 24, 3, 549-564, 2016.

[9] Ebrahimi, F. and Barati, M. R., Static stability analysis of smart magneto-electro-elastic heterogeneous nanoplates embedded in an elastic medium based on a four-variable refined plate theory. *Smart Mater. Struct.*, 25, 10, 105014, 2016.

[10] Pradhan, S. C. and Murmu, T., Small scale effect on the buckling of single-layered graphene sheets under biaxial compression via nonlocal continuum mechanics. *Comput. Mater. Sci.*, 47, 1, 268-274, 2009.

[11] Pradhan, S. C. and Kumar, A., Vibration analysis of orthotropic graphene sheets using nonlocal elasticity theory and differential quadrature method. *Compos. Struct.*, 93, 2, 774-779, 2011.

[12] Aksencer, T. and Aydogdu, M., Levy type solution method for vibration and buckling of nanoplates using nonlocal elasticity theory. *Physica E*, 43, 4, 954-959, 2011.

[13] Mohammadi, M., Farajpour, A., Moradi, A., Ghayour, M., Shear buckling of orthotropic rectangular graphene sheet embedded in an elastic medium in thermal environment. *Composites Part B*, 56, 629-637, 2014.

[14] Mohammadi, M., Goodarzi, M., Ghayour, M., Farajpour, A., Influence of in-plane pre-load on the vibration frequency of circular graphene sheet via nonlocal continuum theory. *Composites Part B*, 51, 121-129, 2013.

[15] Ansari, R., Arash, B., Rouhi, H., Vibration characteristics of embedded multi-layered graphene sheets with different boundary conditions via nonlocal elasticity. *Compos. Struct.*, 93, 9, 2419-2429, 2011.

[16] Shen, Z. B., Tang, H. L., Li, D. K., Tang, G. J., Vibration of single-layered graphene sheet-based nanomechanical sensor via nonlocal Kirchhoff plate theory. *Comput. Mater. Sci.*, 61, 200-205, 2012.

[17] Farajpour, A., Shahidi, A. R., Mohammadi, M., Mahzoon, M., Buckling of orthotropic micro/nanoscale plates under linearly varying in-plane load via nonlocal continuum mechanics. *Compos. Struct.*, 94, 5, 1605-1615, 2012.

[18] Ansari, R. and Sahmani, S., Prediction of biaxial buckling behavior of single-layered graphene sheets based on nonlocal plate models and molecular dynamics simulations. *Appl. Math. Modell.*, 37, 12, 7338-7351, 2013.

[19] Sobhy, M., Thermomechanical bending and free vibration of single-layered graphene sheets embedded in an elastic medium. *Physica E*, 56, 400-409, 2014.

[20] Narendar, S. and Gopalakrishnan, S., Scale effects on buckling analysis of orthotropic nanoplates based on nonlocal two-variable refined plate theory. *Acta Mech.*, 223, 2, 395-413, 2012.

[21] Murmu, T., McCarthy, M. A., Adhikari, S., In-plane magnetic field affected transverse vibration of embedded single-layer graphene sheets using equivalent nonlocal elasticity approach. *Compos. Struct.*, 96, 57-63, 2013.

[22] Bessaim, A., Houari, M. S. A., Bernard, F., Tounsi, A., A nonlocal quasi-3D trigonometric plate model for free vibration behaviour of micro/nanoscale plates. *Struct. Eng. Mech.*, 56, 2, 223-240, 2015.

[23] Hashemi, S. H., Mehrabani, H., Ahmadi-Savadkoohi, A., Exact solution for free vibration of coupled double viscoelastic graphene sheets by viscoPasternak medium. *Composites Part B*, 78, 377-383, 2015.

[24] Ebrahimi, F. and Shafiei, N., Influence of initial shear stress on the vibration behavior of single – layered graphene sheets embedded in an elastic medium based on Reddy's higher – order shear deformation plate theory. *Mech. Adv. Mater. Struct.*, 24, 9, 761 – 772, 2016.

[25] Jiang, R. W., Shen, Z. B., Tang, G. J., Vibration analysis of a single – layered graphene sheet – based mass sensor using the Galerkin strip distributed transfer function method. *Acta Mech.*, 227, 10, 2899 – 2910, 2016.

[26] Arani, A. G., Haghparast, E., Zarei, H. B., Nonlocal vibration of axially moving graphene sheet resting on orthotropic visco – Pasternak foundation under longitudinal magnetic field. *Physica B*, 495, 35 – 49, 2016.

[27] Sobhy, M., Hygrothermal vibration of orthotropic double – layered graphene sheets embedded in an elastic medium using the two – variable plate theory. *Appl. Math. Modell.*, 40, 1, 85 – 99, 2016.

[28] Zenkour, A. M., Nonlocal transient thermal analysis of a single – layered graphene sheet embedded in viscoelastic medium. *Physica E*, 79, 87 – 97, 2016.

[29] Lam, D. C. C., Yang, F., Chong, A. C. M., Wang, J., Tong, P., Experiments and theory in strain gradient elasticity. *J. Mech. Phys. Solids*, 51, 8, 1477 – 1508, 2003.

[30] Lim, C. W., Zhang, G., Reddy, J. N., A higher – order nonlocal elasticity and strain gradient theory and its applications in wave propagation. *J. Mech. Phys. Solids*, 78, 298 – 313, 2015.

[31] Li, L. and Hu, Y., Wave propagation in fluid – conveying viscoelastic carbon nanotubes based on nonlocal strain gradient theory. *Comput. Mater. Sci.*, 112, 282 – 288, 2016.

[32] Li, L., Hu, Y., Li, X., Longitudinal vibration of size – dependent rods via nonlocal strain gradient theory. *Int. J. Mech. Sci.*, 115, 135 – 144, 2016.

[33] Ebrahimi, F. and Barati, M. R., Wave propagation analysis of quasi – 3D FG nanobeams in thermal environment based on nonlocal strain gradient theory. *Appl. Phys. A*, 122, 9, 843, 2016.

[34] Ebrahimi, F. and Barati, M. R., Size – dependent dynamic modeling of inhomogeneous curved nanobeams embedded in elastic medium based on nonlocal strain gradient theory. *Proc. Inst. Mech. Eng.*, Part C: *J. Mech. Eng. Sci.*, 231, 23, 4457 – 4469, 2016.

[35] Ebrahimi, F. and Barati, M. R., Hygrothermal effects on vibration characteristics of viscoelastic FG nanobeams based on nonlocal strain gradient theory. *Compos. Struct.*, 159, 433 – 444, 2017.

[36] Ebrahimi, F. and Barati, M. R., A nonlocal strain gradient refined beam model for buckling analysis of size – dependent shear – deformable curved FG nanobeams. *Compos. Struct.*, 159, 174 – 182, 2017.

[37] Ebrahimi, F., Barati, M. R., Dabbagh, A., A nonlocal strain gradient theory for wave propagation analysis in temperature – dependent inhomogeneous nanoplates. *Int. J. Eng. Sci.*, 107, 169 – 182, 2016.

[38] Hashemi, S. H. and Samaei, A. T., Buckling analysis of micro/nanoscale plates via nonlocal elasticity theory. *Physica E*, 43, 7, 1400 – 1404, 2011.

第16章 聚合物/石墨烯纳米材料与尖端应用

Ayesha Kausar

巴基斯坦伊斯兰堡国立科技大学(NUST)自然科学学院

摘　要　石墨烯是一种填充在二维蜂窝状晶格中的 sp^2 杂化碳原子单层。在聚合物纳米复合材料的形式中,由于两种组分(即石墨烯和聚合物)的协同作用,其显示出多功能的性质和性能。然而,其优异的性能严重依赖于一系列重要参数,如石墨烯结构、功能化、含量、聚合物的选择、整体结构设计和界面组织。此外,聚合物/石墨烯纳米复合材料的热性能、力学性能、电学性能、阻隔性能和光学性能都受到界面作用和加工工艺的控制。溶液混合、熔融处理、原位法和其他技术使得石墨烯组分能够在聚合物基质中分散和排列。然而,石墨烯的精细分散仍然是聚合物/石墨烯纳米复合材料中有效纳米填充物增强的主要问题。聚合物/石墨烯纳米复合材料在航空航天、有机太阳能电池、传感器、超级电容器等一系列技术领域得到了应用。本章概述了从石墨烯到聚合物/石墨烯纳米复合材料的重大进展,以推进该领域的应用。并对聚合物和石墨烯基杂化材料的技术发展作了全面的展望。最后讨论了聚合物/石墨烯杂化材料这一新兴技术领域未来的机遇和挑战。

关键词　石墨烯,聚合物,纳米复合材料,分散,技术,航空航天,传感器,太阳能电池

16.1 引言

近几十年来,纳米科学和技术领域得到了大力发展[1]。这一领域的发展依赖于不同尺寸和形状的纳米材料的制备。纳米结构材料大致分为零维(量子点、纳米球、纳米洋葱等)、一维(纳米管、纳米线等)、二维(纳米片、纳米板等)和三维(纳米锥、纳米线圈等)材料。纳米结构的不同尺寸、形状、维度和长宽比使其具有特殊的物理化学特性[2-3]。在纳米碳结构中,石墨烯具有优异的光学、导电、热学和力学性能。石墨烯(2D)是一种碳的纳米同素异形体,具有六角形晶格中排列的单层原子,也是其他纳米碳形态如富勒烯、碳纳米管、金刚石、石墨等的基本结构单元。在聚合物纳米复合材料中,石墨烯已成功用作高性能材料开发的纳米填充物[4-5]。在这方面,高性能纳米复合材料对石墨烯的精细分散性提出了更高的要求。石墨烯在聚合物中的分散很大程度上取决于界面相互作用以及所用的加工技术[6]。溶液混合、熔融共混和原位技术已用于制备聚合物/石墨烯纳米复合材料[7]。然而,聚合物与石墨烯的混溶/相容性仍然是一个难题。为了更好利用基质和纳米

填充物之间的物理/化学相互作用,石墨烯纳米片的功能化一直是人们关注的焦点[8-9]。石墨烯纳米片的表面改性可以与聚合物基质形成键合,从而有利于更好地分散。目前,聚合物/石墨烯纳米复合材料由于具有多功能的结构特点,具有广泛的技术应用前景。因此,这些纳米复合材料在航空航天、太阳能电池、传感器、超级电容器、生物医学等领域引起了人们与日俱增的兴趣[10]。本章主要介绍聚合物/石墨烯纳米复合材料的各个方面。此外,还对这些纳米复合材料在技术领域的应用进行了综述。因此,需要优化新策略以便开发功能石墨烯和聚合物基质,从而获得高性能的技术体系和应用。

16.2 石墨烯

16.2.1 结构与性能

石墨烯是sp^2杂化的单层碳原子。碳-碳键长约为 0.142nm。这些原子排列成二维蜂窝状晶格[11]。石墨烯也是碳纳米管、石墨、富勒烯等碳同素异形体的基本结构单元(图 16.1)。石墨烯具有一系列令人兴奋的导电、力学和热学性能[12]。石墨烯的杨氏模量和力学强度都很高,分别为 1TPa 和 130TPa,同样它也具有高达 5000W/(m·K)的导热系数。它还有 2630m²/g 的大表面积。98% 的高透光率也是石墨烯的另一个重要特性。石墨烯的制备采用了一系列自上而下和自下而上的方法[13]。化学气相沉积(CVD)、等离子体 CVD、电弧放电、外延生长等都是有效的自下而上方法。化学方法也涉及石墨烯的生产,如碳纳米管的解压、氧化石墨烯的还原、微机械剥离等。石墨烯的大规模生产可以通过剥离或分离石墨或其衍生物来生产纳米石墨烯薄片[14-15]。

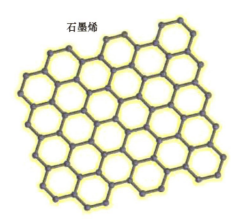

图 16.1 石墨烯

16.2.2 作为纳米填充物的意义

石墨烯被认为是宇宙中最薄的材料之一。由于其优异的性能,石墨烯可作为一种高效的纳米填充物[16]。在聚合物/石墨烯纳米复合材料中,也报道了石墨烯相对于聚合物的特殊性能[17]。作为增强体,石墨烯优于几种传统的纳米填充物,包括石墨、碳纳米管、纳米纤维、纳米黏土等。因此,与纯聚合物相比,聚合物/石墨烯纳米复合材料具有优良的导电、力学、热学、阻燃、电磁干扰(EMI)屏蔽能力和气体阻隔性能[18]。与碳纳米管和纳米黏土等其他碳纳米填充物相比,在聚合物中加入石墨烯作为纳米填充物可能会显著改善纳米复合材料的力学和电学性能[19-20]。聚合物/石墨烯纳米复合材料物理性能的提高依赖于①石墨烯在基质中的分散;②最佳石墨烯含量;③石墨烯与聚合物基质的界面结合。原始石墨烯或未改性石墨烯通常与聚合物不相容,因此在基质中的均匀分散往往比较困难。因此,石墨烯的表面改性被认为是实现纳米填充物在聚合物基质中更好分散的必要步骤。纳米填充物的化学改性可以提高聚合物/改性石墨烯纳米复合材料的导电性和力学性能。

16.3 聚合物用作基质

可用石墨烯增强多种聚合物,包括聚苯乙烯、聚(甲基丙烯酸甲酯)、环氧、聚氨酯、聚(偏氟乙烯)、氟化钠、聚碳酸酯、低密度聚乙烯、高密度聚乙烯、尼龙、聚苯胺、硅橡胶、聚苯硫醚和许多其他聚合物[16]。聚合物/石墨烯纳米复合材料的拉伸强度、模量、弯曲强度、热稳定性和导电性的提高取决于石墨烯的含量、分散性和功能化。导电性的提高可能是由于聚合物和石墨烯纳米片形成导电网络所致。其力学性能的显著改善不仅取决于纳米填充物的分散性,还取决于所采用的加工工艺。填充纳米复合材料的导热系数比纯树脂高出数倍。在几乎所有已报道的体系中,石墨烯基聚合物纳米复合材料表现出比纯聚合物优越的物理性能。

16.4 聚合物/石墨烯纳米复合材料

16.4.1 聚合物/石墨烯的相互作用

聚合物纳米复合材料是一种多相材料,在聚合物基质中至少含有一种尺寸小于100nm的组分。例如,聚合物/石墨烯纳米复合材料将石墨烯作为纳米组分。聚合物/石墨烯纳米复合材料中的相互作用取决于各种因素,如聚合物和石墨烯之间的混溶性/相容性、静电相互作用、π-π相互作用、共价键、石墨烯的功能性、聚合物的分子量、聚合物的功能性等[21]。图16.2描绘了聚合物/石墨烯纳米复合材料中的一些基本相互作用。在所有的方法中,石墨烯的化学功能化以及随后与聚合物基质的键合可以促进更好的分散并防止聚集[22-23]。聚合物/石墨烯纳米复合材料中的相互作用使其在聚合物基质中具有更好的分散性和优异的力学、热学和电学性能。因此,这些材料更适合高性能应用。

16.4.2 基本特性

聚合物/石墨烯纳米复合材料的基本特性主要包括力学、电学和热学特性。分散在聚合物基质中的石墨烯纳米片可以有效地提高纳米复合材料的强度、模量和其他力学性能[24-25]。有时,起皱石墨烯纳米片会导致结构缺陷。研究人员已经发现加入石墨烯可以提高纳米复合材料的导热性和热稳定性[26]。石墨烯纳米片的片状几何形状可以提供低界面热阻,从而提高热导率。这些纳米复合材料的导热系数可以提高到3000W/(m·K)

以上。石墨烯纳米片之间的相互作用和接触已被渗流理论合理化[27]。在聚合物/石墨烯纳米复合材料中,渗流网络的形成提高了材料的导电性。通过石墨烯功能化、界面键合以及基质和纳米填充物之间的共价键合,电导率和热导率都得到了增强[28]。

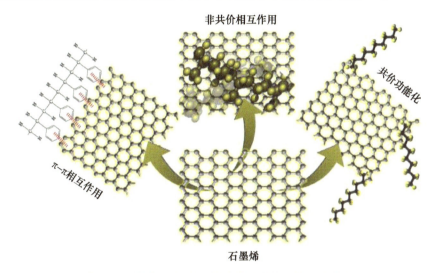

图 16.2　聚合物/石墨烯纳米复合材料中的相互作用

16.4.3　制备策略

石墨烯作为一种合适的纳米填充物被用来提高纳米复合材料的物理性能。可以采用不同的方法制备这种纳米复合材料,溶液混合、原位聚合和熔融插层常用于制备聚合物/石墨烯纳米复合材料(图 16.3)。溶液法已用于形成聚(氧乙烯)、聚氟乙烯、聚苯乙烯、聚乙烯醇和其他几种加入石墨烯的聚合物[29-30]。聚合物/石墨烯的原位聚合涉及石墨烯在聚合物溶液中的插层[31-32]。熔融插层也被用于纳米复合材料的形成。熔融状态下的聚合物与石墨烯混合形成纳米材料[33]。优选的方法是在基质中以最佳的纳米填充物分散来改善整体性能。高性能纳米复合材料有多种工业应用[34-35]。

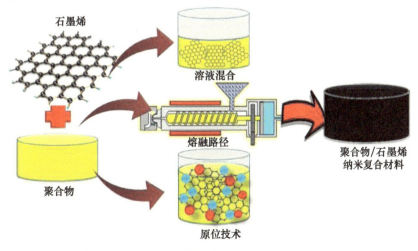

图 16.3　聚合物/石墨烯纳米复合材料的制备路线

16.5 技术平台

16.5.1 航空航天结构和功能材料

在航空航天应用中人们已研究了聚合物/石墨烯纳米复合材料的潜力和性能[36]。研究人员报道了添加石墨烯纳米填充物对航空航天性能的影响,特别是力学强度、热稳定性和电磁屏蔽性能[37]。Guo 等[38]最近的一项研究分析了石墨烯增强聚合物纳米复合材料的力学性能。在基质中包含石墨烯提高了石墨烯增强纳米复合材料的杨氏模量和剪切模量。Li 等[39]使用低浓度的纳米石墨烯(质量分数 2%~4%)增韧聚合物纳米复合材料。石墨烯在基质中的良好分散性使材料的韧性和断裂能从 32.5J/m³ 提高到 64.9J/m³。韧性和断裂能的提高也归因于聚合物/石墨烯之间的强相互作用。研究发现石墨烯表面的功能化可以显著改善用于航空航天的纳米复合材料的力学性能[40-41]。快速发展的技术导致了电磁辐射,电磁污染已成为影响环境和电子器件性能的关键问题。在这方面,石墨烯基纳米复合材料已用于屏蔽材料,并研究了电磁干扰屏蔽效能(EMISE)[42-44]。多层聚合物/石墨烯纳米复合薄膜具有良好的导电性、力学柔性和电磁干扰屏蔽[45]。图 16.4 显示了 9GHz 时的吸收和反射屏蔽以及总 EMISE。

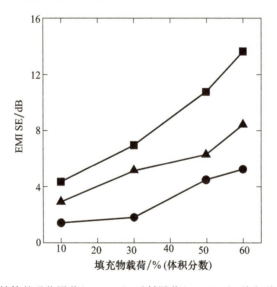

图 16.4　9GHz 下夹层结构的吸收屏蔽(-●-),反射屏蔽(-▲-),总电磁干扰(-■-)系数[45]

结果表明,屏蔽效能提高到 27dB。研究人员发现反射是聚合物/石墨烯薄膜的主要屏蔽机制。通过增加屏蔽层厚度,观察到吸收屏蔽的改善。因此,轻质聚合物/石墨烯在航空航天电磁屏蔽涂层中有很好的应用前景。

16.5.2 有机太阳能电池

聚合物/石墨烯纳米复合材料对太阳能电池技术的发展产生了深远的影响[46-47]。利用聚合物/石墨烯纳米复合材料制备了多种太阳能电池,如有机太阳能电池、染料敏化太阳能电池(DSSC)、大块异质结太阳能电池和钙钛矿型太阳能电池。研究了石墨烯基材料在不同类型太阳能电池中的作用。由于氧化铟锡(ITO)的高成本,石墨烯基材料已用于太阳能电池、发光二极管、光传感器等[48-49]。聚合物/石墨烯纳米复合材料由于具有高透明度、高导电性、高柔韧性以及优异的光学、电学、热学和力学性能,被广泛应用于聚合物太阳能电池[50-51]。图 16.5 显示了基于为空穴传输层的聚(3,4-亚乙基二氧噻吩):聚(苯乙烯磺酸盐)(PEDOT:PSS)和石墨烯的太阳能电池装置。通过溶液处理、旋涂和热退火制备了厚度为3nm的薄膜。通过在聚合物基质中引入功能石墨烯,进一步提高了聚合物/石墨烯纳米复合材料的光电性能。在有机太阳能电池中,与石墨烯结合的聚苯胺、聚噻吩、聚吡咯等由于具有优异的稳定性和改进的电荷传输而被用作活性层[52-53]。研究人员研究了石墨烯有机杂化物的光伏特性[54]。制备了 N,N-二辛基-3,4,9,10-苝二甲酰亚胺/石墨烯纳米复合材料的大块异质结太阳电池。报道了基于石墨烯增强的[6,6]-苯基-C61-丁酸甲酯和[6,6]-苯基 C70-丁酸甲酯的大块异质结太阳能电池[55]。将聚(3-己基噻吩-2,5-二基)(P3HT)/功能化石墨烯旋涂在 ITO 衬底上。太阳能电池的效率和功函数分别为 0.7~1.1 和 0.7V[56-57]。功能性石墨烯纳米填充物可以应用于各种类型的太阳能电池中,用于在未来改进和实现设计。

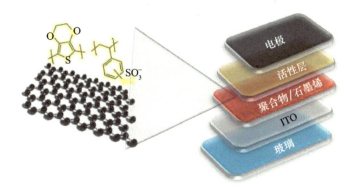

图 16.5 聚合物/石墨烯纳米复合材料的聚合物太阳能电池

16.5.3 传感器

相关人员使用聚合物/石墨烯纳米复合材料制备了不同类型的传感器,如电化学、生物、应变、电子等[58,59]。Li 等[60]为应变传感合成了石墨烯机织物。织物的电阻随拉伸应变呈指数增长。在2%~6%的应变下,获得了10^3的规格因子。分子印迹聚合物(MIP)具有高灵敏度、高选择性、坚固性、低成本和特定的分子识别能力[61-62]。可用各种简单的技术制备 MIP。Mao 等[63]制备了石墨烯纳米片/刚果红分子印迹聚合物(GSCR-MIP)的纳米复合材料。他们采用自由基聚合法制备了多巴胺(DA)分子识别元件的电化学传感器。还研究了甲基丙烯酸(MAA)与乙二醇二甲基丙烯酸酯在石墨烯表面的选择性共聚反应。在线性浓度范围或 $1.0×10^{-7}$~$8.3×10^{-4}$mol/L 范围内实现了 DA 的选择性检测。典型的线性扫描伏安图如图 16.6 所示。随着扫描次数的增加,峰值电流急剧下降,并达到稳定状态。在 30 次扫描循环后没有电化学响应。伏安图信号的消失表明已从 GSCR-MIP 膜基质中去除 DA 分子。基于 GSCR-MIP 纳米复合材料的电化学传感器具有良好的重复性,重复性为20μmol/L。未来研究基于聚合物/石墨烯纳米复合材料的传感器会带动更好的传感器设计并提高性能。已有研究表明 MIP 导电聚合物和石墨烯基传感器在传感器和生物传感器领域具有高选择性、高响应性和高稳定性。

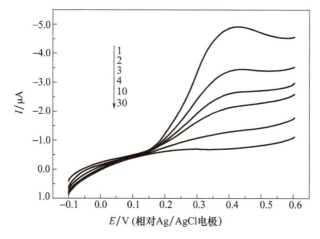

图 16.6 从 GSCR – MIP 中提取 DA 的线性扫描伏安图[61]
GSCR – MIP = 石墨烯纳米片/刚果红分子印迹聚合物,且 DA = 多巴胺。

16.5.4 超级电容器

用石墨烯纳米片和其他类型的纳米材料制备超级电容器和电池[64-65]。Liu 等[66]制备了一种用于超级电容器的石墨烯基电极。观察到比能量密度为 85.6Wh/kg(室温)和 136Wh/kg(80℃)。Zhang 等[67]通过原位聚合在石墨烯表面涂覆导电聚合物,如聚(3,4-亚乙基二氧噻吩)(PEDOT)、聚苯胺(PANI)和聚吡咯(PPy)。在电流密度为 0.3A/g 时,聚苯胺/石墨烯纳米复合材料的比电容为 361F/g。PPy 和 PEDOT 的比电容分别为 248F/g 和 108F/g。纳米复合材料良好的电容性能归功于两组分的协同作用。Yu 等[68]制备了石墨烯/MnO_2基纳米结构电极,其比电容约为 380F/g。在超过 3000 次循环后,电极的电容保持率高于 95%。Wang 等[69]制备了用于超级电容器电极的聚合物/石墨烯材料。得到的电极比电容为 205F/g,功率密度为 10 kW/kg。聚乙烯二氧噻吩(PEDOT)/石墨烯纳米复合材料(G – PEDOT)已应用于超级电容器[70]。并且研究了 G – PEDOT 电极的稳定性、比电容、电导率和比充放电性能。研究人员还考察了 G – PEDOT 纳米复合材料在不同电解介质中的电化学充放电性能。比放电电容估计为 374F/gm。作为扫描速率函数的典型电容特性如表 16.1 所列。结果表明,G – PEDOT 纳米复合材料在盐酸中的比电容值高于在 H_2SO_4 中的比电容值。

图 16.7(a)显示了 G – PEDOT 膜在 $2MH_2SO_4$ 中的循环伏安(CV)响应,这是不同扫描速率(10mV/s、20mV/s、50mV/s 和 100mV/s)的函数。在 CV 测量中发现掺杂态和未掺杂态产生峰值。10~100mV/s 的扫描速度从阴极峰值(0.3 V)变为正值。图 16.7(b)显示了不同速率下 G – PEDOT 在 2mol/L HCl 中的 CV 扫描。CV 曲线显示出良好的电容性能和较小的欧姆电阻。他们发现 G – PEDOT 纳米复合材料是一种可行的超级电容器电极材料。Meng 等[71]利用聚苯胺/石墨烯纳米复合材料制备了超薄固态超级电容器电极。柔性器件电极材料具有 350F/g 的高比电容。因此,基于聚合物/石墨烯纳米复合材料的

柔性纸质超级电容器有望为储能器件的设计带来新的前景。

表 16.1 利用 CV 研究估算的酸性体系中 G-PEDOT 的比电容[70]。

酸性体系	扫描速率/(mV/s)	比电容/(F/g)
2mol/L HCl	10	304
	20	284.5
	50	176.8
	100	116
2mol/L H_2SO_4	10	261
	20	245.5
	50	150.8
	100	125

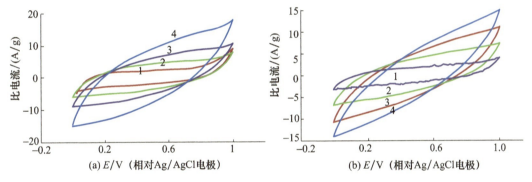

图 16.7 (a) 在 Nafion-2mol/L H_2SO_4 中的 G-PEDOT 纳米复合电极的 CV 与扫描速率的函数:1—10mV/s、2—20mV/s、3—50mV/s、4—100mV/s;(b) 在 Nafion-2mol/L HCl 中的 G-PEDOT 纳米复合电极的 CV 与扫描速率的函数:1—10mV/s、2—20mV/s;3—50mV/s;4—100mV/s[70]

16.5.5 生物医学应用

石墨烯和石墨烯基材料在生物医学领域的应用引起了人们极大的兴趣。特殊的物理和化学性质导致了一些潜在的生物医学应用[72]。药物递送、生物医学、成像等领域都采用了聚合物/石墨烯纳米复合材料。石墨烯增强的聚苯乙烯、聚酰胺、聚(甲基丙烯酸甲酯)、聚氨酯、聚(己内酯)等已用于各种生物医学应用[73-75]。聚合物/石墨烯纳米复合材料在生物医学领域的性能和意义取决于纳米材料的加工和设计。在未来,还需要克服石墨烯相关材料在生物医学领域的一些挑战[76-77]。功能石墨烯纳米材料的潜在应用前景丰富多彩。

16.6 面对的挑战和发展潜力

石墨烯作为一种单原子厚度的平面纳米片,具有二维结构。研究人员已经报道了自上而下和自下而上两种制备石墨烯的方法。石墨烯在太阳能电池、传感器、二极管、器件和柔性电极等方面有着重要的应用。石墨烯由于其较高的长宽比、比表面积、力学、热学和电学性能,可以作为一种高分子纳米填充物,并且已经得到了广泛的关注。文献[31-33]报道了几种基于聚合物和石墨烯的聚合物纳米复合材料。通过不同的途径(溶液混合、熔融共混和原位聚合)获得这些纳米复合材料。聚合物/石墨烯纳米复合材料物理性能的提高不仅取决于纳米填充物的特性,而且还取决于聚合物的性能和所采用的加工工艺。通过对石墨烯纳米片进行共价和非共价表面改性,提高了石墨烯纳米片在聚合物基质中的分散性。在各种制备方法中,熔融共混可能导致纳米填充物的最佳分散性较差,而原位聚合和溶液技术则导致了更好的分散性和基质/纳米填充物的相互作用[78]。使用合适的纳米复合材料加工技术对于在很低的负载水平下提高基质性能至关重要。聚合物/石墨烯纳米复合材料已应用于各个技术领域。在聚合物/石墨烯方面的研究表明,与碳纳米管基电池相比,太阳能电池的功率转换效率更高[79]。导电聚合物/石墨烯基纳米复合材料在转换和存储设备方面具有光明前景[80]。良好排列的石墨烯纳米片有助于高效传感器和超级电容器的发展。优化石墨烯在纳米复合材料中的制备和分散也可以提高热稳定性、强度和模量,以及适用于航空航天的电导率和热导率[81]。燃料电池和锂离子电池的相关性在聚合物/石墨烯纳米复合材料领域中研究较少。为了获得燃料电池和电池的最佳质子电导率和离子传输性能,需要开发功能性石墨烯纳米填充物。同样,聚合物/石墨烯纳米复合材料的防腐蚀和阻隔性能也需要深入研究。研究揭示了聚合物/石墨烯纳米复合材料在组织工程、透析、纳米医学等生物医学领域的应用潜力。由于石墨烯相对于碳纳米管和其他 0D 和 1D 纳米填充物具有高的长宽比和纳米尺度的平坦表面,未来对聚合物/石墨烯纳米复合材料的研究可能展现出这些纳米材料应用的几个潜在领域。因此,石墨烯可能与聚合物基质形成更好的相互作用。然而,使用单一处理技术的最佳色散仍然具有挑战性。因此,在制备策略、石墨烯功能化、基质改性以及基质中有效分散方面的进展可能进一步促进一些未来的应用。

参考文献

[1] Braun,T.,Schubert,A.,Zsindely,S.,Nanoscience and nanotechnology on the balance. *Scientometrics*,38,321,1997.

[2] Rao,C. N. R. and Cheetham,A. K.,Science and technology of nanomaterials:Current status and future prospects. *J. Mater. Chem.*,11,2887,2001.

[3] Kushnir,D. and Sanden,B. A.,Energy requirements of carbon nanoparticle production. *J. Ind. Eco.*,12,360,2008.

[4] Mittal,V.(Ed.),*Polymer-Graphene Nanocomposites*,Royal Society of Chemistry,UK,2012.

[5] Shen,B.,Zhai,W.,Lu,D.,Zheng,W.,Yan,Q.,Fabrication of microcellular polymer/graphene nanocomposite foams. *Polym. Int.*,61,1693,2012.

[6] Li,Y.,Wang,S.,Wang,Q.,Molecular dynamics simulations of thermal properties of polymer composites enhanced by cross-linked graphene sheets. *Acta Mech. Solida. Sin.*,31(1),673-682,2018.

[7] Wang,M. X.,Liu,Q.,Sun,H. F.,Stach,E. A.,Zhang,H.,Stanciu,L.,Xie,J.,Preparation of high-surface-area carbon nanoparticle/graphene composites. *Carbon*,50,3845,2012.

[8] Bai,H.,Li,C.,Shi,G.,Functional composite materials based on chemically converted graphene.

Adv. Mater.,23,1089,2011.

[9] Kuila,T.,Bose,S.,Mishra,A. K.,Khanra,P,Kim,N. H.,Lee,J. H.,Chemical functionalization of graphene and its applications. *Prog. Mater. Sci.*,57,1061,2012.

[10] Sham,A. Y. and Notley,S. M. A.,Review of fundamental properties and applications of polymer – graphene hybrid materials. *Soft Matter*,9,6645,2013.

[11] Ferrari,A. C.,Meyer,J. C.,Scardaci,V.,Casiraghi,C.,Lazzeri,M.,Mauri,F.,Piscanec,S.,Jiang,D.,Novoselov,K. S.,Roth,S.,Geim,A. K.,Raman spectrum of graphene and graphene layers. *Phys. Rev. Lett.*,97,187401,2006.

[12] Zhu,Y.,Murali,S.,Cai,W,Li,X.,Suk,J. W,Potts,J. R.,Ruoff,R. S.,Graphene and graphene oxide: Synthesis,properties,and applications. *Adv. Mater.*,22,3906,2010.

[13] Hernandez,Y.,Nicolosi,V.,Lotya,M.,Blighe,F. M.,Sun,Z.,De,S.,McGovern,I. T.,Holland,B.,Byrne,M.,Gun'Ko,Y. K.,Boland,J. J.,High – yield production of graphene by liquid – phase exfoliation of graphite. *Nat. Nanotechnol.*,3,563,2008.

[14] Soldano,C.,Mahmood,A.,Dujardin,E.,Production,properties and potential of graphene. *Carbon*,48,2127,2010.

[15] Green,A. A. and Hersam,M. C.,Solution phase production of graphene with controlled thickness via density differentiation. *Nano Lett.*,9,4031,2009.

[16] Bhattacharya,M.,Polymer nanocomposites—A comparison between carbon nanotubes,graphene,and clay as nanofillers. *Materials*,9(4),262,2016.

[17] Putz,K. W.,Compton,O. C.,Palmeri,M. J.,Nguyen,S. T.,Brinson,L. C.,High – nanofiller – content graphene oxide – polymer nano composites via vacuum – assisted self – assembly. *Adv. Funct. Mater.*,20,3322,2010.

[18] Long,Y. Z.,Li,M. M.,Gu,C.,Wan,M.,Duvail,J. L.,Liu,Z.,Fan,Z.,Recent advances in synthesis,physical properties and applications of conducting polymer nanotubes and nanofibers. *Prog. Polym. Sci.*,36,1415,2011.

[19] Liang,J.,Huang,Y.,Zhang,L.,Wang,Y.,Ma,Y.,Guo,T.,Chen,Y.,Molecular – level dispersion of graphene into poly (vinyl alcohol) and effective reinforcement of their nanocomposites. *Adv. Funct. Mater.*,19,2297,2009.

[20] Lee,C.,Wei,X.,Kysar,J. W,Hone,J.,Measurement of the elastic properties and intrinsic strength of monolayer graphene. *Science*,321,385,2008.

[21] Kim,H.,Abdala,A. A.,Macosko,C. W.,Graphene/polymer nanocomposites. *Macromolecules*,43,6515,2010.

[22] Samanta,S.,Singh,S. and Sahoo,R. R.,Effect of thermal annealing on the physic – chemical and tribological performance of hydrophobic alkylated graphene sheets. *New J. Chem.*,43,2624 – 2639,2019.

[23] Fang,M.,Wang,K.,Lu,H.,Yang,Y.,Nutt,S.,Covalent polymer functionalization of graphene nanosheets and mechanical properties of composites. *J. Mater. Chem.*,19,7098,2009.

[24] Zhao,X.,Zhang,Q.,Chen,D.,Lu,P.,Enhanced mechanical properties of graphene – based poly (vinyl alcohol) composites. *Macromolecules*,43,2357,2010.

[25] Wakabayashi,K.,Pierre,C.,Dikin,D. A.,Ruoff,R. S.,Ramanathan,T.,Brinson,L. C.,Torkelson,J. M.,Polymer – graphite nanocomposites:Effective dispersion and major property enhancement via solid – state shear pulverization. *Macromolecules*,41,2008,1905.

[26] Yavari,F.,Fard,H. R.,Pashayi,K.,Rafiee,M. A.,Zamiri,A.,Yu,Z.,Ozisik,R.,Borca – Tasciuc,T.,Koratkar,N.,Enhanced thermal conductivity in a nanostructured phase change composite due to low con-

[27] Pettes, M. T., Ji, H., Ruoff, R. S., Shi, L., Thermal transport in three-dimensional foam architectures of few-layer graphene and ultrathin graphite. *Nano Lett.*, 12, 2959, 2012.

[28] Shahil, K. M. and Balandin, A. A., Graphene-multilayer graphene nanocomposites as highly efficient thermal interface materials. *Nano Lett.*, 12, 861, 2012.

[29] Potts, J. R., Dreyer, D. R., Bielawski, C. W., Ruoff, R. S., Graphene-based polymer nanocomposites. *Polymer*, 52, 5, 2011.

[30] Huang, K. Y., Chou, A. S., Liu, S. Y., Cheng, W. Y., Hung, C. L., Li, C. S., Ho, M. S., Wu, C. I., Ultralow-contact-resistance graphene field-effect transistors fabricated with P-type solution doping. *Appl. Phys. Exp.*, 11, 075102, 2018.

[31] Xu, Z. and Gao, C., In situ polymerization approach to graphene-reinforced nylon-6 composites. *Macromolecules*, 43, 6716, 2010.

[32] Hu, H., Wang, X., Wang, J., Wan, L., Liu, F., Zheng, H., Chen, R., Xu, C., Preparation and properties of graphene nanosheets-polystyrene nanocomposites via in situ emulsion polymerization. *Chem. Phys. Lett.*, 484, 247, 2010.

[33] Xia, W., Vargas Lara, F., Keten, S., Douglas, J. F., Structure and dynamics of a graphene melt. *ACS Nano*, 12, 5427-5435, 2018.

[34] Vickery, J. L., Patil, A. J., Mann, S., Fabrication of graphene-polymer nanocomposites with higher-order three-dimensional architectures. *Adv. Mater.*, 21, 2180, 2009.

[35] Du, J. and Cheng, H. M., The fabrication, properties, and uses of graphene/polymer composites. *Macromol. Chem. Phys.*, 213, 1060, 2012.

[36] Idowu, A., Boesl, B. and Agarwal, A., 3D graphene foam-reinforced polymer composites-A review. *Carbon*, 135, 52-71, 2018.

[37] Kausar, A., Rafique, I., Muhammad, B., Aerospace application of polymer nanocomposite with carbon nanotube, graphite, graphene oxide, and nanoclay. *Polym. Plast. Technol. Engineer.*, 56, 1438, 2017.

[38] Guo, Z., Song, L., Boay, C. G., Li, Z., Li, Y., Wang, Z., A new multiscale numerical characterization of mechanical properties of graphene-reinforced polymer-matrix composites. *Compos. Struct.*, 199, 1-9, 2018.

[39] Li, Y., Yang, Z., Liu, J., Lin, C., Zhang, J., Zheng, X., Enhancing fracture toughness of polymer-based functional energetic composites by filling nano-graphene in matrix. *Polym. Compos.*, 2018, https://doi.org/10.1002/pc.24913.

[40] Ramanathan, T., Abdala, A. A., Stankovich, S., Dikin, D. A., Herrera-Alonso, M., Piner, R. D., Adamson, D. H., Schniepp, H. C., Chen, X. R. R. S., Ruoff, R. S., Nguyen, S. T., Functionalized graphene sheets for polymer nanocomposites. *Nat. Nanotechnol.*, 3, 327, 2008.

[41] Chen, H., Muller, M. B., Gilmore, K. J., Wallace, G. G., Li, D., Mechanically strong, electrically conductive, and biocompatible graphene paper. *Adv. Mater.*, 20, 3557, 2008.

[42] Saini, P. and Arora, M., Microwave absorption and EMI shielding behavior of nanocomposites based on intrinsically conducting polymers, graphene and carbon nanotubes, in: *New Polymers for Special Applications*, Ailton De Souza Gomes (ed.). InTech, 2012.

[43] Zhang, H. B., Yan, Q., Zheng, W. G., He, Z., Yu, Z. Z., 2Tough graphene-polymer microcellular foams for electromagnetic interference shielding. *ACS Appl. Mater. Interfaces*, 3, 918, 2011.

[44] Yousefi, N., Sun, X., Lin, X., Shen, X., Jia, J., Zhang, B., Tang, B., Chan, M., Kim, J. K., Highly aligned graphene/polymer nanocomposites with excellent dielectric properties for high-performance elec-

tromagnetic interference shielding. *Adv. Mater.*, 26, 5480, 2014.

[45] Song, W. L., Cao, M. S., Lu, M. M., Bi, S., Wang, C. Y., Liu, J., Yuan, J., Fan, L. Z., Flexible graphene/polymer composite films in sandwich structures for effective electromagnetic interference shielding. *Carbon*, 66, 67, 2014.

[46] Adil, S. F., Khan, M., Kalpana, D., Graphene–based nanomaterials for solar cells, in: *Multifunctional Photocatalytic Materials for Energy*, Zhiqun Lin, Meidan Ye, Mengye Wang (eds.). Elsevier, Cambridge, UK, pp. 127–152, 2018.

[47] Chandrasekhar, P., Graphene applications in batteries and energy devices, in: *Conducting Polymers, Fundamentals and Applications*, p. 133, Springer, Cham, 2018.

[48] Jo, G., Choe, M., Lee, S., Park, W., Kahng, Y. H., Lee, T., The application of graphene as electrodes in electrical and optical devices. *Nanotechnology*, 23, 112001, 2012.

[49] Bonaccorso, F., Sun, Z., Hasan, T., Ferrari, A. C., Graphene photonics and optoelectronics. *Nat. Photon.*, 4, 611, 2010.

[50] Wang, X., Zhi, L., Mullen, K., Transparent, conductive graphene electrodes for dye–sensitized solar cells. *Nano Lett.*, 8, 323, 2008.

[51] Li, S. S., Tu, K. H., Lin, C. C., Chen, C. W., Chhowalla, M., Solution–processable graphene oxide as an efficient hole transport layer in polymer solar cells. *ACS Nano*, 4, 3169, 2010.

[52] Wang, S., Goh, B. M., Manga, K. K., Bao, Q., Yang, P., Loh, K. P., Graphene as atomic template and structural scaffold in the synthesis of graphene organic hybrid wire with photovoltaic properties. *ACS Nano*, 4, 6180, 2010.

[53] Chen, J. T. and Hsu, C. S., Conjugated polymer nanostructures for organic solar cell applications. *Polym. Chem.*, 2, 2707, 2011.

[54] Kuilla, T., Bhadra, S., Yao, D., Kim, N. H., Bose, S., Lee, J. H., Recent advances in graphene based polymer composites. *Prog. Polym. Sci.*, 35, 1350, 2010.

[55] Schmidt–Mende, L., Fechtenkotter, A., Mullen, K., Moons, E., Friend, R. H., MacKenzie, J. D., Self–organized discotic liquid crystals for high–efficiency organic photovoltaics. *Science*, 293, 1119, 2001.

[56] Bae, S. Y., Jeon, I. Y., Yang, J., Park, N., Shin, H. S., Park, S., Ruoff, R. S., Dai, L., Baek, J. B., Large–area graphene films by simple solution casting of edge–selectively functionalized graphite. *ACS Nano*, 5, 4974, 2011.

[57] Sun, Y., Welch, G. C., Leong, W. L., Takacs, C. J., Bazan, G. C., Heeger, A. J., Solution–processed small–molecule solar cells with 6.7% efficiency. *Nat. Mater.*, 11, 44, 2012.

[58] Emam, S., Adedoyin, A., Geng, X., Zaeimbashi, M., Adams, J., Ekenseair, A., Podlaha–Murphy, E., Sun, N. X., A molecularly imprinted electrochemical gas sensor to sense butylated hydroxy–toluene in air. *J. Sens.*, 2018, 1–9, 2018.

[59] Martin, P. A., Del Rio, C. A., Martin, C., Herrero, M. A., Merino, S., Fierro, J. L. G., Diez, B. E., Vazquez, E., Graphene quantum dot–aerogel: From nanoscopic to macroscopic fluorescent materials. Sensing polyaromatic compounds in water. *ACS Appl. Mater. Interfaces*, 10, 18192–18201, 2018.

[60] Li, X., Zhang, R., Yu, W, Wang, K., Wei, J., Wu, D., Cao, A., Li, Z., Cheng, Y., Zheng, Q., Ruoff, R. S., Stretchable and highly sensitive graphene–on–polymer strain sensors. *Sci. Rep.*, 2, 870, 2012.

[61] Wu, L., Lin, J. H., Bao, K., Li, P. F., Zhang, W. G., *In vitro* effects of erythromycin on RANKL and nuclear factor–kappa B by human TNF–a stimulated Jurkat cells. *Int. Immunopharmacol.*, 9, 1105, 2009.

[62] Wang, J. Y., Liu, F., Xu, Z. L., Li, K., Theophylline molecular imprint composite membranes prepared from poly(vinylidene fluoride)(PVDF) substrate. *Chem. Eng. Sci.*, 65, 3322, 2010.

[63] Mao, Y., Bao, Y., Gan, S., Li, F., Niu, L., Electrochemical sensor for dopamine based on a novel graphene – molecular imprinted polymers composite recognition element. *Biosens. Bioelectron.*, 28, 291, 2011.

[64] Wu, Q., Xu, Y., Yao, Z., Liu, A., Shi, G., Supercapacitors based on flexible graphene/polyaniline nanofiber composite films. *ACS Nano*, 4, 2010, 1963.

[65] Georgakilas, V., Otyepka, M., Bourlinos, A. B., Chandra, V., Kim, N., Kemp, K. C., Hobza, P., Zboril, R., Kim, K. S., Functionalization of graphene: Covalent and non – covalent approaches, derivatives and applications. *Chem. Rev.*, 112, 6156, 2012.

[66] Liu, C., Yu, Z., Neff, D., Zhamu, A., Jang, B. Z., Graphene – based supercapacitor with an ultrahigh energy density. *Nano Lett.*, 10, 4863, 2010.

[67] Zhang, J. and Zhao, X. S., Conducting polymers directly coated on reduced graphene oxide sheets as high – performance supercapacitor electrodes. *J. Phys. Chem. C*, 116, 5420, 2012.

[68] Yu, G., Hu, L., Liu, N., Wang, H., Vosgueritchian, M., Yang, Y., Cui, Y., Bao, Z., Enhancing the supercapacitor performance of graphene/MnO2 nanostructured electrodes by conductive wrapping. *Nano Lett.*, 11, 4438, 2011.

[69] Wang, Y., Shi, Z., Huang, Y., Ma, Y., Wang, C., Chen, M., Chen, Y., Supercapacitor devices based on graphene materials. *J. Phys. Chem. C*, 113, 13103 – 13107, 2009.

[70] Alvi, F., Ram, M. K., Basnayaka, P. A., Stefanakos, E., Goswami, Y., Kumar, A., Graphene – polyethylenedioxythiophene conducting polymer nanocomposite based supercapacitor. *Electrochim. Acta*, 56, 9406, 2011.

[71] Meng, C., Liu, C., Chen, L., Hu, C., Fan, S., Highly flexible and all – solid – state paperlike polymer supercapacitors. *Nano Lett.*, 10, 4025, 2010.

[72] Kausar, A., Applications of polymer/graphene nanocomposite membranes: A review. *Mater. Res. Innovat.*, 1, 1 – 12, 2018.

[73] Shen, H., Zhang, L., Liu, M., Zhang, Z., Biomedical applications of graphene. *Theranostics*, 2, 283, 2012.

[74] Pei, Y., Travas – Sejdic, J., Williams, D. E., Reversible electrochemical switching of polymer brushes grafted onto conducting polymer films. *Langmuir*, 28, 8072, 2012.

[75] Krishnamoorthy, M., Hakobyan, S., Ramstedt, M., Gautrot, J. E., Surface – initiated polymer brushes in the biomedical field: Applications in membrane science, biosensing, cell culture, regenerative medicine and antibacterial coatings. *Chem. Rev.*, 114, 10976, 2014.

[76] Bitounis, D., Ali – Boucetta, H., Hong, B. H., Min, D. H., Kostarelos, K., Prospects and challenges of graphene in biomedical applications. *Adv. Mater.*, 25, 2258, 2013.

[77] Kidambi, P. R., Jang, D., Idrobo, J. C., Boutilier, M. S., Wang, L., Kong, J., Karnik, R., Nanoporous atomically thin graphene membranes for desalting and dialysis applications. *Adv. Mater.*, 29, 1700277, 2017.

[78] Avella, M., Errico, M. E., Martelli, S., Martuscelli, E., Preparation methodologies of polymer matrix nanocomposites. *Appl. Organomet. Chem.*, 15, 435, 2001.

[79] Zhou, Y., Eck, M., Kruger, M., Bulk – heterojunction hybrid solar cells based on colloidal nano – crystals and conjugated polymers. *Ener. Environ. Sci.*, 3, 1851, 2010.

[80] Christinelli, W. A., da Trindade, L. G., Trench, A. B., Quintans, C. S., Paranhos, C. M., Pereira, E. C., High – performance energy storage of poly (o – methoxyaniline) film using an ionic liquid as electrolyte. *Energy*, 141, 1829, 2017.

[81] Cao, M. S., Wang, X. X., Cao, W. Q., Yuan, J., Ultrathin graphene: Electrical properties and highly efficient electromagnetic interference shielding. *J. Mater. Chem. C*, 3, 6589, 2015.

第 17 章 基于石墨烯的先进纳米结构

Ahmad Allahbakhsh
伊朗萨布泽瓦尔 Hakim Sabzevari 大学工程学院材料与聚合物工程系

摘 要 由于石墨烯及其衍生物(即氧化石墨烯和还原氧化石墨烯)具有许多迷人特性,因此现在人们对先进的石墨烯基纳米结构的兴趣也与日俱增,这并不奇怪。目前,石墨烯基先进纳米结构的研究范围已从纳米复合材料扩展到三维整体结构,再扩展到杂化结构。通过一些方法设计这些材料的结构,可以使石墨烯基纳米结构具有理想的性能。因此,有必要对石墨烯基纳米结构形成过程中控制相互作用的性质进行清晰而深入的研究。在以下章节中,首先介绍了石墨烯和石墨烯基纳米结构,然后介绍了不同种类的先进石墨烯基纳米结构,包括先进石墨烯基聚合物纳米复合材料和石墨烯基三维结构(即水凝胶、气凝胶以及三维纳米复合材料)。本章详细讨论了作为本章核心的物理和化学相互作用对这些纳米结构特性的作用。

关键词 石墨烯气凝胶,石墨烯水凝胶,石墨烯纳米复合材料,先进纳米结构,界面相互作用,共价相互作用,功能化石墨烯

17.1 引言

石墨烯由于其优异的性能,如断裂强度约为 40 N/m,导热系数约为 5000W/(m·K),杨氏模量约为 1.0 TPa[1],引起了世界各国研究者广泛的关注。在石墨烯基纳米结构领域,新颖有趣的作品日益增多。目前,石墨烯基纳米结构是许多新型先进应用的首选,从储能到封装和医疗应用[2-3]。为了在这些应用中充分发挥其潜力,石墨烯纳米片应被用作石墨烯衍生物(即氧化石墨烯(GO)、还原氧化石墨烯(rGO)或功能化氧化石墨烯)或纳米复合材料和杂化纳米结构。

石墨烯是制备有机复合材料、杂化复合材料和纳米复合材料的理想材料。与无机纳米材料相结合,石墨烯基杂化纳米结构可以成为许多先进应用的完美候选,如太阳能电池[4]、电池[5]、储氢[6]、催化剂[7]、紫外线探测器[8]、超级电容器[9]等。然而,本章重点讨论的是仅由石墨烯(及其衍生物)或石墨烯和聚合物化合物为主要基质组成的先进石墨烯基纳米结构。有机石墨烯基纳米结构可分为三维纳米结构和聚合物纳米复合材料两大类。尽管石墨烯基三维纳米结构的研究还在初级阶段,但这一领域的科学研究成果却与日俱增。

17.2 三维石墨烯纳米结构

三维结构的石墨烯呈现出迷人的特性,在电化学、传感器和催化剂等诸多领域具有潜在的应用前景。一般来说,三维石墨烯纳米结构(3DGN)可分为三大类:①多孔整体石墨烯;②石墨烯聚合物三维纳米结构;③石墨烯 CNT 纳米结构。所有这些类型的 3DGN 的主要特征是孔隙度。通过高孔隙率,可以获得高表面积,因此,可以获得用于不同应用。

17.2.1 制备方法

多孔整体石墨烯是一种自组装纳米结构,具有很高的孔隙率和微孔及介孔结构,可以通过水热还原 GO 纳米片制备。因此,GO 纳米片充当自组装过程的构建晶胞。此外,自组装过程的驱动力是将 GO 纳米片还原成 rGO 纳米片,这可以由温度或还原剂触发[10]。近年来,大量综述集中在 GO 纳米片凝胶化为石墨烯水凝胶(GH)和石墨烯气凝胶(GA)的不同方面以及这些材料的不同潜在应用[10-14]。然而,有关石墨烯衍生物凝胶化为 GH 的机理研究非常有限[15-18]。

17.2.2 凝胶化机理

一般情况下,GO 纳米片的水热还原导致纳米片之间的 $\pi-\pi$ 相互作用和静电相互作用,从而导致纳米片的重叠和聚结[15]。这些相互作用与 GO 纳米片的疏水性直接相关,因此,由于 rGO 中 π 共轭的恢复,纳米片疏水性的增加导致纳米片之间更高的 $\pi-\pi$ 吸引力[16]。GO 纳米片的水热还原取决于各种初始条件和反应条件。初始 GO 溶液的浓度[10]、温度[10]、压力[19]、pH 值[15]、还原剂的存在[10]以及构建晶胞(GO 纳米片)的大小[16]是 GO 还原过程中的主要参数。

初始 GO 溶液是在水中 GO 纳米片的溶液,可视为胶体溶液,因此可以控制其行为[18]。GO 纳米片在初始溶液中的浓度在凝胶化过程中起着关键作用[20]。由于 GO 纳米片边缘和基面上存在含氧官能团,GO 纳米片在初始溶液中的分散性直接与 GO 纳米片之间产生的排斥力有关。由于这些官能团的存在,GO 纳米片具有带负电的亲水表面。增加初始溶液中 GO 纳米片浓度,从而增加了 GO 还原为 rGO 过程中 rGO 渗流网络的形成机会[18]。有趣的是,新的研究表明,GO 纳米片之间的斥力也可以用来调节最终 GH 和 GA 结构中堆叠纳米片之间的层间距离[18]。

初始溶液的 pH 值是 GO 纳米片凝胶化过程中的另一个重要因素[15]。GO 纳米片在初始溶液中的表面电荷决定了静电斥力的大小,主要与溶液的 pH 值相关。GO 纳米片表面带负电荷的主要原因是羧基和羟基的离子化。这些基团的电离可由溶液的 pH 值控制[15]。

随着溶液 pH 值的增加,GO 纳米片的聚集趋势降低,因为含氧官能团在较高 pH 值下被认为离子化程度更高。rGO 也有同样的行为,pH 值的增加导致纳米片间静电排斥增加,这是由于残余官能团的离子化[15]。rGO 边缘和基面上的氧官能团被认为在酸性介质中为质子化[15]。因此,rGO 纳米片的表面电荷明显减少,纳米片之间形成了强烈的非共价相互作用。这是水热还原过程中 GO 纳米片聚集的主要机制。研究人员认为,CO_2 和

CO 的形成(通过边缘羧酸的直接脱羧,环氧羰基转化为羧酸,GO 通过 C—C 键歧化)、水的脱附(通过叔醇脱水)以及 GO 纳米片转化为低分子量酸性碎片(通过水对 GO 的亲核攻击和氧化碎片的分离导致的环氧化物基团的开环)是 GO 在酸性 pH 下水热还原过程中的关键反应[15]。在这种酸性 pH 条件下,由于 rGO 纳米片之间的强非共价相互作用,水热还原 GO 纳米片导致形成具有厚壁的小孔[15]。

基于对 GO 纳米片凝胶化过程的原位 FTIR 研究,研究人员认为凝胶化过程的动力学与 GO 纳米片结构中边缘位置和缺陷的密度直接相关(图 17.1)[17]。因此,初始溶液中 GO 纳米片的大小对凝胶化过程也起着重要的作用。此外,最终 GH 的力学和结构性能强烈依赖于凝胶过程的条件[15]。更有趣的是,最终 GH 和气体的力学性能也受到初始溶液的力平衡的影响[16]。此外,尽管 C/O 比对最终气体的电性能有直接影响,但是 GA 结构决定最终电学性能,因为 C/O 比较低但具有由小孔和厚壁组成的致密微观结构,可以实现高电导率[15-16]。

石墨烯 - 聚合物三维纳米结构的凝胶化机制是在石墨烯(GO 或 rGO)纳米片存在下聚合物材料的交联[21]。交联过程通常称为溶胶 - 凝胶聚合过程[10]。不同的聚合物可以用作溶胶 - 凝胶过程的前驱体。此外,基于结构中聚合物的含量,最终产物可以是多孔聚合物 - 石墨烯纳米复合物或多孔石墨烯纳米结构(当聚合物充当石墨烯纳米片的交联剂时[10])。同样的分类也适用于石墨烯/CNT 杂化系统,此处凝胶化过程可以分别在高浓度和低浓度 GO 纳米片下在 CNT 的 GO 纳米片之间进行[10]。CNT 凝胶化的机理基本上与之前讨论的 GH 相似,CNT 溶液是水热还原过程的初始溶液[22]。在这种体系中,CNT 和石墨烯之间的连接强度可高达(2.23 ± 0.56)GPa[23]。此外,研究人员认为,这类三维 GN 在拉拔试验中的失效始于 CNT 和石墨烯纳米片的界面[23]。

17.2.3 前沿应用

由于石墨烯有趣的力学和结构特性,近年来 3DGN 在许多新的先进应用中引起了极大的关注[10-11,13]。3DGN 最有趣的潜在应用之一是电化学电极。3DGN 可以设计为超级电容器和锂离子电池的阴极或阳极,提供高性能。然而,应该注意的是,3DGN 的电化学特性也被认为直接受到还原过程中初始溶液条件的影响[17]。Benítez 及其同事[24]制备了一种硫碳复合材料,用于锂半电池的阴极。他们使用微波辅助溶剂热技术合成电极。使用这种三维随机定向石墨烯框架可以带有荷载高达 65%(质量分数)的结晶硫,它们的容量范围高达 $1200 mA \cdot h/g$。

Han 等[25]建议使用 CVD 技术制备的平均孔径为 800nm 的纳米多孔石墨烯电极作为 Li—O_2 电池的电极。在这类电池中,提高性能的最有效策略之一是加入有效的氧化还原活性添加剂以降低充电电位。然而,低放电容量和非常有限的循环稳定性是 Li—O_2 电池两个主要问题,这种电池具有氧化还原介质,如四硫富瓦烯(TTF)。所制备的纳米多孔石墨烯电极的比表面积在 $700 \sim 800 m^2/g$ 之间,电导率在 $1.2 \times 10^4 S/m$ 左右。有趣的是,所制备的电极在大容量和低充电电位下呈现稳定的循环,并且据报道,使用这种纳米多孔电极所制备的 Li—O_2 电池的重量容量和能量密度(图 17.2)超过了商用锂离子电池的重量容量和能量密度[25]。此外,在纳米多孔石墨烯基 Li—O_2 电池中加入 TTF 可获得更大的重量容量和更长的循环时间。

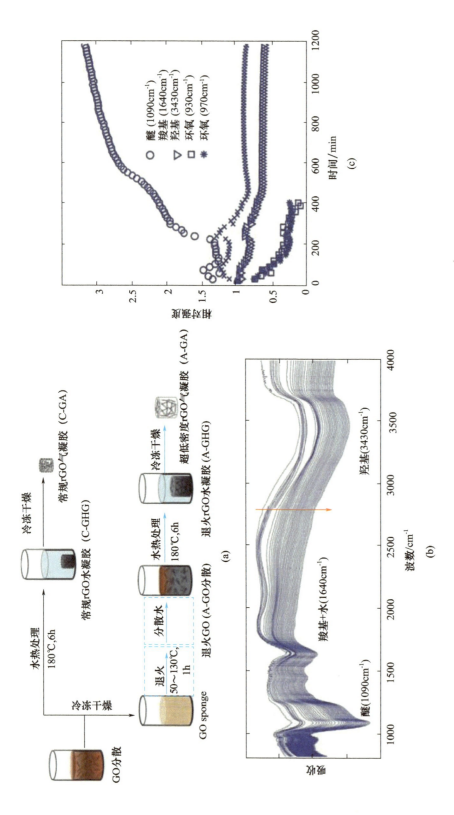

图 17.1 （a）制造低密度 GH 和 GA 的两种制备程序示意图
①通过常规水热还原，②按照 Hu 等的建议低温退火，然后水热凝胶化 GO[16]（经授权转载自文献[16]，2017 年皇家化学学会版权所有）；（b）15～1185min，每 30min 绘制一次凝胶过程的 FTIR 光谱图，并显示主要官能团的峰强度与凝胶时间的函数关系（经授权转载自文献[17]，2018 年威利－VCH 出版社有限公司版权所有）。

如 Yu 等[26]所建议,在 3DGN 上等离子体蚀刻石墨烯纳米带可以是一种很有前景的技术,用于在可再充式铝离子电池的潜在应用中制备多孔阴极材料。以这种多孔结构为阴极的电池可以达到极低的充电电压平台(截止电压为2.3V)、接近2V的高放电电压平台、高容量(电流密度为5000mA/g 时为电池容量123mA·h/g)、长循环寿命(约10000次循环),以及高速率性能(在2000mA/g的电流密度下电池容量高达148mA·h/g)[26]。此外据报道,这些铝离子电池具有快速充电和缓慢放电能力(80s 完全充电和3100s 放电)以及在容量和循环寿命方面可接受的高温性能。

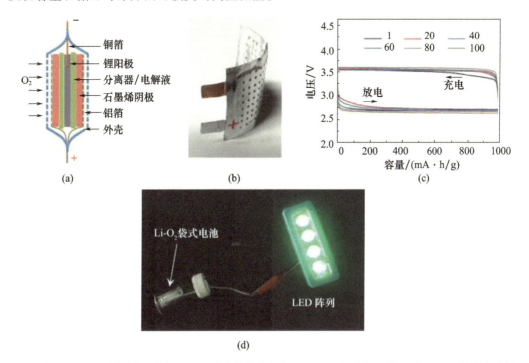

图 17.2 (a)由铝层压膜包装石墨烯基纳米多孔阴极 Li—O_2 电池的结构;(b)Li—O_2 柔性电池的照片;(c)石墨烯基纳米多孔阴极 Li—O_2 电池在 1000mA·h/g 下的充放电循环;(d)LED 阵列供电的 Li—O_2 电池运行的照片(经授权转载自文献[25]。2017 威利-VCH 出版社有限公司版权所有)

石墨烯纳米线修饰的 GA(图 17.3)也可以用作锂和钠离子电池的阳极,正如 Liu 和其同事所述[27]。通过还原 GO 纳米片、聚苯乙烯球(PS)热解以及 GO 和 PS 分解产物之间催化反应的策略,制备了阳极,其具有低放电电压平台、优异的可逆容量和持久耐受性[27]。使用这些阳极制备的钠离子电池的容量为 301mA·h/g,在大约 1000 次循环后的性能稳定。

正如 Huang 和其同事[28]所建议,3DGN 也可以用 CNT 修饰,以制造高性能阳极,作为锂离子电池的阳极。他们使用一步金属催化的热分解来制造 CNT@GA 阳极,其具有非常高的比表面积(1673m^2/g)。制造的阳极具有超高的容量(1132mA·h/g)和优异的循环寿命(在电流密度为 1A/g 和 2A/g 的情况下,1000 次循环后,容量衰减率分别为0.017%和0.025%)[28]。

如前所述,3DGN 也可用作超级电容器的电极。高功率密度、长循环寿命、安全性和快速充放电性能是超级电容器的主要特点。因此,电极、电解液、分离器和集电器的电化学性能是超级电容器结构中的主要组成部分,可以控制其性能[29]。基本上,与通过 CVD 技术制备的多孔整体石墨烯(1000S/m)相比,通过水热工艺制备的多孔石墨烯整体预计具有较低的电导率(114.7S/m)[30]。然而,Zhang 等[30]提出了一种改进的水热还原工艺,用于制备具有优异电导率(1000S/m)、高应力和杨氏模量(分别为 96kPa 和 181.25kPa)、高比电容(245F/g)和高循环稳定性(10000 次循环)的 3DGN。他们的方法基本上是在制造过程中通过额外的微波等离子体化学气相沉积步骤在气体结构上生长石墨烯纳米片。

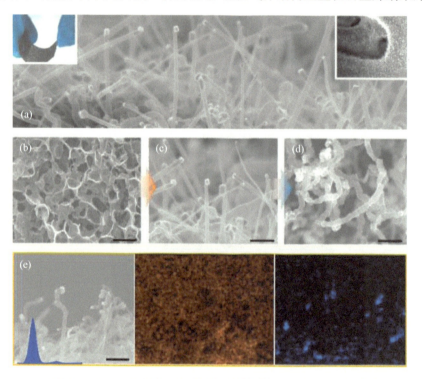

图 17.3　800℃退火制备的石墨烯纳米线修饰的 3DGN 的 SEM 图像

(a)(插图:柔性 3DGN 照片(左)和低倍 SEM 图像(右)),(b)原始 GA 的 SEM 图像,(c)、(d)10mg/mL 和 20mg/mL 初始 GO 悬浮液获得的修饰 3DGN 的纳米线的 SEM 图像,(e)纳米线修饰 3DGN 的碳(中间)和镍(右)的 EDS 元素图;比例尺:500nm(经授权转载自文献[27]。2017 年爱思唯尔版权所有)。

Miao 及其同事[29]设计了水热生长电极或一种在泡沫镍上生长的 3DGN 的电极,将泡沫镍作为镍钴硫的基底,其具有良好的电化学性能。在电流密度为 2A/g 时,所制备的电极具有 2526F/g 的超高比电容。此外,所设计的电极在 20A/g 的高电流密度下,循环稳定性优于 2000 次循环。

GA 中的氮掺杂不仅使其具有更高的电化学性能(电流密度为 1A/g 时放电过程的比电容为 509F/g,接近石墨烯的理论比电容 550F/g),而且具有更好的结构特性,有人认为,石墨氮物种可能通过水热自组装过程参与石墨烯薄片的连接[31]。Wang 及其同事[32]提出该领域的一种新方法,即在 1A/g 电流密度下制备具有 408F/g 可接受电容的 3D N 掺杂介孔石墨烯结构的策略。他们的方法被称为"间隔保护",这基于在 GO 纳米片上接枝一种长链聚酰胺(通过酰胺化反应),这起到间隔(防止纳米片重新堆叠)和掺杂氮源的作用[32]。聚邻苯二胺也可用作固体碳源，借助Ni(NO_3)$_2$粉末制备氮掺杂的多孔3DGN[33]。采用Deng等[33]提出的方法，可以制备出先进的N掺杂3DGN电极，其在1A/g时具有312F/g的高比电容（在H_2SO_4水电解质中电流密度为1A/g时，比电容可达到345F/g），并且具有良好的电容保持能力，而且平均能量功率密度高达10.8W·h/kg、循环稳定性良好。

3DGN在许多领域也有应用前景，如锂硫电池等高级电极设计[34-35]。硫阴极的理论容量高达1675mA·h/g，理论能量密度高达2600W·h/kg，这是锂硫电池日益受到重视的两个主要原因。此外，元素硫的易得性、环境友好性和低成本使这类电池更具吸引力。然而，硫的导电率（5×10^{-30}S/cm）极低、硫载荷量低、锂化/脱锂后硫的体积膨胀大以及中间多硫化锂在有机电解质中的高溶解度仍然是该领域的主要挑战[35]。一个广泛使用的解决方案是将硫粒子封装在石墨烯和CNT等碳基体中。因此，在锂硫电池的结构中采用3DGN可能是解决上述问题的有效方法。

Zhang等[34]通过一步热解工艺（使用尿素作为碳源）制备了一种杂化CNT-石墨烯多孔纳米结构，这种结构具有优异的多硫化锂捕集能力（由于强烈的化学相互作用）。他们通过控制初始碳源的含量来控制结构中CNT的长度和数量，并提出结构中钴纳米粒子的存在可以促进高阶多硫化物向低阶多硫化物的转化[34]。使用这种复合结构，它们的初始放电容量很高（为1373.8mA·h/g）、硫利用率高达82%、容量衰减速度慢（500次循环内每循环衰减0.09%）。他们将观察到的系统电化学性能增强与三个主要原因联系起来：①由于用于快速电子转移和加速电解液渗透的大量开孔，制造的多孔结构具有高比表面积；②钴纳米粒子和硫物种之间的强烈化学相互作用，有助于捕获和限制多硫化物，以及高阶多硫化物和低阶多硫化物之间的转换；③结构中掺杂的N元素作为导电Lewis碱基底[34]。

吡咯改性GA也可以作为硫主体来提高锂硫电池的性能，因为吡咯可以与锚定多硫化物形成很强的化学键合，而GA可以作为基质来增强阴极电导率并增加硫载荷量[35]。使用这种锂硫电池阴极的特殊设计，可以实现高硫载荷（6.2mg/cm）、高初始比容量（0.2℃时为1220mA·h/g）和高循环稳定性（0.5℃时100次循环后容量保持率为81%）[35]。

三维石墨烯-聚合物复合气凝胶也可用作可充电电池的先进阴极。然而，非活性聚合物黏合剂的含量是这些系统中的主要挑战。克服这种限制的一种广泛方法是通过增加电极的有效表面积来增加有效的电极-电解质接触面积。这样可以改善锂离子的插入/脱插动力，提高系统的整体性能。Zhang和其同事[36]提出了一种由石墨烯和聚（蒽醌聚磺酰胺）组成的复合气凝胶系统，作为锂和钠电池阴极应用的有效多孔复合结构。利用这种复合气凝胶系统，当这种阴极用于锂电池时，可以获得极高容量（1C时为225mA·h/g）和具有超长循环稳定性的优良倍率性能（0.5C时1000次循环后的容量保持率为84.1%）。基于石墨烯的互连导电网络以及石墨烯和聚（蒽醌酰亚胺）之间的密切相互作用是这些柔性复合结构优越性能的主要原因[36]。

Xiao等[37]还提出了一种基于rGO和聚（丙烯酸）的低密度（5mg/cm^3）多孔三维纳米复合气凝胶，作为负载$LiFePO_4$的先进支架，以此制备锂离子电池正极材料。他们的研究结果表明，这种结构不仅可以具有很高的$LiFePO_4$负载能力（在430μm的厚层中负载的

LiFePO$_4$高达75mg/cm^2),但也可以设计为具有弹性和坚固结构,因为 GO 纳米片上存在聚(丙烯酸)热交联结构。这种结构性能优异的主要原因是在不影响电极密度的情况下通过增加有效电极面积来增加体积容量[37]。

3DGN 还可用于制造具有优异电化学检测能力的先进传感器和生物传感器。Mazaheri 等[38]利用电泳沉积技术制备了 Ni/ZnO/3DGN 杂化电极,以此制备了一种具有大比表面积和高电活性的葡萄糖生物传感器。所制备的电极对葡萄糖氧化有快速的电催化响应(<3s),线性范围在 0.5μmol/L ~ 1.11mmol/L,低检测限(0.15μmol/L),以及更高的灵敏度(2030μA/[(mmol/L)·cm^2])。

Al - Sagur 及其同事[39]制备了一种多功能导电聚丙烯酸和 rGO、乙烯基取代聚苯胺和酞菁镥的杂化水凝胶,作为葡萄糖电化学传感的三维稳健基质。聚丙烯酸水凝胶由于其结构中存在 - COOH 基团,因此吸水能力超过其重量的 100 倍,并具有生物黏附性。可通过将功能化石墨烯纳米片并入其结构,以此设计这些多孔结构,将其用于传感器应用,因为功能化石墨烯纳米片表面上的羟基、环氧基和羧基官能团可为水凝胶结构提供多种共轭途径,从而提高物理力学性能,促进共轭反应[39]。Al - Sagur 等制造了混合传感器,其具有可接受的灵敏度(约 15.31μA/[(mmol/L)·cm^2])、浓度范围为 2 ~ 12mmol/L,检测限为 25μmol/L[39]。这两种生物传感器与其他一些基于石墨烯的葡萄糖传感器的比较如表 17.1 所列。

Sun 及其同事[47]将 MnO$_2$ 纳米线修饰的聚丙烯酸/石墨烯凝胶作为超级电容器的电极,在 0.5A/g 的电流密度下,比电容达到 123.3F/g,5000 次循环后比电容仅损失 13.8%。他们还提出,这些 3DGN 也可以作为一种电化学生物传感器,用于 H$_2$O$_2$ 非酶检测。这些电极具有很高的灵敏度和选择性,检测限低至 10μmol/L[47]。

多孔石墨烯基纳米结构也可以设计成高性能的染料吸附剂。Liu 等[48]通过简单的一锅水热工艺制备了一种用大米状 TiO$_2$ 纳米粒子修饰的 3DGN,用于亚甲基蓝吸附的潜在应用。由于 TiO$_2$ 纳米粒子和 rGO 纳米片之间的强共价相互作用,制备的多孔纳米结构显示出增强的吸附能力和改进的电化学性能[48]。在电流密度为 0.2A/g 的三电极体系中,制备的结构不仅对亚甲基蓝具有 177.3mg/g 的优异吸附容量,而且具有 372.3F/g 的高比电容(电解质:1mol/L H$_2$SO$_4$ 水溶液)。

表 17.1 不同类别石墨烯基葡萄糖传感器特点的比较

电极	响应时间/s	线性范围/(mmol/L)	敏感/[(mmol/L)·cm^2]	检测限/(μmol/L)	参考文献
聚(GMA - co - VFc) - GOx	1	1 ~ 17	0.27	33	[40]
金/CA/(GOx/TFGn)n	6	1 ~ 13	19.9	—	[41]
PAA - rGO/VS - PANI/LuPc2/GOx - MFH	1	2 ~ 12	15.31	25	[39]
空心 Pt - Ni - 石墨烯	2	0.5 ~ 20	30.3	2	[42]
石墨烯/NiO	3	0.005 ~ 2.8	1571	1	[43]
NiO/Pt/ERGO/GCE	2.5	0.001 ~ 5.66	668.2	0.2	[44]
NiNPs/PEDOT/rGO	—	0.001 ~ 5.1	36.15	0.8	[45]

续表

电极	响应时间/s	线性范围/(mmol/L)	敏感/[(mmol/L)·cm^2]	检测限/(μmol/L)	参考文献
3D 多孔 Ni/GO	1	高达 10	36.13	0.9	[46]
ZNR/Ni/rGO	3	0.0005~1.11	2030	0.15	[38]

Chen 及其同事[49]使用琼脂作为增强剂,制备了稳定的琼脂复合气凝胶,对亚甲基蓝具有优异的吸附能力(高达 578mg/g)和对稀释 NaOH 溶液有 91% 以上的可回收性(图 17.4)。聚丙烯酰胺/rGO 复合水凝胶也可用于吸附亚甲基蓝和罗丹明 6G 等阳离子染料分子[50]。使用这种复合结构,亚甲基蓝和罗丹明 6G 的最大吸附值分别为 292.84mg/g 和 288mg/g[50]。

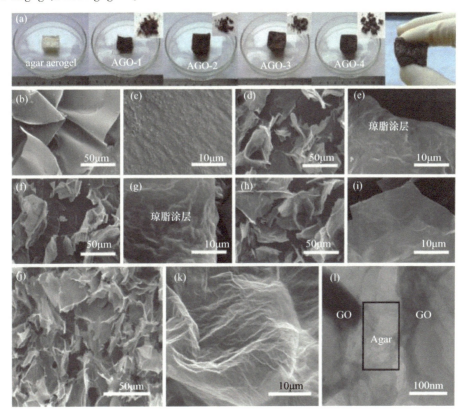

图 17.4 (a)原始琼脂和琼脂/GO 复合气凝胶的照片,其琼脂质量分数为 20%(AGO-1)、40%(AGO-2)、60%(AGO-3)和 80%(AGO-4)SEM 图像;(b)和(c)琼脂气凝胶;(d)、(e)AGO-1 气凝胶;(f)、(g)AGO-2 气凝胶;(h)、(i)AGO-3 气凝胶;(j)、(k)AGO-4 气凝胶;(l)AGO-4 气凝胶的 TEM 图像(经授权转载自文献[49],2017 年爱思唯尔版权所有)

Amiri 和 Ghaemi[51]提出了一种三维 CNT/碳纳米纤维-石墨烯纳米结构,用于从水中提取邻苯二甲酸酯。他们将填充注射器中的微萃取和分散液-液体微萃取相结合,从水中提取邻苯二甲酸酯类。邻苯二甲酸酯类是柔性塑料生产中一类著名的增塑剂。由于这些材料与聚合物基体之间的结合通常是非共价,因此,当这些增塑剂用于制造包装系统时,从机体迁移到环境中的可能性非常大。这些材料已被欧盟和美国环境保护署确定为优先危险物质。因此,开发一个具有检测限(1~10ng/mL)的系统非常重要。

3DGN 的另一个潜在应用是用于海水淡化和净化的太阳能蒸汽发电系统。Hu 等[52]使用 GO 和 CNT 的三维多孔纳米结构作为吸收材料和太阳能蒸汽发电应用中的能量转移模板。除水蒸馏外,太阳能蒸汽发电也可用于液-液相分离和灭菌,尽管这些系统的有效性能在很大程度上取决于吸收器的某些特性,例如,宽能带和高效的太阳能吸收、降低局部水加热的热导率、高效供水的亲水性以及蒸汽通道的多孔网络[52]。Hu 等[52]提出的 3DGN 系统,具有约 92% 的太阳吸收率、低导热系数($<0.05W/(m \cdot K)$)和高达 74° 的水接触角以及低密度($1.2 \sim 17.6 mg/cm^3$)。因此,它是制造浮动太阳能蒸汽发电系统的完美候选。

多孔 3DGN 也可用于固定血红蛋白,如 Soliman 及其同事[53]所述。他们制备了一种基于嘧啶的石墨烯多孔结构,作为固定人体血红蛋白生物功能分子的宿主。石墨烯的高电导率和嘧啶基多孔有机聚合物显著的永久共价微孔结构,使得血红蛋白通过瓶中造船技术包埋在微孔复合材料中。复合包埋铁原卟啉 IX 对氧还原具有电催化活性[53]。嘧啶基多孔聚合物不仅可以作为血红蛋白的形状稳定基质,还可以作为 O_2 的储库。此外,石墨烯纳米片的高电导率促进了反应过程中的电子传输。

Zhang 等[54]制备的聚多巴胺修饰的 3DGN,用于电磁干扰屏蔽应用中的潜在应用(图 17.5)。他们用聚多巴胺对石墨烯纳米片进行功能化以制备 3DGN。聚多巴胺不仅可以作为水热还原过程中的还原剂,还可以作为氮元素的来源用于制备氮掺杂的多孔结构。利用这种结构和聚多巴胺对电子运动的作用,他们将 3DGN 的电磁干扰屏蔽效能从 23.1dB 提高到 26.5dB(图 17.5(d))[54]。

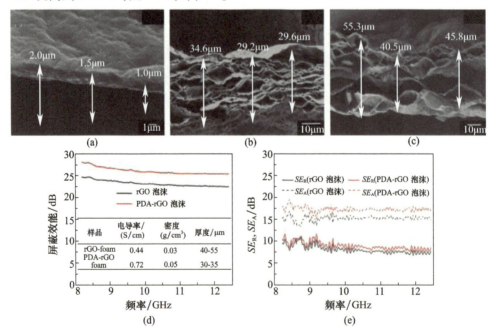

图 17.5 (a)无孔聚多巴胺 GO 膜;(b)聚多巴胺 rGO 泡沫;(c)无聚多巴胺 rGO 泡沫的 SEM 图像;(d)无聚多巴胺 rGO 和聚多巴胺 rGO 泡沫的电磁干扰屏蔽效能;(e)在 8.2~12.4GHz 频率范围内无聚多巴胺 rGO 和聚多巴胺 rGO 泡沫的反射和吸收贡献(经授权转载自文献[54]。2017 年爱思唯尔版权所有)

17.3 石墨烯基聚合物纳米复合材料

尽管大多数关于石墨烯纳米片优越的电学、力学和结构性能的讨论都是基于原始的非功能化石墨烯纳米片,但在其非功能化形式中:石墨烯在与聚合物复合时具有很高的聚集倾向。这是制备石墨烯基聚合物纳米复合材料的主要挑战。如前所述,这里的主要解决方案是使石墨烯纳米片功能化[55]。尽管石墨烯纳米片的基面和边缘可以用不同的功能修饰,但毫无疑问,GO 是石墨烯增强聚合物体系最有趣的衍生物。对这种衍生物广泛关注的主要原因是其能够通过制备过程与聚合物大分子形成共价和非共价相互作用[55]。

在 GO 纳米片的基面和边缘上存在含氧官能团,这导致形成具有巨大比表面积的带负电荷表面,从而可以通过界面相互作用固定聚合物链[56]。GO 纳米片的纳米粗糙度与纳米片基部和边缘官能团的数量和位置直接相关[57]。纳米片的粗糙度越高,GO 纳米片与聚合物的润湿性越高。因此,除了官能团的类型外,纳米片基部和边缘官能团的含量也会影响 GO 纳米片与聚合物的相容性。

尽管含氧官能团的存在改善了 GO 纳米片的润湿性,增加了其形貌剥落的可能性,但这些官能团可以影响石墨烯纳米片的一些重要性能。官能团的存在降低了纳米片的电导率,因为这些官能团充当了局部电荷和能量散射位点[10]。当原始石墨烯纳米片的高电导率和热导率在应用中很重要时,这可能是一个缺点,特别是需要导电聚合物纳米复合膜作为最终产品时。尽管 rGO 的电导率没有原始石墨烯纳米片的电导率高,但它比 GO 纳米片的电导率要高得多[58]。因此,将 GO 纳米片还原成 rGO 纳米片可以显著提高石墨烯基聚合物纳米复合材料的最终电导率。

17.3.1 氧化石墨烯原位还原

可以在制造过程中或之后进行 GO 纳米片的还原。原位还原、溶液还原和热还原是制备 rGO/聚合物纳米复合材料的三种主要方法[10]。然而,Liu 和 Feng[59]提出,通过在复合物中引入适当的化学还原剂,可以通过熔融复合过程还原 GO 纳米片。他们认为,在可用于还原 GO 纳米片的不同还原剂(木糖醇、硫脲、亚硫酸氢钠肼、L-抗坏血酸、硼氢化钠、硫脲、葡萄糖等)中,氢醌可能是使用其建议方法制备 rGO/聚合物纳米复合物的最佳选择[59]。

关于使用化学还原剂或通过热还原工艺还原 GO 纳米片,应注意以下几点:①热还原可能不是聚合物体系中还原 GO 纳米片的最佳选择,因为 GO 纳米片的还原过程从 150℃ 开始,大约在 250℃ 完成[59],大多数聚合物是温度敏感材料,在这些温度下加热可能导致聚合物链的热降解(甚至部分降解);②由于官能团的消除,还原过程导致纳米片结构中载流子传输的增加[55],但还原过程可导致纳米片基面中结构缺陷的形成,另外一些边缘官能团通过还原过程(化学还原和热还原)保持完整;③使用一些还原剂还原 GO 纳米片的过程会导致在纳米复合材料的结构中形成挥发性物质。在这里,选择合适的复合工艺非常重要,因为聚合物纳米复合材料结构中的孔隙会导致结构中应力集中点的形成。因此,应合理选择制备纳米复合材料所采用的制备方法,以便有足够的时间通过复合过程释放挥发性物质。

17.3.2 制备方法

石墨烯基聚合物纳米复合材料的制备方法多种多样。这些方法可分为三大类:熔融复合、溶液混合和原位聚合。熔融复合法是制备石墨烯基聚合物纳米复合材料的最具工业性的方法。使用密炼机挤压、注射成型和混合都已成功用于制备 GO/聚合物纳米复合材料[59-61]。然而,这类制备技术的主要挑战是达到剥离形态状态。为了用这些技术制备纳米复合材料,首先 GO 纳米片应该是粉末状。GO 纳米片的粉末化导致纳米片聚集成层状膨胀结构。即使仔细实施粉化过程,膨胀纳米片的厚度也不能低到足以被认为是 GO 纳米片。尽管 GO 聚集体很容易被剥离成 GO 纳米片,但通过复合过程进行 GO 剥离所需的剪切力将减小 GO 纳米片的规划尺寸(见图 17.6)[62-63]。

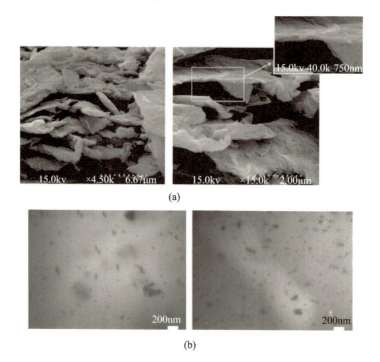

图 17.6 (a)粉末 GO 纳米片的 SEM 图像(经授权转载自文献[62]。2013 年爱思唯尔版权所有);(b)采用熔融复合(二辊轧机)技术制备的乙丙二烯单体橡胶/GO 纳米复合材料的 TEM 图像(经授权转载自文献[63]。2015 年皇家化学学会版权所有)

溶液混合是制备 GO/聚合物纳米复合材料的一种广泛应用方法,可以使产物获得高度剥离的 GO。通过这种技术,GO 溶液可以直接与聚合物链混合,溶解在适当的溶剂中[64]。这类制备技术的主要优点是,在没有任何明显尺寸减小的情况下,纳米复合材料可以获得具有完全剥落形态的 GO 纳米片。然而,环境不友好、溶剂成本高和生产能力低是这些技术的三大缺点。

原位聚合工艺是制备 GO/聚合物纳米复合材料的第三类制造技术[56,65]。也可以通过这类制备方法实现 GO 纳米片的剥落形态。然而,这些技术的主要缺点是复杂性、溶剂的使用和高昂的生产成本。利用这类制备方法制备了多种聚合物/GO 纳米复合材料,具有广泛的应用前景。

17.3.3 前沿应用

Li 及其同事[66]采用原位聚合法合成了三维核壳结构的聚吡咯/MnO_2 – rGO – CNT 复合材料,并使其具有作为锂离子电池电极的潜力。在这些复合材料中,CNT 增加了电子传导和结构完整性。此外,GO 纳米片还可以作为嵌入 MnO_2 的载体。MnO_2 纳米片的作用是通过快速插入和提取 Li^+ 来存储能量。最后,聚吡咯纳米粒子增加了界面的稳定性和体积膨胀。利用这种复合结构,在电流密度为 100mA/g 和 1000mA/g 的情况下,经过 200 次和 1200 次循环后,它们的比容量分别达到了 1748.1mA·h/g 和 941.1mA·h/g。Gu 等[67]使用原位聚合技术制造锂离子电池的先进阳极。他们利用原位聚合技术制造了一种基于嵌入 N 掺杂石墨烯网络的聚吡咯包覆的锂钛氧化物核壳粒子的阳极。结果表明,在 0.1C 时,所制备的复合材料结构的初始容量可达 186.2mA·h/g。

Nam 及其同事[68]利用原位聚合技术制备了具有优异力学性能的吡啶 – rG – CNT/聚酰亚胺纳米复合材料。仅使用 1%(质量分数)的吡啶 rGO – CNT 纳米结构,聚酰亚胺基质的拉伸强度和模量分别提高了 220% 和 310% 以上。在一项有趣的研究中,Moussa 等[69]使用原位聚合从廉价的厨房海绵中制备柔性超级电容器。他们首先通过溶液混合制备了石墨烯 – MnO_2/海绵结构,然后通过原位聚合在石墨烯 – MnO_2/海绵结构上合成了聚(3,4 – 亚乙基二氧噻吩)[69]。有趣的是,这种结构具有很高的比电容 802.99F/g。

Shen 和其同事[70]将 3D 打印技术和原位共聚技术结合起来,为锂硫电池制造出具有微晶格的精确构建的硫共聚物/石墨烯结构(图 17.7)。使用这些结构,电极实现了 812.8mA·h/g 的高可逆容量和良好的循环性能。在这些结构中,硫共聚物抑制了部分多硫化物的溶解,石墨烯纳米片通过形成导电网络提高了结构的电导率。

Mondal 等[71]通过聚苯胺的原位聚合合成了基于 rGO/Fe_3O_4 纳米结构的纳米复合材料,使其作为超级电容器器件具有潜在应用前景。在 1A/g 电流密度条件下,合成的纳米复合材料的比电容高达 283.4F/g。此外,经过 5000 次循环后,合成的纳米复合材料具有 78% 的寿命稳定性。在该领域的另一项研究中,Yang 及其同事[72]使用原位聚合合成了夹层聚苯胺纳米管/石墨烯/聚苯胺纳米管纸,用于高容量超级电容器。利用这种结构,当电流密度为 1A/g 时,它们的重量比电容达到了 956F/g,在 1~10A/g 的范围内,它们的倍率容量达到了 74.3%。

Tian 及其同事[73]利用原位聚合制备了基于石墨烯的聚合物电化学检测器,用于同时检测对苯二酚、邻苯二酚、间苯二酚和亚硝酸盐。他们利用 3,4 – 亚乙基二氧噻吩在石墨烯纳米片上的原位电聚合合成了一系列聚(3,4 – 亚乙基二氧噻吩) – 石墨烯纳米复合材料(图 17.8)。用合成的纳米复合材料包被电极后,氢醌和邻苯二酚之间的峰间距为 108mV,邻苯二酚和间苯二酚之间的峰间距为 392mV,间苯二酚和亚硝酸盐之间的峰间距为 188mV。所制备的电极具有优异的电催化活性和较长的使用寿命。据报道,纳米复合材料独特的杂化结构和较大的比表面积是所制备电极性能提高的主要原因[73]。

由于制备过程的简单性和 GO 剥离的效率,基于溶液的复合技术是制备石墨烯/聚合物纳米复合材料最有趣的方法,至少在实验室规模上是如此。各种制备技术可归为一类,包括:逐层制造、静电纺丝、溶液混合等。方法非常简单:将聚合物溶解在适当的溶剂中,再将 GO 溶液加入到制备液中,经过超声处理,即可得到纳米复合材料。由于 GO 可以很容易地分散在不同的溶剂中,因此在这些方法中可以使用的溶剂范围几乎无边界。但是,应特别注意混合过程前后 GO 溶液的稳定性。

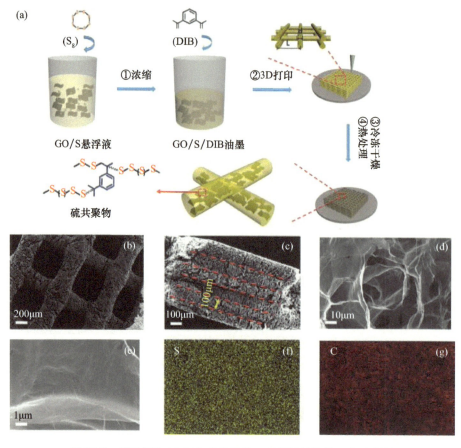

图 17.7　用于制造 3D 打印硫共聚物 - 石墨烯结构的工艺示意图

(a)首先,将硫与 GO 水溶液均匀混合,在达到凝胶状油墨所需浓度后,向油墨中加入 1,3 - 二异丙烯基苯(DIB)并均匀混合。然后将油墨逐层打印成 3D 结构。然后将印刷的结构冷冻干燥,在 200℃ 下在三维结构的石墨烯纳米壁上合成硫共聚物。(b)~(e)制造结构的 SEM 图像。(f)、(g)所选 SEM 图像的元素映射图像(C 和 S 物种)(经授权转载自文献[70])。2018 年威利 - VCH 出版社有限公司版权所有)。

使用这类制造方法制备的纳米复合材料可广泛用于前沿应用,包括压力传感到采光等[74-75]。Xiao 及其同事[76]采用溶液混合的方法制备了具有夹层结构的紧凑、灵活和独立的薄膜(图 17.9)。他们将这些薄膜用作锂硫电池的阴极,其在 0.1 C 时的可逆容量最高为 1432A·h/L,并且具有优异的循环稳定性,在 4C 时的容量高达 701mA·h/g。此外,他们还证明,使用这些阴极制备的 Li - S 电池具有优异的力学和电化学性能,即使在折叠条件下,容量衰减也很小[76]。

溶液混合也可用于制备 GO/聚合物纳米复合材料,使其具有屏蔽电磁干扰的潜力。Wu 等[77]用滴涂制备了超轻(18.2×10^{-3} g/cm^3,98.8% 孔隙率)、高性能电磁干扰屏蔽石墨烯泡沫/PEDOT∶PSS 复合材料。结果表明,石墨烯/PEDOT∶PSS 复合材料的电导率为 43.2S/cm,显著的电磁干扰效能为 91.9dB,比屏蔽效能为 3124dBcm^3/g[77]。

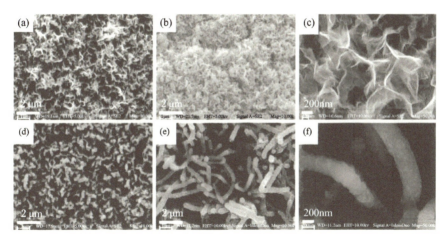

图 17.8 (a)和(c)经电聚合合成的石墨烯和聚(3,4-亚乙基二氧噻吩)-石墨烯纳米复合材料的 SEM 图像,经过,(b)350 次循环,(d)400 次循环,(e)、(f)450 次循环(经授权转载自文献[73]。2017 年爱思唯尔版权所有)

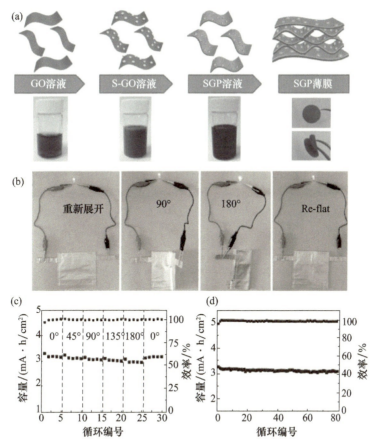

图 17.9 (a)制造程序包括:①硫在 GO 纳米片上的原位生长;②将聚(3,4-乙烯-二氧噻吩):聚(苯乙烯磺酸盐)(PEDOT:PSS)与 GO-S 溶液混合形成 SGP 溶液;③真空过滤 SGP 溶液制备 SGP 薄膜,(b)制备的 Li-S 电池在不同折叠角度下的 LED 照片,(c)制备的 Li-S 电池在不同角度下的循环性能,(d) Li-S 电池在 180°下的长期循环性能(经授权转载自文献[76],2018 年威利 VCH 出版社有限公司版权所有)

17.4 未来展望

石墨烯基纳米结构被认为是世界上最有趣的先进材料之一。在石墨烯家族里,人们可以找到世界上最轻最坚固的材料。这很容易证明这类材料对未来世界的重要性。目前,我们对石墨烯基纳米结构在太阳能系统和净水领域的应用已经非常熟悉。我们非常确信,石墨烯基纳米结构可以改变能源存储在未来的面貌。因此,道路是已知的,方法是开放的,但是要完全理解石墨烯基纳米结构的潜力还有很长的路要走。

参考文献

[1] Geim, A. K., Graphene: Status and prospects. *Science*, 324, 1530, 2009.

[2] Amollo, T. A., Mola, G. T., Kirui, M. S. K., Nyamori, V. O., Graphene for thermoelectric applications: Prospects and challenges. *Crit. Rev. Solid State Mater. Sci.*, 43, 133, 2017.

[3] Morales-Narvaez, E., Sgobbi, L. F., Machado, S. A. S., Merko9i, A., Graphene-encapsulated materials: Synthesis, applications and trends. *Prog. Mater. Sci.*, 86, 1, 2017.

[4] Cai, H., Li, J., Xu, X., Tang, H., Luo, J., Binnemans, K., Fransaer, J., De Vos, D. E., Nanostructured composites of one-dimensional TiO_2 and reduced graphene oxide for efficient dye-sensitized solar cells. *J. Alloys Compd.*, 697, 132, 2017.

[5] Chen, H., Guo, F., Liu, Y., Huang, T., Zheng, B., Ananth, N., Xu, Z., Gao, W., Gao, C., A Defect-free principle for advanced graphene cathode of aluminum-ion battery. *Adv. Mater.*, 29, 1605958, 2017.

[6] Elyassi, M., Rashidi, A., Hantehzadeh, M. R., Elahi, S. M., Preparation of different graphene nanostructures for hydrogen adsorption. *Surf. Interface Anal.*, 49, 230, 2017.

[7] Lin, X.-X., Wang, A.-J., Fang, K.-M., Yuan, J., Feng, J.-J., One-pot seedless aqueous synthesis of reduced graphene oxide (rGO)-supported core-shell Pt@Pd nanoflowers as advanced catalysts for oxygen reduction and hydrogen evolution. *ACS Sustainable Chem. Eng.*, 5, 8675, 2017.

[8] Tang, R., Han, S., Teng, F., Hu, K., Zhang, Z., Hu, M., Fang, X., Size-controlled graphene nanodot arrays/ZnO hybrids for high-performance UV photodetectors. *Adv. Sci.*, 5, 1700334, 2018.

[9] Wang, S., Wu, Z.-S., Zheng, S., Zhou, F., Sun, C., Cheng, H.-M., Bao, X., Scalable fabrication of photochemically reduced graphene-based monolithic micro-supercapacitors with superior energy and power densities. *ACS Nano*, 11, 4283, 2017.

[10] Allahbakhsh, A. and Bahramian, A. R., Self-assembled and pyrolyzed carbon aerogels: An overview of their preparation mechanisms, properties and applications. *Nanoscale*, 7, 14139, 2015.

[11] Gorgolis, G. and Galiotis, C., Graphene aerogels: A review. *2D Mater.*, 4, 032001, 2017.

[12] Hiew, B. Y. Z., Lee, L. Y., Lee, X. J., Thangalazhy-Gopakumar, S., Gan, S., Lim, S. S., Pan, G.-T., Yang, T. C.-K., Chiu, W. S., Khiew, P. S., Review on synthesis of 3D graphene-based configurations and their adsorption performance for hazardous water pollutants. *Process Saf. Environ.*, 116, 262, 2018.

[13] Mao, J., Iocozzia, J., Huang, J., Meng, K., Lai, Y., Lin, Z., Graphene aerogels for efficient energy storage and conversion. *Energy Environ. Sci.*, 11, 772, 2018.

[14] Lu, K.-Q., Xin, X., Zhang, N., Tang, Z.-R., Xu, Y.-J., Photoredox catalysis over graphene aerogel-supported composites. *J. Mater. Chem. A*, 6, 4590, 2018.

[15] Wasalathilake, K. C., Galpaya, D. G. D., Ayoko, G. A., Yan, C., Understanding the structure-property

[16] Hu, K., Szkopek, T., Cerruti, M., Tuning the aggregation of graphene oxide dispersions to synthesize elastic, low density graphene aerogels. *J. Mater. Chem. A*, 5, 23123, 2017.

[17] Kudo, A., Campbell, P. G., Biener, J., Nanographene aerogels: Size effect of the precursor graphene oxide on gelation process and electrochemical properties. ChemNanoMat, 4, 338, 2018.

[18] Petersen, S. V., Qiu, L., Li, D., Controlled gelation of graphene towards unprecedented superstructures. *Chem. Eur. J.*, 23, 13264, 2017.

[19] Mungse, H. P., Sharma, O. P., Sugimura, H., Khatri, O. P., Hydrothermal deoxygenation of graphene oxide in sub- and supercritical water. *RSC Adv.*, 4, 22589, 2014.

[20] Allahbakhsh, A. and Bahramian, A. R., Self-assembly of graphene quantum dots into hydrogels and cryogels: Dynamic light scattering, UV-Vis spectroscopy and structural investigations. *J. Mol. Liq.*, 265, 172, 2018.

[21] Khalaj, M., Allahbakhsh, A., Bahramian, A. R., Sharif, A., Structural, mechanical and thermal behaviors of novolac/graphene oxide nanocomposite aerogels. *J. Non-Cryst. Solids*, 460, 19, 2017.

[22] Vashist, A., Kaushik, A., Vashist, A., Sagar, V., Ghosal, A., Gupta, Y. K., Ahmad, S., Nair, M., Advances in carbon nanotubes-hydrogel hybrids in nanomedicine for therapeutics. *Adv. Healthcare Mater.*, 7, 1701213, 2018.

[23] Yang, Y., Kim, N. D., Varshney, V., Sihn, S., Li, Y., Roy, A. K., Tour, J. M., Lou, J., In situ mechanical investigation of carbon nanotube-graphene junction in three-dimensional carbon nanostructures. *Nanoscale*, 9, 2916, 2017.

[24] Benítez, A., Di Lecce, D., Elia, G. A., Caballero, Á., Morales, J., Hassoun, J., A lithium-ion battery using a 3D-array nanostructured graphene-sulfur cathode and a silicon oxide-based anode. *ChemSusChem*, 11, 1512, 2018.

[25] Han, J., Huang, G., Ito, Y., Guo, X., Fujita, T., Liu, P., Hirata, A., Chen, M., Full performance nanoporousgraphene based Li-O2 batteries through solution phase oxygen reduction and redox-additive mediated Li2O2 oxidation. *Adv. Energy Mater.*, 7, 1601933, 2017.

[26] Yu, X., Wang, B., Gong, D., Xu, Z., Lu, B., Graphene nanoribbons on highly porous 3D graphene for high-capacity and ultrastable Al-Ion batteries. *Adv. Mater.*, 29, 1604118, 2017.

[27] Liu, X., Chao, D., Su, D., Liu, S., Chen, L., Chi, C., Lin, J., Shen, Z. X., Zhao, J., Mai, L., Li, Y., Graphene nanowires anchored to 3D graphene foam via self-assembly for high performance Li and Na ion storage. *Nano Energy*, 37, 108, 2017.

[28] Huang, S., Wang, J., Pan, Z., Zhu, J., Shen, P. K., Ultrahigh capacity and superior stability of three-dimensional porous graphene networks containing in situ grown carbon nanotube clusters as an anode material for lithium-ion batteries. *J. Mater. Chem. A*, 5, 7595, 2017.

[29] Miao, P., He, J., Sang, Z., Zhang, F., Guo, J., Su, D., Yan, X., Li, X., Ji, H., Hydrothermal growth of 3D graphene on nickel foam as a substrate of nickel-cobalt-sulfur for high-performance supercapacitors. *J. Alloys Compd.*, 732, 613, 2018.

[30] Zhang, Q., Wang, Y., Zhang, B., Zhao, K., He, P., Huang, B., 3D superelastic graphene aerogel-nanosheet hybrid hierarchical nanostructures as high-performance supercapacitor electrodes. *Carbon*, 127, 449, 2018.

[31] Qin, Y., Yuan, J., Li, J., Chen, D., Kong, Y., Chu, F., Tao, Y., Liu, M., Cross-linking graphene oxide into robust 3D porous N-doped graphene. *Adv. Mater.*, 27, 5171, 2015.

[32] Wang, B., Qin, Y., Tan, W., Tao, Y., Kong, Y., Smartly designed 3D N-doped mesoporous graphene for

high-performance supercapacitor electrodes. *Electrochim. Acta*, 241, 1, 2017.

[33] Deng, W., Zhang, Y., Tan, Y., Ma, M., Three-dimensional nitrogen-doped graphene derived from poly-o-phenylenediamine for high-performance supercapacitors. *J. Electroanal. Chem.*, 787, 103, 2017.

[34] Zhang, Z., Kong, L.-L., Liu, S., Li, G.-R., Gao, X.-P., A high-efficiency sulfur/carbon composite based on 3D graphene nanosheet@carbon nanotube matrix as cathode for lithium-sulfur battery. *Adv. Energy Mater.*, 7, 1602543, 2017.

[35] Zhang, K., Xie, K., Yuan, K., Lu, W., Hu, S., Wei, W., Bai, M., Shen, C., Enabling effective polysulfide trapping and high sulfur loading via a pyrrole modified graphene foam host for advanced lithium-sulfur batteries. *J. Mater. Chem. A*, 5, 7309, 2017.

[36] Zhang, Y., Huang, Y., Yang, G., Bu, F., Li, K., Shakir, I., Xu, Y., Dispersion-assembly approach to synthesize three-dimensional graphene/polymer composite aerogel as a powerful organic cathode for rechargeable Li and Na batteries. *ACS Appl. Mater. Interfaces*, 9, 15549, 2017.

[37] Xiao, H., Pender, J. P., Meece-Rayle, M. A., de Souza, J. P., Klavetter, K. C., Ha, H., Lin, J., Heller, A., Ellison, C. J., Mullins, C. B., Reduced-graphene oxide/poly(acrylic acid) aerogels as a three-dimensional replacement for metal-foil current collectors in lithium-ion batteries. *ACS Appl. Mater. Interfaces*, 9, 22641, 2017.

[38] Mazaheri, M., Aashuri, H., Simchi, A., Three-dimensional hybrid graphene/nickel electrodes on zinc oxide nanorod arrays as non-enzymatic glucose biosensors. *Sens. Actuators, B*, 251, 462, 2017.

[39] Al-Sagur, H., Komathi, S., Khan, M. A., Gurek, A. G., Hassan, A., A novel glucose sensor using lutetium phthalocyanine as redox mediator in reduced graphene oxide conducting polymer multifunctional hydrogel. *Biosens. Bioelectron.*, 92, 638, 2017.

[40] Dervisevic, M., Qevik, E., §enel, M., Development of glucose biosensor based on reconstitution of glucose oxidase onto polymeric redox mediator coated pencil graphite electrodes. *Enzyme Microbiol. Technol.*, 68, 69, 2015.

[41] Ren, Q., Feng, L., Fan, R., Ge, X., Sun, Y., Water-dispersible triethylenetetramine-functionalized graphene: Preparation, characterization and application as an amperometric glucose sensor. *Mater. Sci. Eng.*, C, 68, 308, 2016.

[42] Hu, Y., He, F., Ben, A., Chen, C., Synthesis of hollow Pt-Ni-graphene nanostructures for nonenzymatic glucose detection. *J. Electroanal. Chem.*, 726, 55, 2014.

[43] Li, S.-J., Xia, N., Lv, X.-L., Zhao, M.-M., Yuan, B.-Q., Pang, H., A facile one-step electrochemical synthesis of graphene/NiO nanocomposites as efficient electrocatalyst for glucose and methanol. *Sens. Actuators, B*, 190, 809, 2014.

[44] Li, M., Bo, X., Mu, Z., Zhang, Y., Guo, L., Electrodeposition of nickel oxide and platinum nanoparticles on electrochemically reduced graphene oxide film as a nonenzymatic glucose sensor. *Sens. Actuators, B*, 192, 261, 2014.

[45] Hui, N., Wang, S., Xie, H., Xu, S., Niu, S., Luo, X., Nickel nanoparticles modified conducting polymer composite of reduced graphene oxide doped poly(3,4-ethylenedioxythiophene) for enhanced nonenzymatic glucose sensing. *Sens. Actuators, B*, 221, 606, 2015.

[46] Liu, H., Wu, X., Yang, B., Li, Z., Lei, L., Zhang, X., Three-dimensional porous NiO nanosheets vertically grown on graphite disks for enhanced performance non-enzymatic glucose sensor. *Electrochim. Acta*, 174, 745, 2015.

[47] Sun, Y., Zeng, W, Sun, H., Luo, S., Chen, D., Chan, V., Liao, K., Inorganic/polymer-graphene hybrid gel as versatile electrochemical platform for electrochemical capacitor and biosensor. *Carbon*, 132,

589, 2018.

[48] Liu, Y., Gao, T., Xiao, H., Guo, W., Sun, B., Pei, M., Zhou, G., One-pot synthesis of rice-like TiO2/graphene hydrogels as advanced electrodes for supercapacitors and the resulting aerogels as high-efficiency dye adsorbents. *Electrochim. Acta*, 229, 239, 2017.

[49] Chen, L., Li, Y., Du, Q., Wang, Z., Xia, Y., Yedinak, E., Lou, J., Ci, L., High performance agar/graphene oxide composite aerogel for methylene blue removal. *Carbohydr. Polym.*, 155, 345, 2017.

[50] Yang, Y., Song, S., Zhao, Z., Graphene oxide (GO)/polyacrylamide (PAM) composite hydrogels as efficient cationic dye adsorbents. *Colloids Surf. A*, 513, 315, 2017.

[51] Amiri, A. and Ghaemi, F., Microextraction in packed syringe by using a three-dimensional carbon nanotube/carbon nanofiber-graphene nanostructure coupled to dispersive liquid-liquid microextraction for the determination of phthalate esters in water samples. *Microchim. Acta*, 184, 3851, 2017.

[52] Hu, X., Xu, W., Zhou, L., Tan, Y., Wang, Y., Zhu, S., Zhu, J., Tailoring graphene oxide-based aerogels for efficient solar steam generation under one sun. *Adv. Mater.*, 29, 1604031, 2017.

[53] Soliman, A. B., Haikal, R. R., Abugable, A. A., Hassan, M. H., Karakalos, S. G., Pellechia, PJ., Hassan, H. H., Yacoub, M. H., Alkordi, M. H., Tailoring the oxygen reduction activity of hemoglobin through immobilization within microporous organic polymer-graphene composite. *ACS Appl. Mater. Interfaces*, 9, 27918, 2017.

[54] Zhang, L., Liu, M., Bi, S., Yang, L., Roy, S., Tang, X.-Z., Mu, C., Hu, X., Polydopamine decoration on 3D graphene foam and its electromagnetic interference shielding properties. *J. Colloid Interface Sci.*, 493, 327, 2017.

[55] Allahbakhsh, A., High barrier graphene/polymer nanocomposite films, in: *Food Packaging*, A. M. Grumezescu (Ed.), p. 699, Academic Press, United States, 2017.

[56] Allahbakhsh, A., Haghighi, A. H., Sheydaei, M., Poly(ethylene trisulfide)/graphene oxide nano-composites. *J. Therm. Anal. Calorim.*, 128, 427, 2016.

[57] Allahbakhsh, A., Sharif, F., Mazinani, S., The influence of oxygen-containing functional groups on the surface behavior and roughness characteristics of graphene oxide. *Nano*, 08, 1350045, 2013.

[58] Chua, C. K. and Pumera, M., Chemical reduction of graphene oxide: A synthetic chemistry viewpoint. *Chem. Soc. Rev.*, 43, 291, 2014.

[59] Liu, Y. and Feng, J., An attempt towards fabricating reduced graphene oxide composites with traditional polymer processing techniques by adding chemical reduction agents. *Compos. Sci. Technol.*, 140, 16, 2017.

[60] Tong, J., Huang, H.-X., Wu, M., Promoting compatibilization effect of graphene oxide on immiscible PS/PVDF blend via water-assisted mixing extrusion. *Compos. Sci. Technol.*, 149, 286, 2017.

[61] Jiang, X. and Drzal, L. T., Reduction in percolation threshold of injection molded high-density polyethylene/exfoliated graphene nanoplatelets composites by solid state ball milling and solid state shear pulverization. *J. Appl. Polym. Sci.*, 124, 525, 2012.

[62] Allahbakhsh, A., Mazinani, S., Kalaee, M. R., Sharif, F., Cure kinetics and chemorheology of EPDM/graphene oxide nanocomposites. *Thermochim. Acta*, 563, 22, 2013.

[63] Allahbakhsh, A. and Mazinani, S., Influences of sodium dodecyl sulfate on vulcanization kinetics and mechanical performance of EPDM/graphene oxide nanocomposites. *RSC Adv.*, 5, 46694, 2015.

[64] Allahbakhsh, A., NoeiKhodabadi, F., Hosseini, F. S., Haghighi, A. H., 3-Aminopropyl-triethoxysilane-functionalized rice husk and rice husk ash reinforced polyamide 6/graphene oxide sustainable nanocomposites. *Eur. Polym. J.*, 94, 417, 2017.

[65] Xu, J., Wang, Y., Hu, S., Nanocomposites of graphene and graphene oxides: Synthesis, molecular func-

tionalization and application in electrochemical sensors and biosensors. A review. *Microchim. Acta*, 184, 1, 2016.

[66] Li, Y., Ye, D., Liu, W., Shi, B., Guo, R., Pei, H., Xie, J., A three-dimensional core-shell nanostructured composite of polypyrrole wrapped MnO_2/reduced graphene oxide/carbon nanotube for high performance lithium ion batteries. *J. Colloid Interface Sci.*, 493, 241, 2017.

[67] Gu, H., Chen, F., Liu, C., Qian, J., Ni, M., Liu, T., Scalable fabrication of core-shell structured $Li_4Ti_5O_{12}$/PPy particles embedded in N-doped graphene networks as advanced anode for lithium-ion batteries. *J. Power Sources*, 369, 42, 2017.

[68] Nam, K.-H., Yu, J., You, N.-H., Han, H., Ku, B.-C., Synergistic toughening of polymer nanocomposites by hydrogen-bond assisted three-dimensional network of functionalized graphene oxide and carbon nanotubes. *Compos. Sci. Technol.*, 149, 228, 2017.

[69] Moussa, M., Shi, G., Wu, H., Zhao, Z., Voelcker, N. H., Losic, D., Ma, J., Development of flexible supercapacitors using an inexpensive graphene/PEDOT/MnO_2 sponge composite. *Mater. Des.*, 125, 1, 2017.

[70] Shen, K., Mei, H., Li, B., Ding, J., Yang, S., 3D Printing sulfur copolymer-graphene architectures for Li-S batteries. *Adv. Energy Mater.*, 8, 1701527, 2018.

[71] Mondal, S., Rana, U., Malik, S., Reduced graphene oxide/Fe_3O_4/polyaniline nanostructures as electrode materials for an all-solid-state hybrid supercapacitor. *J. Phys. Chem. C*, 121, 7573, 2017.

[72] Yang, C., Zhang, L., Hu, N., Yang, Z., Su, Y., Xu, S., Li, M., Yao, L., Hong, M., Zhang, Y., Rational design of sandwiched polyaniline nanotube/layered graphene/polyaniline nanotube papers for high-volumetric supercapacitors. *Chem. Eng. J.*, 309, 89, 2017.

[73] Tian, F., Li, H., Li, M., Li, C., Lei, Y., Yang, B., Synthesis of one-dimensional poly(3,4-ethylene-dioxythiophene)-graphene composites for the simultaneous detection of hydroquinone, catechol, resorcinol, and nitrite. *Synth. Met.*, 226, 148, 2017.

[74] Berger, C., Phillips, R., Centeno, A., Zurutuza, A., Vijayaraghavan, A., Capacitive pressure sensing with suspended graphene-polymer heterostructure membranes. *Nanoscale*, 9, 17439, 2017.

[75] Ghosh, A., Jana, B., Maiti, S., Bera, R., Ghosh, H. N., Patra, A., Light harvesting and photocurrent generation in a conjugated polymer nanoparticle-reduced graphene oxide composite. *ChemPhysChem*, 18, 1308, 2017.

[76] Xiao, P., Bu, F., Yang, G., Zhang, Y., Xu, Y., Integration of graphene, nano sulfur, and conducting polymer into compact, flexible lithium-sulfur battery cathodes with ultrahigh volumetric capacity and superior cycling stability for foldable devices. *Adv. Mater.*, 29, 1703324, 2017.

[77] Wu, Y., Wang, Z., Liu, X., Shen, X., Zheng, Q., Xue, Q., Kim, J.-K., Ultralight graphene foam/conductive polymer composites for exceptional electromagnetic interference shielding. *ACS Appl. Mater. Interfaces*, 9, 9059, 2017.